CC対応
Win&Mac対応

Illustrator 逆引き事典

保坂庸介　著

技術評論社

注意 ご購入・ご利用前に必ずお読みください

本書の内容について

●本書記載の情報は、2018年7月1日現在のものです。そのため、ご利用時には変更されている場合もあります。また、ソフトウェアはバージョンアップされる場合があり、本書での説明とは機能内容や画面図などが異なってしまうこともあり得ます。本書ご購入の前に必ずソフトウェアのバージョン番号をご確認ください。

●本書に記載された内容は、情報の提供のみを目的としています。本書の運用については、必ずお客様自身の責任と判断によって行ってください。これら情報の運用の結果について、技術評論社および著者はいかなる責任も負いかねます。また、本書内容を超えた個別のトレーニングにあたるものについても、対応できかねます。あらかじめご承知おきください。

Illustratorはご自分でご用意ください

●アドビシステムズ社のIllustrator CCは、ご自分でご用意ください。

●アドビシステムズ社のWebサイトより、Illustrator CCの体験版(7日間有効)をダウンロードできます。ダウンロードには、Creative CloudのメンバーシップID(Adobe ID)が必要です(無償で取得可能)。詳細は、アドビシステムズ社のWebサイト(下記URL)をご覧ください。

https://www.adobe.com/jp/

サンプルファイルについて

●本書で使用するサンプルファイル(練習用および練習問題ファイル)の利用には、別途アドビシステムズ社のIllustrator CCが必要です。ただし、Illustrator CC(2018)での利用を前提としているため、それ以外のバージョンでは利用できなかったり、操作手順が異なることがあります。

●本書で使用したサンプルファイルの利用は、必ずお客様自身の責任と判断によって行ってください。サンプルファイルを使用した結果生じたいかなる直接的・間接的損害も、技術評論社、著者、プログラムの開発者、サンプルファイルの制作に関わったすべての個人と企業は、一切その責任を負いかねます。

以上の注意事項をご承諾いただいたうえで、本書をご利用願います。これらの注意事項をお読みいただかずに、お問い合わせいただいても、技術評論社および著者は対処しかねます。あらかじめ、ご承知おきください。

Illustrator CC (2018) の動作に必要なシステム構成

【Windows】

- Intel Pentium 4 または AMD Athlon 64 プロセッサー
- Microsoft Windows 7(Service Pack 1)日本語版、Windows 8.1 または Windows 10 日本語版
- 32-bit:1GB以上のRAM(3GB以上を推奨)、64-bit:2GB以上のRAM(8GB以上を推奨
- 2GB以上の空き容量のあるハードディスク。ただし、インストール時には追加の空き容量が必要(取り外し可能なフラッシュメモリを利用したストレージデバイス上にはインストール不可)
- 1,024x768以上の画面解像度をサポートするディスプレイ(1,280x800以上を推奨)
- OpenGL 4.X

※IllustratorのGPUパフォーマンスを使用するには、Intel、NVIDIA、または AMDのビデオアダプター(標準/ハイエンドを推奨)、1GBのVRAM(2GBを推奨)、最適なパフォーマンスを得るための最新ドライバーが必要です。

【macOS】

- インテルマルチコアプロセッサー(64bit対応必須)
- macOSバージョン10.13(High Sierra)、10.12(Sierra)、またはOS X バージョン10.11(El Capitan)
- 2GB以上のRAM(8GB以上を推奨)
- 2GB以上の空き容量のあるハードディスク。ただし、インストール時には追加の空き容量が必要(大文字と小文字が区別されるファイルシステムを使用している場合や、取り外し可能なフラッシュメモリを利用したストレージデバイス上にはインストール不可)
- 1,024x768以上の画面解像度をサポートするディスプレイ(1,280x800以上を推奨)
- OpenGL 4.0

※IllustratorのGPUパフォーマンスを使用するには、1GB以上のVRAM(推奨:2GB)があり、コンピューターでOpenGLのバージョン4.0以降がサポートされている必要があります。

※Windows / Macともに、ソフトウェアのライセンス認証、メンバーシップの検証、およびオンラインサービスの利用には、インターネット接続および登録が必要です。

はじめに

初心者の方からよく次のような質問を受けることがあります。

「ドーナツのような真ん中に穴の開いたオブジェクトを作成するにはどうしたらいいの?」

実は、このような質問が大変困りもので、というのもIllustratorではドーナツの形を作る方法がいくつかあるからです。

ひとつにはパスファインダーを使う方法があります。大小の円のパスを重ね合わせ、パスファインダーパネルから［中マド］を選びます。

もうひとつは重ね合わせたオブジェクトを選択し、［オブジェクト］メニュー→［複合パス］→［作成］を選ぶ方法があります。あるいは、右クリックで表示されるコンテクストメニューから［複合パスを作成］を実行するのが一番早いかもしれません。

パスファインダーで作成したオブジェクトも結局は複合パスとして扱われるため、どの方法も間違いではありません。そのうえで、相手のレベルと使用しているIllustratorのバージョンを見極めつつ、どの方法が戸惑わず、かつ手早くできるかを想像しながら教える必要があるのです。

そうしたことをふまえて、本書ではコマンドについては、なるべくメニューから選択する方法で記述し、オブジェクトの変形についても、バウンディングボックスを利用するのではなく、拡大・縮小や回転ツールを使うなど、オーソドックスな利用方法で解説をしています。

これは、なるべくバージョンに依存した機能を利用せずに、それぞれのコマンドやツールについての基本的な機能を理解していただくためです。

まずは基本を理解し、それからコントロールパネルやプロパティパネル、あるいは各種のキーボードショートカットを利用して作業効率をアップさせると良いと思います。

Illustratorは、これからも時代とともに機能がどんどん追加され、ますます進化してゆくと思いますが、ツールとマウスを使って、パスを描く。という基本の部分はIllustratorが開発された30年前と変わりありません。

ぜひ、この素晴らしいツールを使いこなし、仕事やプライベートのキャリアアップにお役立てください。

2018年7月　保坂庸介

サンプルファイルのダウンロード

1 Webブラウザーを起動し、右記のWebサイトにアクセスします。

https://gihyo.jp/book/2018/978-4-7741-9890-3/

2 Webサイトが表示されたら、「本書のサポートページ」をクリックしてください。

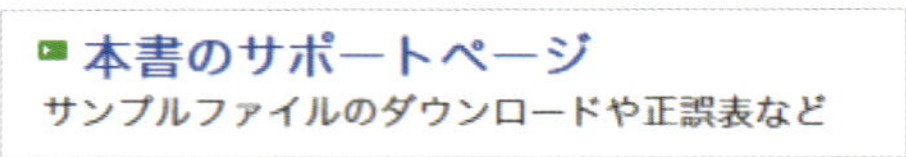

本書のサポートページ
サンプルファイルのダウンロードや正誤表など

3 サンプルファイルのダウンロード用ページが表示されます。
すべてのサンプルファイルを一括でダウンロードするか❶、章ごとにダウンロードするか❷を選択できます。ダウンロードするファイルの[ID]欄に「Illustrator」、[パスワード]欄に「Reference」と入力して、[ダウンロード]ボタンをクリックします。

ID — Illustrator　　パスワード — Reference

※文字はすべて半角で入力してください。
※大文字小文字を正確に入力してください。

すべてのサンプルファイルを一括でダウンロード
第1-15章.zipは、第1章〜第15章までのすべてのサンプルファイルをひとつにまとめたものです。章ごとのサンプルファイルをZIP形式で圧縮してひとつにしています。

❶ ID Illustrator
パスワード ••••••••••
ダウンロード
chap1-15.zip (380MB)

❷ 章ごとのサンプルファイルのダウンロード
ID
パスワード
ダウンロード
chap1.zip (30MB)

4 Windowsではファイルを開くか保存するかを尋ねるダイアログボックスが表示されるので、[保存]をクリックします。Macでは、ダウンロードされたファイルは、自動解凍されて「ダウンロード」フォルダーに保存されます。

chap1-15.zip (380 MB) について行う操作を選んでください。
場所: image.gihyo.co.jp
開く　保存　^　キャンセル　×

5 Windowsではパスワードを保存するかを尋ねるダイアログボックスが表示されるので、保存する場合[はい]、保存しない場合は[許可しない]をクリックします。

gihyo.jp のパスワードを保存しますか?
詳細情報
はい　許可しない　×

6 Windowsでは、ファイルが「ダウンロード」フォルダーに保存されます。[フォルダーを開く]をクリックして、「ダウンロード」フォルダーを開き、解凍してからご利用ください。

chap1-15.zip のダウンロードが完了しました。
開く　フォルダーを開く　ダウンロードの表示　×

ダウンロードの注意点

- 上記手順はWindows 10でMicrosoft Edgeを使った場合の説明です。手順4のMacについては、macOS 10.13のSafariを使った場合です。
- ご使用になるOSやWebブラウザーによっては、自動解凍がされない場合や、保存場所を指定するダイアログボックスなどが表示される場合があります。
- 画面の表示に従ってファイルを保存し、ダウンロードしたファイルを解凍してからお使いください。

本書で使用したサンプルファイルは、小社Webサイトの本書専用ページよりダウンロードできます。
ダウンロードには、ID、パスワードを入力する必要があります。
手順内に記している文字列を半角でお間違いのないよう、入力をお願いします。

ダウンロードファイルの内容

- ダウンロードファイルは、章ごとのフォルダーに分かれています。フォルダーをデスクトップなどに移動して、必要に応じて利用してください。
- フォルダーには、項目ごとに使用するサンプルファイルが入っています（複数のファイルがあることもあります）。内容によっては、項目名のサブフォルダーに入っている場合もあります。また、項目によっては、サンプルファイルがないものもあります。
- サンプルファイルによっては、複数のオブジェクトが保存されている場合があります。

サンプルファイル 利用についての注意点

サンプルファイルの著作権は各制作者（著者）に帰属します。これらのファイルは本書を使っての学習目的に限り、個人・法人を問わずに使用することができますが、転載や再配布などの二次利用は禁止いたします。

サンプルファイルの提供は、あくまで本書での学習を助けるための無償サービスであり、本書の対価に含まれるものではありません。サンプルファイルのダウンロードや解凍、ご利用についてはお客様自身の責任と判断で行ってください。万一、ご利用の結果いかなる損害が生じたとしても、著者および技術評論社では一切の責任を負いかねます。

CONTENTS

第5章　オブジェクトの変形 …… 135

第6章　オブジェクトの階層とレイヤー …… 159

第7章　パスの操作 …… 167

本書の読み方

本書は、Illustratorの基本操作を、やりたい目的や項目から逆引きして学ぶことを目的としています。サンプルファイル（専用サイトからダウンロード）を使い、実際に作業することで機能の使い方を理解できるようになっています。
なお、本書はWindows 10環境でCC2018を使用した画面で解説していますが、Macでもお使いいただけます。

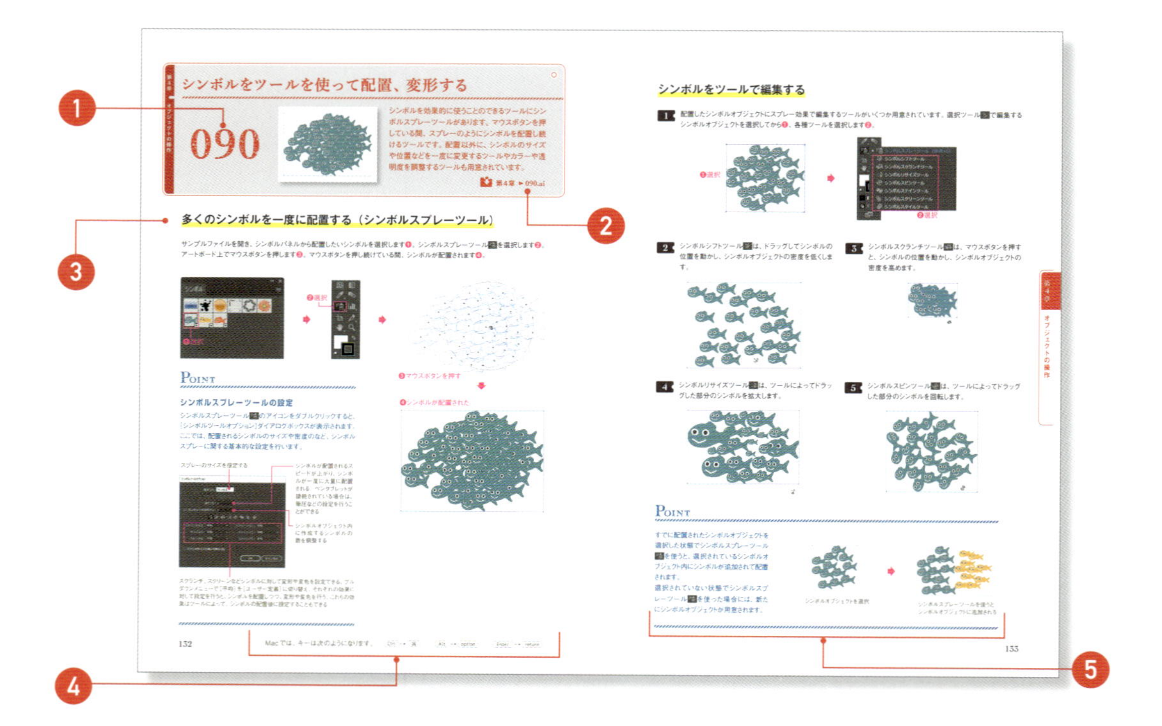

❶ 通し番号

解説項目には、全ページを通しての通し番号がついています。

❷ サンプルファイル

その項目で使用するサンプルファイルの名前を記しています。該当のファイルを開いて、操作を行います（ファイルの利用方法については、P.004を参照してください）。

❸ 小見出し

解説によっては、同じ目的でも操作方法が複数あるものがあります。その場合、見出しが表示されます。見出しのない項目もあります。

❹ Mac用キーアサイン

Mac用のキーアサインが表記されています。

❺ コラム

解説を補うためのコラムがあります。

001~038

基本操作

Illustratorの基本操作を覚えると、クリエイティブな制作を行ううえで、余計な操作や作業を行わずにすむというメリットがあります。とくにグリッドやガイドなどの補助機能は、正確でかつスピーディーに制作するのに必須な機能です。しっかりと身につけましょう。

第1章

001 ツールパネルの操作を覚える

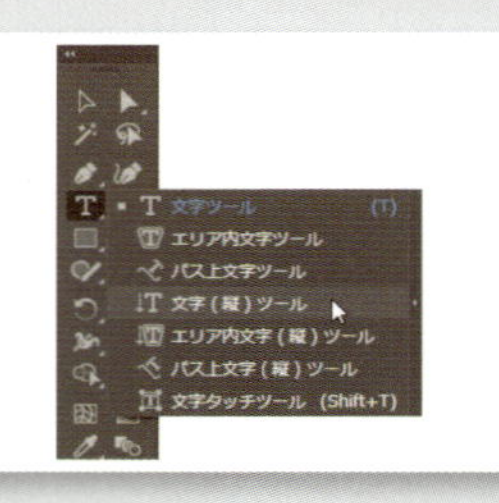

Illustratorの操作は、ツールパネルでツールを選択するところからはじまります。
ツールパネルの操作を覚えましょう。

ツールパネルの≫をクリックすると❶、ツールパネルが2列表示になります❷。2列表示時の≪をクリックすると、1列表示に戻ります。
画面のサイズに応じて、使いやすい列表示で作業してください。

本書は、2列表示で説明する

❶クリック

ここをクリックすると
1列表示に戻る

❷2列表示になる

ツールアイコンの右下に◢が表示されているツールには、サブツールがあります。マウスボタンを長押しすると❶、サブツールが表示され❷、ツールを選択できます❸。サブツールを選択すると、そのツールがツールパネルに表示されます❹。

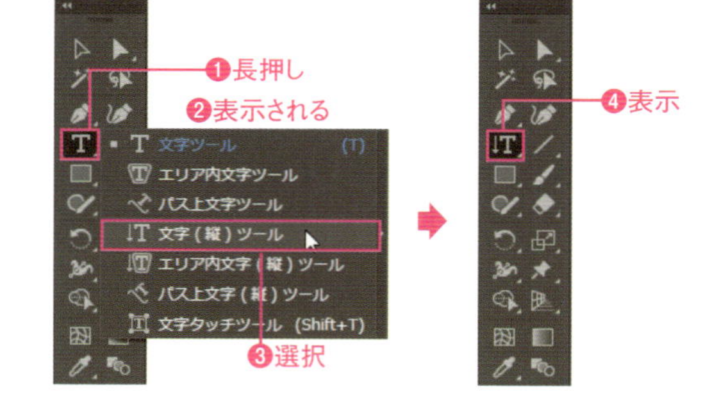

サブツールの右側に表示される▸をクリックすると❶、サブツールだけのツールパネルが表示されます❷。このパネルは、上部の≪をクリックすると縦表示に、≫をクリックして横表示に変更できます❸。
✕をクリックするとパネルが閉じます❹。

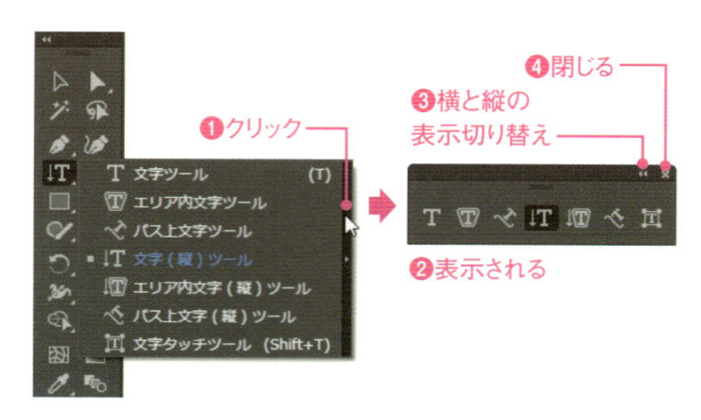

Macでは、キーは次のようになります。 Ctrl → ⌘ Alt → option Enter → return

独自のツールパネルを作る

002

よく使うツールだけを集めた独自のツールパネルを作成できます。独自のツールパネルはいくつも作成できるので、用途に合わせて作成することも可能です。

1 ［ウィンドウ］メニュー→［ツール］→［新規ツールパネル］を選びます❶。［新規ツールパネル］ダイアログボックスが表示されるので、［名前］にツールパネル名を入力し❷、［OK］をクリックします❸。空のツールパネルが表示されます❹。

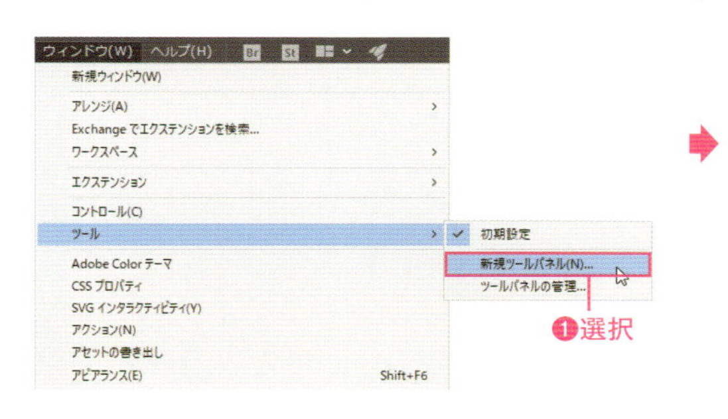

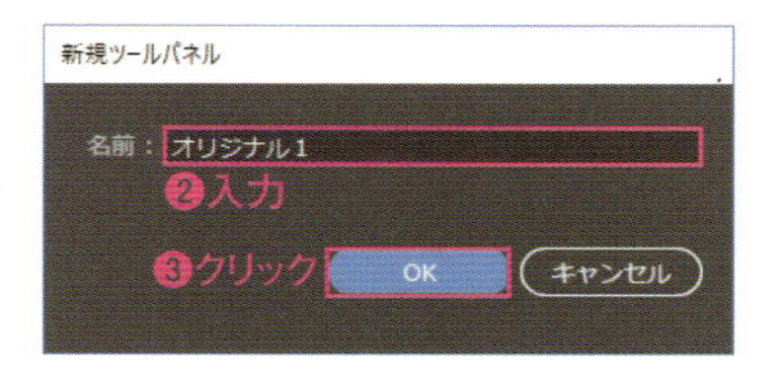

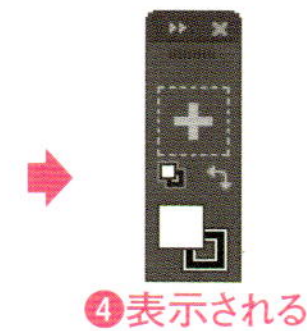

2 初期設定のツールパネルから、ツールを新しいツールパネルにドラッグすると❶、ツールが追加されます❷。同じ手順で、よく使うツールを新しいツールパネルに追加して独自のツールパネルを作成します❸。

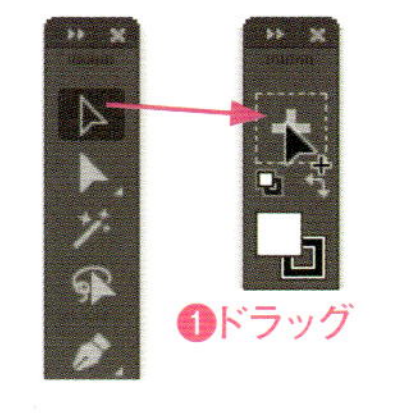

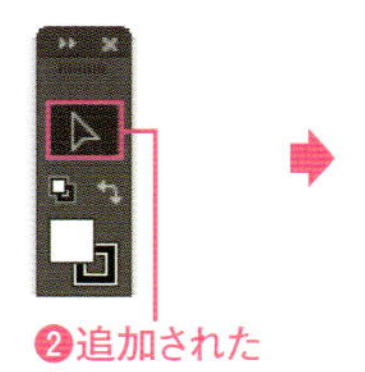

3 ツールパネルを閉じた場合は、［ウィンドウ］メニュー→［ツール］に、作成したツールパネルが表示されるので、選択して再表示できます❶。

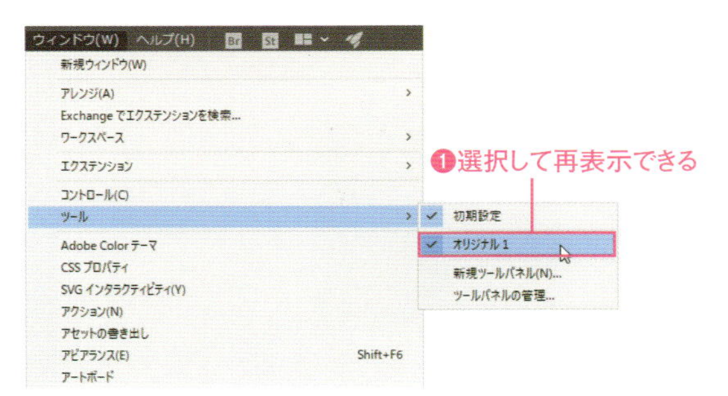

POINT

ツールパネルの管理

［ウィンドウ］メニュー→［ツール］→［ツールパネルの管理］を選択すると、［ツールパネルの管理］ダイアログボックスが表示され、ツールパネルの削除、名称の変更ができます。

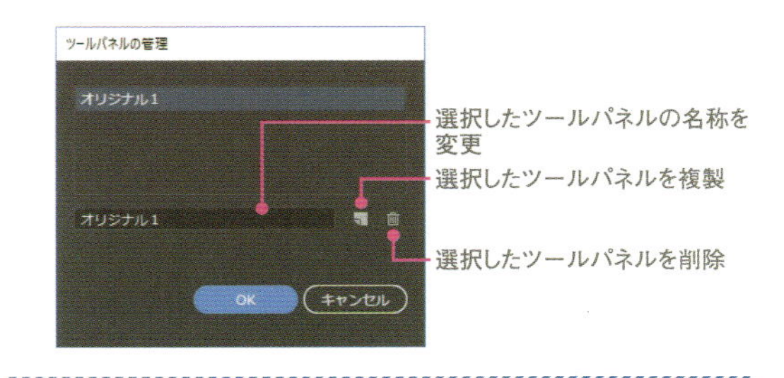

003 パネルの操作を覚える

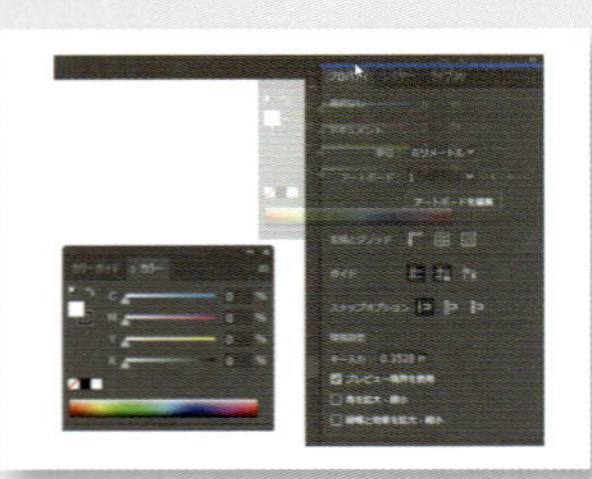

Illustratorでの各種設定は、パネルで行うことがほとんどです。パネルの操作方法を覚えましょう。

初期設定で表示されていないパネルは、［ウィンドウ］メニューから選択して表示します❶。

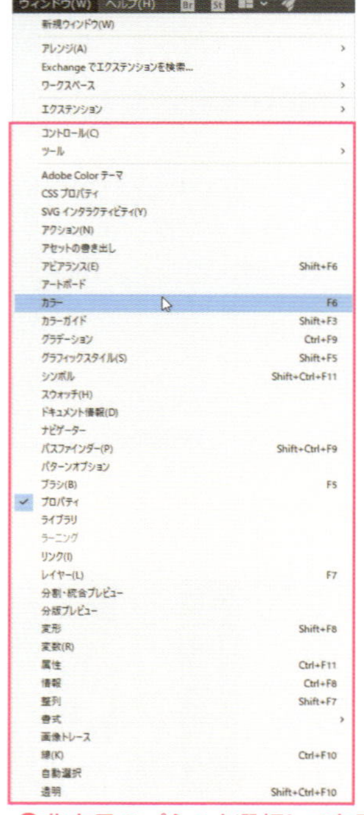

❶非表示のパネルを選択して表示

パネルは、関連性のある複数のタブが組み合わされて表示され、タブをクリックすると❶、表示を切り替えられます❷。

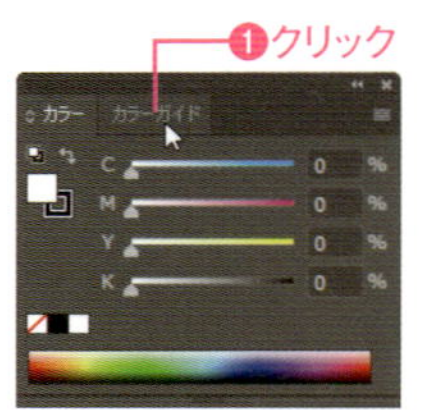

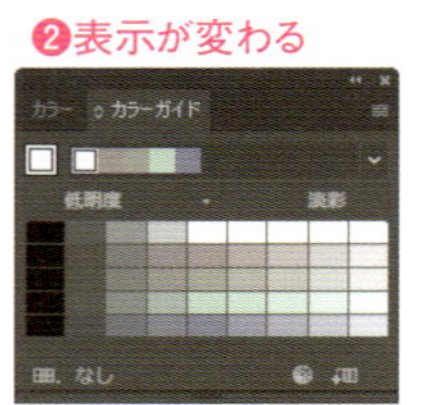

パネルのタブ部分をパネルの外にドラッグすると❶、そのタブを分離して表示できます❷。

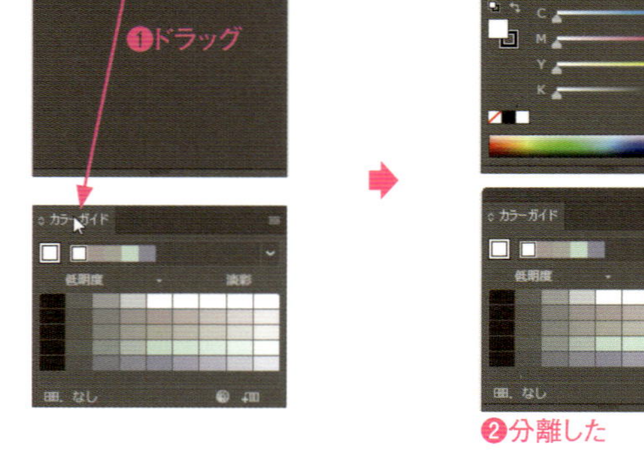

パネルのタブ部分をほかのパネルに重ねるようにドラッグすると❶、パネルをドッキングできます❷。

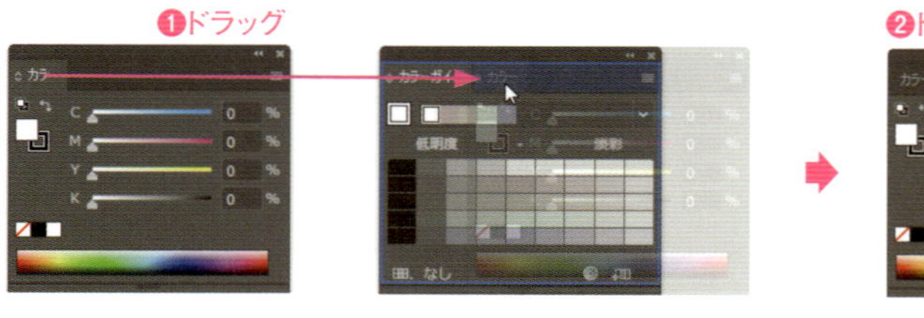

Macでは、キーは次のようになります。 Ctrl → ⌘ Alt → option Enter → return

ドックに入っているパネルは、タブ部分をドラッグして外に出すと❶、そのパネルだけを分離できます❷。

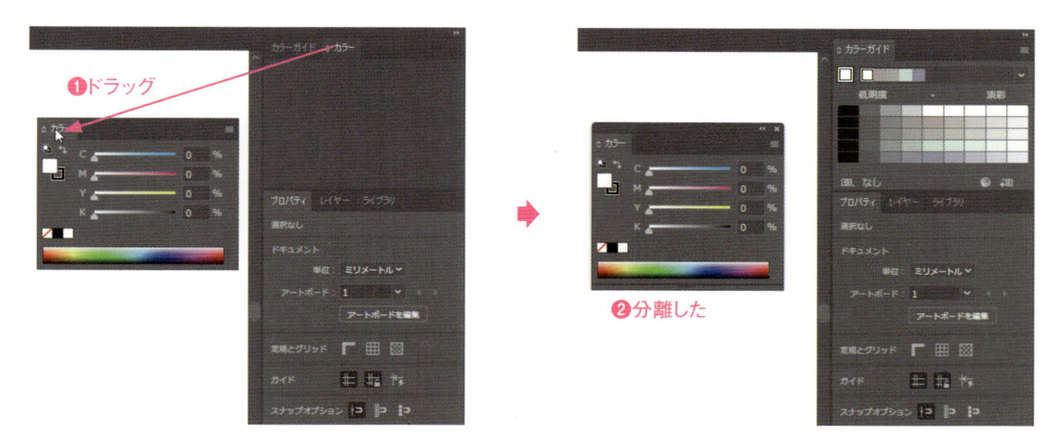

タブの表示されている横の空白部分をドラッグして外に出すと❶、複数のパネルを同時に分離できます。

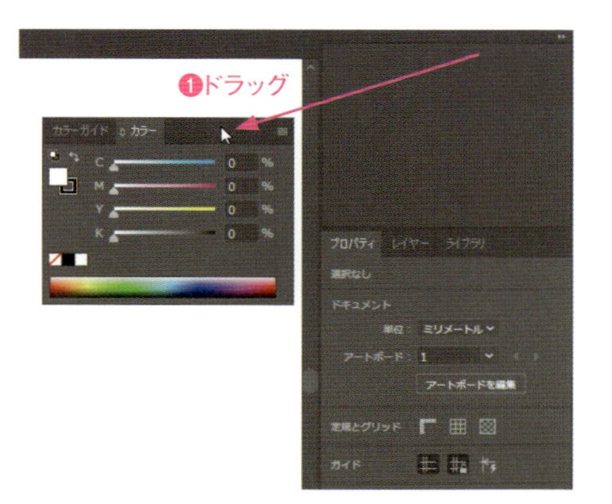

パネルの上部を画面の左右にドラッグして移動し❶、青くなった部分にドロップすると❷、パネルがドックに入ります❸。タブをドラッグ&ドロップすると、そのタブだけがドックに入ります。

ドッキングは、画面の左右部分や、ドックの上下左右など、青く表示された部分で可能

第1章 基本操作

パネルの▶▶をクリックすると❶、パネルはアイコンパネルの状態になります❷。アイコンパネルの状態で◀◀をクリックすると、通常のパネル表示に戻ります。

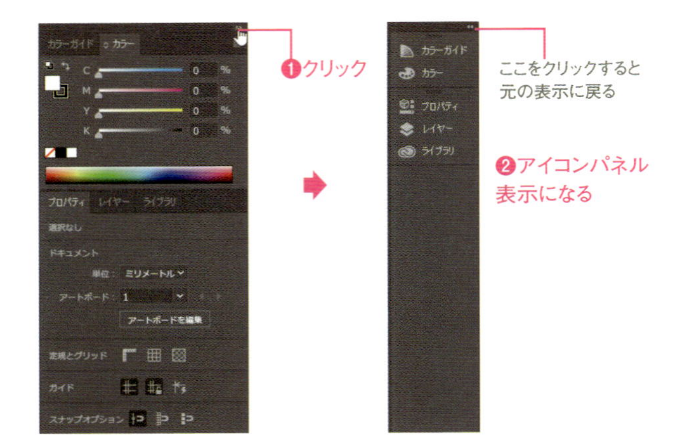

POINT

パネルが独立しているときは、◀◀をクリックするとアイコンパネルに、▶▶をクリックすると元に戻ります。

アイコンパネルの状態で、アイコンパネルをクリックすると❶、通常のパネルが表示されます❷。

パネル名の表示の左に◇が表示されているパネルは、クリックして❶❷❸、オプションの表示状態を変更できます。

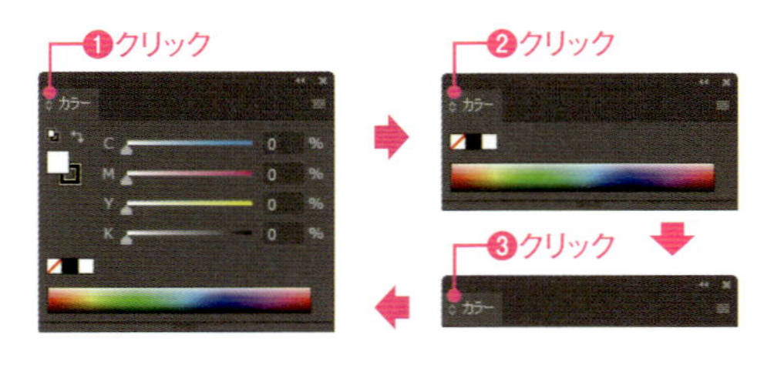

POINT

自動でアイコンパネルに戻す

Ctrl キーと K キーを押して表示される[環境設定]ダイアログボックスの[ユーザーインターフェース]で、[自動的にアイコンパネル化]にチェックを付けると、通常のパネル表示にしたアイコンパネルは、操作を終了すると自動でアイコンパネルに戻ります。

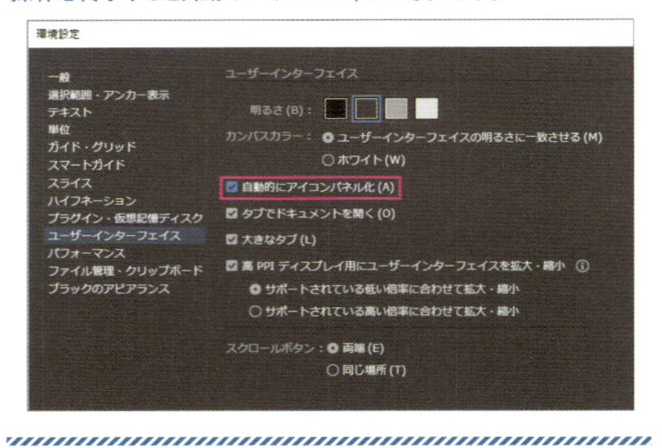

パネル名の☰をクリックすると❶、パネルメニューが表示され❷、パネルに関する機能を選択できます。

Macでは、キーは次のようになります。 Ctrl → ⌘　Alt → option　Enter → return

パネルの表示状態を切り替える

004

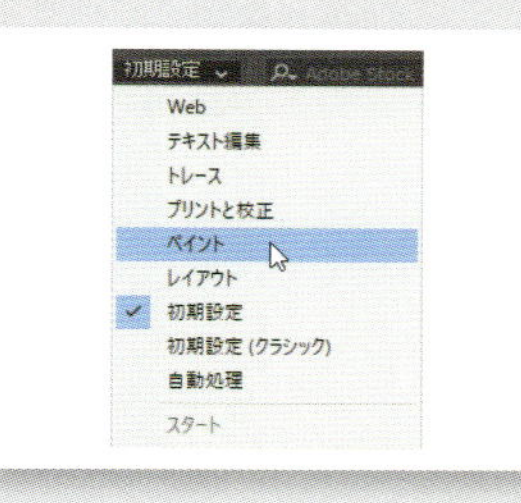

パネルの表示状態をワークスペースといいます。ワークスペースは、作業用途によってプリセットが用意されており、簡単に切り替えられます。

1 ワークスペースの初期状態は、[初期設定] です❶。このワークスペースを変更します。画面右上のワークスペース名をクリックし❷、表示されたメニューから [ペイント] を選択します❸。

❶初期設定のワークスペースの状態

❷クリック

❸選択

2 選択したワークスペースが適用され、表示されるパネルの種類や位置が変わりました❶。

❶ワークスペースが変わった

POINT

ワークスペースを初期状態に戻す

ワークスペースのメニューから [ワークスペース名をリセット] を選択すると、ワークスペースの初期状態に戻せます。

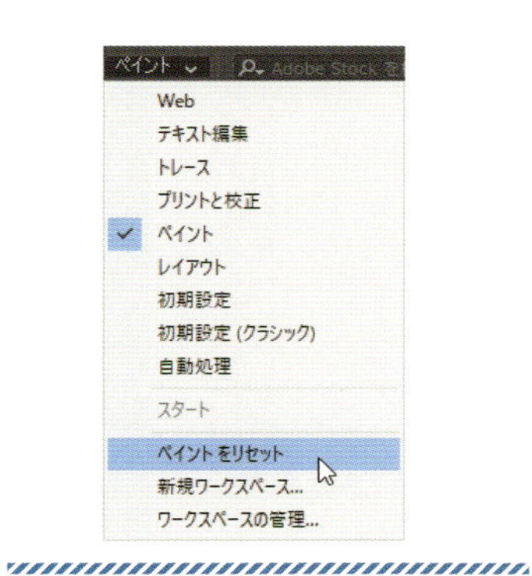

第1章 基本操作

005 パネルの位置をワークスペースとして登録する

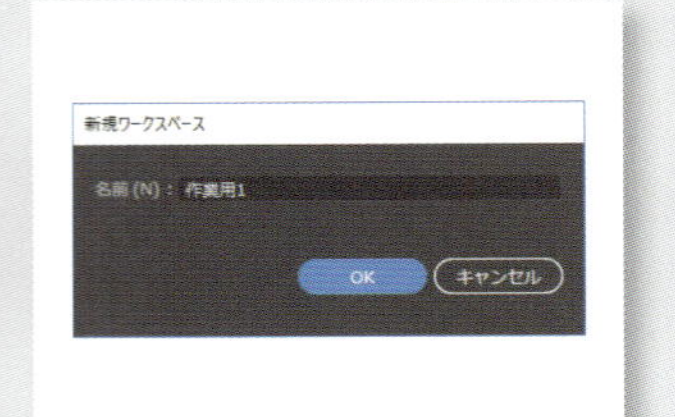

自分が使いやすいように表示したパネルや位置の状態は、ワークスペースとして登録できます。

1 作業しやすいように、パネルを表示し、配置します（どんな状態でもかまいません）❶。
この状態をいつでも使えるように登録します。

2 ワークスペース名をクリックして表示されるメニューから［新規ワークスペース］を選択します❶。［新規ワークスペース］ダイアログボックスが表示されるので、名称を入力し❷、［OK］をクリックします❸。

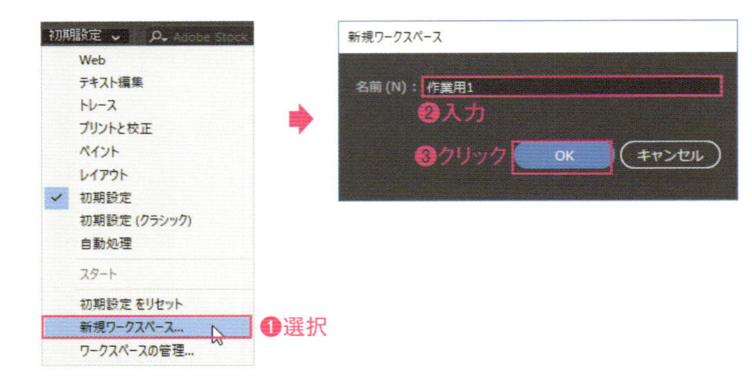

3 ワークスペースメニューに登録したワークスペースが追加されます❶。プリセットのワークスペースと同様に利用できます。

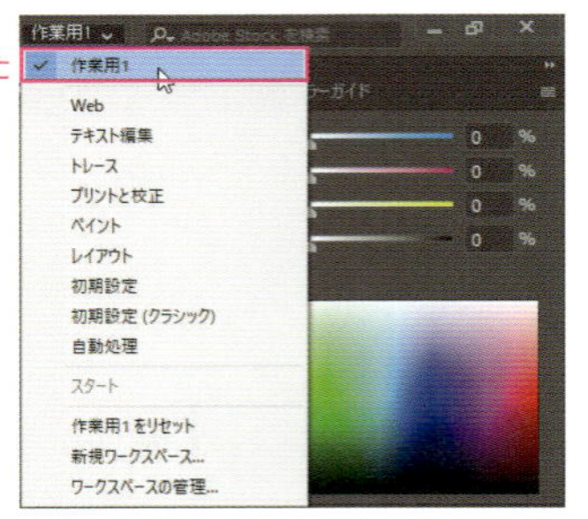

POINT

ワークスペースの管理

ワークスペース名をクリックして表示されるメニューから［ワークスペースの管理］を選択すると、［ワークスペースの管理］ダイアログボックスが表示され、ワークスペースの削除、名称の変更ができます。

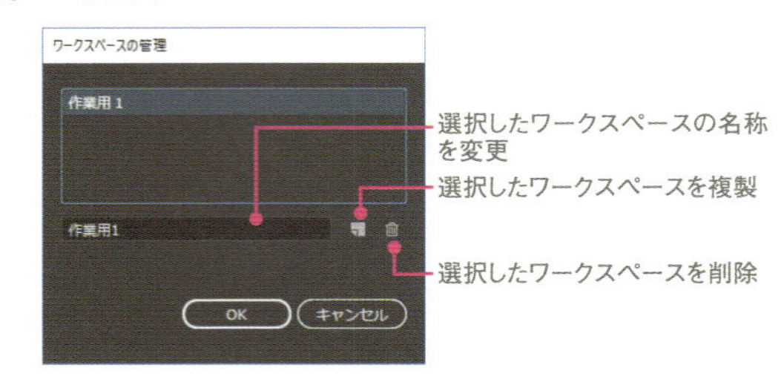

Macでは、キーは次のようになります。 Ctrl → ⌘　Alt → option　Enter → return

006 作業画面の色を変更する

Illustratorの作業画面は、メニューやツールの色が暗いグレー表示が初期設定です。この色は4種類の色から選択できます。お好みの色にして作業してください。

1 初期設定の画面です❶。パネルやメニューはやや暗めのグレーで表示されています。
[編集] メニュー (Macでは [Illustrator CC] メニュー) → [環境設定] → [ユーザーインターフェイス] を選択します❷。

❶初期設定の表示色

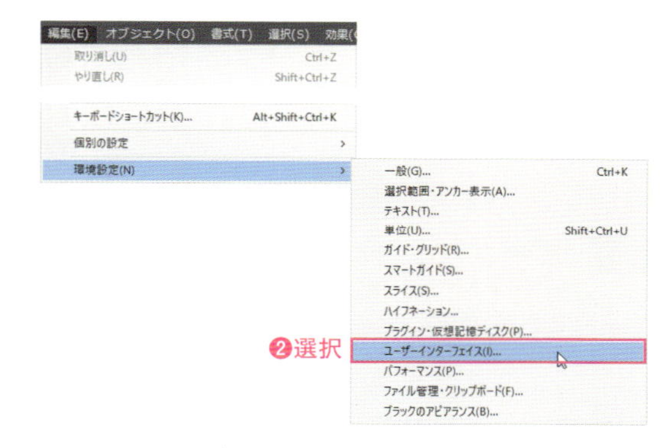

2 [環境設定] ダイアログボックスが表示されるので、[明るさ] のカラーをクリックして選択します❶。パネルやメニュー等の画面全体のカラーが変わります❷。[カンバスカラー] を [ホワイト] に設定して❸、[OK] をクリックします❹。アートボードの外側の色がホワイトに変わります❺。

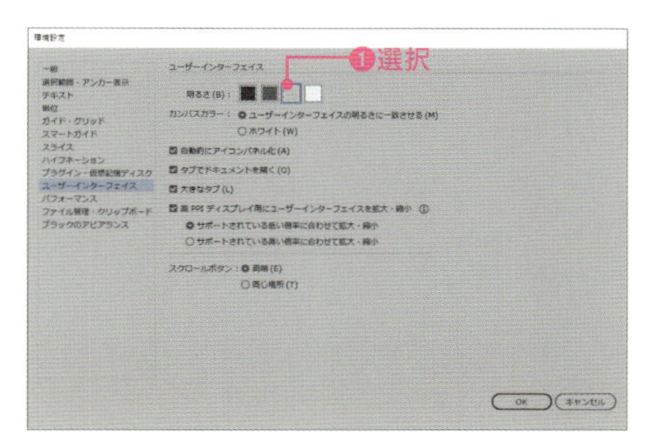

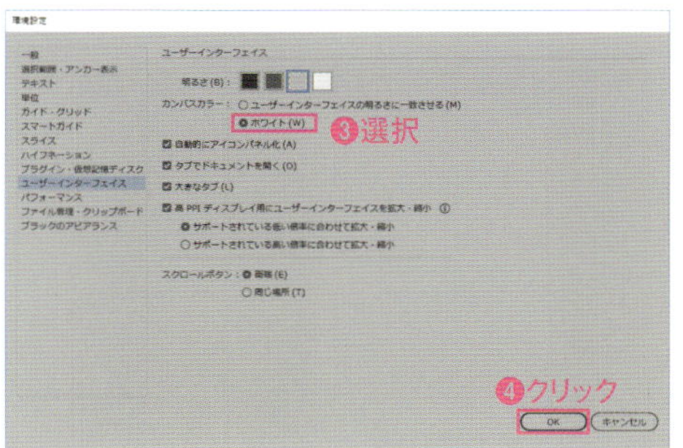

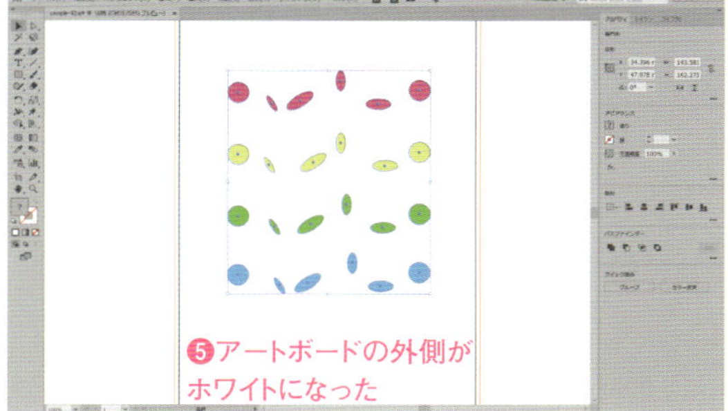

第1章 基本操作

新規ドキュメントを作成する

007

新規ドキュメントを作成する際には、作成目的に応じたプロファイルから、ドキュメントのサイズを選択するだけで、最適な新しい空のドキュメントを作成できます。

1 [ファイル] メニュー→ [新規] を選択します❶。

CC2015以降では、Illustratorの起動直後は、[スタート] ワークスペース画面の [新規作成] をクリックしてもよい

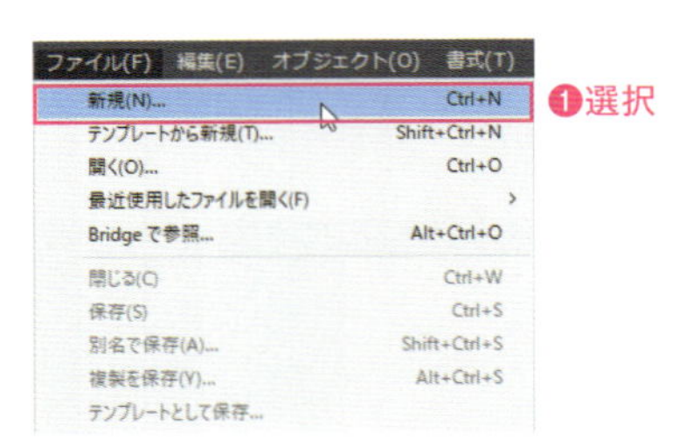

2 [新規ドキュメント] ダイアログボックスが表示されるので、上側に表示されたドキュメント作成の目的を選択します❶。[空のドキュメントプリセット] でドキュメントのサイズを選択します❷。右側に [プリセットの詳細] が表示されるので、サイズや方向、単位、アートボードの数を変更する場合に設定し❸、[OK] をクリックします❹。

CC2015.3以前の [新規ドキュメント] ダイアログボックスは、次ページ参照

3 [新規ドキュメント] ダイアログボックスで設定したカラーモード、サイズの空のドキュメントが開きます❶。

Macでは、キーは次のようになります。 Ctrl → ⌘ Alt → option Enter → return

CC2015.3 以前の［新規ドキュメント］ダイアログボックス

CC2015.3以前は、［新規ドキュメント］ダイアログボックスが異なります。プロファイルでドキュメント作成の目的を選択します❶。［アートボードの数］でアートボードの数を設定し❷、［サイズ］でドキュメントのサイズを設定します❸。［幅］や［高さ］、［単位］、［方向］の設定を変更する場合は設定し❹、［OK］をクリックします❺。

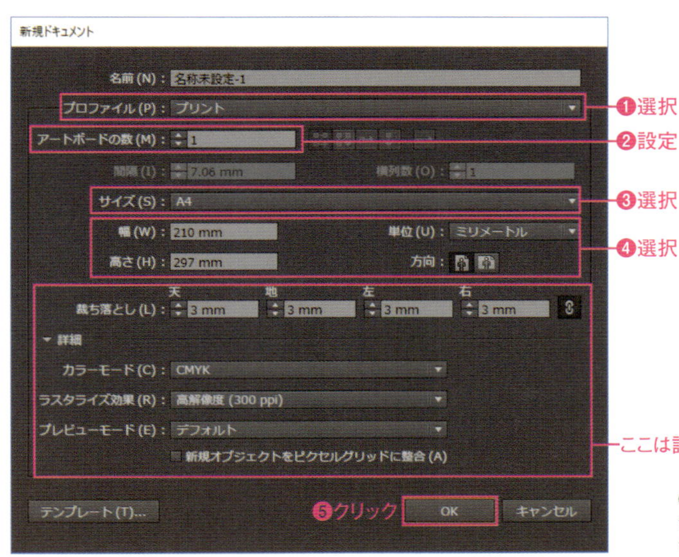

CC2017以降の［新規ドキュメント］ダイアログボックスで［詳細設定］をクリックするとこのダイアログボックスが表示される

POINT

カラーモード

用途に応じて、カラーモードを選択します。CMYKはおもに印刷物の制作用で、印刷に利用する4色のインクである、シアン（C）、マゼンタ（M）、イエロー（Y）、ブラック（K）で色を指定します。RGBはWebなどモニター表示を目的とした制作物の場合に使います。光の三原色であるレッド（R）、グリーン（G）、ブルー（B）で色を指定します。

POINT

アートボードと裁ち落とし

Illustratorでは、図形や画像を描画する領域をアートボードといいます。裁ち落としは、商用印刷で用紙の端まで印刷する場合、紙を裁断する際の余白を設定します。この余白が裁ち落としで、通常は裁ち落とし3mmです。裁ち落としを設定すると、アートボードの外側に赤いラインで表示されます

白い部分がアートボード
外側の赤いラインが裁ち落としライン

POINT

CC2017以降で以前の［新規ドキュメント］ダイアログボックスを使う

［編集］（Macでは［Illustrator CC］）メニュー→［環境設定］で表示される［環境設定］ダイアログボックスの［一般］で、［以前の「新規ドキュメント」インターフェイスを使用］にチェックを付けると、2015.3以前と同じ［新規ドキュメント］ダイアログボックスが表示されます。

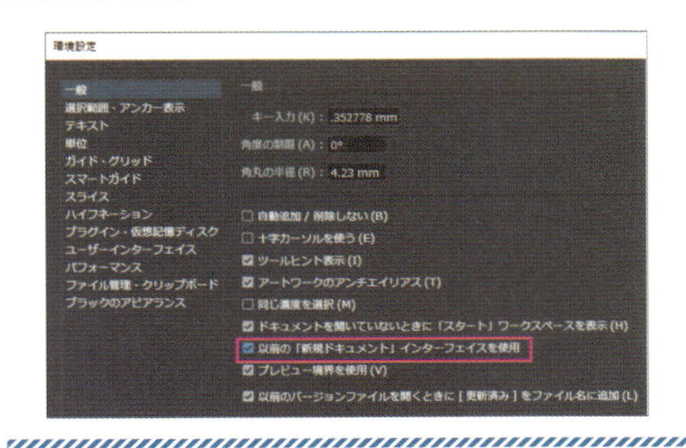

008 テンプレートから作成する

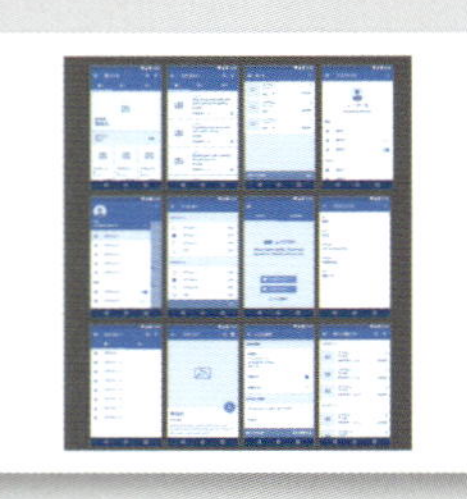

CC2017以降では、[新規ドキュメント] ダイアログボックスからAdobeStockに公開されているテンプレートを使って新規ドキュメントを作成できます。

1 [ファイル] メニュー→ [新規] を選択します❶。

CC2015以降では、Illustratorの起動直後は、[スタート] ワークスペース画面の [新規作成] をクリックしてもよい

ファイル(F) 編集(E) オブジェクト(O) 書式(T)
新規(N)... Ctrl+N
テンプレートから新規(T)... Shift+Ctrl+N
開く(O)... Ctrl+O
最近使用したファイルを開く(F)
Bridge で参照... Alt+Ctrl+O
閉じる(C) Ctrl+W
保存(S) Ctrl+S
別名で保存(A)... Shift+Ctrl+S
複製を保存(Y)... Alt+Ctrl+S
❶選択

2 [新規ドキュメント] ダイアログボックスが表示されるので、上側に表示されたドキュメント作成の目的を選択します❶。[テンプレート] で使用するテンプレートを選択し❷、[ダウンロード] を選択します❸。

ダウンロードは、テンプレートを使用する初回だけ必要

POINT

プレビュー

[プレビュー] をクリックすると、テンプレートの詳細をプレビュー表示できます。

Macでは、キーは次のようになります。 Ctrl → ⌘ Alt → option Enter → return

3 ダウンロードが完了したら、[開く] をクリックします❶。

4 テンプレートで使用されているフォントがパソコンの環境に入っていないときは、[環境に無いフォント] ダイアログボックスが表示されるので❶、[フォントを同期] をクリックします❷。

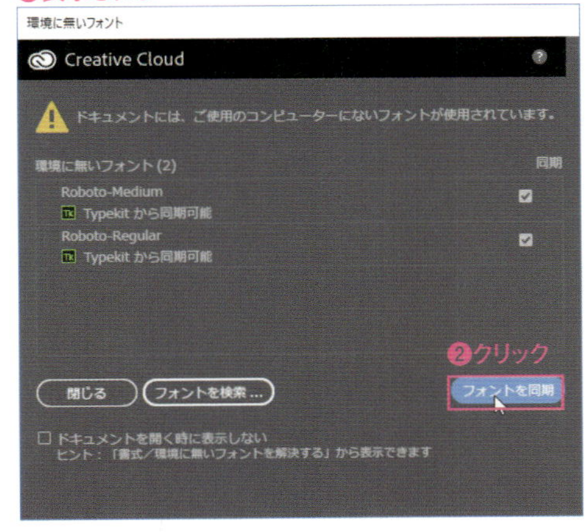

5 テンプレートが表示されます❶。オブジェクトは配置されていますが、未保存のファイルなので、編集したら名称を付けて保存してください。

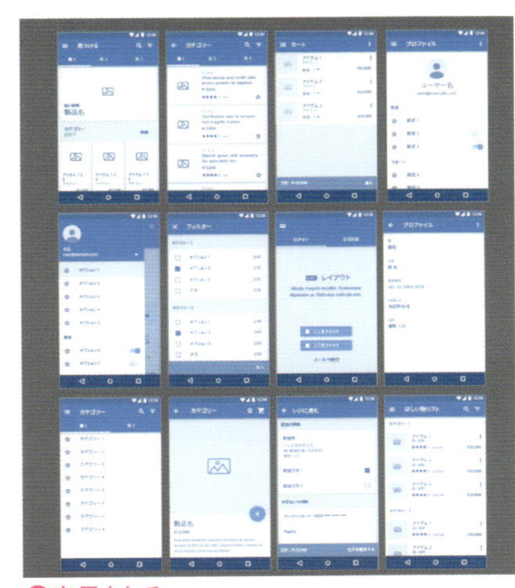

POINT

CC2015.3以前のテンプレート

[ファイル] メニュー→ [テンプレートから新規] を選択すると、以前のテンプレートファイルを使って新規ファイルを作成できます。

POINT

自作のテンプレート

Illustratorで作成したドキュメントを保存する際に、[Illustrator Template] を選択してIllustratorテンプレートファイルとして保存できます。
テンプレートファイルは、通常のIllustratorファイルと同様に開けますが、未保存の名称未設定ファイルとなります。

既存ファイルを開く

009

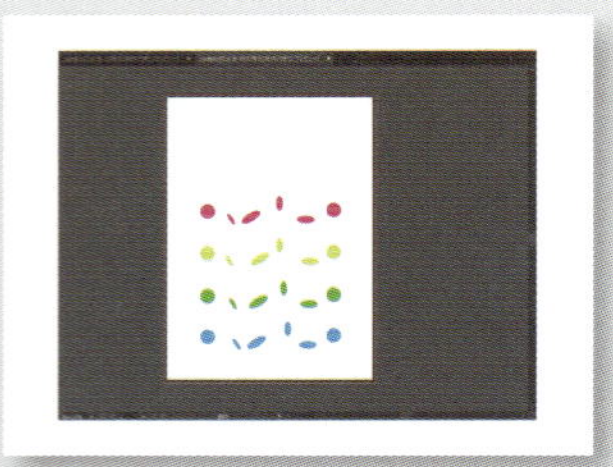

既存のファイルを開く方法はいくつかあります。ここでは、基本的な開き方や知っておくと便利な開き方を解説します。

[開く] ダイアログボックスで選択

もっとも基本的なファイルの開き方です。
[ファイル] メニュー→ [開く] を選択します❶。[開く] ダイアログボックスが表示されるので、ファイルを選択し（複数ファイルの選択可）❷、[開く] をクリックします❸。ファイルが表示されます❹。

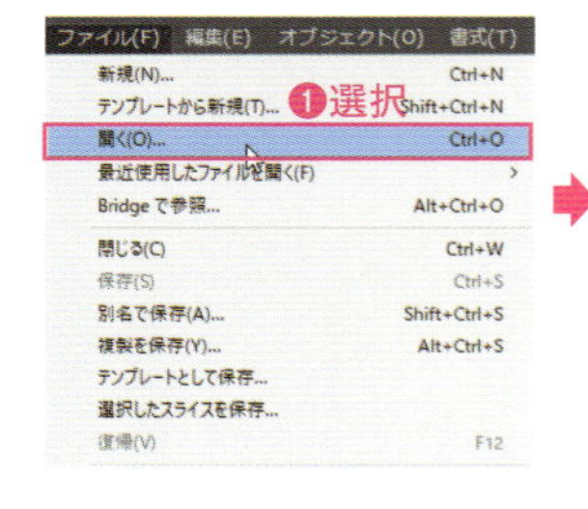

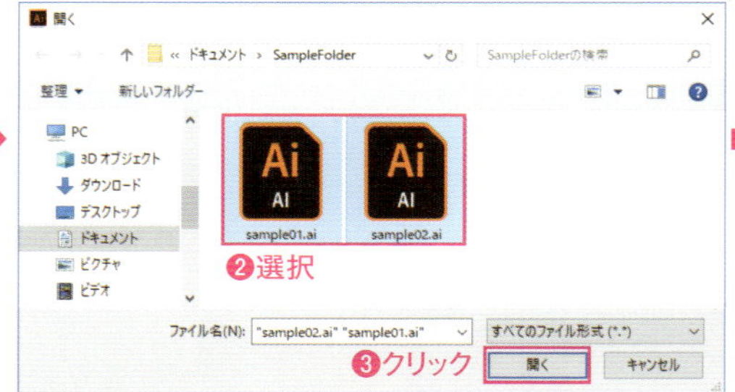

CC2015以降では、Illustratorの起動直後は、[スタート] ワークスペース画面の [開く] をクリックしてもよい

[スタート] ワークスペース画面から開く

CC2015以降では、Illustratorの起動直後の、[スタート] ワークスペース画面に、直近で開いたファイルのサムネールが表示され、クリックするとファイルを開けます❶。
ファイル名で絞り込んで表示したり❷、条件で並べ替えしたりできます❸。

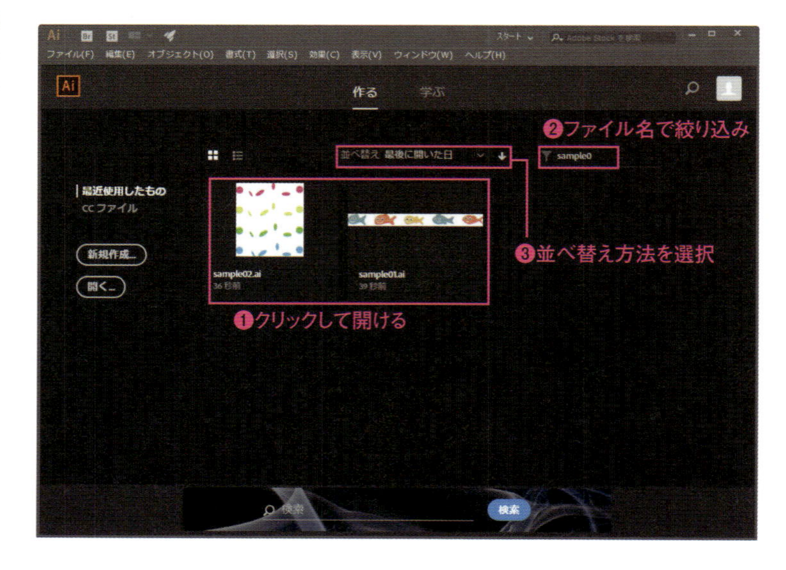

Macでは、キーは次のようになります。 Ctrl → ⌘ Alt → option Enter → return

[最近使用したファイル] から開く

[ファイル] メニュー→ [最近使用したファイル] から、最近使用したファイルを選択して開けます❶。

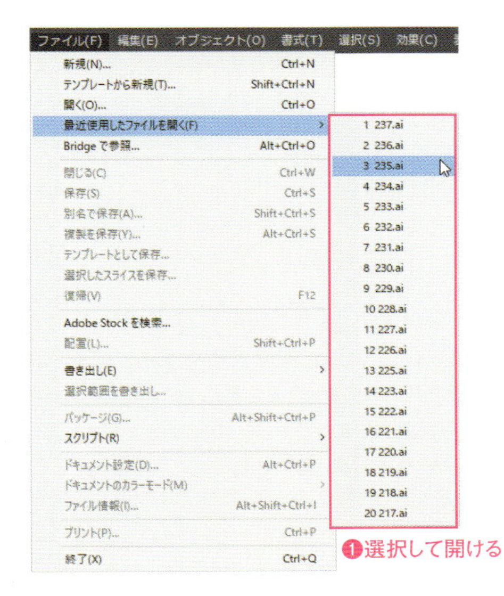

POINT

[最近使用したファイル] の表示数

[最近使用したファイル] の表示数は、[編集] (Macでは [Illustrator CC]) メニュー→ [環境設定] で表示される [環境設定] ダイアログボックスの [ファイル管理・クリップボード] の、[最近使用したファイルの表示数] で設定できます (0～30が設定可能)。

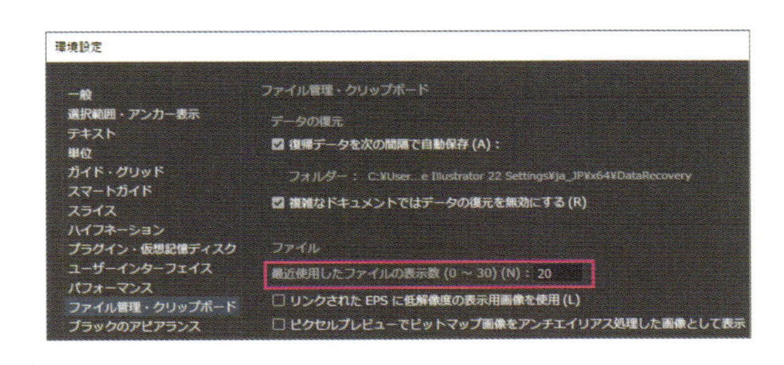

ドラッグ＆ドロップで開く

エクスプローラーウィンドウ (Macでは Finder ウィンドウ) に表示した Illustrator ファイルを、Illustrator の画面にドラッグして開けます❶。すでにドキュメントが開いているときは、ファイル名の表示されているタブの右側のグレー部分にドラッグしてください。

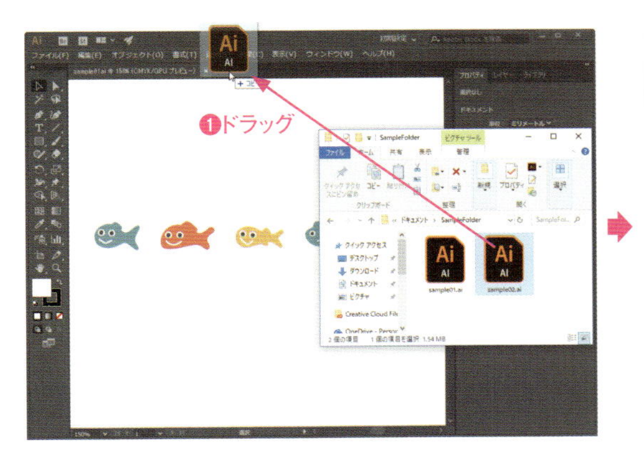

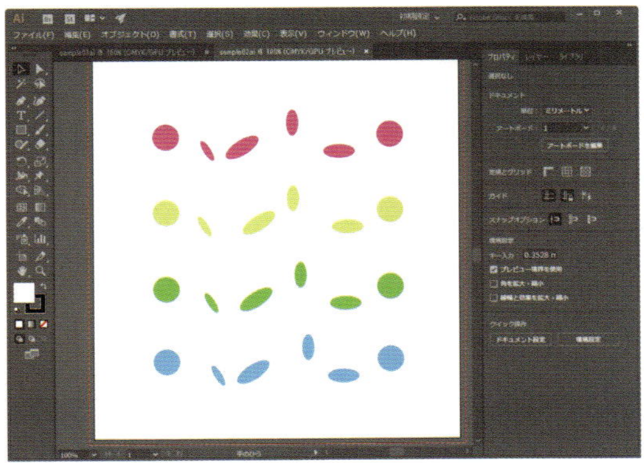

POINT

ダブルクリックでの表示

エクスプローラーウィンドウ (Macでは Finder ウィンドウ) で、Illustrator ドキュメントのアイコンをダブルクリックしても開くことができます。ただし、バージョンの異なる Illustrator がインストールされているときは、開きたいバージョンの Illustrator で開かないこともあるのでご注意ください。

010 ファイルを開いたときのエラーに対処する

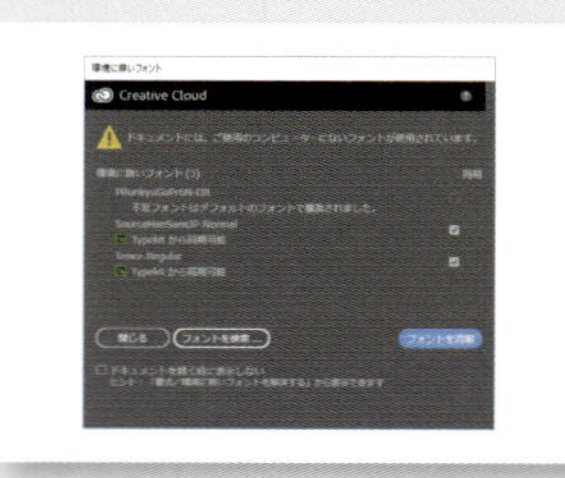

ほかのユーザーが作成したIllustratorファイルを開くと、警告ダイアログボックスが表示されることがあります。ここでは対処方法を説明します。

フォントの警告

よくあるのが［環境に無いフォント］ダイアログボックスによるフォントの警告です。ドキュメント内で使用されているフォントが、開いたパソコンにインストールされていないときに表示されます❶（CC（Ver.17）では［フォントの警告］ダイアログボックスが表示されます❷）。対処方法としては、「フォントをインストールする」か「ほかのフォントに置き換える」かのどちらかしかありません。Typekitにフォントがあれば、［フォントを同期］をクリックすればすぐに同期できます❸（CC（Ver.17）ではできないので手作業で同期してください）。同期できないときは、作成したユーザーに連絡してフォントをもらってください。ただし、和文フォントにはコピー不可のものが多いので、その場合は購入する必要があります。
デザイン的にフォントを変更していい場合は、フォントを置換してください（P.299 の「使用中のフォントをほかのフォントに変更する」を参照）。パソコンにインストールされていないフォントは、代替フォントで表示され、ピンク色でハイライト表示されます❹。

❶表示される

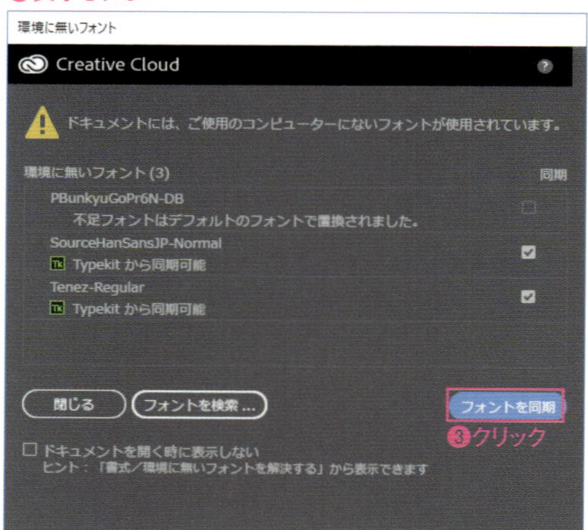

「CC（Ver.17）」は、2013年にリリースされたIllustrator CCの初代バージョンのこと

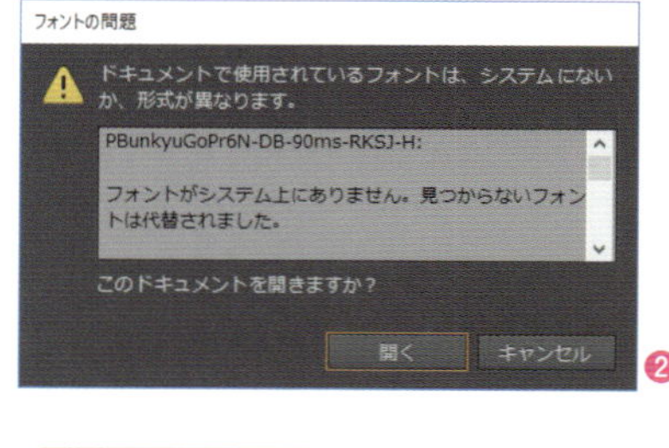

❷CCでの警告

❹代替表示されたフォントはピンク色でハイライト表示される

CC（Ver.17）では、［ファイル］メニュー→［ドキュメント設定］を選択し［ドキュメント設定］ダイアログボックスの［代替フォントを強調表示］をチェックを付ける

カラープロファイルの警告

ファイルに埋め込まれたカラープロファイルと、自分の作業環境のカラープロファイルが異なると警告が表示されることがあります。通常は「作業用スペースの代わりに埋め込みプロファイルを使用する」（［プロファイルなし］ダイアログボックスでは「そのままにする（カラーマネージメントなし）」）を選択しておくとよいでしょう❶。
この警告ダイアログボックスは、［編集］メニュー→［カラー設定］の設定［カラー設定］で、初期設定の「一般用-日本2」が選択されていれば表示されません。

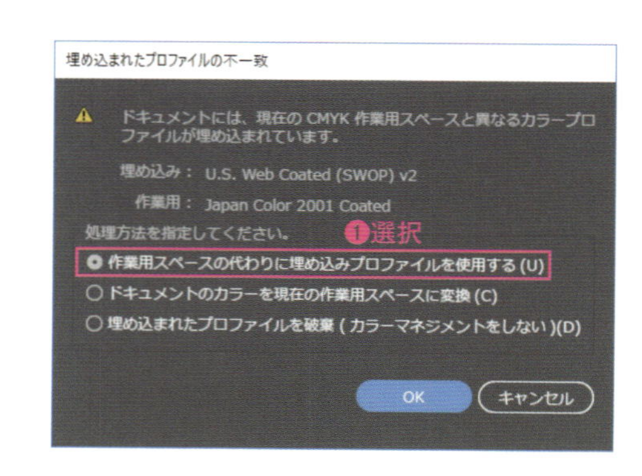

Macでは、キーは次のようになります。 Ctrl → ⌘　Alt → option　Enter → return

011 複数ドキュメントをタブ形式以外で表示する

Illustratorでは、複数のファイルを開くと、タブでまとまって表示されます。
タブではなく、並べて表示したり、独立して表示することも可能です。

ドキュメントを独立ウィンドウで開く

複数のドキュメントを開くと、タブで表示されます。タブ部分をドラッグすると❶、そのドキュメントだけ独立したウィンドウで表示できます❷。

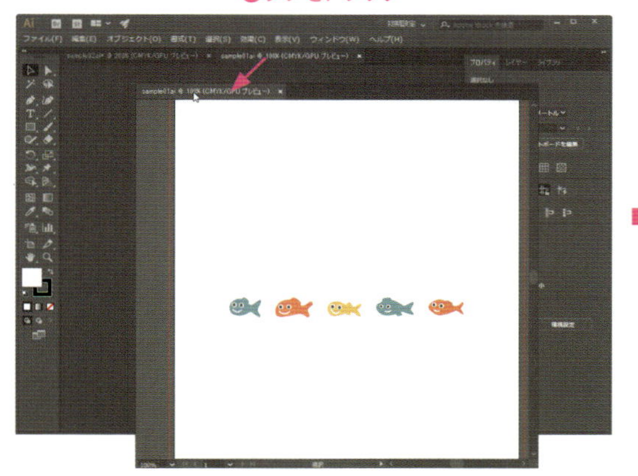

独立したウィンドウを、元のタブ部分にドラッグすると元に戻せる

並べて開く

をクリックして❶、表示されるリストからレイアウト方法を選択すると❷、複数のドキュメントを並べて表示されます❸。

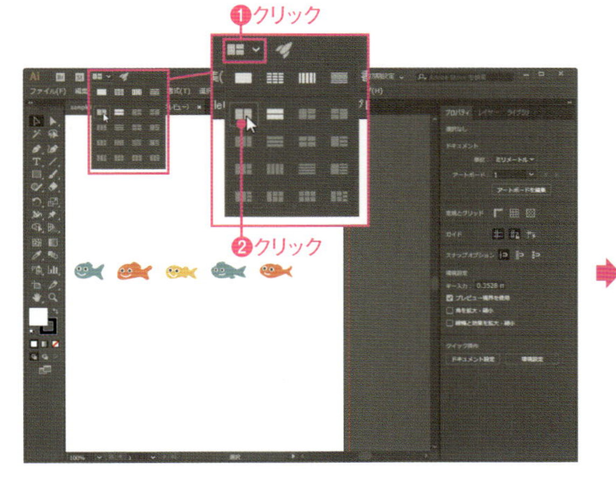

第1章 基本操作

ファイルを保存する

012

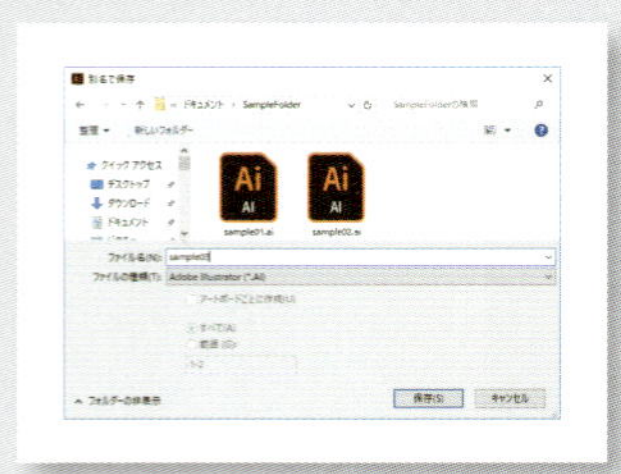

アートワークは早めに名称をつけて保存しましょう。作業中もキーボードショートカットを使ってこまめに保存することを心がけてください。

1 [ファイル] メニュー→ [保存] を選択します❶。はじめて保存するときは [別名で保存] ダイアログボックスが表示されるので、保存場所を選択し❷、[ファイル名] (Macでは [名前]) にファイル名を入力して❸、[保存] をクリックします❹。

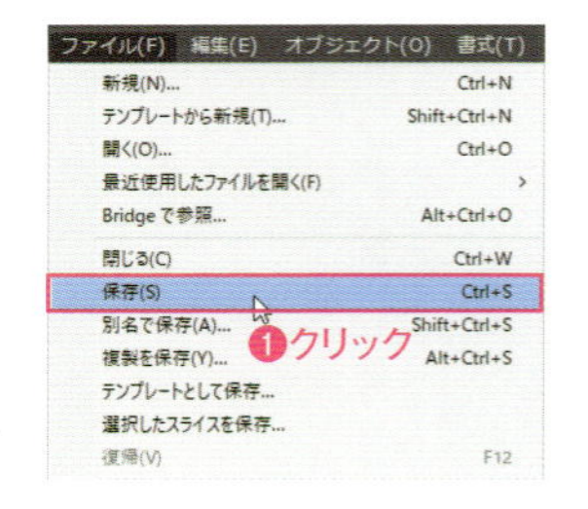

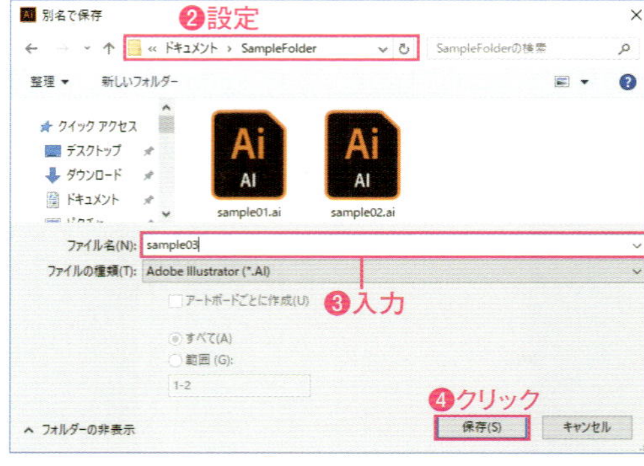

POINT

別名で保存、複製を保存

[別名で保存] は、作業中のファイルを別名で保存して、そのファイルが作業ファイルになります。[複製を保存] は、作業ファイルの内容を別名で保存しますが、作業ファイルは元のままになります。

POINT

キーボードショートカットでこまめに保存

保存のキーボードショートカットは、Ctrl + S です。こまめに保存してください。

2 [Illustratorオプション] ダイアログボックスが表示されるので、オプションを設定し❶、[OK] をクリックします❷。

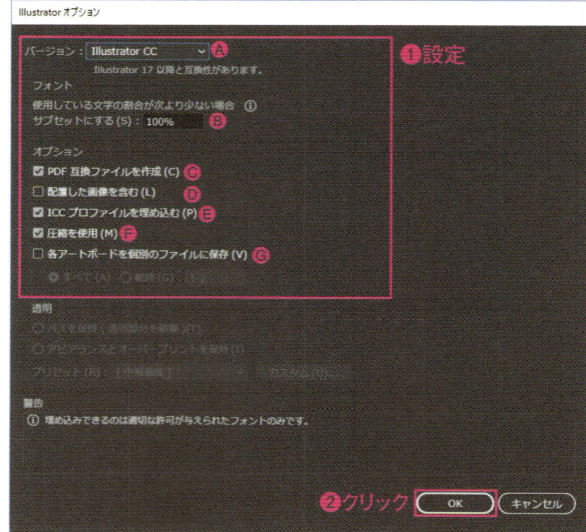

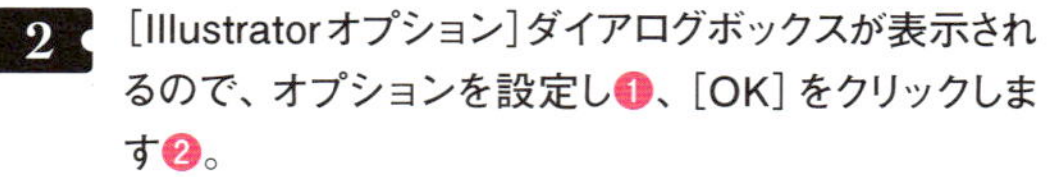

Ⓐバージョンを選択 (通常は「Illustrator CC」)
Ⓑフォントを埋め込むサブセットの割合を設定する (通常は100%)
ⒸPDF互換ファイルを含めるときはチェック (通常はチェック)
Ⓓ配置画像を埋め込んで保存するにはチェック
Ⓔカラープロファイルを埋め込む場合にはチェック (通常はチェック)
Ⓕファイルを圧縮 (通常はチェック)
Ⓖアートボードを個別のファイルに保存するにはチェック

Macでは、キーは次のようになります。 Ctrl → ⌘ Alt → option Enter → return

下位バージョンで保存する

013

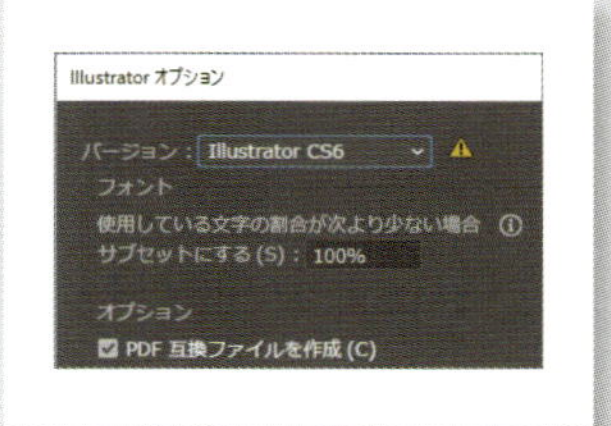

下位バージョンで保存するには、[Illustratorオプション]ダイアログボックスで設定します。
作成したバージョンのデータは残してください。

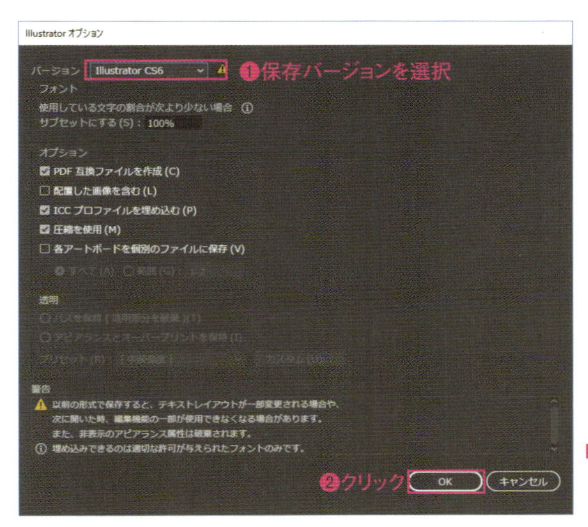

下位バージョンで保存するときも、保存の手順は同じです。[Illustratorオプション]ダイアログボックスの[バージョン]で、保存するバージョンを選択して❶、[OK]をクリックします❷。警告ダイアログボックスが表示されるので、[OK]をクリックします❸。

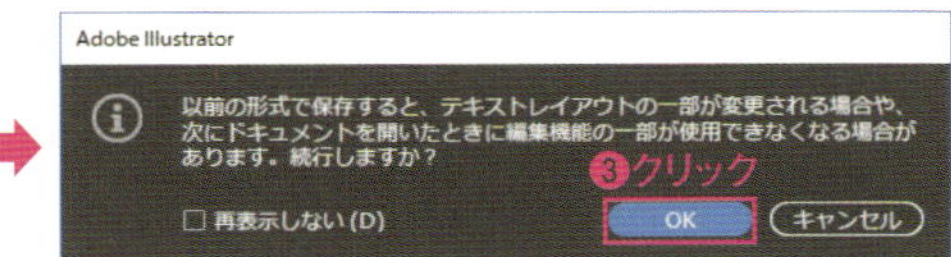

POINT

使用しているバージョンのデータを残す

下位バージョンで保存すると、テキストのレイアウトが崩れたり、パスが編集できない状態になったりします。
下位バージョンで保存するときは、使用しているIllustratorのバージョンでのデータを必ず残してください。
同じファイル名で上書き保存することは避けてください。
また、テキストのレイアウトを保持して下位バージョンで保存するには、すべてアウトライン化してください。

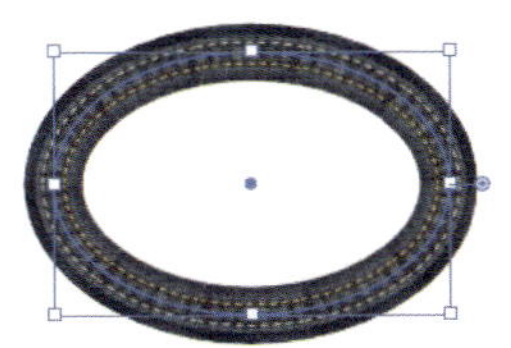

CC以降に追加された画像を使ったブラシ機能を使ったオブジェクト

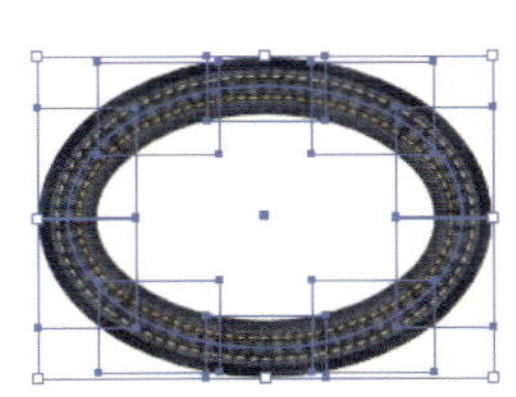

CS6で保存すると、画像に分割されてしまう

POINT

Ver8以前のバージョンで保存

Ver8以前のバージョンで保存するときは、[透明]の[アピアランスとオーバープリントを保持]を選択してください。

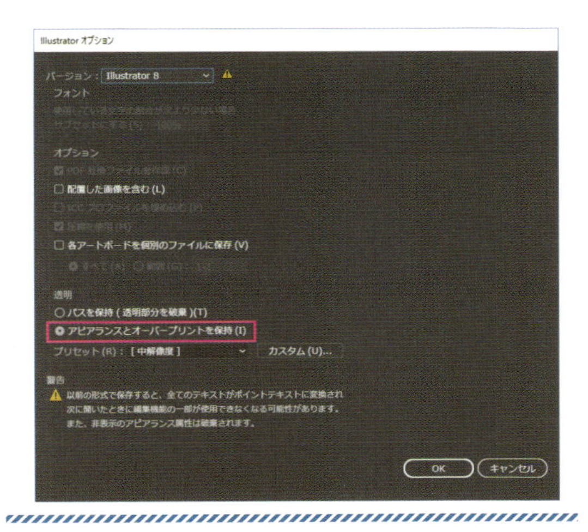

第1章 基本操作

014 ひとつのファイルに複数のページを作る

Illustratorでは、複数のアートボードを作成できます。ページ数の少ないフライヤーなら、ひとつのファイルで作成できます。

1 サンプルファイルを開きます。アートボードがひとつのファイルが開きます❶。アートボードパネルを開き、[新規アートボード] をクリックします❷。

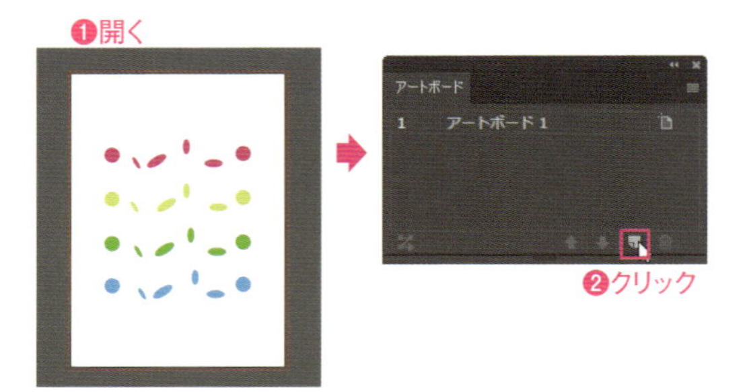

2 同じサイズで白紙のアートボードが追加されます❶。アートボードパネルには、新しい「アートボード2」が追加されます❷。

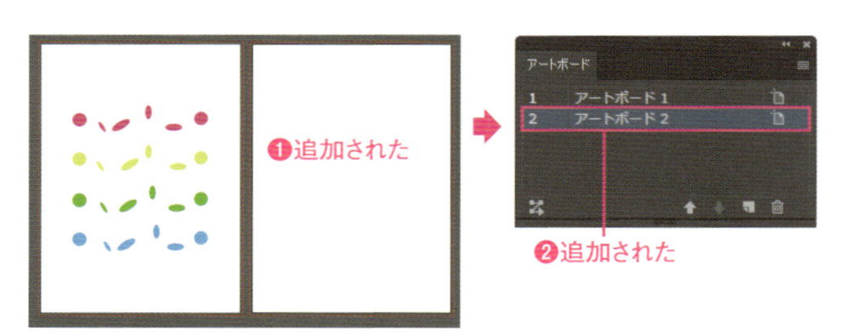

3 アートボードパネルの「アートボード1」を[新規アートボード] にドラッグします❶。「アートボード1」が複製されます❷。アートボードパネルには「アートボード1のコピー」が作成されます❸。

4 アートボードパネルのアートボード名称をダブルクリックすると、名称を編集できます❶。

POINT

新規作成時に複数のアートボードを作る

[新規ドキュメント] ダイアログボックスの [アートボード] で、新規作成時に複数のアートボードを作成できます。

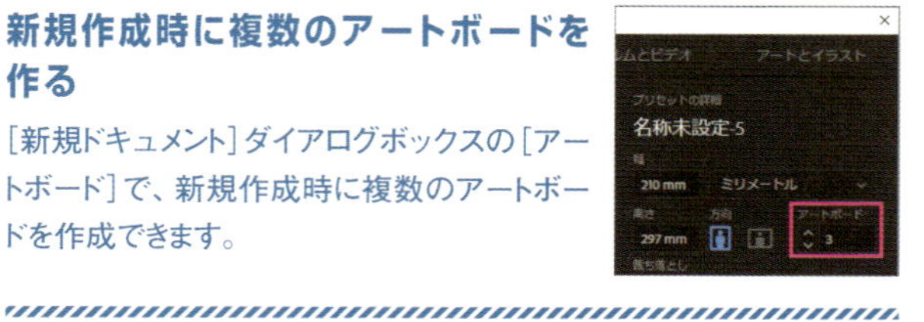

Macでは、キーは次のようになります。 Ctrl → ⌘ Alt → option Enter → return

015 アートボードの形状を変更する

アートボードは、アートボードツールを使って追加したり、形状を変更したり、配置位置を変更できます。

第1章 ► 015.ai

1 サンプルファイルを開きます。アートボードがひとつのファイルです。アートボードツールを選択し❶、アートボードの右側でドラッグします❷。ドラッグしたサイズのアートボードが作成されます❸。アートボードは選択された状態になります。

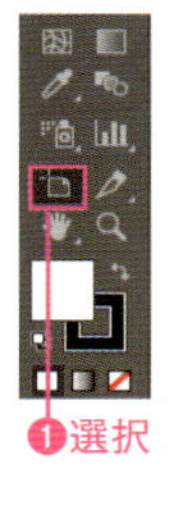

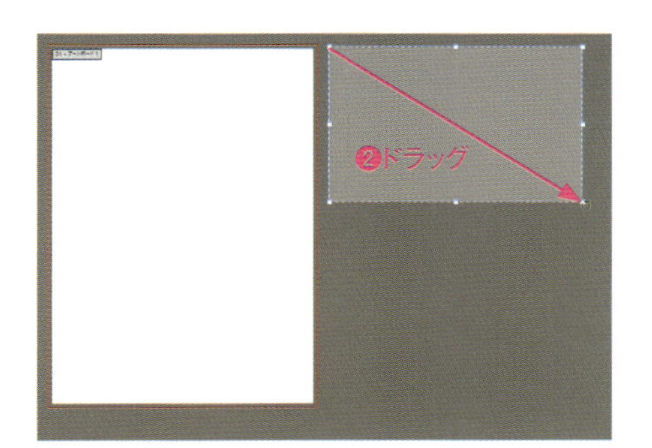

2

プロパティパネル（コントロールパネルでも可）で、基準点を左上に設定して❶、［W］に「150mm」❷、［H］に「200mm」を入力します❸。指定したサイズの大きさに変わります❹。

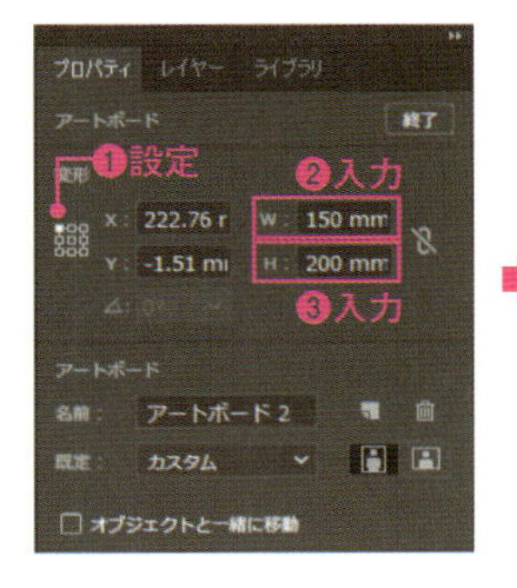

3 選択されているアートボードの内側をドラッグすると❶、配置位置を変更できます。また、周囲に表示されているハンドルをドラッグすると❷、形状を変更できます。

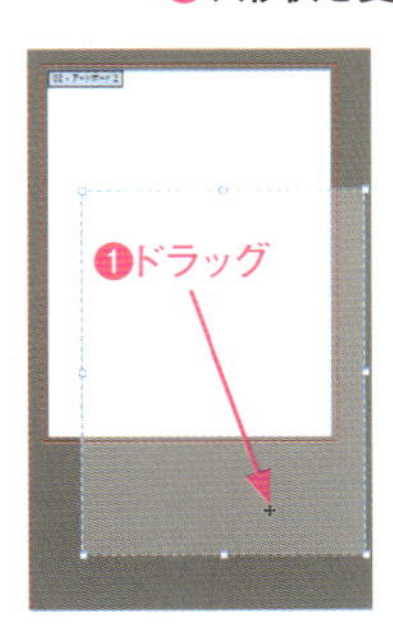

Point

オブジェクトがあるときのアートボードの移動

プロパティパネルの［アートボード］の［オブジェクトと一緒に移動］にチェックが付いている場合❶（コントロールパネルの［オブジェクトと一緒に移動またはコピー］がオン❷）、アートボードを移動すると、アートボード上のオブジェクトも一緒に移動します。

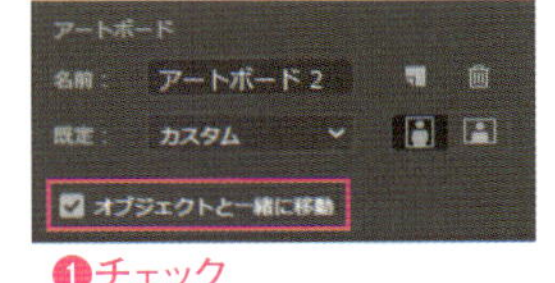

016 アートボードの順番を入れ替える

アートボードはアートボードパネルで管理します。アートボードのレイアウトや並び順は、アートボードパネルの状態に再配置できます。

1 サンプルファイルを開きます。アートボードが5つのファイルが開きます❶。アートボードパネルを開きます。「アートボード1」が一番左、順番に右隣が「アートボード2」で、一番右が「アートボード5」となっています❷。

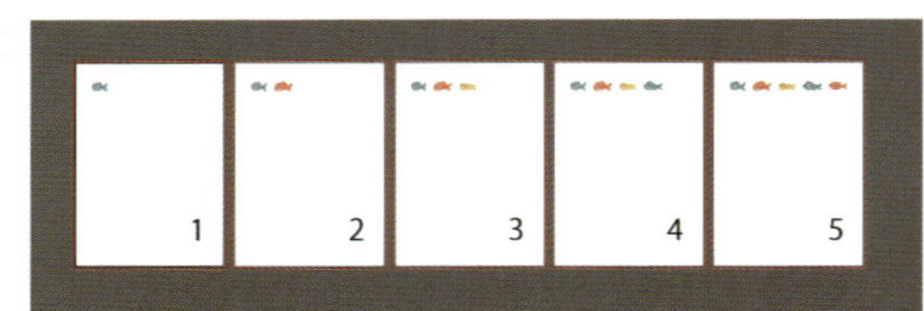

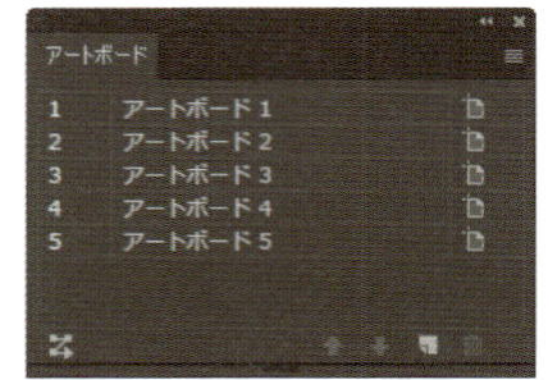

2 アートボードパネルで、「アートボード2」をドラッグして「アートボード4」の下に移動します❶。同様に、「アートボード5」を「アートボード3」の下にドラッグして移動します❷。アートボードパネル上の並びは変わりましたが、実際のアートボードの並びは変わりません。

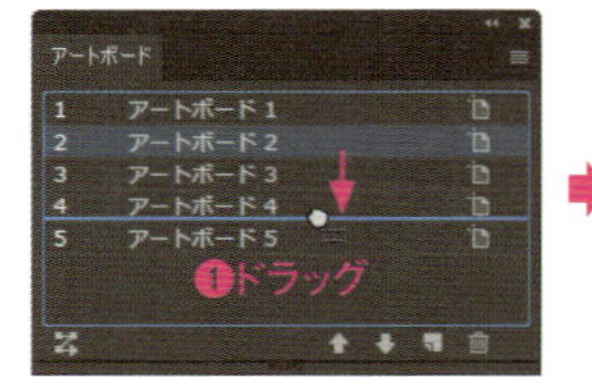

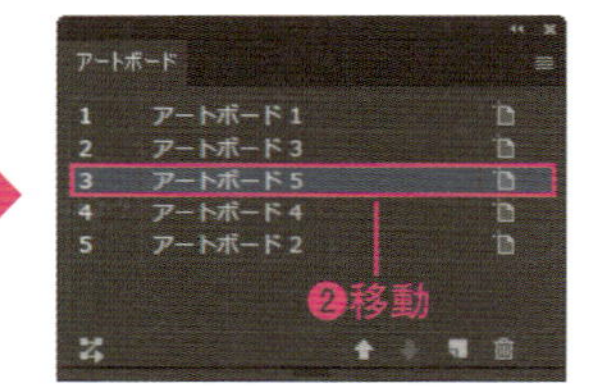

3 アートボードパネルメニューから［すべてのアートボードを再配置］を選択します❶。

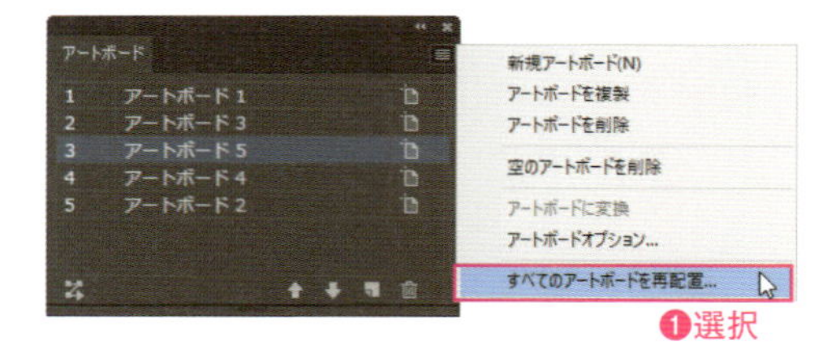

4 ［すべてのアートボードを再配置］ダイアログボックスが表示されるので、［横列数］を「3」に設定し❶、［OK］をクリックします❷。アートボードの並びが、アートボードパネルの順番に変わり、レイアウトも［すべてのアートボードを再配置］ダイアログボックスで設置したレイアウトになります❸。

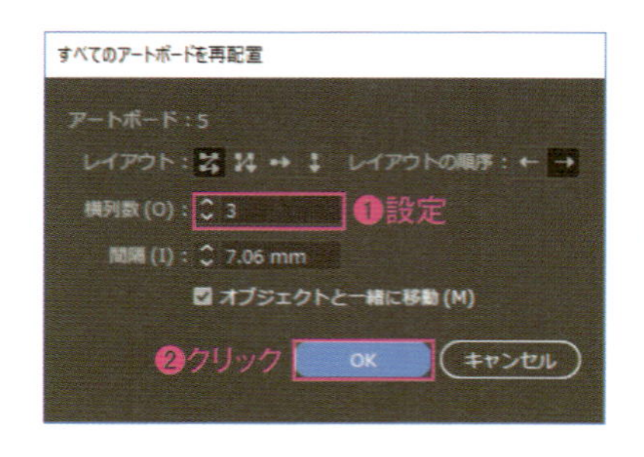

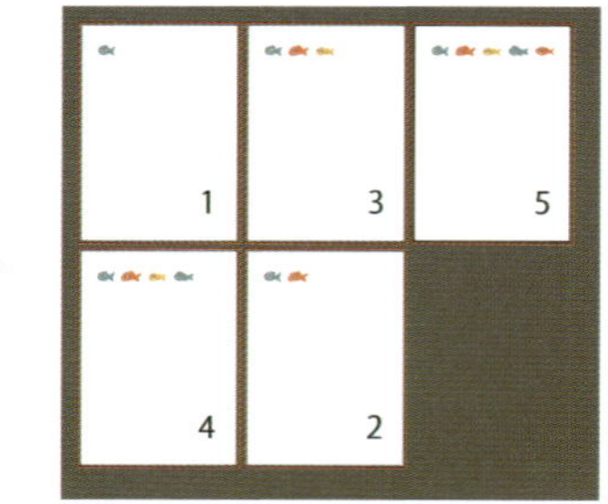

Macでは、キーは次のようになります。 Ctrl → ⌘ Alt → option Enter → return

017 Photoshop形式で書き出す

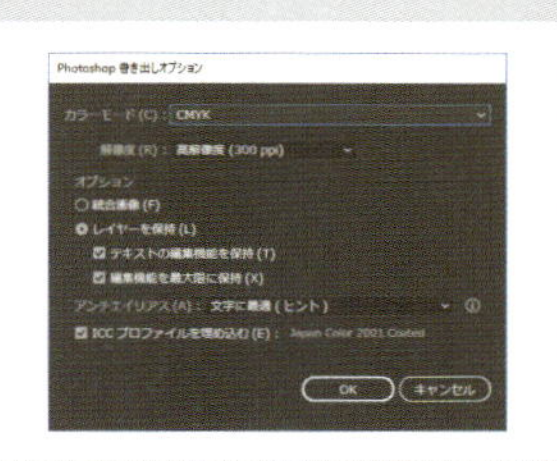

Illustratorのアートワークを Photoshop形式で書き出せます。ベクトル図形はラスタライズされたビットマップ画像になりますが、テキストは編集できる状態で書き出せます。レイヤーも保持できます。

1 サンプルファイルを開きます❶。文字は「テキスト」レイヤー、グラフィックは「オブジェクト」レイヤーに配置されています❷。

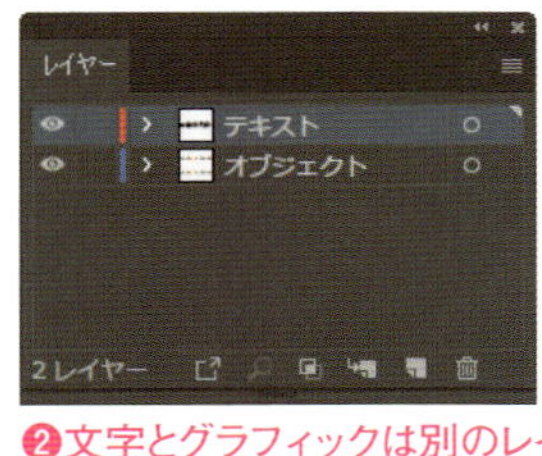

❷文字とグラフィックは別のレイヤーになっている

2 [ファイル]メニュー→[書き出し]→[書き出し形式](CC2015以前は[ファイル]メニュー→[書き出し])を選択します❶。[書き出し]ダイアログボックスが表示されるので、[ファイルの種類](Macでは[ファイル形式])に[Photoshop (*.psd)]を選択し❷、[書き出し]をクリックします❸。

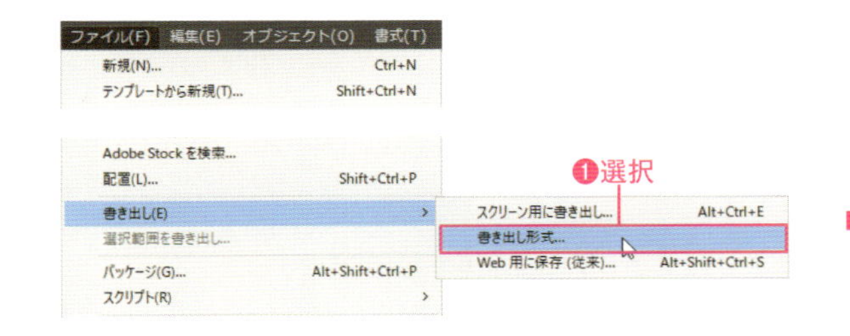

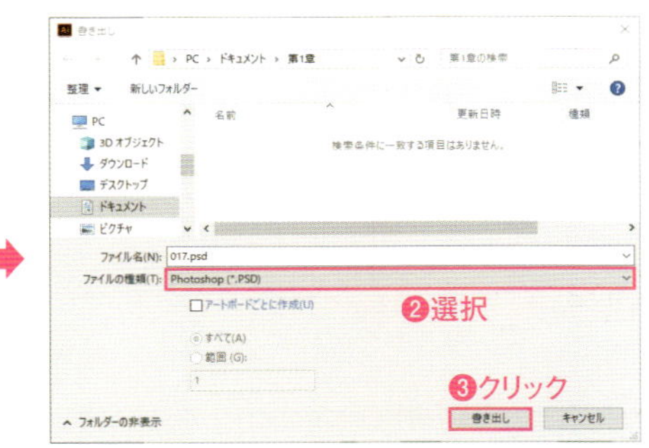

3 [Photoshop書き出しオプション]ダイアログボックスが表示されるので、[カラーモード]、[解像度]、オプションを設定し❶、[OK]をクリックします❷。Photoshop形式で書き出されます。

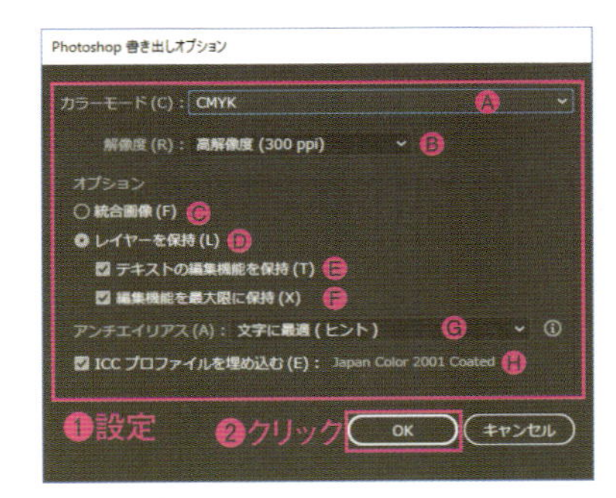

Ⓐカラーモードを選択(通常はIllustratorドキュメントと同じ)。印刷用ならCMYK、Web用ならRGB
Ⓑ解像度を選択。印刷用となら高解像度、Web用ならスクリーン
Ⓒレイヤーを統合した画像で書き出す
Ⓓレイヤーを保持して書き出す
Ⓔテキストの編集機能を保持したまま書き出す
Ⓕ Photoshopでの編集機能を保持した状態で書き出す
Ⓖ文字のアンチエイリアスの種類を選択
Ⓗカラープロファイルを埋め込む場合にはチェック

第1章 基本操作

018 PDFで保存する

Illustratorのデータは、PDFで保存できます。デザインの確認などに利用するだけでなく、印刷の入稿データとしても利用します。PDFは、Adobe Readerなどで表示できるだけでなく、Illustratorでそのまま開くこともできます。

第1章 ▶ 018.ai

1 サンプルファイルを開きます❶。[ファイル]メニュー→[別名で保存]を選択します❷。[別名で保存]ダイアログボックスが表示されるので、[ファイルの種類](Macでは[ファイル形式])に[Adobe PDF (*.PDF)]を選択し❸、[保存]をクリックします❹。

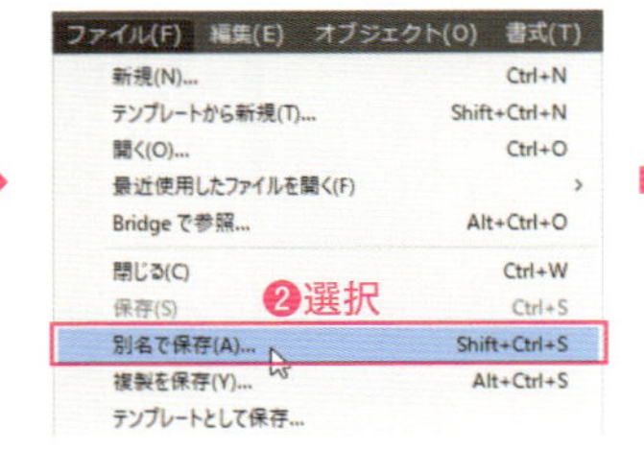

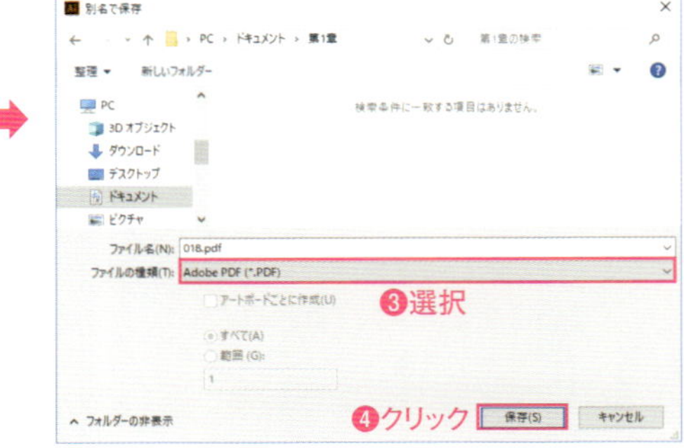

2 [Adobe PDFを保存]ダイアログボックスが表示されます。[Adobe PDFプリセット]で[Illustrator初期設定]を選択します❶。

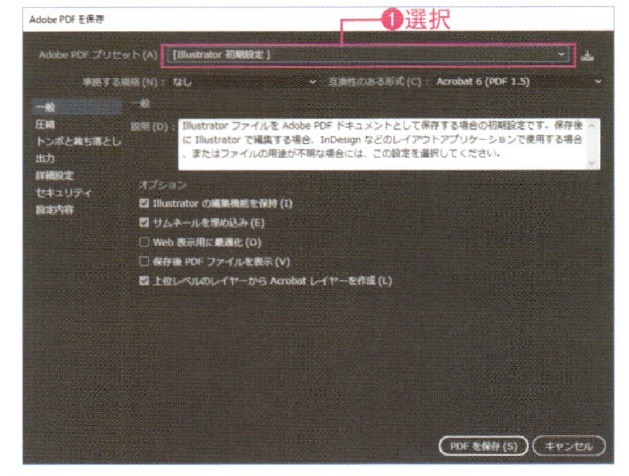

ドキュメントの品質を落とさずに、Illustratorの編集機能を保持した状態のPDFにするには[Illustrator初期設定]を選択
商用印刷の入稿用のPDFであれば、[PDF/X1-a]や[PDF/X4]を選択
画像等の品質を落としても、ファイルサイズを軽くするなら[最小ファイルサイズ]を選択

3 [トンボと裁ち落とし]を選択し❶、[すべてのトンボとページ情報をプリント]❷と、[ドキュメントの裁ち落とし設定を使用]にチェックを付けます❸。設定したら[PDFを保存]をクリックします❹。

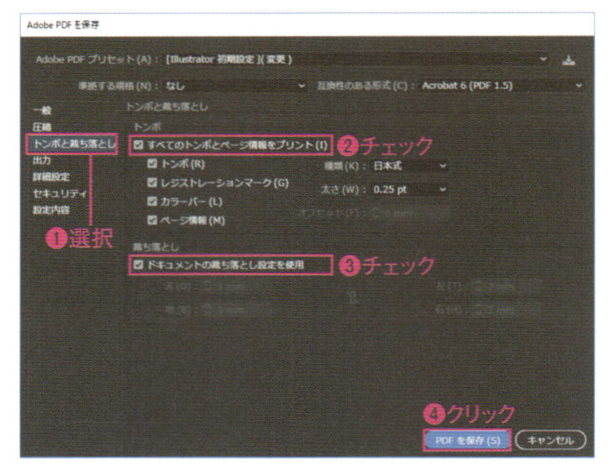

Web用など、印刷用途でなければ、[すべてのトンボとページ情報をプリント]をチェックを付ける必要はない
[ドキュメントの裁ち落とし設定を使用]をチェックを付けると、ドキュメントの裁ち落とし幅(通常3mm)の裁ち落としトンボが作成される
チェックを外した場合は、その下の天地左右で幅を設定する

Macでは、キーは次のようになります。 Ctrl → ⌘ Alt → option Enter → return

4 保存したPDFをAdobe AcrobatなどのPDFビューワーで表示します❶。アートワークとともに、用紙サイズのトンボも一緒に書き出されているのがわかります❷。

❶開く

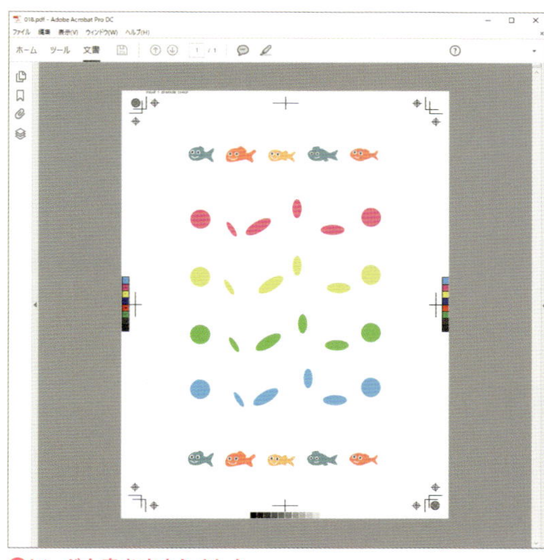

❷トンボも書き出されました

POINT

パスワードや編集制限を設定

[Adobe PDFを保存]ダイアログボックスの[セキュリティ]では❶、開くときのパスワード設定や、PDFビューワーでの編集制限を設定できます。
[ドキュメントを開くときにパスワードが必要]にチェックを付けると、設定したパスワードがないとPDFを開けなくなります❷。
[セキュリティと権限の設定変更にパスワードを要求]にチェックを付けると❸、設定した権限パスワードがないと、Adobe AcrobatなどのPDF編集ソフトで編集できなくなります。また、PDF閲覧者に、プリントの制限やコピーの制限等を設定できます。

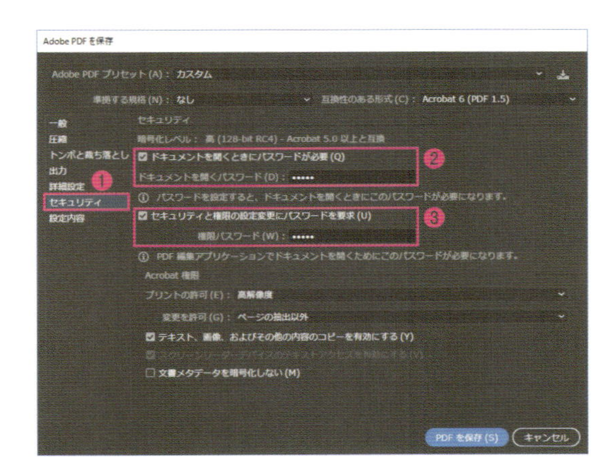

POINT

印刷用ならPDF/Xで書き出す

印刷用途のPDFなら、[Adobe PDFプリセット]で[PDF/X1-a]や[PDF/X4]を選択します❶。
また、[PDF/X1-a]や[PDF/X4]を選択しても、トンボは設定されないので、[トンボと裁ち落とし]❷で必要なトンボにチェックを付けてください❸。
詳細は、印刷会社の指示に従ってください。

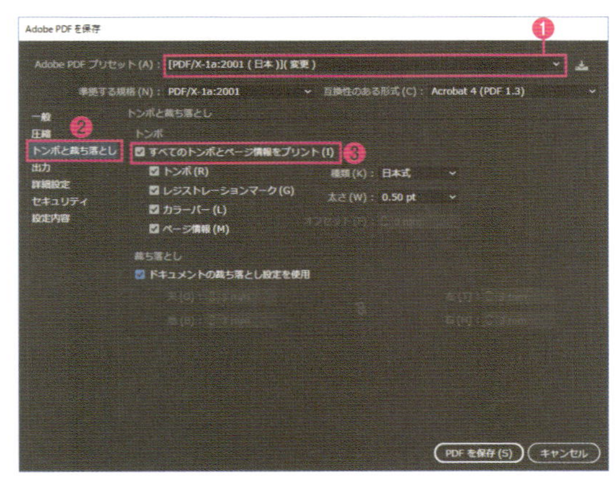

部分的にPDFで書き出す

019

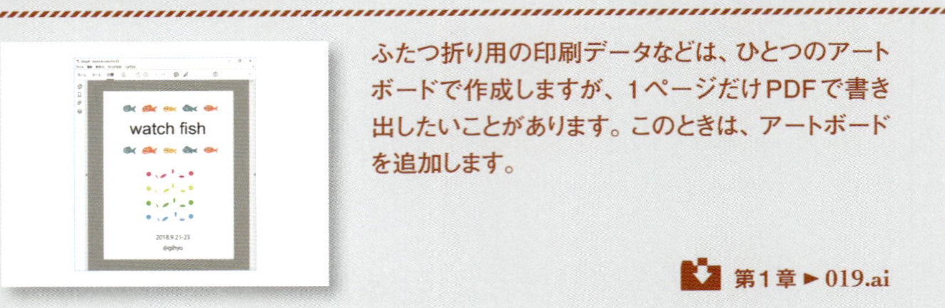

ふたつ折り用の印刷データなどは、ひとつのアートボードで作成しますが、1ページだけPDFで書き出したいことがあります。このときは、アートボードを追加します。

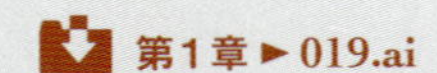

第1章 ▶ 019.ai

1 サンプルファイルを開きます❶。ふたつ折り用のデータがひとつのアートボードで作成されています。この右側のページだけをPDFで書き出します。

2 アートボードツールを選択します❶。アートボードの外側をドラッグして、適当なサイズの新しいアートボードを作成します❷。

3 プロパティパネルの［アートボード］の［オブジェクトと一緒に移動］のチェックを外すか❶、コントロールパネルの［オブジェクトと一緒に移動またはコピー］をクリックしてオフにします❷。これは、新しく作成したアートボードを編集する際に、オブジェクトが移動しないようにするためです。

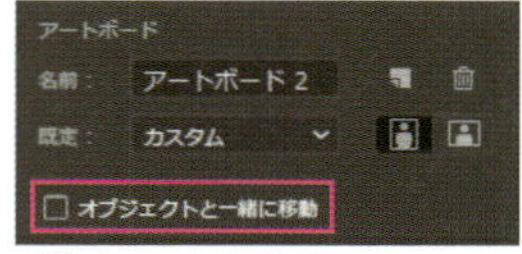

❶チェックを外す

アートボード　カスタム　名前：アートボード２　X：363.38 mm　Y：34.26 mm

❷オフに設定

Macでは、キーは次のようになります。 Ctrl → ⌘ 　Alt → option 　Enter → return

4 作成したアートボードを右側のページに合うようにサイズを変更して位置を移動します❶。

ページサイズがわかる場合は、先にアートボードのサイズを設定してからドラッグして移動するといい

5 ［ファイル］メニュー→［別名で保存］を選択します❶。［別名で保存］ダイアログボックスが表示されるので、［ファイルの種類］（Macでは［ファイル形式］）に［AdobePDF（*.PDF）］を選択します❷。書き出すページを選択できるようになるので、［範囲］を選択して❸、「2」を入力します❹。これはふたつめのアートボードをPDFで書き出すということです。設定したら［保存］をクリックします❺。

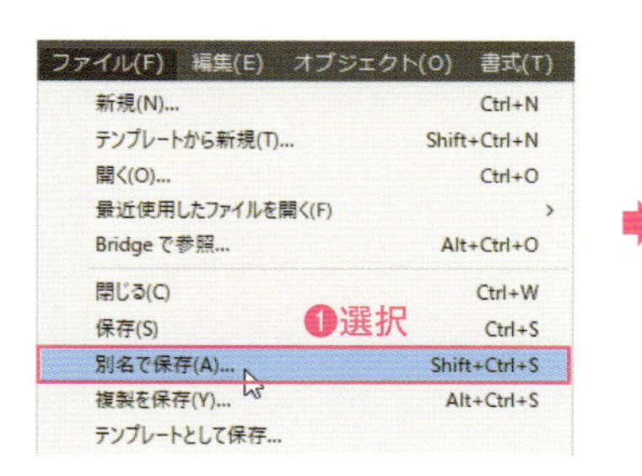

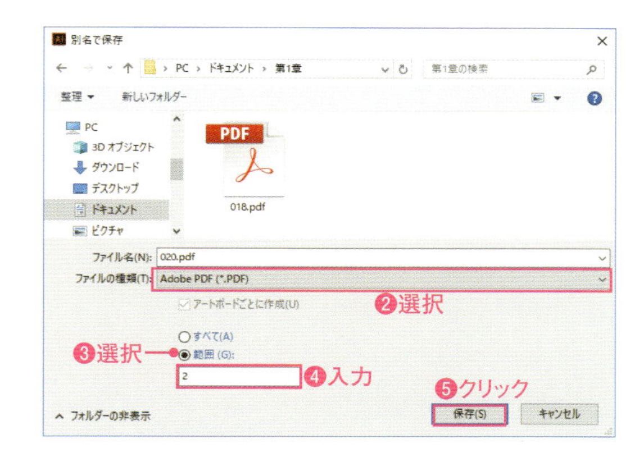

6 ［Adobe PDFを保存］ダイアログボックスが表示されます。［Adobe PDFプリセット］で［Illustrator初期設定］を選択します❶。［トンボと裁ち落とし］を選択し❷、［ドキュメントの裁ち落とし設定を使用］にチェックを外します❸。設定したら［PDFを保存］をクリックします❹。

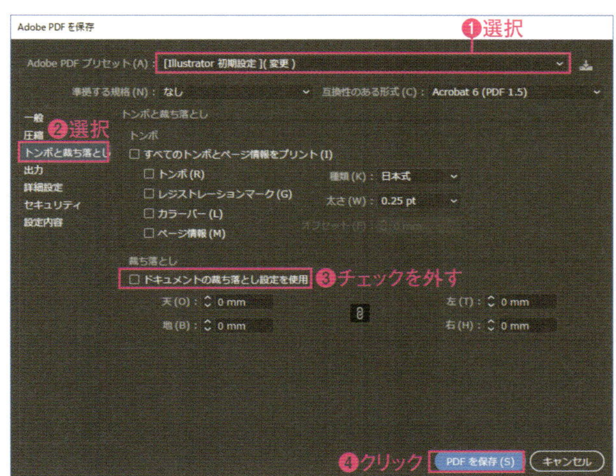

7 保存したPDFをAdobe AcrobatなどのPDFビューワーで表示して確認します❶。指定したアートボードの部分だけが書き出されます。

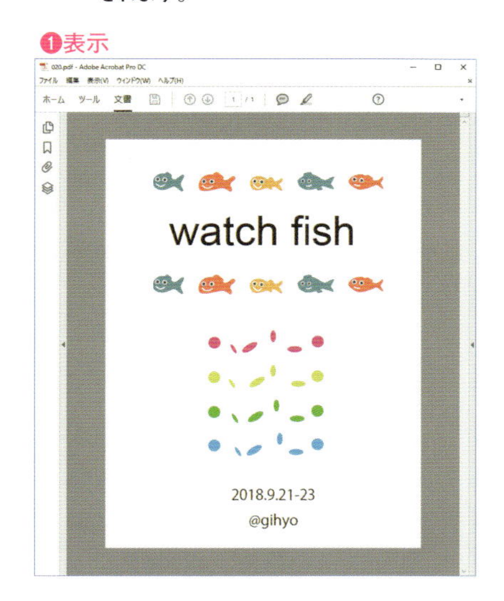

020 Office用に透過PNGで書き出す

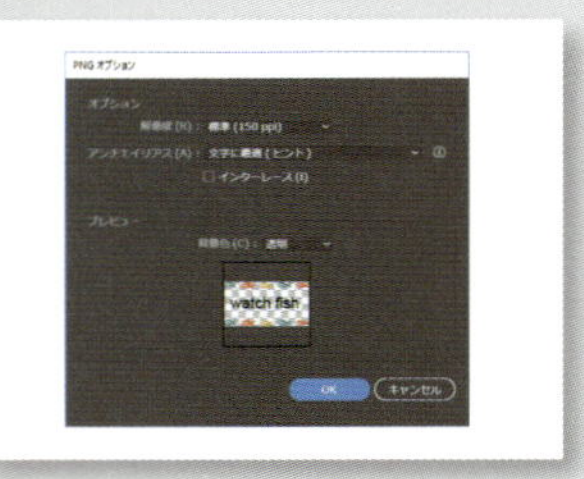

Illustratorで作成したデータをMicrosoft Officeのドキュメントで使用したいときは、透過型のPNG形式で書き出すといいでしょう。

1 サンプルファイルを開きます❶。

❶開く

書き出すオブジェクトのサイズは、Microsoft Officeで使うサイズにしておくとよい

2 [ファイル]メニュー→[書き出し]→[書き出し形式](CC2015以前は[ファイル]メニュー→[書き出し])を選択します❶。[書き出し]ダイアログボックスが表示されるので、[ファイルの種類](Macでは[ファイル形式])に[PNG(*.PNG)]を選択し❷、[書き出し]をクリックします❸。

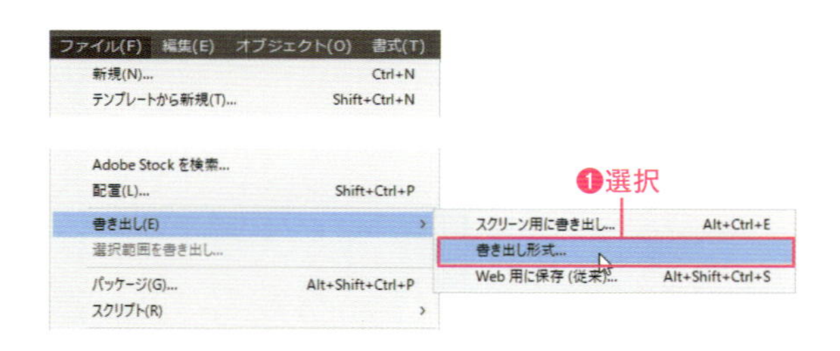

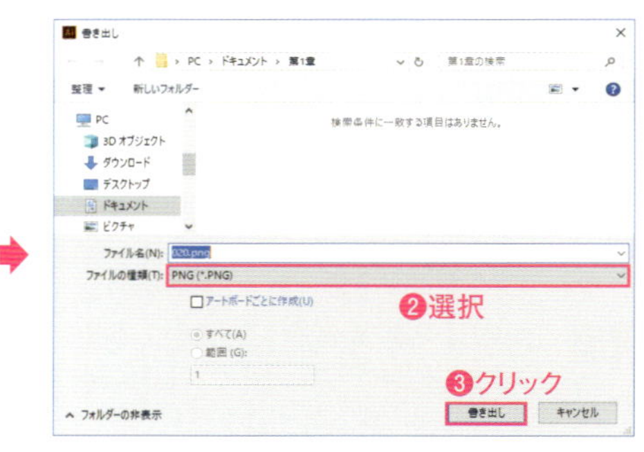

3 [PNGオプション]ダイアログボックスが表示されるので、[解像度]を[標準(150ppi)]❶、[アンチエイリアス]を[文字に最適(ヒント)]❷、[背景色]を[透明]に設定して❸、[OK]をクリックします❹。

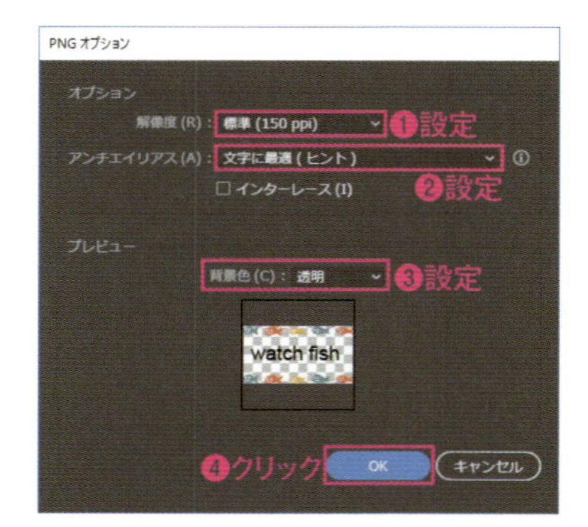

[「スクリーン用に書き出し」をお試しください]と表示されても無視

POINT

編集可能な状態にするならEMFで書き出す

IllustratorのオブジェクトをMicrosoft Officeの図形として扱うなら、[Enhanced Metafile(*.EMF)]で書き出します。
ただし、[塗り]と[線]だけの基本的なアピアランスの図形はほぼそのまま利用できますが、すべてのオブジェクトがMicrosoft Officeで編集できるわけではありませんのでご注意ください。
Microsoft Officeに挿入するとグループ化されているので、グループ解除すると編集可能な状態になります。

Macでは、キーは次のようになります。 Ctrl → ⌘ Alt → option Enter → return

画面の表示位置を変更する

021

画面の表示位置を変更するには、手のひらツールを使うのが一般的です。
スクロールバーを使ってもかまいません。

 第1章 ► 021.ai

手のひらツールを使う

サンプルファイルを開きます。手のひらツールを選択し❶、ドラッグすると画面の表示位置を変更できます❷。ほかのツールを使っているときでも、space キーを押すと一時的に手のひらツールになります。文字の編集中は、space キーを押すと空白が挿入されるため、Alt キーを押すと一時的に手のひらツールになります。

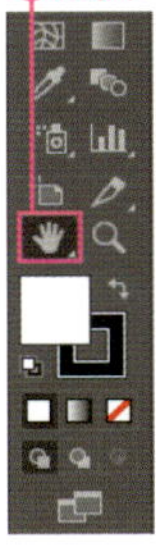

スクロールバーを使う

ウィンドウの右と下に表示されているスクロールバーを使っても表示位置を変更できます。

スクロールバーを使っても表示位置を変更

Point

マウスホイールを使う

マウスホイールを使っても表示位置を変更できます。
マウスホイールを回すと上下に移動、Ctrl キーを押しながら回すと左右に移動します。

Point

表示倍率のキーボードショートカットを使おう

表示倍率のキーボードショートカットを使うと、全体を素早く表示できます。

アートボードを全体表示	Ctrl ＋ 0
すべてのアートボードを全体表示	Alt ＋ Ctrl ＋ 0
100％表示	Ctrl ＋ 1

画面の表示倍率を変更する

022

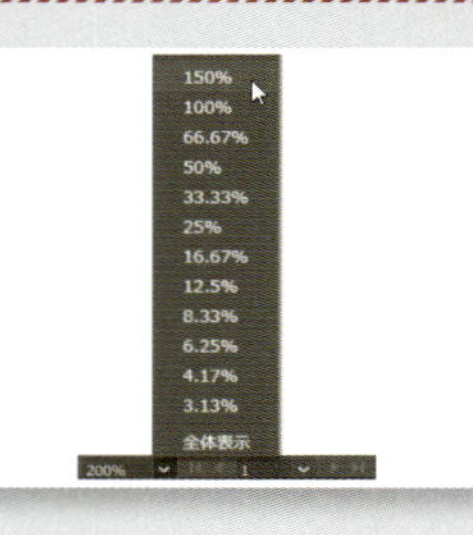

Illustratorでの作業には、画面の拡大・縮小が必須です。基本はズームツールによる拡大・縮小です。画面の表示倍率は、64000％まで拡大できます。キーボードショートカットを覚えると便利です。

ズームツールを使う

サンプルファイルを開きます。GPUを使っている環境では、ズームツールを選択し❶、右にドラッグすると表示が拡大し❷、左にドラッグすると縮小します❸。

GPUを使っていない環境では、ズームツールで拡大箇所をドラッグします❶。ドラッグした範囲が表示されるように表示が拡大します❷。
縮小するときは、Altキーを押しながらクリックします。

POINT

マウスホイールを使う

マウスホイールをAltキーを押しながら回すと表示倍率を変更できます。

メニューを使う

［表示］メニューのコマンドを使うと、100％表示やアートボード全体の表示などができます❶。キーボードショートカットが設定されているので、覚えておくと便利です。
また、ウィンドウ下には、現在の表示倍率が表示され❷、をクリックするとメニューから表示倍率を選択できます❸。

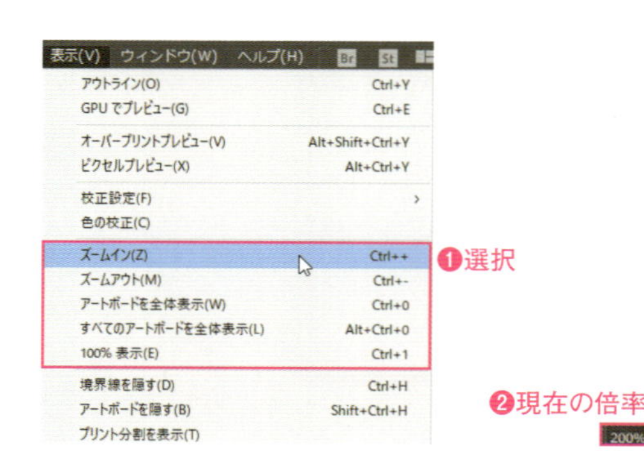

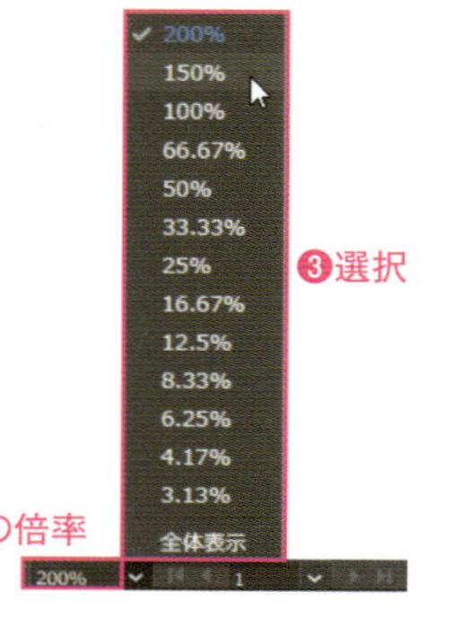

Macでは、キーは次のようになります。 Ctrl → ⌘ Alt → option Enter → return

定規を使う

023

ウィンドウの上と左に定規を表示できます。定規は、オブジェクトの位置を把握したり、ガイドを作成するのに便利です。

1 サンプルファイルを開き、[表示] メニュー→ [定規] → [定規を表示] を選択します❶。ウィンドウの上と左に定規が表示されます❷。定規の原点は、「アートボード1」の左上になり、下方向、右方向がプラスになります。

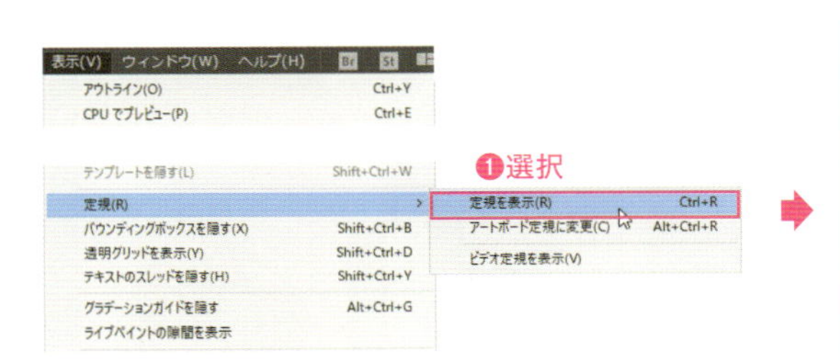

定規を非表示にするには、同じ手順で、[表示] メニュー→ [定規] → [定規を隠す] を選択

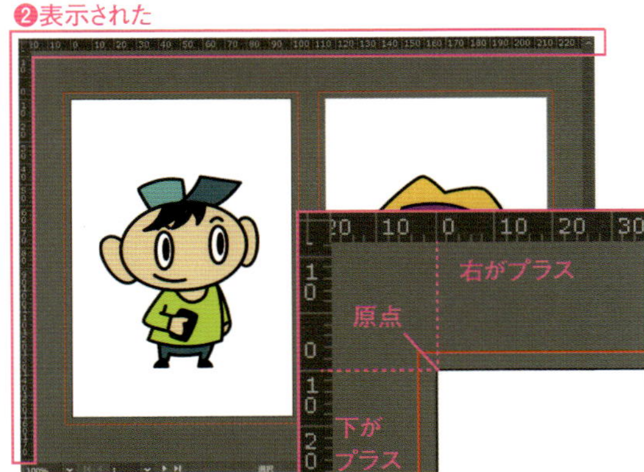

2 [表示] メニュー→ [定規] → [アーボード定規に変更] を選択します❶。「アートボード定規」は、選択しているアートボードの左上が原点となる定規です。選択ツール▶を選択し❷、右側のアートボードをクリックします❸。定規の原点が右側のアートボードの左上になります❹。左側のアートボードをクリックすると❺、定規の原点が左側のアートボードの左上になります❻。

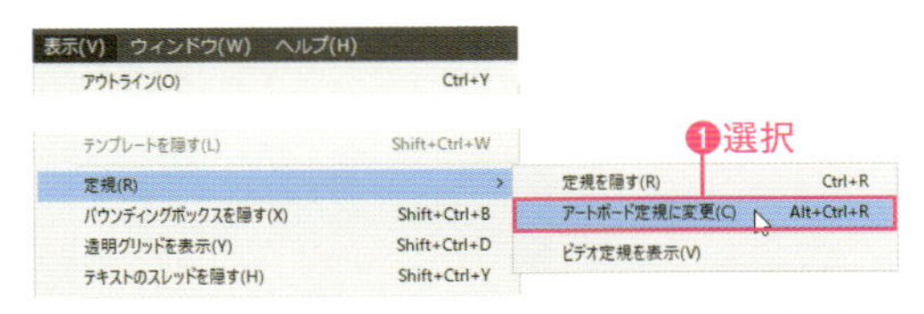

同じ手順で、[表示] メニュー→ [定規] → [ウィンドウ定規に変更] を選択すると、「アートボード1」の左上が原点の定規に戻る

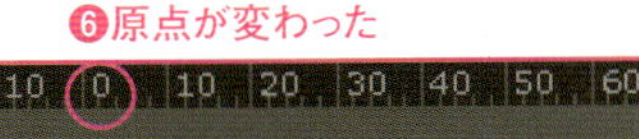

024 定規の原点を変更する

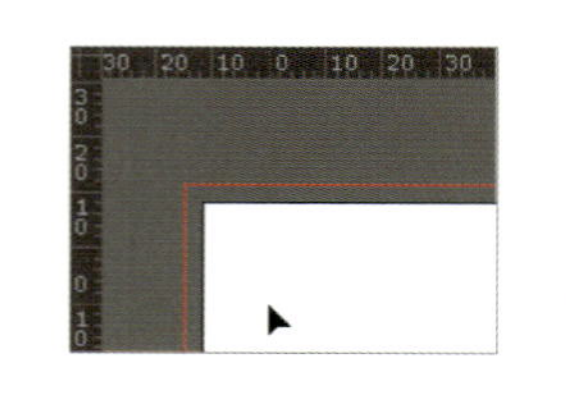

定規の原点は、好きな位置に変更できます。
作業状況に応じて変更してください。
元に戻すこともできます。

第1章 ▶ 024.ai

1 サンプルファイルを開き、選択ツール▷を選択します❶。左上の定規の交点から原点にしたい位置までドラッグします❷。ドラッグ先が原点になります❸。

2 定規の交点をダブルクリックします❶。原点が、元のアートボードの左上に戻ります❷。

POINT

アートボード定規でも同じ

原点の移動は、ウィンドウ定規もアートボード定規も同じです。アートボード定規では、アートボードごとに原点を変更できます。

Macでは、キーは次のようになります。 Ctrl → ⌘ Alt → option Enter → return

定規からガイドを作成する

025

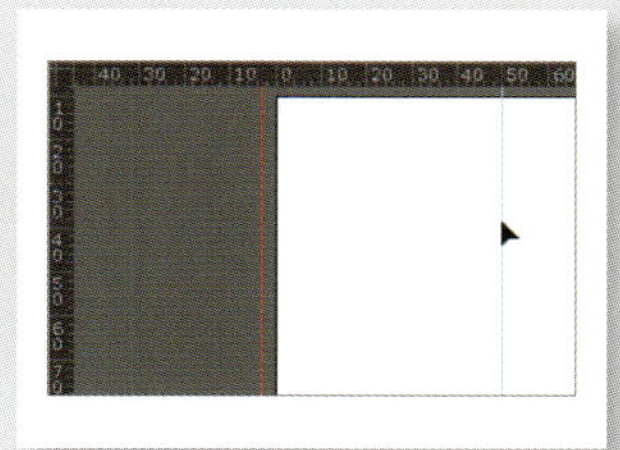

定規を使って、水平・垂直のガイドラインを作成できます。
ガイドを使うと、レイアウトをしやすくなるので、積極的に使いましょう。

1 サンプルファイルを開き、選択ツールを選択します❶。左の垂直定規からアートボードに向かってドラッグします❷。マウスボタンを放した位置に垂直のガイドが作成されます❸。ガイドはオブジェクトと同様に、選択した状態でドラッグして移動できます❹。ここでは垂直定規で作成していますが、上の水平定規からは水平ガイドを作成できます。

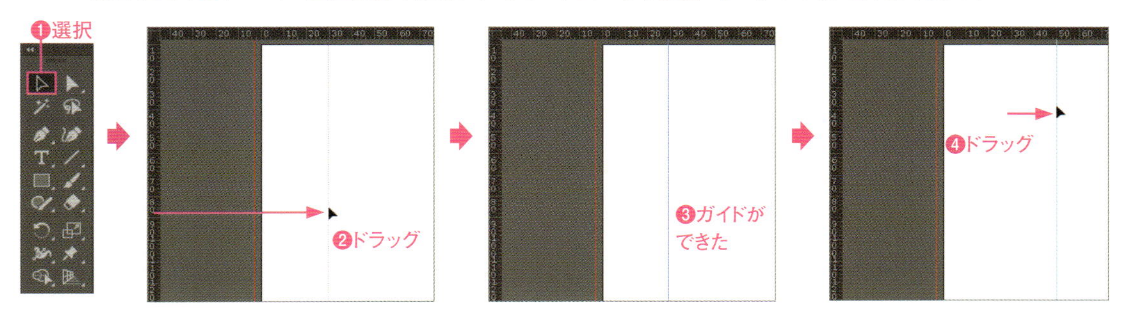

2 左の垂直定規の上をダブルクリックします❶。ダブルクリックした位置に、水平ガイドが作成されます❷。ここでは垂直定規をダブルクリックして水平ガイドを作成していますが、上の水平定規をダブルクリックすると垂直ガイドを作成できます。

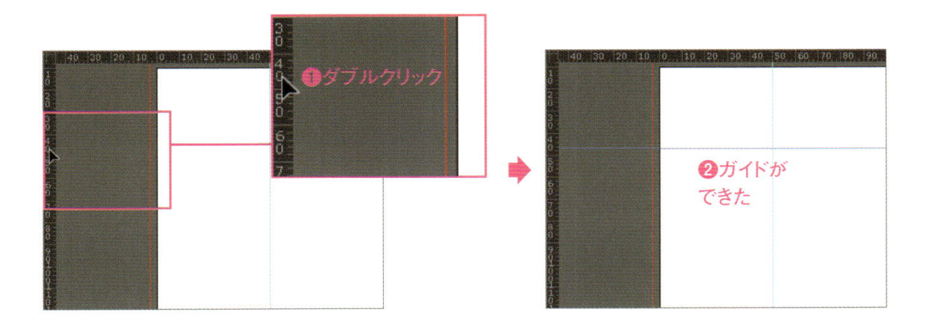

3 水平ガイドが選択された状態で、変形パネル（プロパティパネルまたはコントロールパネルでも可）の[Y]を「50mm」に設定します❶。ガイドの位置が50mmピッタリになりました❷。ガイドの位置も変形パネルの座標値で指定できます。

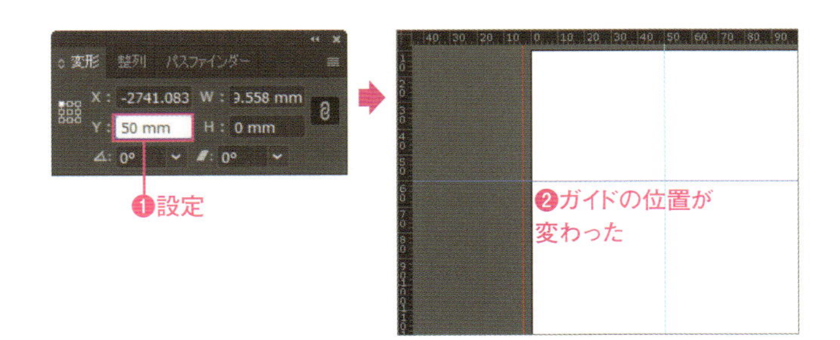

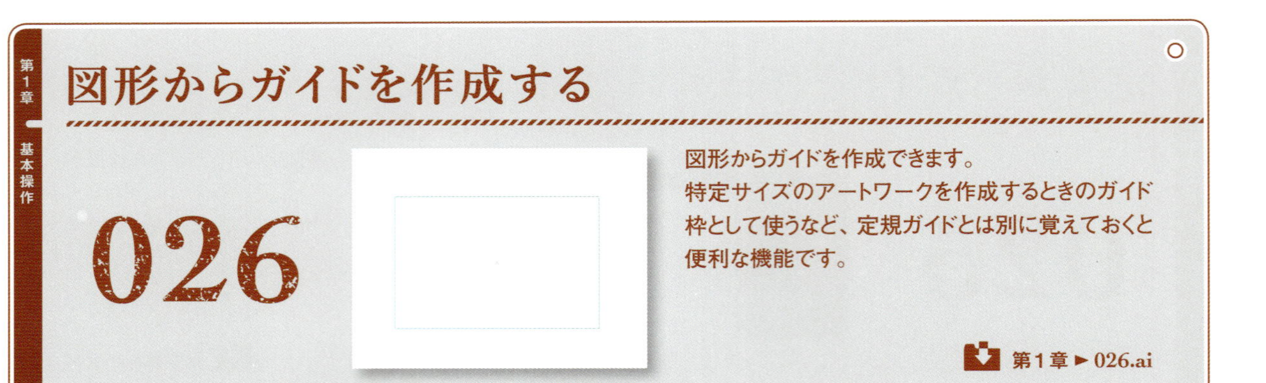

026 図形からガイドを作成する

図形からガイドを作成できます。
特定サイズのアートワークを作成するときのガイド枠として使うなど、定規ガイドとは別に覚えておくと便利な機能です。

第1章 ► 026.ai

1 サンプルファイルを開き、選択ツール▷を選択し❶。長方形のオブジェクトを選択します❷。

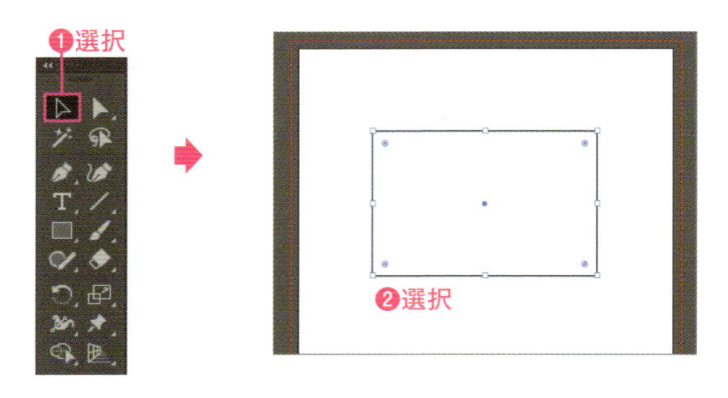

2 ［表示］メニュー→［ガイド］→［ガイドを作成］を選択します❶。

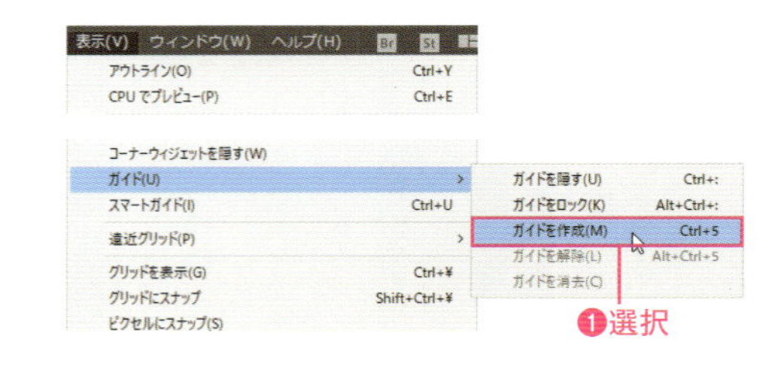

3 選択したオブジェクトがガイドに変換されます❶。変換後は選択されているのでわかりずらいので、空白部分をクリックして選択を解除します❷。ガイドの表示になっているのがわかります❸。

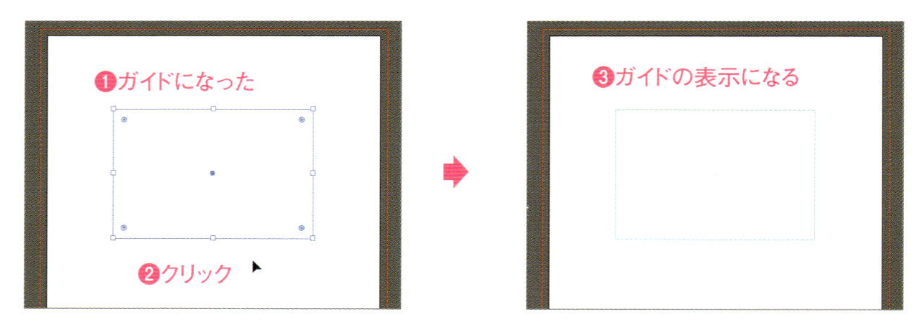

4 ガイドをクリックして選択します❶。［表示］メニュー→［ガイド］→［ガイドを解除］を選択します❷。ガイドが元のオブジェクトに戻ります❸。

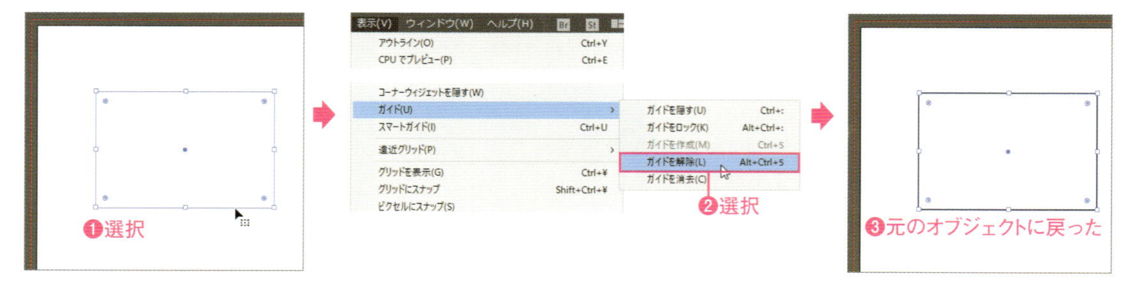

Macでは、キーは次のようになります。 Ctrl → ⌘　Alt → option　Enter → return

ガイドをロック/非表示/削除する

027

ガイドはロックして選択できないようにしたり、一時的に非表示にすることができます。作業しやすいように制御してください。キーボードショートカットを覚えておくとよいでしょう。

第1章 ► 027.ai

1 サンプルファイルを開き❶、[表示]メニュー→[ガイド]→[ガイドをロック]を選択します❷。これでガイドが選択できないロック状態になります。

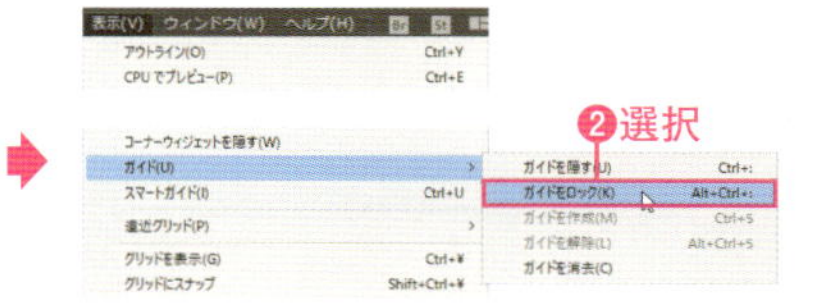

2 選択ツールを選択し❶。ガイドとオブジェクトをドラッグして囲みます❷。オブジェクトは選択されますが、ガイドは選択されません❸。空白部分をクリックして選択を解除します❹。

[表示]メニュー→[ガイド]→[ガイドをロック解除]を選択(C2015以前は[ガイドをロック]を再選択)するとロックを解除できる

3 [表示]メニュー→[ガイド]→[ガイドを隠す]を選択します❶。ガイドが非表示になります❷。裁ち落としラインも非表示になります。

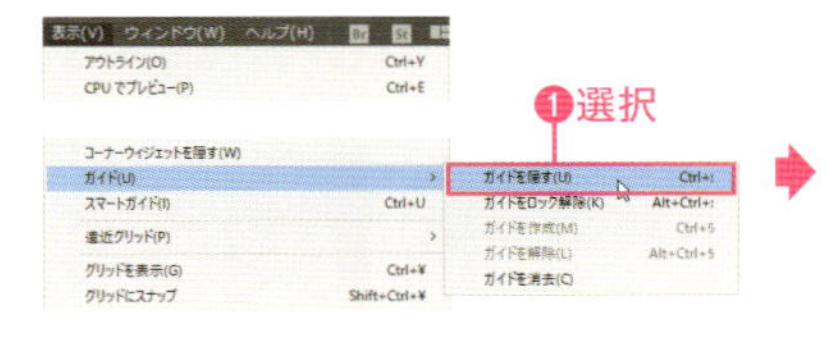

4 [表示]メニュー→[ガイド]→[ガイドを表示]を選択し❶、ガイドを表示します❷。

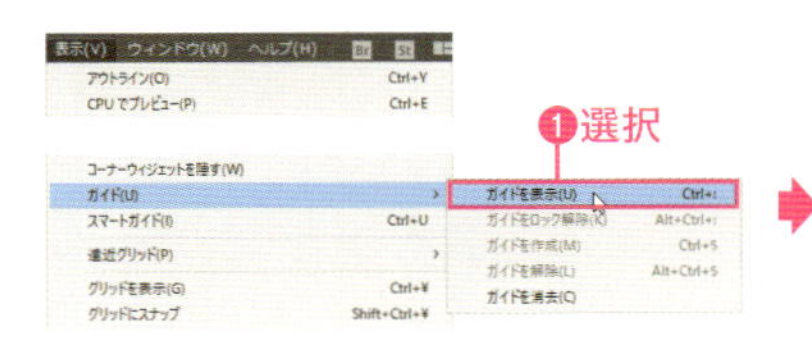

5 [表示]メニュー→[ガイド]→[ガイドを消去]を選択します❶。ガイドが消去されます❷。

グリッドを表示する

Illustratorでは、方眼紙のようなグリッドを表示できます。グリッドにオブジェクトをスナップさせられるので、レイアウト時に便利な機能です。

1 サンプルファイルを開きます❶。

2 [表示] メニュー→ [グリッドを表示] を選択します❶。グリッドが表示されます❷。

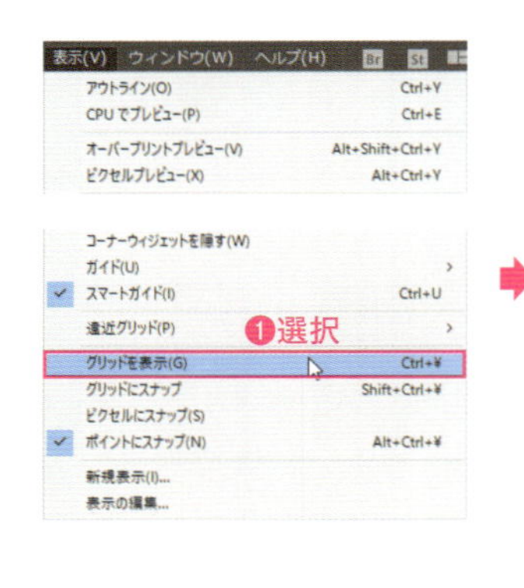

3 [表示] メニュー→ [グリッドにスナップ] を選択します❶。選択ツールを選択します❷。長方形のオブジェクトをドラッグし❸、グリッドにオブジェクトがスナップして移動することを確認します。

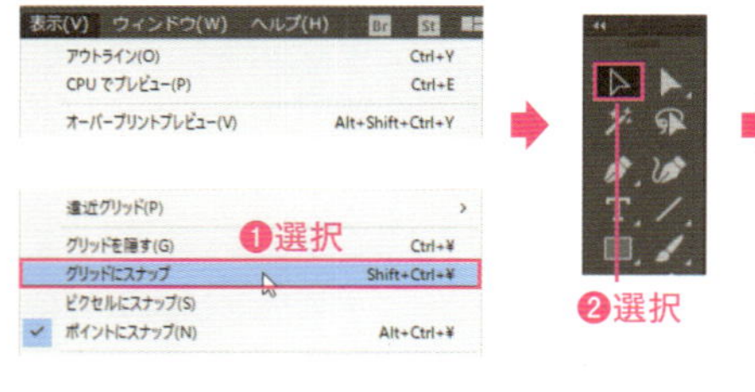

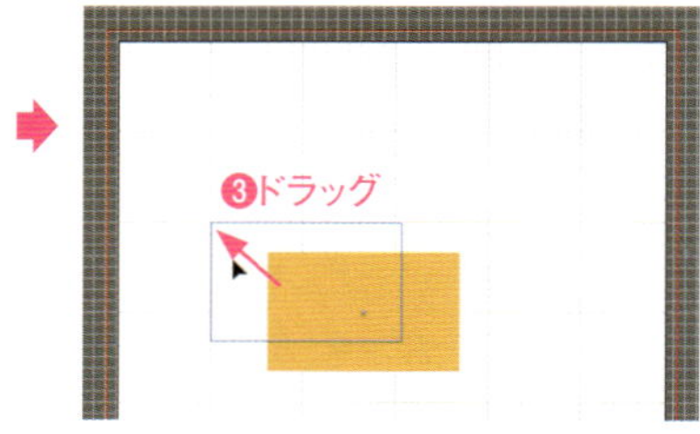

Point

グリッドの間隔などの設定

[編集] (Macでは [Illustrator CC]) メニュー→ [環境設定] → [ガイドとグリッド] を選択して表示される [環境設定] ダイアログボックスの [グリッド] で、グリッドのカラーや線のスタイル、グリッドの間隔、分割数を設定できます。

- Ⓐグリッドの色を設定
- Ⓑグリッドの線のスタイルを設定
- Ⓒグリッドの間隔を設定
- Ⓓ指定した分割数で、グリッド間に細いグリッド線を表示
- Ⓔグリッドを背面に表示

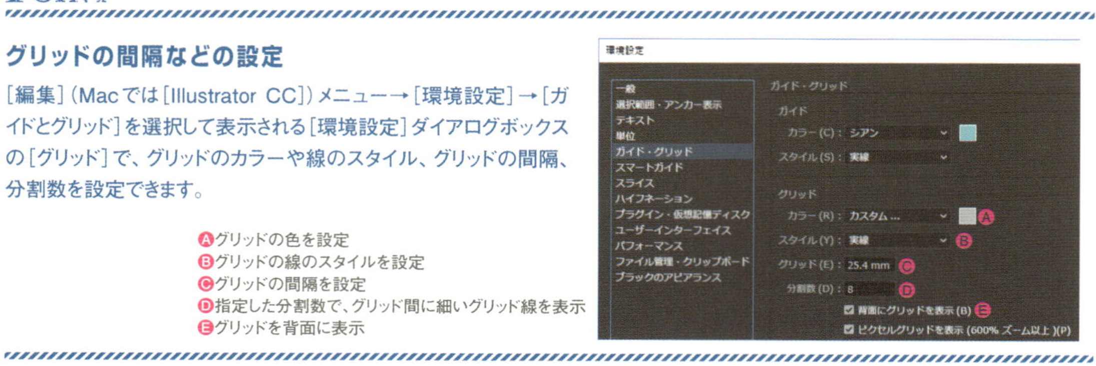

Macでは、キーは次のようになります。 Ctrl → ⌘ Alt → option Enter → return

029 一時的にパネルを非表示にする

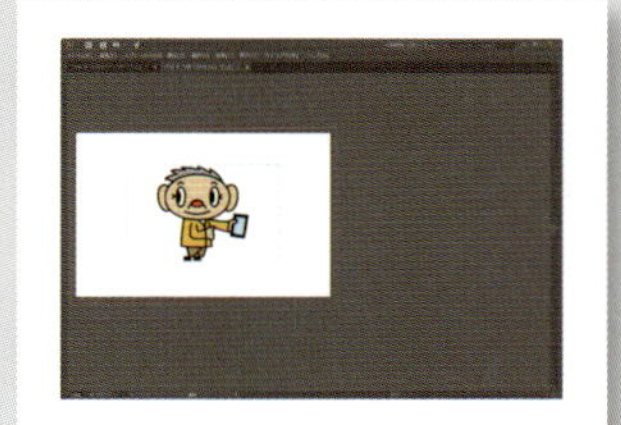

多くのパネルを表示すると、作業画面が狭くなってしまいます。一時的にパネルを非表示にすることを覚えておくと、たいへん便利です。

1 現在の作業状態のまま、Tab キーを押します❶。すべてのパネルが非表示になります❷。再度 Tab キーを押すと、元の状態に戻ります❸。

2 今度は Shift キーと Tab キーを押します❶。ツールパネルとコントロールパネル以外のパネルが非表示になります❷。再度 Tab キーを押すと、元の状態に戻ります❸。

Point

文字の編集中は使用不可

文字の編集中は、Tab キーを押すとTabの入力になってしまうので、使用しないでください。

第1章 基本操作

スタートワークスペースを表示しないようにする

030

CC2015以降は、Illustratorの起動時に[スタート]ワークスペース画面が表示されますが、[環境設定]ダイアログボックスの設定によって非表示にできます。

1 [編集]（Macでは[Illustrator CC]）メニュー→[環境設定]→[一般]を選択します❶。

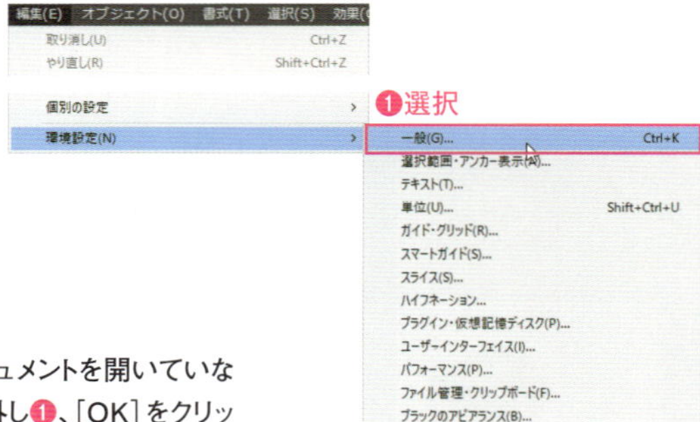

2 [環境設定]ダイアログボックスが表示されるので、[ドキュメントを開いていないときに「スタート」ワークスペースを表示]のチェックを外し❶、[OK]をクリックします❷。

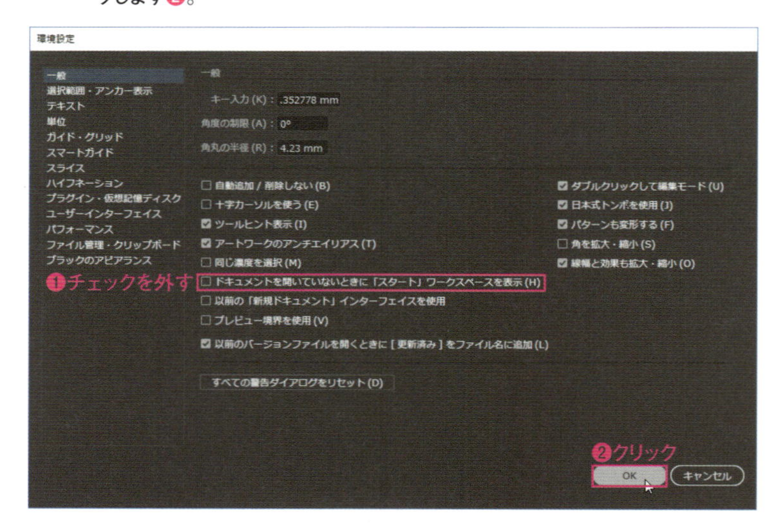

3 すべてのドキュメントを閉じても❶、スタートワークスペース画面が表示されません。

Macでは、キーは次のようになります。 Ctrl → ⌘ Alt → option Enter → return

単位を変更する

031

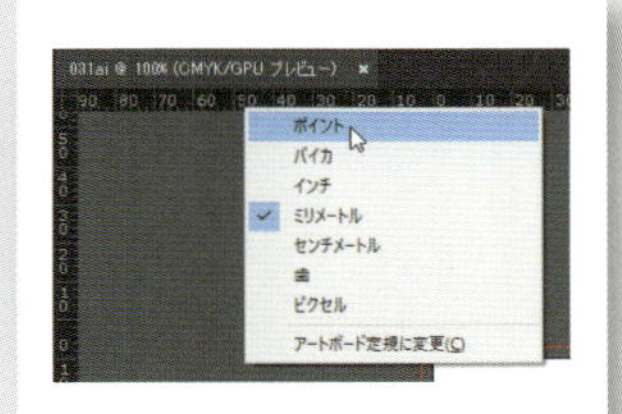

移動やオブジェクトの単位は、ドキュメント作成時に設定しますが、あとからでも変更できます。

第1章 ▶ 031.ai

1 サンプルファイルを開きます。[ファイル]メニュー→[ドキュメント設定]を選択します❶。[ドキュメント設定]ダイアログボックスの[単位]をクリックして、メニューから単位を変更できます❷。

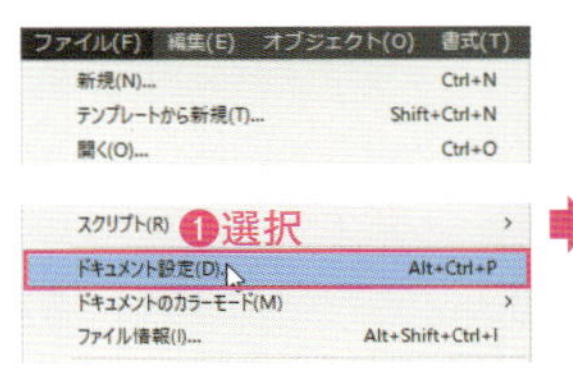

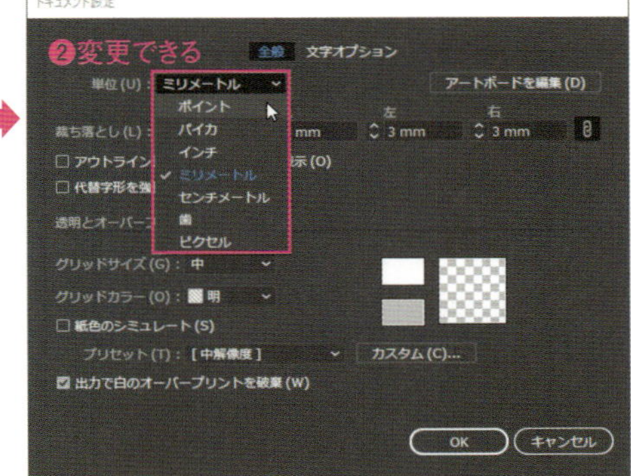

2 CC2017以降は、プロパティパネルの[ドキュメント]の[単位]をクリックして、表示されたメニューから単位を変更できます❶。

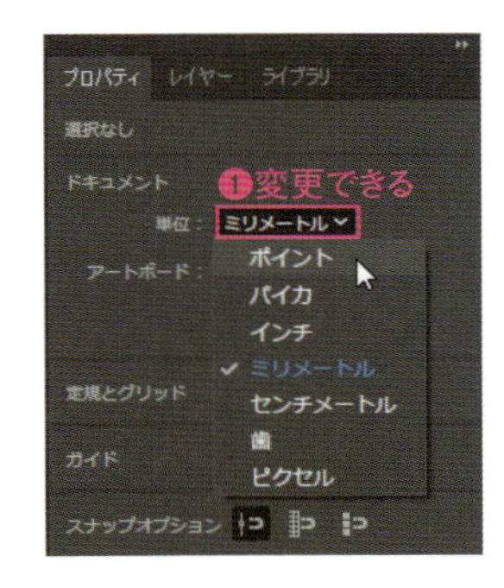

3 定規が表示されているときは、定規の上で右クリックすると❶、メニューが表示されて単位を変更できます❷。

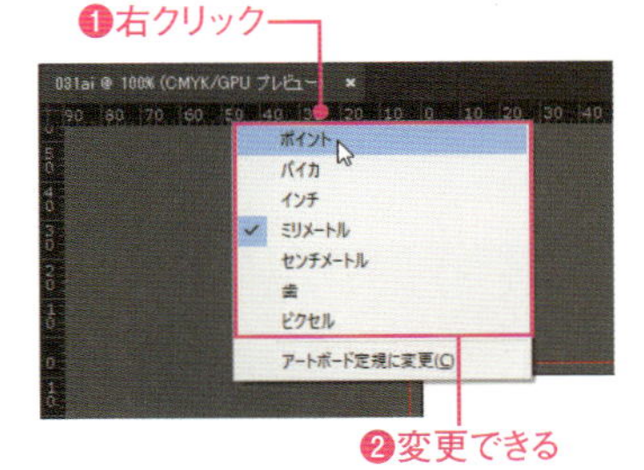

POINT

[環境設定]ダイアログボックスの設定

[編集](Macでは[Illustrator CC])メニュー→[環境設定]→[単位]を選択し表示される[環境設定]ダイアログボックスの[一般]でも、単位を変更できます。ただし、[環境設定]ダイアログボックスで変更すると、開いているドキュメントのすべての単位が変更されます。

POINT

単位をつけての数値指定

各種パネルやダイアログボックスで、数値を指定する際、単位も一緒に入力すると、設定されている単位に自動で換算されます。単位は、以下のように指定してください。

ポイント:pt　パイカ:pi
インチ:in　ミリメートル:mm
センチメートル:cm　歯:H
ピクセル:px

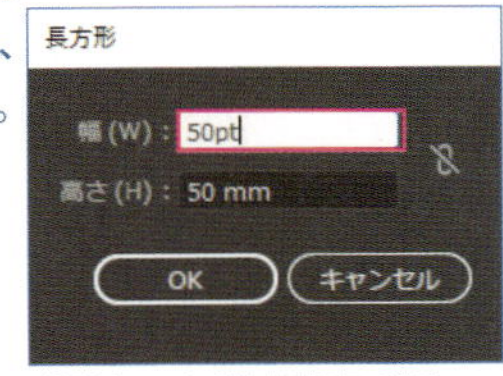
単位をつけて数値指定できる

032 キーボードショートカットをカスタマイズする

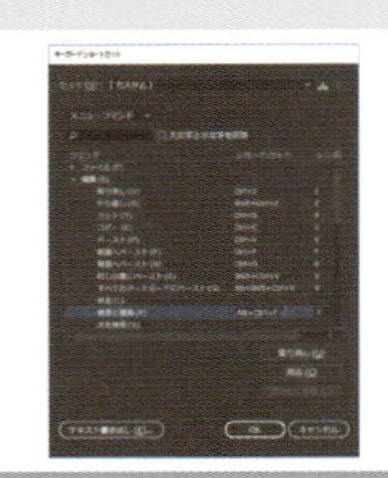

メニューコマンドやツール選択には、あらかじめキーボードショートカットが割り当てられていますが、自分が使いやすいようにカスタマイズできます。

1 文字の検索に使用する［編集］メニュー→［検索と置換］にキーボードショートカットを割り当ててみましょう。［編集］メニュー→［キーボードショートカット］を選択します❶。［キーボードショートカット］ダイアログボックスが表示されるので、［メニューコマンド］を選択します❷。コマンドリストの［編集］の▶をクリックして展開し、［検索と置換］を選択します❸。ショートカットの部分をクリックして❹、割り当てたいショートカットキーの組み合わせをキーボードで指定します。ここでは、Shift キーと Ctrl キーと F キーを押します❺。下部に Shift + Ctrl + F はほかの機能に割り当てられていたと表示されました❻。［取り消し］をクリックします❼。

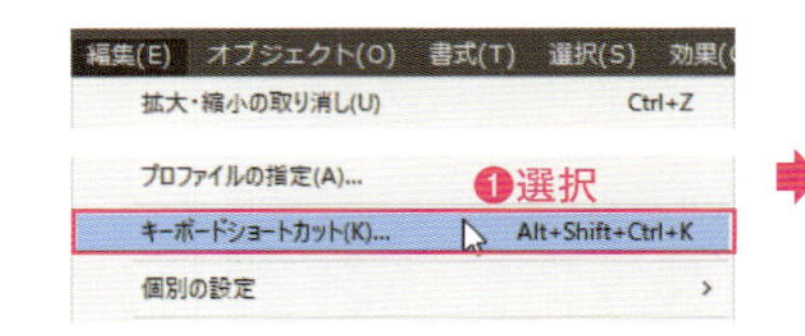

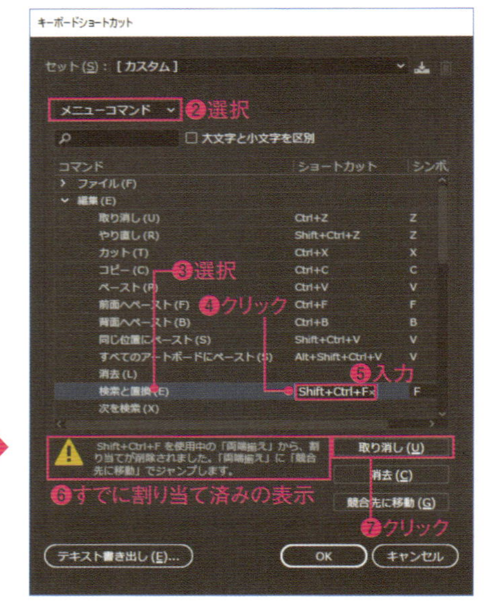

2 再度ショートカットの部分をクリックして❶、今度は Alt キーと Ctrl キーと F キーを押します❷。ほかの機能に割り当たってないので❸、［OK］をクリックします❹。

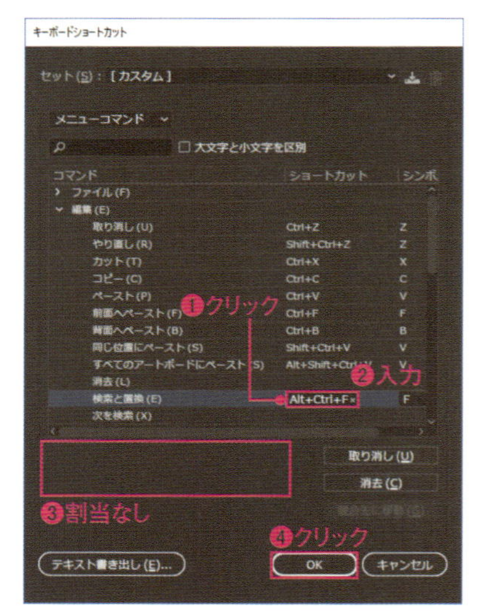

ほかの機能の割り当たっている場合、競合先のショートカットを消去して、新しい機能に割り当ててもよい

3 ［キーセットファイルを保存］ダイアログボックスが表示されるので、［名前］に名称を入力して❶、［OK］をクリックします❷。

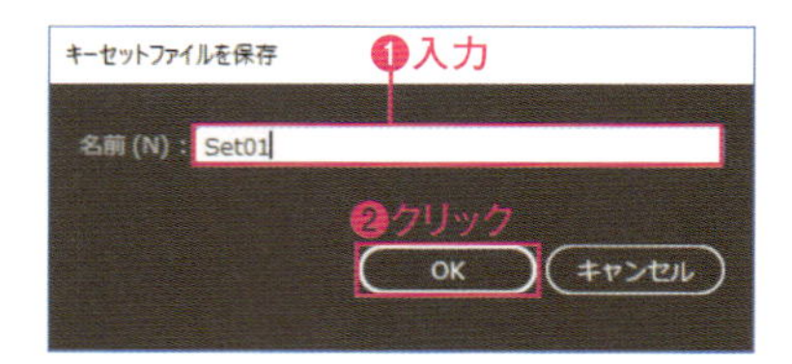

4 なにかファイルを開いて、実際に Alt キーと Ctrl キーと F キーを押し❶、［検索と置換］が実行されるか確認します❷。

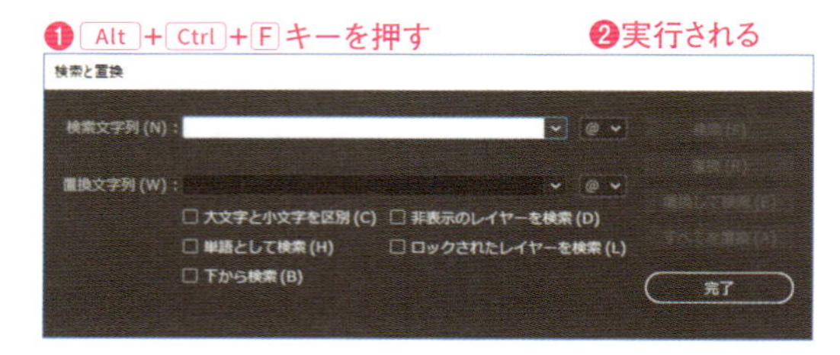

Macでは、キーは次のようになります。 Ctrl → ⌘ Alt → option Enter → return

033 プレビュー表示とアウトライン表示を切り替える

アウトライン表示は、オブジェクトのパスだけを表示する機能です。パスが重なって、背面のパスを選択しにくいときに便利です。

第1章 ► 033.ai

1 サンプルファイルを開きます❶。

❶開く

2 ［表示］メニュー→［アウトライン］を選択します❶。

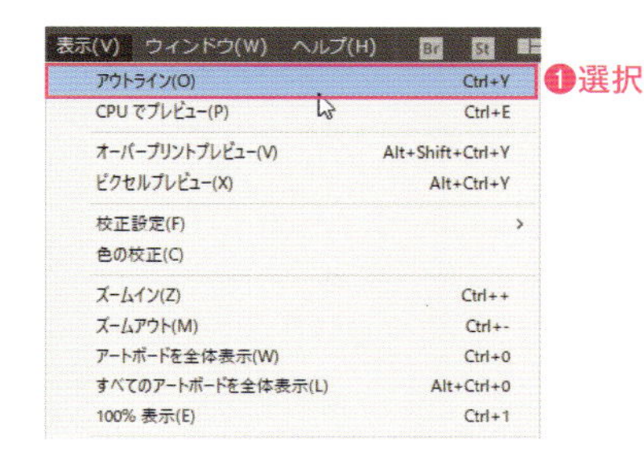

3 オブジェクトがアウトライン表示になり、色のついていないパスだけの表示になります❶。

❶アウトライン表示になった

4 ［表示］メニュー→［GPUでプレビュー］（またはプレビュー）を選択します❶。元のプレビュー表示に戻ります。

表示(V) ウィンドウ(W) ヘルプ(H)
GPU でプレビュー(G) Ctrl+Y
CPU でプレビュー(P) Ctrl+E
オーバープリントプレビュー(V) Alt+Shift+Ctrl+Y
ピクセルプレビュー(X) Alt+Ctrl+Y
校正設定(F)
色の校正(C)
ズームイン(Z) Ctrl++
ズームアウト(M) Ctrl+-
アートボードを全体表示(W) Ctrl+0
❶選択

［GPUでプレビュー］はビデオカードのGPUを使ってプレビュー表示し（高速表示）、［CPUでプレビュー］はCPUを使ってプレビューする

Point

一部のレイヤーだけアウトライン表示する

レイヤーパネルで、レイヤーの［表示を切り替え］を Ctrl キーを押しながらクリックすると❶、そのレイヤーだけアウトライン表示になります。
再度 Ctrl キーを押しながらクリックすると元に戻ります。

［表示を切り替え］をクリックしたレイヤーだけアウトライン表示になった

034 表示状態を保存して呼び出せるようにする

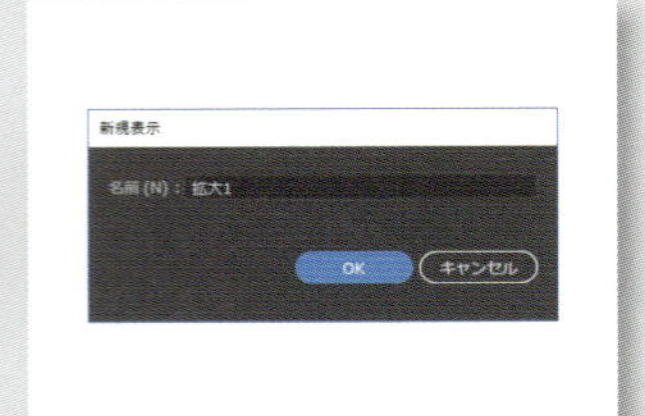

作業時には、画面の拡大・縮小や、オブジェクトの位置の変更を頻繁に行います。よく使う表示状態は保存しておき、いつでも呼び出すことができます。

第1章 ► 034.ai

1 サンプルファイルを開きます❶。左側の男の子のオブジェクトを中心にして拡大表示します（適当な倍率でかまいません）❷。

❶開く

❷拡大表示

2 ［表示］メニュー→［新規表示］を選択します❶。［新規表示］ダイアログボックスが表示されるので、［名前］に名称（ここでは「拡大1」）を入力し❷、［OK］をクリックします❸。

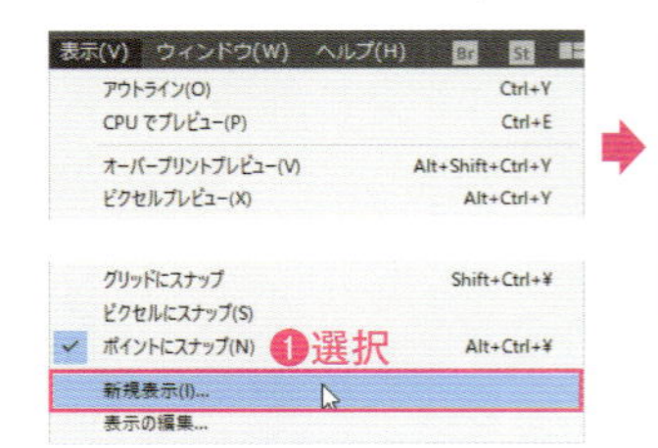

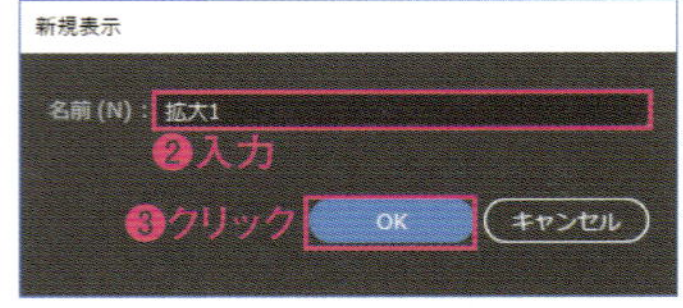

3 Ctrl キーと 1 キーを押して❶、100％表示にします。［表示］メニュー→［拡大1］を選択すると❷、保存した倍率で表示されます❸。

❶ Ctrl ＋ 1 で100％表示

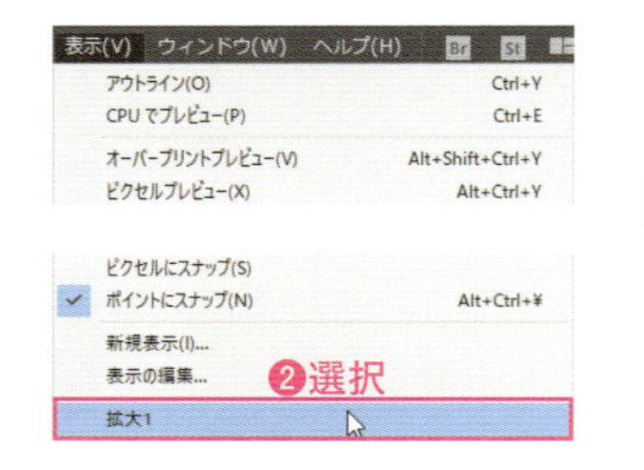

❸拡大表示

Point

表示の編集

［表示］メニュー→［表示を編集］を選択すると、［表示の編集］ダイアログボックスが表示され、表示の削除、名称の変更ができます。

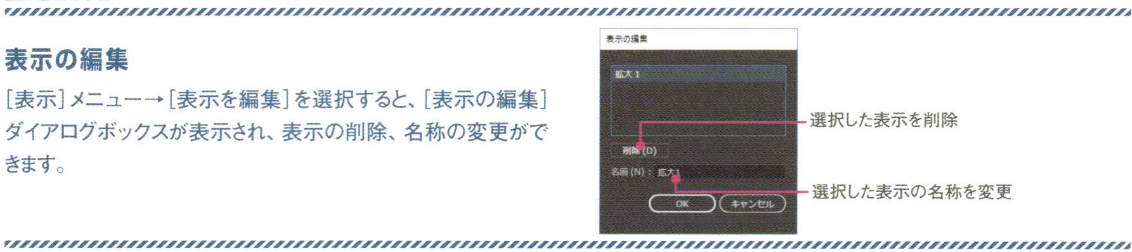

Macでは、キーは次のようになります。 Ctrl → ⌘ Alt → option Enter → return

035 大きなアートワークを複数の用紙に分割してプリントする

大きなアートボードサイズのアートワークは、複数の用紙に分割して出力できます。A4用紙しか使えない家庭用プリンターでA4以上のアートワークをプリントするときなどに便利な機能です。

第1章 ► 035.ai

1 サンプルファイルを開きます❶。このファイルは、B4サイズで作成されているので、一般的なA4サイズのプリンターでは100%の倍率で全体をプリントアウトできません。そこで、A4サイズにタイリングしてプリントアウトします。［ファイル］メニュー→［プリント］を選択します❷。

❶開く

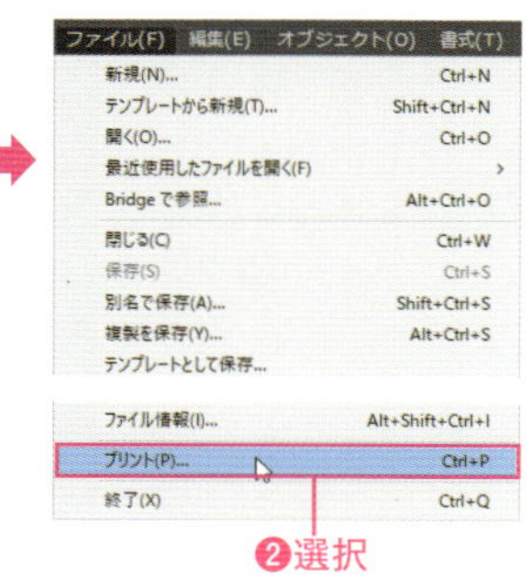

2 ［プリント］ダイアログボックスが表示されるので、プリンターを選択します❶。［用紙サイズ］に「A4」を選択し❷、［拡大・縮小］を［タイル（用紙サイズ）］❸、［用紙の方向］を［横］に設定します❹。このままだと、用紙の端のプリントされない余白部分に当たる部分がプリントされないので［重なり］を「15mm」に設定します❺。左側にあるプレビューで、余白部分が重なるようにしてください。［プリント］をクリックすると出力されます❻。

タイル印刷するときは、用紙端の印刷できない余白部分が重なるようにする

オブジェクトをプリントされないようにする

036

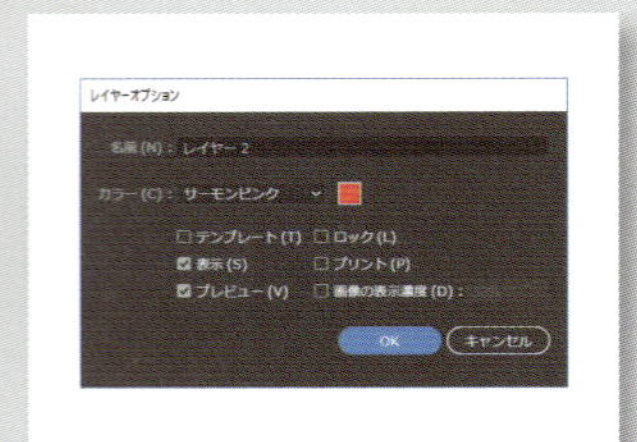

Illustratorでは、特定のレイヤーだけプリントできないように設定できます。注意書きや説明書きなど、プリントしたくないオブジェクトがあるときは、プリント不可レイヤーに集めておくといいでしょう。

第1章►036.ai

1 サンプルファイルを開きます❶。四角で囲んだオブジェクトをプリントしないように設定します❷。このオブジェクトは、「レイヤー2」に属しています。
レイヤーパネルで、「レイヤー2」のサムネールをダブルクリックします❸。

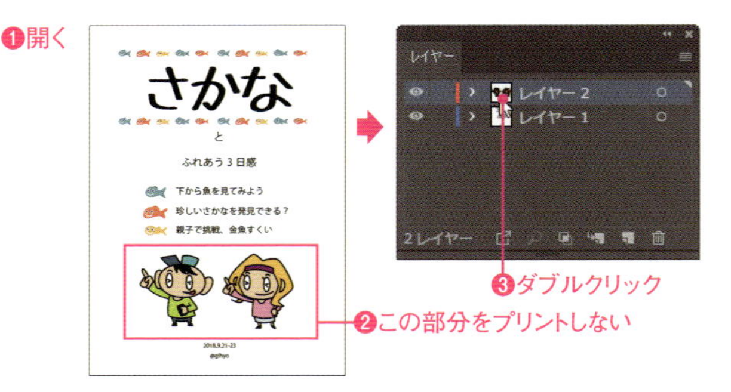

2 ［レイヤーオプション］ダイアログボックスが表示されます。［プリント］のチェックを外し❶、［OK］をクリックします❷。これで、このレイヤーはプリントできなくなります。レイヤーパネルの「レイヤー2」の名称の横には「*」が表示されます❸。

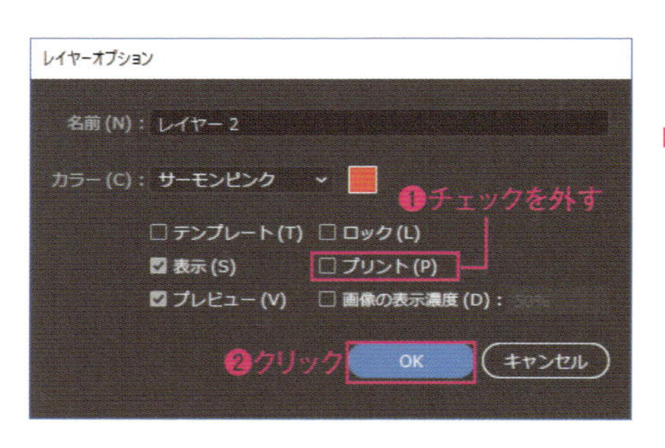

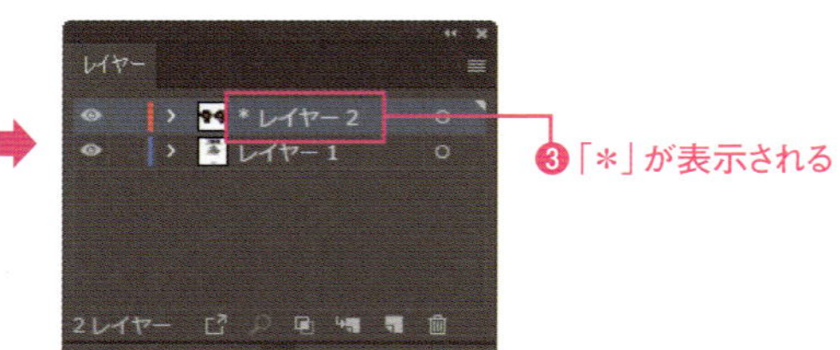

3 ［ファイル］メニュー→［プリント］を選択して表示される［プリント］ダイアログボックスのプレビューに、設定したレイヤーのオブジェクトは表示されません❶。

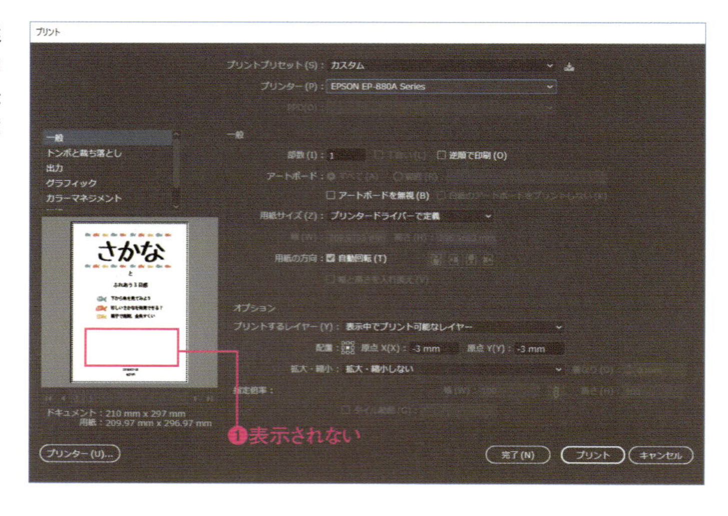

Macでは、キーは次のようになります。 Ctrl → ⌘　Alt → option　Enter → return

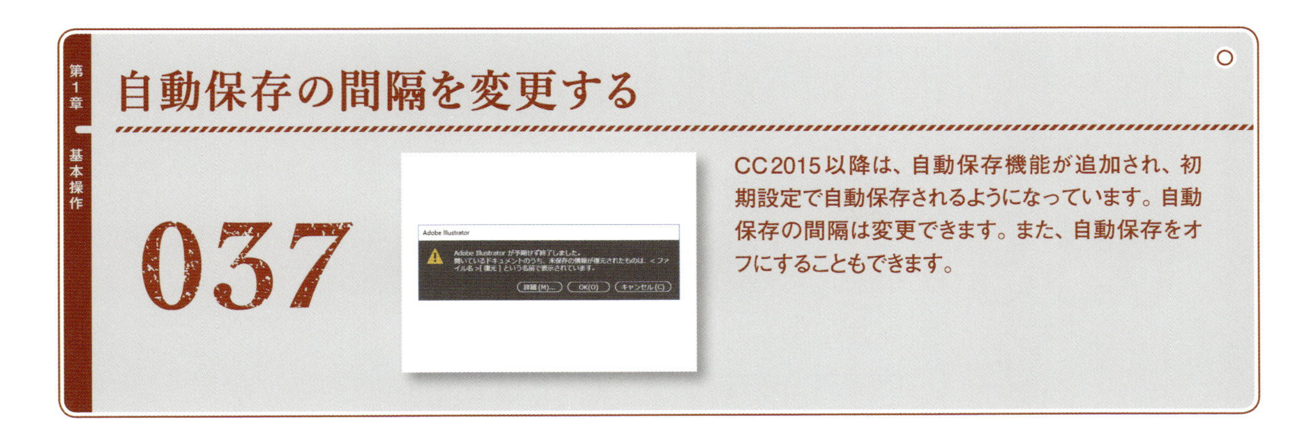

自動保存の間隔を変更する

CC2015以降は、自動保存機能が追加され、初期設定で自動保存されるようになっています。自動保存の間隔は変更できます。また、自動保存をオフにすることもできます。

自動保存の間隔の設定

[編集]（Macでは[Illustrator CC]）メニュー→[環境設定]→[ファイル管理・クリップボード]を選択します❶。[環境設定]ダイアログボックスが表示されるので、[復帰データを次の間隔で自動保存]で間隔を指定します❷。初期設定は「2分」です。また、自動保存を解除するには、[復帰データを次の間隔で自動保存]のチェックを外してください❸。

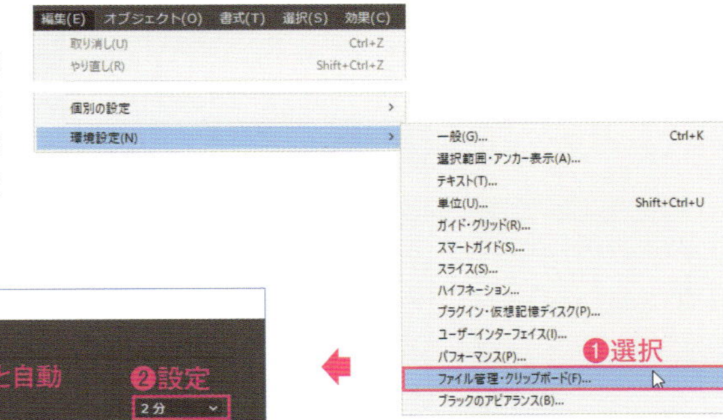

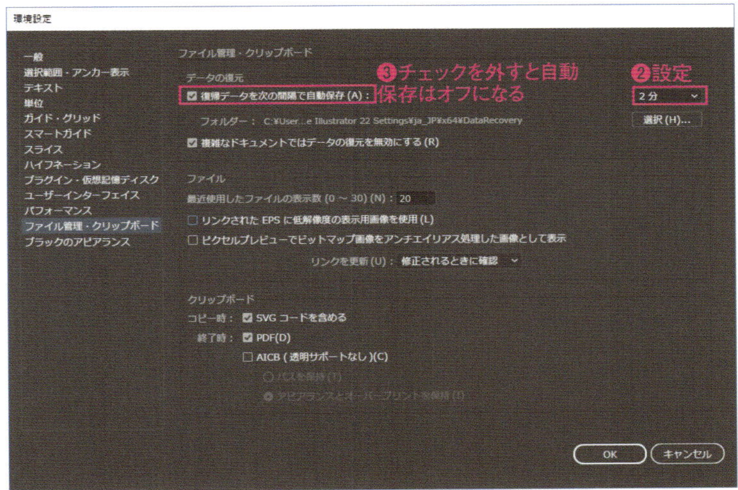

自動保存されたデータの復元

Illustratorが異常終了した場合、Illustratorを再起動すると、ダイアログボックスが表示されます❶。[OK]をクリックすると❷、自動保存されたデータが表示されます。ファイル名には[復元]がついて表示されるので❸、正しい名称で保存し直してください。

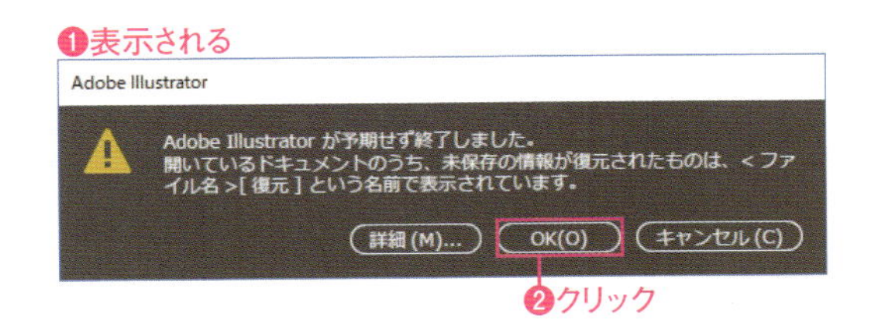

038 操作を取り消す、取り消した操作を元に戻す

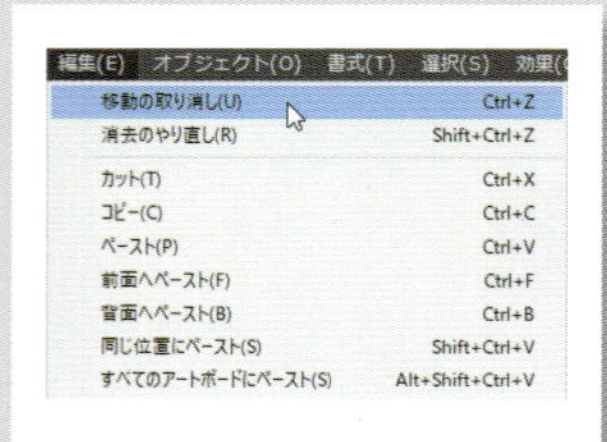

操作の取り消しとやり直しは、Illustratorでの制作において必須の操作です。
キーボードショートカットを覚えて使うようにしましょう。

操作の取り消しとやり直し

［編集］メニュー→［XXXXの取り消し］を選択すると❶、直前の操作を取り消せます。複数の操作を取り消して、前の状態にさかのぼれます。
操作の取り消しを実行すると、その下に［XXXXのやり直し］が表示され❷、選択すると操作の取り消しを取り消して、操作を実行した状態に戻れます。

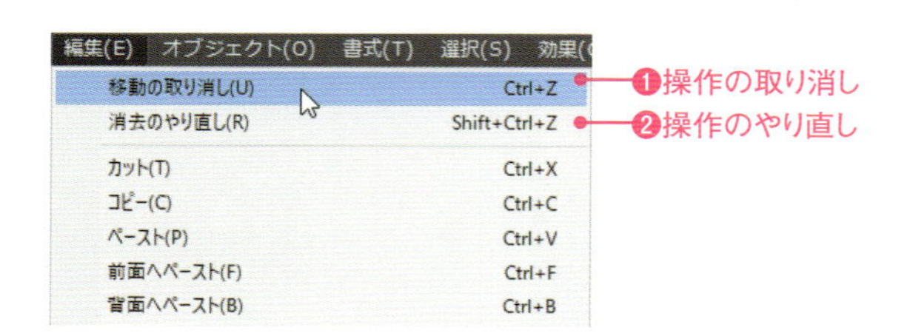

Point

キーボードショートカットを使おう

操作の取り消しは、頻繁に利用するので、キーボードショートカットを覚えて使いましょう。

操作の取り消し	Ctrl + Z
操作のやり直し	Shift + Ctrl + Z

取り消し回数の設定

さかのぼって取り消せる回数は、設定できます。［編集］（Macでは［Illustrator CC］）メニュー→［環境設定］→［パフォーマンス］を選択します❶。［環境設定］ダイアログボックスが表示されるので、［取り消し回数］で取り消し回数を指定します❷。

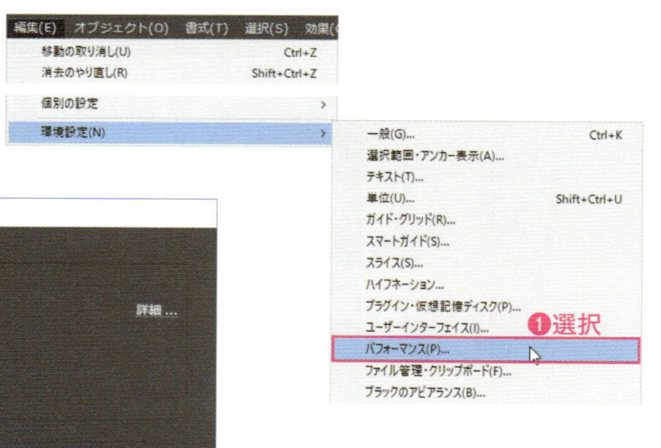

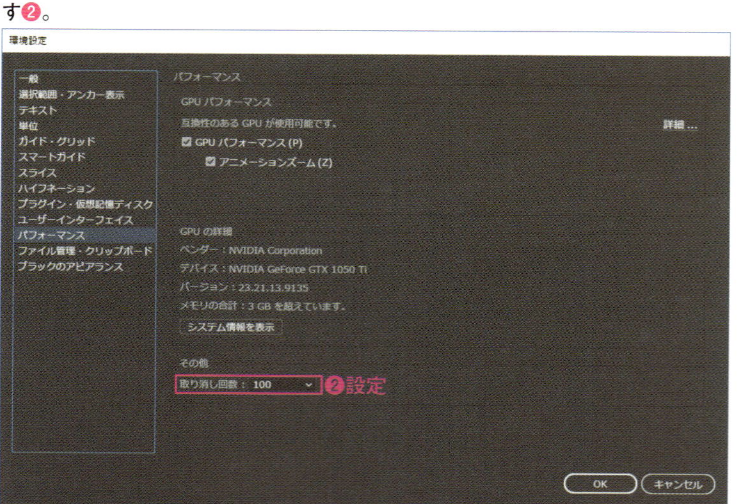

Macでは、キーは次のようになります。 Ctrl → ⌘ Alt → option Enter → return

039~057

第2章

描画

図形の描画はIllustratorの基本中の基本です。マウスドラッグによる描画と、数値指定の描画のふたつの方法があるので、目的によって使い分けられるようにしましょう。

長方形を描く

039

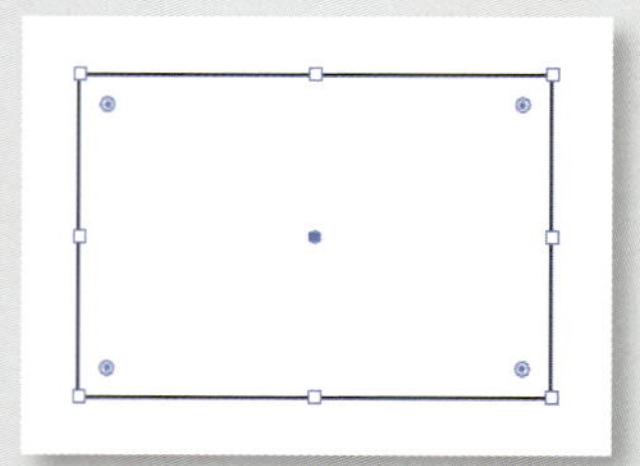

長方形を描くには、大きく分けて二通りの方法があります。ひとつはマウスを使い、任意のサイズで図形を描く方法、もうひとつは数値を入力し、正しいサイズで図形を描く方法です。ここでは、角を丸める方法も解説します。
新規ドキュメントを作成して作業してください。

ツールで描く

1 長方形ツール□を選択します❶。

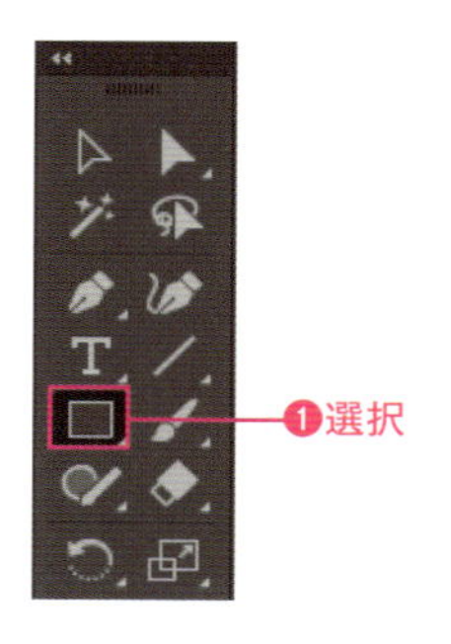

POINT

機能キーを使う

マウスでドラッグして描く場合には、Shift キーや Alt キーなどの機能キーを利用できます。

Shift キー	正方形を描く
Alt キー	長方形を中心から描く

2 アートボード上でマウスをドラッグします❶。必要なサイズでマウスボタンを放すと長方形のオブジェクトが描けます❷。

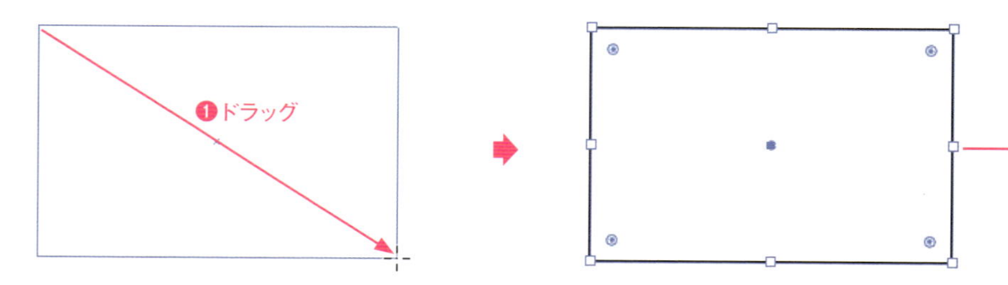

数値を指定して描く

1 長方形ツール□を選択します❶。

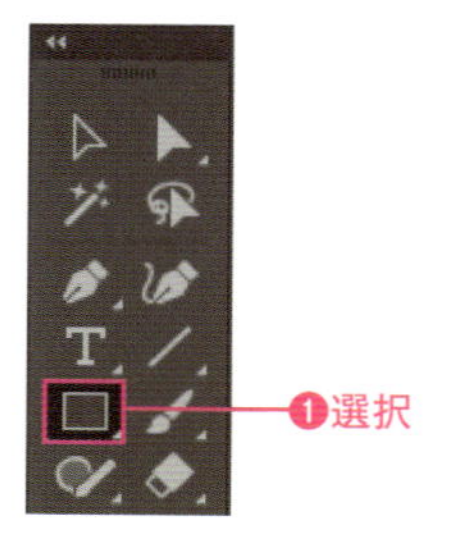

2 アートボード上でマウスボタンをクリックします❶。

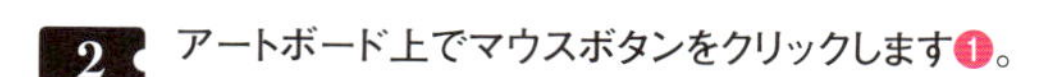

Macでは、キーは次のようになります。 Ctrl → ⌘ Alt → option Enter → return

3 ［長方形］ダイアログボックスが表示されるので、［幅］と［高さ］に任意の数値を入力し❶、［OK］をクリックします❷。指定した数値の長方形が描画されます❸。

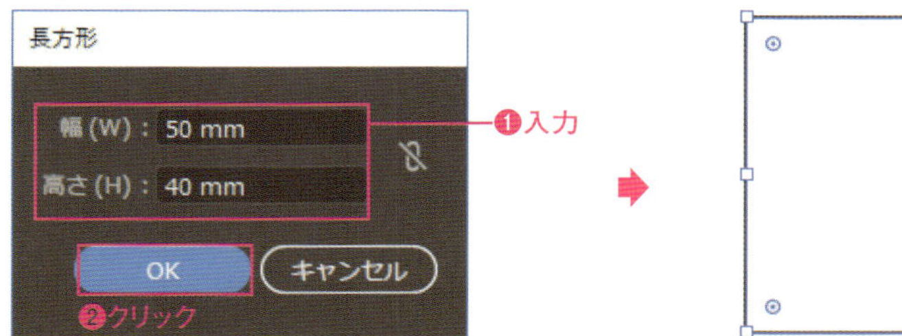

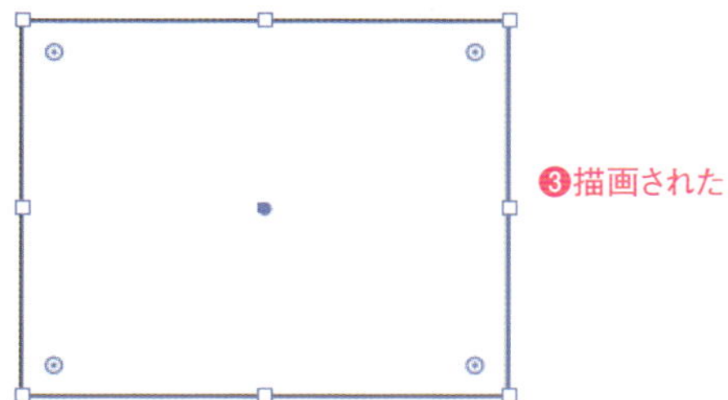

POINT

角丸長方形も同様

角丸長方形ツールも、長方形ツールと同様に描画できます。数値指定時の［角丸長方形］ダイアログボックスでは、［角丸の半径］で、角丸の大きさを指定できます。

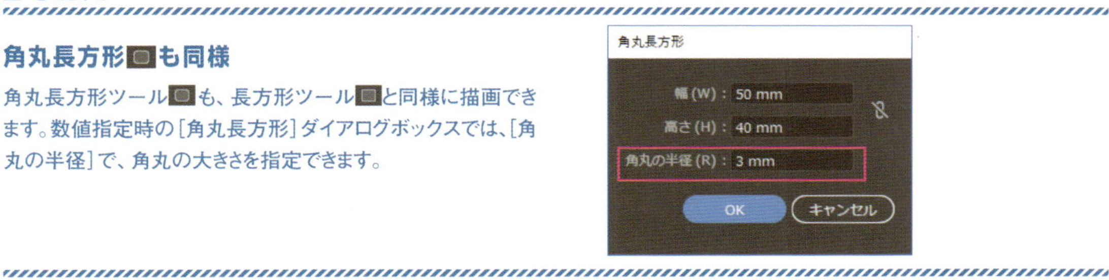

角を丸める（CC2014以降）

CC2014以降は、長方形や角丸長方形はライブシェイプとなり、選択ツールで選択すると❶、4つの角に⦿が表示され❷、どれかひとつをドラッグして❸、すべての角を丸められます❹。

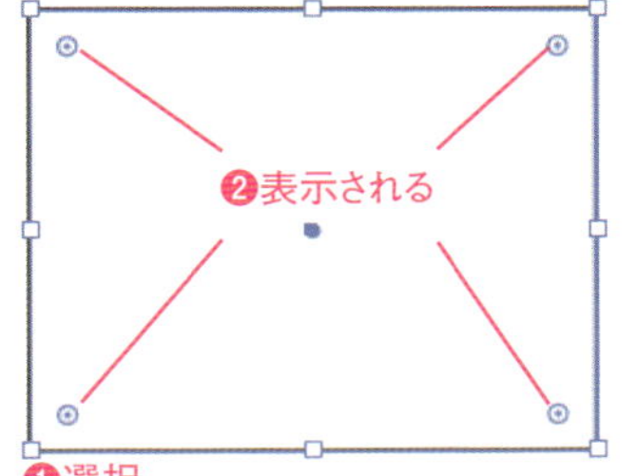

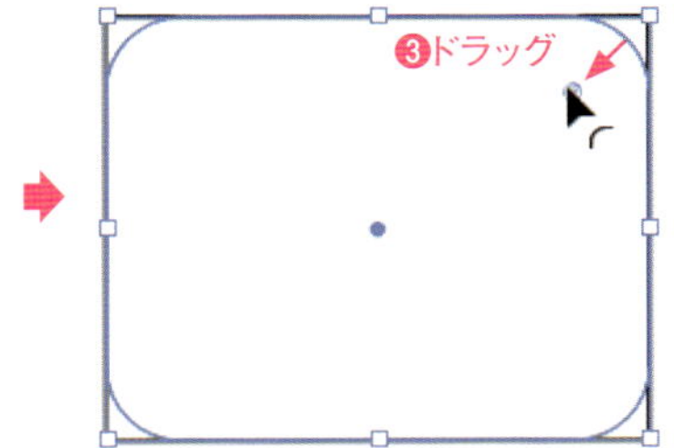

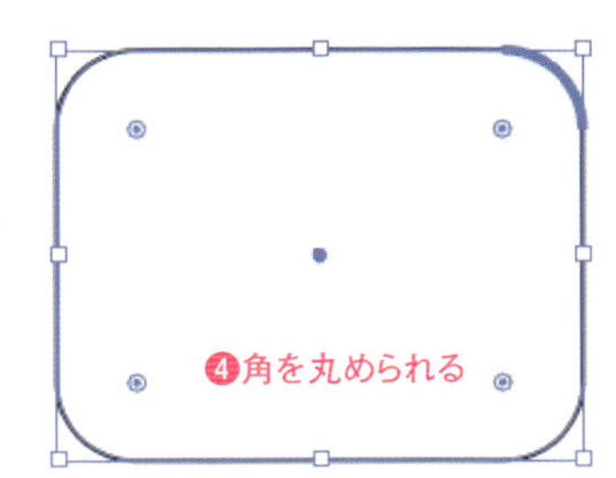

また、変形パネルの［長方形のプロパティ］には、［サイズ］❶、［角度］❷、［角丸のサイズ］❸、［角の種類］❹が表示され、変更できます。［角丸の半径値をリンク］❺で、角丸のサイズをすべて変更するか、個別に設定するかを設定できます。

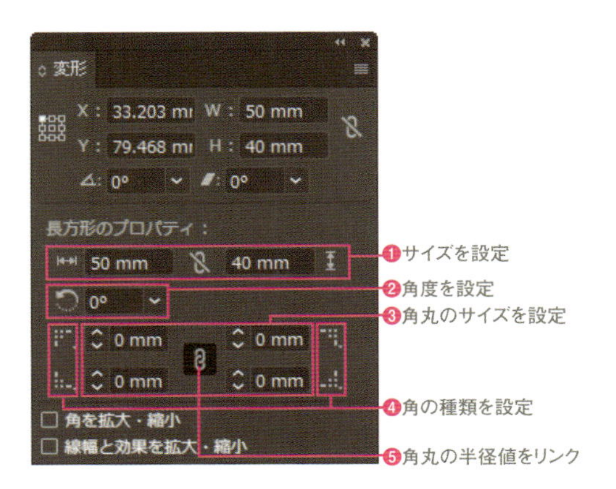

POINT

ひとつの角だけ角を丸める

ひとつの角だけを角を丸めるには、ダイレクト選択ツールで角のアンカーポイント選択して表示された⦿をドラッグします。または、変形パネルで、［角丸の半径値をリンク］をオフにして、数値指定してください。

円形を描く

040

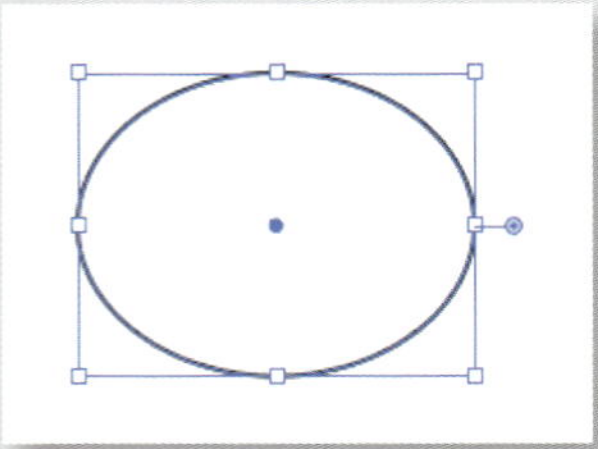

円形を描くには、マウスを使ってドラッグして任意のサイズで図形を描く方法、もうひとつは数値を入力し、正しいサイズで図形を描く方法のふたつがあります。また、CC2015から追加されたライブシェイプとしての楕円についても解説します。
ここでは、新規ドキュメントを作成して作業します。

ツールで描く

1 楕円形ツール を選択します❶。

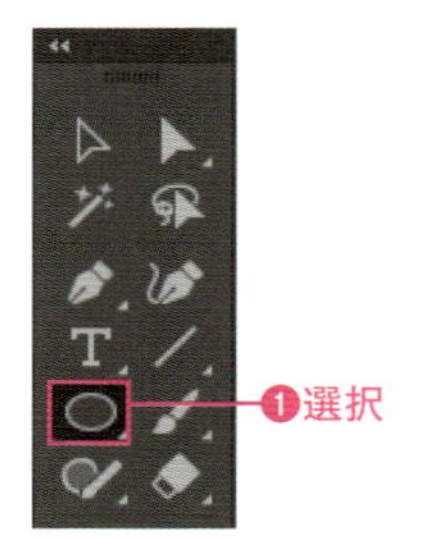

Point

機能キーを使う

マウスでドラッグして描く場合には、Shift キーや Alt キーなどの機能キーを利用できます。

Shift キー	真円を描く
Alt キー	円形を中心から描く

2 アートボード上でマウスをドラッグします❶。必要なサイズでマウスボタンを放すと楕円形のオブジェクトが描けます❷。

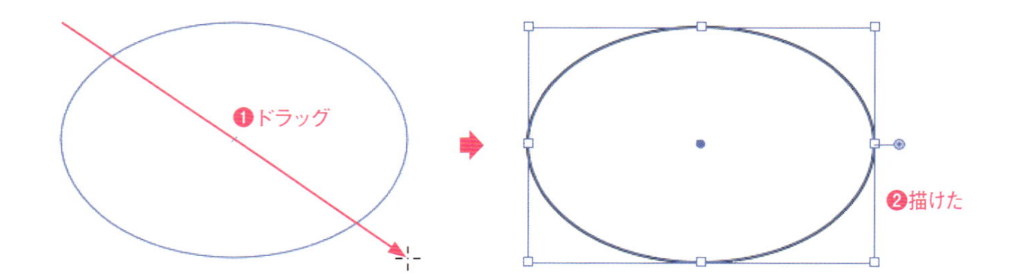

数値を指定して描く

1 楕円形ツール を選択します❶。

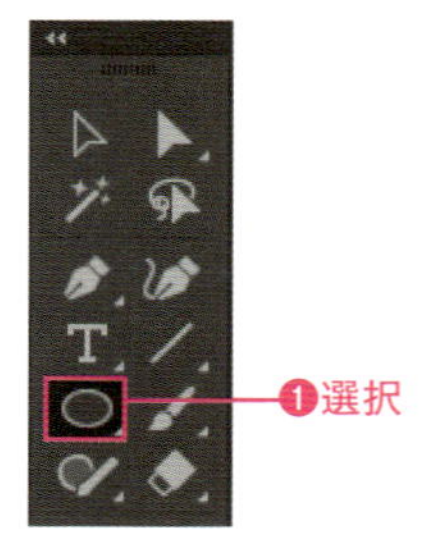

2 アートボード上でマウスボタンをクリックします❶。

❶クリック

Macでは、キーは次のようになります。 Ctrl → ⌘ Alt → option Enter → return

3 [楕円形] ダイアログボックスが表示されるので、[幅] と [高さ] に、楕円のサイズ (任意の数値) を入力し❶、[OK] をクリックします❷。指定した数値の楕円形が描画されます❸。

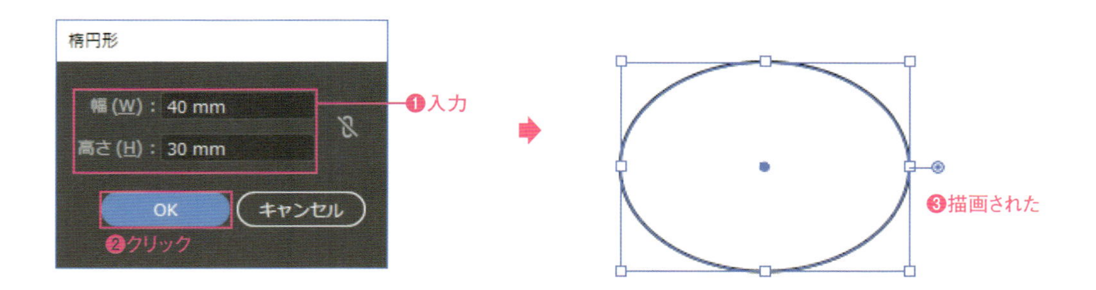

ライブシェイプとしての変形 (CC2015 以降)

CC2015 以降は、楕円形ツールで描いた楕円はライブシェイプとなり、選択ツールで選択すると❶、右側に⦿の付いたハンドルが表示され❷、ドラッグして❸、扇形に変形できます❹。

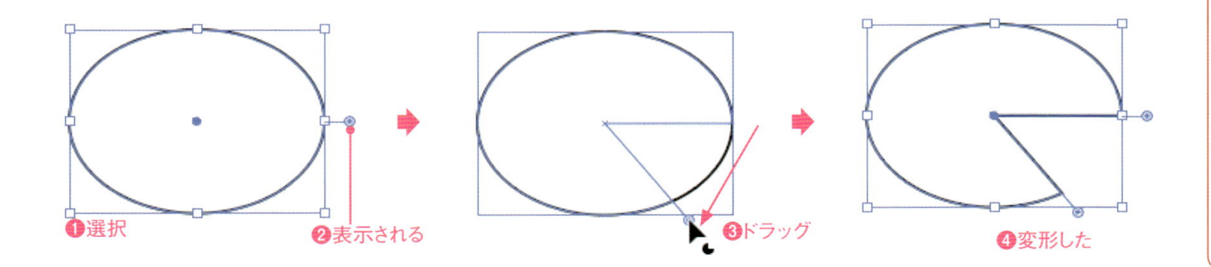

CC2015 以降は、変形パネルの [楕円形のプロパティ] には、サイズ❶、角度❷、扇形の半径の角度❸、扇形を反転❹が表示されて、変更することができます。

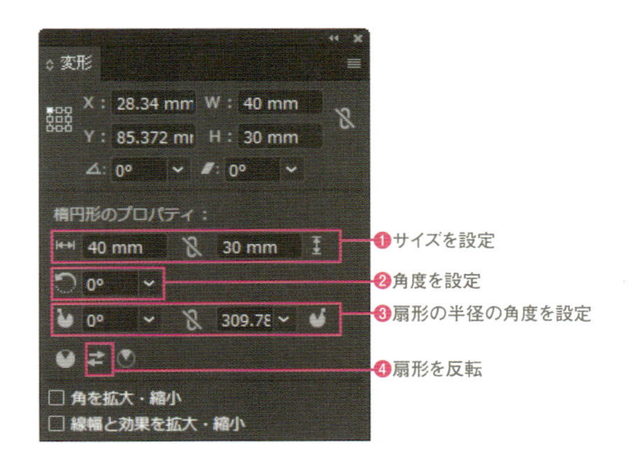

第2章 描画

多角形を描く

041

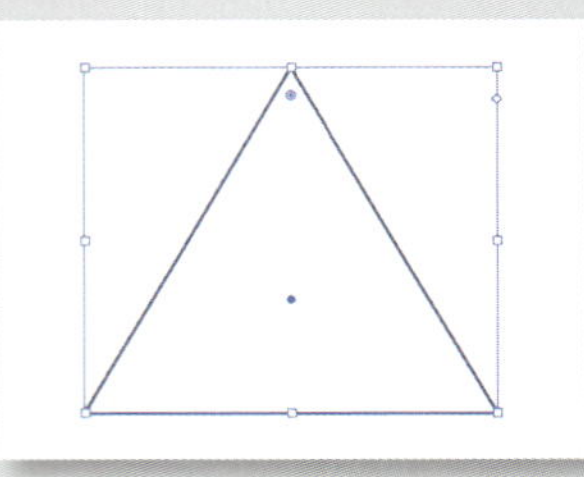

多角形を描くには、大きく分けて二通りの方法があります。ひとつはマウスを使い、任意のサイズで図形を描く方法、もうひとつは数値を入力し、正しいサイズで図形を描く方法です。
ここでは、新規ドキュメントを作成して作業します。

ツールで描く

1 多角形ツールを選択します❶。

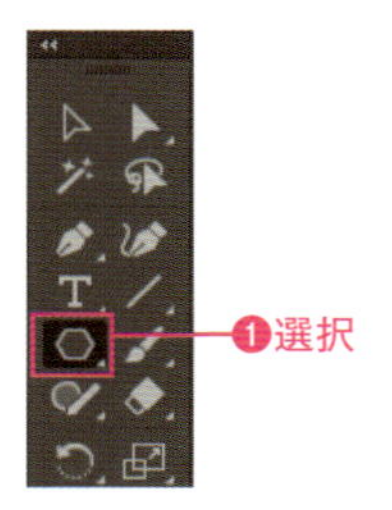

POINT

機能キーを使う

マウスでドラッグして描く場合には、Shift キーを利用できます。

Shift キー　　正多角形を描く

2 アートボード上でマウスをドラッグします❶。必要なサイズでマウスボタンを放すと多角形のオブジェクトが描けます❷。多角形は中心から描画されます。

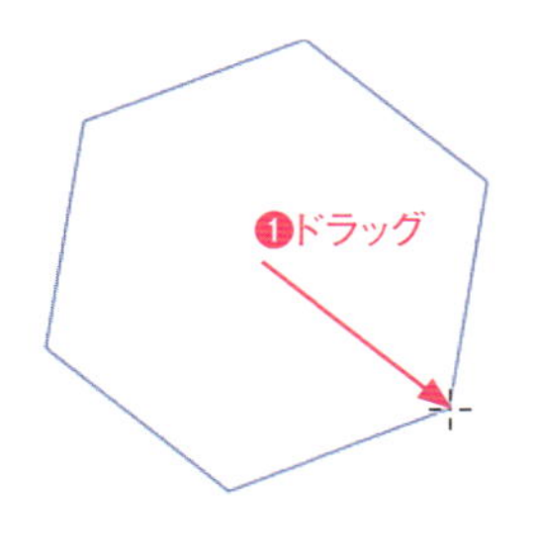

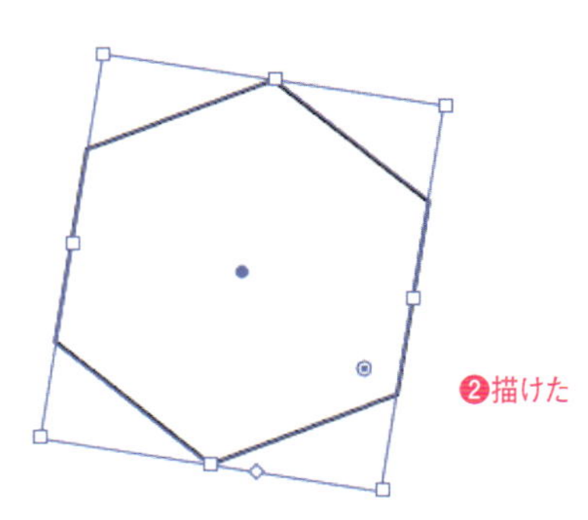

POINT

辺の数を調整する

初期設定では正六角形になります。辺の数を増やしたり減らしたりする場合には、描画中にマウスボタンを放さずにキーボードの ↑ ↓ キーを押します。

↑キー　　辺の数を増やす
↓キー　　辺の数を減らす

また、CC2015以降は、描画したあとから、選択した際にバウンディングボックス上に表示される◇をドラッグして❶、辺の数を変更できます。

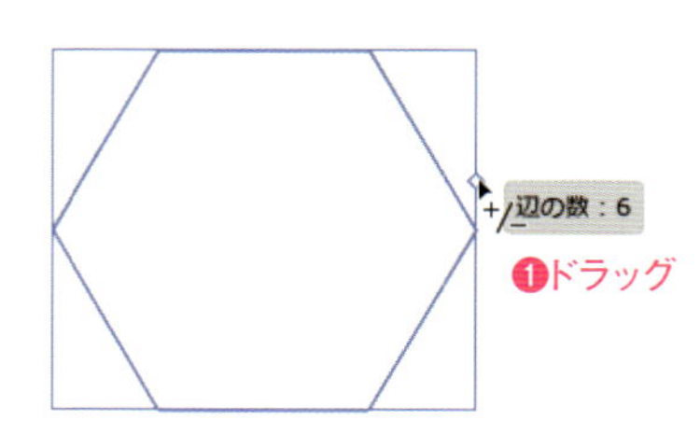

Macでは、キーは次のようになります。 Ctrl → ⌘ Alt → option Enter → return

数値を指定して描く

1 多角形ツール を選択します❶。アートボード上でマウスをクリックします❷。

2 [多角形] ダイアログボックスが表示されるので、[半径] に中心から角までの距離❶、[辺の数] に辺の数を入力し❷、[OK] をクリックします。指定した数値の多角形が描画されます❸。

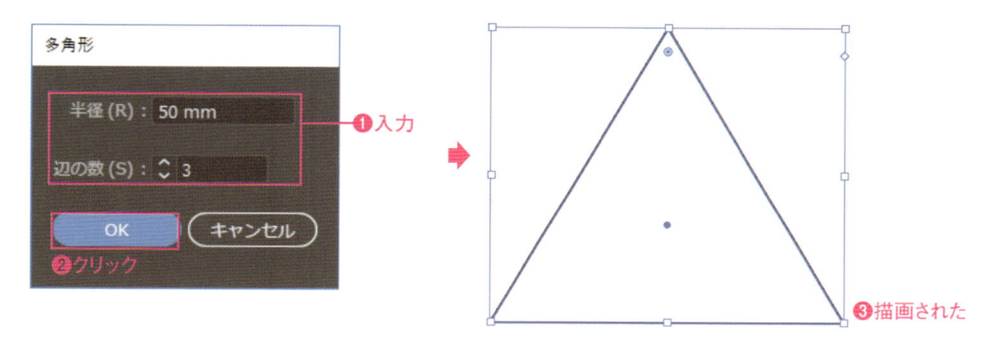

ライブシェイプとしての変形 (CC2015 以降)

CC2015 以降は、多角形ツール で描いたオブジェクトはライブシェイプとなり、選択ツール で選択すると❶、ひとつの角に⦿が表示され❷、ドラッグして❸、角を丸められます❹。

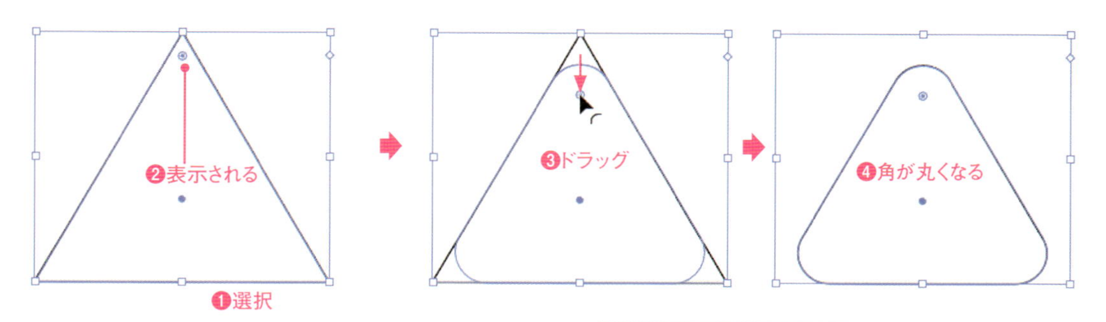

CC2015 以降は、変形パネルの [多角形のプロパティ] には、辺の数❶、角度❷、角丸の半径❸、角丸の種類❹が、中心からの半径❺、辺の長さ❻が表示され、変更できます。

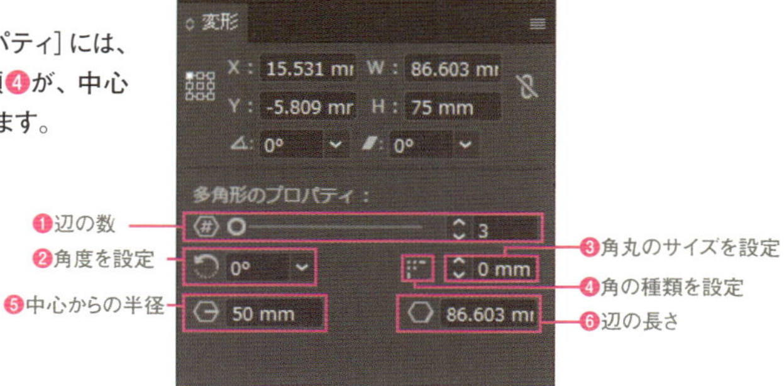

第2章 描画

第2章 描画

図形の角を丸める

042

オブジェクトのパスの角を丸めるには、コーナーウィジェットを利用します。また「効果」メニューのコマンドを利用して、アピアランスを変化させる方法もあります。それぞれの用途に合わせて利用するといいでしょう。サンプルファイルを使って確認してください。

第2章 ▶ 042.ai

コーナーウィジェットを使う

1 選択ツールで、オブジェクトを選択します。オブジェクトが選択された状態でツールをダイレクト選択ツールに切り替えると❶、それぞれのコーナーポイントに「コーナーウィジェット」が表示されます❷。

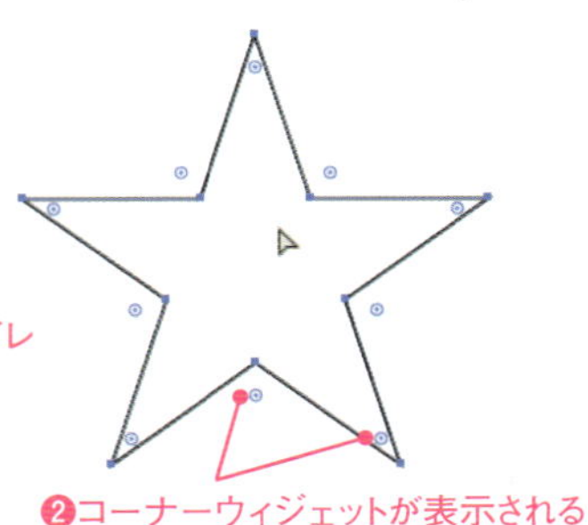

2 コーナーウィジェットをマウスでドラッグすると❶、ドラッグした距離にしたがって、すべての角が丸くなります❷。コーナーは選択を解除したあとでも、パスを再選択することで調整を行うことができます。

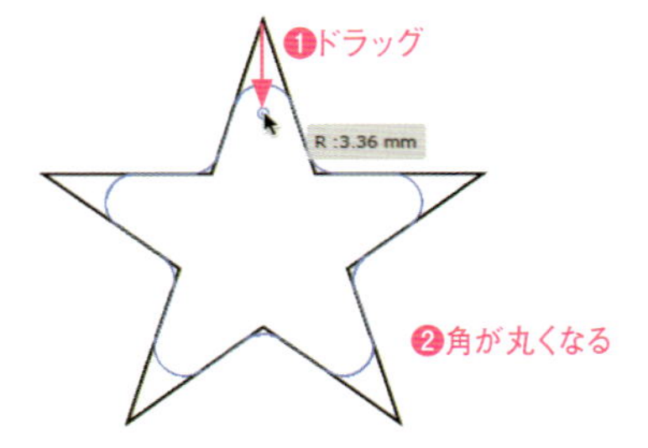

POINT

ライブシェイプの設定で丸める

長方形と角丸長方形（CC2014以降）、多角形（CC2015以降）は、オブジェクトにライブシェイプ属性が付き、選択ツールで選択しても「コーナーウィジェット」が表示され同様に角を変形できます。
また、変形パネルで数値指定で変形したり、個別に設定することもできます。

POINT

角の形状を変更する

角を丸くするコーナーにはいくつかのスタイルが用意されています。初期設定では、凸型のコーナーですが、フラットなタイプ、凹型なタイプと三種類のコーナースタイルを選ぶことができます。
コーナーウィジェットをドラッグしている最中に、キーボードの↑↓カーソルキーを押すと❶❷、スタイルが変わります。

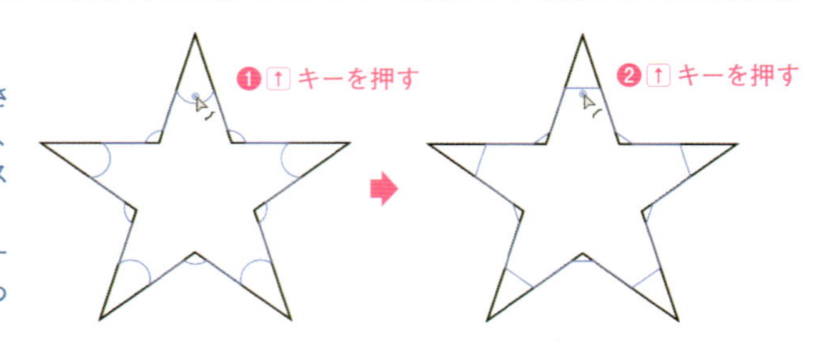

Macでは、キーは次のようになります。 Ctrl → ⌘ Alt → option Enter → return

3 ダイレクト選択ツール で角を持つコーナーポイントをクリックすると❶、選択されたコーナーポイントにのみコーナーウィジェットが表示され❷、ドラッグして個別に角を丸くすることができます❸。

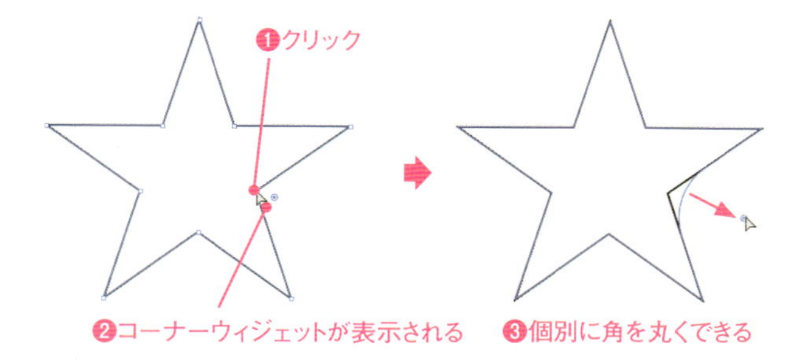

数値指定して角を丸くする

コーナーウィジェットをダイレクト選択ツール でダブルクリックすると❶、[コーナー] ダイアログボックスが表示され、ダブルクリックしたコーナーの種類と半径、角丸の状態を設定することができます❷。

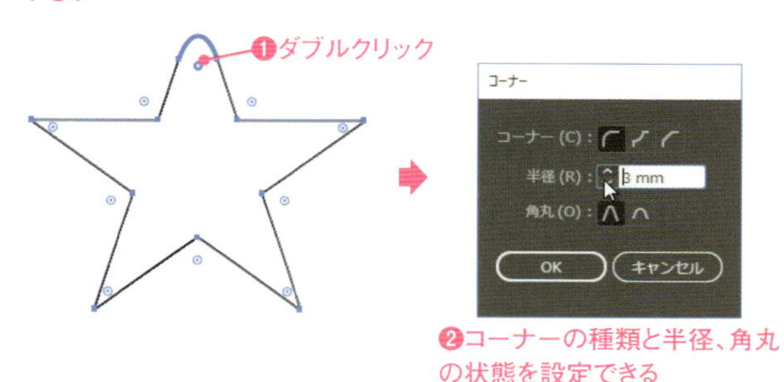

❷コーナーの種類と半径、角丸の状態を設定できる

POINT

コントロールパネルで設定する

コントロールパネルの[コーナー]を使うと、選択しているオブジェクトのすべての角を数値指定で丸くできます。[コーナー]をクリックすると、ポップアップが表示され、種類と半径、角丸の状態を設定できます。

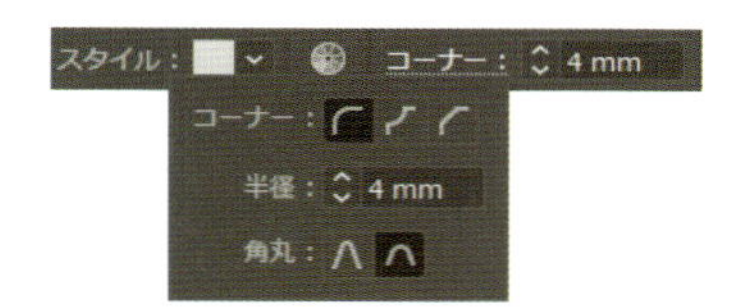

[角を丸くする] 効果を利用する

角を丸くするには、コーナーウィジェットを利用するほかに、[角を丸くする] 効果を利用する方法もあります。

選択ツール で、対象となるオブジェクトを選択し❶、[効果] メニュー→ [スタイライズ] → [角を丸くする] を選択します❷。[角を丸くする] ダイアログボックスが表示されるので、[半径] に角の半径を入力して❸、[OK] をクリックします❹。オブジェクトの角がすべて丸められます❺。

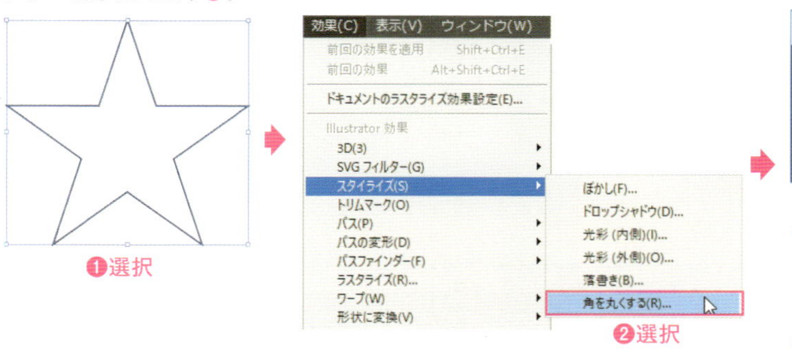

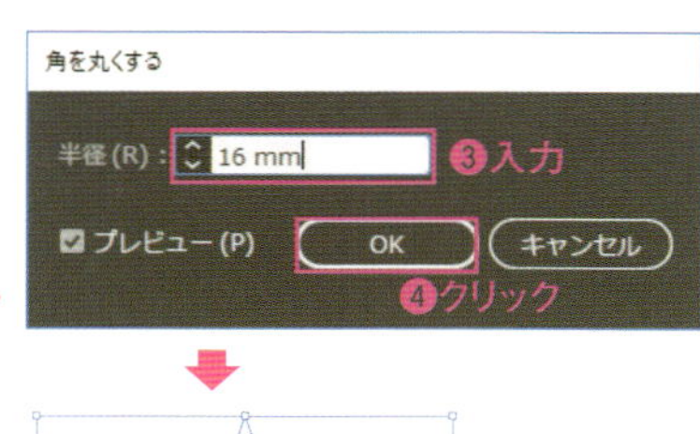

❺角が丸くなる

POINT

[角を丸くする] 効果は見た目だけ丸める

コーナーウィジェットは、図形の形状を変更しますが、[角を丸くする] 効果は見た目だけを変更します。

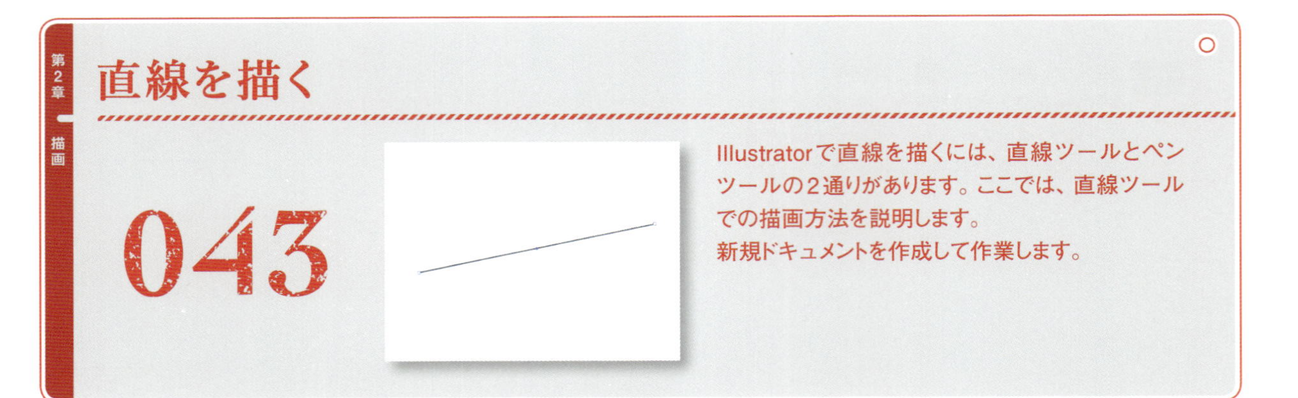

直線を描く

043

Illustratorで直線を描くには、直線ツールとペンツールの2通りがあります。ここでは、直線ツールでの描画方法を説明します。
新規ドキュメントを作成して作業します。

ツールで描く

直線ツールを選択し❶、アートボード上でマウスをドラッグします❷。必要なサイズでマウスボタンを放すと直線のパスが描けます。

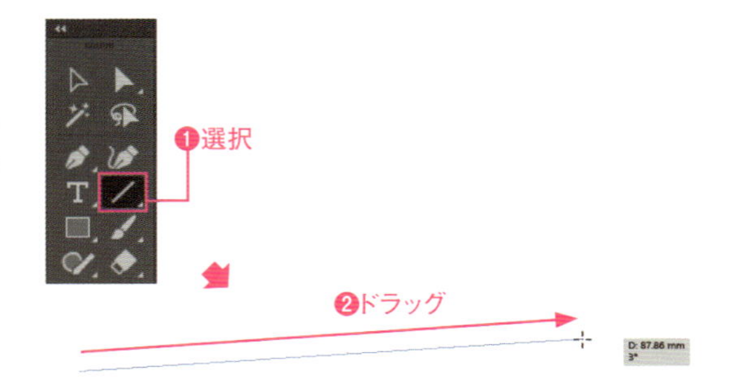

数値指定して直線を描く

直線ツールを選択し❶、アートボード上でマウスをクリックします❷。［直線ツールオプション］ダイアログボックスが表示されるので、［長さ］に線の長さ❸、［角度］に角度を入力して❹、［OK］をクリックします❺。クリックした点から直線が指定した長さと角度で描画されます❻。

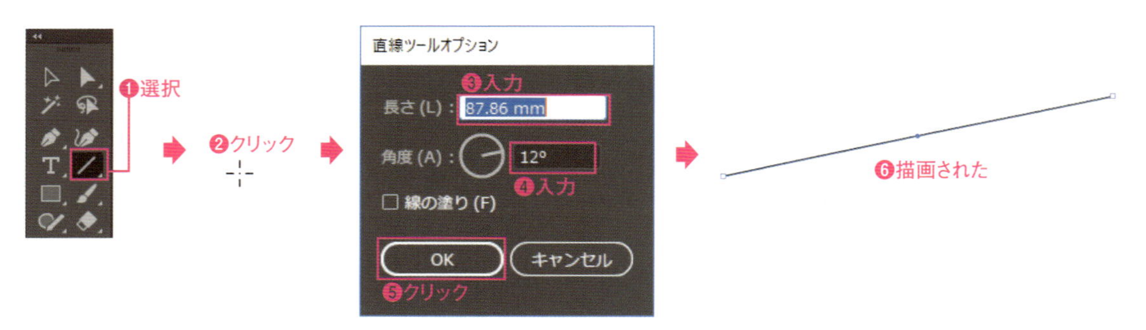

Point

変型パネルで変形する

CC2015からは、直線ツールで作成した直線オブジェクトは、ライブシェイプとなり、変形パネルの［線のプロパティ］で、長さや角度を指定できます。

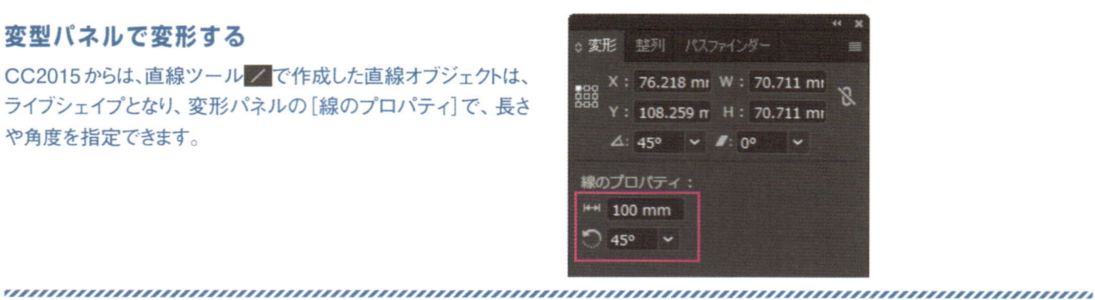

連続した線を描く

044

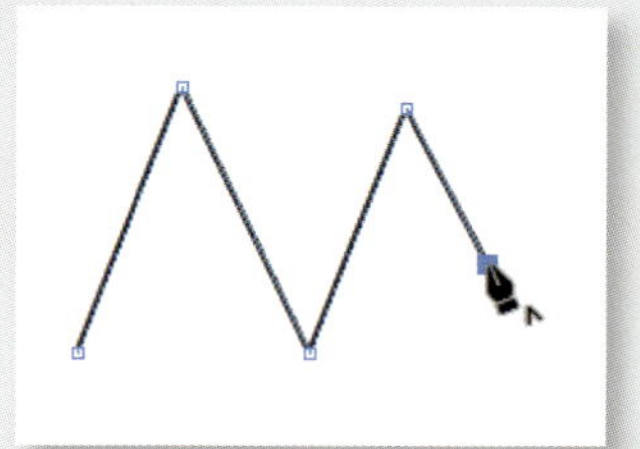

連続した線を描くには、ペンツールを使います。ペンツールは最初に配置したポイントと最後のポイントを結ぶ（クローズパス）か、選択を解除するまで、描き続けることができます。
ここでは、新規ドキュメントを作成して作業します。

連続した線を描く

ペンツールを選択します❶。アートボード上でクリックします❷。クリックを繰り返して複数のアンカーポイントを作成すると❸❹❺❻、連続した線を描くことができます。

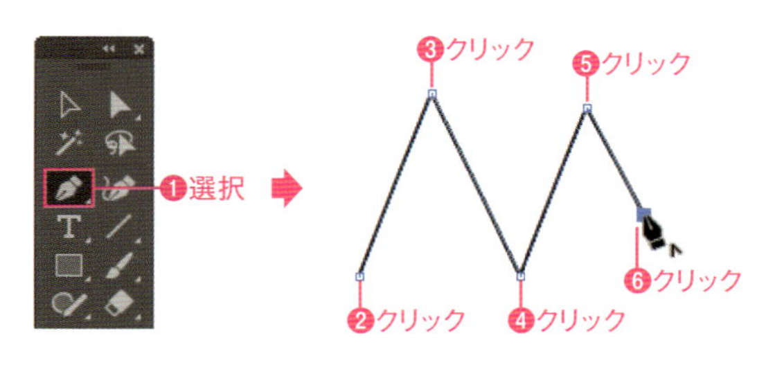

POINT

連続した曲線を描く

直線と曲線を交互に描いたり、連続した曲線もペンツールを使って描くことができます。ペンツールを使った曲線の描き方はP.080の「ペンツールで線を描く」で解説しています。

線の描画をやめる

［選択］メニュー→［選択を解除］を選択すると❶、線の描画が終了します。
選択を解除する操作は頻繁に利用するので、キーボードショートカット（Shift+Ctrl+A）を覚えておくと便利です。

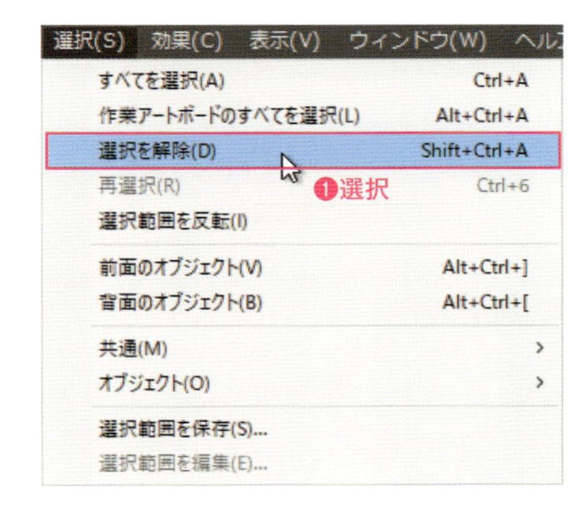

POINT

線の描画を終了するそのほかの方法

以下の操作を行った場合も線の描画が終了します。

- 別のツールを選択する
- Ctrl キーを押しながら、選択ツールまたはダイレクト選択ツールに切り替えて、アートボード上の何もない場所をクリックする
- 始点のアンカーポイントに線をつないでクローズパスにする
- Enter キーを押す

第2章 描画

円弧を描く

045

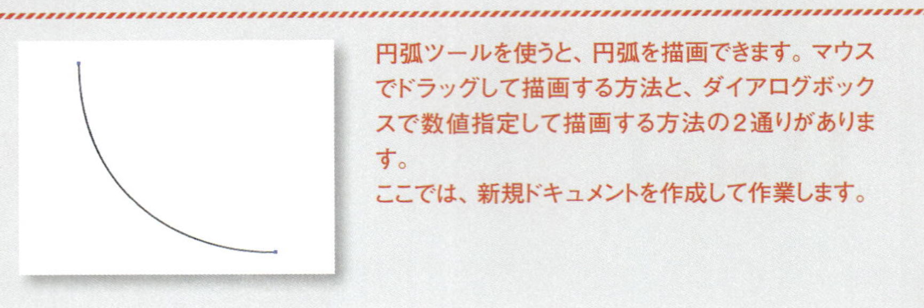

円弧ツールを使うと、円弧を描画できます。マウスでドラッグして描画する方法と、ダイアログボックスで数値指定して描画する方法の2通りがあります。
ここでは、新規ドキュメントを作成して作業します。

ドラッグ操作で円弧を描く

円弧ツール を選択します❶。アートボード上でドラッグして❷、必要なサイズでマウスボタンを放すと円弧のパスが描けます❸。Shift キーを押しながらドラッグすると、幅と高さ（X軸とY軸の長さ）が同じ値の円弧になります。Alt キーを押しながらドラッグすると、図形の中心から描画できます。

Point

オプションを設定してからドラッグする

円弧ツール ボタンをダブルクリックすると、[円弧ツールオプション] ダイアログボックスが表示されます。ドラッグする前に設定を変更すると、以降ドラッグで描画する円弧にオプション設定が反映されます。
一部のオプションは、ドラッグ中にキー操作をして描画中にオプションを変更できます。

↑キーを押す	[勾配] が「5」増える
↓キーを押す	[勾配] が「5」減る

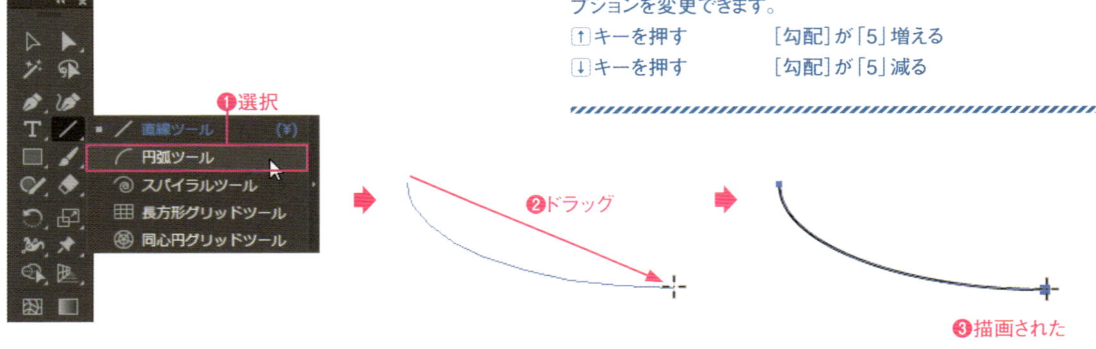

数値指定で円弧を描く

円弧ツール を選択します❶。アートボード上でクリックします❷。[円弧ツールオプション] ダイアログボックスが表示されたらオプションを設定して❸、[OK] をクリックします❹。クリックした位置から円弧のパスが指定した形状で描画されます❺。

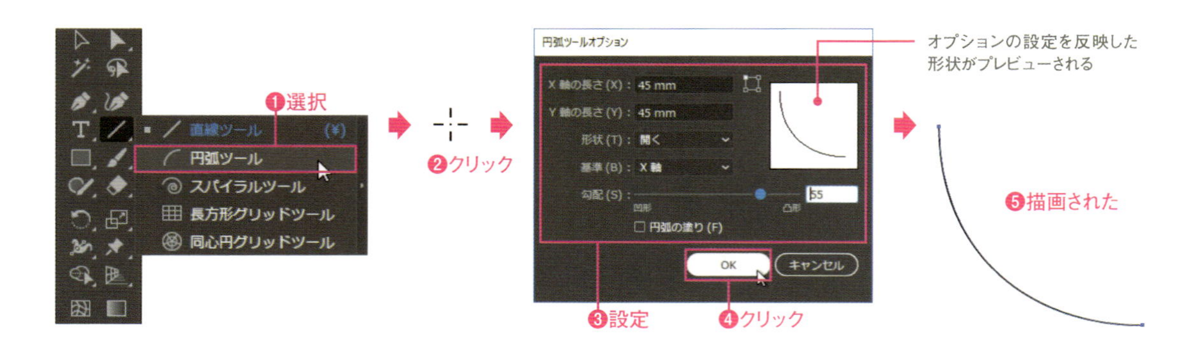

Macでは、キーは次のようになります。 Ctrl → ⌘　Alt → option　Enter → return

星型を描く

046

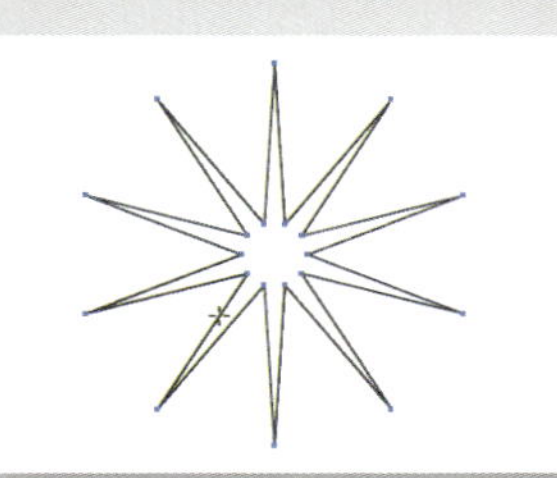

スターツールを使うと、星形を簡単に描くことができます。マウスでドラッグする方法と、ダイアログボックスで数値指定する方法があります。
マウスを使って描く場合には、Shift キーや Alt キーなどを併用することで図形の形や描画方法を変更することができます。
ここでは、新規ドキュメントを作成して作業します。

ドラッグ操作で星型を描く

スターツール☆を選択します❶。アートボード上でドラッグします❷。必要なサイズでマウスボタンを放すと星型のパスが描けます❸。Shift キーを押しながらドラッグすると、星の先端（尖った部分）が真上の位置になるように角度を固定します。

POINT

ドラッグ中のキー操作でオプションを変更する

ドラッグ中にキー操作をして、星型のオプションを変更できます。

Ctrl キーを押す	Ctrl キーを押した位置で第1半径を固定して、Ctrl キーを押しながらドラッグした位置まで第2半径の長さを変更
↑キーを押す	[点の数]が「1」増える
↓キーを押す	[点の数]が「1」減る

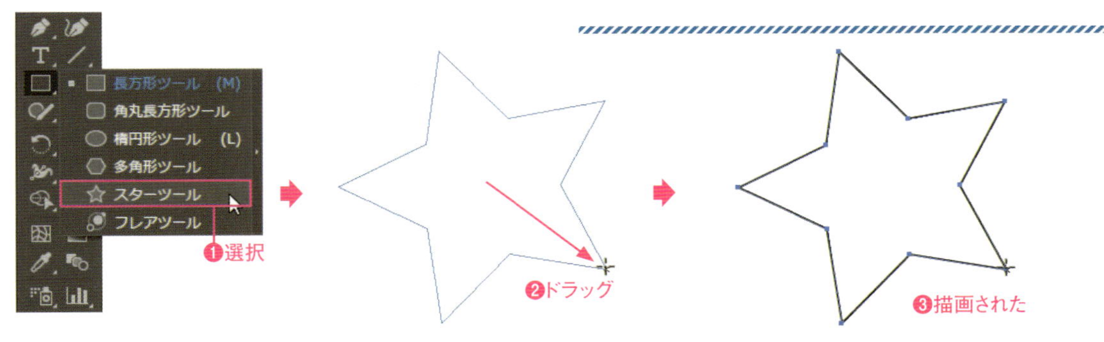

数値指定で星型を描く

スターツール☆を選択します❶。アートボード上でクリックします❷。[スター]ダイアログボックスが表示されたらオプションを設定して❸、[OK]をクリックします❹。クリックした位置が図形の中心となり、星型のパスが指定した形状で描画されます❺。

POINT

一直線に揃える

[点の数]を「5」に設定して、Alt キーを押しながらドラッグすると、五芒星のような形の星型を描画できます。

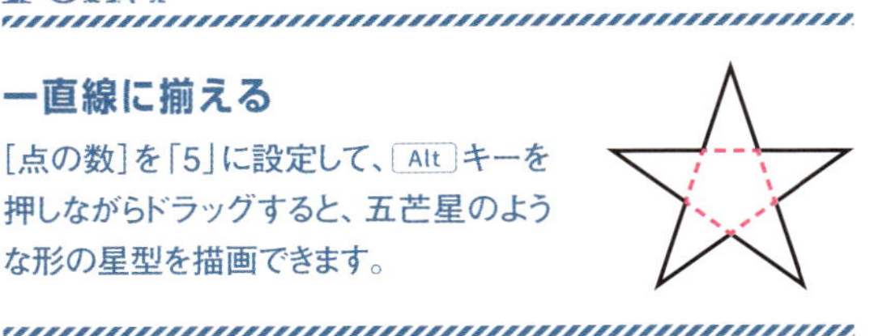

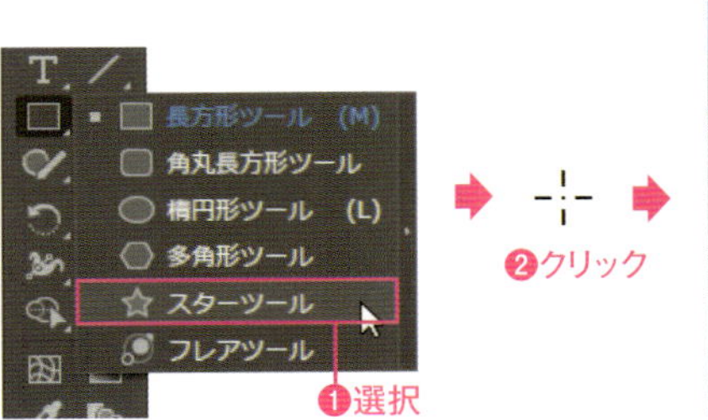

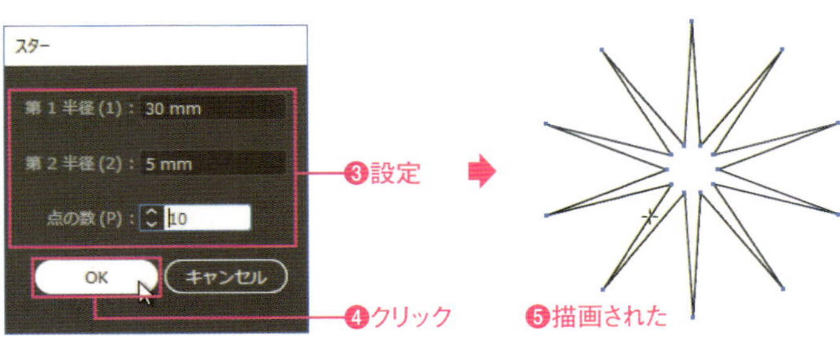

第2章 描画

渦巻きを描く

047

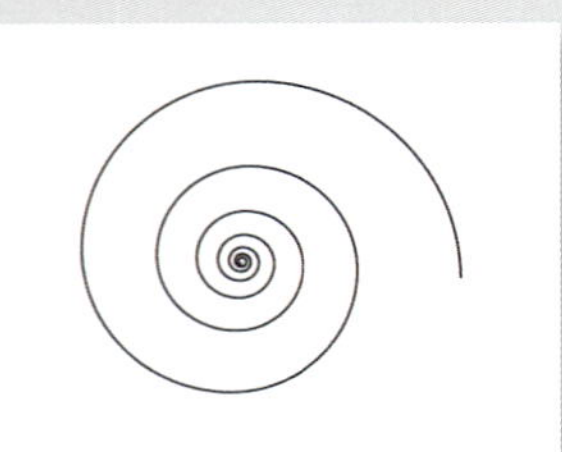

渦巻き模様を描画するには、スパイラルツールを使います。ドラッグして描画する方法と、ダイアログボックスで数値指定して描画する方法の2通りの方法があります。
ここでは、新規ドキュメントを作成して作業します。

ドラッグ操作で渦巻きを描く

スパイラルツールを選択します❶。アートボード上でドラッグします❷。必要なサイズでマウスボタンを放すと渦巻きのパスが描けます❸。Shift キーを押しながらドラッグすると、描画角度を45度に制限します。

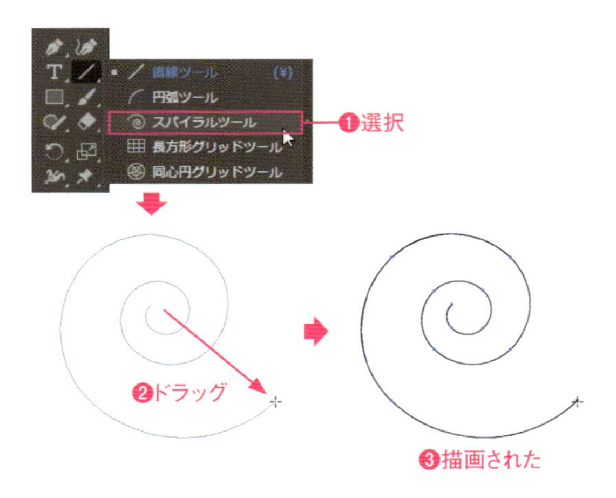

POINT

ドラッグ中のキー操作でオプションを変更する

ドラッグ中にキー操作をして、スパイラルのオプションを変更できます。

Ctrl キーを押しながら図形の中心に向かってドラッグする　[円周に近づく比率]の値が増える
Ctrl キーを押しながら図形の外側に向かってドラッグする　[円周に近づく比率]の値が減る
↑キーを押す　[セグメント数]が「1」増える
↓キーを押す　[セグメント数]が「1」減る

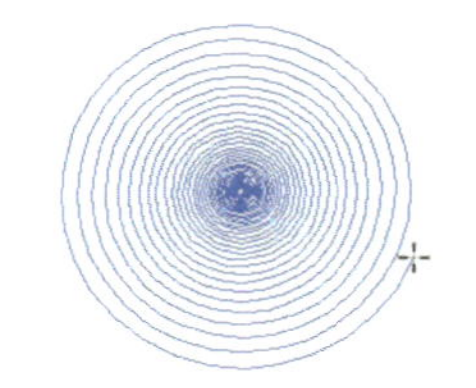

Ctrl キーを押しながら中心に向かってドラッグすると、円周に近づく比率]の値が増える

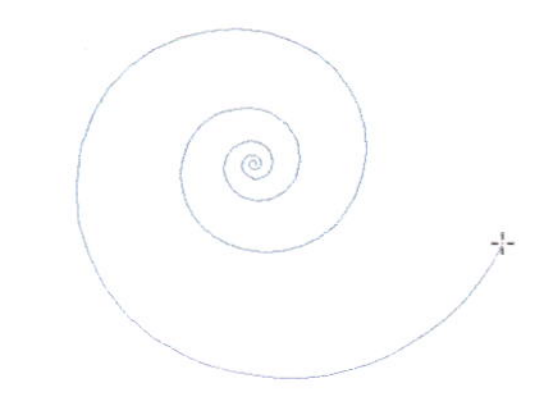

↑キーを押すと始点方向にセグメントが増える

数値指定で渦巻きを描く

スパイラルツールを選択します❶。アートボード上でクリックします❷。[スパイラル]ダイアログボックスが表示されたらオプションを設定して、❸[OK]をクリックします❹。渦巻きのパスが指定した形状で描画されます❺。

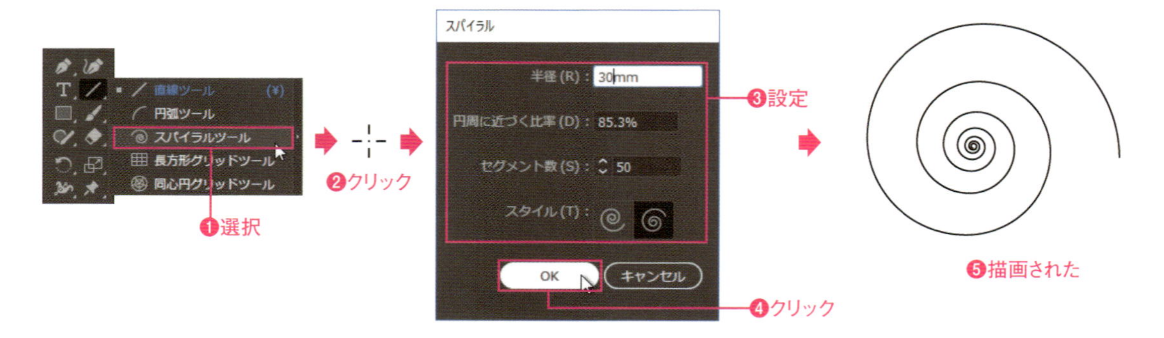

Macでは、キーは次のようになります。 Ctrl → ⌘　Alt → option　Enter → return

太陽光を描く

048

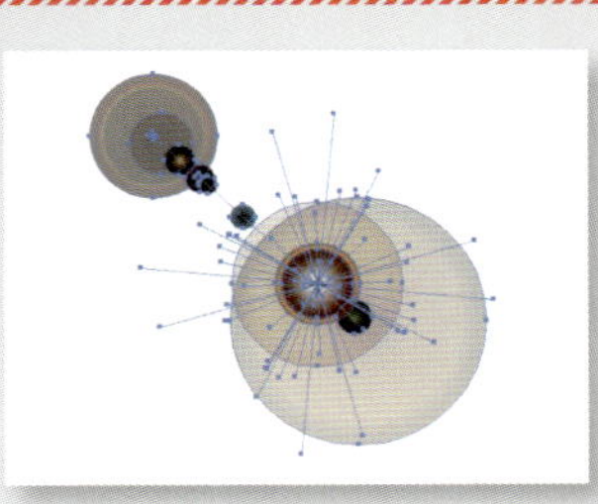

フレアツールは、太陽光の輝きを表現するオブジェクトを生成するツールです。逆光などを表現したい場合などには有効ですが、用途が限られているともいえます。
ここでは、新規ドキュメントを作成して作業します。

ドラッグ操作で太陽光を描く

1 フレアツールを選択します❶。アートボード上でドラッグします❷。最初のドラッグでフレアのオブジェクトを描画します❸。

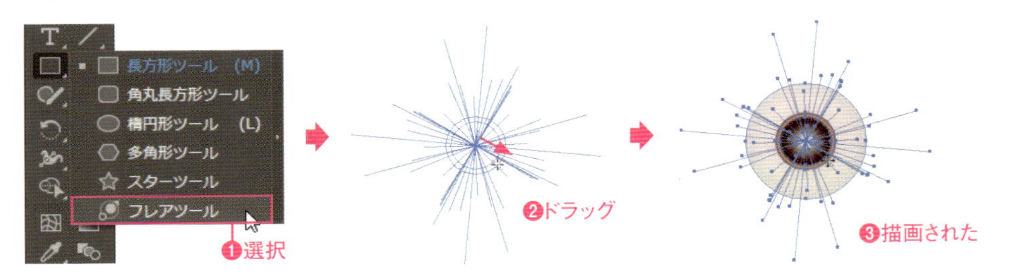

2 フレアオブジェクトの中心にカーソルを合わせると❶、フレアを選択するカーソルに変わります。そこからドラッグすると❷、重なり合った太陽光のオブジェクトを描画できます❸。

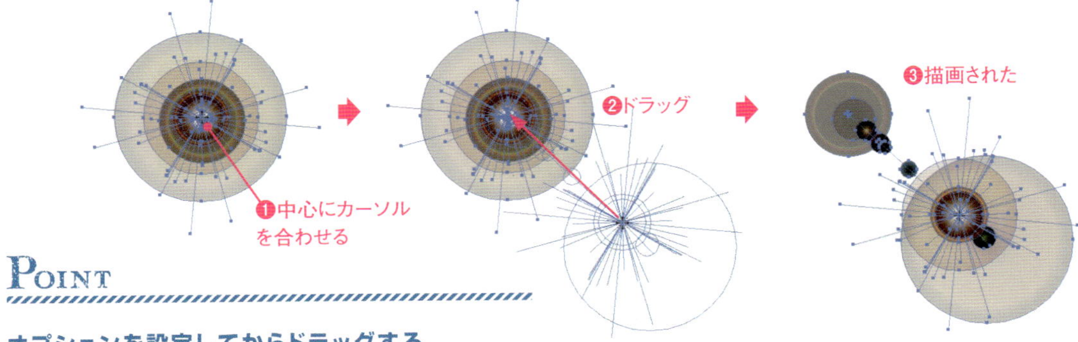

POINT

オプションを設定してからドラッグする

ツールパネルのフレアツールアイコンをダブルクリックすると、[フレアツールオプション] ダイアログボックスが表示されます。ドラッグする前に設定を変更すると、以降ドラッグで描画するオブジェクトにオプション設定が反映されます。
一部のオプションは、ドラッグ中にキー操作をして描画中にオプションを変更できます。

1回目のドラッグ中に↑キーを押す	光線の数が「1」増える
1回目のドラッグ中に↓キーを押す	光線の数が「1」減る
2回目のドラッグ中に↑キーを押す	リングの数が「1」増える
2回目のドラッグ中に↓キーを押す	リングの数が「1」減る

POINT

数値指定で太陽光を描く

フレアツールでアートボード上でクリックします。[フレアツールオプション] ダイアログボックスが表示されたらオプションを設定して、[OK] をクリックします。クリックした位置が光源の中心となり、太陽光を表現したオブジェクトが指定した形状で描画されます。

フリーハンドで線を描く

049

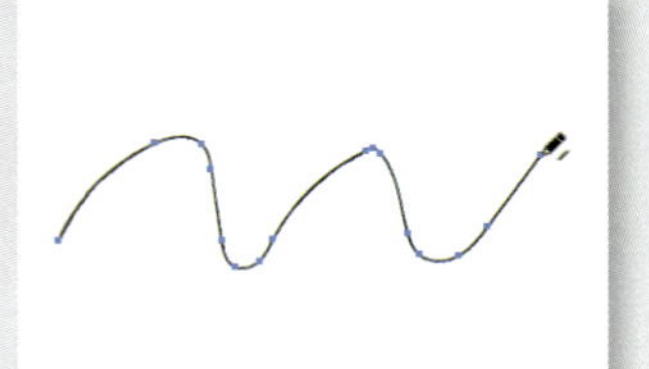

アートボード上でマウスやペンタブレットを動かして、自由な曲線でのパスを描くこともできます。フリーハンドでパスを描くことのできるツールは鉛筆ツール、ブラシツール、塗りブラシツールの3つです。ここでは、鉛筆ツール、ブラシツールについて解説します。新規ドキュメントを作成して作業してください。

鉛筆ツールで自由な線を描く

1 鉛筆ツールを選択します❶。アートボード上でドラッグします❷。マウスの動きにしたがってパスが作成されます❸。

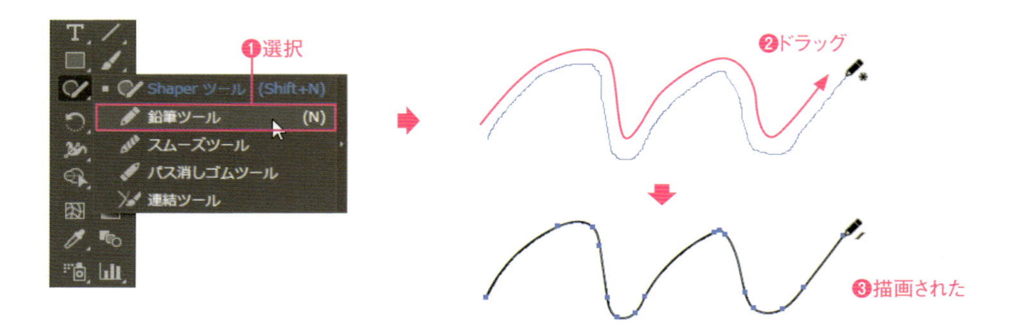

2 ツールパネルの鉛筆ツールアイコンをダブルクリックすると❶、[鉛筆ツールオプション] ダイアログボックスが表示されます❷。[精度] のスライダーを [滑らか] に設定して❸、[OK] をクリックします❹。ドラッグして描画すると、ドラッグ中のマウスのブレを補正して滑らかな線になります❺。

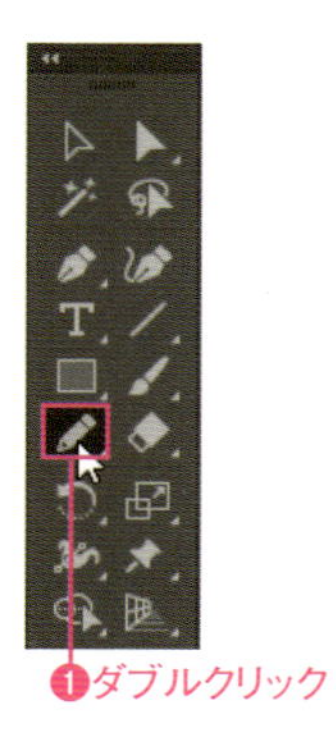

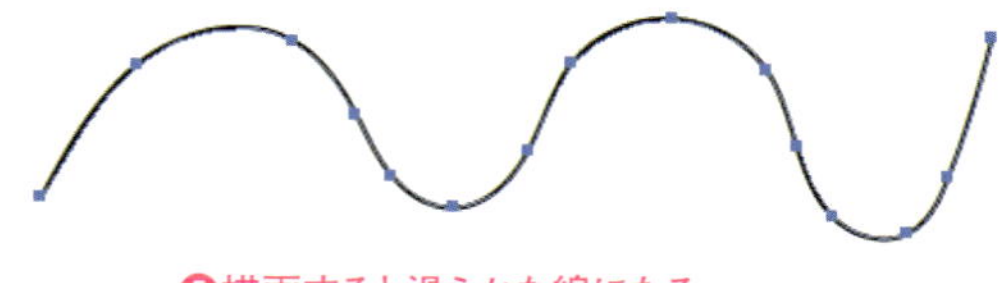

3 同じ手順で、[鉛筆ツールオプション] ダイアログボックスを表示し [精細] に設定します❶。描画すると、マウスの軌跡に近い線になります❷。

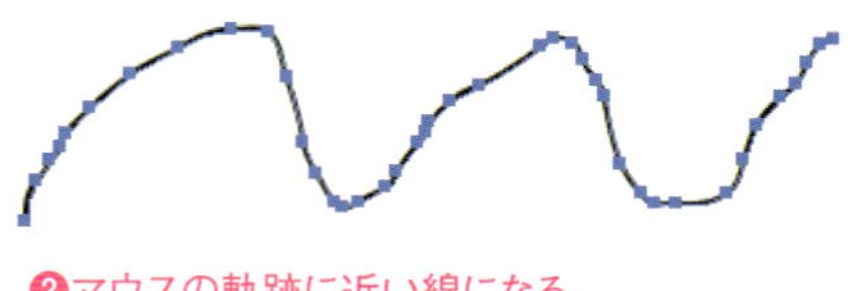

Macでは、キーは次のようになります。 Ctrl → ⌘ Alt → option Enter → return

Point

鉛筆ツールで線を描き直す

［鉛筆ツールオプション］ダイアログボックスの［選択したパスを編集］にチェックを付けると、選択されたパスをリシェイプできます。

最初のパス、もしくは最後のポイントにカーソルをあてると［選択したパスを編集］にチェックを付けた場合と外した場合では、カーソルが異なることがわかります。

チェックを付けた場合、ポイント上からマウスをドラッグすることで、既存のパスの延長として描画を開始することができます。

チェックを外した場合は、新たな独立したパスとして描かれます。

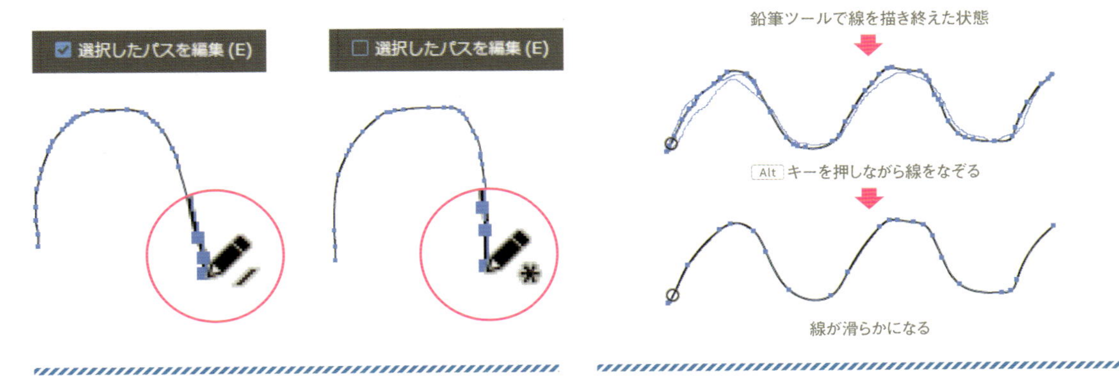

Point

スムーズツールで線を修正する

［鉛筆ツールオプション］ダイアログボックスの［Altキーでスムーズツールを使用］にチェックを付けると、鉛筆ツールが選択されている状態で Alt キーを押すと、スムーズツールに変換されます。スムーズツールで選択された状態のパスをなぞると、パスが滑らかに変換されます。

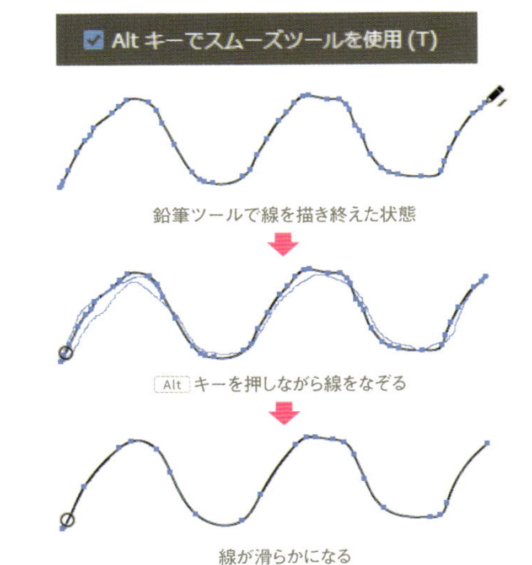

ブラシツールで自由な線を描く

ブラシツールを選択します❶。ブラシパネルでブラシを選択します❷。アートボード上でドラッグします❸。マウスの動きにしたがってパスが作成されます❹。ペンタブレットのスタイラスペン等の筆圧感知にも対応しているため、ブラシツールとペンタブレットを利用すると、筆圧の強弱に合わせてブラシの太さが変わります。

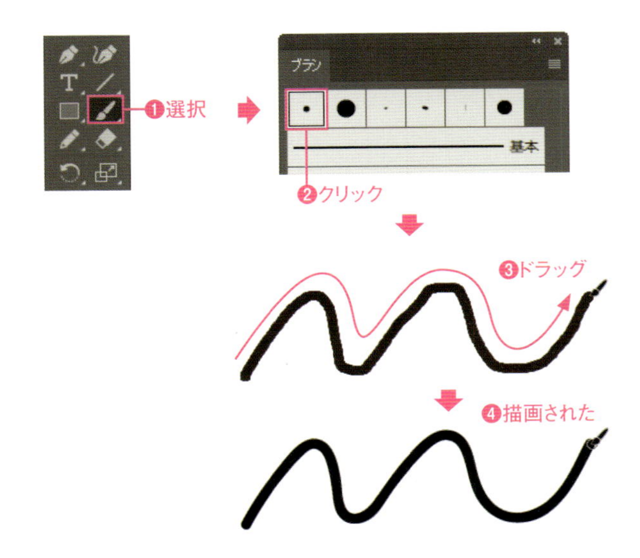

Point

ブラシツールオプション

ツールパネルのブラシツールアイコンをダブルクリックすると、ブラシツールに関する設定ができます。内容に関しては、鉛筆ツールとほぼ同じ内容です。

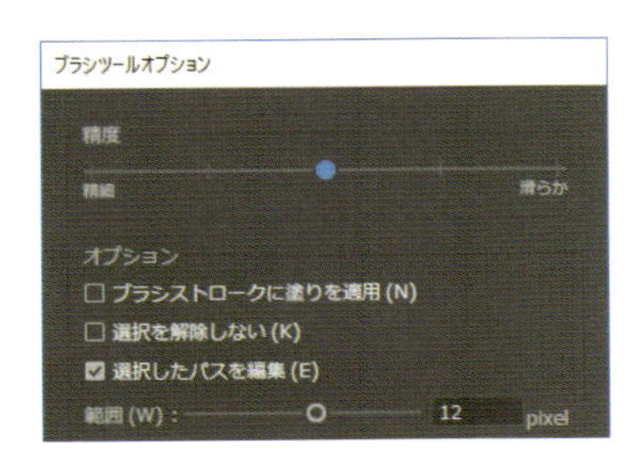

050 フリーハンドで塗りつぶす

鉛筆ツールとブラシツールのほかに、もうひとつフリーハンドでパスを描くツールがあります。それが塗りブラシツールです。塗りブラシツールでは、Photoshopなどのラスター系画像編集ソフトのように、描いた結果を面のパスとして描画します。ここでは、新規ドキュメントを作成して作業します。

塗りブラシツールを選択します❶。アートボード上でマウスをドラッグします❷。塗りつぶした形のパスになります❸。

POINT

ブラシツールと塗りブラシツールの違い

ブラシツールは、マウスの軌跡どおりにパスを描きました。塗りブラシツールは、Photoshopなどのラスター系画像編集ソフトのように、描いた結果が面のパスとなります。

ブラシツールで描いたパス

塗りブラシツールで描いたパス

POINT

塗りブラシツールオプション

ツールパネルの塗りブラシツールアイコンをダブルクリックすると、[塗りブラシツールオプション] ダイアログボックスが表示されます。[精度] のスライダーを [滑らか] に移動すると、ドラッグ中のマウスのブレを補正して滑らかな線になります。[精細] に移動すると、マウスの軌跡に近い線になります。塗りブラシのサイズは、線パネルの [線幅] で設定するのではなく、[塗りブラシツールオプション] ダイアログボックスの [サイズ] で設定します。

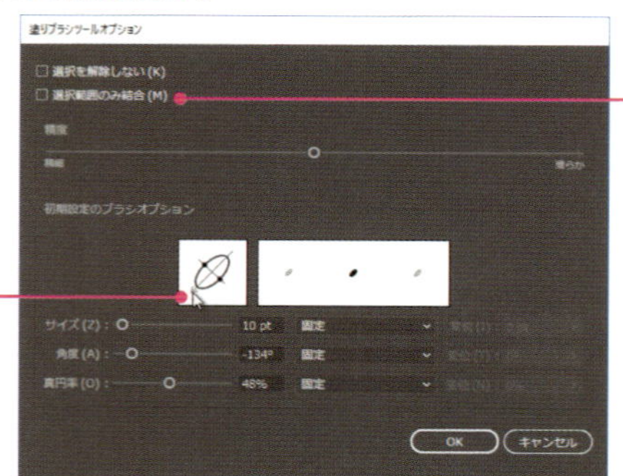

ブラシエディターの矢印や小さい黒丸をドラッグすると、ブラシ形状の角度や真円率が変わる

同じ [線] の色で塗り重ねた場合パスは結合するが、違う色の場合にはパスは結合されずに独立したパスになる。[選択範囲のみ結合] にチェックを付けた場合、選択した同じ色のパスだけ結合する

Macでは、キーは次のようになります。 Ctrl → ⌘　Alt → option　Enter → return

曲線ツールで曲線を描く

051

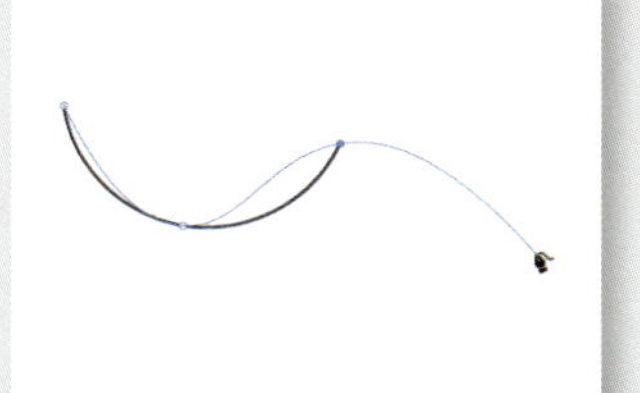

CC2014から曲線ツールが追加されました。曲線ツールは、ペンツールとは異なる形式での描画方法になります。状況に応じて使い分けるとよいでしょう。

1 曲線ツールを選択します❶。アートボード上でマウスをクリックして❷、起点となるポイントを配置します。

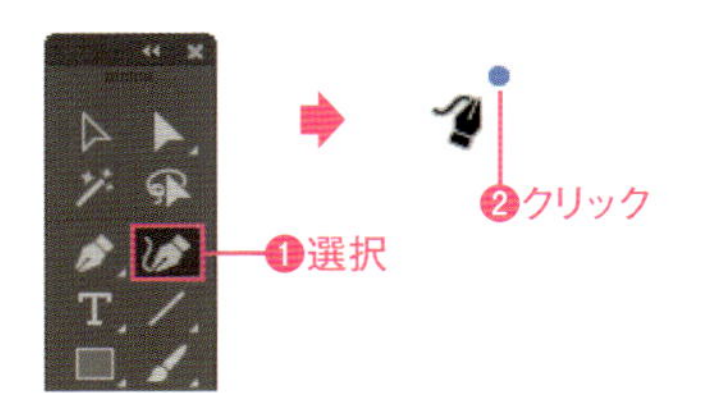

2 2点目のポイントをクリックすると❶、起点と2点目のポイントを結ぶ曲線（ラバーバンド）が表示されます。このとき、カーソルを移動して曲線の大きさや方向を調整できます。

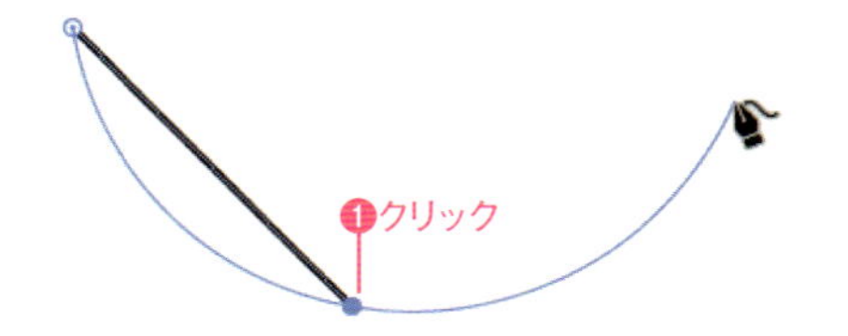

3 3点目をクリックします❶。このようにして、連続した曲線を描画できます。オープンパスとして線の描画を終了するときは、［選択］メニュー→［選択を解除］（Shift＋Ctrl＋A）を選択します。

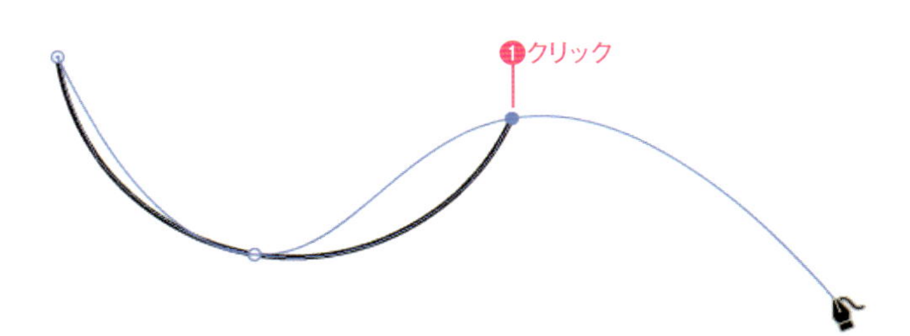

POINT

曲線ツールで描いた線の編集

曲線ツールで描いたパスは、ダイレクト選択ツールでポイントを選択すると、アンカーポイントや方向線が表示されるので、通常のベジェ曲線として編集できます。曲線ツールの場合は、ポイントを移動する編集ができます。

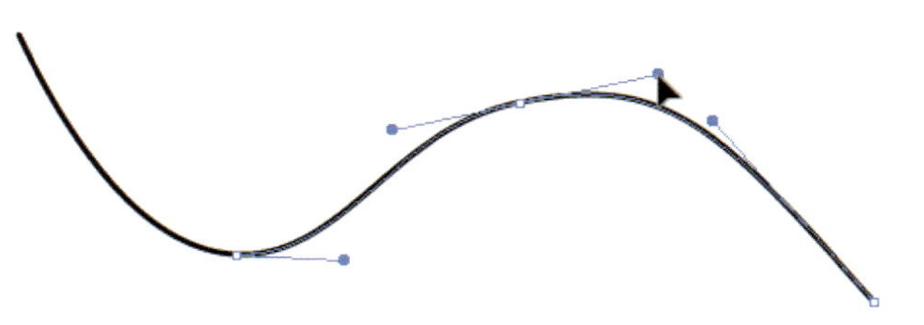

POINT

曲線ツールで直線を描く

曲線ツールでAltキーを押しながらポイントを作成すると、直線になります。

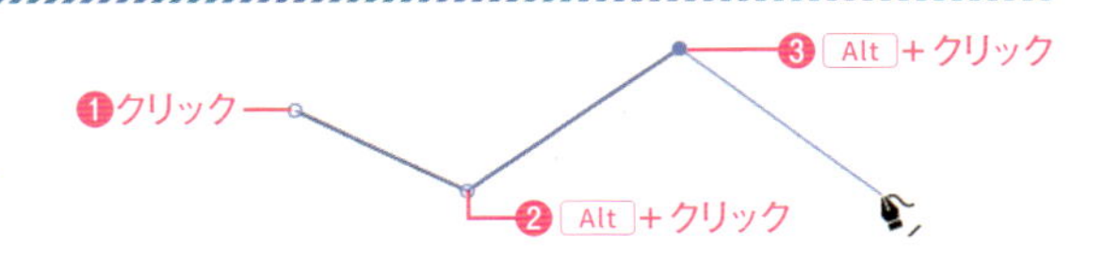

052 Shaperツールの使い方を覚える

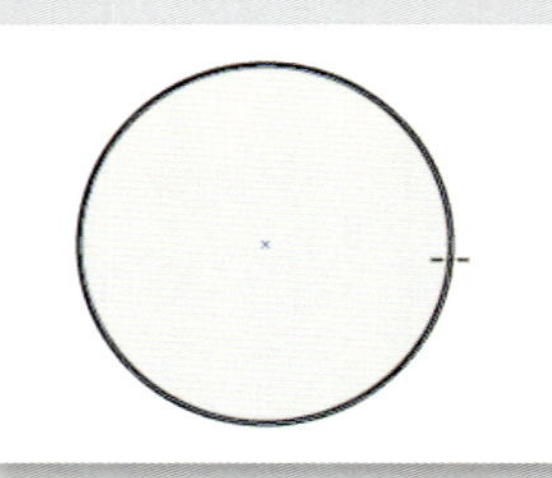

Shaperツールはフリーハンドで描いた図形を清書するユニークな機能のツールです。直感的に素早く、そして正しい図形を描くのに適しています。図形の切り抜きや合成もマウス・ジェスチャーで行えます。
ここでは、新規ドキュメントを作成して作業します。

Shaperツールで図形を描く

Shaperツールを選択します❶。アートボード上でドラッグして図形を描きます❷。ドラッグの軌跡から一番近い図形を自動判別し、正確な図形へと変換されます❸。変換される図形は決まっており、長方形を含む四角形、楕円を含む円、正三角形、正六角形の4つです。なるべく大きく描くことが、正しく変換されるコツです。

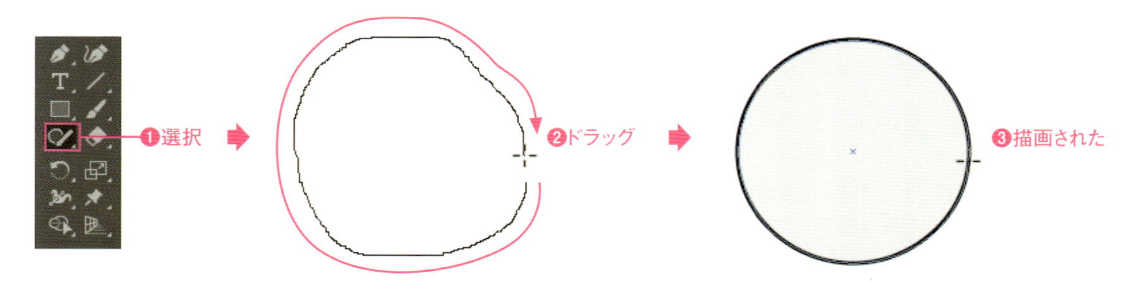

POINT

ドラッグの注意点

全体のサイズと角として判別されるコーナーがいくつあるかで変換される図形が変わります。

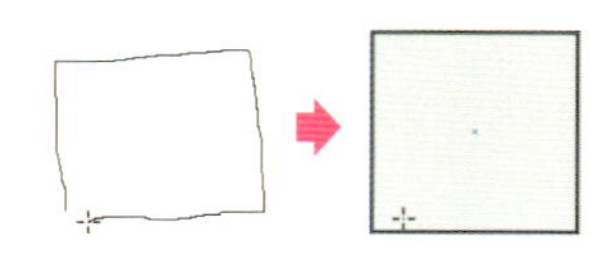

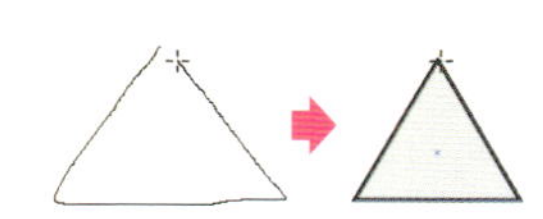

パスの合成

Shaperツールで重なり合ったパスの「重なった領域」と「重なっていない領域」の上を縦断するように何度もドラッグします❶。パスが合成されます❷。ドラッグする軌跡は、Shaperツールで作成できる図形に判別されない形にします。

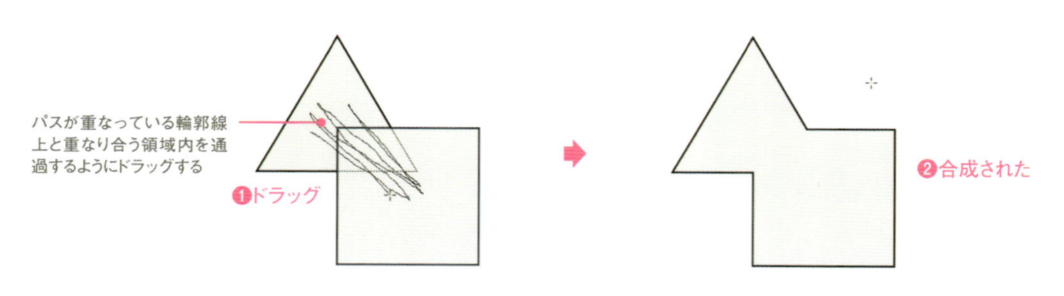

Macでは、キーは次のようになります。 Ctrl → ⌘ Alt → option Enter → return

パスの切り抜き

ふたつのパスが重なり合う部分を切り抜くには、Shaperツール で重なり合うパスの削除したい領域の上を何度もドラッグします❶。ドラッグ部分が切り抜かれます❷。

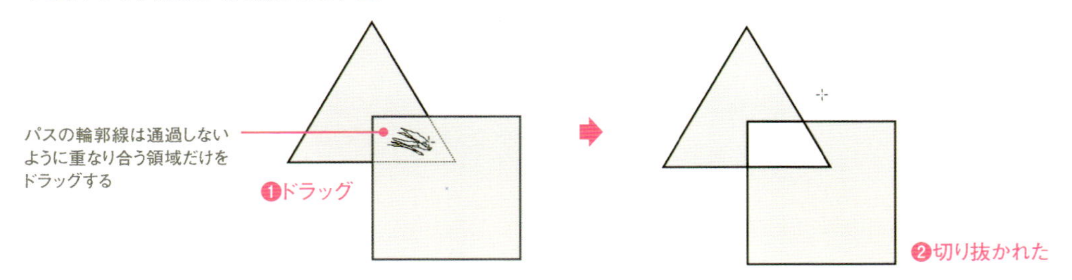

パスの削除

Shaperツール でパスを削除する場合は、パスと外側を通過するように何度もドラッグします❶❷。はみ出した線を削除する場合などに効果的です。

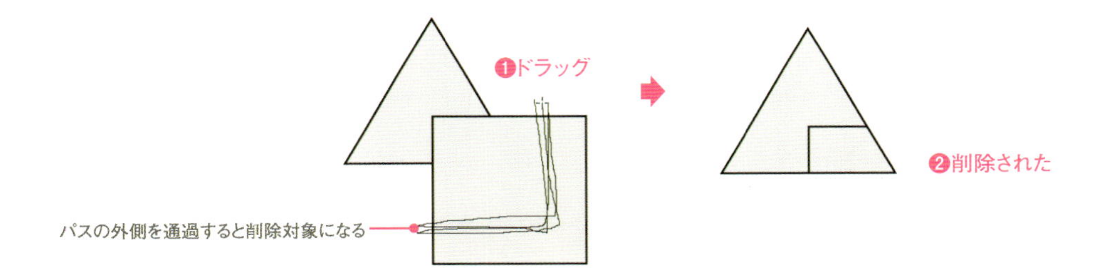

Shaper Groupの再編集

Shaperツール でShaper Groupのシェイプをダブルクリックすると❶、クリックされた図形にポイントが表示され、グループ内のパスを個別に編集できます。パスをドラッグして移動するとき❷、バウンディングボックスの外までドラッグすると、Shaper Groupから除外されます。

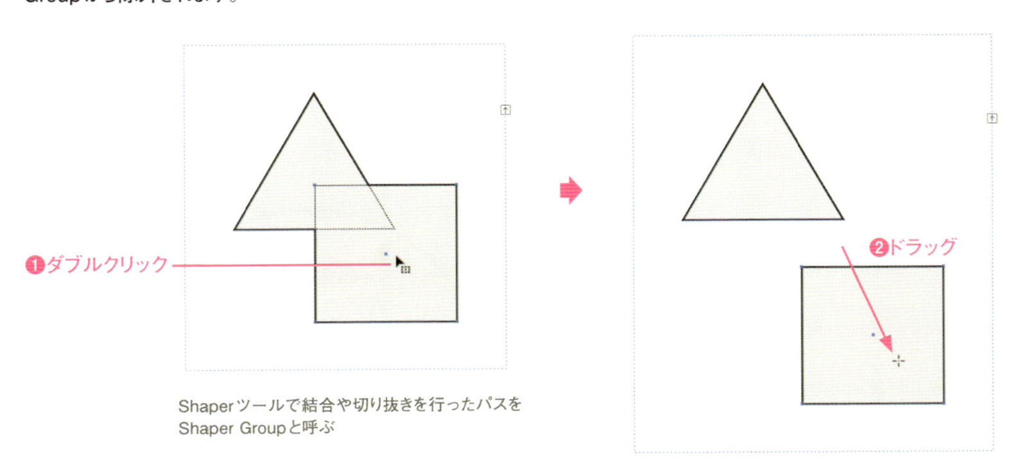

第2章 描画

ペンツールで線を描く

053

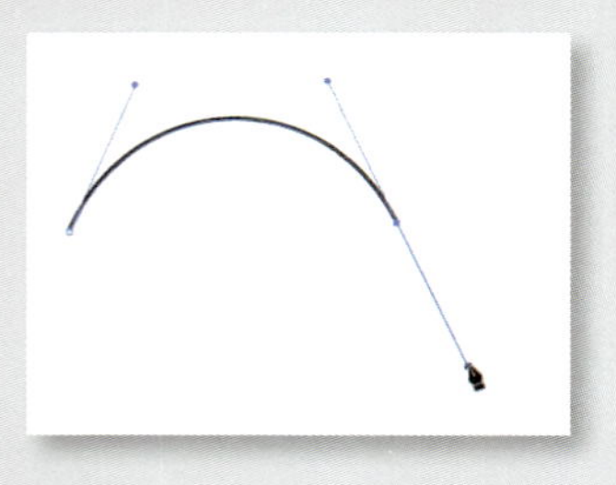

ペンツールはIllustratorでもっともよく使われるツールです。「ハンドル」と呼ばれるベクトルの強度と方向を指示する方向線を操作し、思い通りの曲線を描くことができます。
ここでは、新規ドキュメントを作成して作業します。

ペンツールで直線を描く

ペンツールを選択します❶。アートボード上でクリックして❷、始点となるポイントを配置します。別の場所でクリックします❸。はじめに配置したポイントと次に配置したポイントの間に直線のパスが描かれます。
正確に水平、垂直の線を描くときは、Shift キーを押しながらクリックして、ポイントの配置角度を45度に制限します。線の描画を終了するには［選択］メニュー→［選択を解除］（Shift+Ctrl+A）を選択します。

ペンツールで曲線を描く

1 ペンツールを選択します❶。アートボード上でドラッグして❷、ベクトルの方向と強度を指示するためのハンドルを作成します。

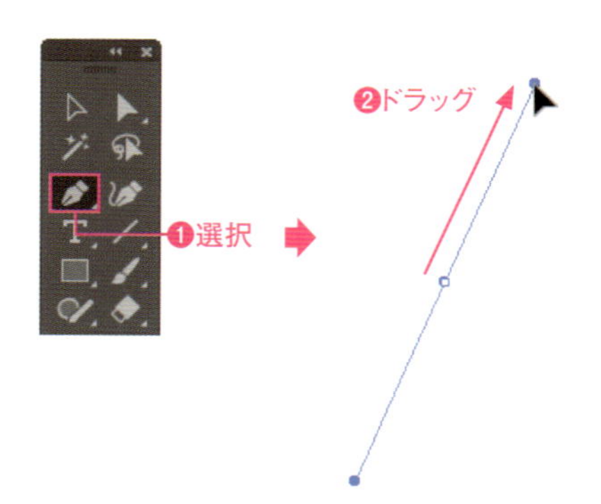

2 続けて、別の場所でドラッグします❶。マウスボタンを放すとはじめに配置したポイントと次に配置したポイントの間に曲線パスが描かれます❷。ハンドルが長いほど、ベクトルの強度が強くなり、曲線が大きくなります。線の描画を終了するときは、［選択］メニュー→［選択を解除］（Shift+Ctrl+A）を選択します。

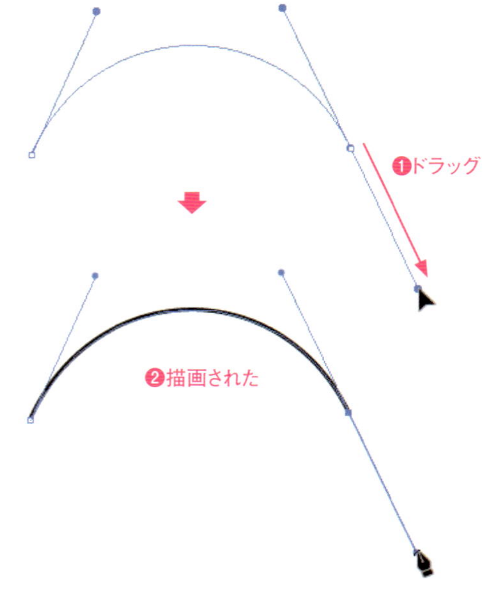

POINT

ハンドルの角度

ハンドルを作成するとき、Shift キーを押しながらドラッグすると、ハンドルの角度が45度単位に固定されます。

Macでは、キーは次のようになります。 Ctrl → ⌘ Alt → option Enter → return

ベクトルの方向を変更する

1 ペンツール を選択します❶。アートボード上でドラッグして❷、1点目のポイントとハンドルを作成します。2点目のポイントとハンドルを作成するドラッグをしたら、マウスボタンを押したままにします❸。

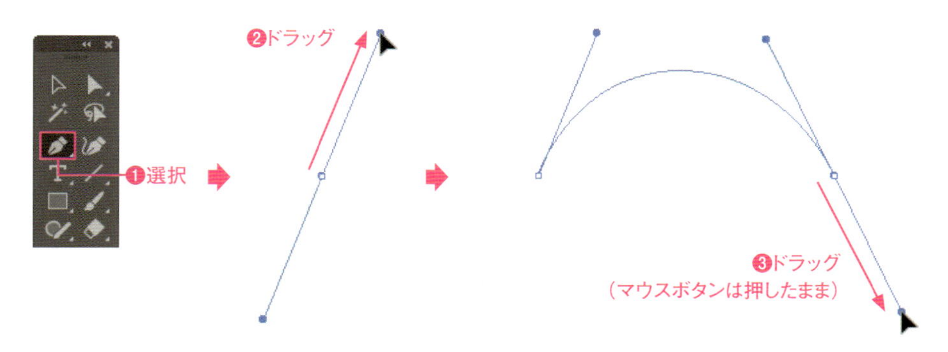

2 Alt キーを押しながらドラッグすると❶、カーソル側のハンドルだけ方向が変わります。続けて3点目のポイントとハンドルをドラッグします❷。2点目と3点目の間に曲線パスが描画されます❸。線の描画を終了するときは、[選択] メニュー→[選択を解除]（Shift + Ctrl + A）を選択します。

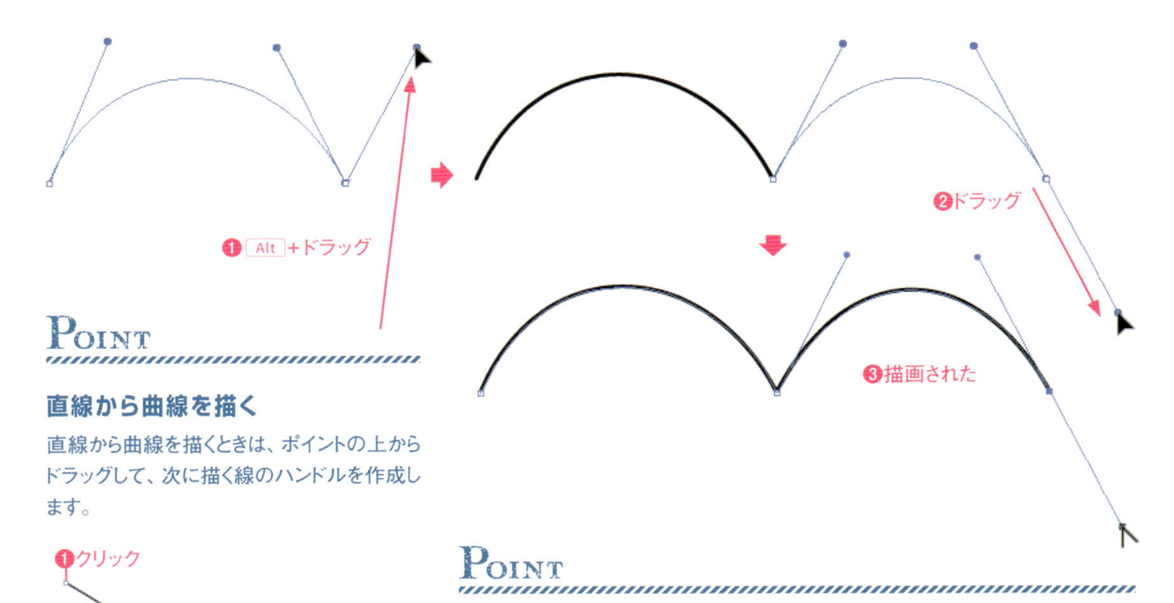

POINT

直線から曲線を描く

直線から曲線を描くときは、ポイントの上からドラッグして、次に描く線のハンドルを作成します。

❶クリック
❷クリック
❸ドラッグ
❹ドラッグ

POINT

曲線から直線を描く

曲線から直線を描くときは、ハンドルが表示されたポイントの上でクリックして、次に描く線のハンドルを削除します。

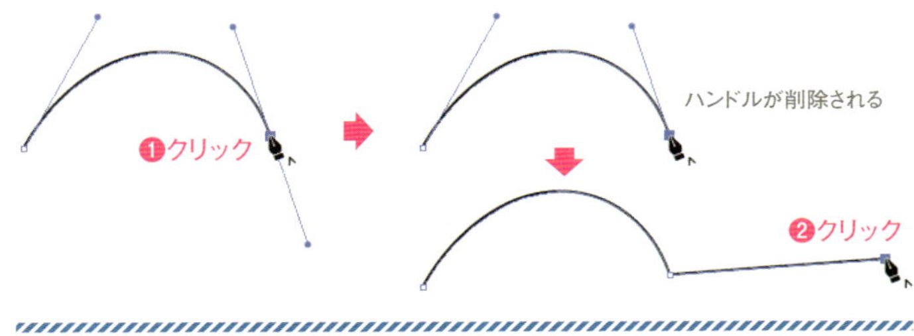

054 遠近法のオブジェクトを作成する

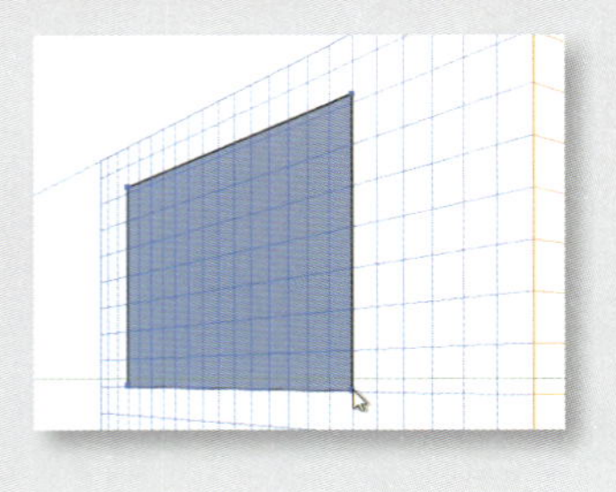

Illustratorには、遠近グリッドツールと呼ばれる二点透視法による立体的なオブジェクトを描くツールが用意されています。通常のオブジェクトを立体的なオブジェクトへ変換したり、視点を自由に設定した状態で、遠近感を持ったオブジェクトを作成することが可能になります。
ここでは、新規ドキュメントを作成して作業します。

遠近グリッドを使った遠近感のあるオブジェクトの作成

1 遠近グリッドツールを選択します❶。アートボードに二点透視法による、遠近グリッドが表示されます❷。

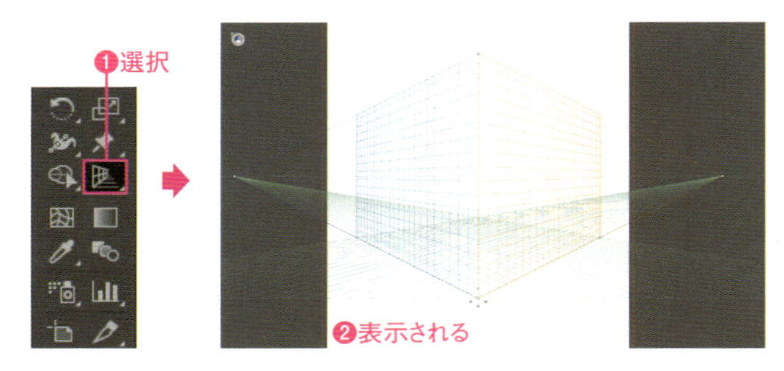

2 画面の左上に表示される選択面ウィジェットをクリックして❶、描画や編集を行うグリッドを指定します。クリックして色がついた面が遠近グリッドでの作業可能な面となります。

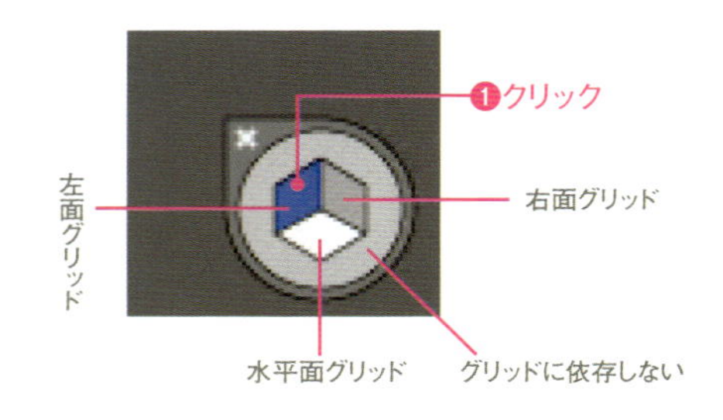

3 長方形ツールを選択します❶。選択面ウィジェットで選ばれている面と同じグリッド上でドラッグします❷。四角形のオブジェクトはグリッドにしたがい、遠近感を維持しながら描かれます。ほかの図形ツールでも同様なので、楕円形ツールなどで追加してみてください。

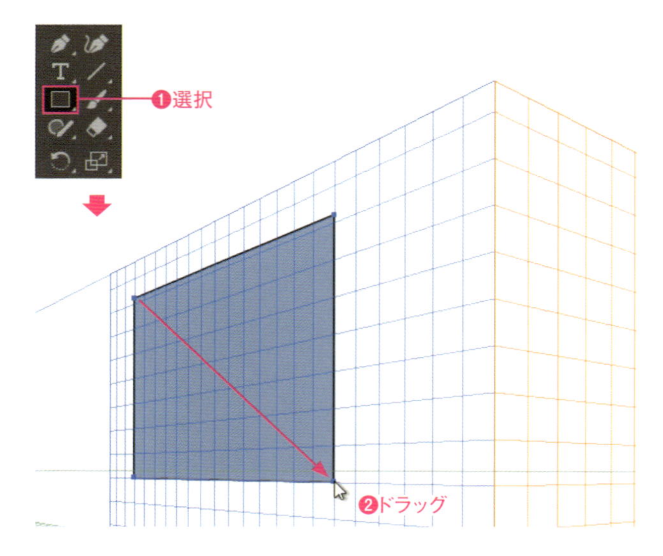

POINT

グリッド面を切り替えるショートカットキー

[選択面ウィジェット]を使用しなくても、ショートカットキーでグリッド面を切り替えることができます。

- 1キー　左面グリッドへ切り替え
- 2キー　水平面グリッドへ切り替え
- 3キー　右面グリッドへ切り替え
- 4キー　グリッドに依存しない

POINT

一点透視法と三点透視法

[表示]メニュー→[遠近グリッド]→[一点透視法]→[1P-標準ビュー]を選択すると、一点透視法の遠近グリッドが表示されます。[表示]メニュー→[遠近グリッド]→[三点透視法]→[3P-標準ビュー]を選択すると、三点透視法の遠近グリッドが表示されます。

Macでは、キーは次のようになります。 Ctrl→⌘　Alt→option　Enter→return

遠近グリッドによるオブジェクトの選択と移動

遠近図形選択ツールを選択します❶。オブジェクトをドラッグすると❷、遠近法を維持した状態で移動が可能になります❸。通常の選択ツールで移動すると、遠近情報が失われるので注意が必要です。

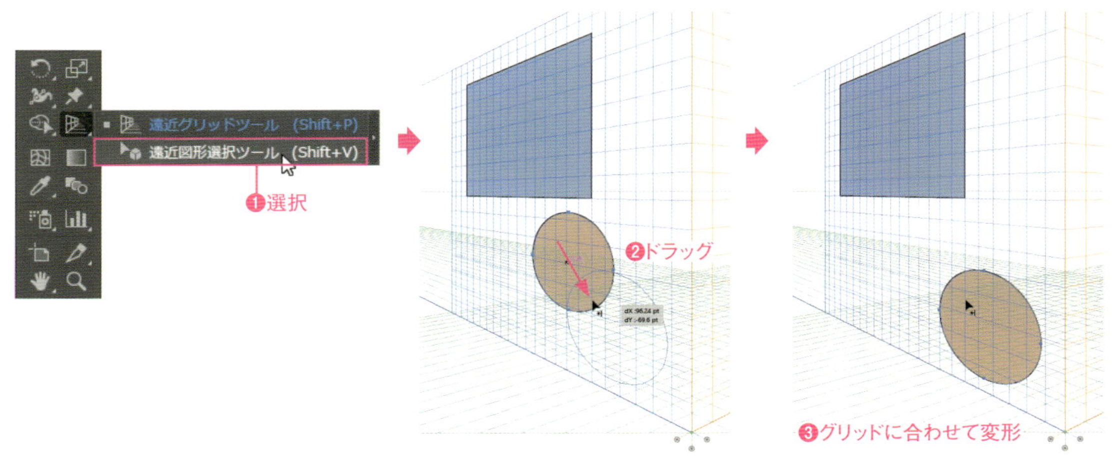

遠近グリッドを解除する

選択面ウィジェットの閉じるボタンをクリックすると❶、遠近グリッドモードでの作業が終了します❷。遠近グリッドが表示されていない状態でも遠近グリッドを利用して作成されたオブジェクトには遠近に関する情報が含まれているので、遠近図形選択ツールを使えば移動が可能です。

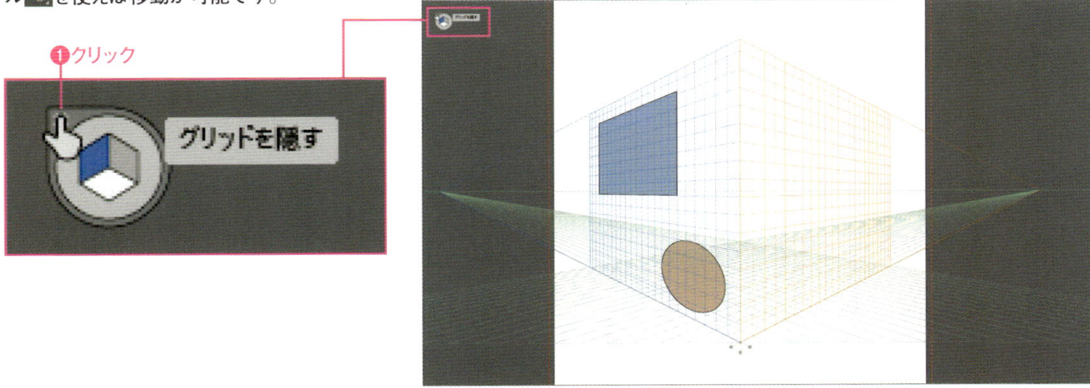

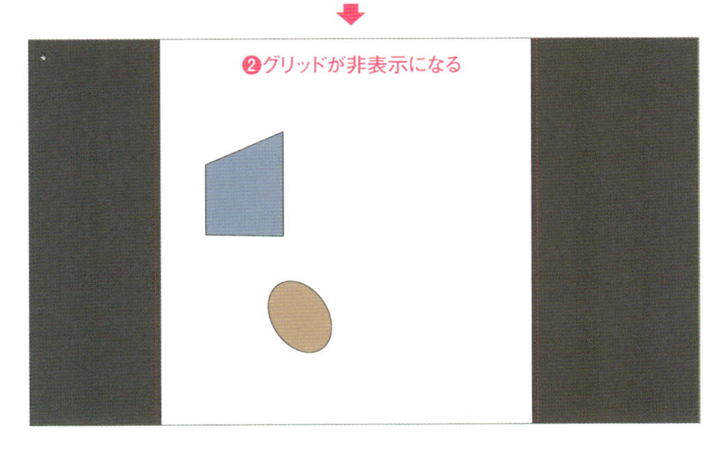

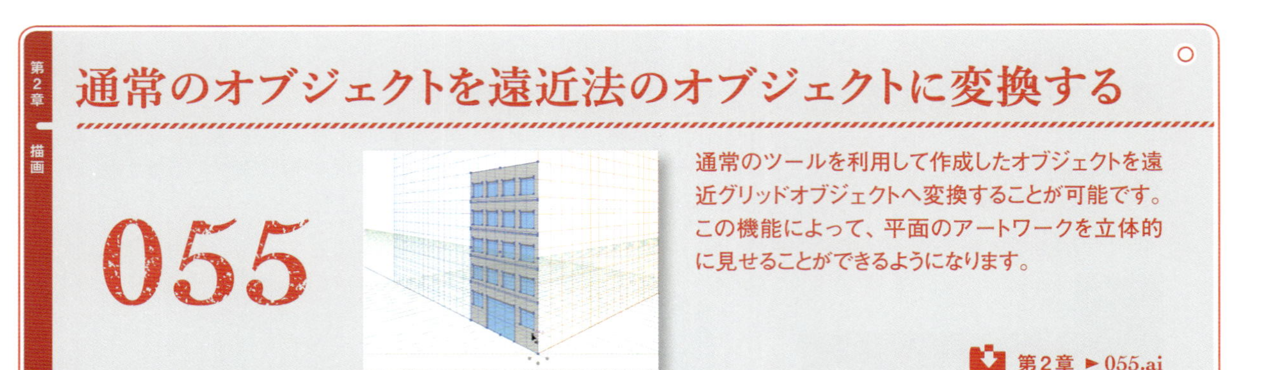

通常のオブジェクトを遠近法のオブジェクトに変換する

通常のツールを利用して作成したオブジェクトを遠近グリッドオブジェクトへ変換することが可能です。この機能によって、平面のアートワークを立体的に見せることができるようになります。

通常のオブジェクトを遠近法のオブジェクトに変換する

1 サンプルファイルを開き、遠近グリッドツールを選択します❶。アートボードに遠近グリッドが表示されます（通常オブジェクトは先に作成します）❷。

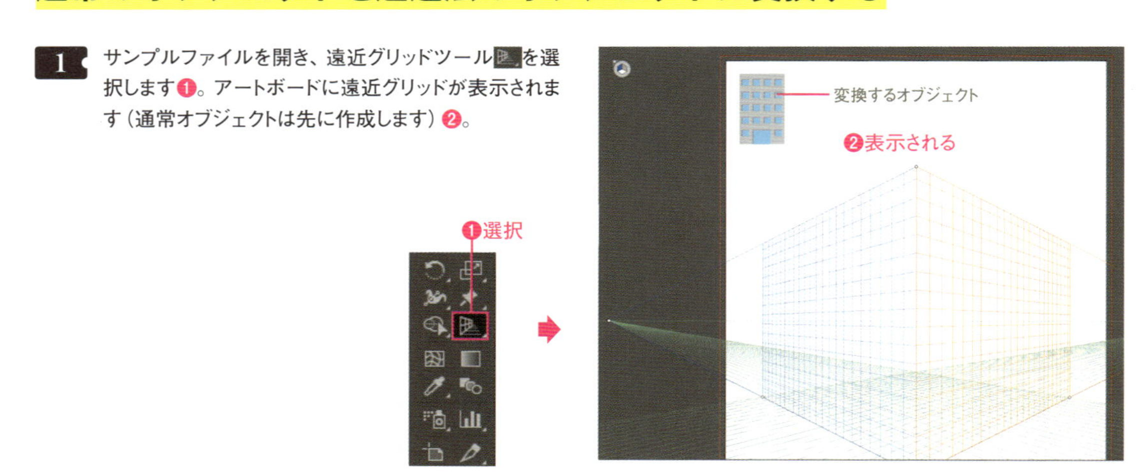

2 遠近図形選択ツールを選びます❶。通常のオブジェクトを選択して❷、遠近グリッドの上までドラッグします❸。すると、オブジェクトに遠近情報が追加され、グリッドにしたがって変形します。

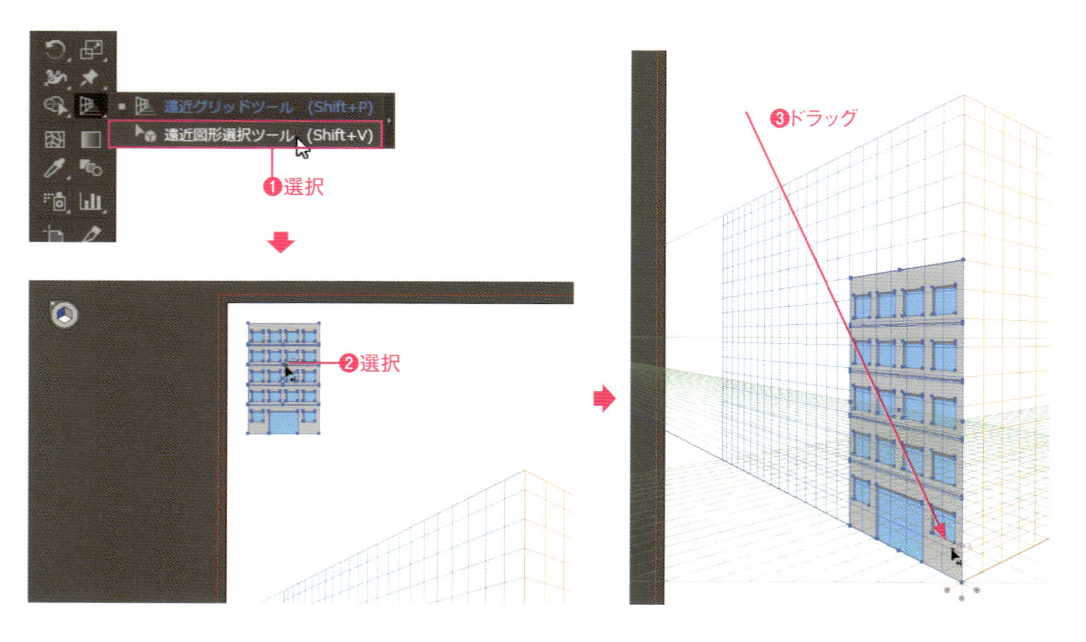

Macでは、キーは次のようになります。 Ctrl → ⌘ Alt → option Enter → return

遠近グリッドの面を移動する

1 遠近図形選択ツールを選択します❶。遠近グリッドのオブジェクトを選択してドラッグすると❷、グリッドにしたがって平行移動します。

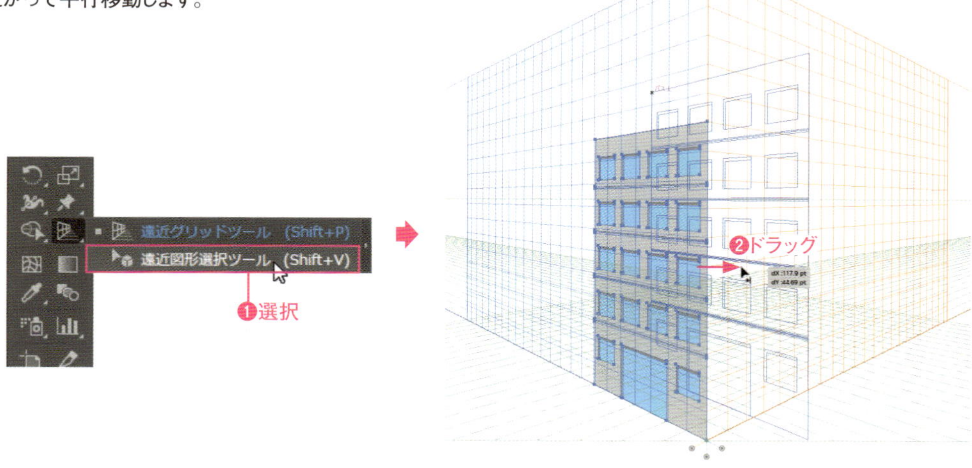

2 ドラッグしてオブジェクトを移動しているときにそれぞれのキーボードショートカット（POINT参照）を使用して面を変更すると❶、オブジェクトが選択した面のグリッドにしたがって変形します❷。

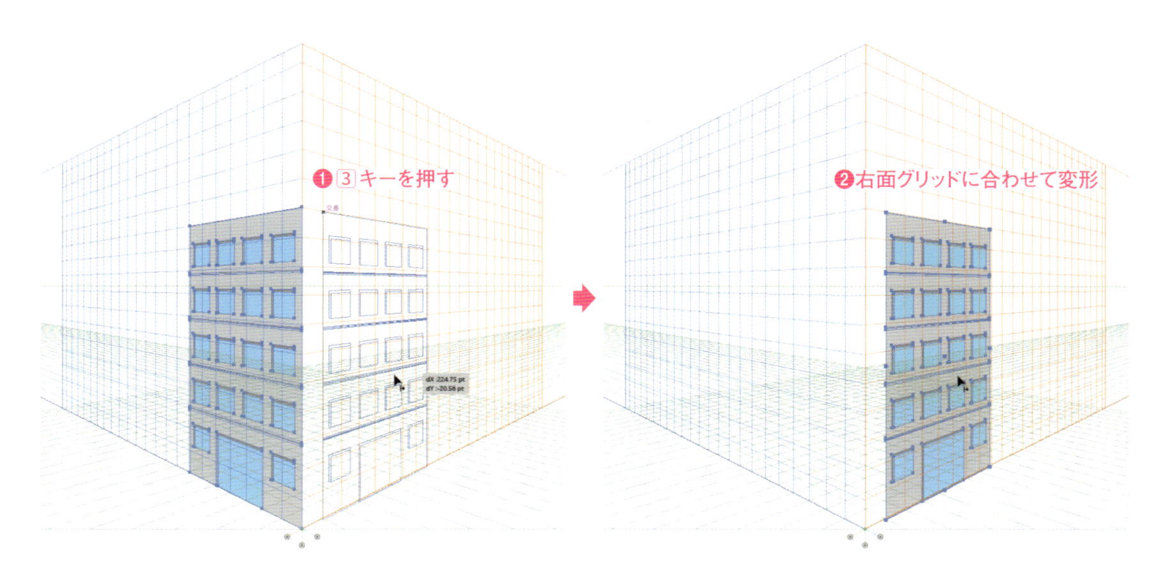

POINT

グリッド面を切り替えるキーボードショートカット

1キー　左面グリッドへ切り替え
2キー　水平面グリッドへ切り替え
3キー　右面グリッドへ切り替え
※テンキーの数字キーは使用できません。

POINT

オブジェクトを複製する

遠近図形選択ツールでオブジェクトを移動時するとき、Altキーを押しながらドラッグすると、元のオブジェクトは変更されずに、新しい位置にオブジェクトが複製されます。

遠近グリッドを編集する

056

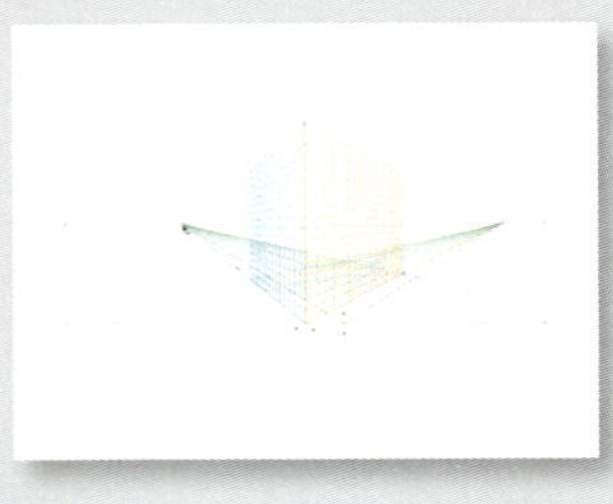

遠近グリッドツールで表示されるグリッドは、コントロールを操作することで、消失点や交差点などを調整することが可能です。
ここでは、新規ドキュメントを作成して作業します。

遠近グリッドの移動

遠近グリッドツール を選択します❶。遠近グリッドの右端のポイントをドラッグすると❷、遠近グリッド全体が移動します。

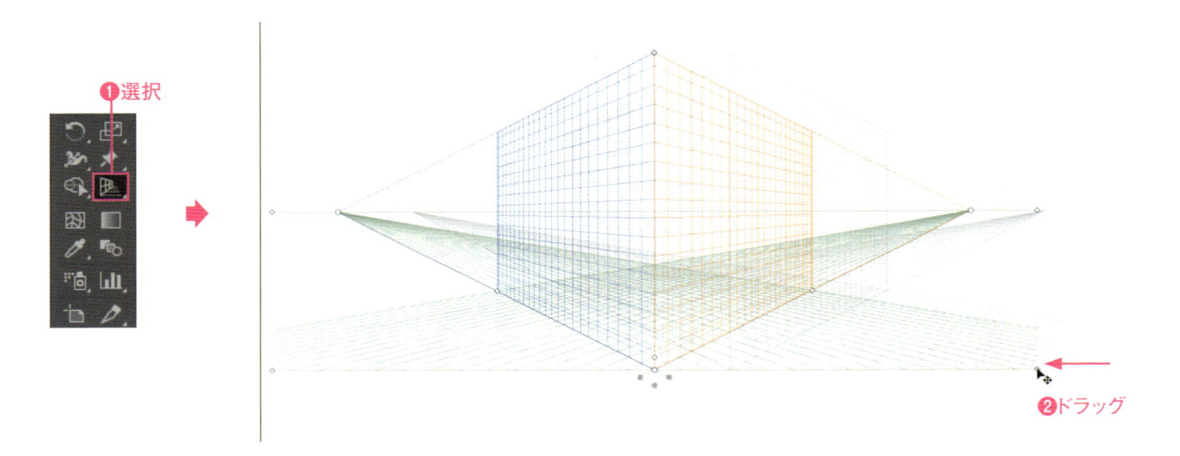

水平線を上下する

水平線の左右に配置されているポイントをドラッグすると❶、水平線が上下に移動します❷。目線の高さを調節するのに利用します。

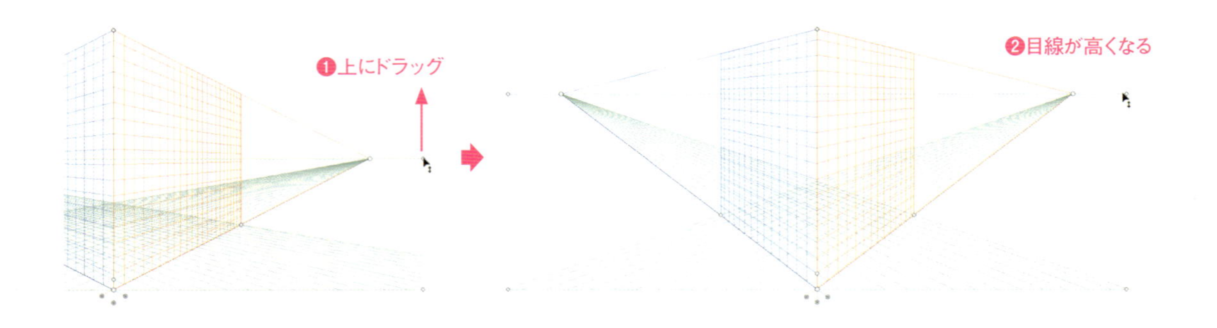

Macでは、キーは次のようになります。 Ctrl → ⌘ Alt → option Enter → return

水平面の範囲調整

下部にある三点のポイントは、左右および水平面の範囲を調整します。それぞれドラッグすることで❶、面の位置を調整できます。

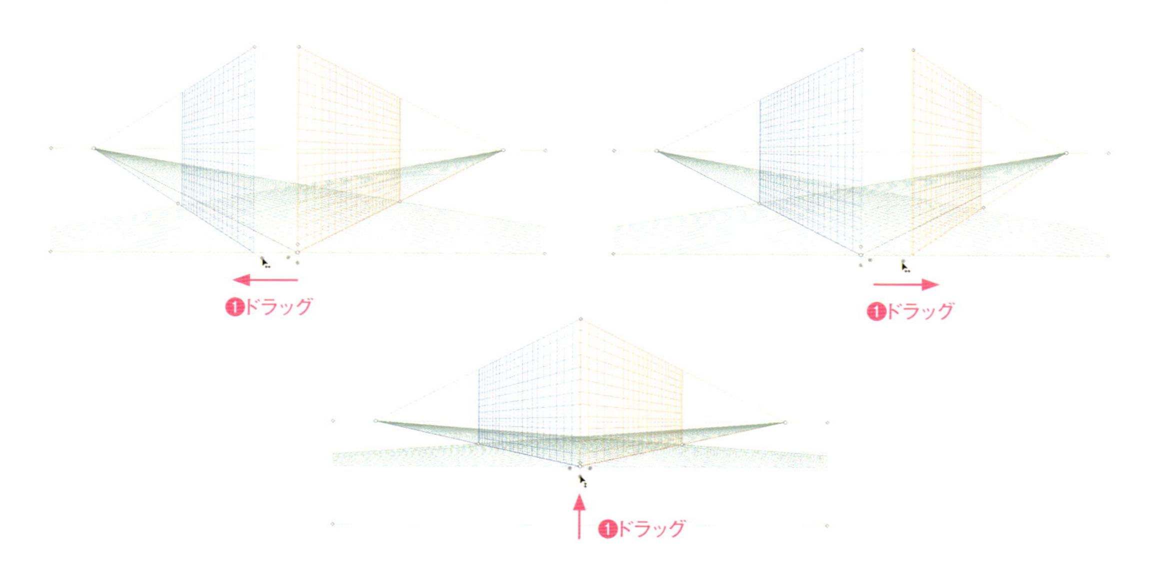

左右の消失点の移動

左右の消失点は水平線上をドラッグで移動できます❶。消失点は奥行きや距離感を演出するケースで調整します。

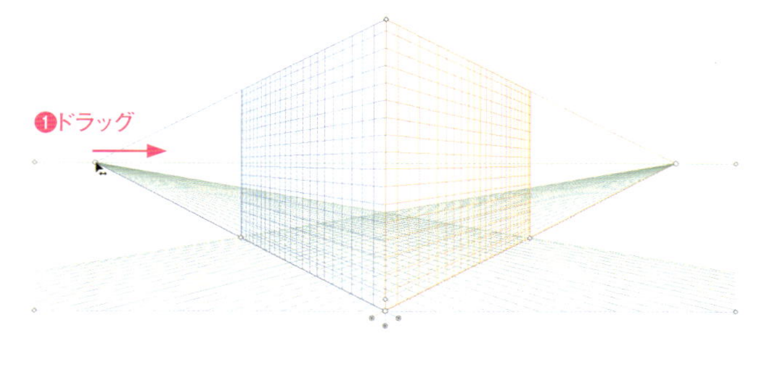

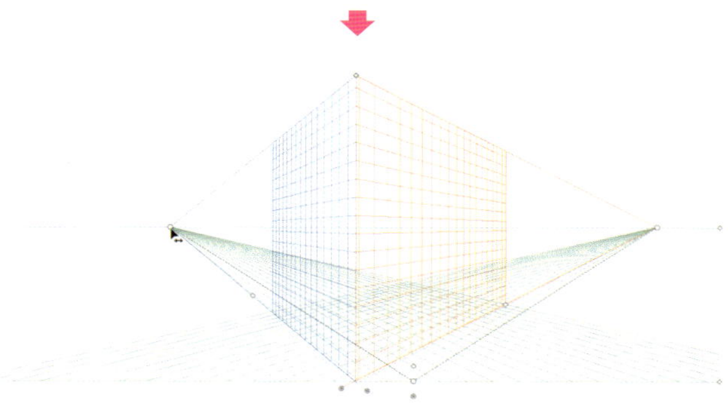

POINT

グリッドを定義

[表示]メニュー→[遠近グリッド]→[グリッドを定義]を選択すると、[遠近グリッドを定義]ダイアログボックスが表示されます。
グリッドの間隔やグリッドのカラーなども変更できます。

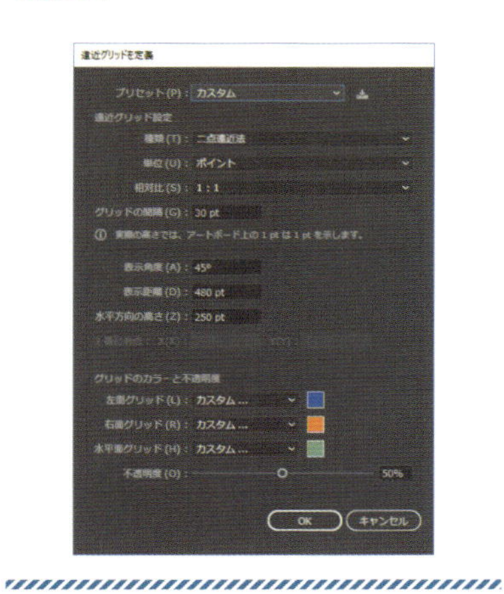

057 グリッドを描く

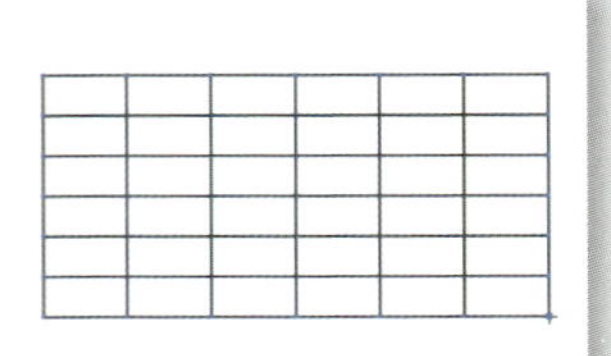

長方形グリッドツールは、四角形のマス目を描く専用のツールです。表組みをはじめとして、ドット絵の作成、あるいはレイアウト用のガイドを作成するなど、用途はさまざまです。
ここでは、新規ドキュメントを作成して作業します。

ドラッグ操作でグリッドを描く

長方形グリッドツール▦を選択します❶。アートボード上でマウスをドラッグします❷。必要なサイズでマウスボタンを放すと、複数のパスで構成されたグリッドのオブジェクトが描けます❸。Shift キーを押しながらドラッグすると、グリッドが正方形に固定されます。

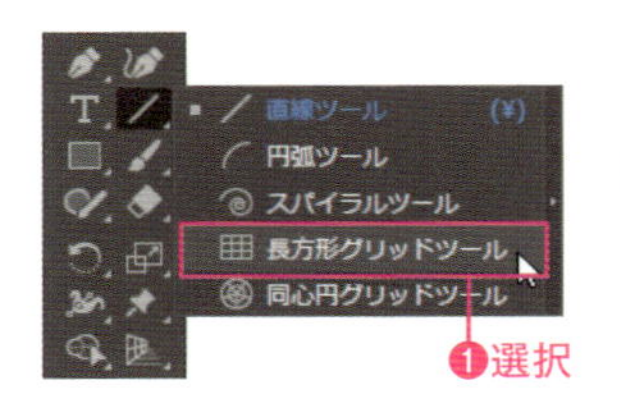

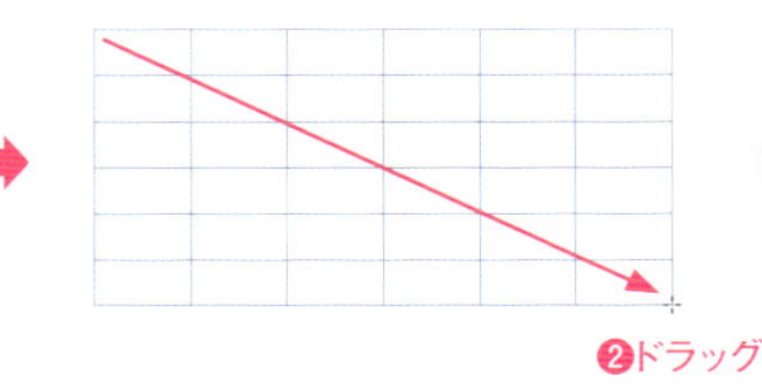

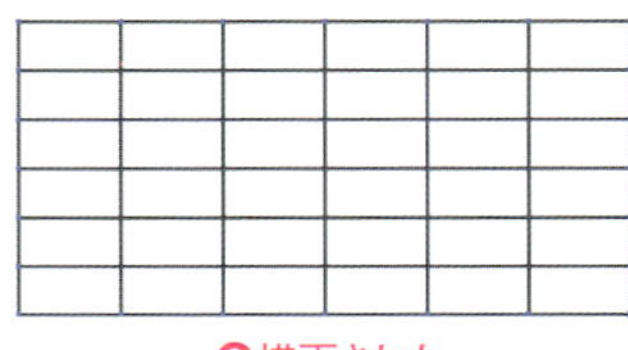

POINT

ドラッグ中のキー操作でオプションを変更する

ドラッグ中にキー操作をして、分割数などを変更できます。

↑キーを押す	水平方向の分割数が増える
↓キーを押す	水平方向の分割数が減る
←キーを押す	垂直方向の分割数が増える
→キーを押す	垂直方向の分割数が減る
Vキーを押す	水平方向の分布度が10%増える
Fキーを押す	水平方向の分布度が10%減る
Cキーを押す	垂直方向の分布度が10%増える
Xキーを押す	垂直方向の分布度が10%減る

POINT

数値指定と外枠の設定オプション

ツールパネルの長方形グリッドツール▦アイコンをダブルクリックすると、[長方形グリッドツールオプション]ダイアログボックスが表示され、グリッド全体のサイズや分割線のオプションを設定できます。
[外枠に長方形を使用]にチェックを付けてオンにすると、グリッドの外枠を長方形で構成します。チェックを外してオフにすると線でグリッドを構成します。オン・オフの違いは、外枠のパスを移動すると確認できます。グリッドの背面に塗りのカラーを設定する[グリッドの塗り]は、[外枠に長方形を使用]も一緒にオンにしないと適用されません。

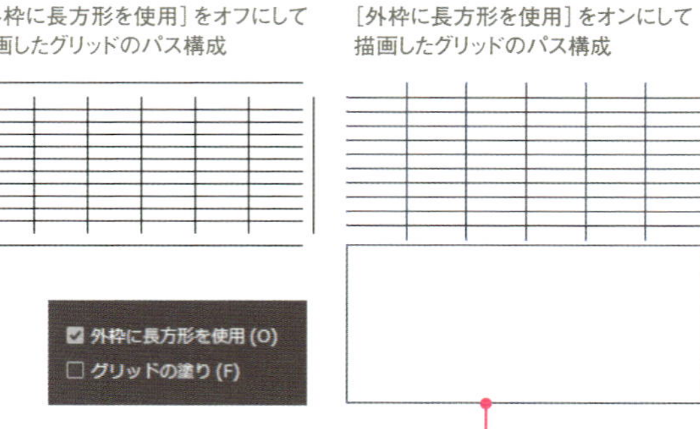

Macでは、キーは次のようになります。 Ctrl → ⌘　Alt → option　Enter → return

058～065

グラフ

Illustratorには、グラフ作成機能が備わっており、簡単にきれいなグラフを作成できます。棒グラフの棒や、折れ線グラフのマーカーに、オリジナルのデザインを適用することもできます。第３章では、グラフ作成について解説します。

第3章

058 グラフを描く

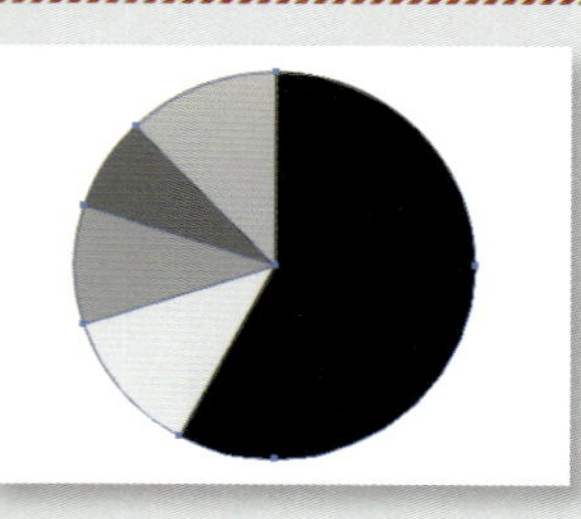

Illustratorには、グラフを描くための機能が備わっています。表計算ソフトのようにデータを入力するだけで、棒グラフや円グラフなど、さまざまなグラフを自動的に作成し、色や形を変形させることも可能です。

1 新規ドキュメントを作成し、作成したいタイプのグラフツール（ここでは円グラフツール）を選択します❶。アートボード上でマウスをドラッグして❷、グラフのサイズを指定します。マウスボタンを放すと、グラフデータウィンドウが表示されます❸。

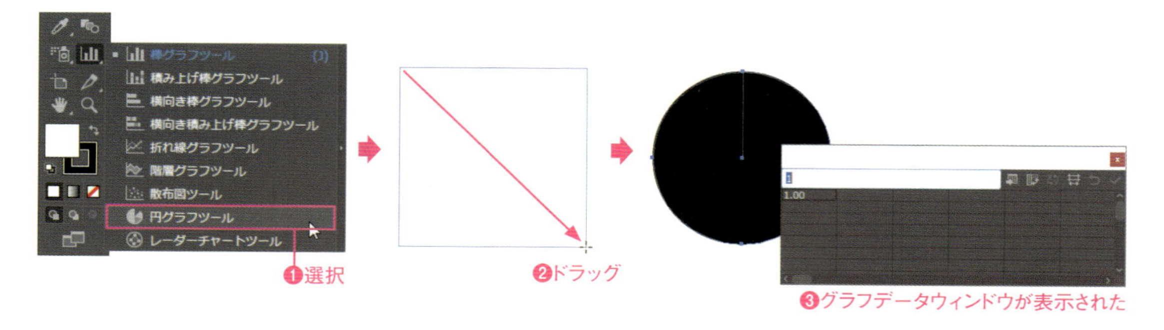

2 グラフデータウィンドウにデータを入力します❶。円グラフの場合は、カラムの列に対してデータの合計が100%になるよう入力します。データを入力し、［適用］ボタンをクリックすると❷、円グラフの内容が変化します❸。
グラフが完成したらグラフデータウィンドウを閉じます❹。

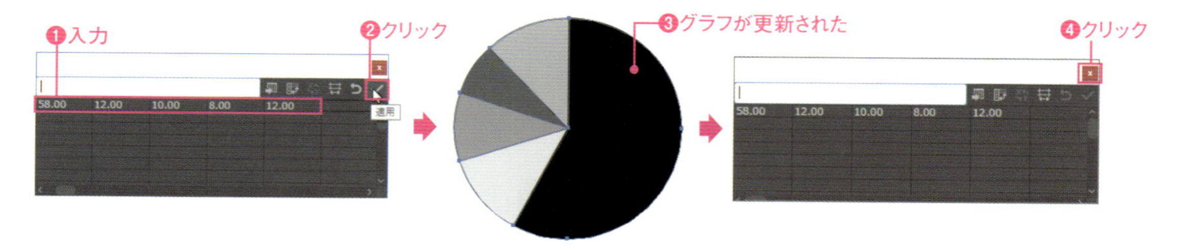

Point

データの再編集

選択ツールでグラフオブジェクトを選択して、［オブジェクト］メニュー→［グラフ］→［データ］を選択します。グラフデータウィンドウが表示されたら、データを再編集できる状態になります。グラフオブジェクトはグループ化されていますが、グループを解除してしまうと、データの再編集などができなくなるので注意が必要です。

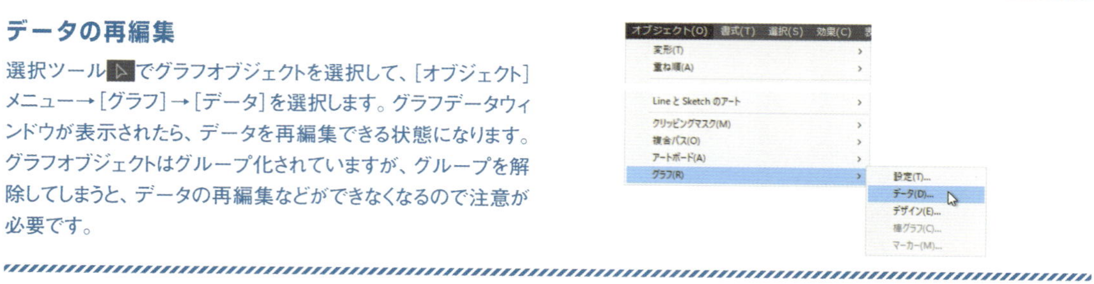

Macでは、キーは次のようになります。 Ctrl → ⌘　Alt → option　Enter → return

第3章 グラフ

Excelのデータからグラフを作成する

059

Excelなどの表計算ソフトで作成された表データをテキストファイルで保存すると、Illustratorで読み込み、グラフを作成することができます。

第3章 ▶ 059.txt

1 新規ドキュメントを作成し、作成したいタイプのグラフツールを選択します(ここでは折れ線グラフツールを選択)❶。アートボード上でマウスをドラッグして❷、グラフのサイズを指定します。マウスボタンを放すと、グラフデータウィンドウが表示されます❸。

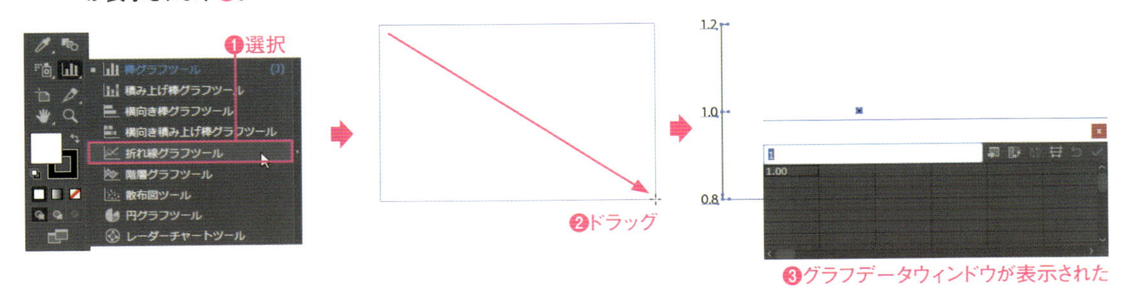

2 [データの読み込み]ボタンをクリックして❶、テキスト(タブ区切り)に保存したグラフのデータを読み込みます(ここではサンプルファイル「059.txt」)。[グラフデータ]ウィンドウにデータが入力されます❷。

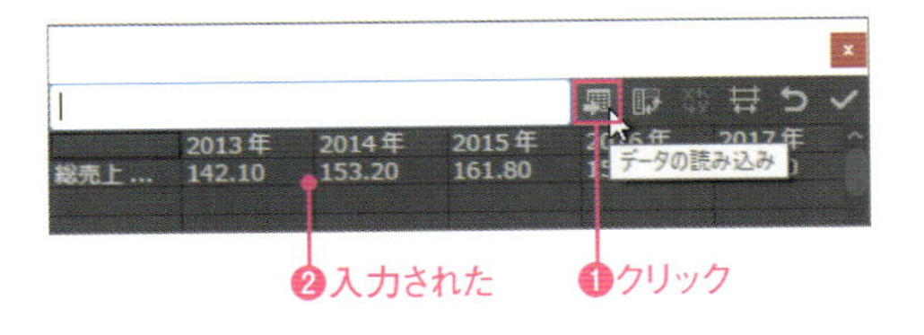

3 [行列置換]ボタンを押すと❶、データの列と行の並びが入れ替わります❷。[適用]ボタンをクリックすると❸、データが正しく反映されたグラフが作成されます❹。

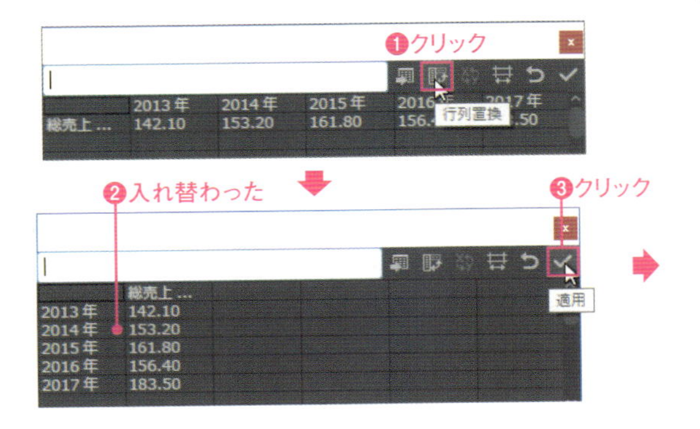

POINT

Illustratorでは、Excelのデータをそのまま読み込むことはできないので、保存する際にデータ形式を[テキスト(タブ区切り)]にする必要があります。

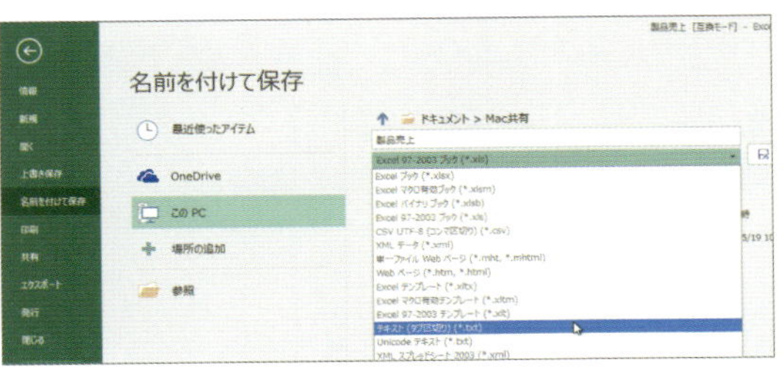

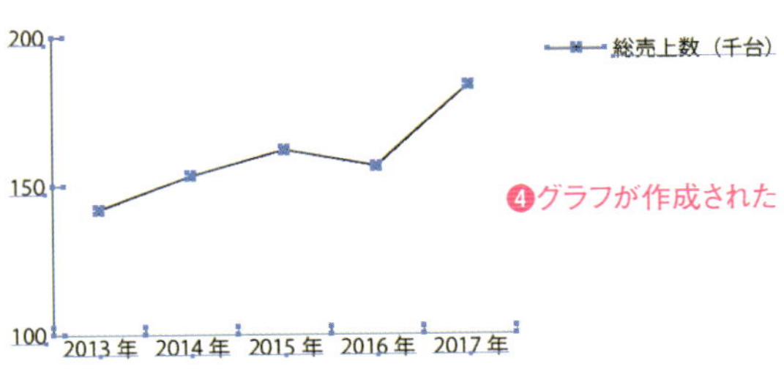

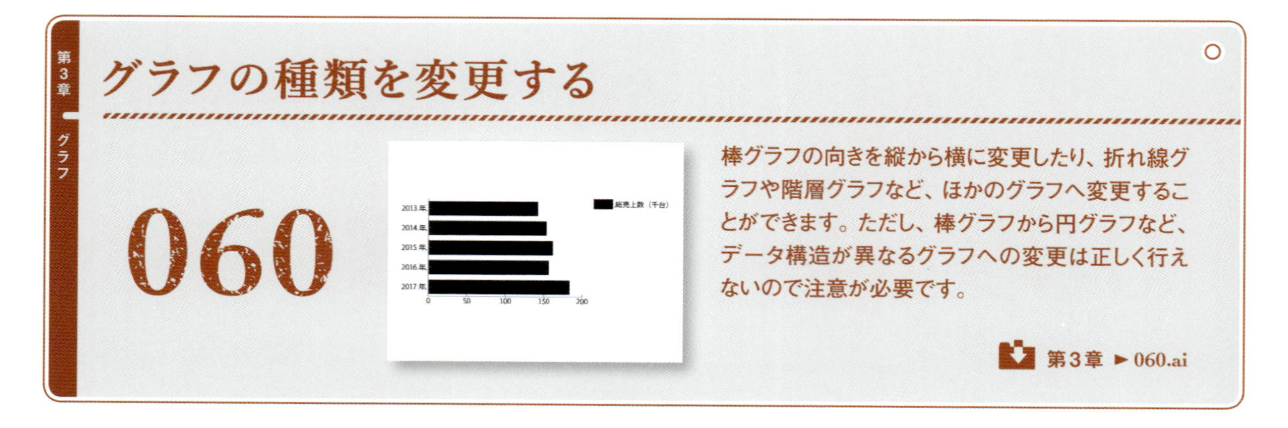

グラフの種類を変更する

棒グラフの向きを縦から横に変更したり、折れ線グラフや階層グラフなど、ほかのグラフへ変更することができます。ただし、棒グラフから円グラフなど、データ構造が異なるグラフへの変更は正しく行えないので注意が必要です。

第3章 ► 060.ai

1 サンプルファイルを開きます。選択ツール を選択します❶。棒グラフのオブジェクトを選択します❷。［オブジェクト］メニュー→［グラフ］→［設定］を選択します❸。

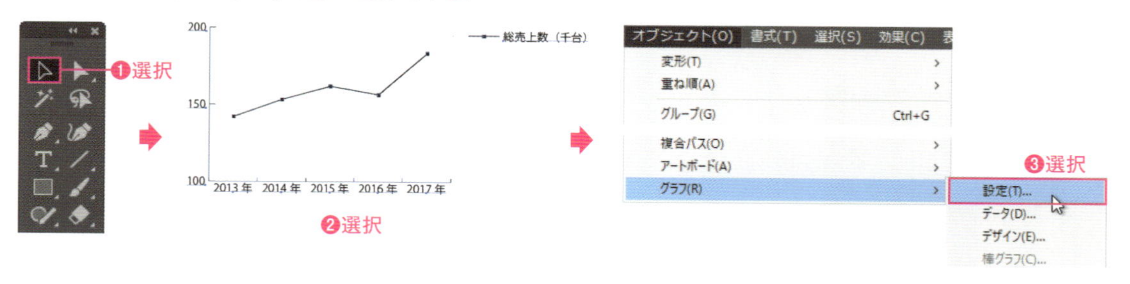

2 ［グラフ設定］ダイアログボックスが表示されます❶。グラフタイプ（解説では横向き棒グラフ ）を選び❷、［OK］ボタンをクリックすると❸、グラフタイプが変更されます❹。

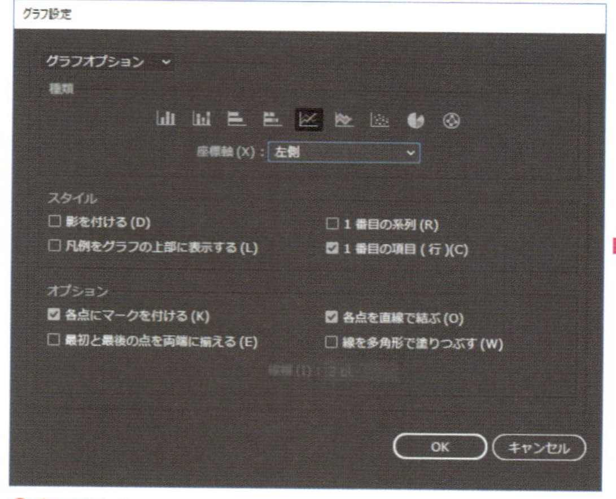

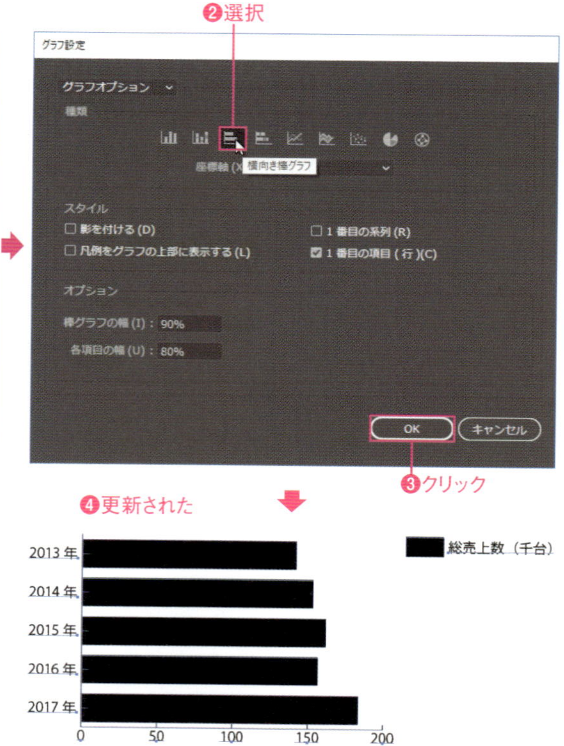

Macでは、キーは次のようになります。 Ctrl → ⌘ Alt → option Enter → return

061 グラフの形状を変更する

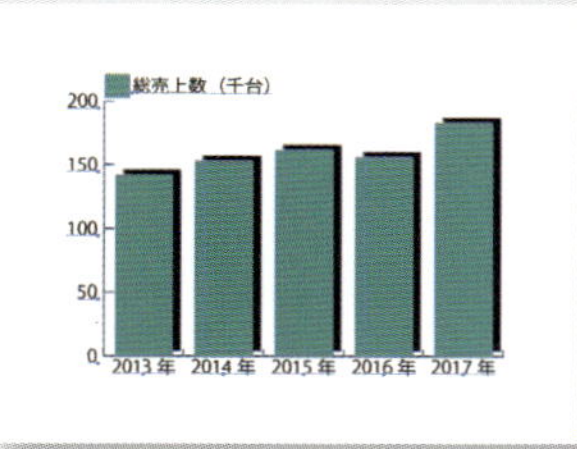

グラフツールによって作成されたグラフオブジェクトは、グラフオプションによって、グラフに影を追加したり、凡例の位置を変えるなど、いくつかの設定を行うことができます。

1 サンプルファイルを開き、選択ツールを選択します❶。棒グラフオブジェクトを選択します❷。［オブジェクト］メニュー→［グラフ］→［設定］を選択します❸。

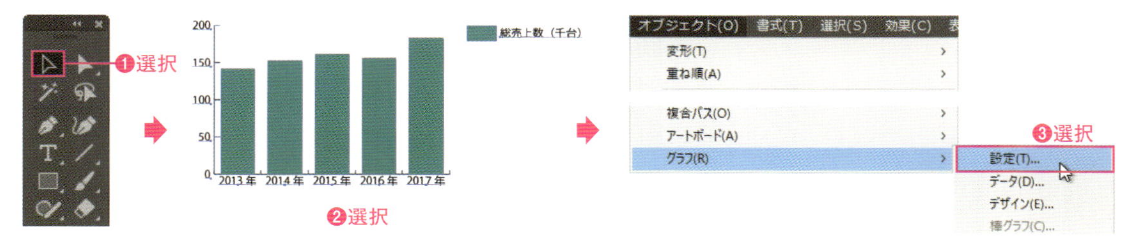

2 ［グラフ設定］ダイアログボックスが表示されます❶。［スタイル］の［影を付ける］にチェックを付け❷、［OK］をクリックします❸。棒グラフに影が追加されます❹。

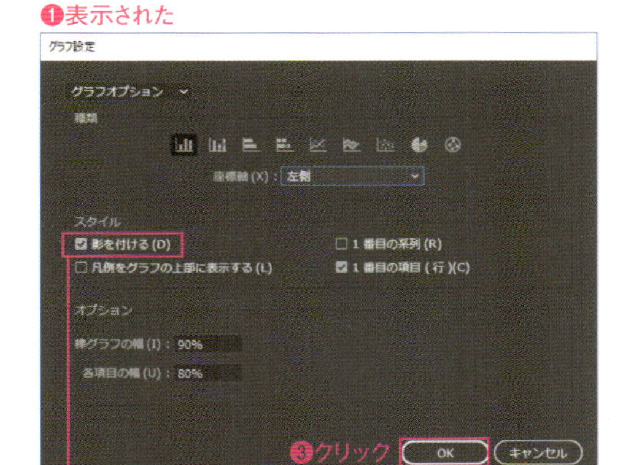

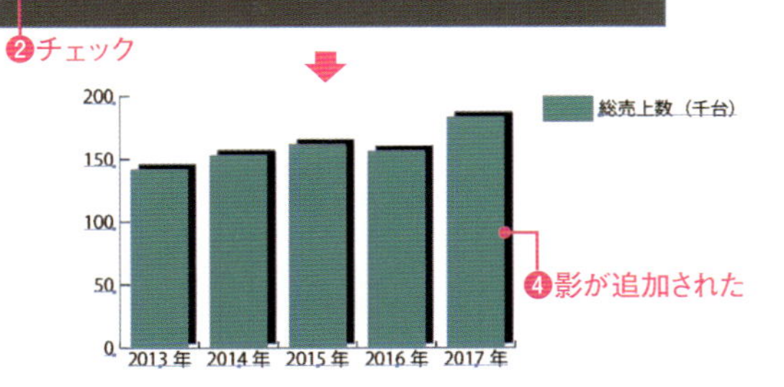

3 再度［グラフ設定］ダイアログボックスを表示します。［凡例をグラフの上部に表示する］にチェックを付け❶、［OK］をクリックします❷。凡例が上部に表示されます❸。

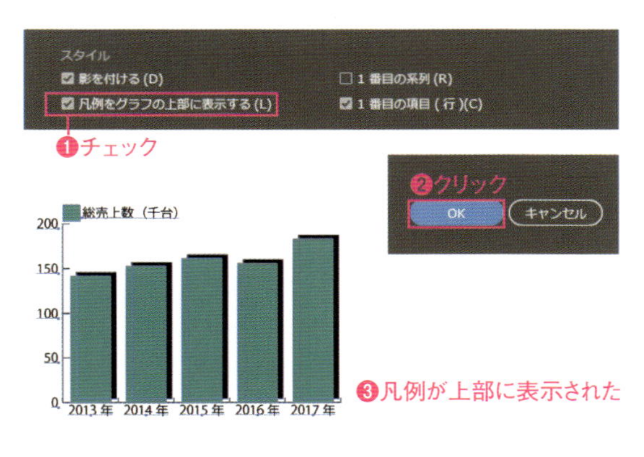

POINT

［グラフ設定］ダイアログボックスの［オプション］で、棒グラフの幅や各項目の幅を数値で指定できます。

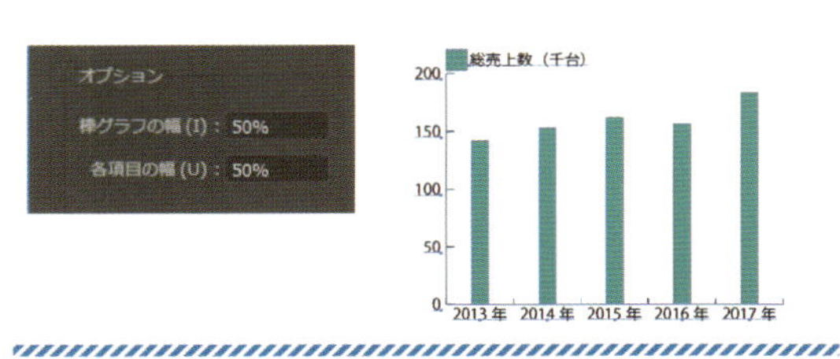

062 グラフのカラーやフォントを変更する

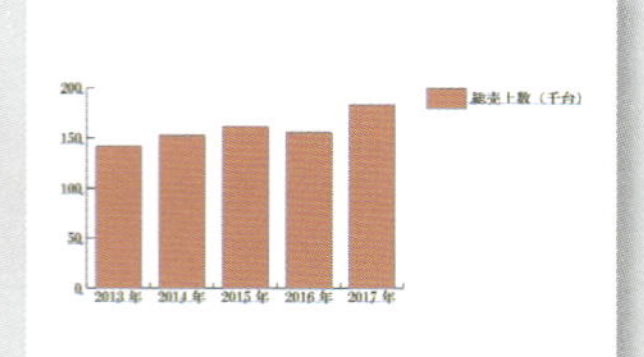

グラフツールによって作成されたグラフオブジェクトも通常のオブジェクトと同様にカラーを設定したり、フォントを変更することができます。ただし、[グループ解除]をしてしまうとグラフオブジェクトとしての効果が失われてしまうので注意が必要です。

第3章 ► 062.ai

グラフのカラーを変更する

1 サンプルファイルを開き、ダイレクト選択ツール を選択します❶。変更したいグラフのオブジェクトをクリックして選択します（ここでは、棒グラフと凡例の色のついている部分を Shift ＋クリックで選択）❷。

2 通常のオブジェクトと同様にカラーパネルを使い、[塗り]や[線]の色を設定します（ここでは[塗り]の色を設定）❶。選択したオブジェクトの色が変わります❷。

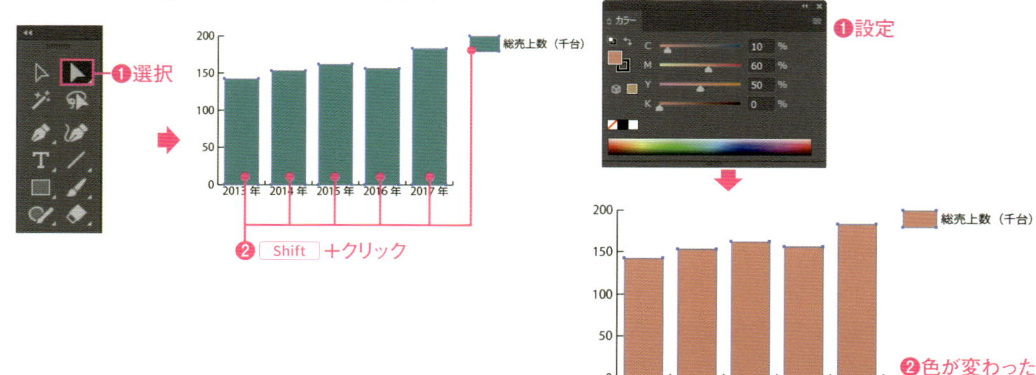

グラフのフォントを変更する

選択ツール を選択します（個別にオブジェクトを選択してフォントを変更するときは、ダイレクト選択ツール を選択）❶。グラフオブジェクト全体を選択します❷。[書式]メニュー→[フォント]の中から、任意のフォントを選びます（ここでは「HG明朝B」ですが、どんなフォントでもかまいません）❸。グラフ全体のフォントが一括変更されます❹。

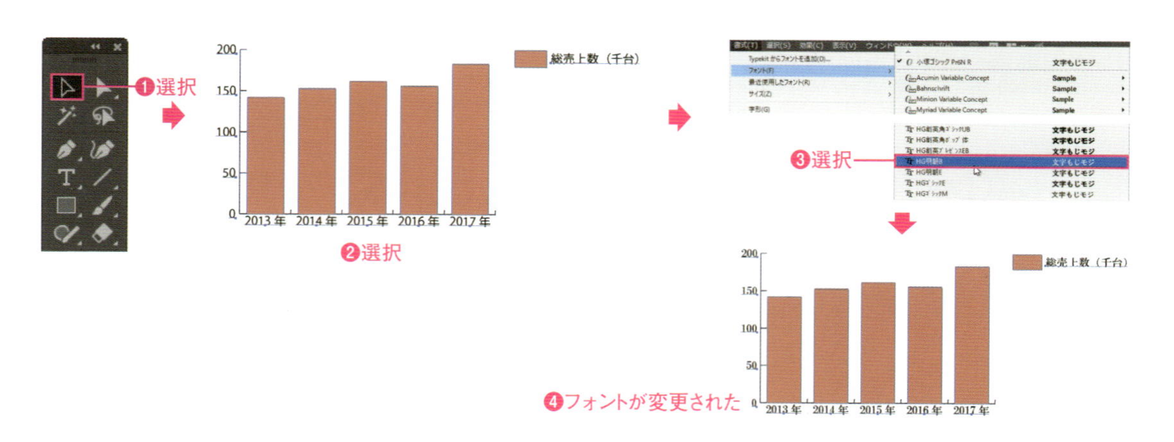

Macでは、キーは次のようになります。 Ctrl → ⌘ Alt → option Enter → return

第3章 グラフ

棒グラフの棒をオリジナルデザインにする

063

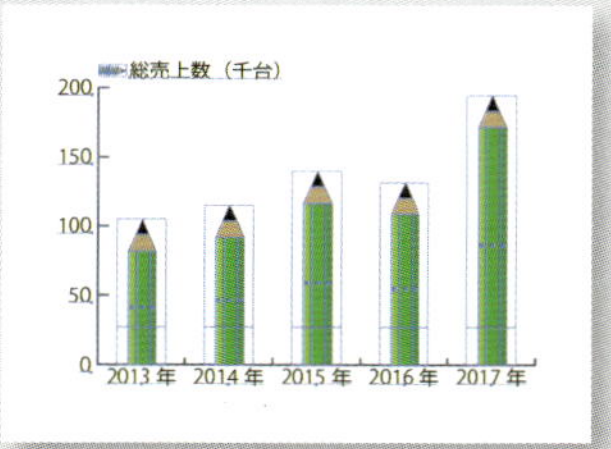

グラフツールによって作成された棒グラフに、Illustratorで作成したオブジェクトを利用し、デザイン性の高いグラフを作成することができます。また、オブジェクトの特定の部分を伸縮させる機能も備わっています。

第3章 ▶ 063-1.ai、063-2.ai

オリジナルデザインの棒グラフを作成する

1 サンプルファイル「063-1.ai」を開き、選択ツールを選択します❶。棒グラフのデザインに利用する鉛筆のオブジェクトを選択します❷。［オブジェクト］メニュー→［グラフ］→［デザイン］を選択します❸。［グラフのデザイン］ダイアログボックスが表示されるので、［新規デザイン］をクリックすると❹、新たにリストに「新規デザイン」として登録されます❺。［OK］ボタンをクリックします❻。

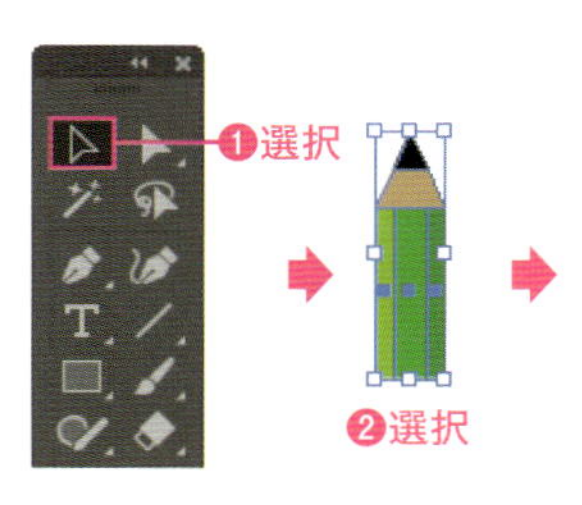

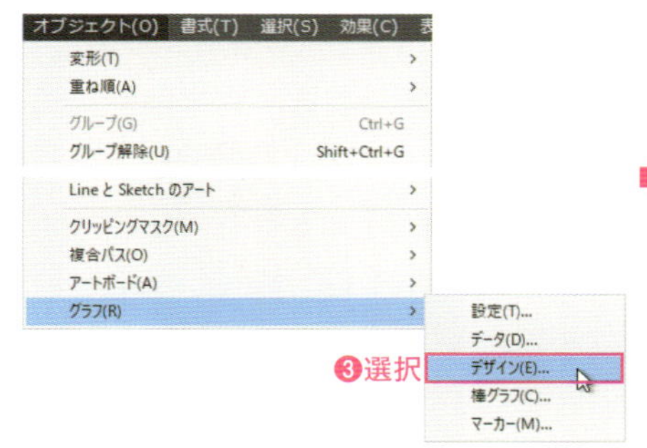

2 選択ツールでデザインを適用するグラフを選択します❶。［オブジェクト］メニュー→［グラフ］→［棒グラフ］を選択します❷。

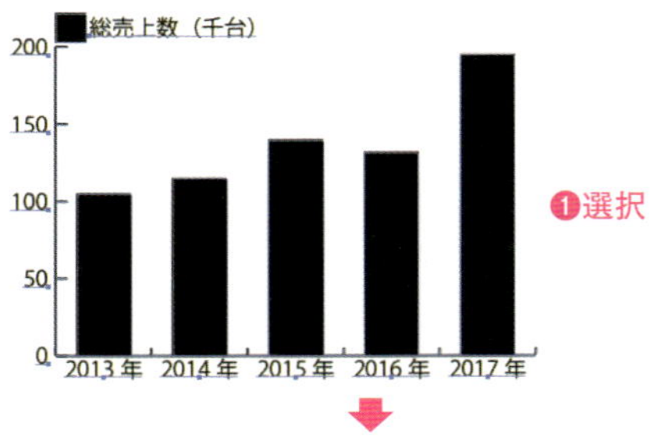

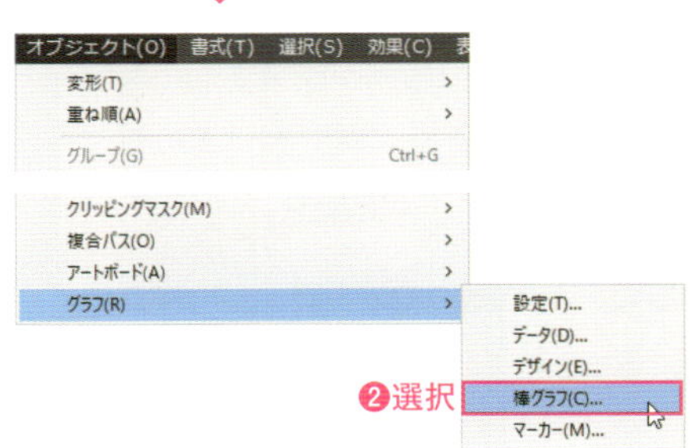

3 ［棒グラフ設定］ダイアログボックスが表示されるので、リスト内からデザインを選択して（ここでは登録した［新規デザイン］）❶、［棒グラフ形式］を［垂直方向に伸縮］を設定して❷、［OK］ボタンをクリックします❸。棒グラフのデザインが変更されます❹。

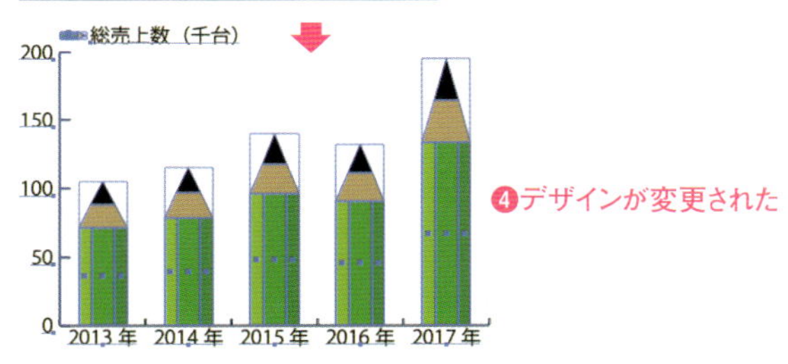

棒グラフの伸縮する箇所を設定する

1 サンプルファイル「063-2.ai」を開き、直線ツール を選択します❶。伸縮棒グラフの元デザインとなるオブジェクトを用意し、Shift キーを押しながらドラッグして❷、伸縮させたい部分に水平のパスを作成します。

2 水平のパスを選択した状態で［表示］メニュー→［ガイド］→［ガイドを作成］を選択します❶。水平のパスがガイドに変換されます❷。

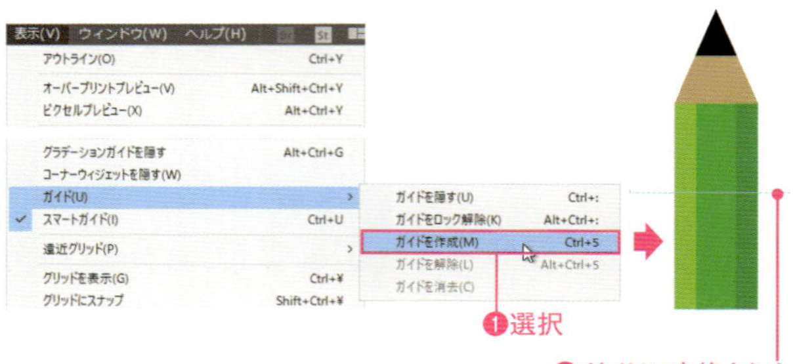

3 ［表示］メニュー→［ガイド］→［ガイドをロック解除］を選択して❶、ガイドを選択できる状態にします。選択ツール を選択して❷、棒グラフのデザインとガイドを選択します❸。

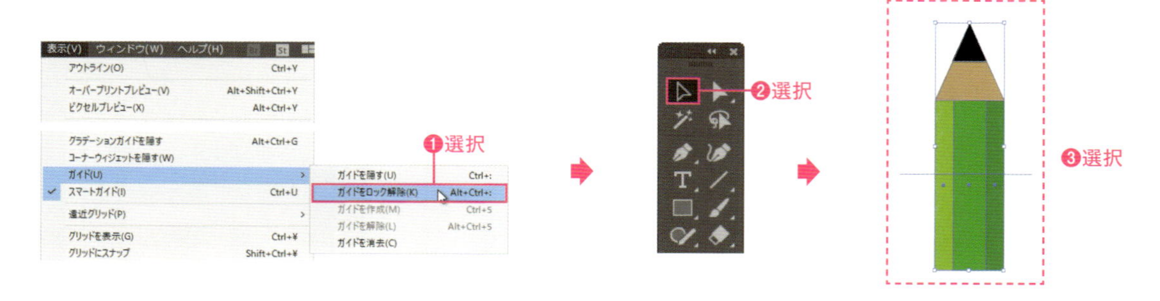

4 ［オブジェクト］メニュー→［グラフ］→［デザイン］を選択します❶。［グラフのデザイン］ダイアログボックスが表示されるので、［新規デザイン］をクリックして❷、デザインをリストに登録します❸。［OK］ボタンをクリックします❹。

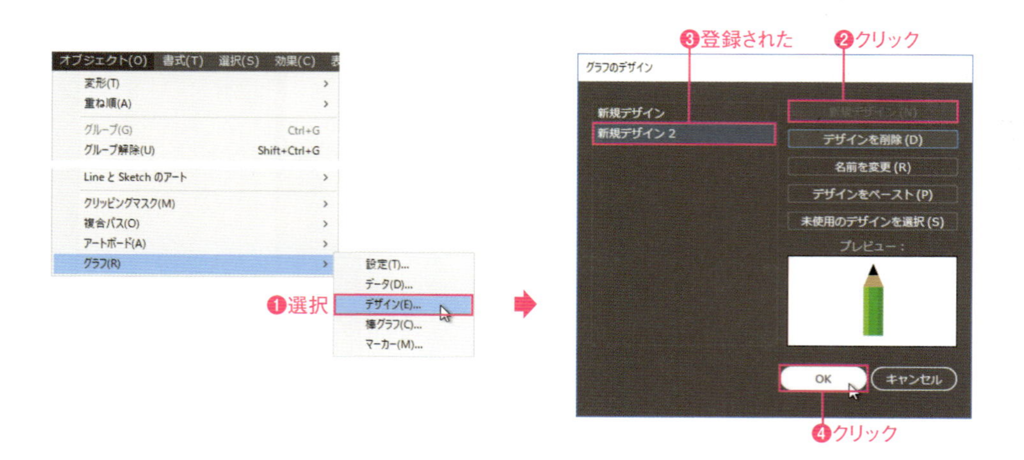

Macでは、キーは次のようになります。 Ctrl → ⌘ Alt → option Enter → return

5 選択ツール でデザインを適用させたいグラフオブジェクトを選択して❶、[オブジェクト]メニュー→[グラフ]→[棒グラフ]を選択します❷。

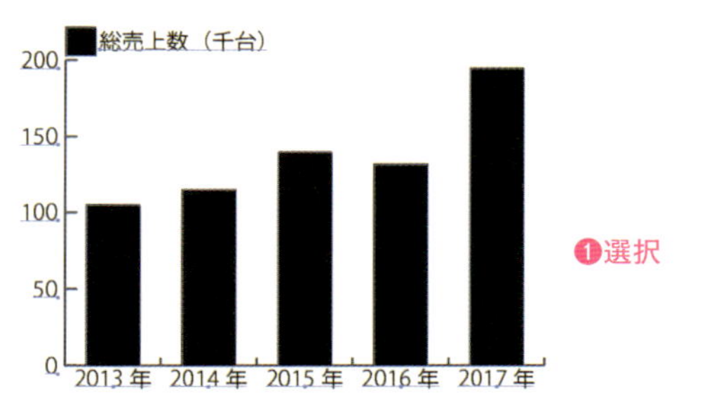

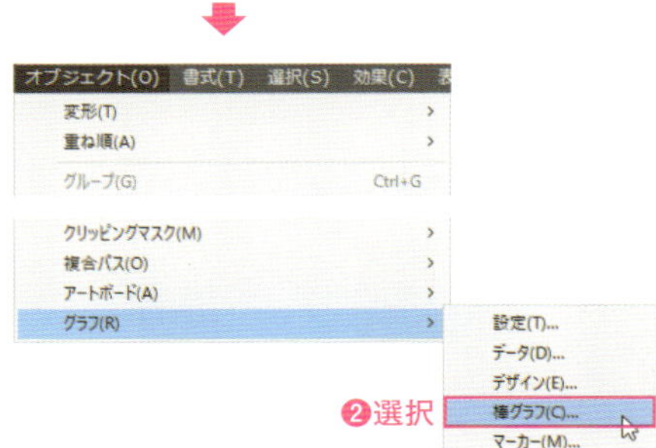

6 [棒グラフ設定]ダイアログボックスが表示されるので、リスト内から適用させたいデザイン（ここでは[新規デザイン2]）を選択して❶、[棒グラフ形式]を[ガイドライン間を伸縮]に設定します❷。[OK]ボタンをクリックすると❸、ガイドラインが引かれた部分を伸縮させるグラフになります❹。

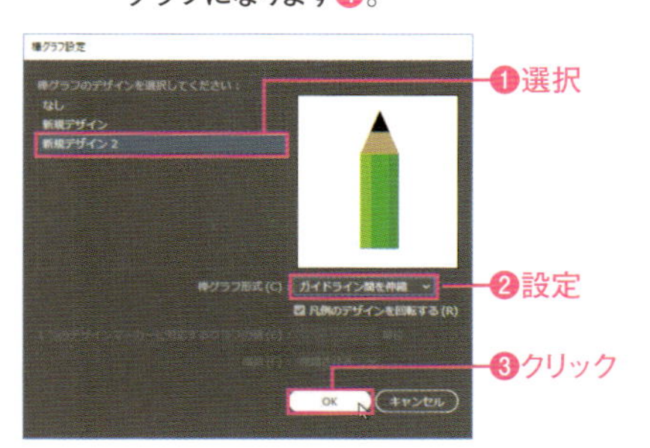

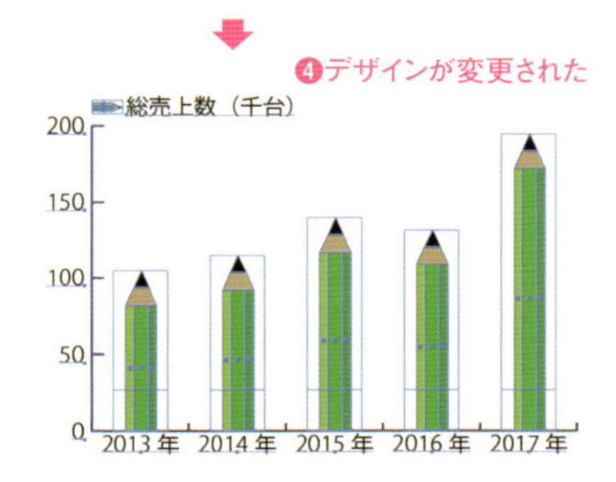

Point

基本単位ごとにパターンを繰り返すデザイン棒グラフ

自動車の台数や人の数など、デザインパターンを繰り返すタイプの棒グラフも作成できます。[棒グラフ設定]ダイアログボックスの[棒グラフ形式]を[繰り返し]に設定し、ひとつのオブジェクトに対するグラフの値と端数の表現方法を設定します。

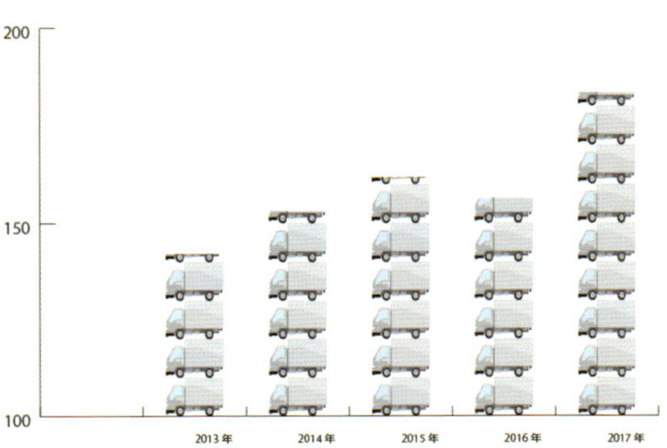

第3章 グラフ

064 棒グラフの項目ごとにオリジナルのデザインを適用する

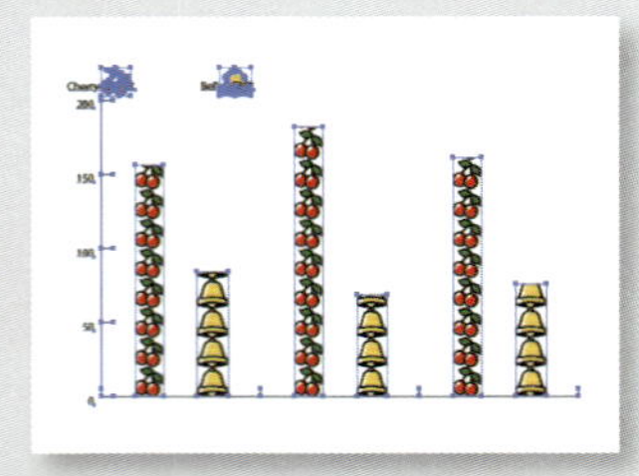

グラフツールによって作成された棒グラフには、それぞれの項目に対して、Illustratorで作成したオブジェクトを設定でき、デザイン性の高いグラフを作成することができます。

1 サンプルフィルを開きます。グループ選択ツールを選択します❶。デザインを適用させたい項目の凡例（ここでは「Cherryの回数」）をダブルクリックします❷。項目に一致する棒グラフがすべて選択されます❸。

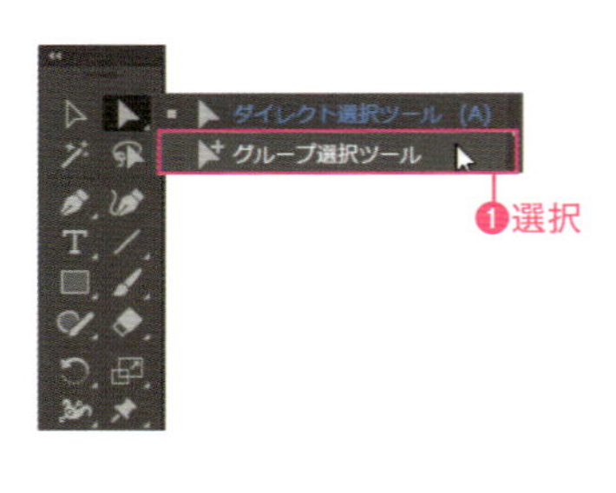

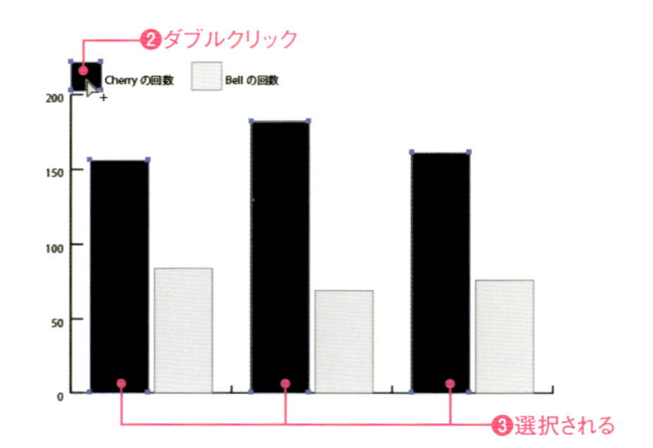

2 [オブジェクト] メニュー→ [グラフ] → [棒グラフ] を選択します❶。

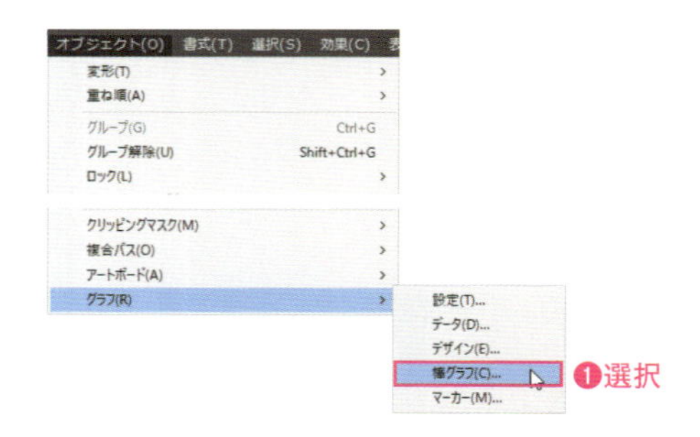

3 [棒グラフ設定] ダイアログボックスが表示されます。すでに、棒グラフのデザインが登録されているので、[cherry] を選択します❶。[棒グラフ形式] を [繰り返し] ❷、[凡例のデザインを回転する] のチェックを外し❸、[1つのデザインマーカーに対応するグラフの値] を入力します（ここでは「20」）❹。[端数] を [区切る] に設定して❺、[OK] ボタンをクリックします❻。

棒グラフのデザインの登録は、P.095 の「棒グラフの棒をオリジナルデザインにする」を参照

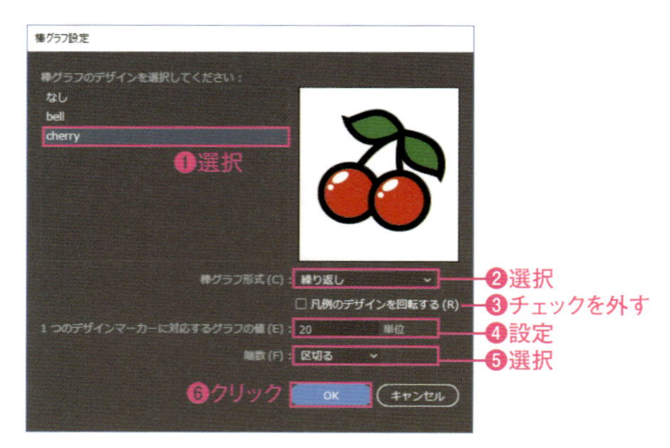

Macでは、キーは次のようになります。 Ctrl → ⌘　Alt → option　Enter → return

4 選択した棒グラフと凡例に、設定されたデザインが適用されます❶。

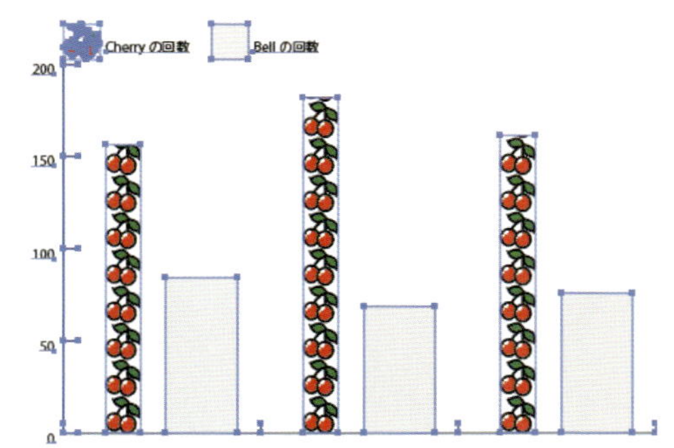

5 一度オブジェクトのない部分をクリックして選択を解除してから❶、デザインを適用させたい項目の凡例（ここでは「Bellの回数」）をダブルクリックします❷。項目に一致する棒グラフがすべて選択されます❸。

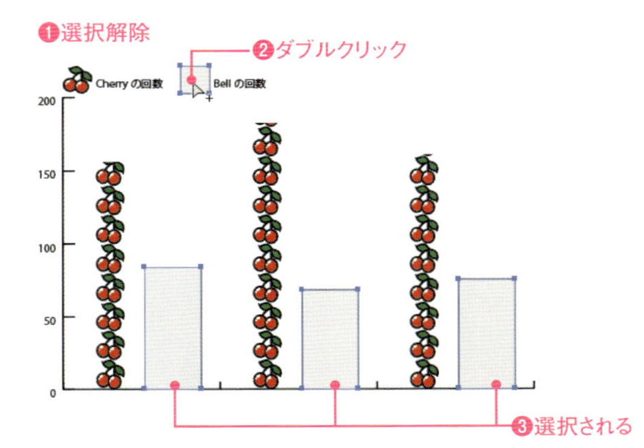

6 ［オブジェクト］メニュー→［グラフ］→［棒グラフ］を選択します❶。

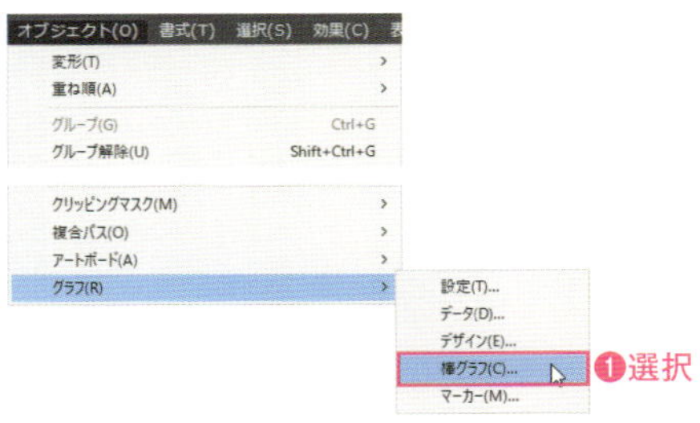

7 ［棒グラフ設定］ダイアログボックスが表示されます。すでに、棒グラフのデザインが登録されているので、［bell］を選択します❶。［棒グラフ形式］を［繰り返し］❷、［凡例のデザインを回転する］のチェックを外し❸、［1つのデザインマーカーに対応するグラフの値］を入力します（ここでは「20」）❹。［端数］を［区切る］に設定して❺、［OK］ボタンをクリックします❻。選択した棒グラフに、デザインが適用されます❼。

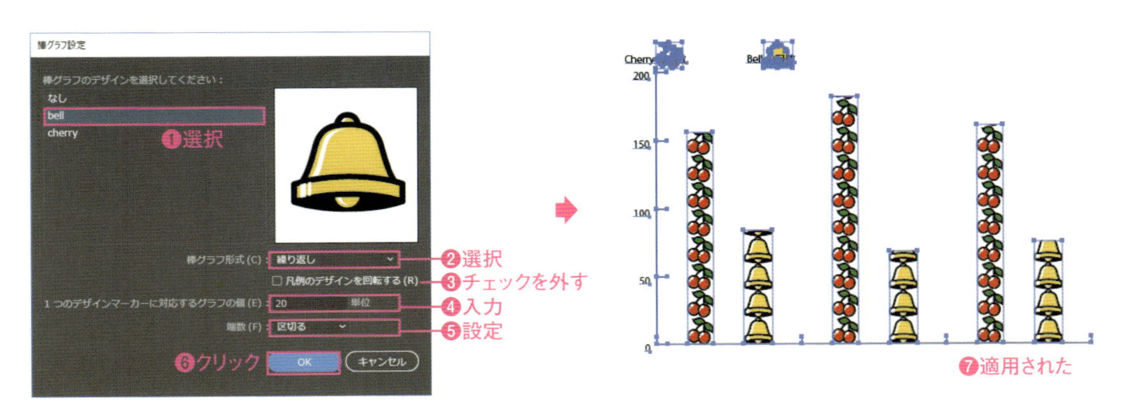

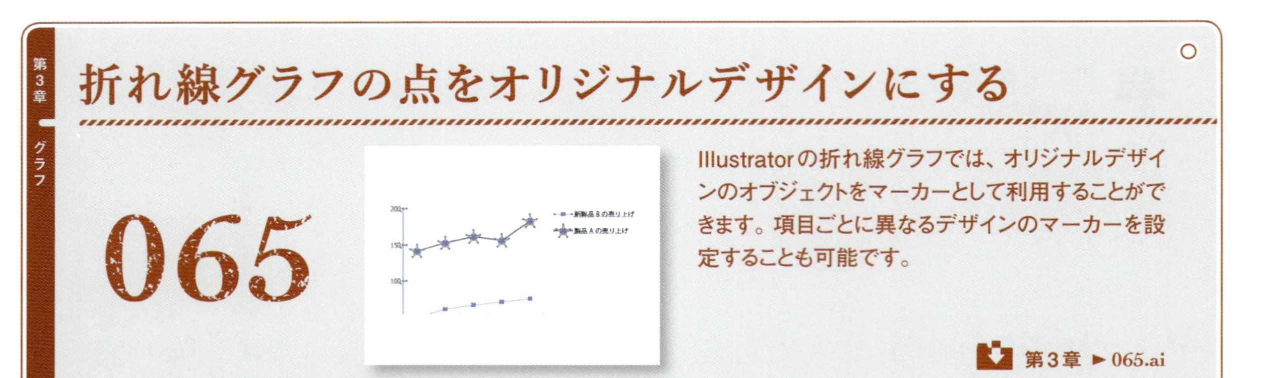

折れ線グラフの点をオリジナルデザインにする

065

Illustratorの折れ線グラフでは、オリジナルデザインのオブジェクトをマーカーとして利用することができます。項目ごとに異なるデザインのマーカーを設定することも可能です。

第3章 ►065.ai

オリジナルデザインを登録する

1 サンプルファイルを開き、長方形ツール を選択します❶。［塗り］と［線］を「なし」に設定します❷。星形の上でドラッグして❸、四角形を描きます。この四角形が、折れ線グラフのマーカーの四角形と同じサイズになります。

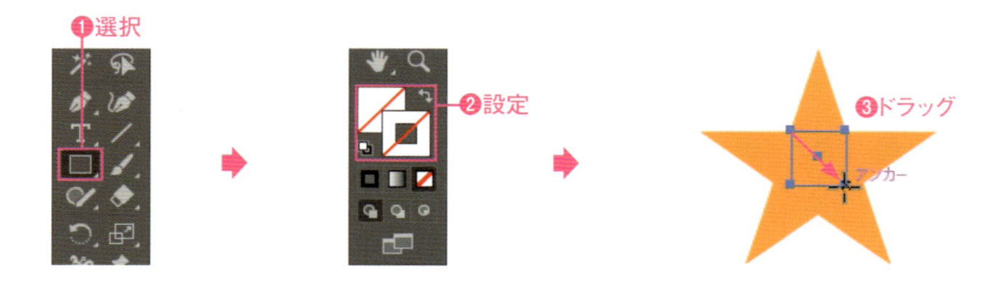

2 四角形のオブジェクトを選択した状態で❶、［オブジェクト］メニュー→［重ね順］→［最背面へ］を選択します❷。四角形のオブジェクトがマーカーデザインの背面へ送られます。

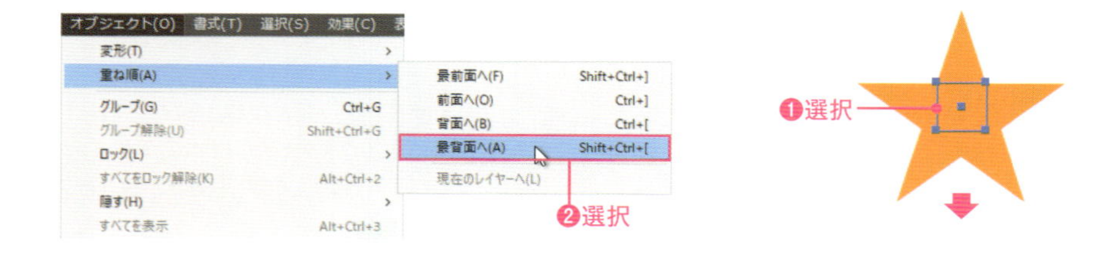

3 選択ツール を選択します❶。デザインのオブジェクトと四角形のオブジェクトの両方を選択して❷、［オブジェクト］メニュー→［グループ］を選択します❸。

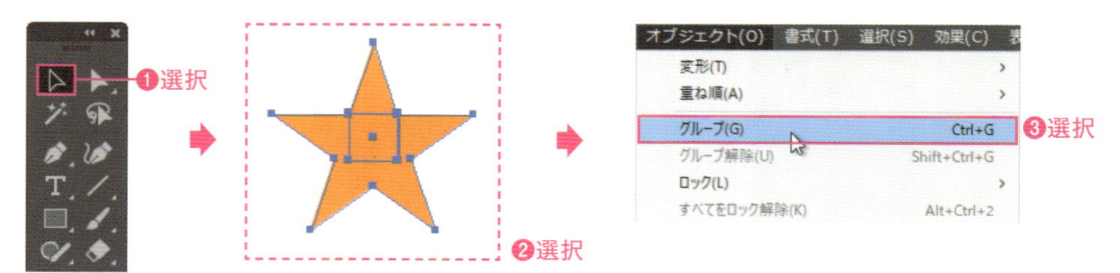

4 グループオブジェクトを選択した状態で❶、[オブジェクト] メニュー→ [グラフ] → [デザイン] を選択します❷。

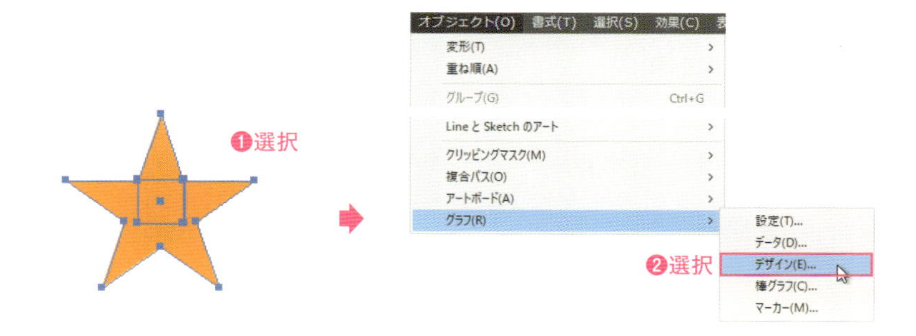

5 [グラフのデザイン] ダイアログボックスが表示されるので、[新規デザイン] をクリックして❶、デザインをリストに登録します❷。[OK] ボタンをクリックします❸。

折れ線グラフのマーカーにオリジナルデザインを適用する

1 グループ選択ツールを選択します❶。デザインを適用させる折れ線グラフの凡例のマーカーをダブルクリックします❷。グラフ内のマーカーがすべて選択されます❸。

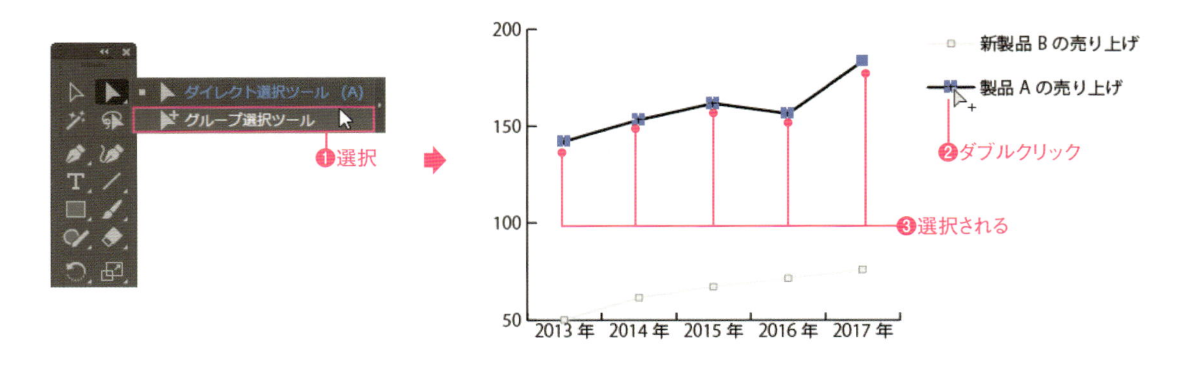

2 ［オブジェクト］メニュー→［グラフ］→［マーカー］を選択します❶。［グラフのマーカー］ダイアログボックスが表示されたら、マーカーとなるデザインを選びます❷。［OK］ボタンをクリックすると❸、グラフのマーカー部分がオリジナルのデザインに変更されます❹❺。

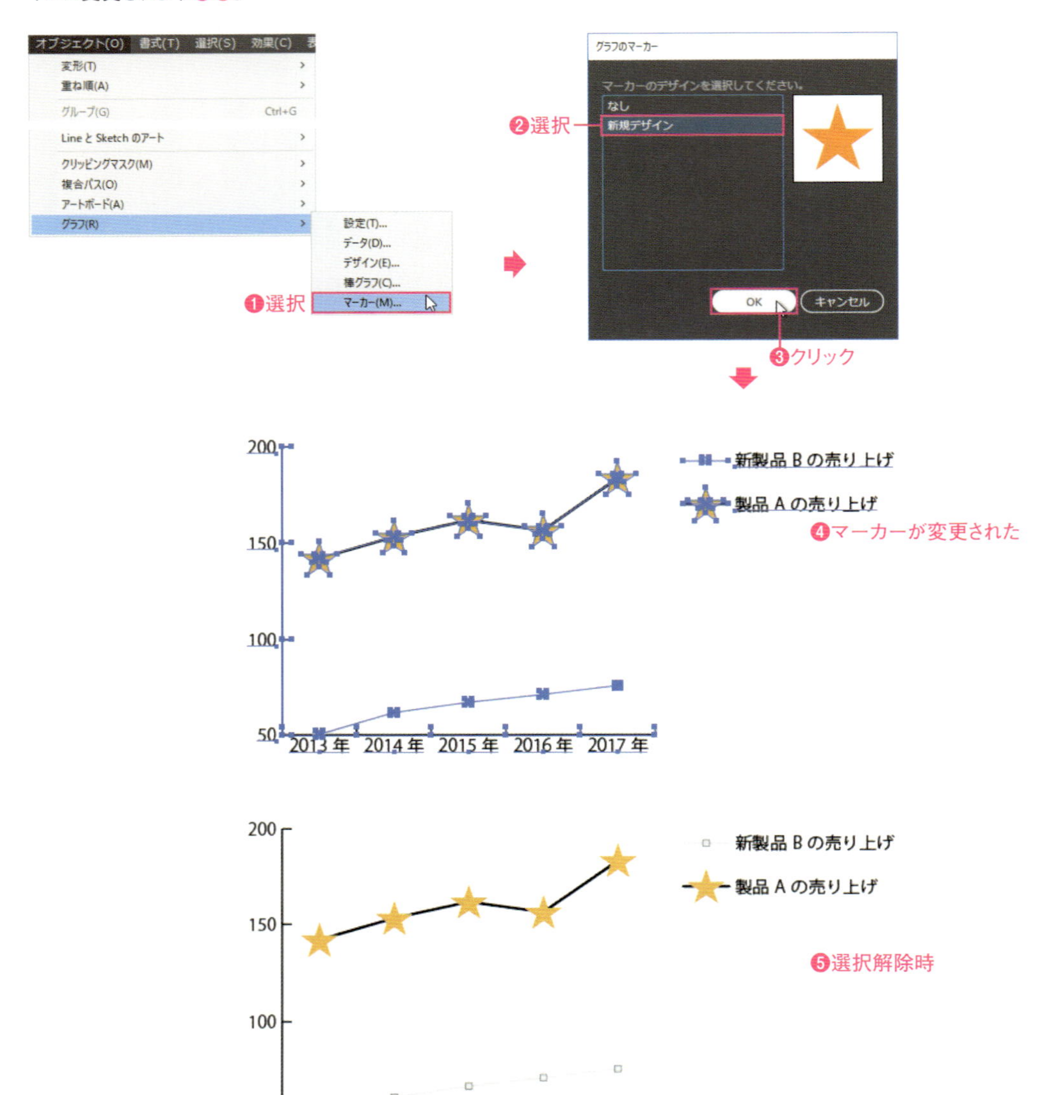

POINT

折れ線グラフの線

折れ線グラフの線は、それぞれ１本の直線で構成されています。目盛りの線やマーカーの間をつなぐ線は同じ項目でグループ化されています。グループ選択ツール で２回クリックすれば、同じグループの線を選択できます。

POINT

マーカーのサイズ

マーカーのサイズは、マーカーのデザインを登録する際に設定した透明な四角形のサイズにより決まります。サンプルを例にすると、星に対して四角形を大きくすれば、グラフに適用した星の大きさは小さくなります。

Macでは、キーは次のようになります。 Ctrl → ⌘ Alt → option Enter → return

060~096

第4章

オブジェクトの操作

Illustratorでは、描画したオブジェクトを移動したり、変形して、ひとつの作品を作成します。そのためには、オブジェクトを自由に操作できることが望まれます。本章では、オブジェクトの操作方法について解説します。

オブジェクトを選択する

066

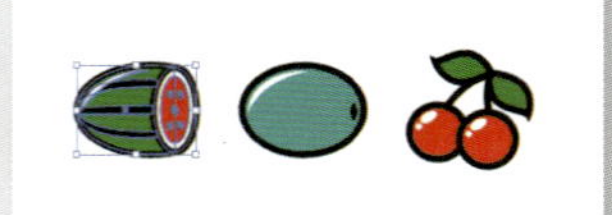

Illustratorでは、作成した図形や入力したテキストなどはすべてオブジェクトとして扱われます。オブジェクトは、選択すると、移動や変形ができるので、オブジェクトの選択は基本中の基本となる操作です。

選択ツールを使ってオブジェクトを選択する

1 サンプルファイルを開き、選択ツール を選択します❶。選択したいオブジェクトをクリックします❷。

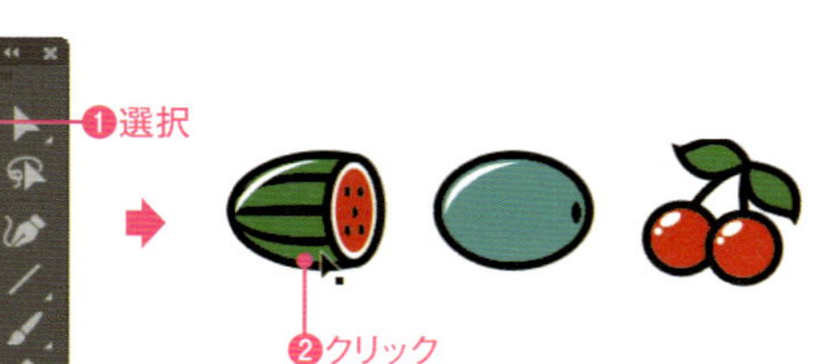

2 Shift キーを押しながら別のオブジェクトをクリックすると❶、オブジェクトを追加選択できます。

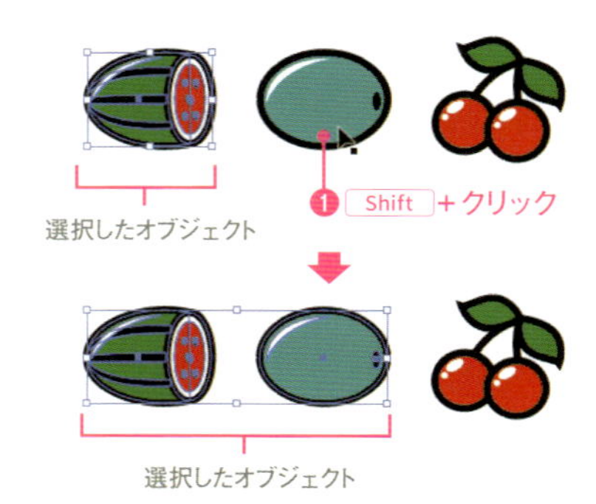

特定のオブジェクトだけを選択解除する

選択ツール で Shift キーを押しながら選択したオブジェクトをクリックすると❶、クリックしたオブジェクトの選択を解除することができます❷。

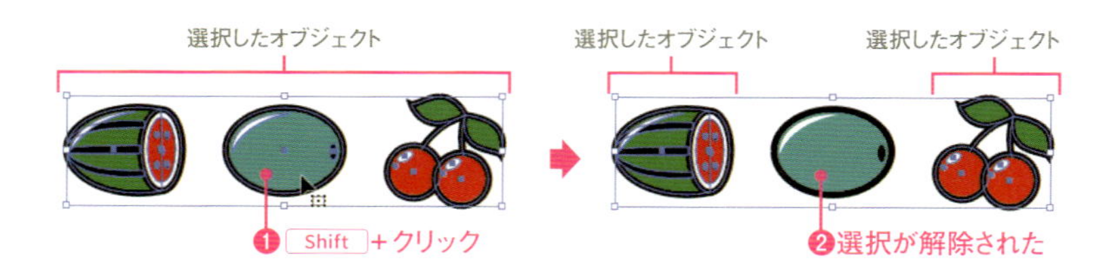

レイヤーパネルを利用して選択する

［ウィンドウ］メニュー→［レイヤー］を選択して、レイヤーパネルを表示します❶。レイヤー名の をクリックすると❷、そのレイヤーに存在するオブジェクトが表示されます。
選択したいオブジェクト名の右にある◯マークをクリックすると❸、オブジェクトが選択されます❹。
レイヤーパネルには、アートボード上に存在するすべてのオブジェクトがリスト化されています。

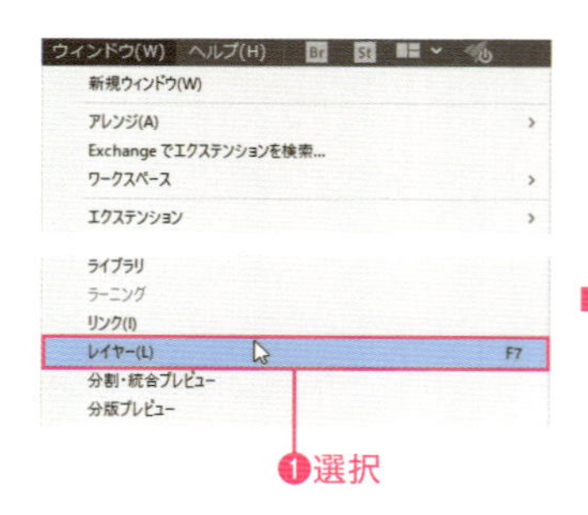

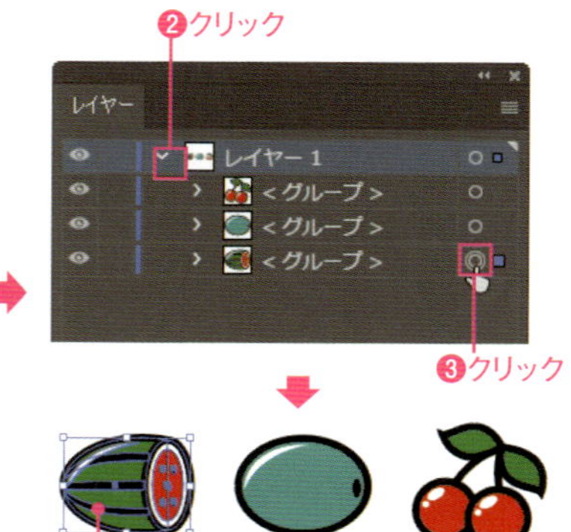

Macでは、キーは次のようになります。 Ctrl → ⌘ Alt → option Enter → return

067 オブジェクトを移動する

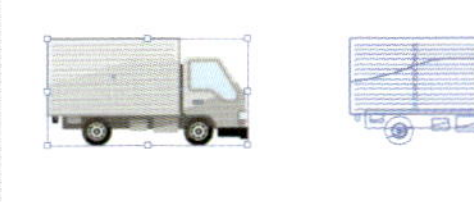

選択ツールで選択したオブジェクトは、ドラッグして位置を移動できます。Shift キーを併用することで、移動方向を制限できます。また、矢印キーを使って、上下左右に少しだけ移動できます。

ドラッグして移動する

1 サンプルファイルを開き、選択ツールを選択します❶。移動するオブジェクトを囲んで選択します❷。

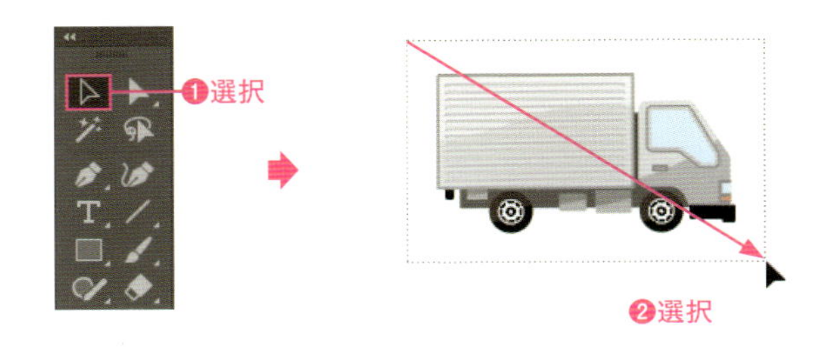

2 選択したオブジェクトをドラッグすると❶、移動できます。
移動する際に、Shift キーを押しながらドラッグすると❷、移動方向を水平、垂直、45度に制限できます。

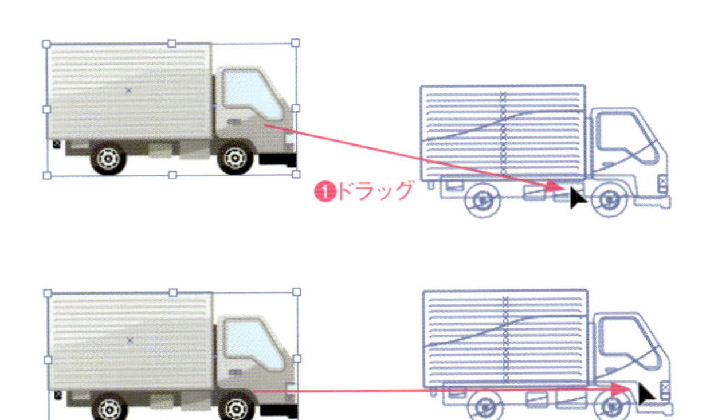

矢印キーで移動する

選択ツールでオブジェクトを選択します❶。キーボードの矢印キーを押すと（ここでは → キー）❷、少しだけ矢印の方向に移動します。位置を微調整するのに便利です。移動距離は、環境設定で変更できます（P.106の「矢印キーの移動距離を設定する」を参照）。また、Shift キーを押しながら矢印キーを押すと、移動距離が10倍になります。

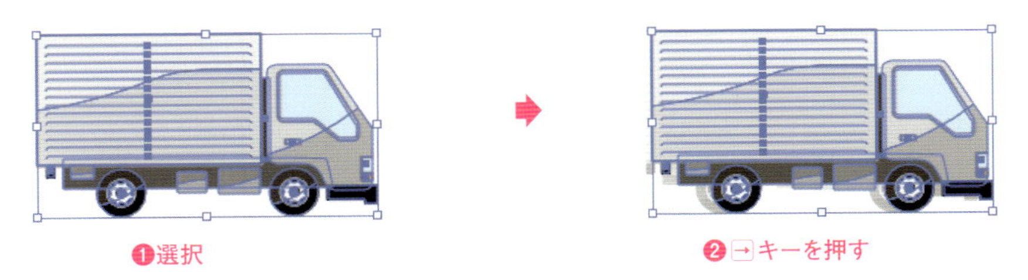

068 矢印キーの移動距離を設定する

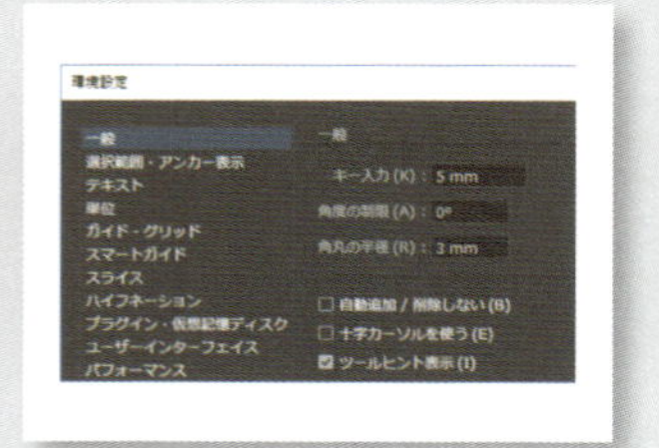

矢印キーでの移動距離は、環境設定ダイアログボックスで設定を変更できます。使いやすい距離に設定しておくとよいでしょう。

第4章 ▶ 068.ai

1 サンプルファイルを開きます。[編集]メニュー(Macは[Illustrator CC]メニュー)→[環境設定]→[一般]を選択します❶。

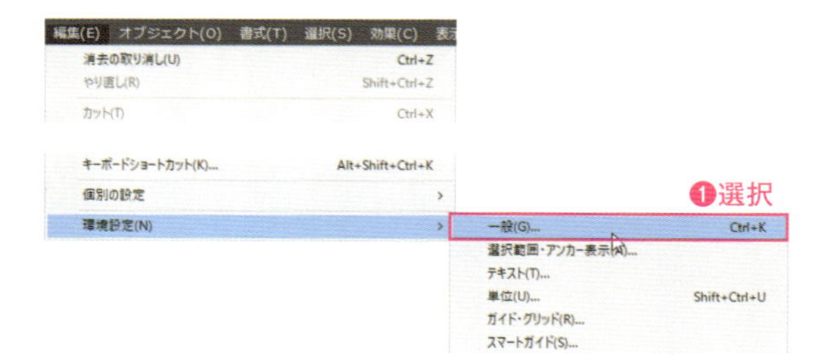

2 [環境設定]ダイアログボックスが表示されるので、[キー入力]に矢印キーで移動させたい距離を入力して(ここでは「5mm」)❶、[OK]をクリックします❷。

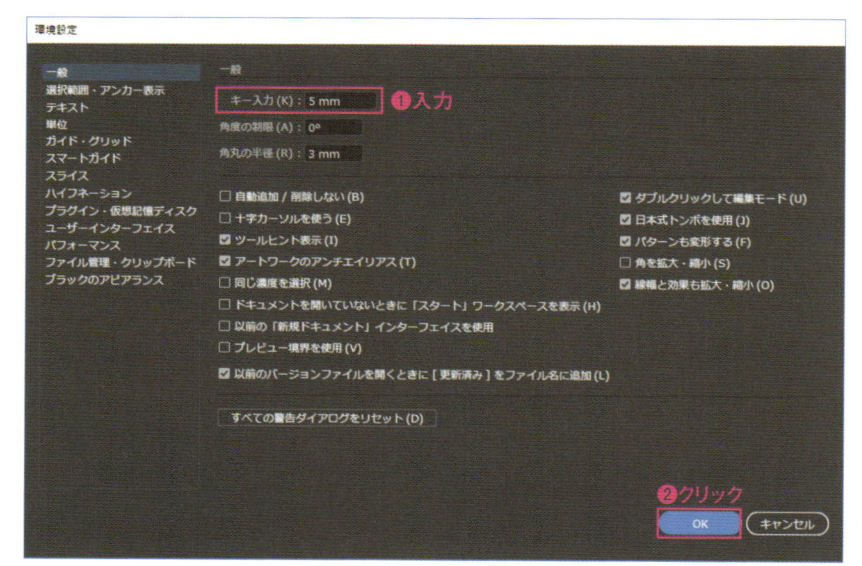

初期値は「1pt」(=0.352778mm)

3 選択ツールを選択し❶、移動したいオブジェクトを選択します❷。矢印キーを押して、設定した距離だけ移動することを確かめてください❸。

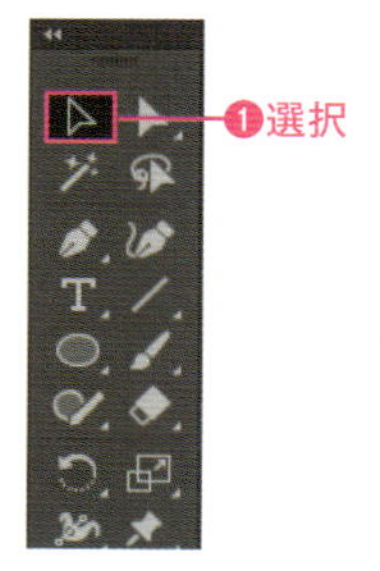

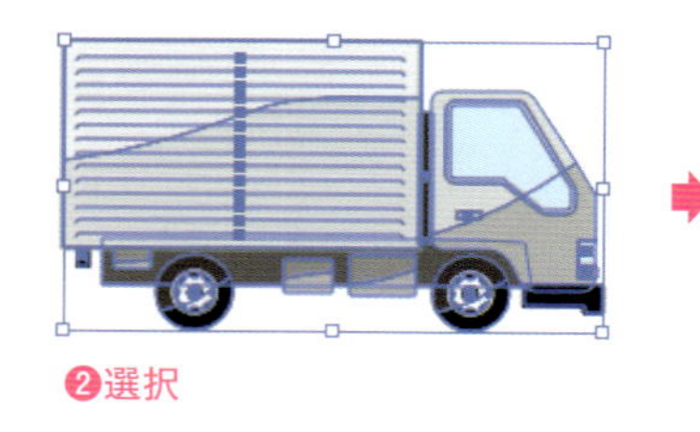

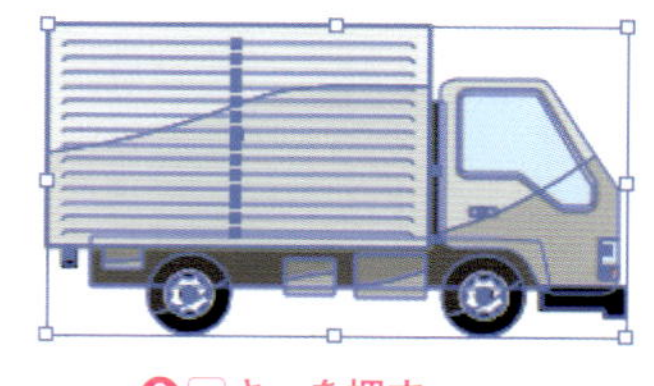

Macでは、キーは次のようになります。 Ctrl → ⌘　Alt → option　Enter → return

オブジェクトを数値で移動する

069

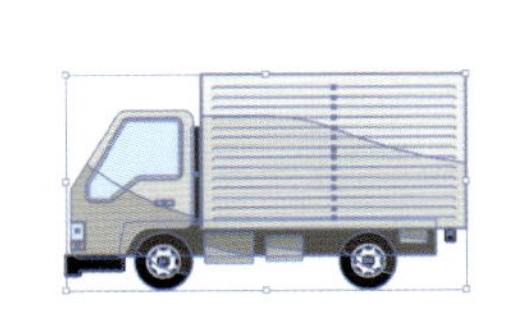

オブジェクトの移動は、通常マウスをドラッグすることで行いますが、コマンドを使い、数値を指定しての移動やコピーも可能です。

第4章 ►069.ai

1 サンプルファイルを開き、選択ツール を選択します❶。移動したいオブジェクトを選択します❷。

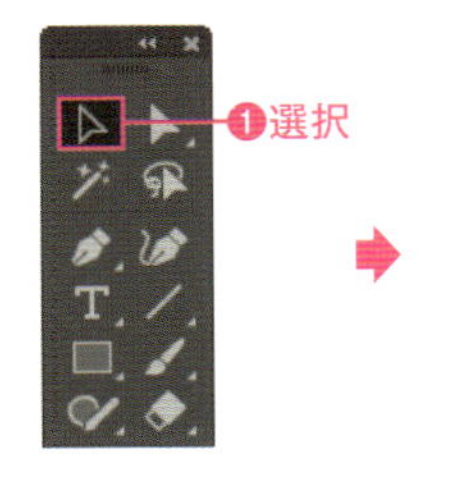

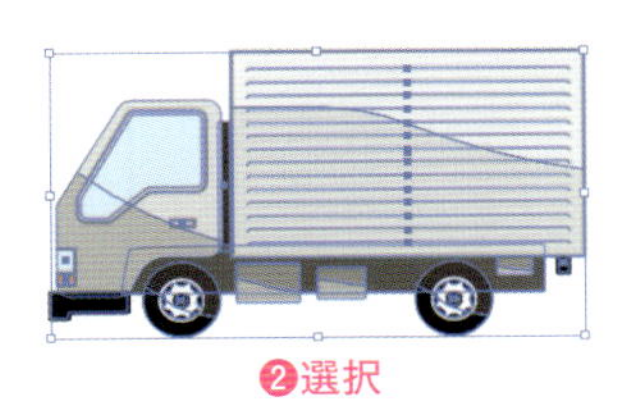

2 [オブジェクト] メニュー→[変形]→[移動] を選択します❶。

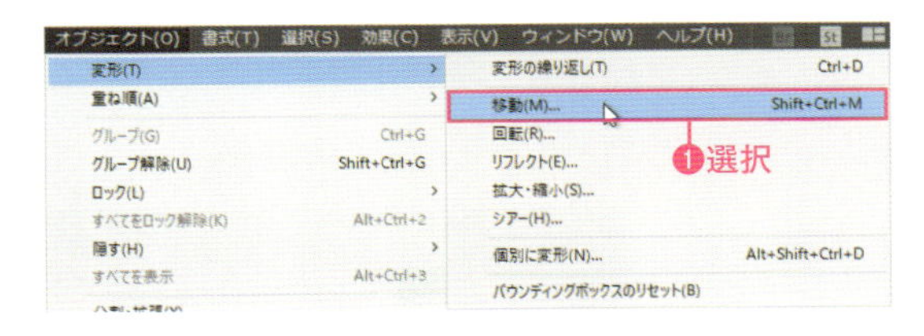

3 [移動] ダイアログボックスが表示されたら、[水平方向] (ここでは「-120mm」) と、[垂直方向] に (「ここでは0mm」) 移動距離を入力します❶。[OK] ボタンをクリックすると❷、選択したオブジェクトが左水平方向に250mm移動します❸。[コピー] ボタンをクリックすると、オブジェクトの複製が移動します。

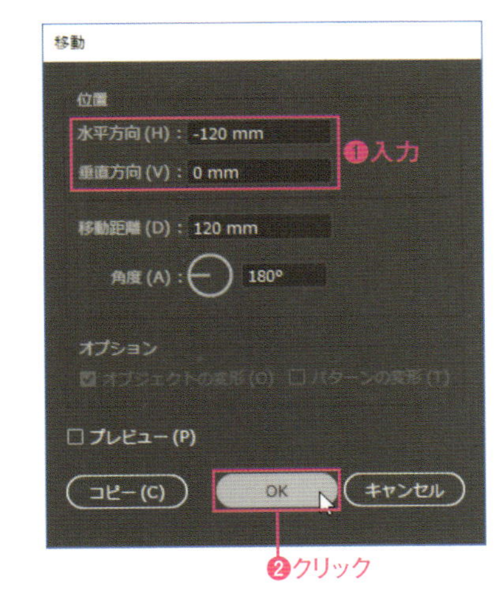

POINT

オブジェクトを選択したあとに、ツールパネルの選択ツール アイコンをダブルクリックしても、[移動] ダイアログボックスを表示して移動できます。

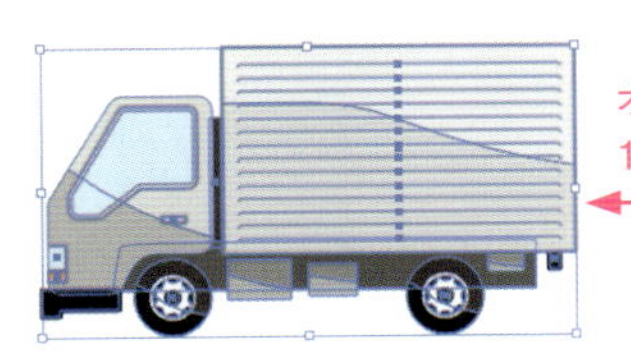

❸左水平方向に120mm移動した

[コピー] をクリックした場合

オブジェクトが左水平方向120mmの位置に複製される

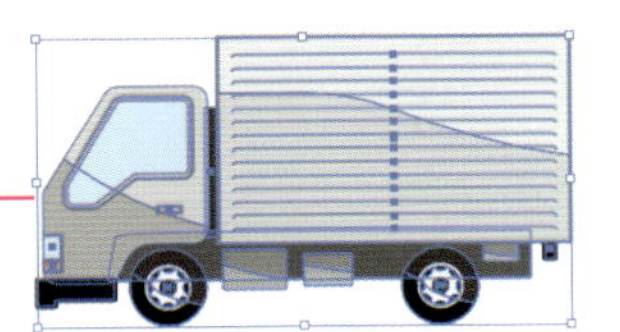

オブジェクトを選択できないようにする

070

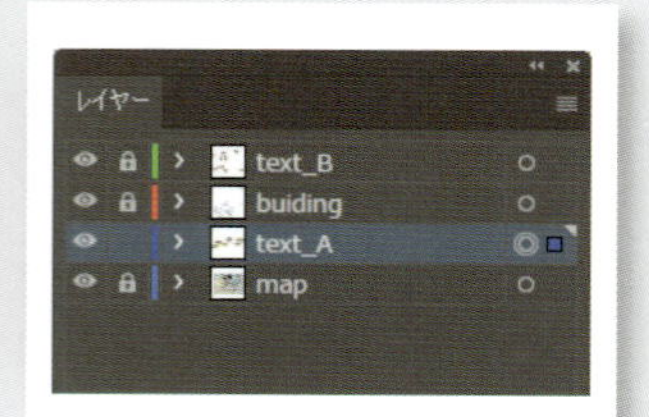

オブジェクトがいくつも重なると、選択がしづらい状況になります。そのようなケースでは、編集が必要のないオブジェクトにロックをかけておくと便利です。オブジェクトをロックする方法はおもにふたつあります。必要に応じて使い分けましょう。

オブジェクトを個別にロックする

1 サンプルファイルを開きます。横浜銀行本店のオブジェクトを選択します❶。レイヤーパネルで「building」レイヤーの をクリックして展開表示し❷、「BANK」のロックアイコンエリアをクリックします❸。鍵アイコン の表示とともにレイヤーがロックされ❹、オブジェクトが選択できなくなります❺。

2 レイヤーパネルの鍵アイコン をクリックすると❶、オブジェクトのロックが解除され❷、オブジェクトへのアクセスが可能になります。

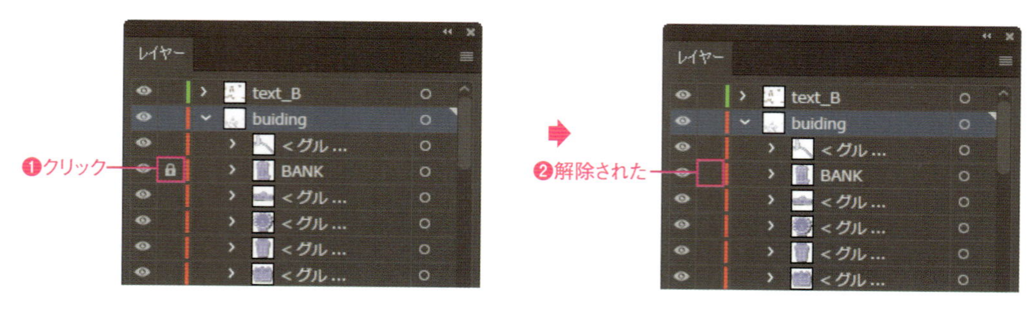

Macでは、キーは次のようになります。 Ctrl → ⌘ Alt → option Enter → return

ロックコマンドを利用したオブジェクトのロック

選択ツール▷を選択します❶。ロックの対象となるオブジェクトを選択して❷、[オブジェクト] メニュー→ [ロック] → [選択] を選択します❸。レイヤーパネルにも鍵アイコン🔒が表示され❹、ロックされていることを示します。

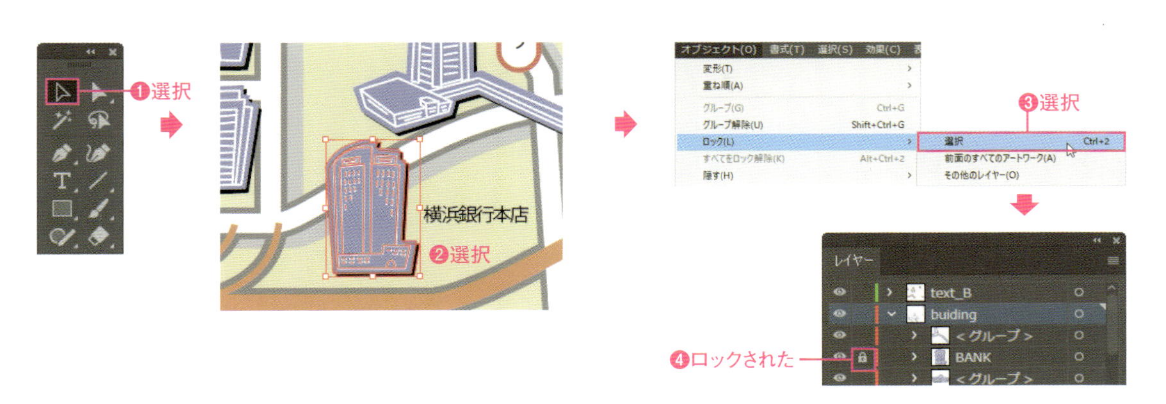

ほかのレイヤーをすべてロックする

編集したいレイヤーのオブジェクト選択します（ここでは「text_A」レイヤーの全オブジェクトを選択）❶。［オブジェクト］メニュー→［ロック］→［その他のレイヤー］を選択すると❷、作業中のレイヤー以外へのアクセスが禁止されます❸。

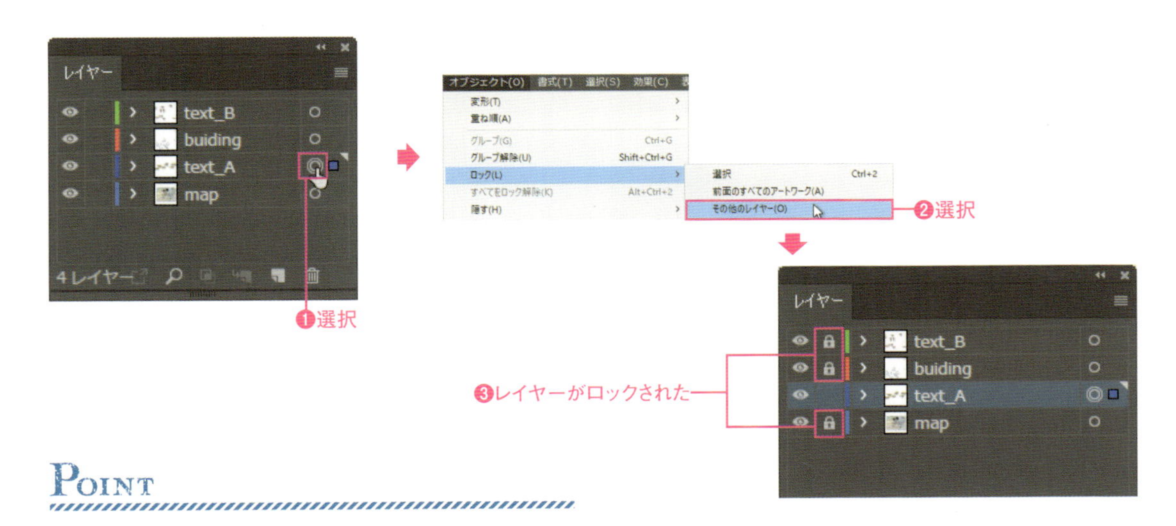

POINT

ロックを解除する

ロックされたオブジェクトを個別に解除する場合は、レイヤーパネルの中から必要なオブジェクトを探し、鍵アイコン🔒をクリックします。
すべてのロックを解除する場合は［オブジェクト］メニュー→［すべてをロック解除］を選択します。

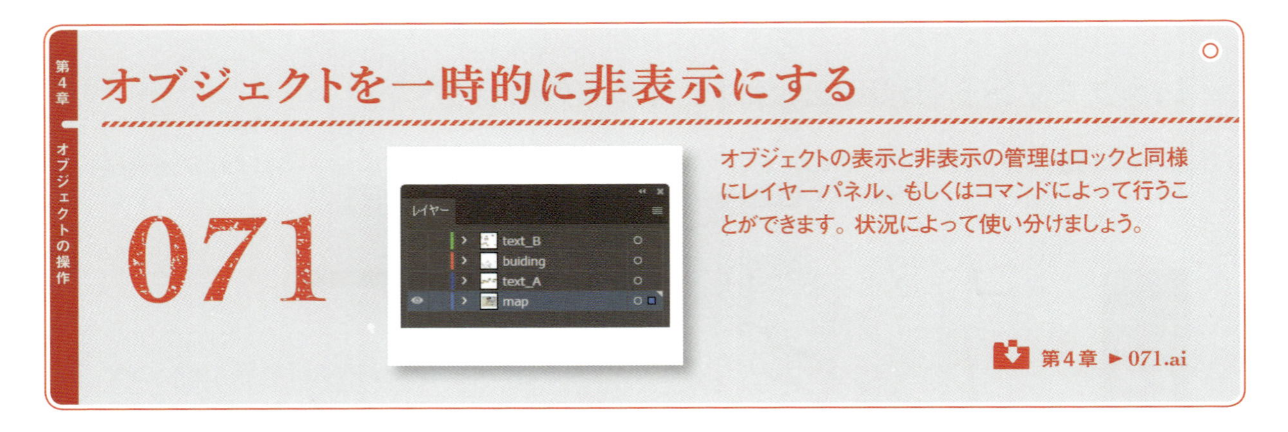

オブジェクトを一時的に非表示にする

オブジェクトの表示と非表示の管理はロックと同様にレイヤーパネル、もしくはコマンドによって行うことができます。状況によって使い分けましょう。

第4章 ▶ 071.ai

オブジェクトを個別に非表示にする

1 サンプルファイルを開きます。レイヤーパネルの［表示を切り替え］アイコンをクリックすると❶、表示がに切り替わり❷、アートボードからオブジェクトの表示が消えます❸。ここではオブジェクトが選択されていますが、選択していなくても非表示にできます。

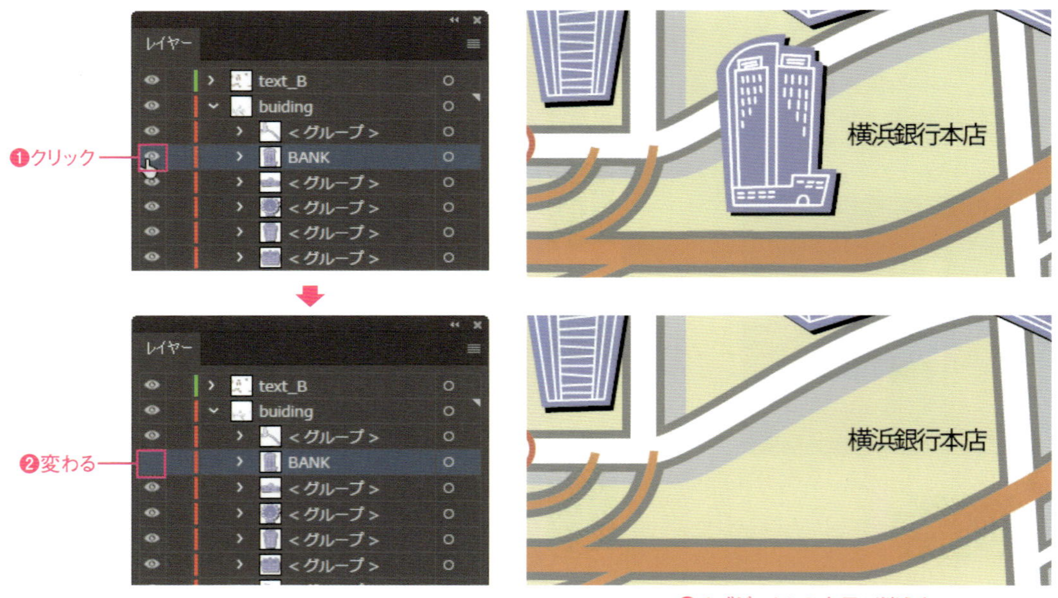

❸オブジェクトの表示が消えた

2 非表示アイコンをクリックすると❶、表示アイコンに切り替わり、元の表示に戻ります❷。

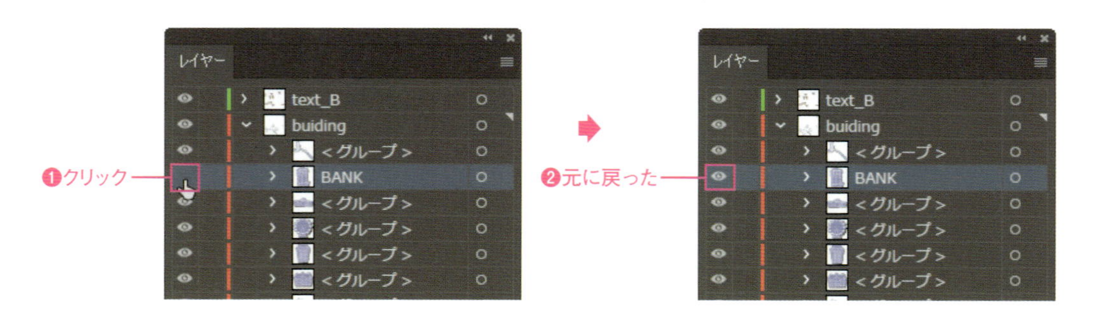

Macでは、キーは次のようになります。 Ctrl → ⌘　Alt → option　Enter → return

表示コマンドを利用したオブジェクトの非表示

選択ツール▶を選択します❶。非表示にしたいオブジェクトを選択して❷、[オブジェクト] メニュー→ [隠す] → [選択] を選択します❸。選択したオブジェクトが非表示となります❹。

ほかのレイヤーをすべて非表示にする

レイヤーパネルで表示にしたいオブジェクト（解説では「map」レイヤー内にあるオブジェクト）を選択します❶。[オブジェクト] メニュー→ [隠す] → [その他のレイヤー] を選択すると❷、選択したレイヤー以外はすべて非表示となります❸。

レイヤーパネルの右端の [選択中のアート（クリックしてアートを選択）] クリックすると、そのレイヤー内のすべてのオブジェクト（展開表示時は該当のオブジェクト）を選択できる

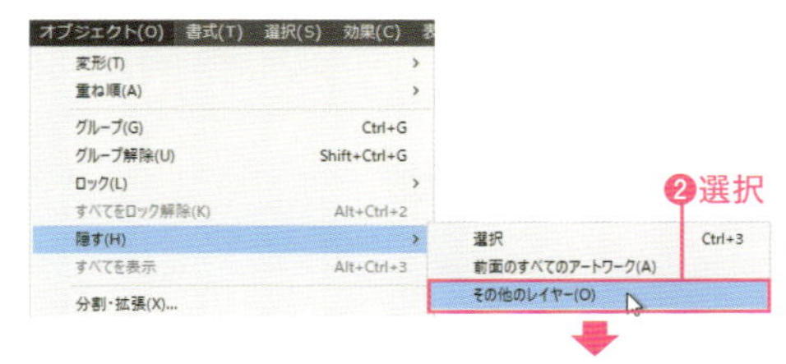

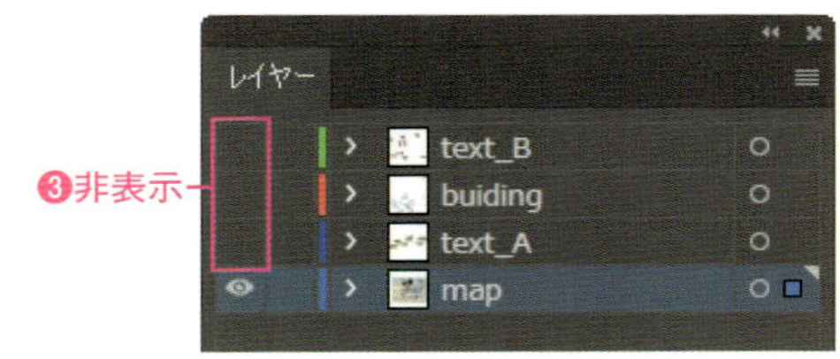

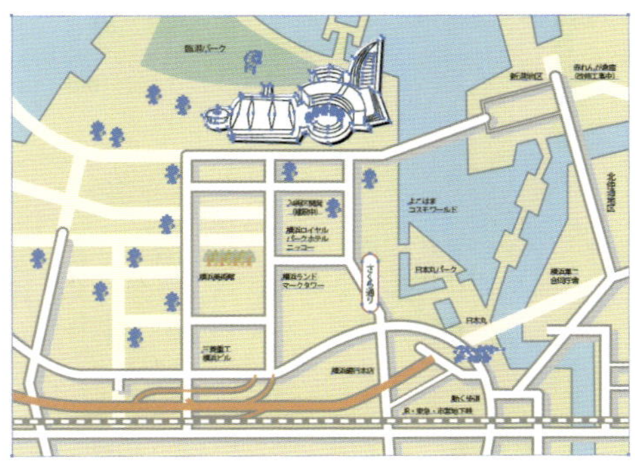

POINT

すべてを表示する

非表示にしたオブジェクトを表示する場合は、レイヤーパネルの中から必要なオブジェクトを探し、非表示アイコン■をクリックします。非表示にしたオブジェクトをすべて表示する場合は、[オブジェクト] メニュー→ [すべてを表示] を選択します。

072 色や線など同じ種類のオブジェクトを一括して選択する

作業を進めていくと、あるオブジェクトの線の線幅を一括で変更するなど、パスやオブジェクトを一定の条件下で同時に選択したいケースがでてきます。選択コマンドを利用することで、指定した条件下のもとでオブジェクトを一括で選択できます。

 第4章 ▶ 072.ai

1 サンプルファイルを開き、ダイレクト選択ツール を選択します❶。一括で選択するための基準となるオブジェクトを選択します（ここでは同じ線幅のオブジェクトを選択します）❷。

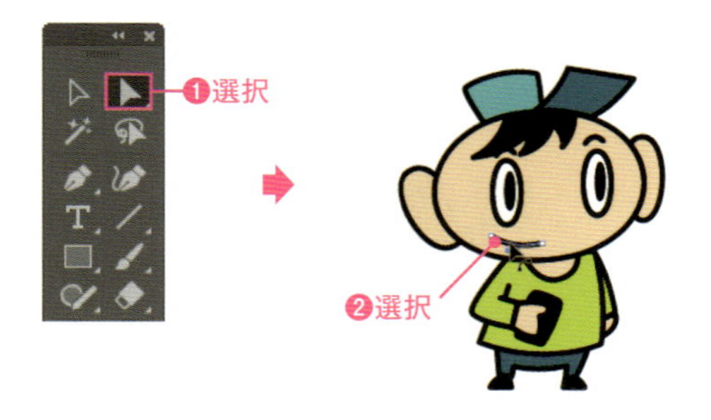

2 ［選択］メニュー→［共通］→［線幅］を選択します❶。するとアートボード上に表示されているオブジェクトの中から、同じ線幅の数値を持つパスのみが選択された状態になります❷。

選択(S) 効果(C) 表示(V) ウィンドウ(W) ヘルプ
- すべてを選択(A) Ctrl+A
- 前面のオブジェクト(V) Alt+Ctrl+]
- 背面のオブジェクト(B) Alt+Ctrl+[
- 共通(M) >
  - Ⓐ アピアランス
  - Ⓑ アピアランス属性(B)
  - Ⓒ 描画モード(B)
  - Ⓓ 塗りと線(R)
  - Ⓔ カラー（塗り）(F)
  - Ⓕ 不透明度(O)
  - Ⓖ カラー（線）(S)
  - Ⓗ 線幅(W) ← ❶選択
  - Ⓘ グラフィックスタイル(T)
  - Ⓙ シェイプ(P)
  - Ⓚ シンボルインスタンス(I)
  - Ⓛ 一連のリンクブロック(L)
- オブジェクト(O) >
- 選択範囲を保存(S)...
- 選択範囲を編集(E)...

Ⓐ同じアピアランスを持つオブジェクトを同時に選択。アピアランスがひとつ違うだけでも選択対象とはならない

Ⓑアピアランスパネルに設定した属性と同じオブジェクトを選択

Ⓒ透明パネル内にある［描画モード］の設定が同じオブジェクトのみ同時に選択

Ⓓ［塗り］のカラーと［線］のカラー、線幅が同じ設定のオブジェクトのみ同時に選択。カラーと線幅の数値がすべて一致しないと選択されない

Ⓔ［塗り］に設定されたカラーが同一のパスのみ選択

Ⓕ透明パネルで、同一の不透明度が設定されたオブジェクトをすべて選択

Ⓖ［線］に設定されたカラーが同一のパスのみ選択

Ⓗ［線］に設定された線幅の数値が同一のパスのみ選択

Ⓘ同じグラフィックスタイルが設定されたオブジェクトをすべて選択

Ⓙ同じ種類のシェイプを選択

Ⓚ同一のシンボルインスタンスを選択

Ⓛリンクブロックが設定されているテキストオブジェクトを同時に選択

❷同じ線幅のパスが選択された

Macでは、キーは次のようになります。 Ctrl → ⌘ Alt → option Enter → return

背面のオブジェクトを選択する

073

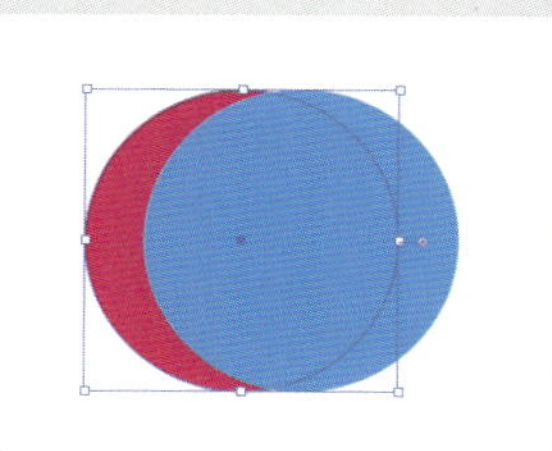

同じ形をしたオブジェクトが重なっているケースでは、背面にあるオブジェクトが選択しづらい状況にあります。もっとも手軽な選択方法は、複数のオブジェクトを同時に選択しておいて、前面のオブジェクトを選択解除する方法です。

第4章 ▶ 073.ai

1 サンプルファイルを開きます（同じサイズのふたつの円が同じ位置で重なっています）。選択ツールを選択します❶。オブジェクトを囲むようにドラッグして❷、ふたつのオブジェクトを同時に選択します。

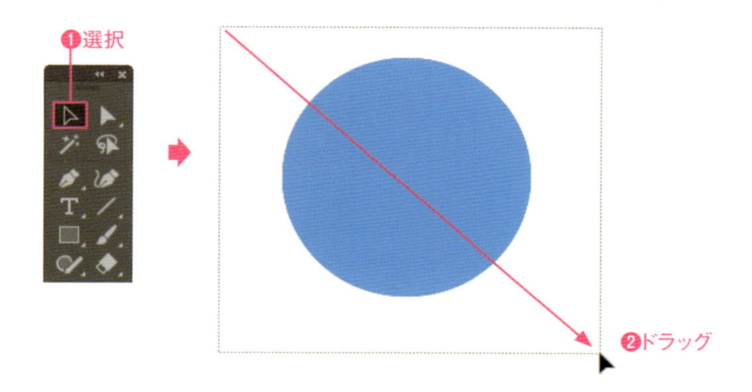

2 Shift キーを押した状態で前面に配置されているパスをクリックして❶、前面のパスのみ選択を解除します❷。← キーを何度か押してパスの位置をずらしてみると、残った背面のパスのみが選択された状態になっていることがわかります❸。

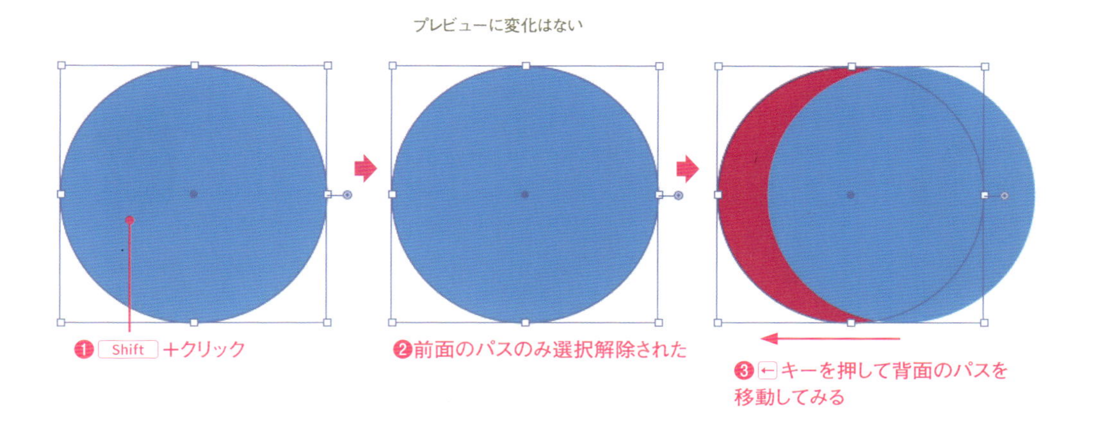

074 オブジェクトを複製する

Illustratorではオブジェクトの複製を作成する方法はいくつかあります。もっとも一般的な方法はコピーコマンドを利用して、ペーストで配置する方法ですが、Alt キーを用いることで、より簡単に複製を作成することができます。

第4章 ▶ 074.ai

オブジェクトをコピーしながら移動する

サンプルファイルを開き、選択ツール を選択します❶。複製するオブジェクトを選択します❷。Alt キーを押した状態でマウスをドラッグすると❸、オブジェクトの複製が作成されます❹。

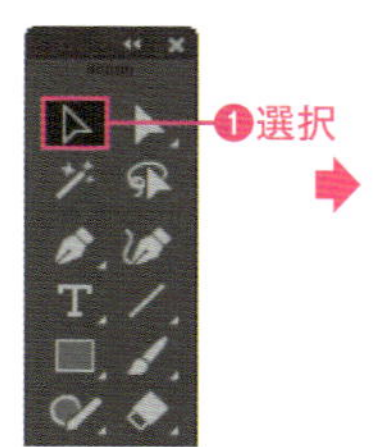

コマンドで移動とコピーを同時に行う

選択ツール で複製を作成するオブジェクトを選択します❶。[オブジェクト] メニュー→ [変形] → [移動] を選択します❷。[移動] ダイアログボックスが表示されたら [位置] を入力します❸。[コピー] ボタンをクリックすると❹、選択したオブジェクトの複製が作成されます❺。

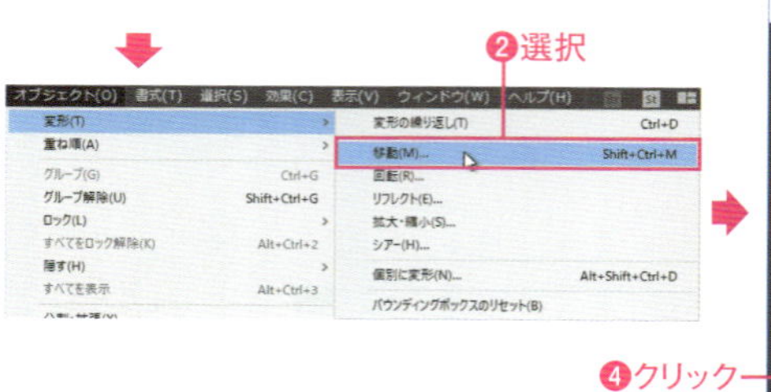

POINT

複製はさまざまな場面で作成することができます。一部のコマンドダイアログボックスには [OK] ボタンの横に [コピー] ボタンが用意されているものがあります。
この場合、[コピー] ボタンをクリックすると、オブジェクトの複製が作成されます。

Macでは、キーは次のようになります。 Ctrl → ⌘　Alt → option　Enter → return

オブジェクトを同じ位置に複製する

075

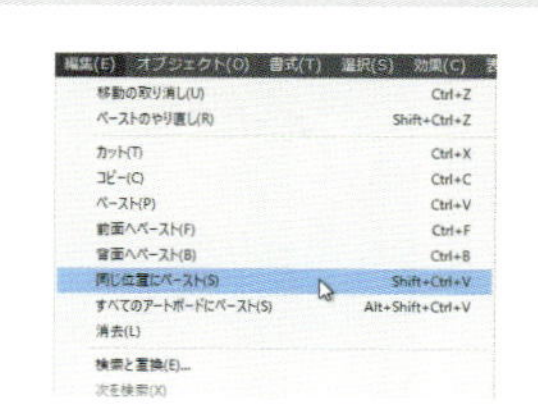

Illustraotorでの作業では、よく同じ形のパスを同じ位置に重ねる作業が発生します。もしくは重なり合ったパスの前後位置を入れ替えたりなど、ペーストする位置を特定する必要が生じます。このようなケースでは位置を記憶した状態でペーストすることができます。

第4章 ► 075.ai

1 サンプルファイルを開き、選択ツール を選択します❶。複製するオブジェクトを選択して❷、[編集]メニュー→[コピー]を選択します❸。

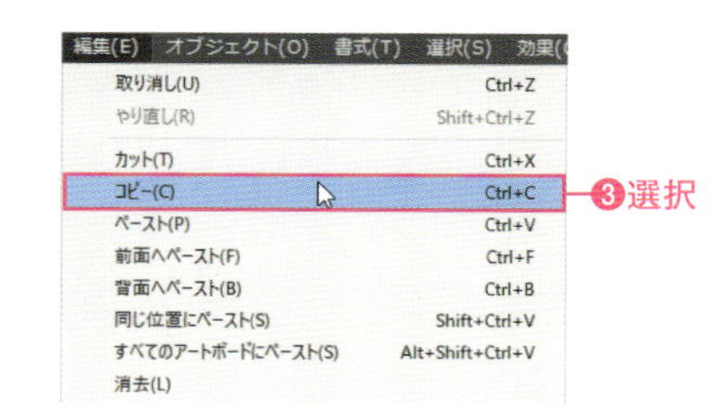

2 [編集]→[同じ位置にペースト]を選択します❶。コピー元のオブジェクトの上に重なるようにオブジェクトがペーストされます❷。同じ位置で背面にペーストする場合には[編集]→[背面へペースト]を実行します。

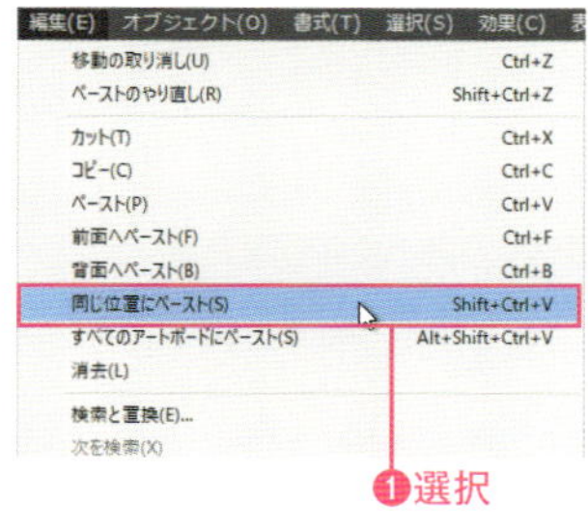

Point

コピー&ペースト

通常、オブジェクトの複製を作成するには、[編集]メニュー→[コピー]を選択したのち、[編集]メニュー→[ペースト]を選択します。この際、ペーストされる場所は画面の中央になります。

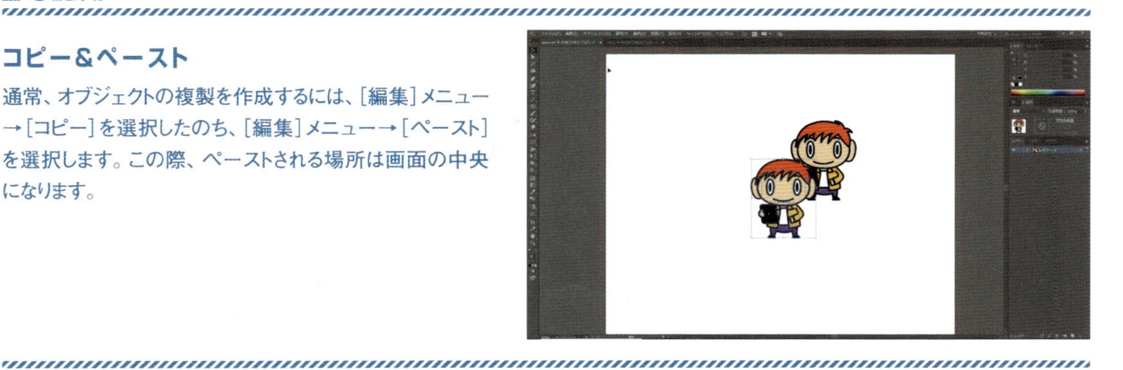

076 同じオブジェクトを連続して複製する

Illustratorを利用して、Webサイトのデザインなどを行うケースでは、同じ枠を等間隔で配置する必要などがあります。Illustratorには同じ動作を繰り返しする方法が用意されています。ここでは、新規ドキュメントを作成して作業してください。

1 長方形ツールを選択して❶、アートボード上でクリックします❷。［長方形］ダイアログボックスが表示されたらオプションを設定して❸、［OK］をクリックします❹。クリックした位置が図形の左上となり、四角形のパスが指定したサイズで描画されます❺（ここでは［塗り］がブラック、［線］は「なし」）。

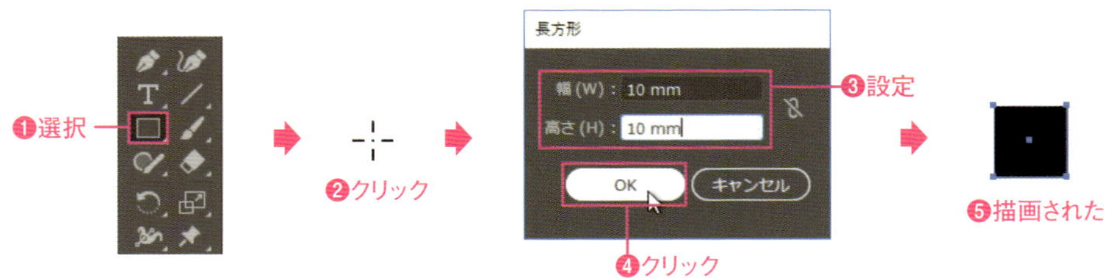

2 パスが選択された状態のまま［オブジェクト］メニュー→［変形］→［移動］を選択します❶、［移動］ダイアログボックスが表示されたら［位置］を設定して❷、［コピー］をクリックします❸。指定した位置にオブジェクトが複製されます❹。

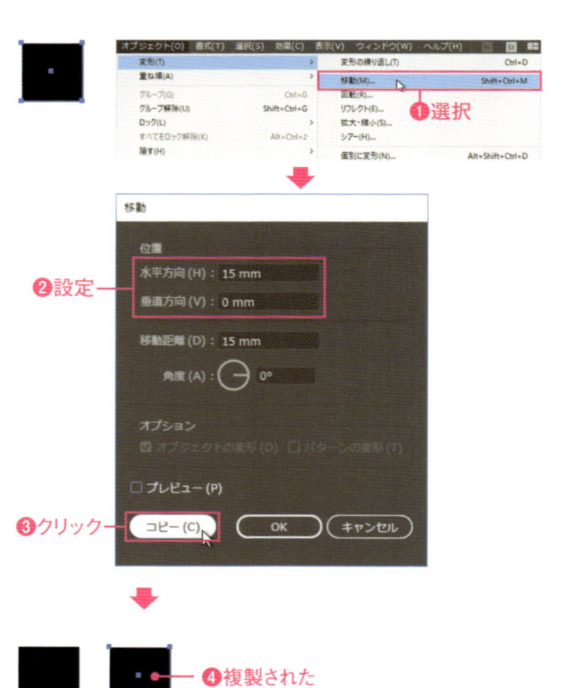

3 複製したオブジェクトが状態のまま［オブジェクト］メニュー→［変形］→［変形の繰り返し］を選択します❶。直前に行った変形コマンドが繰り返し実行されます❷。したがって、正方形を5つ作成するには、［変形の繰り返し］を3回実行すればよいことになります。

この［変形の繰り返し］は頻繁に利用されるコマンドなので Ctrl ＋ D キーというキーボードショートカットを覚えて利用すると便利です❸❹。

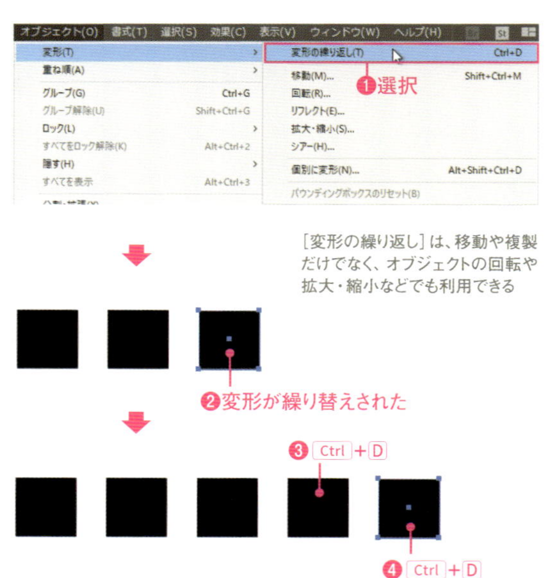

［変形の繰り返し］は、移動や複製だけでなく、オブジェクトの回転や拡大・縮小などでも利用できる

Macでは、キーは次のようになります。 Ctrl → ⌘　Alt → option　Enter → return

077 コピー元と同じレイヤーに複製する

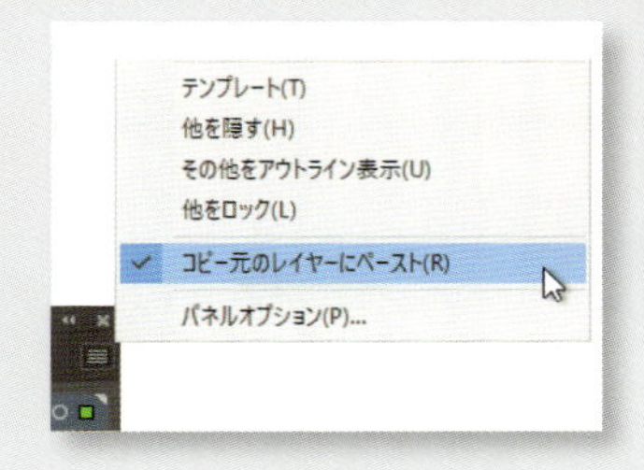

異なるレイヤーに配置されたオブジェクトの複製を作成すると、同一レイヤーに統合して配置されてしまいます。レイヤーを維持した状態でコピーとペーストを実行するオプションがあります。

第4章 ► 077.ai

1 サンプルファイルを開き、レイヤーパネルメニューの[コピー元のレイヤーにペースト]を選択してチェックを付けます❶(チェックがある場合は選択せずにそのまま)。チェックを付けることで、レイヤー状態を保ったままコピーとペーストを実行することができるようになります。

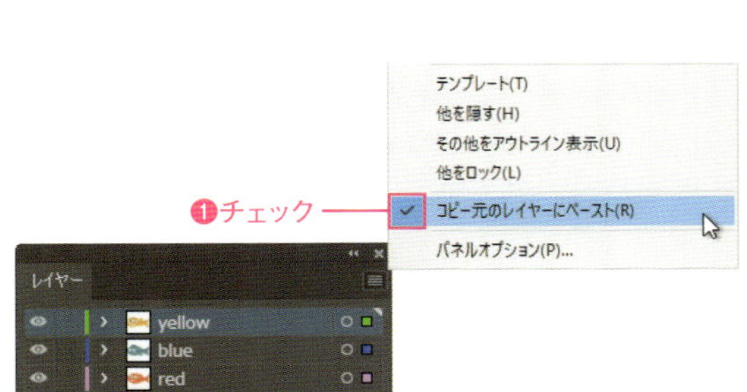

2 選択ツール を選択します❶。複製を作成するオブジェクトを選択します❷。

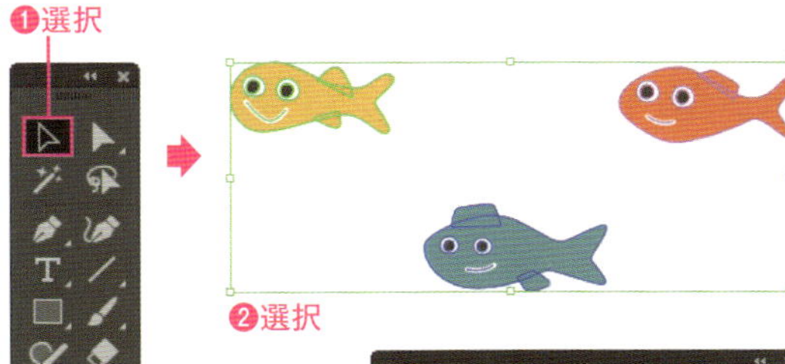

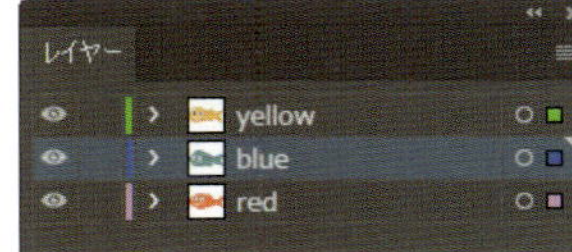

選択したオブジェクト(魚)は、それぞれ異なるレイヤーにある

3 [編集]メニュー→[コピー]を選択します❶。[編集]メニュー→[ペースト]を選択します❷。パスの選択色で、それぞれのオブジェクトがそれぞれのレイヤーにペーストされていることがわかります❸。

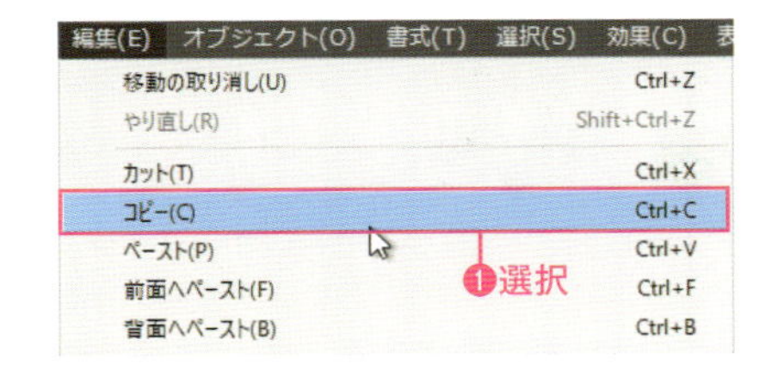

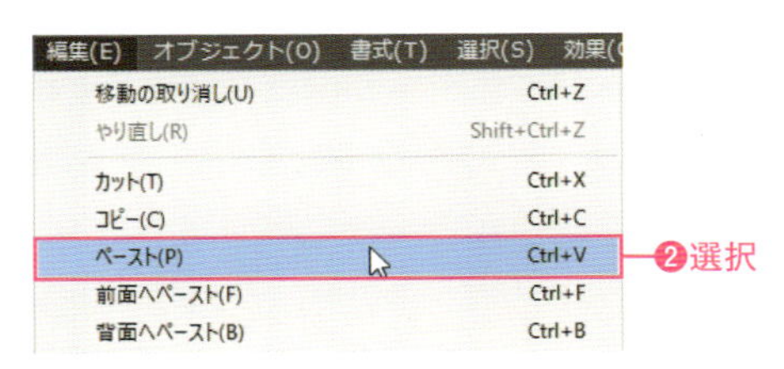

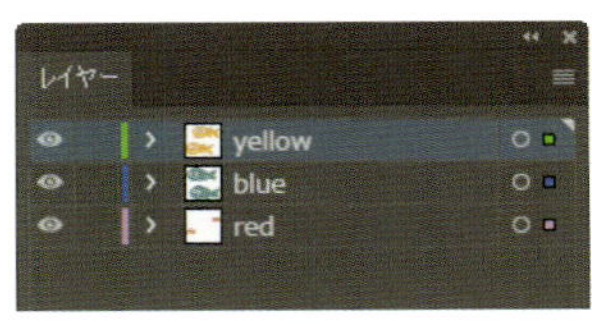

上図は、わかりやすいように、[表示]メニュー→[バウンディングボックスを隠す]を選択している

POINT

[コピー元のレイヤーにペースト]にチェックを付けないでペーストした場合は、選択しているレイヤーへオブジェクトの複製が作成されます。

複数のアートボードの同じ位置に複製する

078

初期設定ではアートボードはひとつですが、複数のアートボードを作成し、同時に作業を行うことができます。複数存在するアートボードでコピーしたオブジェクトをほかのアートボードでも同じ位置に複製を作成することができます。

第4章 ▶ 078.ai

1 サンプルファイルを開き、選択ツール を選択します❶。複製を作成するオブジェクトを選択して❷、[編集] メニュー→[コピー] を選択します❸。

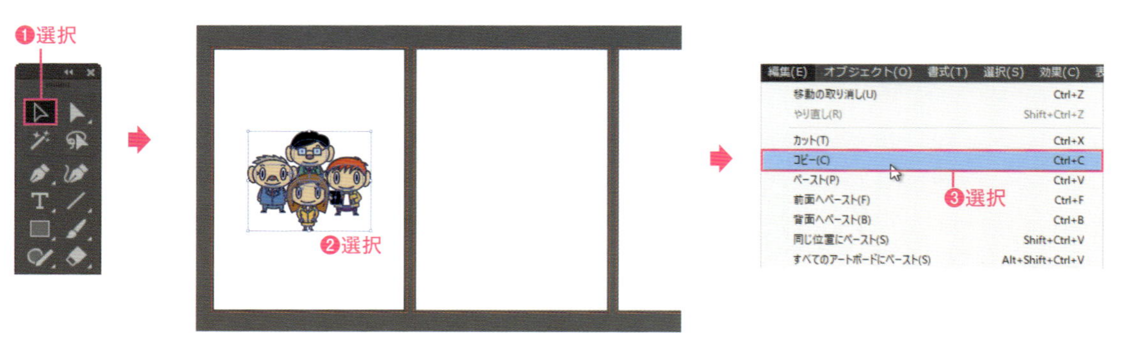

2 [編集] → [すべてのアートボードにペースト] を選択します❶。コピー元のアートボードと同じ位置にオブジェクトがペーストされます❷。

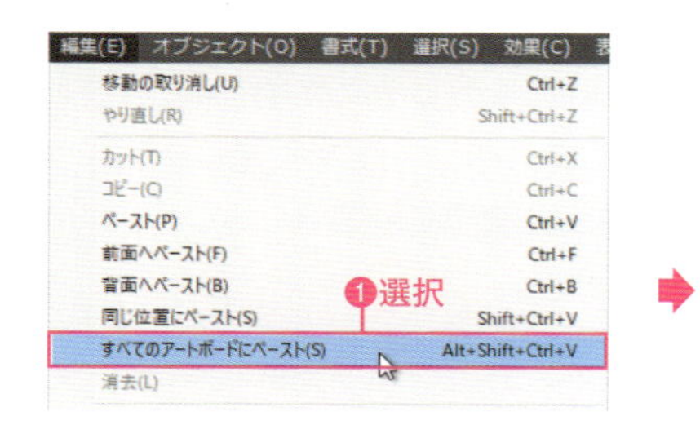

アートボードの形状がコピー元のアートボードと異なる場合、正しい位置でペーストされないので注意が必要

コピー元のアートボードにもペーストされるので、[コピー] ではなく [カット] を使ってもよい

Point

特定のアートボードの同じ位置にペーストする

[編集] メニュー→ [同じ位置にペースト] を使って、特定のアートボードの同じ位置にペーストするときは、[同じ位置にペースト] を実行する前に、ペースト先のアートボードをクリックして選択してください。

Macでは、キーは次のようになります。 Ctrl → ⌘　Alt → option　Enter → return

079 複数のオブジェクトをひとつのオブジェクトとして扱う

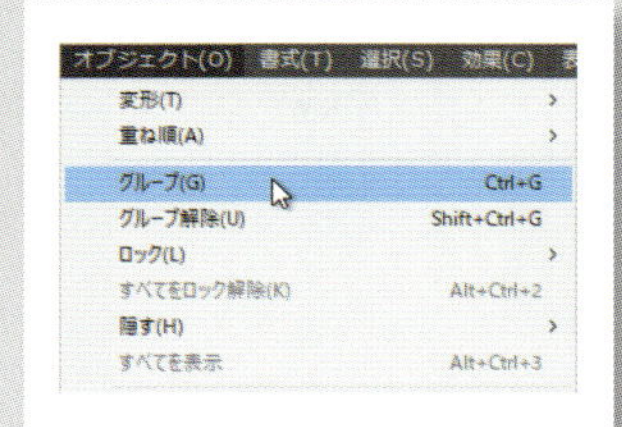

オブジェクトをひとつにまとめたものを「グループ」と呼びます。グループにまとめられたオブジェクトは選択や移動もひとつのオブジェクトとして扱われ、効果コマンドなどもグループ全体に設定されます。

オブジェクトをひとつにまとめる

サンプルファイルを開き、選択ツール▷を選択します❶。グループにするオブジェクトを選択して❷、[オブジェクト]メニュー→[グループ]を選択します❸。

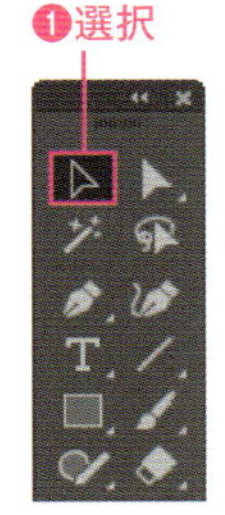

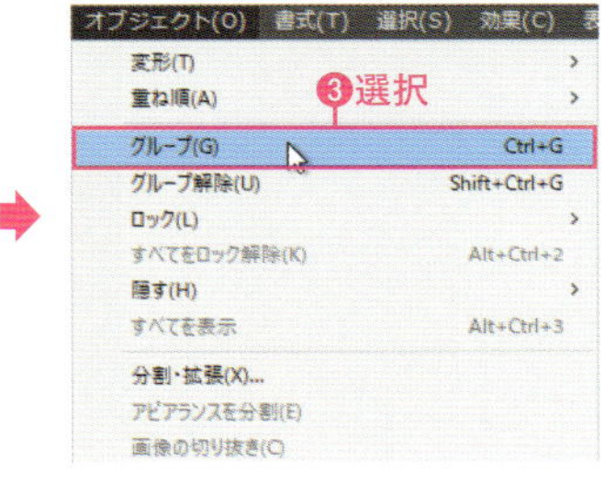

POINT

グループをほかのグループとまとめることで、入れ子構造にすることができます。

グループの解除

選択ツール▷でグループオブジェクトを選択します❶。[オブジェクト]メニュー→[グループ解除]を選択します❷。すると、個々のオブジェクトを選択、移動できるようになります。

グループ編集モード

選択ツール▷でグループオブジェクトをダブルクリックすると❶、画面がグループ編集モードへ切り替わり、一時的にグループ内のオブジェクトへアクセスできるようになります。

POINT

通常の作業モードに切り替えるには、ウィンドウ上部にあるレイヤーの階層をクリックすることで、必要な階層へ戻ることができます。

第4章 オブジェクトの操作

選択した状態を保存する

080

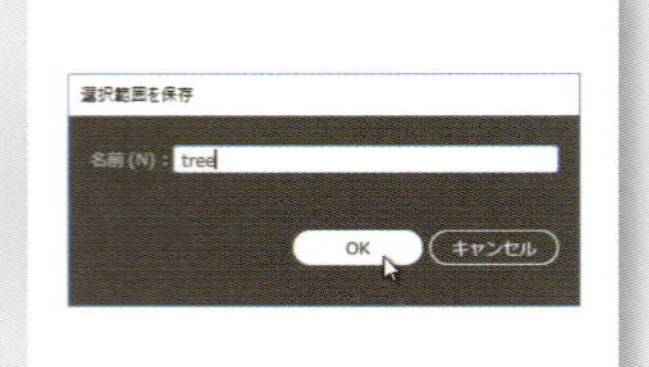

Illustratorでは、オブジェクトを選択した際、その状態を保存しておくことができます。選択状態を保存しておくことで、いつでも簡単にオブジェクトを選択状態にすることができます。

1 サンプルファイルを開き、選択ツール を選択します❶。オブジェクト（ここでは木のオブジェクト）を選択して❷、[選択] メニュー→ [選択範囲を保存] を選択します❸。[選択範囲を保存] ダイアログボックスが表示されたら、[名前] を入力して（ここでは「tree」）❹、[OK] をクリックします❺。

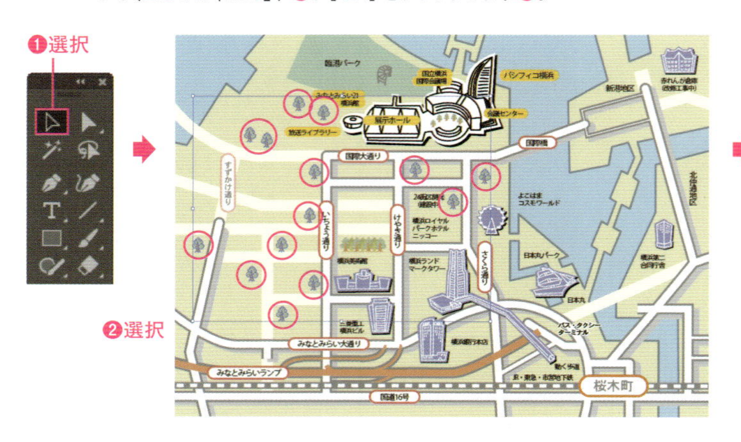

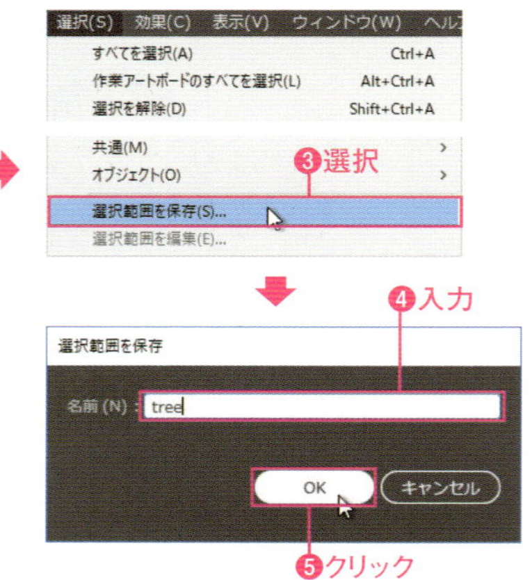

2 [選択] メニュー→ [選択を解除] を選択して❶、何も選択していない状態にします。[選択] メニューを開くと、先ほど保存した選択範囲がメニューの最下部に表示されるので、これを選択します❷。選択範囲を実行すると、保存したときの選択状態が再現されます❸。

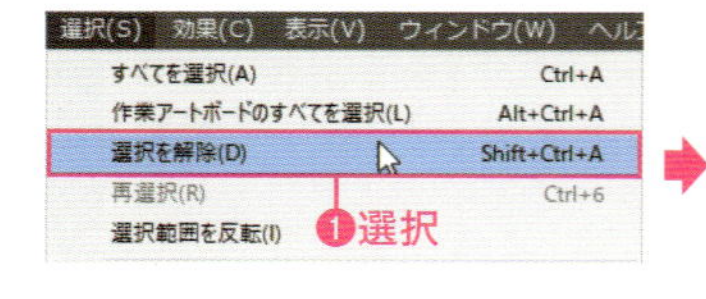

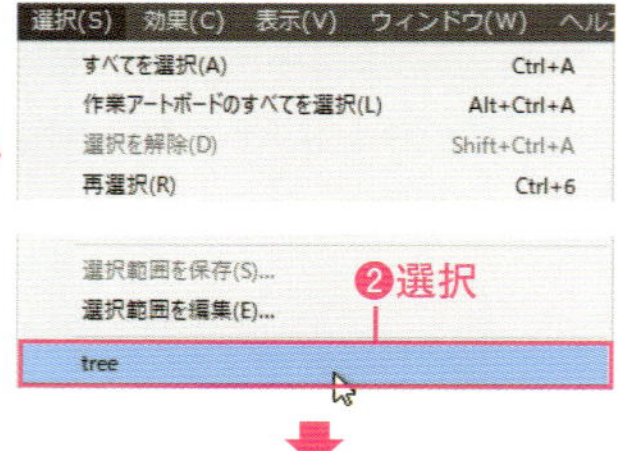

❸再現された

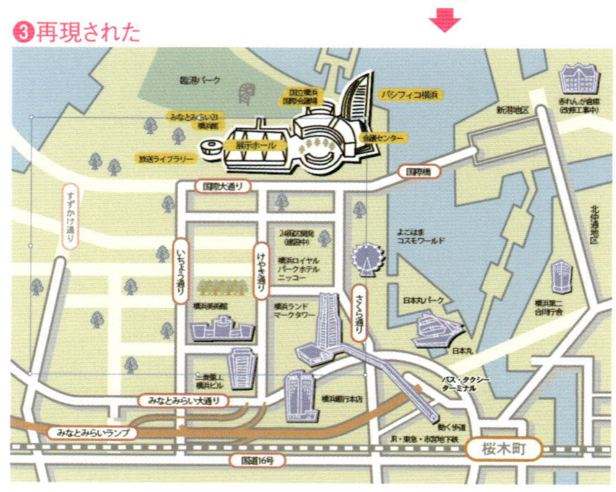

POINT

選択範囲を編集する

[選択範囲を保存] で追加した選択範囲は、名称を変更したり、削除することができます。
[選択] → [選択範囲を編集] を選択すると、[選択範囲を編集] ダイアログボックスが表示されるので、名称の変更や削除ができます。

Macでは、キーは次のようになります。 Ctrl → ⌘ Alt → option Enter → return

複数のオブジェクトをきれいに揃える

081

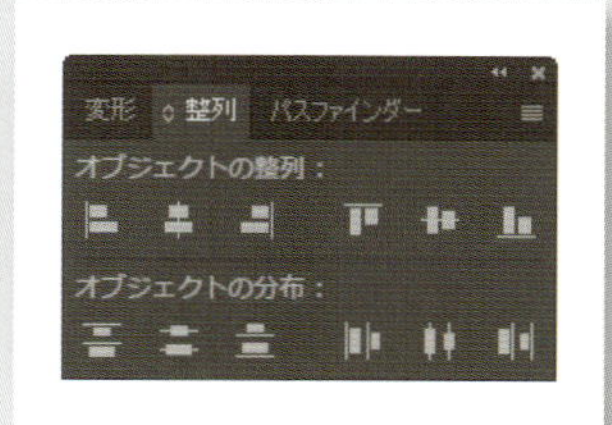

Illustratorでは、条件にしたがってオブジェクトを揃えることを「整列」といいます。整列には専用のパネルが用意されているほか、コントロールパネルから操作することも可能です。

サンプルファイルを開き、選択ツール▷を選択します❶。整列するオブジェクトを選択します❷。整列パネルの中から、任意の揃え方を選びます❸。

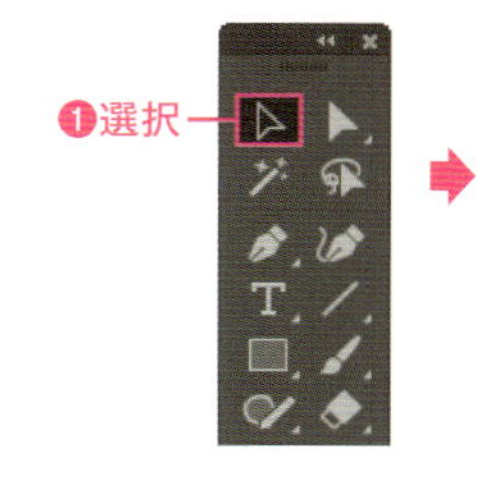

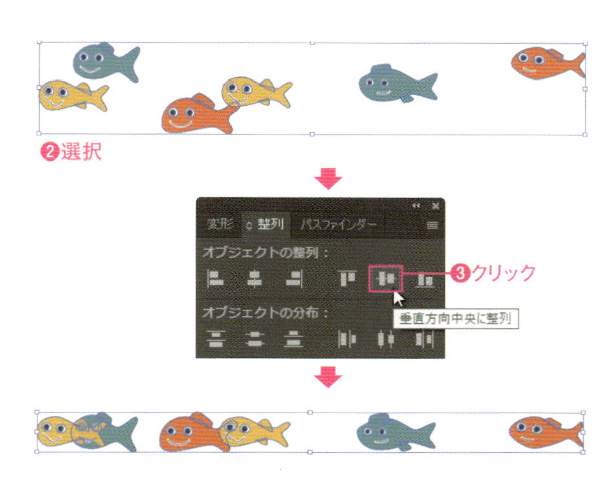

Point

整列するオブジェクトを選択したあと、どれかひとつオブジェクトをクリックすると、オブジェクトが太枠で囲まれ、そのオブジェクトをキーオブジェクトとしてほかのオブジェクトが整列します。

Point

対象を指定して整列する

整列には、選択したオブジェクトを対象とする整列とアートボードを対象とする整列があります。整列パネルの［整列］から［選択範囲に整列］を選ぶと、選択されているオブジェクトの範囲内で整列が行われます。これに対し、［アートボードに整列］を選択すると、アートボードのエリアに対して整列が行われます。

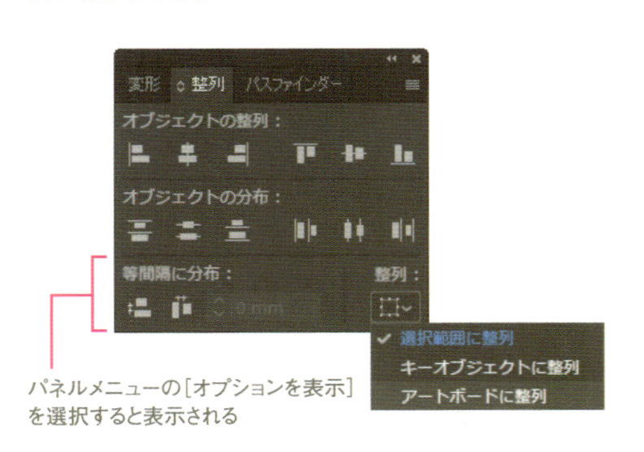

パネルメニューの［オプションを表示］を選択すると表示される

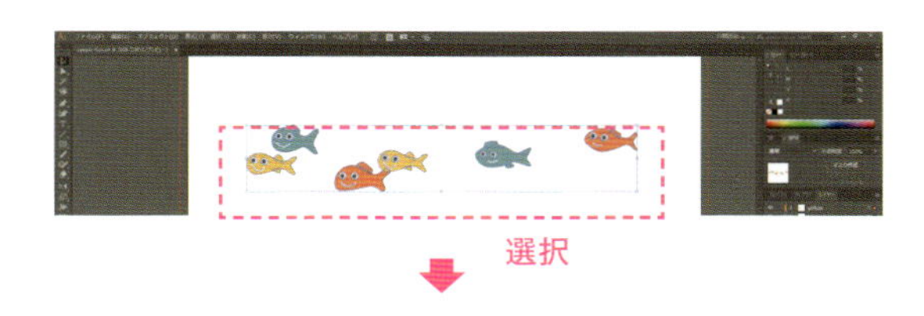

［選択範囲に整列］で［水平方向中央に分布］を適用した結果

［アートボードに整列］で［水平方向中央に分布］を適用した結果

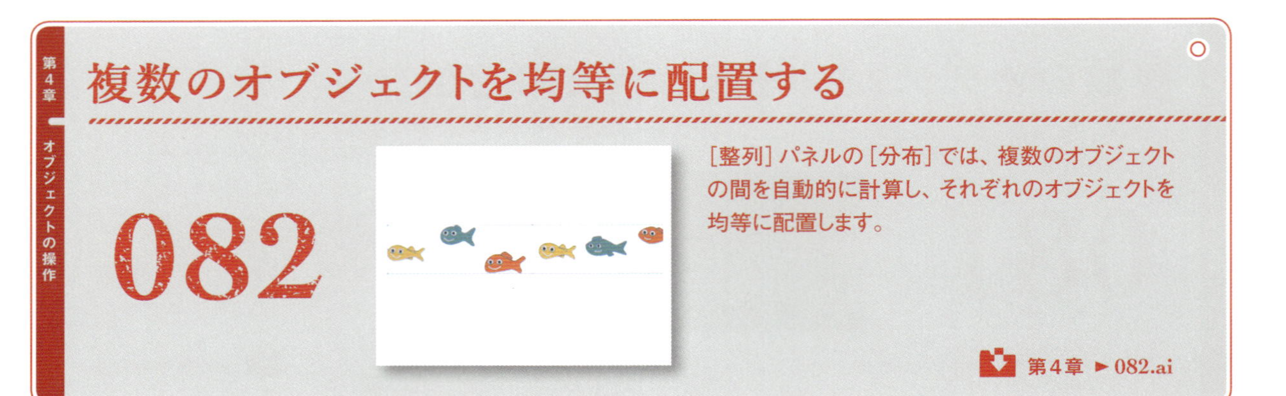

複数のオブジェクトを均等に配置する

[整列] パネルの [分布] では、複数のオブジェクトの間を自動的に計算し、それぞれのオブジェクトを均等に配置します。

1 サンプルファイルを開き、選択ツール を選択します❶。均等に配置するオブジェクトを選択します❷。

2 整列パネルの中から、任意の配置方法を選びます。たとえば [水平方向左に分布] をクリックすると❶、それぞれのオブジェクトは均等に割ったサイズの中で左に寄せられます❷。

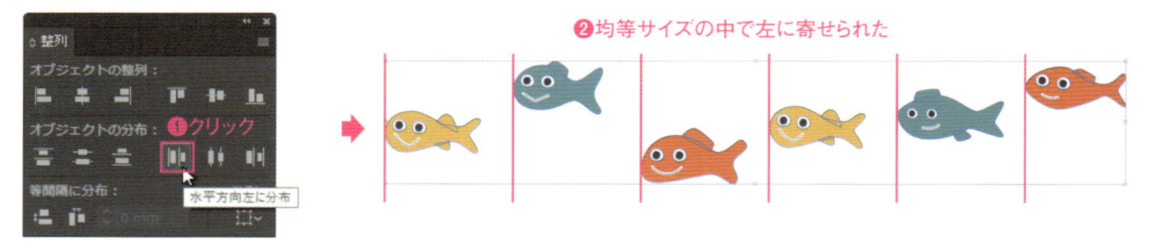

ここでは、整列パネルの [整列] から [選択範囲に整列] を選択している

3 [水平方向中央に分布] をクリックすると❶、均等サイズの中で中央に配置されます❷。

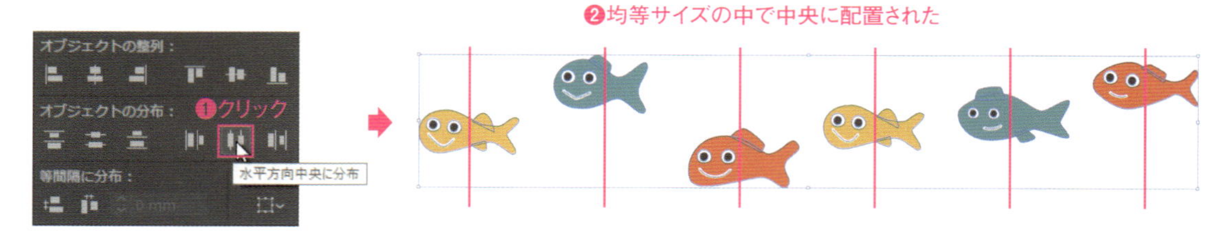

4 [水平方向右に分布] をクリックすると❶、均等サイズの中で右に配置されます❷。

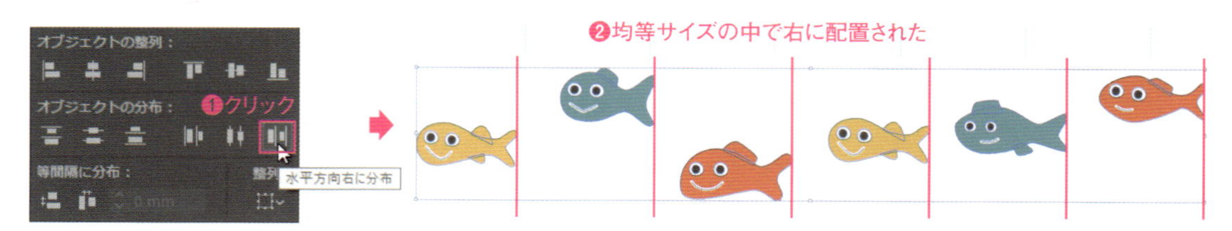

Macでは、キーは次のようになります。 Ctrl → ⌘ Alt → option Enter → return

複数のオブジェクトを等間隔で配置する

083

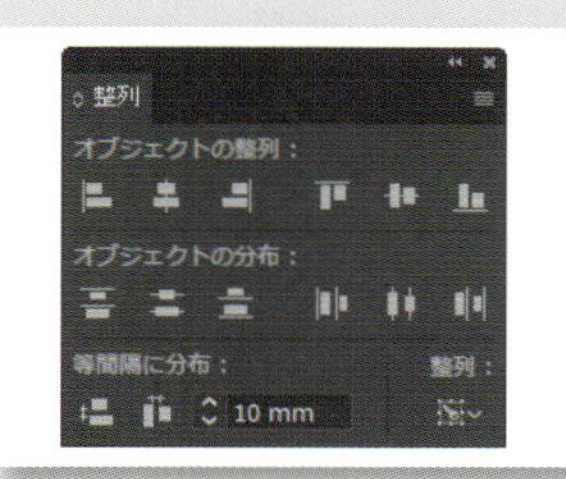

［整列］パネルの［分布］では、指定した数値によって、複数のオブジェクトの間をそれぞれ等間隔に配置することができます。

第4章 ▶ 083.ai

1 サンプルファイルを開き、選択ツール を選択します❶。間隔を調整するオブジェクトを選択します❷。

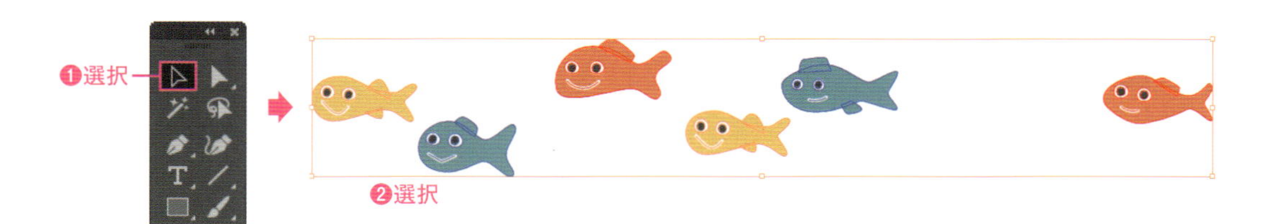

2 整列パネルの［整列］オプションを［キーオブジェクトに整列］に設定します❶。［等間隔に分布］に間隔の距離（この解説では「10mm」）を入力します❷。選択されているオブジェクトの中に太い線で表示されたオブジェクトが存在します。この太い線で表示されたオブジェクトが現在、基準となっているキーオブジェクトです。［水平方向等間隔に分布］をクリックすると❸、キーオブジェクトを中心として、指定された数値にしたがい、間隔を広げます❹。

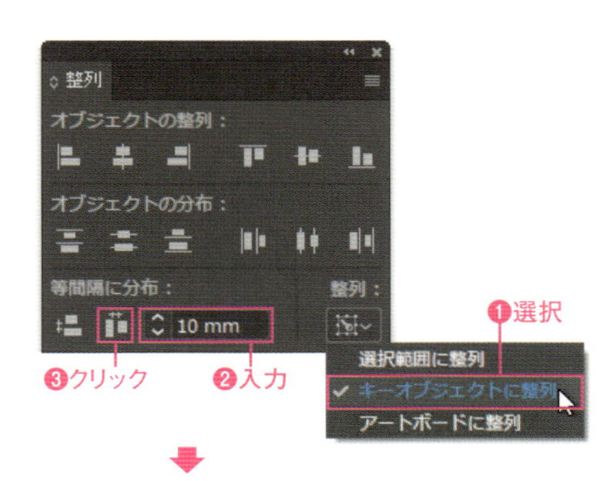

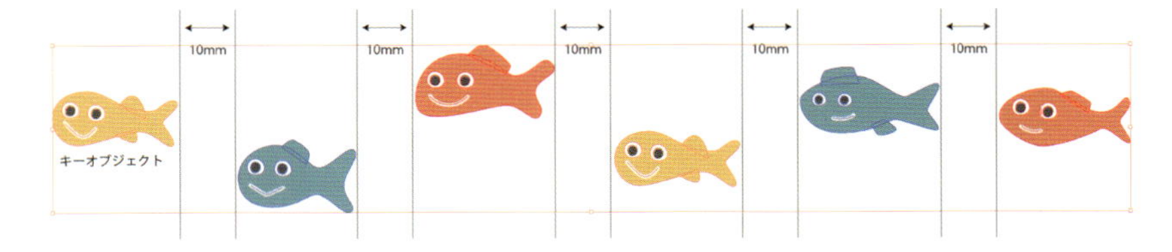

❹等間隔（10mm）に配置された

POINT

キーオブジェクトを変更する

そのほかのオブジェクトをクリックすると、クリックされたオブジェクトを基準とすることができます。

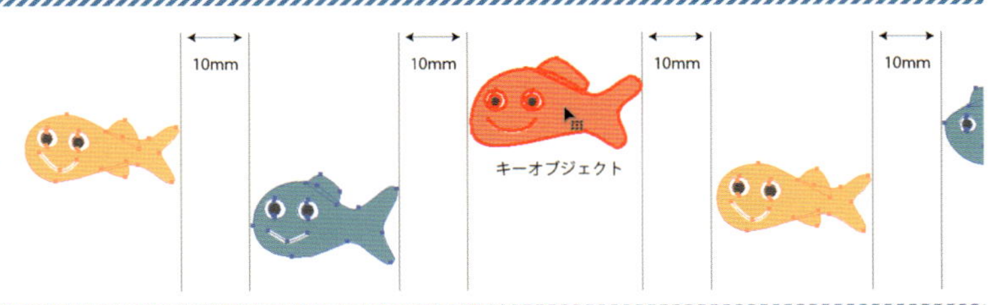

084 ドラッグ時にきれいに揃うようにスマートガイドを使う

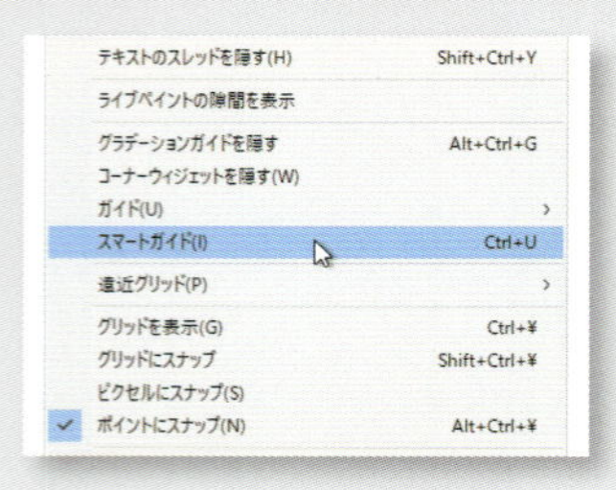

紙面のレイアウトや表組みなど、オブジェクトを揃える必要のある作業では、[スマートガイド]を表示させると効果的です。スマートガイドのオンオフは[表示]メニューから実行します。

第4章 ▶ 084.ai

1 サンプルファイルを開き、[表示]メニューの[スマートガイド]にチェックを付けて、スマートガイドを有効にします❶。

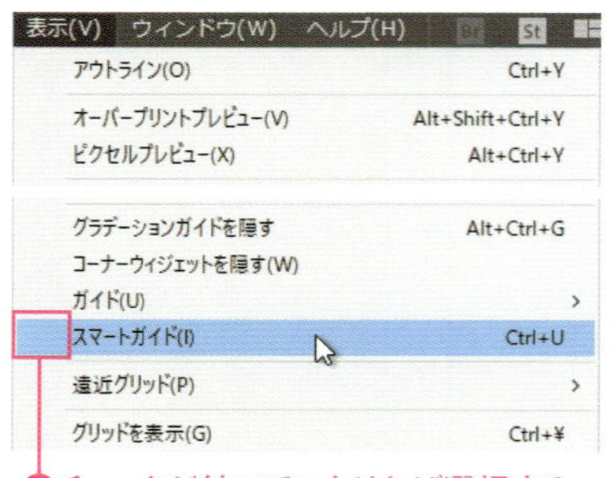

2 ダイレクト選択ツールを選択します❶。オブジェクトのアンカーポイント上にマウスカーソルを合わせると❷、位置情報が表示されます❸。

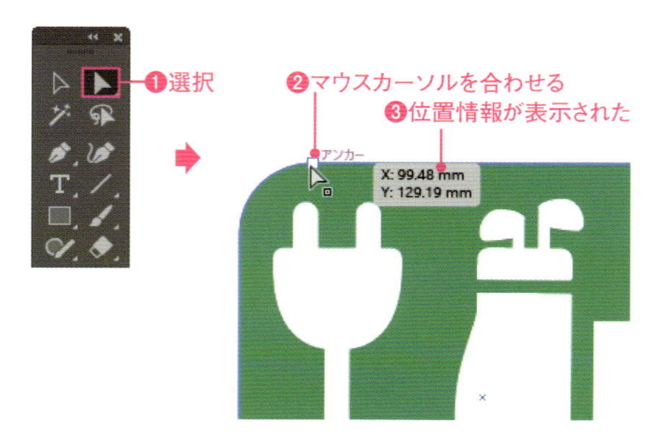

3 選択ツールを選択します❶。オブジェクトを選択します❷。オブジェクトをドラッグすると❸、ほかのオブジェクトと交差する点が赤い線で表示されるので❹、オブジェクト同士が揃えやすくなります。

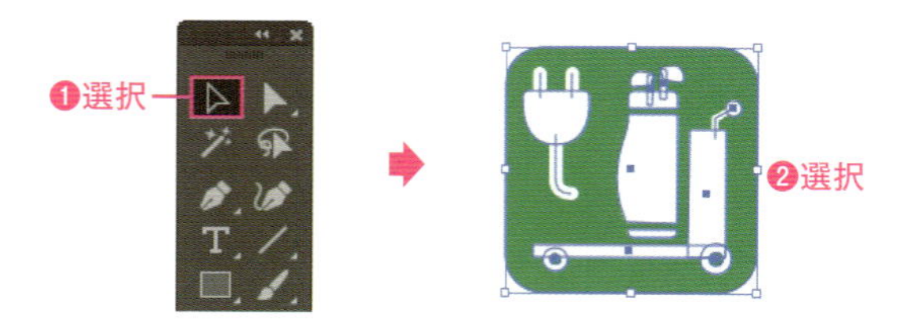

POINT

角度や拡大・縮小率を確認する

変形ツールの使用時には、数値をリアルタイムで表示します。たとえば、回転ツールを使ってオブジェクトを回転させると、ドラッグ中の角度がリアルタイムで表示されます。

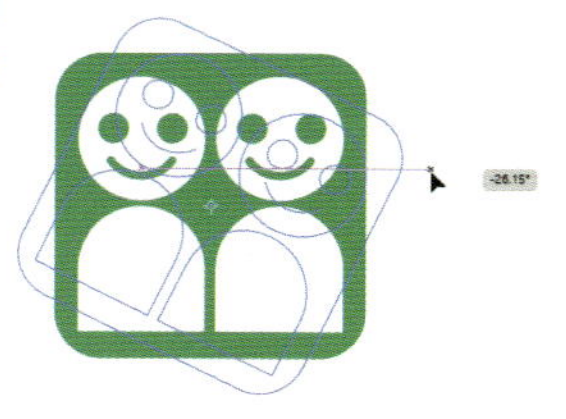

拡大・縮小ツールでは、拡大率がパーセンテージで表示されるので、おおよそのサイズを認識するのに便利です。

Macでは、キーは次のようになります。 Ctrl → ⌘　Alt → option　Enter → return

085 よく使うオブジェクトをライブラリに登録する

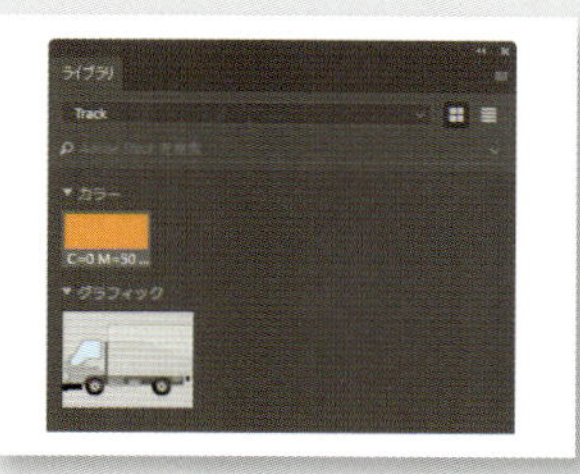

Illustartorでは、よく利用するオブジェクトやカラーなどをライブラリに登録することができます。ライブラリはAdobeのクラウドに保管され、Adobe IDのアカウントと連携されて、Illustratorだけでなく Photoshop やAdobeが提供するモバイルアプリなどでも利用が可能となります。

第4章 ▶ 085.ai

新規ライブラリを用意する

サンプルファイルを開き、[ライブラリ] パネルのパネルメニューから [新規ライブラリ] を選択します❶。ライブラリ名を入力して❷、[作成] をクリックします❸。

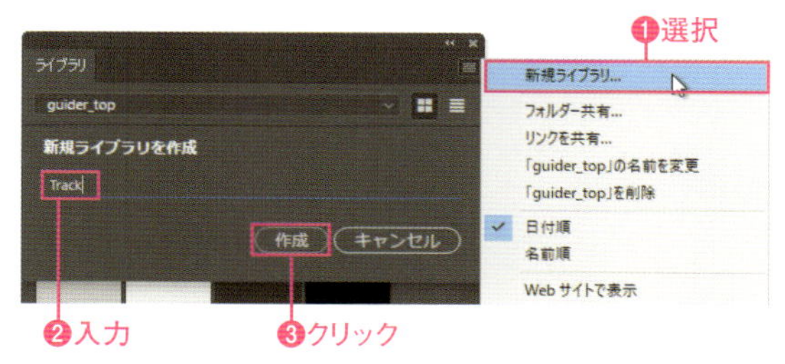

ライブラリへの登録

1 選択ツール を選択します❶。登録したいオブジェクトを選択します(ここでは左上のオブジェクト)❷。

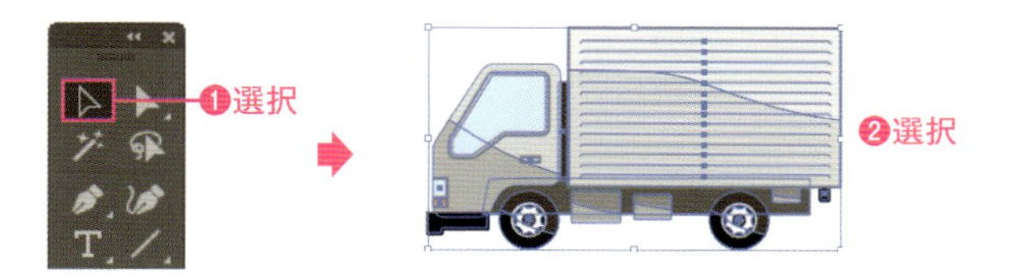

2 [ライブラリ] パネルの [コンテンツを追加] ボタンをクリックします❶。するとチェックボックスのメニューが開くので、登録したいカテゴリにチェックを付けて❷、[追加] をクリックします❸。オブジェクトがライブラリに追加されます❹。

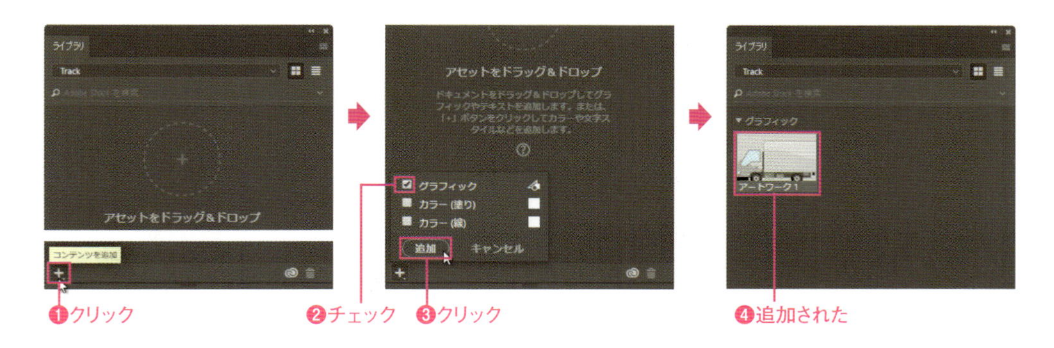

スウォッチパネルからカラーの登録

スウォッチパネルのスウォッチを選択します❶。［現在のライブラリに選択したスウォッチとカラーグループを追加］ボタンをクリックすると❷、ライブラリパネルにスウォッチが追加されます❸。

POINT

テキストアセットの登録

ライブラリへは使用しているフォントやサイズ、行間など、テキストに関する属性もライブラリへ登録することができます。登録方法はそのほかのオブジェクトと同様に、テキストオブジェクトを選択して❶、ライブラリパネルの［コンテンツを追加］ボタンをクリックします❷。

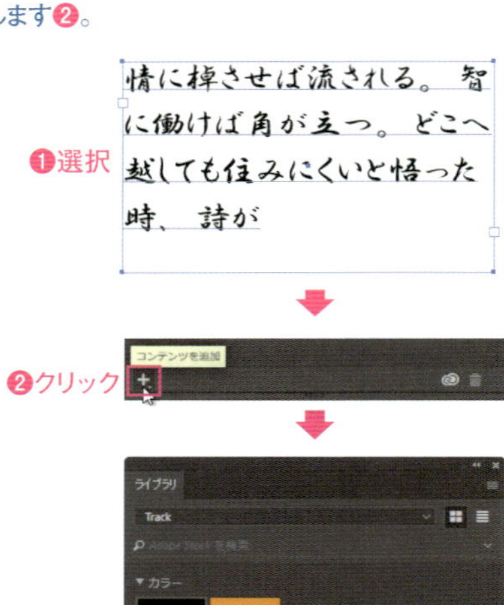

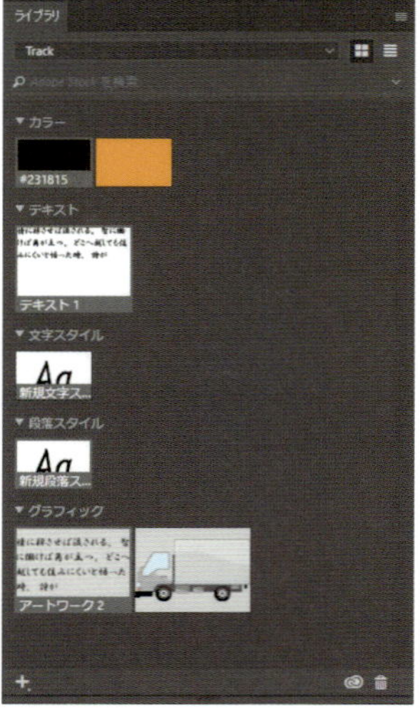

POINT

ライブラリを利用する

オブジェクトやカラーは通常、保存したファイルを開かなければ利用できませんが、ライブラリを通じて、保存したファイル以外のアートボードやIllustrator以外のアプリケーションで利用することができるようになります。
例としてIllustratorで保存したグラフィックライブラリをAdobe Photoshopで開いてみる手順を紹介します。

PhotoshopのライブラリパネルをAdobe IDで開きます。同じAdobe IDでログインしていると、Illustratorで作成したライブラリがPhotoshopでも開くことができます。

Photoshopで同じAdobeIDでログインして、ライブラリを開く

ライブラリパネルからオブジェクトをドキュメント内にドラッグすると、Illustraotrのオブジェクトがスマートオブジェクトとして配置されます。

ライブラリパネルからオブジェクトをドラッグ&ドロップ

Macでは、キーは次のようになります。 Ctrl → ⌘　Alt → option　Enter → return

2点間の距離を測る

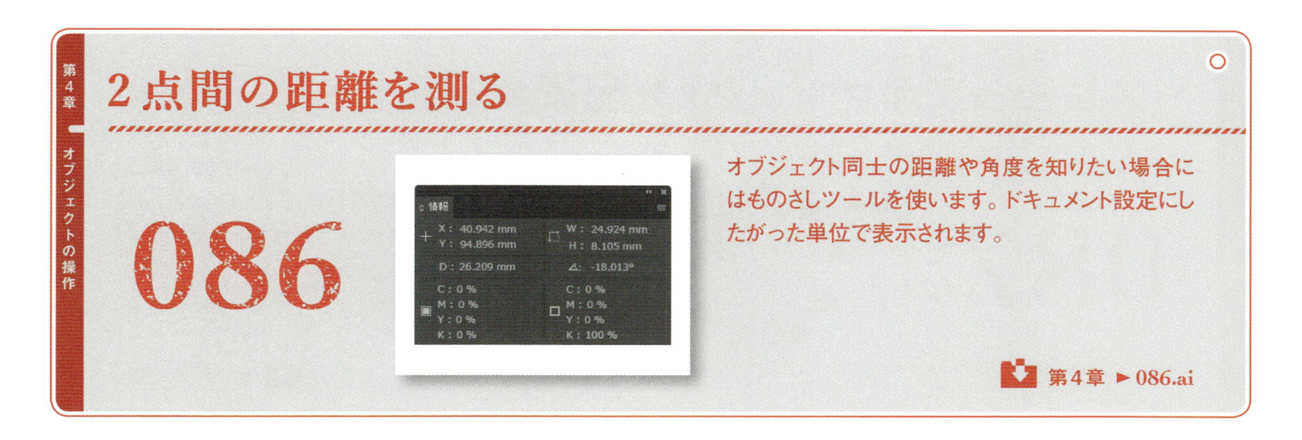

オブジェクト同士の距離や角度を知りたい場合にはものさしツールを使います。ドキュメント設定にしたがった単位で表示されます。

第4章 ►086.ai

1 サンプルファイルを開き、ものさしツールを選択します❶。測りたいポイントとポイントの間をマウスでドラッグします❷。

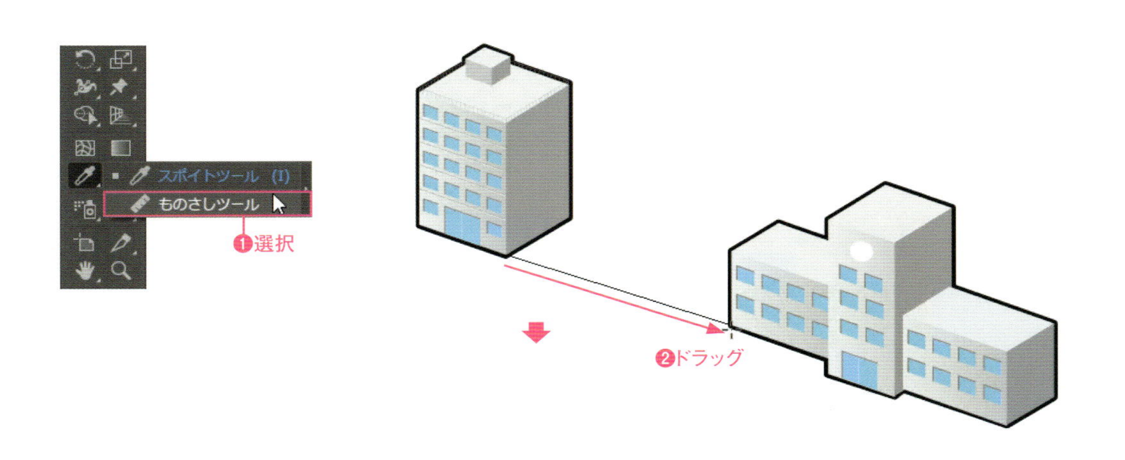

2 情報パネルに2点間の距離がリアルタイムで表示されます❶。また、角度を表示されます❷。

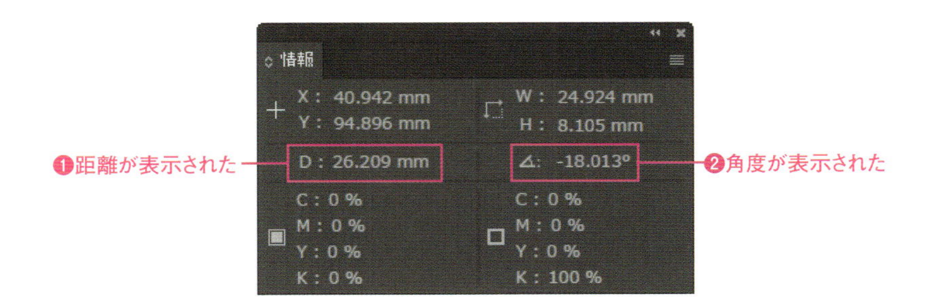

パスに沿ってオブジェクトを配置する

087

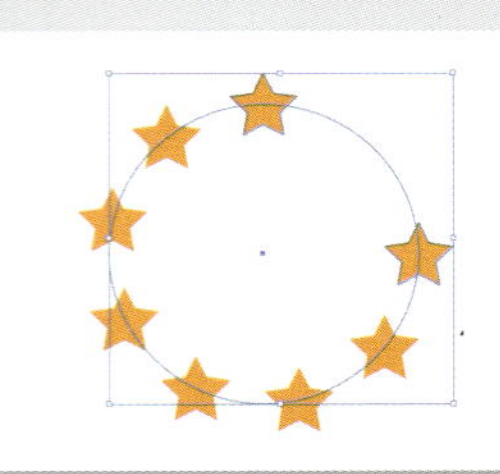

ブレンドツールを使うと、選択したふたつのオブジェクトの間に、中間図形を作成できます。また、パスの形に沿ってオブジェクトを等間隔に配置させることもできます。

第4章 ▶ 087.ai

ブレンドツールで等間隔にオブジェクトを作成する

ブレンドツールは、ふたつのパスを指定した数で変形、変色させる機能を持つツールです。複雑な形のグラデーションを作成したり、簡単なアニメーション素材を作成するのに使われます。

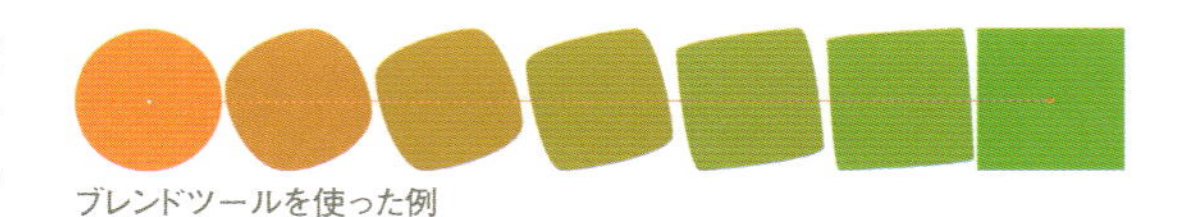
ブレンドツールを使った例

1 サンプルファイルを開きます。ブレンドする星型のオブジェクトが配置されています❶。

2 ブレンドツールを選択します❶。ふたつのパスのポイントをクリックします。同じ形のパスであれば、同じ箇所のアンカーポイントをクリックします❷❸。ふたつのパスの間にブレンド軸が作成され、その間を埋めるようにオブジェクトが作成されます❹。

3 ブレンドオブジェクトが選択状態のまま、[オブジェクト] メニュー→ [ブレンド] → [ブレンドオプション] を選択します❶。[ブレンドオプション] ダイアログボックスが表示されたら、[間隔] を [ステップ数] に設定して❷、任意の数を入力します❸。[OK] をクリックします❹。ブレンドで作成されるパスの数が変更されます❺。

Macでは、キーは次のようになります。 Ctrl → ⌘ Alt → option Enter → return

ブレンドオブジェクトをパス上に配置する

ブレンドツール によって作成したブレンドオブジェクトのブレンド軸をほかのツールで作成したパスと置き換えることができます。

1 選択ツール を選択します❶。先の作業でできたブレンドオブジェクトと置き換え用のパスの両方を選択した状態にします❷。

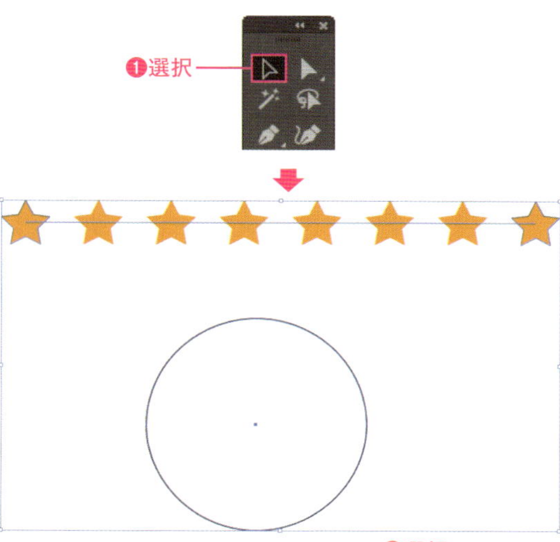

2 [オブジェクト] メニュー→ [ブレンド] → [ブレンド軸を置き換え] を選択します❶。パスとブレンド軸が置き換えられ❷、曲線のパス上にオブジェクトが配置されます。

POINT

ブレンドオブジェクトをパス上に配置する

ブレンドツール で、複数のパスで構成されているオブジェクトをブレンドするには、オブジェクトをグループ化するか、シンボルに登録します。シンボルの作成方法についてはP.130の「シンボルを作成する」を参照してください。

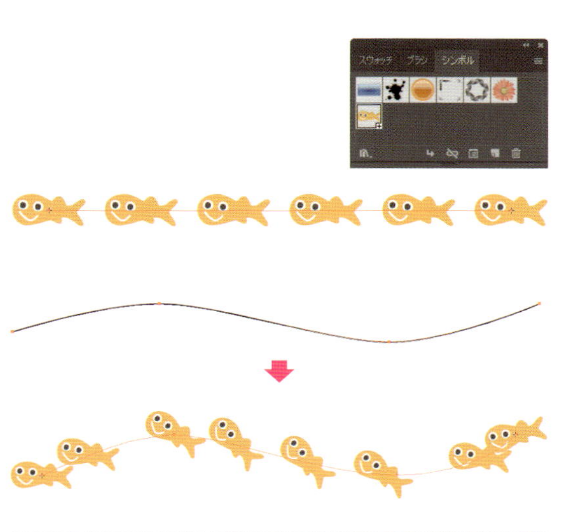

POINT

ブレンドオブジェクトをパス上に配置する

[オブジェクト] メニュー→ [ブレンド] → [ブレンドオプション] で、ステップ数や方向を調整することで、オブジェクトの並べ方を調整することができます。

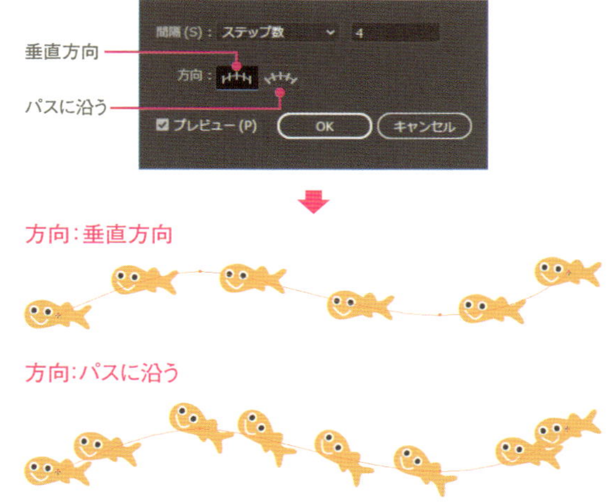

第4章 オブジェクトの操作

088 シンボルを作成する

地図上のマークやアイコンなど、同じグラフィックをいくつも利用するケースではシンボル機能を利用すると便利です。シンボルの元となるオブジェクトを変更することで、複数のシンボルを一括して更新することができるなど、シンボルにはさまざまな利点があります。

第4章 ► 088.ai

1 サンプルファイルを開き、選択ツール を選択します❶。シンボルに登録するオブジェクトを選択して❷、シンボルパネルの［新規シンボル］をクリックします❸。

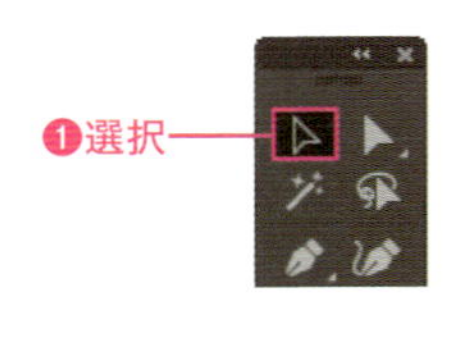

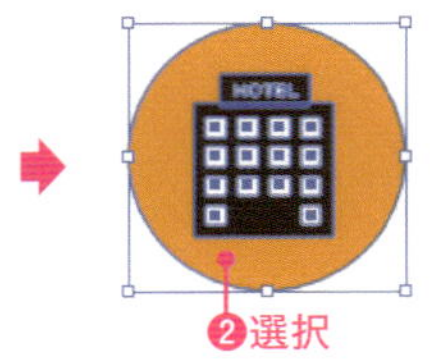

2 ［シンボルオプション］ダイアログボックスが表示されたらシンボルの名前とオプションを設定して❶、［OK］をクリックします❷。シンボルパネルにオブジェクトが登録されます❸。
シンボルパネルに登録したシンボルは、ドラッグしてアートボード上に配置できます。

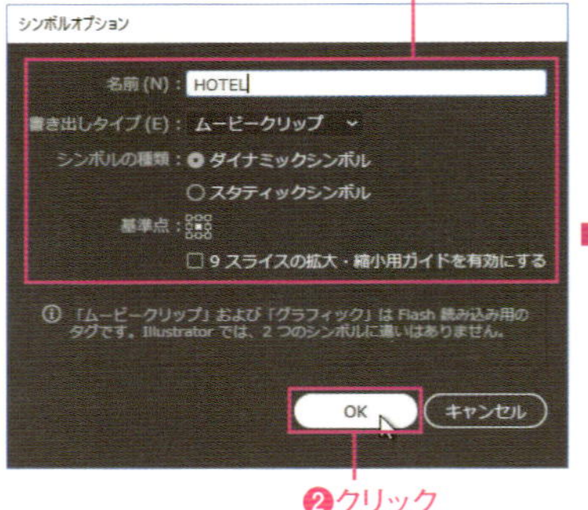

Point

スタティックシンボルとダイナミックシンボルの違い

［シンボルオプション］ダイアログボックスには、シンボルの種類として［スタティックシンボル］と［ダイナミックシンボル］というふたつの選択肢が用意されています。ダイナミックシンボルは、シンボルパネルのアイコンに［+］マークが表示されます。また、アートボード上に配置した際、スタティックシンボルには四角形のガイドが表示されていることから、ふたつのシンボルに明確な違いがあることがわかります。
スタティックシンボルをダイレクト選択ツール で選択するとシンボルの周囲が、ブルーのガイドで表示され、シンボルを構成する個々のパスやオブジェクトを選択することができません。
ダイナミックシンボルはダイレクト選択ツール で構成するパスを選択して、個々にカラーを変更することができます。

ダイナミックシンボル

スタティックシンボル

ダイナミックシンボルはカラーを変更できる

Macでは、キーは次のようになります。 Ctrl → ⌘ Alt → option Enter → return

1 サンプルファイルを開き、選択ツール を選択します❶。変更したいシンボルをダブルクリック（もしくはシンボルパネルのアイコンをダブルクリック）します❷。警告ダイアログボックスが表示されたら、［OK］をクリックします❸。

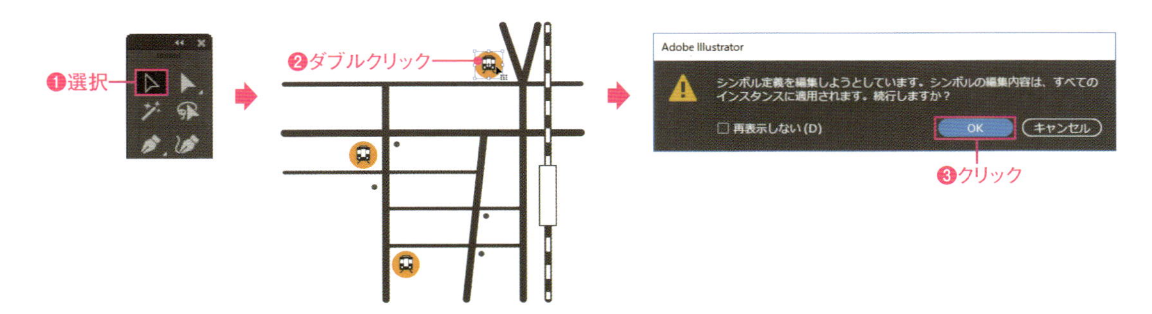

2 画面がシンボル編集モードへ切り替わります❶。このモードでは、通常のグラフィックオブジェクトと同様の作業を行うことができます。編集（ここではカラーを変更❷）が終了したら、画面上部にあるタブから［シンボル編集モードの解除］ をクリックします❸。編集したシンボルがスタティックシンボルであれば、アートボード上のすべての同一シンボルに対して変更が加えられます❹。

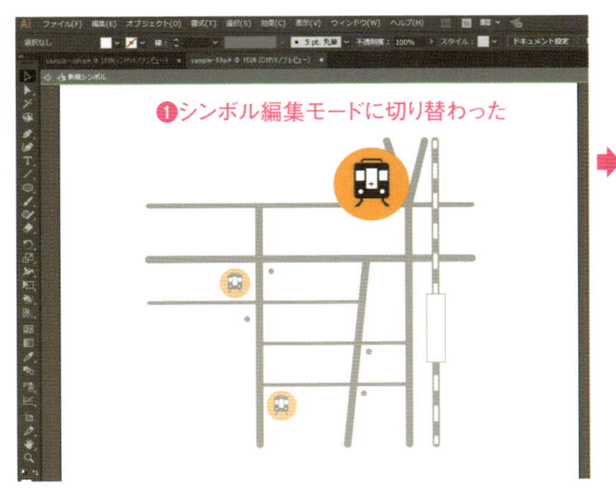

半透明で表示されているオブジェクトは編集できない

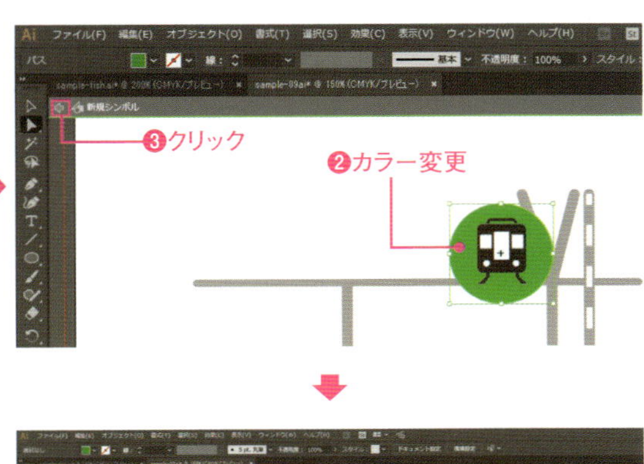

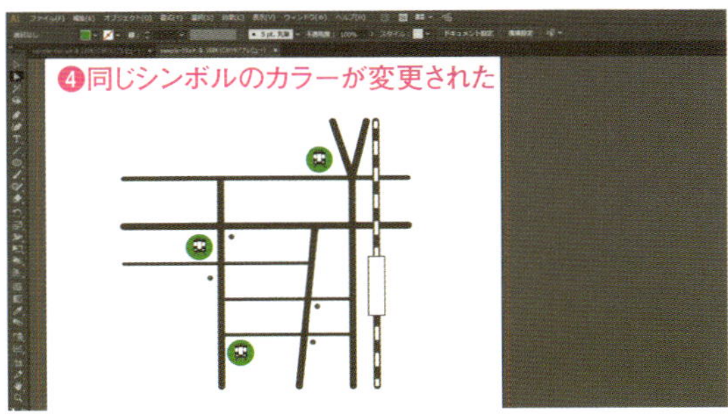

090 シンボルをツールを使って配置、変形する

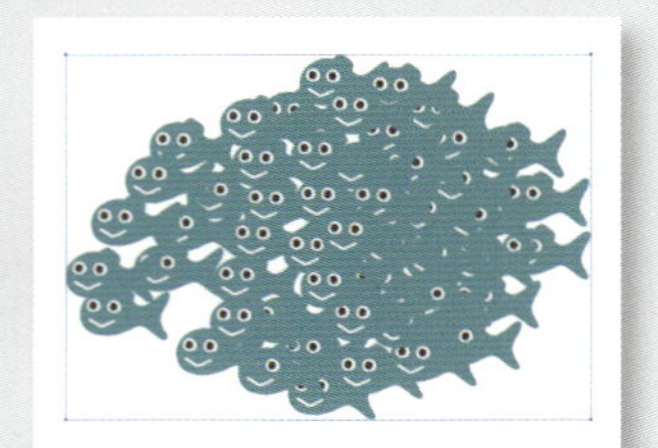

シンボルを効果的に使うことのできるツールにシンボルスプレーツールがあります。マウスボタンを押している間、スプレーのようにシンボルを配置し続けるツールです。配置以外に、シンボルのサイズや位置などを一度に変更するツールやカラーや透明度を調整するツールも用意されています。

多くのシンボルを一度に配置する（シンボルスプレーツール）

サンプルファイルを開き、シンボルパネルから配置したいシンボルを選択します❶。シンボルスプレーツールを選択します❷。アートボード上でマウスボタンを押します❸。マウスボタンを押し続けている間、シンボルが配置されます❹。

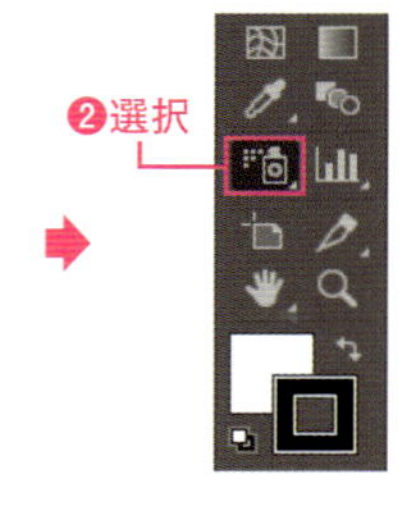

❸マウスボタンを押す

❹シンボルが配置された

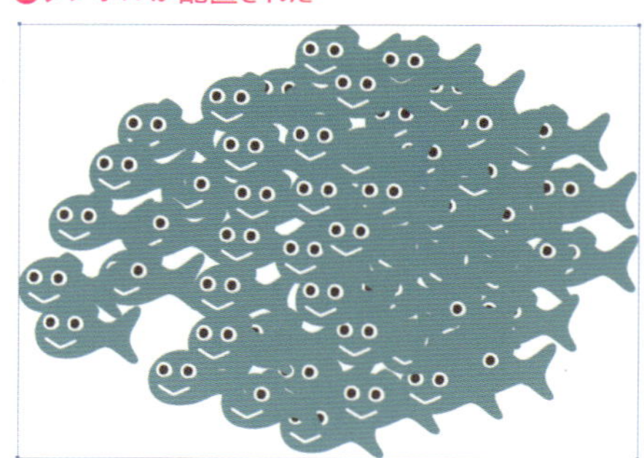

POINT

シンボルスプレーツールの設定

シンボルスプレーツールのアイコンをダブルクリックすると、[シンボルツールオプション]ダイアログボックスが表示されます。ここでは、配置されるシンボルのサイズや密度のなど、シンボルスプレーに関する基本的な設定を行います。

スプレーのサイズを指定する

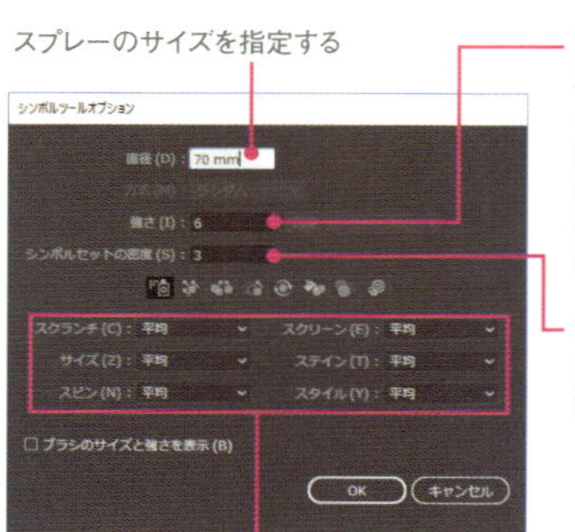

シンボルが配置されるスピードが上がり、シンボルが一度に大量に配置される。ペンタブレットが接続されている場合は、筆圧などの設定を行うことができる

シンボルオブジェクト内に作成するシンボルの数を調整する

スクランチ、スクリーンなどシンボルに対して変形や変色を設定できる。プルダウンメニューで[平均]を[ユーザー定義]に切り替え、それぞれの効果に対して設定を行うと、シンボルを配置しつつ、変形や変色を行う。これらの効果はツールによって、シンボルの配置後に設定することもできる

Macでは、キーは次のようになります。 Ctrl → ⌘ Alt → option Enter → return

シンボルをツールで編集する

1 配置したシンボルオブジェクトにスプレー効果で編集するツールがいくつか用意されています。選択ツールで編集するシンボルオブジェクトを選択してから❶、各種ツールを選択します❷。

❶選択

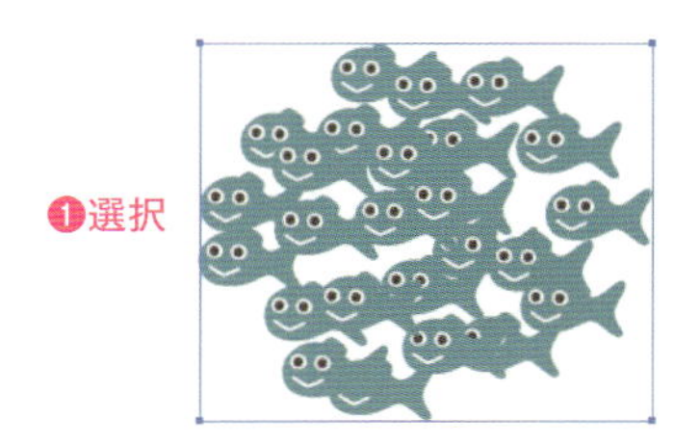

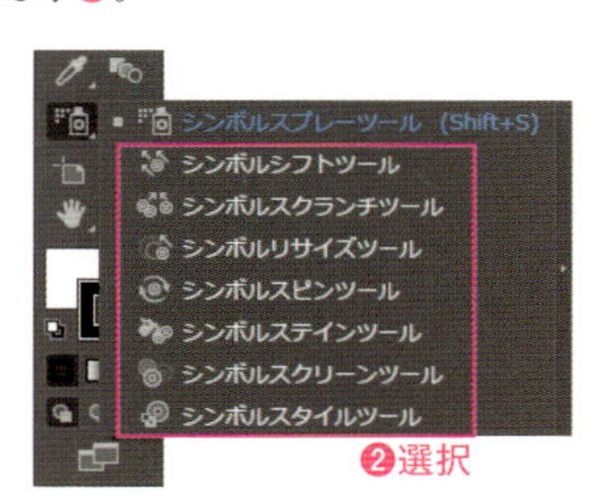

2 シンボルシフトツールは、ドラッグしてシンボルの位置を動かし、シンボルオブジェクトの密度を低くします。

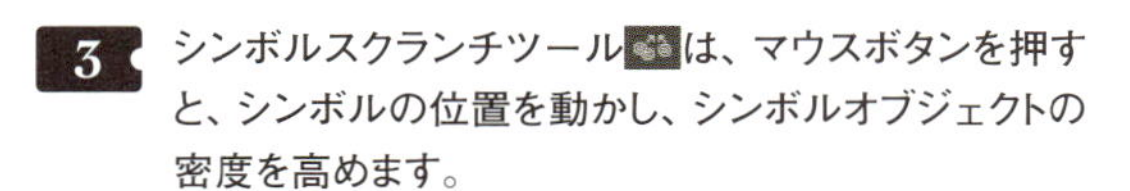

3 シンボルスクランチツールは、マウスボタンを押すと、シンボルの位置を動かし、シンボルオブジェクトの密度を高めます。

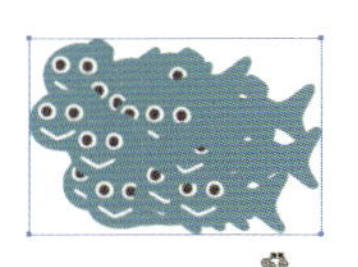

4 シンボルリサイズツールは、ツールによってドラッグした部分のシンボルを拡大します。

5 シンボルスピンツールは、ツールによってドラッグした部分のシンボルを回転します。

POINT

すでに配置されたシンボルオブジェクトを選択した状態でシンボルスプレーツールを使うと、選択されているシンボルオブジェクト内にシンボルが追加されて配置されます。
選択されていない状態でシンボルスプレーツールを使った場合には、新たにシンボルオブジェクトが用意されます。

シンボルオブジェクトを選択

シンボルスプレーツールを使うと
シンボルオブジェクトに追加される

第4章 オブジェクトの操作

6 シンボルステインツールは、シンボルをドラッグして、指定したカラーに変色します。アイコンをダブルクリックして❶、[シンボルツールオプション]ダイアログボックスの[方式]を[ユーザー定義]に設定します❷。カラーパネルで任意のカラーを指定します❸。ドラッグすると、その範囲のシンボルが指定してカラーに変わります。

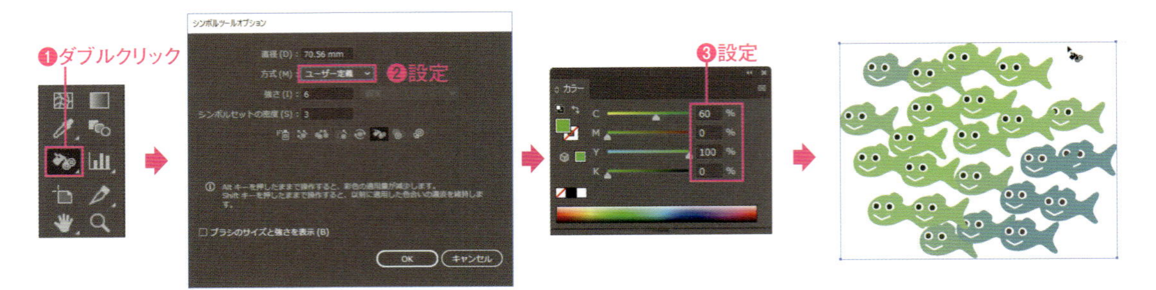

7 シンボルスクリーンツールは、ドラッグしたシンボルの不透明度を変更します。

8 シンボルスタイルツールは、アイコンをダブルクリックして❶、[シンボルツールオプション]ダイアログボックスの[方式]を[ユーザー定義]に設定します❷。グラフィックスタイルパネルで任意のスタイルを選択して❸、シンボルをドラッグすると選択したスタイルが適用されます。

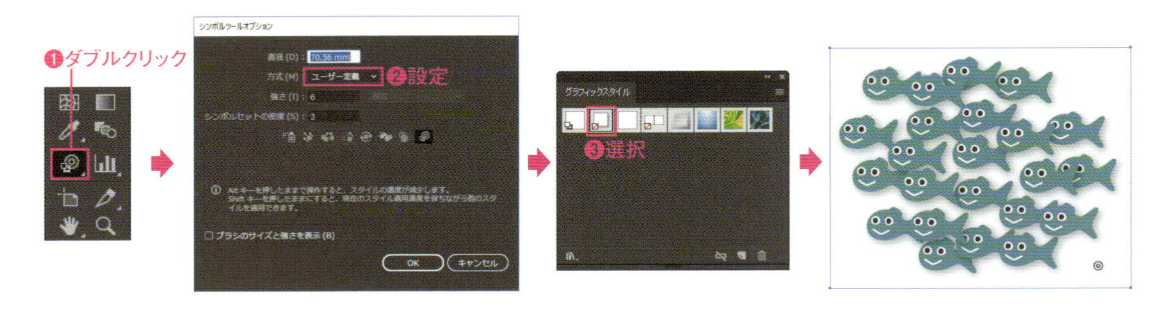

Macでは、キーは次のようになります。 Ctrl → ⌘　Alt → option　Enter → return

091~109

第5章

オブジェクトの変形

Illustratorでは、描画したオブジェクトを変形する機能が多数備わっています。拡大・縮小や回転といった基本的な変形機能だけでなく、重なったオブジェクトから新しいオブジェクトを作成したりい、複雑な形状に変形することも可能です。本章では、オブジェクトの変形について解説します。

091 オブジェクトを拡大・縮小する

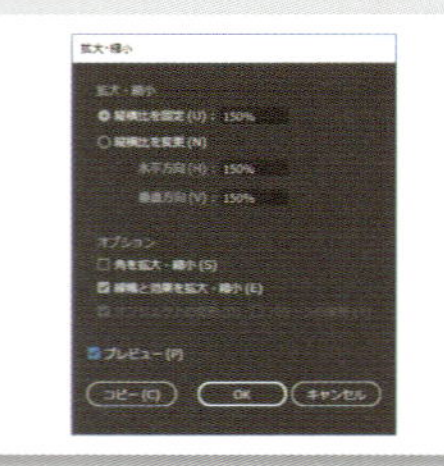

拡大・縮小ツールは、もっともよく利用される変形ツールのひとつです。マウスによるフリーの変形を行うことができるほか、数値を指定しての変形を行うことができます。

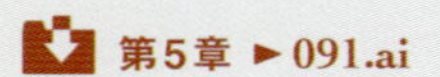
第5章 ▶ 091.ai

マウスをドラッグしてオブジェクトを拡大・縮小する

1 サンプルファイルを開き、選択ツールを選択します❶。拡大・縮小するオブジェクトを選択します❷。

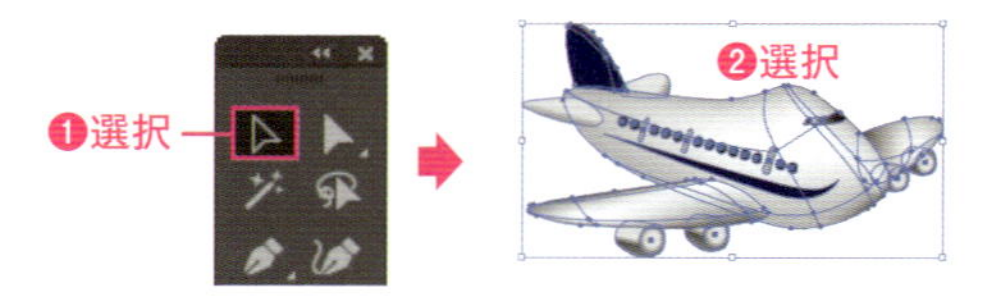

2 拡大・縮小ツールを選択します❶。起点となるポイントをクリックします❷。

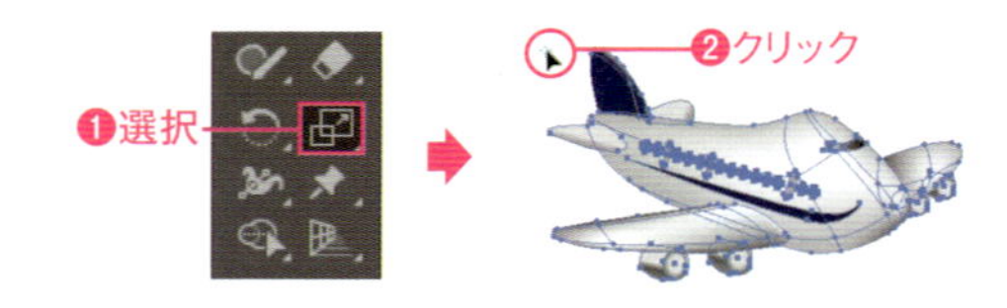

3 マウスをドラッグして❶、任意のサイズでマウスボタンを放すと、オブジェクトのサイズが変更されます❷。Shift キーを押した状態で拡大・縮小を行うと、縦横の比率を維持したまま変形を行うことができます。

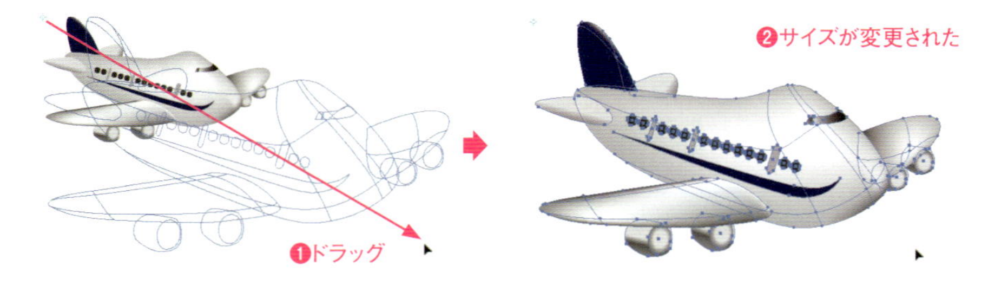

選択ツールで選択して表示されるバウンディングボックスのハンドルをドラッグしても拡大・縮小できる。ただし、起点の指定はできない

数値を指定して拡大・縮小する

オブジェクトを選択し、拡大・縮小ツールを選択します❶。Alt キーを押した状態で起点となるポイントをクリックすると❷、[拡大・縮小] ダイアログボックスが表示されます。オプションを設定して❸、[OK] をクリックします❹。指定したサイズに変更されます❺。

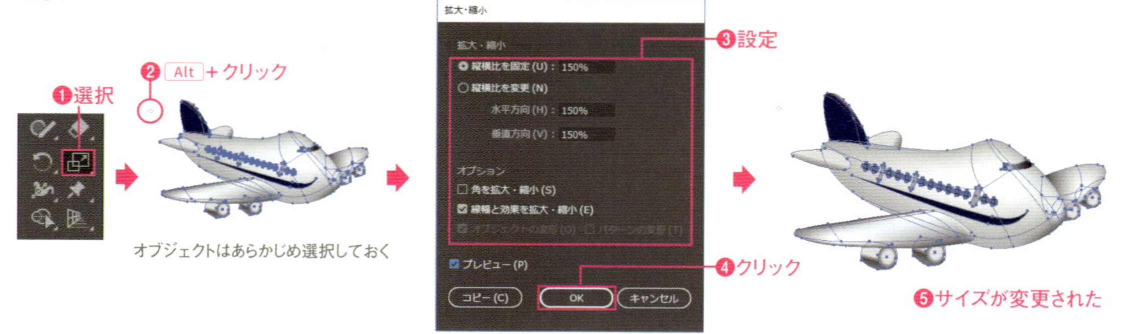

オブジェクトはあらかじめ選択しておく

Macでは、キーは次のようになります。 Ctrl → ⌘ Alt → option Enter → return

092 オブジェクトを回転させる

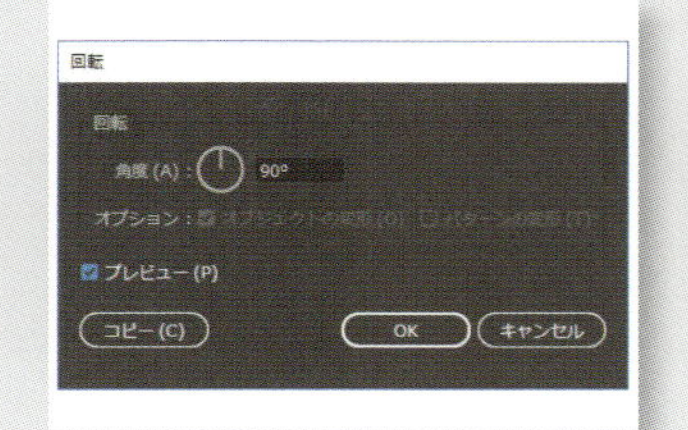

回転ツールでは、オブジェクトを任意の角度によって回転させる変形を行います。マウスによるフリーの回転を行うことができるほか、数値や条件を指定しての回転を行うことができます。

第5章 ►092.ai

マウスをドラッグしてオブジェクトを回転させる

1 サンプルファイルを開き、選択ツールを選択します❶。回転するオブジェクトを選択します❷。

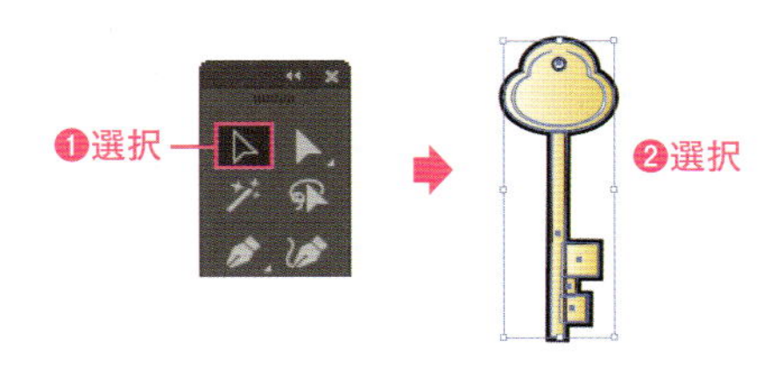

2 回転ツールを選択します❶。起点となるポイント（どこでも可）でクリックします❷。

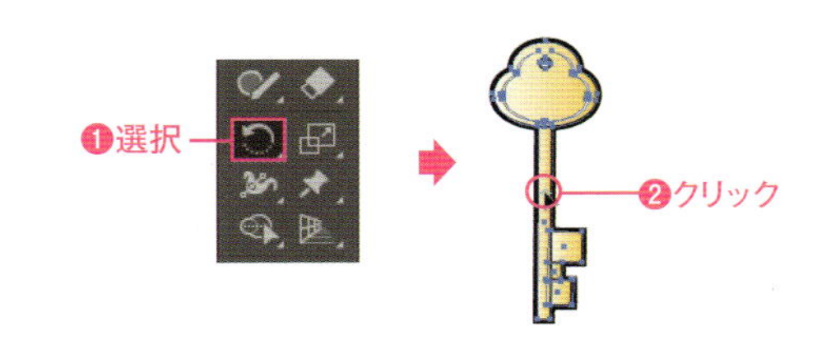

3 マウスをドラッグして❶、任意の角度でマウスボタンを放すと、オブジェクトの角度が変更されます❷。
Shift キーを押した状態で回転を行うと、回転角度を45度に制限することができます。

選択ツールで選択して表示されるバウンディングボックスのハンドルの外側をドラッグしても回転できる。ただし、起点を指定できない

数値や条件を指定して回転させる

オブジェクトを選択し、回転ツールを選択します❶。Alt キーを押した状態で起点となるポイント（どこでも可）をクリックすると❷、［回転］ダイアログボックスが表示されます。オプションを設定して❸、［OK］をクリックします❹。指定した角度に回転されます❺。

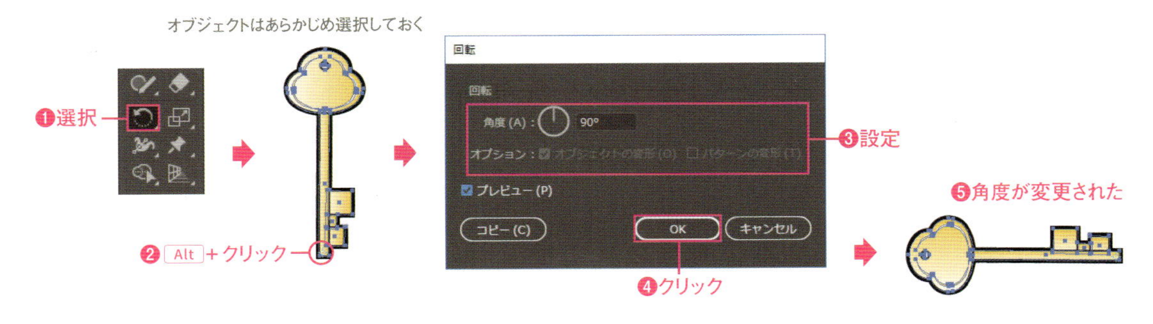

オブジェクトを傾ける

093

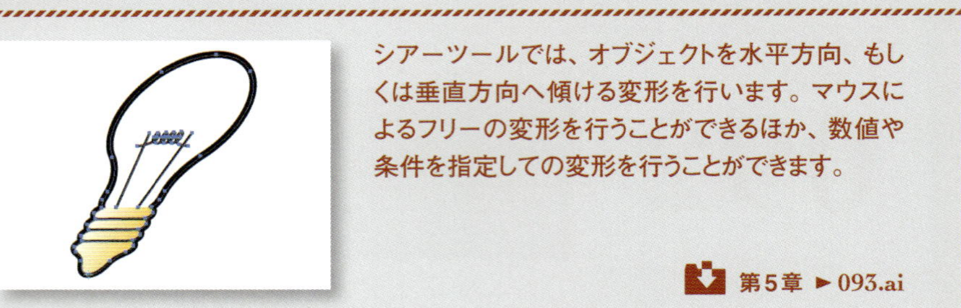

シアーツールでは、オブジェクトを水平方向、もしくは垂直方向へ傾ける変形を行います。マウスによるフリーの変形を行うことができるほか、数値や条件を指定しての変形を行うことができます。

マウスをドラッグしてオブジェクトを傾ける

1 サンプルファイルを開き、選択ツールを選択します❶。傾けるオブジェクトを選択します❷。

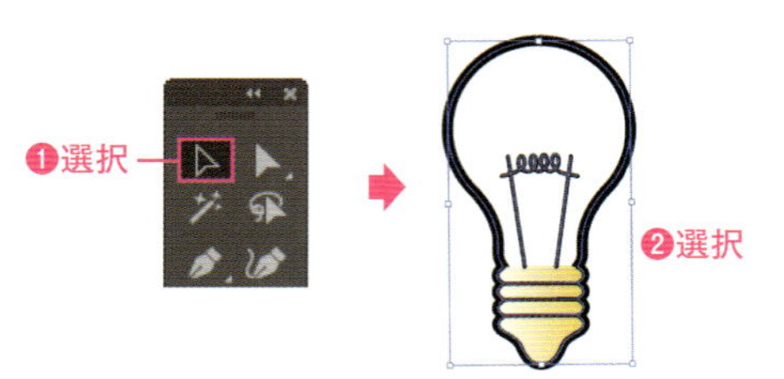

2 シアーツールを選択します❶。起点となるポイント（どこでも可）でクリックします❷。

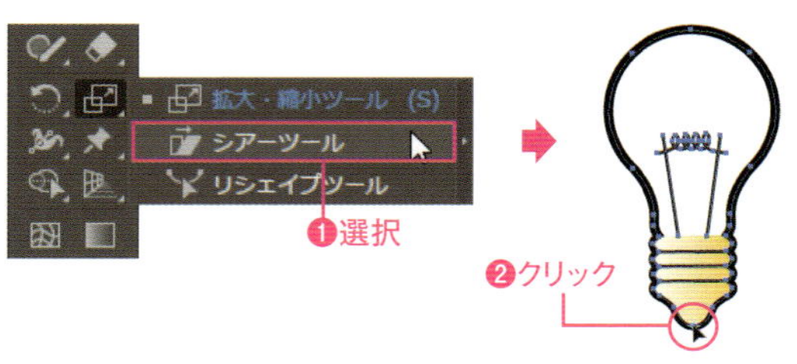

3 マウスをドラッグして❶、任意の角度でマウスボタンを放すと、オブジェクトの傾きが変更されます❷。Shift キーを押した状態で傾けると、傾斜角度を45度に制限することができます。

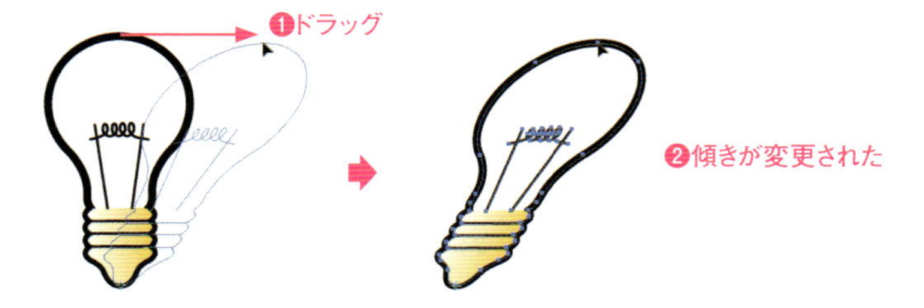

数値や条件を指定して傾ける

オブジェクトを選択し、シアーツールを選択します❶。Alt キーを押した状態で起点となるポイント（どこでも可）をクリックすると❷、［シアー］ダイアログボックスが表示されます。オプションを設定して❸、［OK］をクリックします❹。指定した角度と方向に変更されます❺。

Macでは、キーは次のようになります。 Ctrl → ⌘　Alt → option　Enter → return

オブジェクトを反転させる

094

リフレクトツールでは、オブジェクトを水平方向、もしくは垂直方向へ反転させる変形を行います。マウスによるフリーの反転を行うことができるほか、数値や条件を指定しての反転を行うことができます。

第5章 ► 094.ai

始点と終点を決めて反転させる

1 サンプルファイルを開き、選択ツールを選択します❶。反転するオブジェクトを選択します❷。

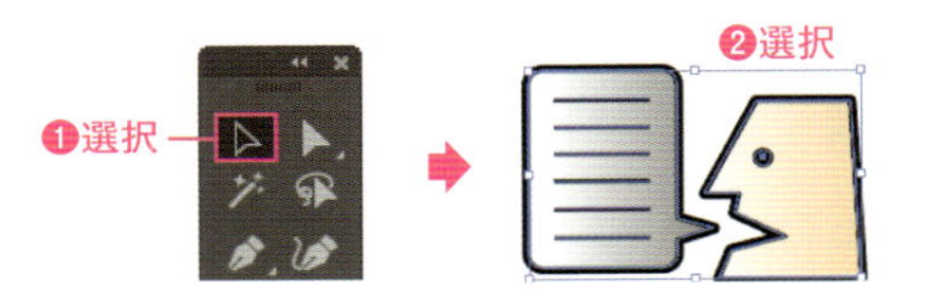

2 リフレトツールを選択します❶。起点となるポイント（どこでも可）でクリックします❷。

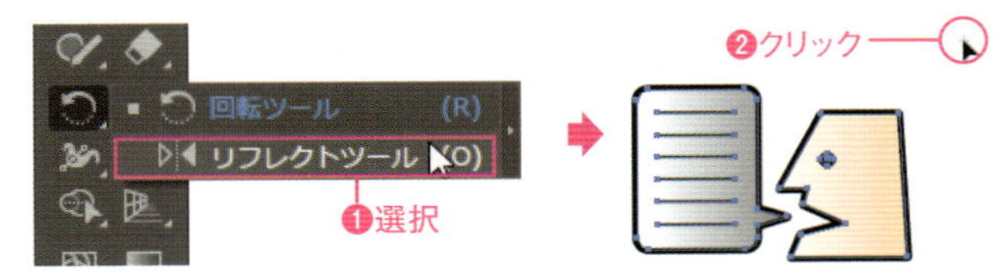

3 終点となる位置でクリックすると❶、始点と終点を結ぶラインに沿って図形が反転します❷。
マウスをドラッグして、任意の角度になったらマウスボタンを放して反転することもできます。
Shift キーを押した状態で操作すると、反転角度を90度に制限することができます。

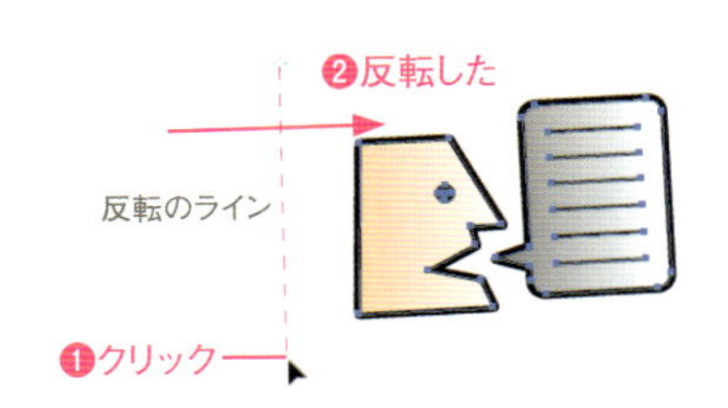

数値や条件を指定して反転させる

オブジェクトを選択し、リフレトツールを選択します❶。Alt キーを押した状態で起点となるポイント（どこでも可）をクリックすると❷、［リフレクト］ダイアログボックスが表示されます。オプションを設定して❸、［OK］をクリックします❹。指定した角度と方向に反転されます❺。

オブジェクトはあらかじめ選択しておく

オブジェクトを遠近感を持たせるように変形する

095

自由変形ツールでは、オブジェクトの周囲にガイドを表示させ、ガイドを操作することによって、拡大・縮小や回転などの変形を行うことができます。また、通常の変形ツールではできない自由な変形も可能になっています。

自由変形ツールを利用した拡大と縮小

1 サンプルファイルを開き、選択ツールを選択します❶。拡大・縮小するオブジェクトを選択します❷。

2 自由変形ツールを選択すると❶、オブジェクトの周りにポイントを含むガイドが表示されます❷。

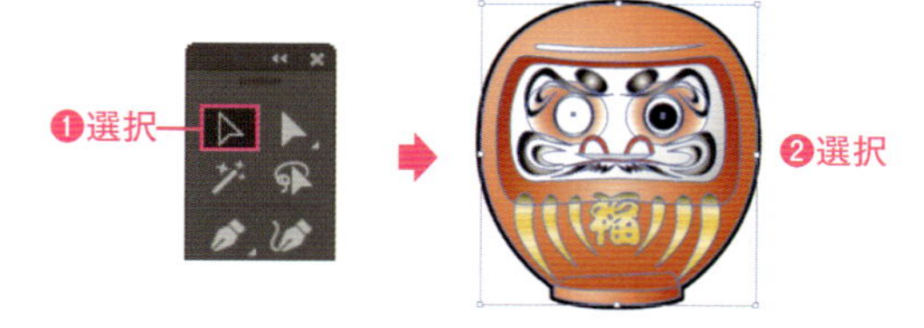

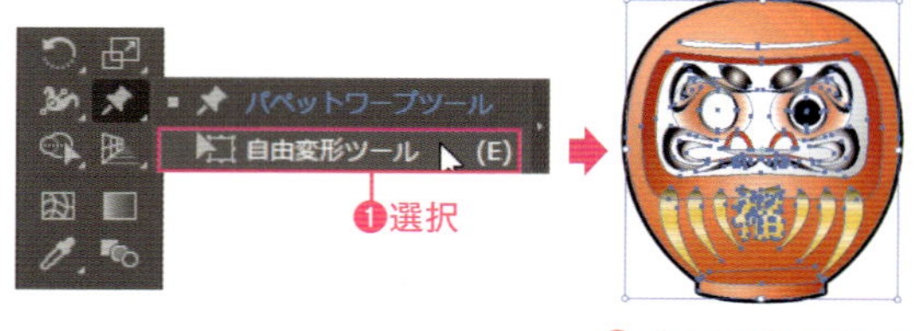

3 ウィジェットが［自由変形］であることを確認し❶、ガイドの角にあるポイントをつかみ❷、マウスをドラッグすると❸、オブジェクトのサイズが変更されます❹。
Shift キーを押したままドラッグすると、縦横比を固定した状態で変形を行います。

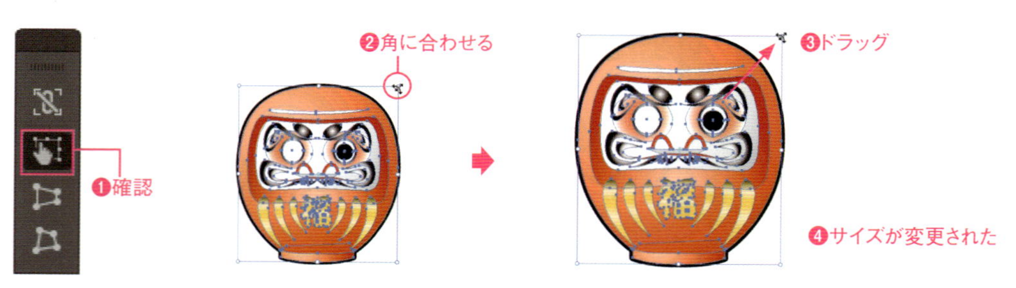

POINT

辺の中央にあるポイントをドラッグすると垂直方向もしくは水平方向のみにオブジェクトを変形させることができます。

Macでは、キーは次のようになります。 Ctrl → ⌘ Alt → option Enter → return

自由変形ツールを利用した回転

ガイドの角にあるポイントから少し離したところへ自由変形ツールのマウスカーソルを合わせると❶、マウスカーソルが回転を示すアイコンに変わります。この状態でマウスをドラッグすると❷、オブジェクトを回転させることができます❸。

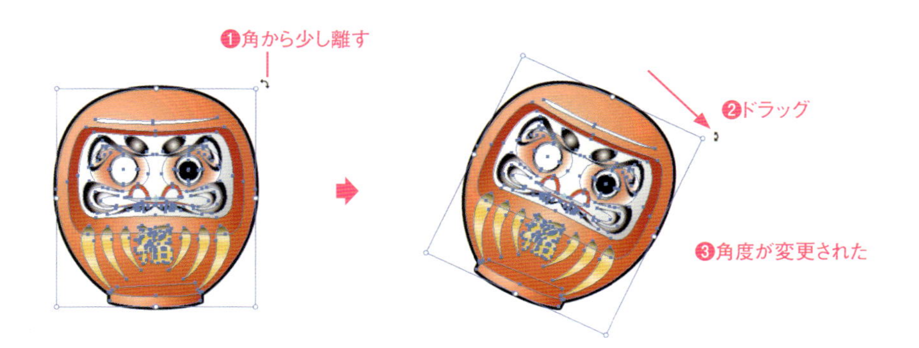

自由変形ツールを利用して傾ける

自由変形ツールでオブジェクトの左右、上下にあるポイントにマウスカーソルを合わせて❶、左右もしくは上下に動かすと❷、オブジェクトを傾けることができます❸。

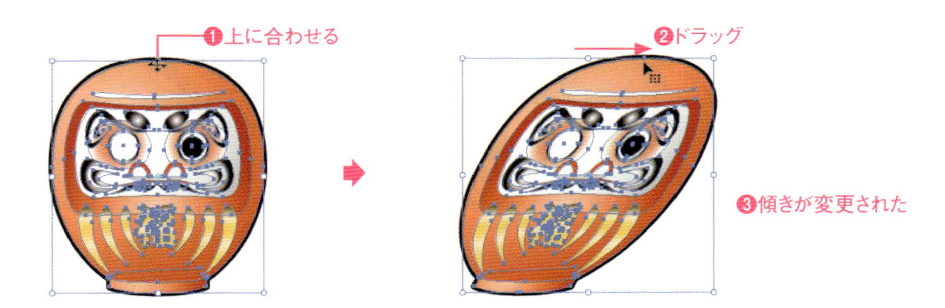

自由変形ツールを利用した遠近感のある変形

選択ツールで、下のサンプルを選択してから、自由変形ツールを選択します。表示されるウィジェットを［遠近変形］に設定します❶。ガイドの角にあるポイントをつかみ❷、マウスをドラッグすると❸、一方の辺だけが変形し、遠近感を表現することができます❹。ロゴの作成などで有効です。

第5章 オブジェクトの変形

オブジェクト拡大・縮小時の線幅を設定する

096

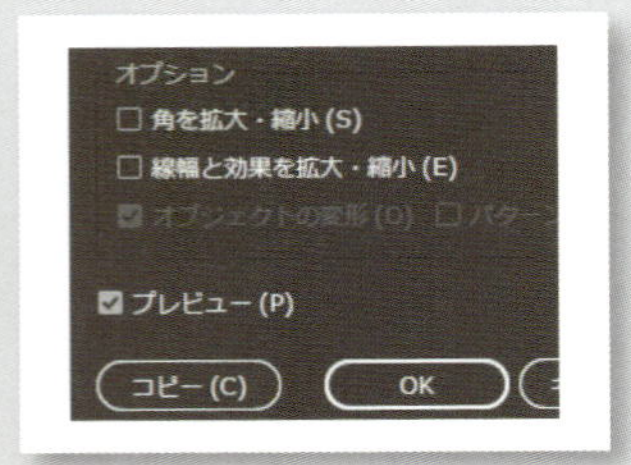

オブジェクトを拡大・縮小する際に、オブジェクトの線幅を変形対象とするか設定できます。変形対象とした場合、線幅は拡大・縮小率にしたがい変形され、対象外とすると拡大・縮小率にかかわらず同じ線幅を維持した状態になります。サンプルファイルを開いて確認してください。

 第5章 ►096.ai

線幅を含めずに拡大・縮小する

線幅を含めるオブジェクトの拡大・縮小では、線幅も変形の対象に含めるか含めないかで、結果のイメージが大きく変わります❶❷。必要に応じて、対象の設定を変えるほか、初期設定画面でも設定が可能です。

環境設定で線幅の変形を設定する

［編集］メニュー（Macでは［Illustrator CC］メニュー）→［環境設定］→［一般］を選択すると❶、［環境設定］ダイアログボックスが表示されます。［線幅と効果も拡大・縮小］のチェックボックスがあるので、チェックを外します❷。すると、拡大・縮小時に線幅が変形されない設定になります。

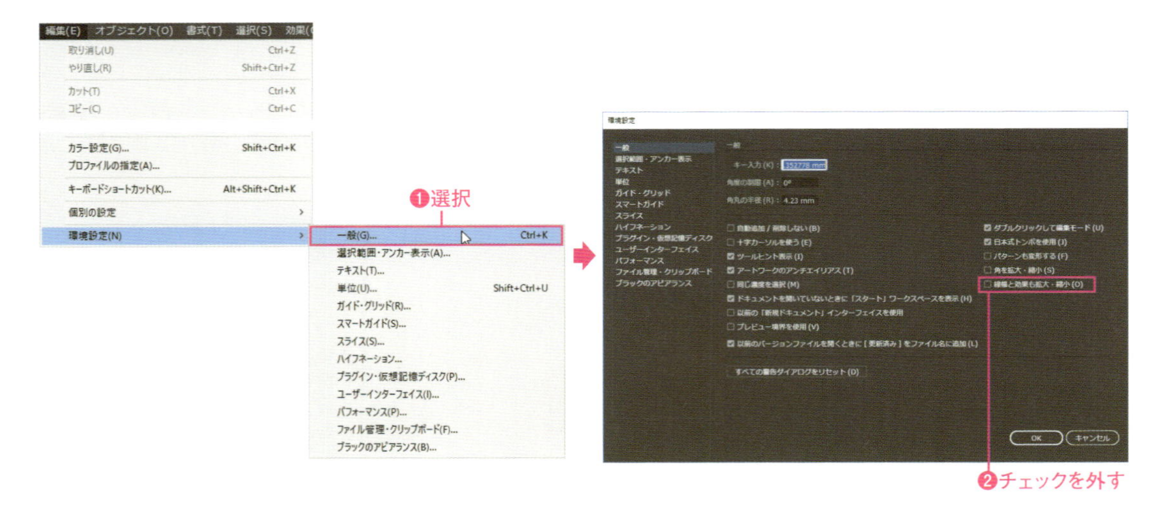

Macでは、キーは次のようになります。 Ctrl → ⌘ Alt → option Enter → return

変形パネルで設定を行う

［線幅と効果も拡大・縮小］の設定は変形パネルでも行うことができます。［ウィンドウ］メニュー→［変形］を選択して❶、変形パネルを表示すると、［線幅と効果も拡大・縮小］のチェックボックスがあります。拡大・縮小時にチェックボックスで設定します❷。

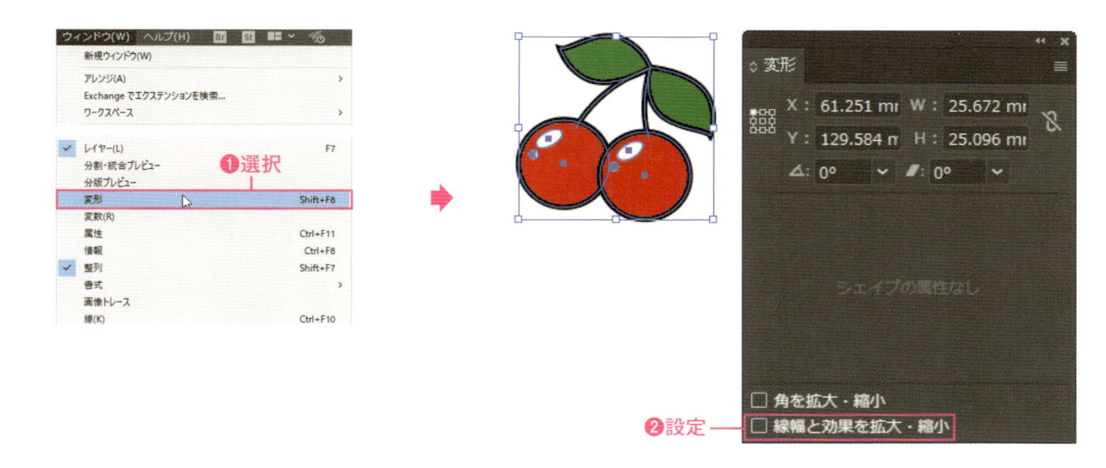

オプションダイアログで設定を行う

数値による拡大・縮小を行うときに表示されるオプションダイアログにも［線幅と効果も拡大・縮小］は存在します。
サンプルファイルを開き、選択ツールを選択します❶。拡大・縮小するオブジェクトを選択します❷。拡大・縮小ツールを選択して❸、Altキーを押した状態でクリックすると❹、オプションダイアログが表示されます。数値を入力後❺、［線幅と効果も拡大・縮小］のチェックボックスで指定します❻。［OK］をクリックすると❼、設定した内容で拡大・縮小します❽。

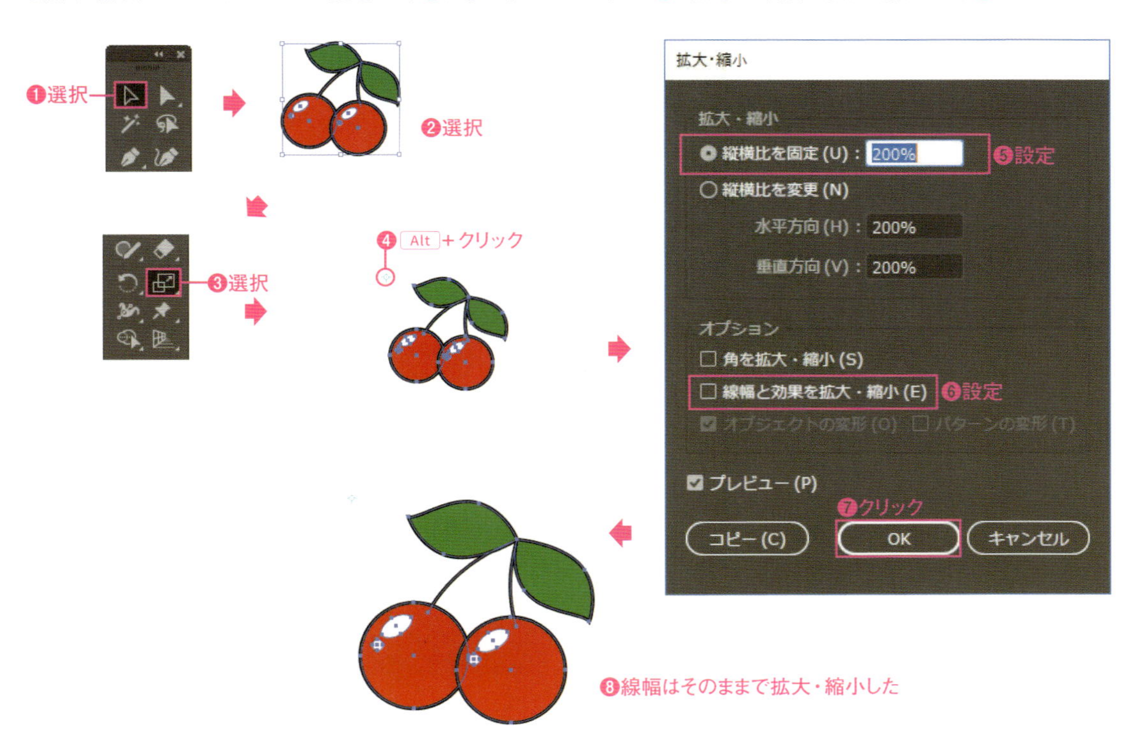

097 オブジェクト変形時のパターンの変形を設定する

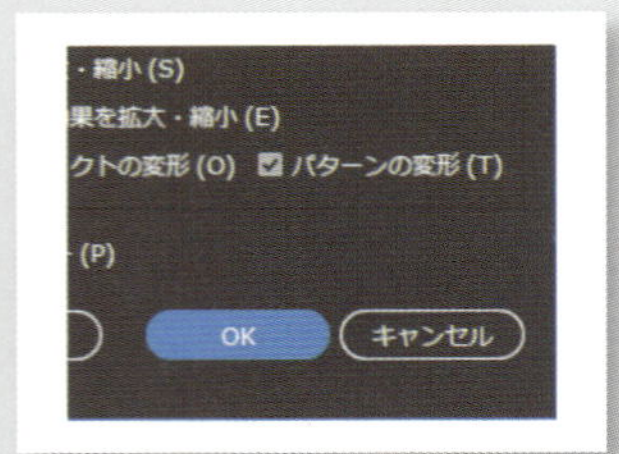

オブジェクトを変形する際に、オブジェクトに設定したパターンについて、変形対象とするか設定できます。変形対象とした場合、パターンはオブジェクトと一緒に変形され、対象外とするとオブジェクトだけが変形し、パターンは維持された状態になります。サンプルファイルを開いて確認してください。

第5章 ►097.ai

パターンを含めずに変形する

パターンを含めるオブジェクトの拡大・縮小などの変形では、パターンも変形の対象に含めるか含めないかで、結果のイメージが大きく変わります❶❷。必要に応じて、対象の設定を変えるほか、初期設定画面でも設定が可能です。

❶パターンも拡大する　❷パターンは拡大しない

環境設定でパターンの変形を設定する

［編集］メニュー（Macでは［Illustrator CC］メニュー）→［環境設定］→［一般］を選択すると❶、［環境設定］ダイアログボックスが表示されます。［パターンも変形する］のチェックボックスがあるので、チェックを外します❷。すると、変形時にパターンが変形されない設定になります。

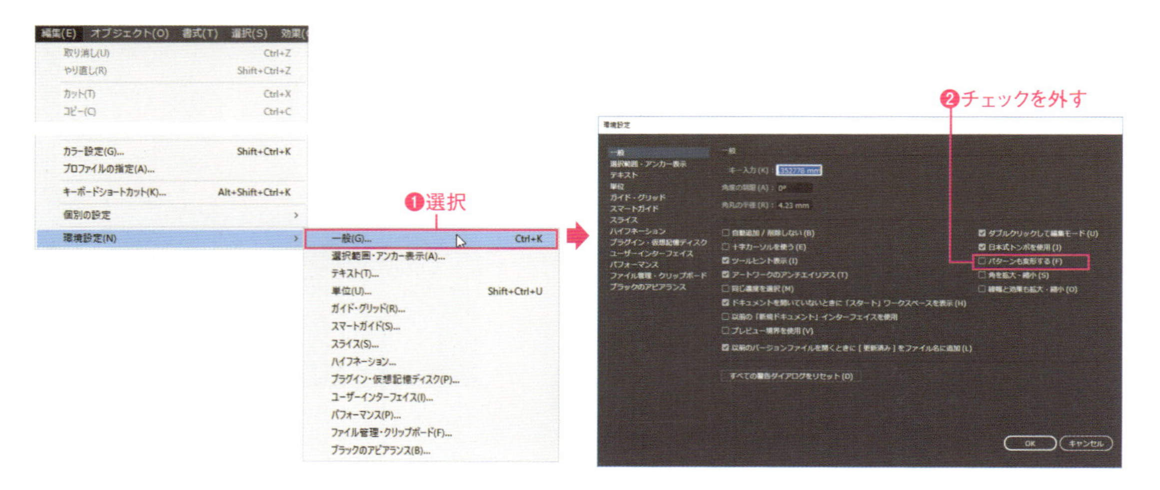

Macでは、キーは次のようになります。 Ctrl → ⌘　Alt → option　Enter → return

変形パネルで設定を行う

パターンの変形の設定は変形パネルでも行うことができます。［ウィンドウ］メニュー→［変形］を選択して❶、変形パネルを表示したら、パネルメニューの［オブジェクトのみ変形］、［パターンのみ変形］、［オブジェクトとパターンを変形］の3つの項目を選択することで❷、変形の対象を限定することができます。

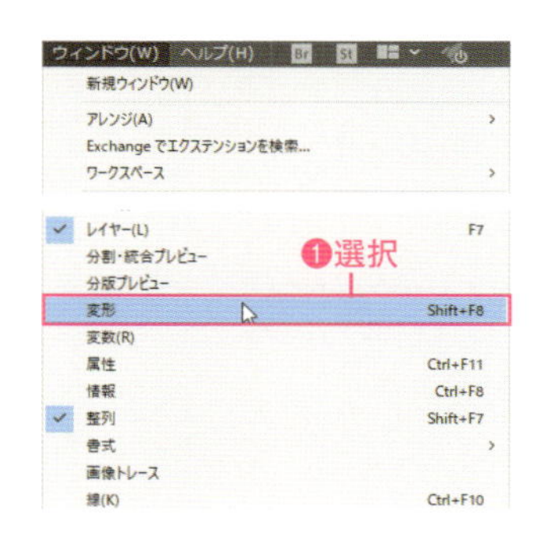

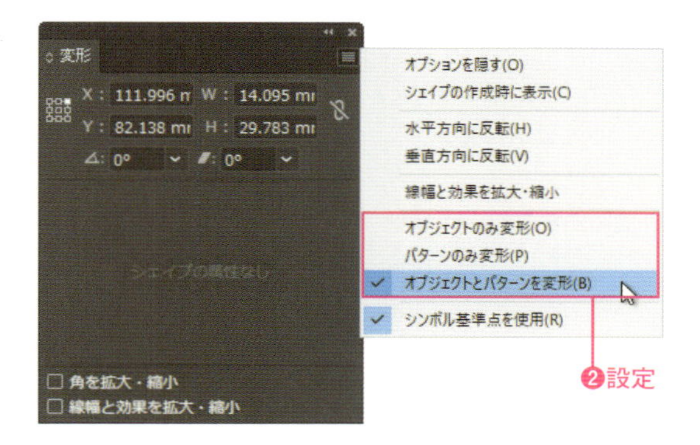

オプションダイアログで設定を行う

数値による変形を行うときに表示されるオプションダイアログにも［パターンの変形］に関する設定が存在します。

サンプルファイルを開き、選択ツールを選択します❶。拡大・縮小するオブジェクトを選択します❷。拡大・縮小ツールを選択して❸、Altキーを押した状態でクリックすると❹、オプションダイアログが表示されます。数値を入力後❺、［パターンの変形］のチェックボックスで指定します（ここではチェックを付ける）❻。［オブジェクトの変形］のチェックを外して❼、［完了］をクリックすると❽、オブジェクトは変形せずにパターンだけが変形します❾。

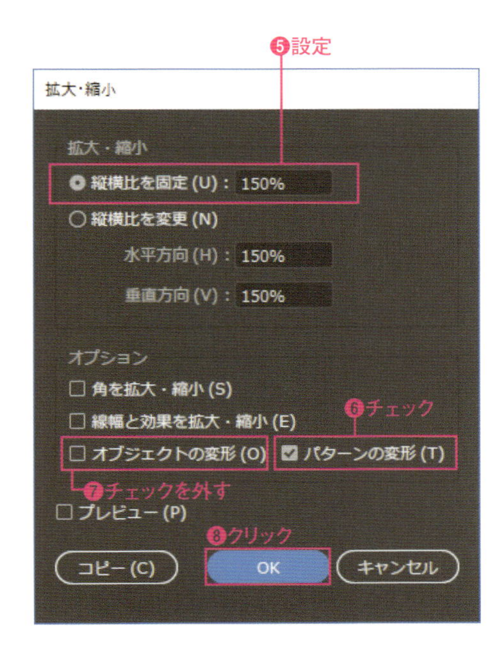

第5章 オブジェクトの変形

098 オブジェクトの拡大・縮小、回転、傾け、反転を同時に行う

拡大・縮小や回転、移動など複数の作業を行いたいケースでは、個別に作業をすると手間がかかります。そのようなケースでは、［個別に変形］コマンドを使って一度に処理することができます。

第5章 ▶ 098.ai

1 サンプルファイルを開き、選択ツールを選択します❶。変形するオブジェクトを選択します❷。［オブジェクト］メニュー→［変形］→［個別に変形］を選択します❸。

2 ［個別に変形］ダイアログボックスが表示されます。変形の数値を任意に設定して❶、［OK］をクリックします❷。設定した変形（拡大・縮小、回転、傾け、反転）が同時に行われます❸。

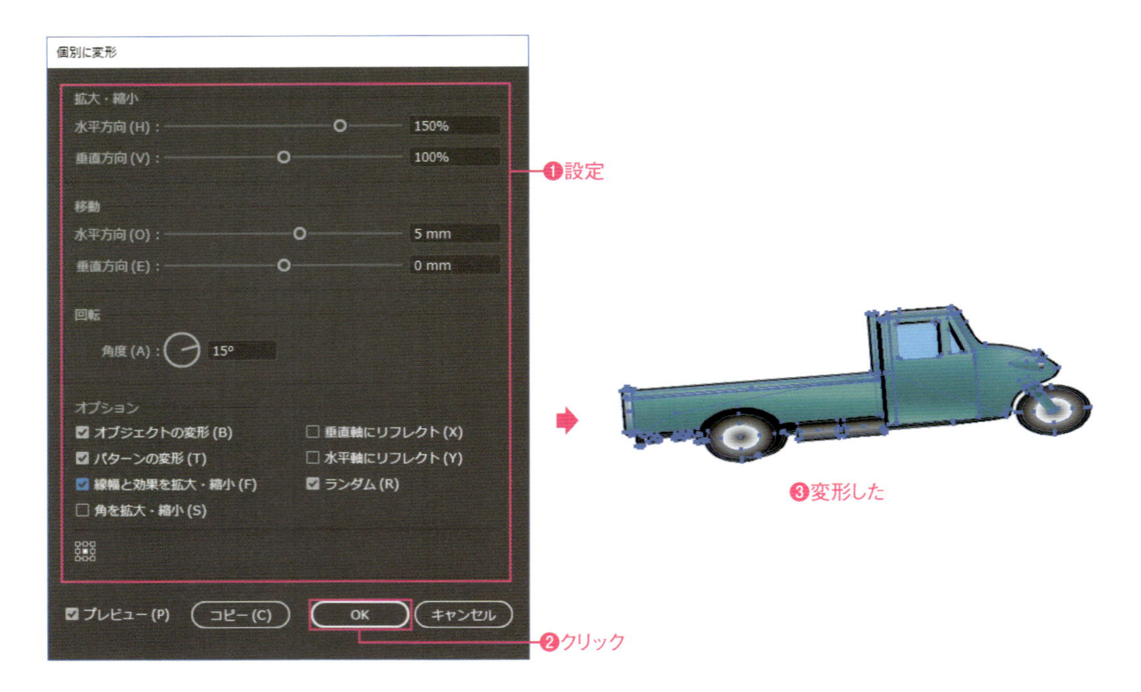

Macでは、キーは次のようになります。 Ctrl → ⌘ Alt → option Enter → return

第5章 オブジェクトの変形

099 オブジェクトを波形に変形する

Illustratorにはオブジェクトを波形などの形に変形させる［エンベロープ］が用意されています。変形率などを数値で設定できるほか、いくつかの形がベースとして用意されているので、ロゴなどを作成する際に便利なコマンドです。

第5章 ► 099.ai

1 サンプルファイルを開き、選択ツール▷を選択します❶。変形するオブジェクトを選択します❷。

2 ［オブジェクト］メニュー→［エンベロープ］→［ワープで作成］を選択します❶。

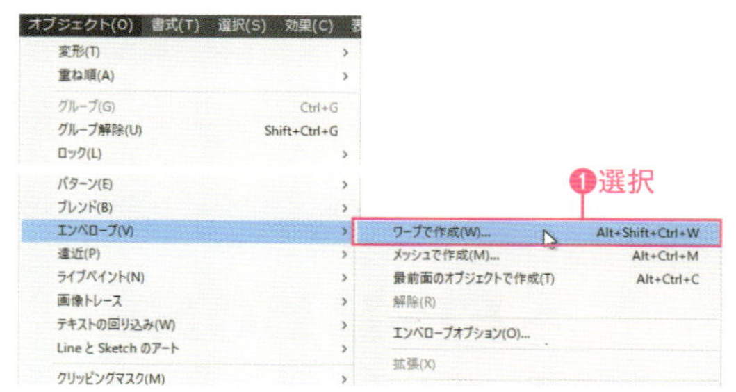

3 ［ワープオプション］ダイアログボックスが表示されます。［スタイル］に［波形］を選択して❶、オプションを設定します❷。［OK］をクリックします❸。設定したスタイルに変形します❹。

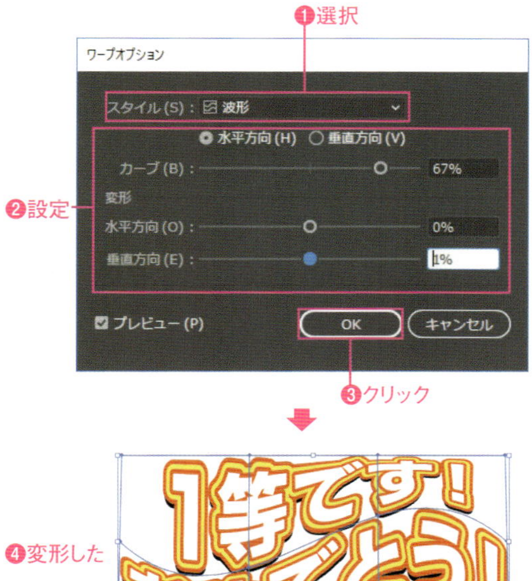

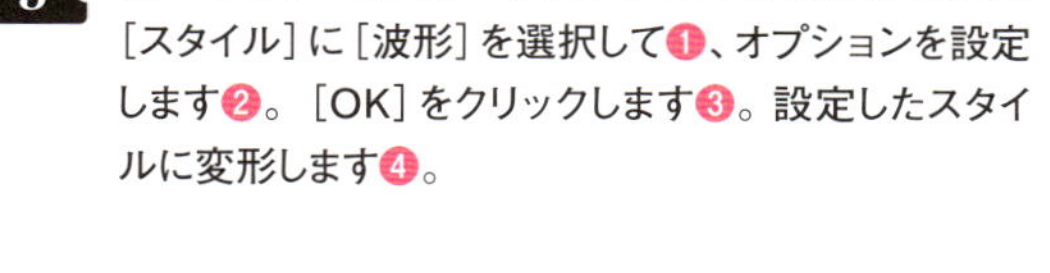

POINT

変形スタイルを選ぶ

スタイルには円弧や貝殻など、15個の形が用意されています。さらに数値を変更することで、多くのバリエーションを展開することができます。

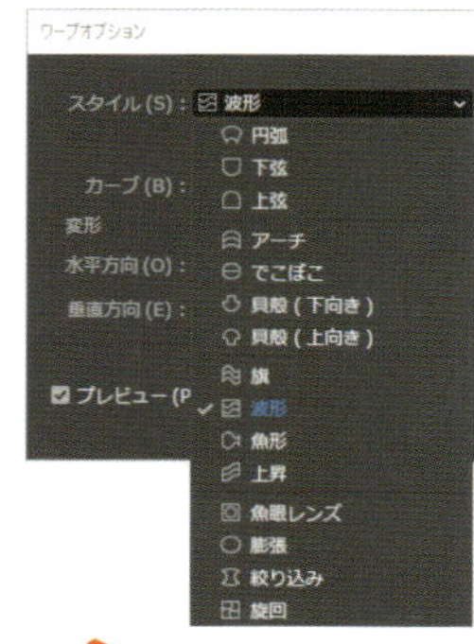

100 オブジェクトを指定した型に変形する

［エンベロープ］では、オブジェクトを指定したパスの形に変形させることができます。注意する点としては、型となるパスを最前面に配置しておく点です。

1 サンプルファイルを開き、選択ツール を選択します❶。型となるオブジェクトのみを選択して❷、［オブジェクト］メニュー→［重ね順］→［最前面へ］を選択します❸。

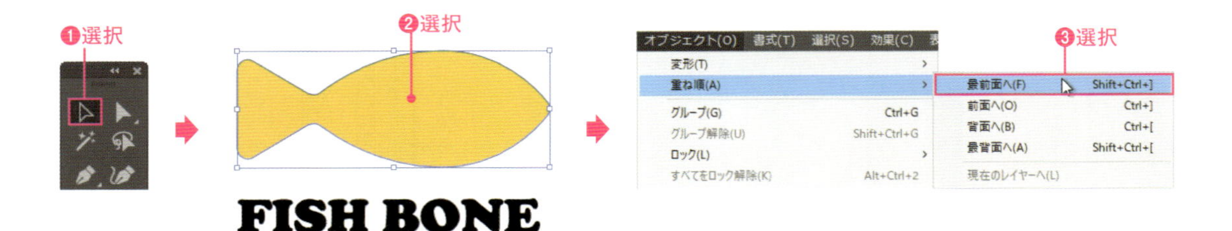

2 ふたつのオブジェクトを選択します❶。［オブジェクト］メニュー→［エンベロープ］→［最前面のオブジェクトで作成］を選択します❷。選択したオブジェクトが最前面の型に変形されます❸。

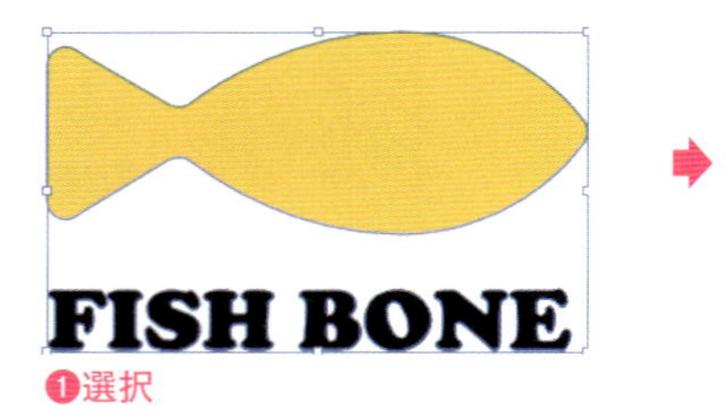

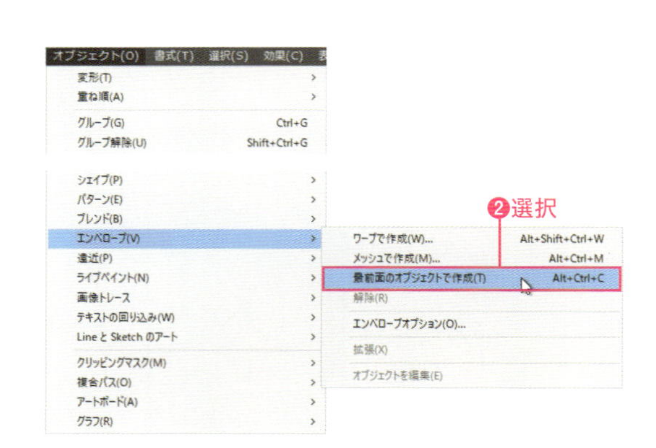

❸変形した

POINT

エンベロープの解除

エンベロープで変形したオブジェクトは、［オブジェクト］メニュー→［エンベロープ］→［解除］を選択すると、変形する前の形に戻ります。

101 オブジェクトに穴を開ける

五円玉の穴のようにパスの中がくり抜かれているオブジェクトを［複合パス］と呼びます。［複合パス］を作成するには、［複合パス］コマンドを利用する方法がありますが、ここでは、より簡単な［パスファインダー］パレットを利用した方法を解説します。

第5章 ► 101.ai

1 サンプルファイルを開き、選択ツール を選択します❶。型の土台となるパスと、抜きの型となるパスのどちらも選択します❷。

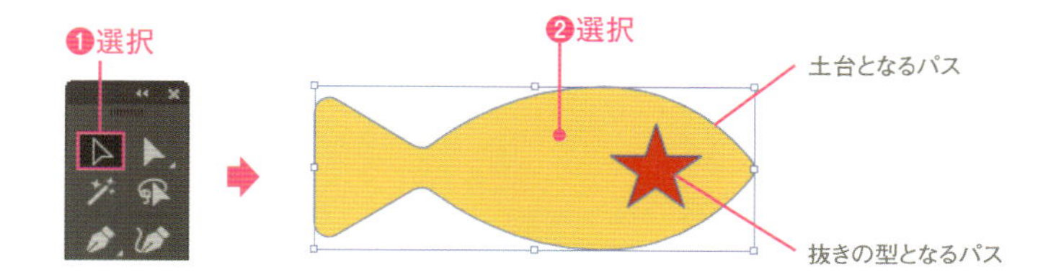

2 パスファインダーパネルの［中マド］ をクリックすると❶、パスが型の形にくり抜かれます❷。前面オブジェクトの色が適用されます。

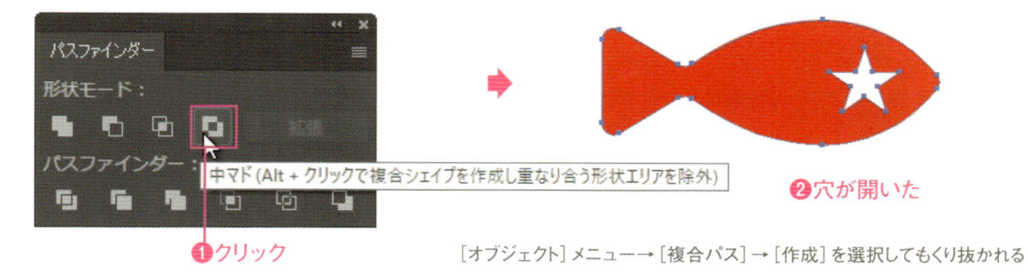

［オブジェクト］メニュー→［複合パス］→［作成］を選択してもくり抜かれる

POINT

複合パスの解除

くり抜かれたパスを選択し、［オブジェクト］メニュー→［複合パス］→［解除］を選択すると、元のふたつのパスに変換されます。

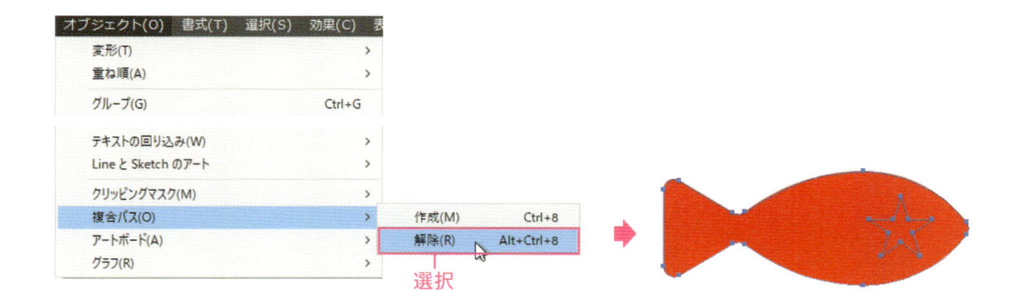

102 ひとまわり大きなオブジェクトを作る

オブジェクトの周囲を縁取りしたり、ロゴの作成など、オブジェクトの周囲をひとまわり大きいパスで作成するテクニックがあります。その際、オブジェクトの周囲から均等なサイズで広げるコマンドが［パスのオフセット］コマンドです。

第5章 ► 102.ai

1 サンプルファイルを開き、選択ツールを選択します❶。対象となるオブジェクトを選択して❷、［オブジェクト］メニュー→［パス］→［パスのオフセット］を選択します❸。

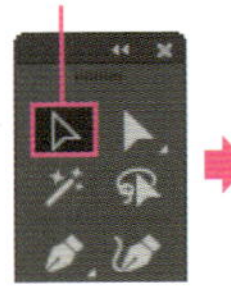

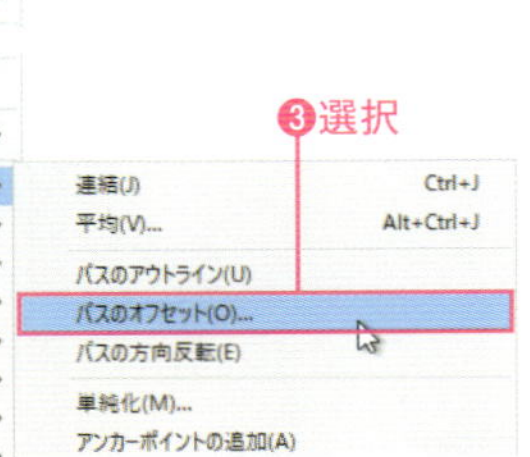

2 ［パスのオフセット］ダイアログボックスが表示されたら、［オフセット］にオフセット値を入力して❶、［OK］をクリックします❷。ひとまわり大きなパスが複製されます❸。

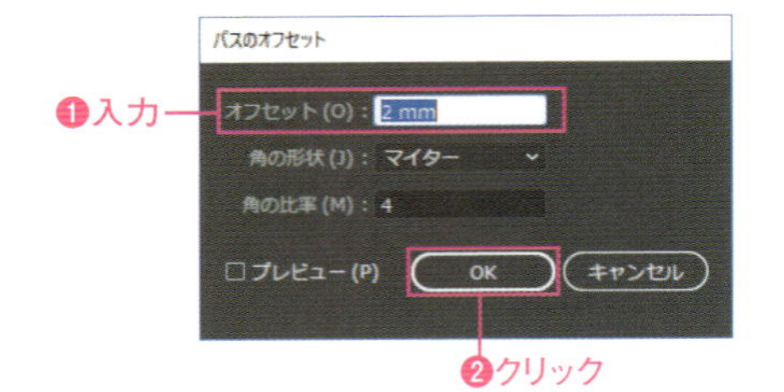

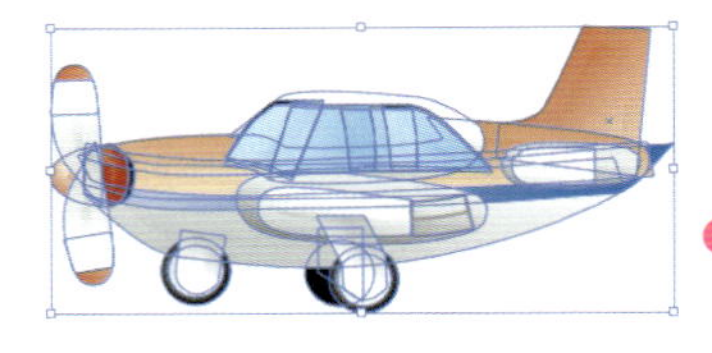

3 複製したパスが選択状態のまま、パスファインダーパネルの［合体］をクリックして❶、輪郭線だけのひとつのパスにします❷。合体したパスの［塗り］を［なし］、［線］を［ブラック］に設定すると❸、オブジェクトを縁取りした線になります❹。

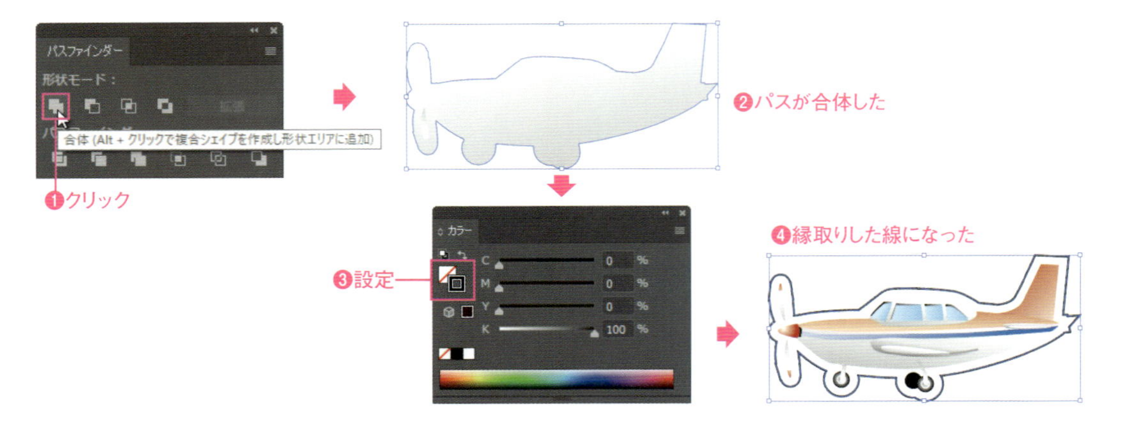

Macでは、キーは次のようになります。 Ctrl → ⌘ Alt → option Enter → return

オブジェクトの形状で型抜きする

103

パスファインダーパネルの機能は、さまざまな型にくり抜いたり、切り取ったりすることができる便利な機能です。［前面オブジェクトで型抜き］を使うと、前面オブジェクトの形状で型抜きできます。

1 サンプルファイルを開き、選択ツールを選択します❶。切り取りの対象となるパスと、型となるパスをドラッグして囲んで❷、選択します❸。

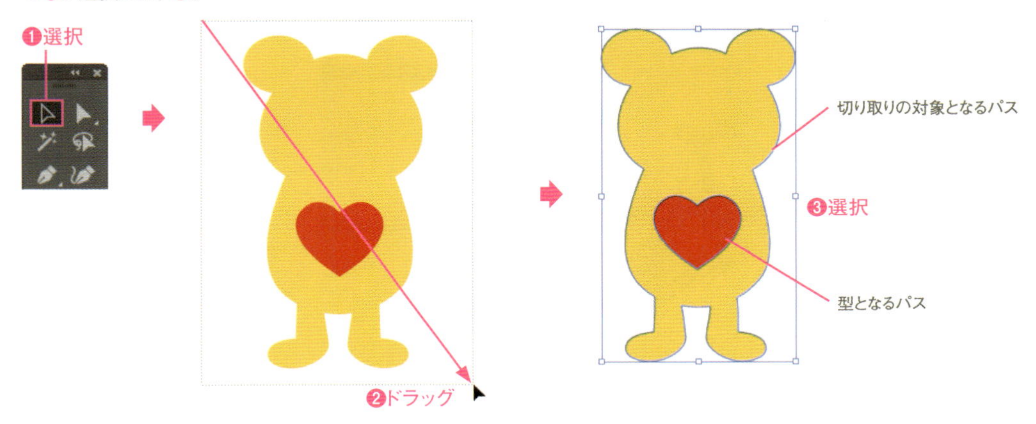

2 パスファインダーパネルの［前面オブジェクトで型抜き］をクリックすると❶、背面のパス（切り取りの対象となるパス）が、前面のパス（型となるパス）で型抜きされます❷。

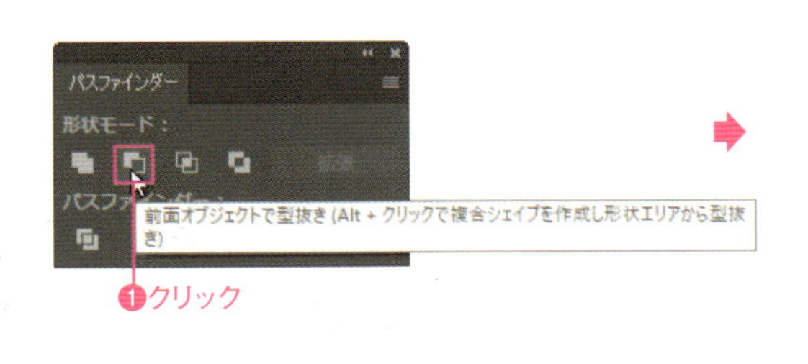

Point

複合シェイプ

パスファインダーパネルの形状モードの4つの機能は、Alt+クリックで複合シェイプになります。複合シェイプは、特殊なグループオブジェクトで、ダブルクリックして複合シェイプ編集モードに入ると、オブジェクトを個別に選択して編集できます。［拡張］ボタンをクリックすると、通常のオブジェクトになります。

Point

背面オブジェクトで型抜き

［背面オブジェクトで型抜き］は背面にあるパスで前面にあるパスを型抜きします。

104 複数のオブジェクトを合成してひとつのオブジェクトにする

パスファインダーパネルの機能は、切り取りやくり抜きだけでなく、オブジェクト同士を合体させる場合にも利用します。とくに[合体]は、さまざまなケースでよく利用される機能です。

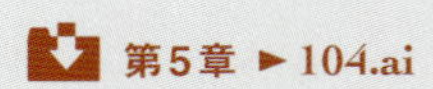

1 サンプルファイルを開き、選択ツールを選択して❶、対象となるオブジェクトを選択します❷。[編集]メニュー→[コピー]を選択して❸、[編集]メニュー→[同じ位置にペースト]を選択します❹。同じ位置に複製されます❺。

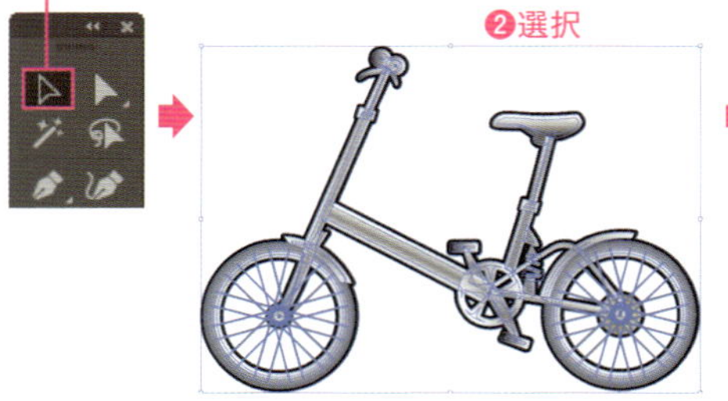

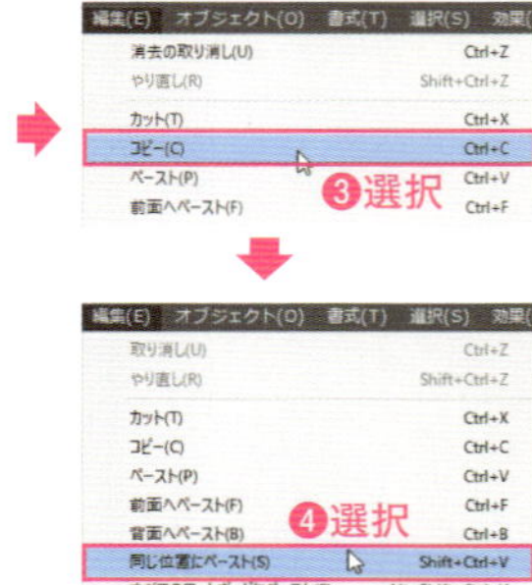

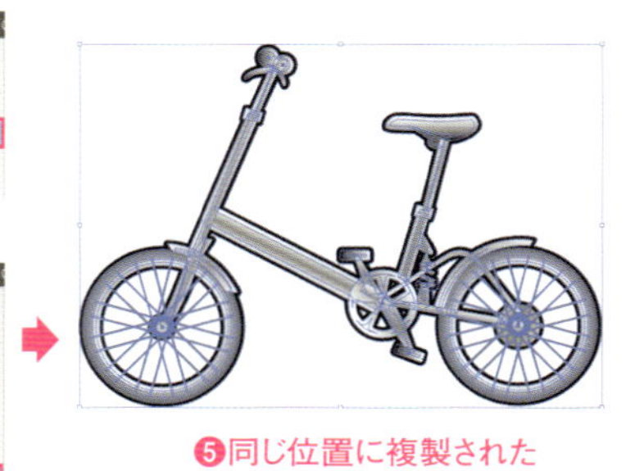

2 複製したパスが選択状態のまま、パスファインダーパネルの[合体]をクリックして❶、輪郭線だけのひとつのパスにします❷。

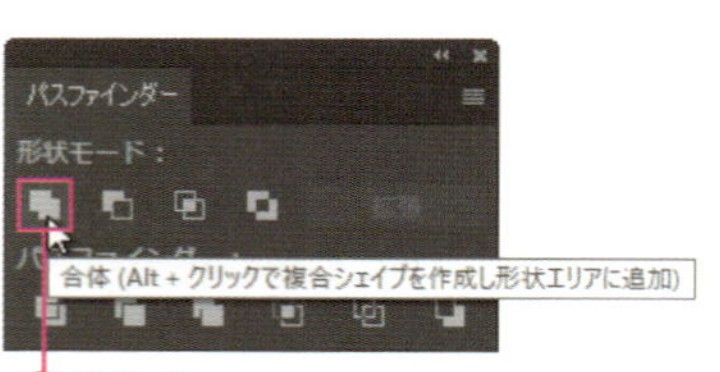

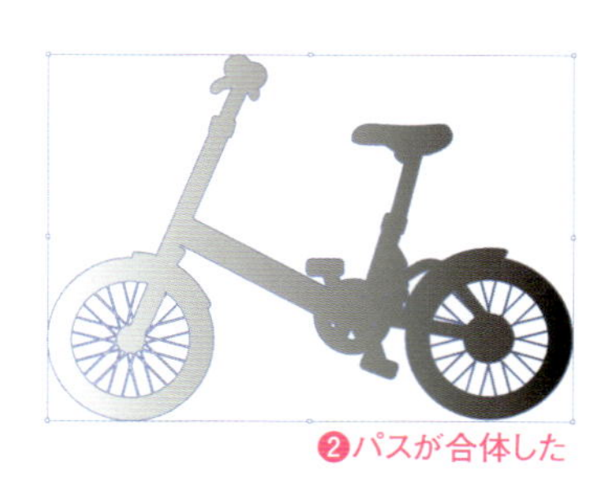

3 合体したパスの[塗り]を[ブラック]に設定したら❶、バウンディングボックスの上中央のハンドルを下にドラッグして反転させ❷、シアーツールで傾けると影のように見えるオブジェクトになります❸。

オブジェクトの交差部分だけを残す

105

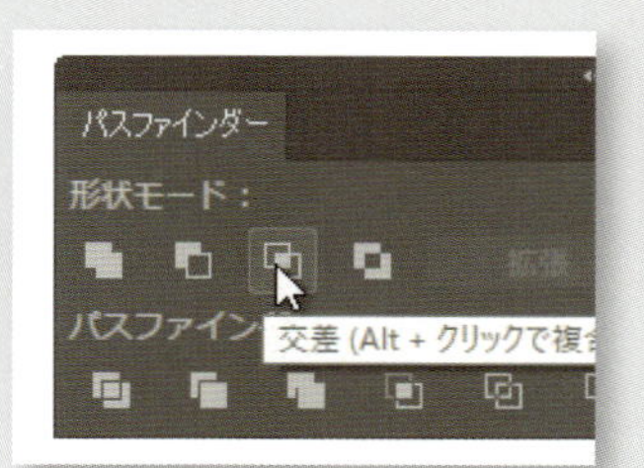

オブジェクトの重なり合う部分を残し、そのほかの部分を切り抜くパスファインダーパネルの［交差］を使ってみましょう。

1 サンプルファイルを開き、選択ツール を選択します❶。対象となるオブジェクトをドラッグして囲んで❷、選択します❸。

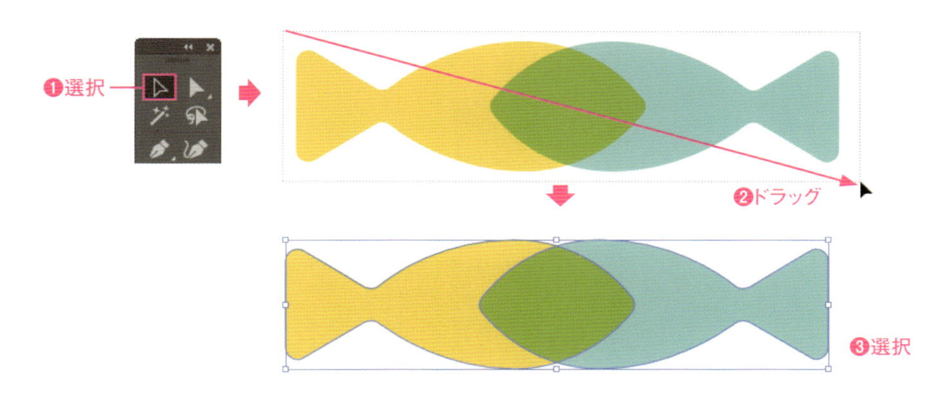

2 パスファインダーパネルの［交差］ をクリックすると❶、重なり合った部分だけが残され、ひとつのパスに変換されます❷。

Point

3つ以上重なっている場合

オブジェクトが3つ以上重なっている場合、すべてのオブジェクトが重なり合った部分だけが残されます。

選択したすべてのオブジェクトの重なり合った部分がない場合は、適用されません。

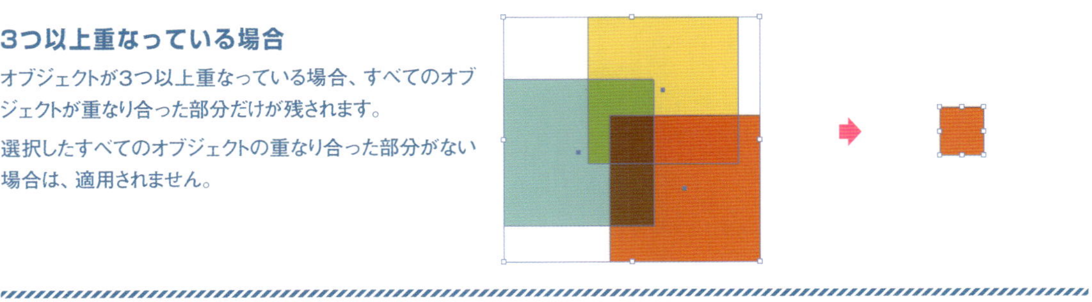

106 重なったオブジェクトから新しい形のオブジェクトを作る

シェイプ形成ツールを使うと、オブジェクトの重なり合った部分を合成したり、削除したりして、新しいオブジェクトを作成できます。すべてドラッグで操作できるので、直感的に合成、削除が可能です。

1 サンプルファイルを開き、選択ツール▷を選択して❶、合成の対象となるオブジェクトを選択します❷。

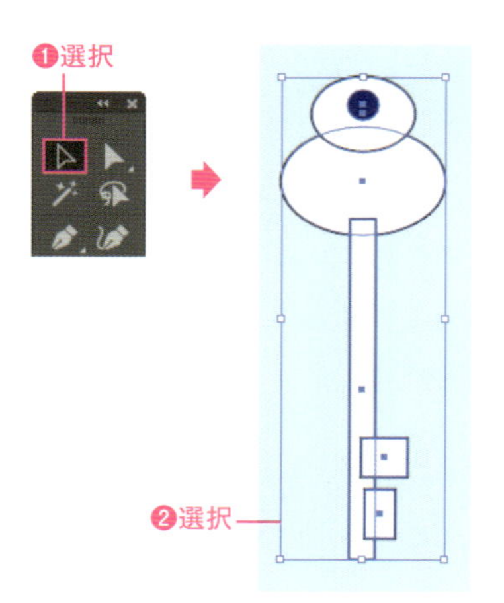

2 シェイプ形成ツールを選択します❶。カラーパネルで、合成してできるオブジェクトの［塗り］のカラーを設定します❷。オブジェクトの上にカーソルを移動すると、網掛けで表示されます❸。これが合成される対象部分です。

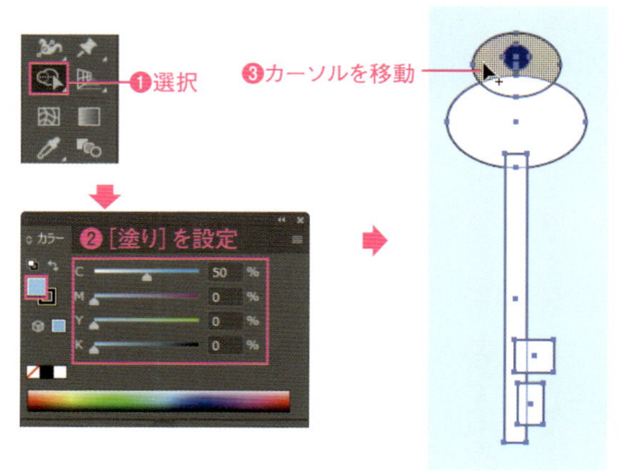

3 網掛けを見ながらドラッグして、合成する部分を指定します❶。ドラッグを終了すると、オブジェクトが合成され、選択した色になります❷。同じ手順で、ほかの部分も合成します❸。

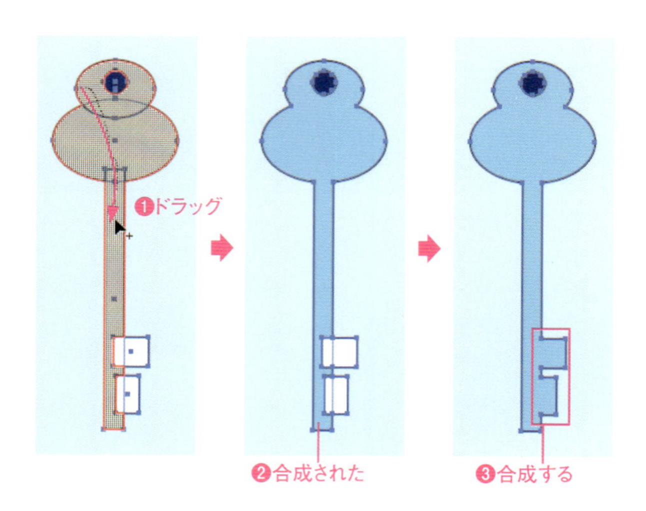

4 上部の円にカーソルを合わせ、Alt キーを押しながらクリックします❶。円が削除され穴が空きました❷。Alt キーを一緒に使うと、クリックまたはドラッグした部分を削除できます。

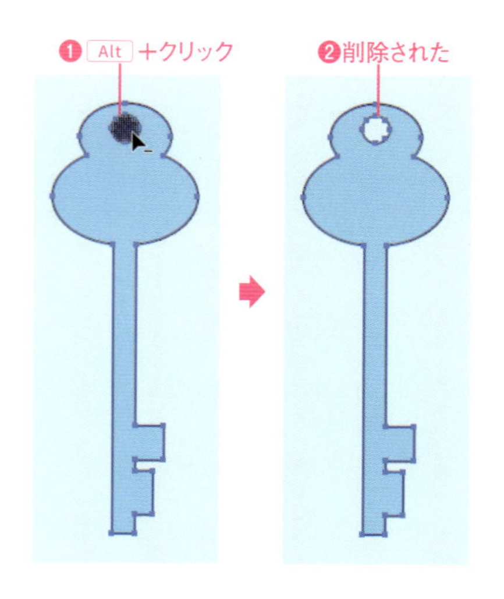

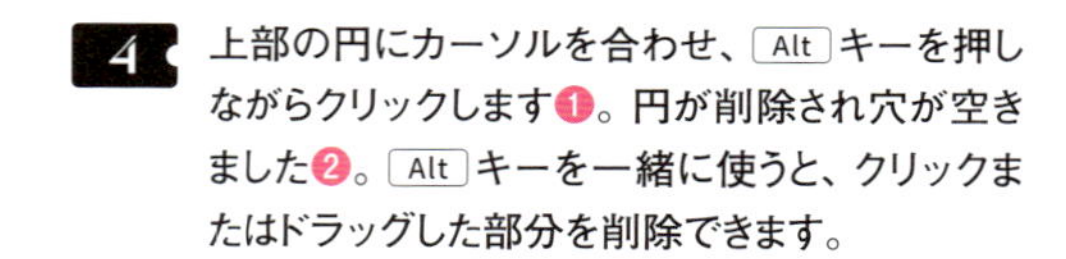

Macでは、キーは次のようになります。 Ctrl → ⌘　Alt → option　Enter → return

107 パペットワープでオブジェクトを複雑に変形する

パペットワープツールはCC2018から追加されてツールで、オブジェクトの形状を自然な状態のまま変形できるツールです。複雑なオブジェクトも変形できるので、便利なツールです。

1 サンプルファイルを開き、選択ツールを選択して❶、オブジェクトを選択します❷。

2 パペットワープツールを選択します❶。木の根元部分をクリックします❷。ピンが表示され❸、周囲にメッシュが表示されます❹。ピンが変形の基準となります。

3 同じ手順で幹の中央と上部にピンをクリックして追加します❶。追加した一番上のピンを選択し❷、ドラッグします❸。ほかのピンは固定され、ドラッグした周囲のオブジェクトが移動して変形します。

4 一番上のピンの周囲に表示された点線の円の上にカーソルを移動すると、カーソルがになります❶。そのままドラッグすると❷、ピンを中心にオブジェクトが回転します。

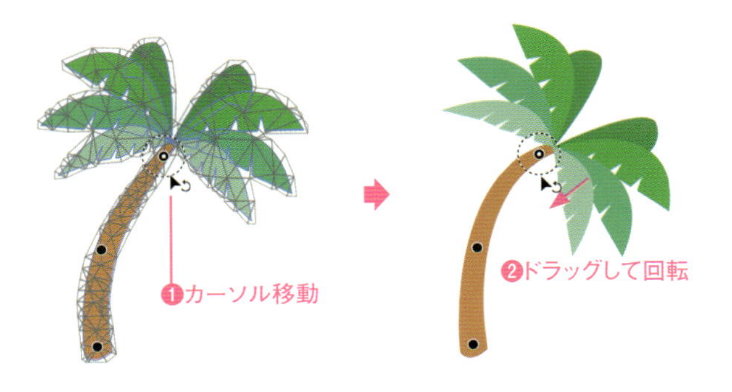

108 オブジェクトの一部だけを見せるようにマスクする

パスの形にオブジェクトを切り抜き、一部だけを表示させる機能を「クリッピングマスク」と呼びます。パスファインダー機能のように実際に切り取るのではなく、「隠す」ことを目的とした機能です。

第5章 ► 108.ai

1 サンプルファイルを開き、選択ツールを選択して❶、マスクの対象となるオブジェクトと、最前面のマスクの型となるパスを含めて、すべて選択します❷。

2 ［オブジェクト］メニュー→［クリッピングマスク］→［作成］を選択します❶。マスクの型となるパスの形で、背面のオブジェクトが隠されます❷。

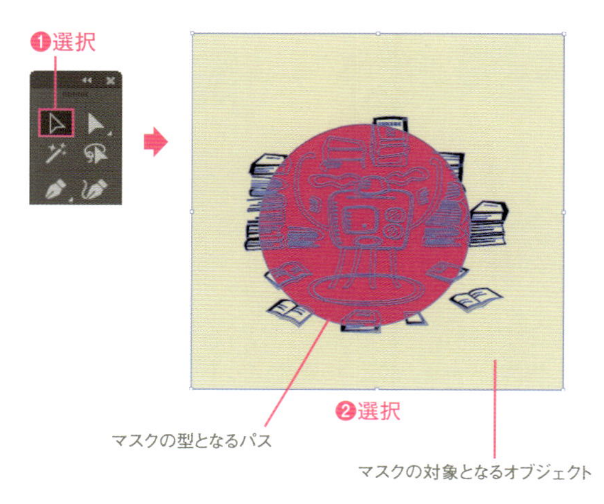

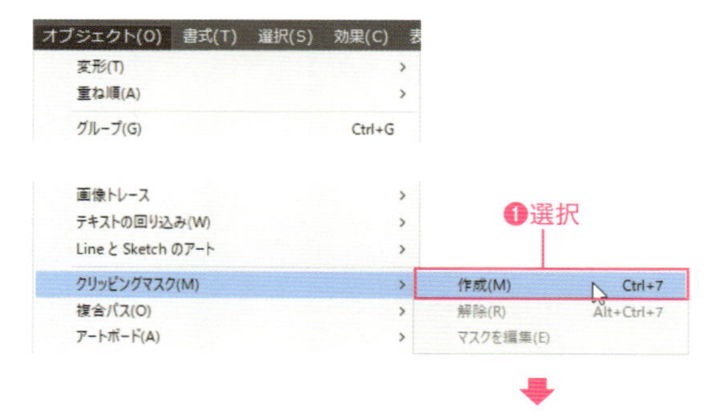

❷マスクされた

POINT

クリッピングマスクオブジェクトの編集

クリッピングマスクされたオブジェクトはそのままの状態ではカラーの変更などの作業を行うことができません。

クリッピングマスク内のオブジェクトへアクセスするには、オブジェクトをダブルクリックし、編集モードへ切り替えます。もしくは［オブジェクト］メニュー→［クリッピングマスク］→［編集］を実行することで、編集モードに切り替えることができます。

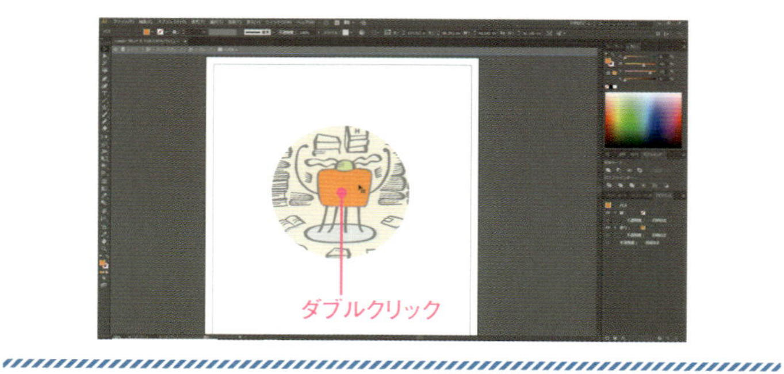

POINT

クリッピングマスクの解除

クリッピングマスクオブジェクトは、［オブジェクト］メニュー→［クリッピングマスク］→［解除］を選択すると、マスクする前のオブジェクトに戻ります。

Macでは、キーは次のようになります。 Ctrl → ⌘ Alt → option Enter → return

109 形状の異なるオブジェクトから中間形状の図形を作成する

ブレンドツールでは、ふたつのパスの形状とカラーを、指定したステップ数で変化させます。必ずしも変形させる必要はなく、罫線の作成やボックスを並べたりなど、レイアウトの補助機能として利用するケースでも便利な機能です。

第5章 ► 109.ai

形状の異なるオブジェクトから中間形状の図形を作成する

1 サンプルファイルを開き、選択ツール を選択します❶。ブレンドするオブジェクトを選択します❷。

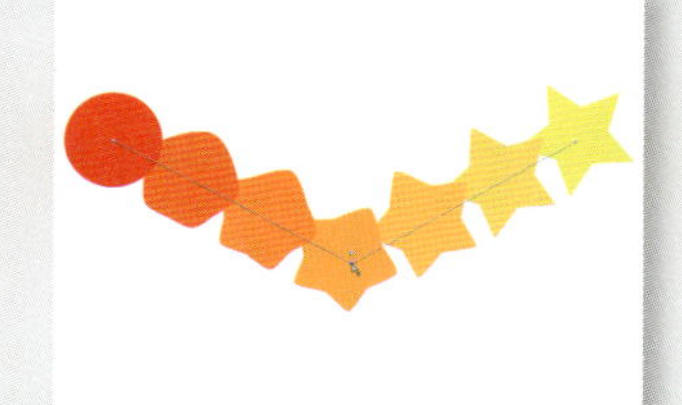

2 ブレンドツール を選択します❶。それぞれに対応するアンカーポイントをクリックします❷❸。ふたつのオブジェクトの間にブレンドが作成されます❹。

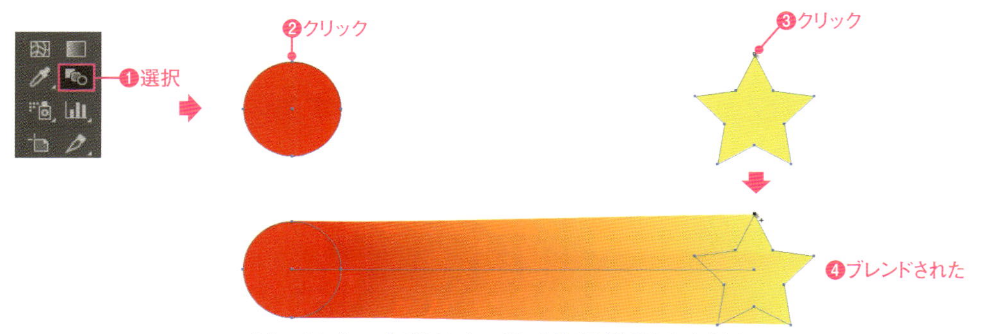

［ブレンドオプション］の設定によっては、結果が作例と異なることもある

3 ブレンドしたオブジェクトが選択状態のまま、［オブジェクト］メニュー→［ブレンド］→［ブレンドオプション］を選択します❶。［ブレンドオプション］ダイアログボックスが表示されたら、［間隔］を［ステップ数］に設定して❷、ステップ数を入力します❸。［OK］をクリックすると❹、指定したステップ数のブレンドに変更されます❺。

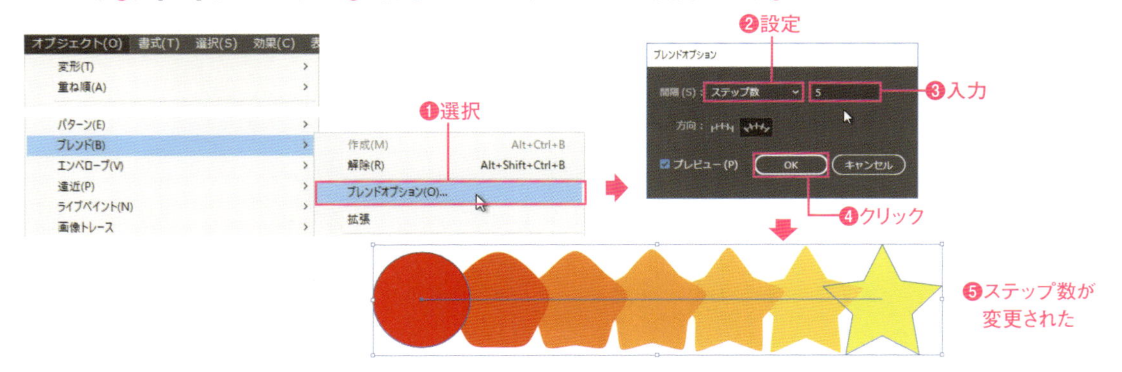

ブレンド軸を移動する

ブレンドオブジェクトでは、ふたつのオブジェクトを結ぶ「ブレンド軸」と呼ばれるパスが存在しています。このパスは通常のパスと同様に移動や変形が可能になっています。

1 アンカーポイントの追加ツール を選択します❶。ブレンド軸の上をクリックして❷、アンカーポイントを追加します。

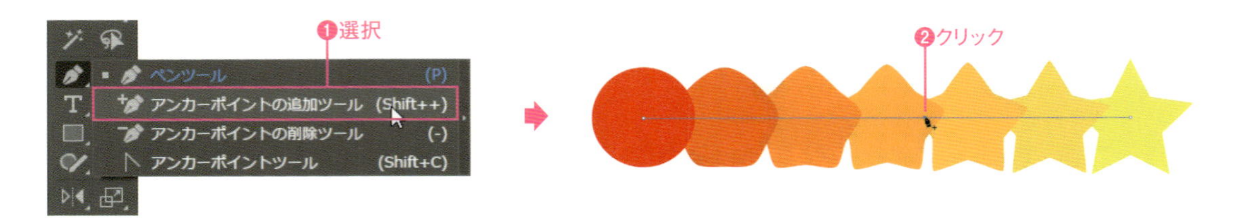

2 ダイレクト選択ツール を選択します❶。追加したアンカーポイントをドラッグします❷。ブレンド軸に合わせてブレンドも変形します。

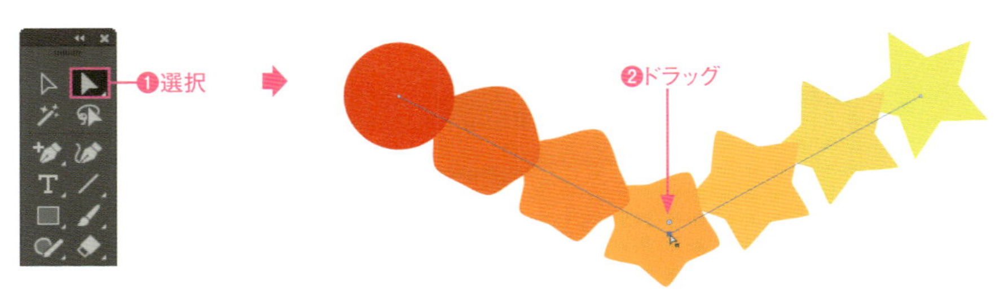

ブレンドオブジェクトを通常のパスに変換する

ブレンドツール で作成されたブレンドオブジェクトは、通常のパスとは異なり中間形状を編集することができません。中間形状のパスを編集するためには、ブレンドオブジェクトから通常のオブジェクトへと変換する必要があります。

1 選択ツール で、ブレンドオブジェクトを選択します❶。[オブジェクト] メニュー→ [分割・拡張] を選択します❷。

2 [分割・拡張] オプションダイアログボックス が表示されたら、[オブジェクト] にチェックを付けて❶、[OK] をクリックします❷。中間形状がパスに変換されます❸。

パスに変換されたオブジェクトは、グループ化されている

Macでは、キーは次のようになります。 Ctrl → ⌘ Alt → option Enter → return

110〜116

オブジェクトの階層とレイヤー

Illustratorのオブジェクトは、新しく作成したものが前面になるように重なります。これらのオブジェクトの階層を管理する機能がレイヤーです。レイヤー単位でオブジェクトをまとめることで、制作作業が効率的になります。本章では、オブジェクトの階層とレイヤーについて解説します。

第6章

110 オブジェクトの重なり順を変更する

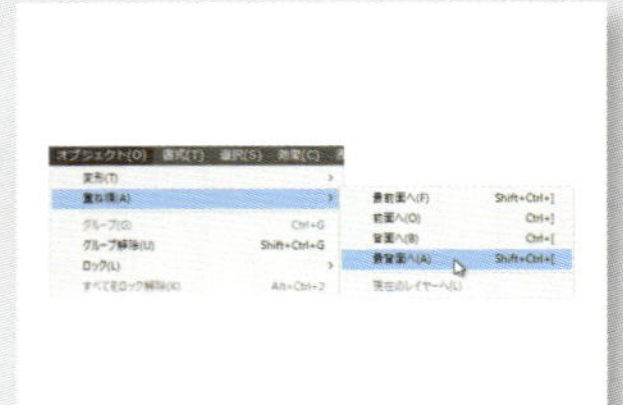

Illustratorでは、オブジェクトは通常、作成した順番に上へと重ねられます。そのため作業を進めていくうちに、順番を入れ替えかえる必要が生じます。重ね順の変更は頻繁に使われるコマンドなので、キーボードショートカットをマスターしておくと便利です。

第6章 ▶ 110.ai

サンプルファイルを開き、選択ツールを選択します❶。移動するオブジェクトを選択し❷、[オブジェクト] メニュー→ [重ね順] → [背面へ] を選択します❸。オブジェクトが背面に移動します❹。

Point

[背面へ]を実行した場合、オブジェクトが作成された順番に気をつけなければなりません。図のように1、2、3番の順に重なったオブジェクトでは、3番のオブジェクトを[背面へ]コマンドで背面に送ると、直近に作成されたオブジェクトである2番の後ろに隠れます。

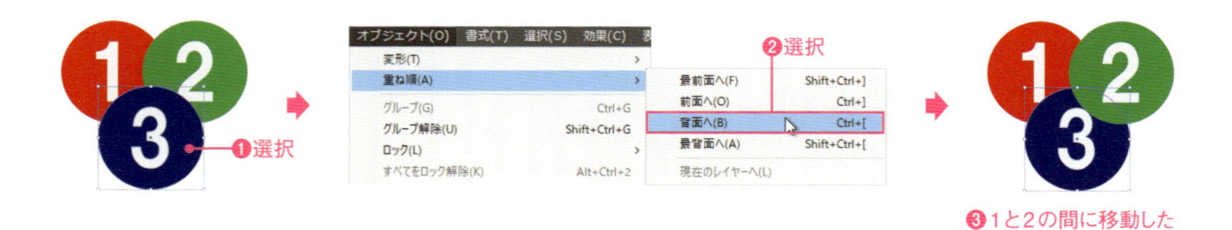

3番のオブジェクトを1番の背面へ送る場合には[オブジェクト] メニュー→[重ね順]→[最背面へ]を実行します。

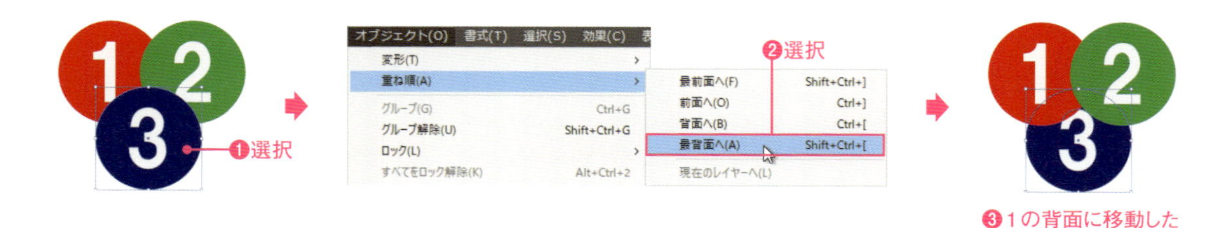

Macでは、キーは次のようになります。 Ctrl → ⌘　Alt → option　Enter → return

オブジェクトをレイヤーで管理する

111

Illustratorでは、アートボードに配置されているすべてのオブジェクトが[レイヤー]によって管理されています。ひとつのオブジェクトをいくつものレイヤーに分けて作業することで、作業効率を向上させることができます。サンプルファイルを開いて確認してください。

第6章 ►111.ai

新規レイヤーを作成する

レイヤーの管理はレイヤーパネルで行います。新たにレイヤーを作成する場合はレイヤーパネルから[新規レイヤーを作成]をクリックします❶。新規レイヤーは、直近に選択したレイヤー(右上にが表示❷)の上に作成されます❸。

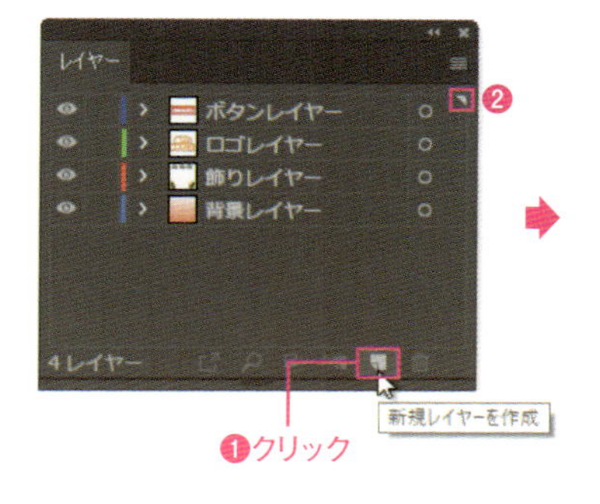

レイヤーの削除

レイヤーを削除するには、レイヤーパネルから削除したいレイヤーを選択して❶、[選択項目を削除]をクリックします❷。選択したレイヤーにオブジェクトがある場合は、警告ダイアログボックスが表示されます。[はい]をクリックすると、レイヤーに存在するオブジェクトごと削除されます。

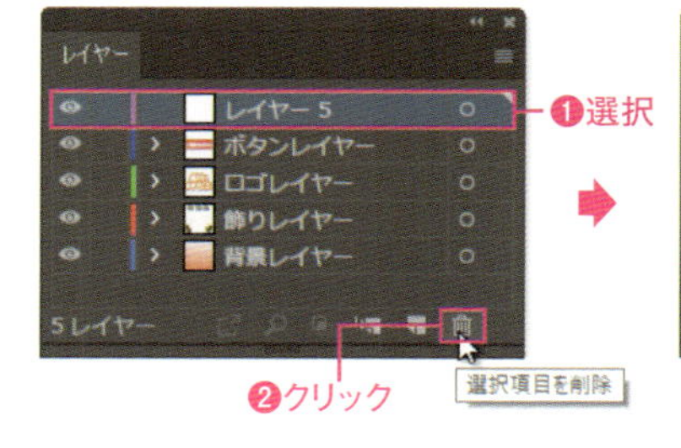

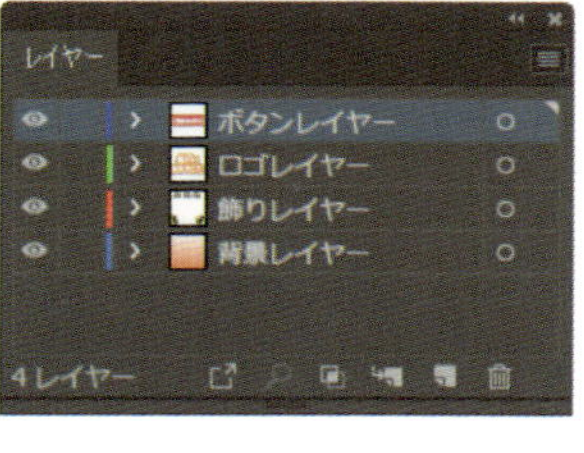

レイヤーオプション

レイヤーを選択して❶、パネルメニューから[「(レイヤー名)」のオプション]を選択すると❷、[レイヤーオプション]ダイアログボックスが表示されます❸。ここでは、レイヤー名やカラー、表示、非表示の切り替えなどの設定を行うことができます。

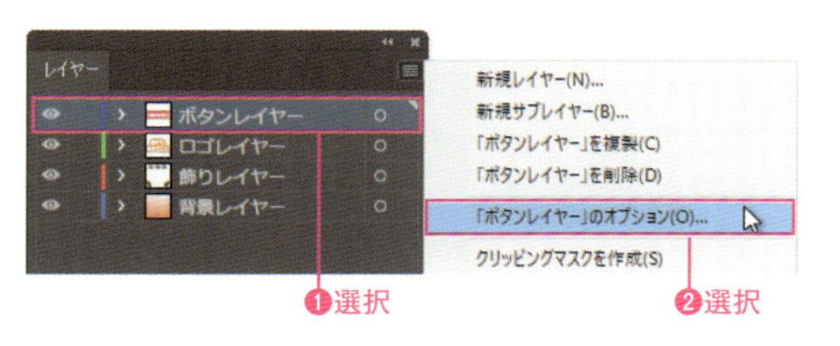

レイヤーパネルのレイヤー名の右側の文字が表示されていない部分をダブルクリックしてもよい

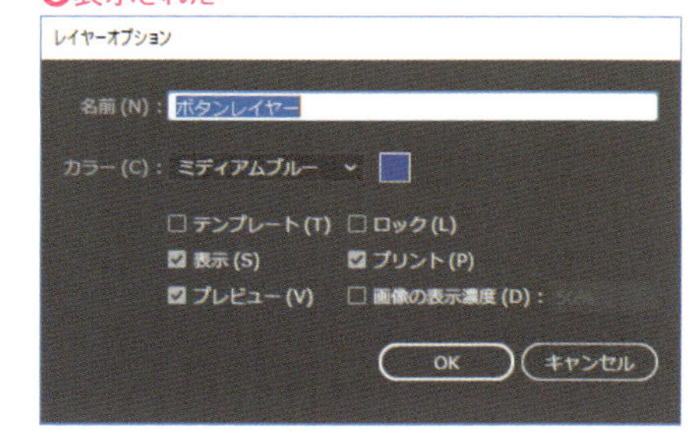

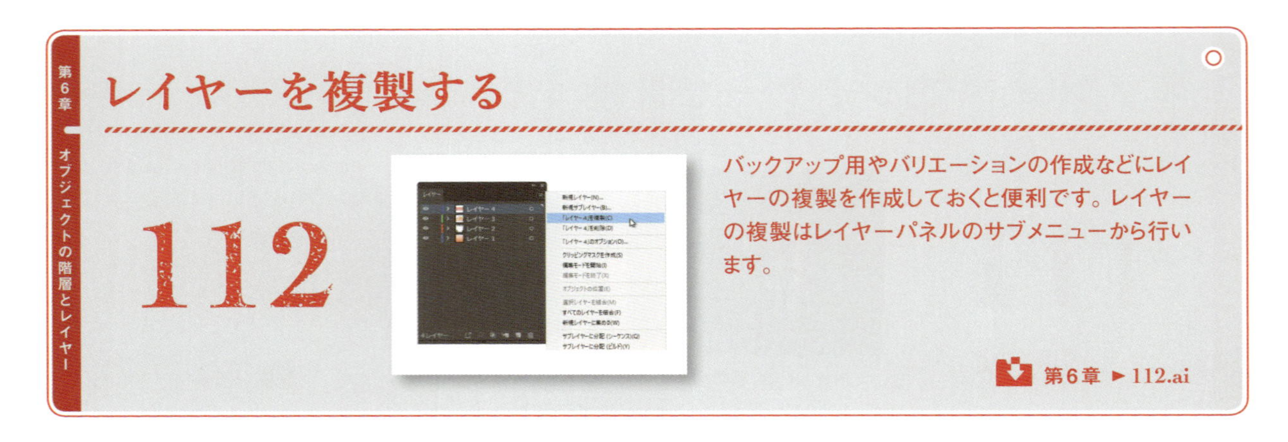

112 レイヤーを複製する

バックアップ用やバリエーションの作成などにレイヤーの複製を作成しておくと便利です。レイヤーの複製はレイヤーパネルのサブメニューから行います。

第6章 ▶ 112.ai

1 サンプルファイルを開きます。複製を作成するレイヤーを選択して❶、レイヤーパネルメニューから[「(レイヤー名)」を複製]を選択します❷。

2 選択したレイヤーの上に「(レイヤー名) のコピー」レイヤーが作成されます❶。

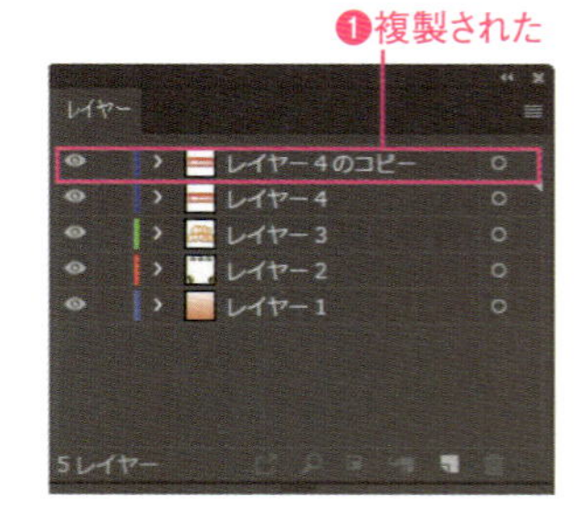

POINT

ドラッグ&ドロップで複製

レイヤーを[新規レイヤーを作成]にドラッグしても、コピーできます。

Macでは、キーは次のようになります。 Ctrl → ⌘ Alt → option Enter → return

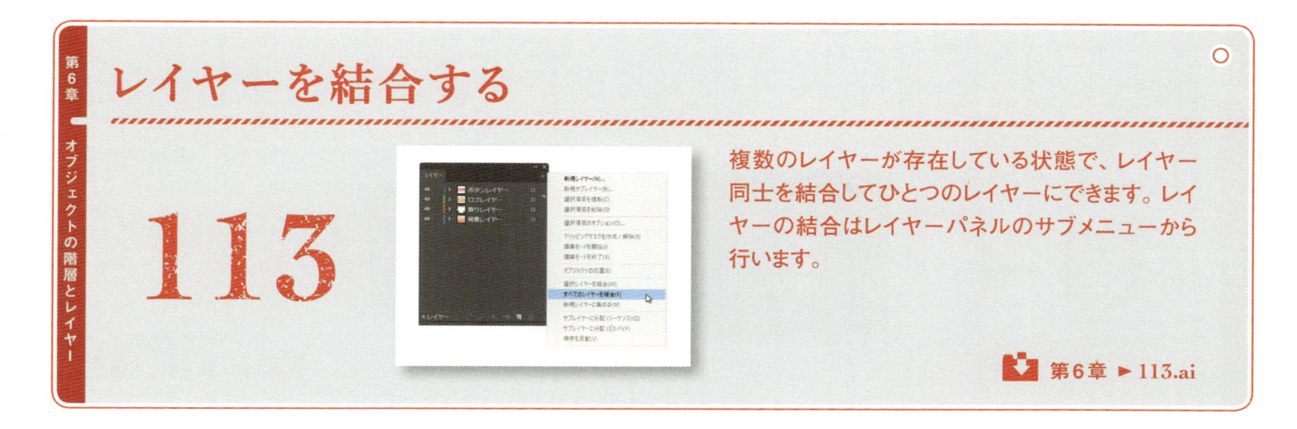

113 レイヤーを結合する

複数のレイヤーが存在している状態で、レイヤー同士を結合してひとつのレイヤーにできます。レイヤーの結合はレイヤーパネルのサブメニューから行います。

第6章 ▶ 113.ai

レイヤーを結合する

サンプルファイルを開きます。結合したいレイヤーを Ctrl キーを押しながらクリックして選択して❶、レイヤーパネルメニューから［選択レイヤーを結合］を選択します❷。最後に選択したレイヤーに結合されます❸。

すべてのレイヤーを結合する

すべてのレイヤーを結合する場合は、同じくレイヤーパネルメニューから［すべてのレイヤーを結合］を選択します❶。最後に選択したレイヤーに結合されます❷。

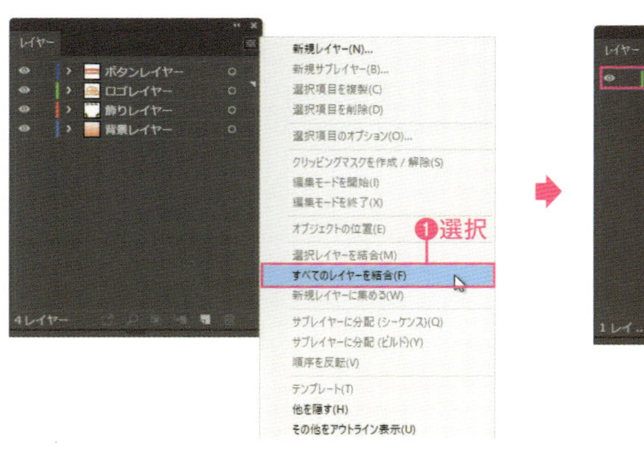

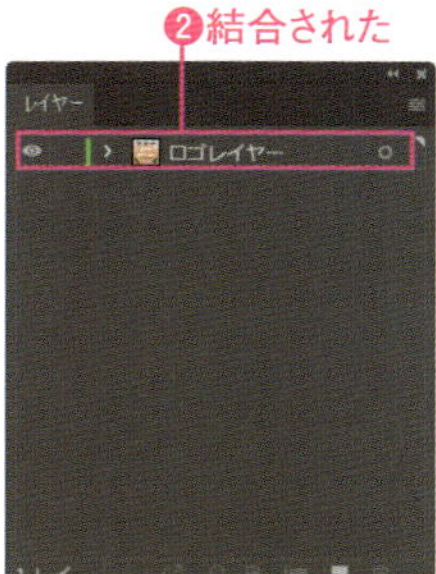

選択したレイヤー以外のレイヤーを非表示にする

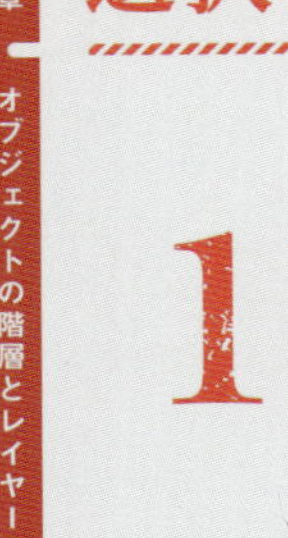

114

複数のレイヤーが存在している状態で、表示させておきたいレイヤー以外を一括で非表示にします。レイヤーのロックも同様に一括で行うことができます。

第6章 ▶ 114.ai

選択レイヤー以外を一括で非表示にする

Alt キーを押しながら、表示させておきたいレイヤーの［表示・非表示を切り替え］をクリックします❶。すると、クリックしたレイヤー以外のレイヤーに属するオブジェクトが非表示になります❷。レイヤーパネルでは、すべて非表示に切り替わります❸。すべて表示するには、Alt キーを押しながら、再度同じレイヤーをクリックします。

❶ Alt ＋クリック

❷非表示になった

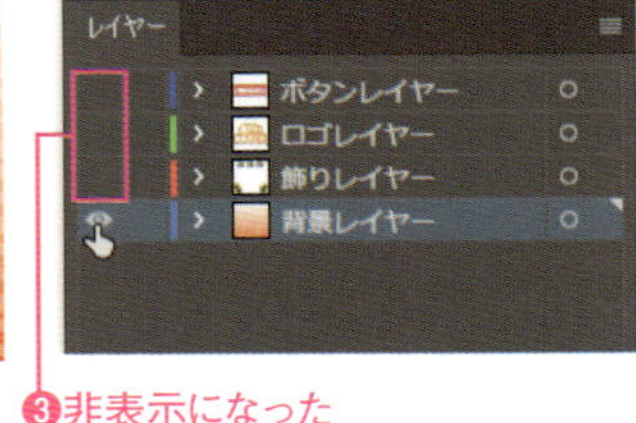

❸非表示になった

選択レイヤー以外を一括でロックする

レイヤーのロックも、表示・非表示の切り替えと同様に一括でできます。Alt キーを押しながら、ロックしないレイヤーのロックアイコンのエリアをクリックします❶。すると、クリックしたレイヤー以外のレイヤーがすべてロックされます❷。
再度同じレイヤーロックアイコンのエリアをクリックすると、ロックの解除を一括で行うことができます。

❶ Alt ＋クリック

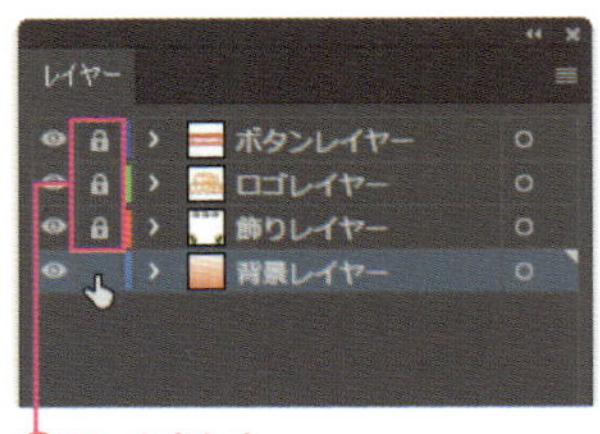

❷ロックされた

Macでは、キーは次のようになります。 Ctrl → ⌘ Alt → option Enter → return

115 レイヤーパネルでオブジェクトを別レイヤーに移動する

複数のレイヤーが存在している状態では、レイヤーパネルを使い、特定のオブジェクトを位置を変えずに、そのままの状態で別のレイヤーに移動できます。

第6章 ▶ 115.ai

1 サンプルファイルを開き、選択ツールを選択します❶。別レイヤーに移動するオブジェクトを選択します❷。

2 レイヤーパネルメニューから［オブジェクトの位置］を選択します❶。

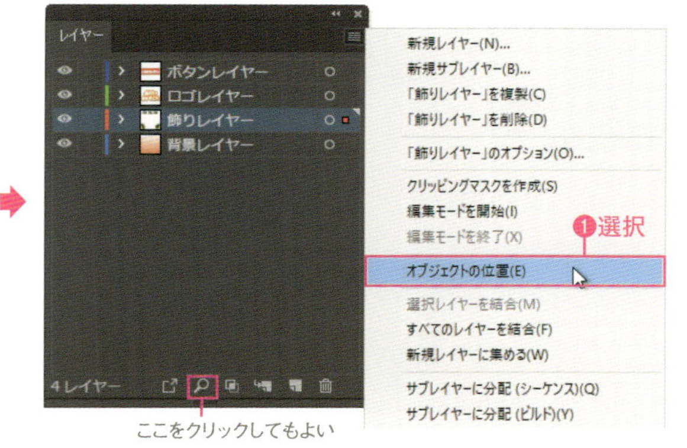

3 レイヤーパネルで、選択したオブジェクトが表示されます❶（グループオブジェクトは、グループが展開されて表示されます）。レイヤー名の右横にマーカーが表示されているのが、現在選択されているオブジェクトになります。オブジェクトがグループに設定されている場合は、グループ名をドラッグします❷。ほかのレイヤーへ移動させることで、オブジェクトのレイヤー移動ができます❸。

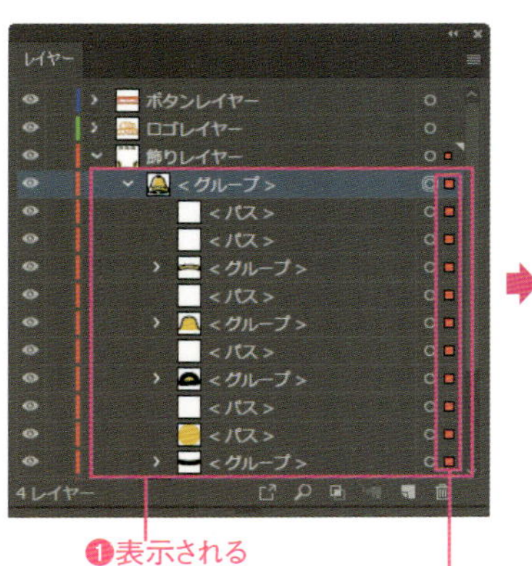

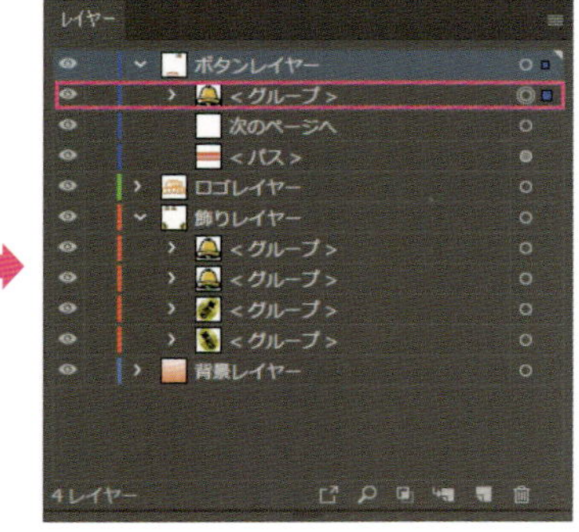

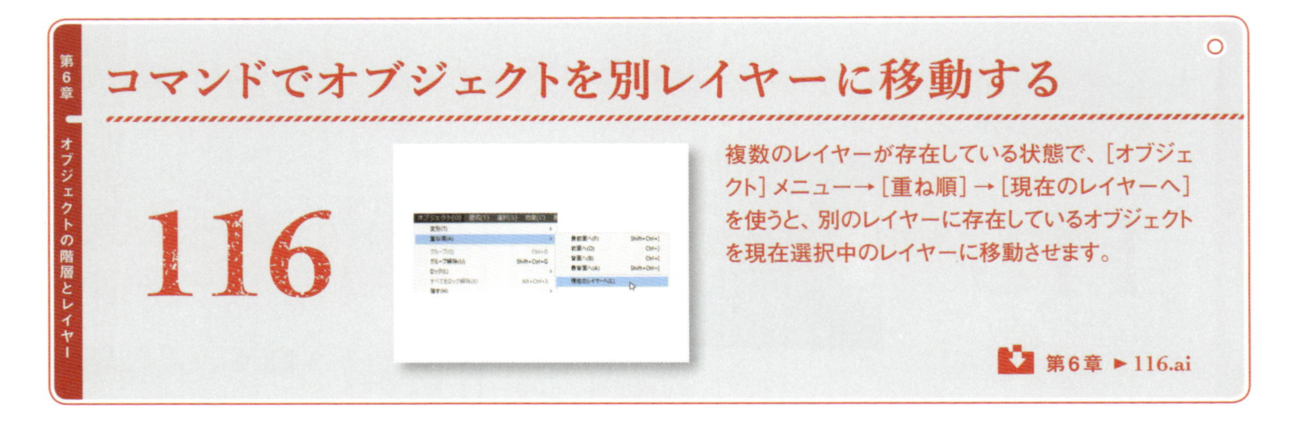

コマンドでオブジェクトを別レイヤーに移動する

複数のレイヤーが存在している状態で、[オブジェクト] メニュー→ [重ね順] → [現在のレイヤーへ] を使うと、別のレイヤーに存在しているオブジェクトを現在選択中のレイヤーに移動させます。

第6章 ► 116.ai

1 サンプルファイルを開き、選択ツール を選択します❶。別レイヤーに移動するオブジェクトを選択します❷。

2 レイヤーパネルで、移動先のレイヤーを選択します❶。

3 [オブジェクト] メニュー→ [重ね順] → [現在のレイヤーへ] を選択すると❶、選択したオブジェクトがレイヤーパネルで選択したレイヤーへ移動します❷。

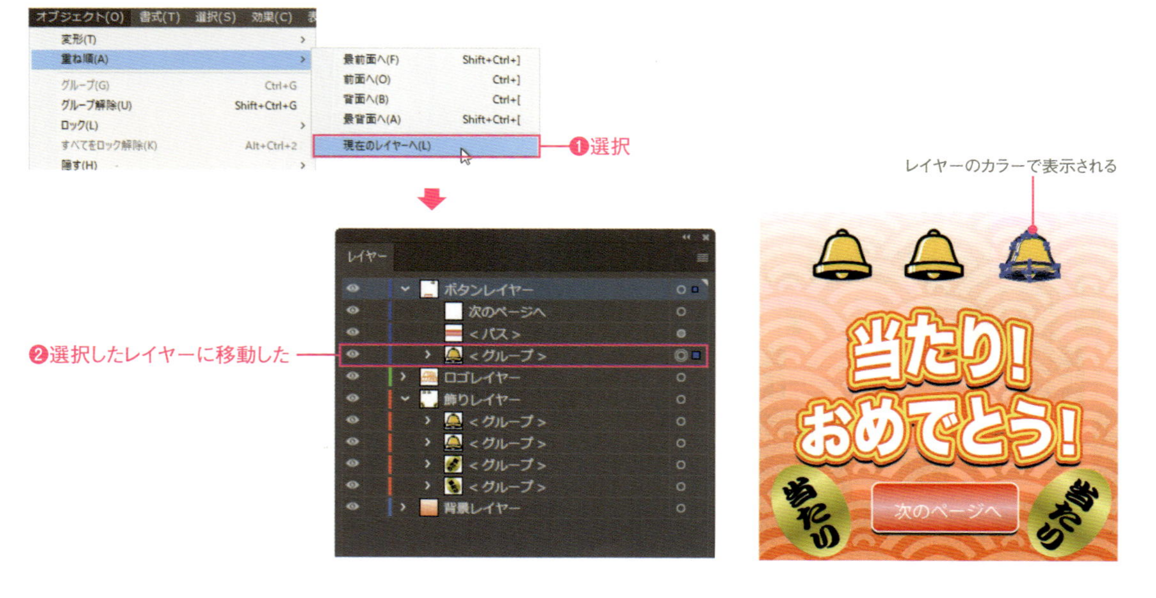

Macでは、キーは次のようになります。 Ctrl → ⌘ Alt → option Enter → return

117~130

第7章

パスの操作

Illustratorの最大のメリットは、パスの形状を自由に編集できることです。パスの構造を理解し、自在に変形できるようになると、表現力もアップします。しかし、なかなか思うようにパスの操作はできないものです。慣れるにしたがって思ったように変形できるようになるので、あわてずに取り組んでください。本章では、パスの操作について解説します。

パスの構造を理解する

117

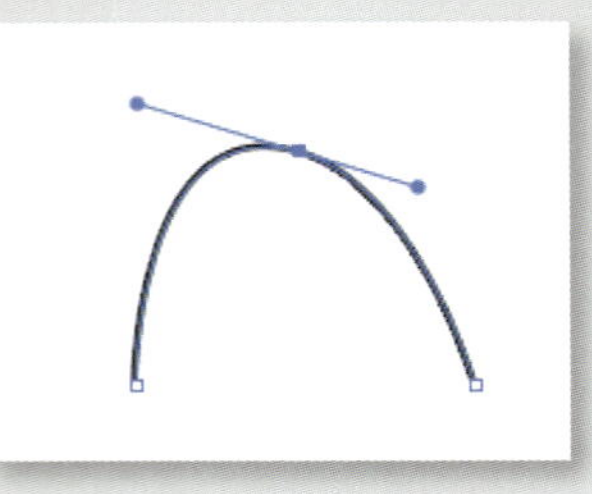

パスはIllustratorにおいて、一番基本となるオブジェクトになります。はじめにペンツールや長方形ツールなどを利用し、骨組みとなるパスを作成して、パスに対して塗りや線の設定を与えることで、さまざまな図形を構成します。パスの構造を覚えておきましょう。

第7章 ▶ 117.ai

1 サンプルファイルを開きます❶。ダイレクト選択ツールを選択し❷、線だけのオブジェクトを囲んで選択します❸。パスを構成するアンカーポイントが表示されます❹。アンカーポイントとアンカーポイントの線の部分をセグメントといいます❺。

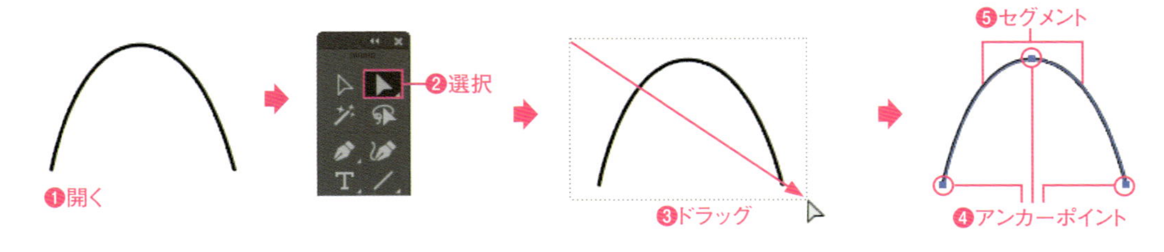

2 一番上のアンカーポイントをクリックして選択します❶。アンカーポイントを選択すると、ハンドルを表示することができます❷。ハンドルは、セグメントの曲線の方向や曲がりの強さを示します。

ハンドルは方向線とも呼ばれる

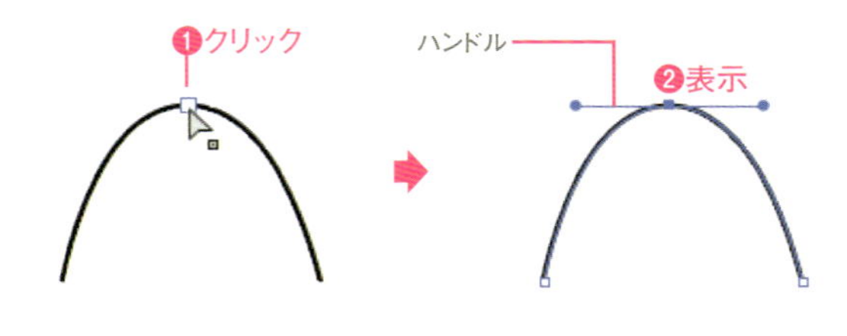

3 ハンドルは、ダイレクト選択ツールでドラッグして向きや長さを調整でき❶、パスの形を変えられます❷。

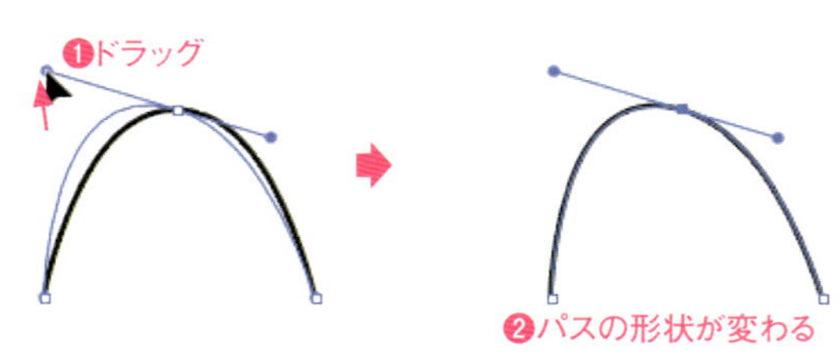

POINT

ハンドルが両方向に直線で表示されるアンカーポイントを「スムーズポイント」といいます。ハンドルがひとつまたは表示されないアンカーポイントは、「コーナーポイント」といいます。

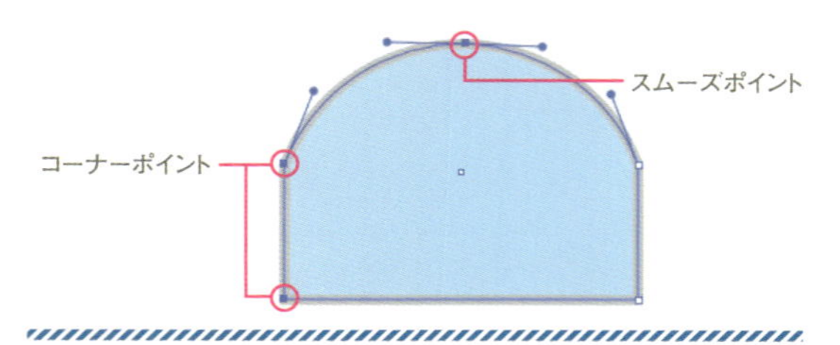

POINT

パスが閉じているオブジェクトは、「クローズパス」といいます。開いているオブジェクトは「オープンパス」といいます。

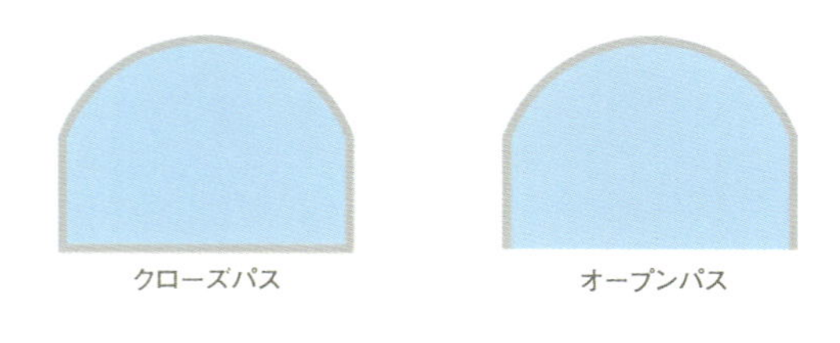

Macでは、キーは次のようになります。 Ctrl → ⌘ Alt → option Enter → return

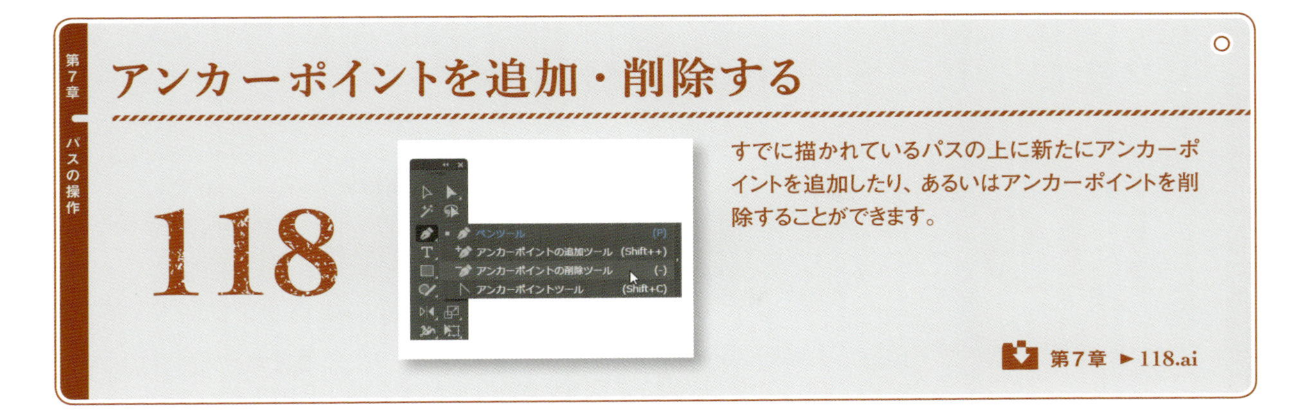

アンカーポイントを追加・削除する

すでに描かれているパスの上に新たにアンカーポイントを追加したり、あるいはアンカーポイントを削除することができます。

1 サンプルファイルを開きます。選択ツールを選択し❶、オブジェクトを選択します❷。

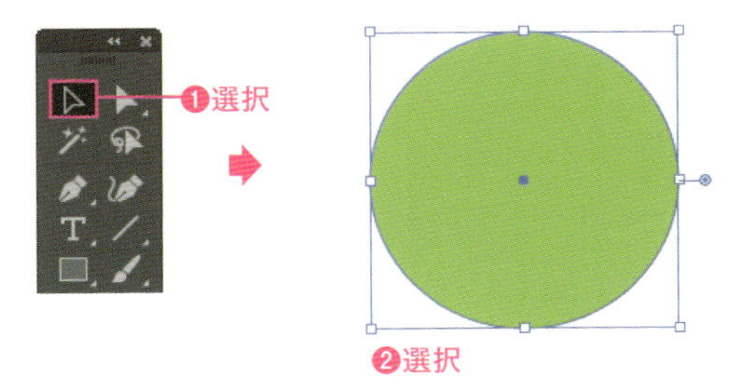

2 アンカーポイントの追加を行うにはアンカーポイントの追加ツールを選択して❶、パス上の追加したい場所でクリックすると❷、追加されます❸。

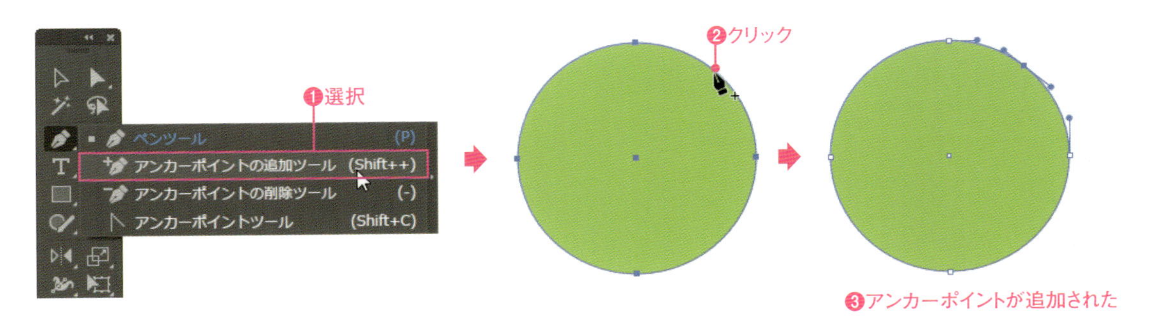

3 すでに存在しているアンカーポイントを削除するには、アンカーポイントの削除ツールを選択します❶。削除したいアンカーポイント上でクリックすると❷、削除されます❸。

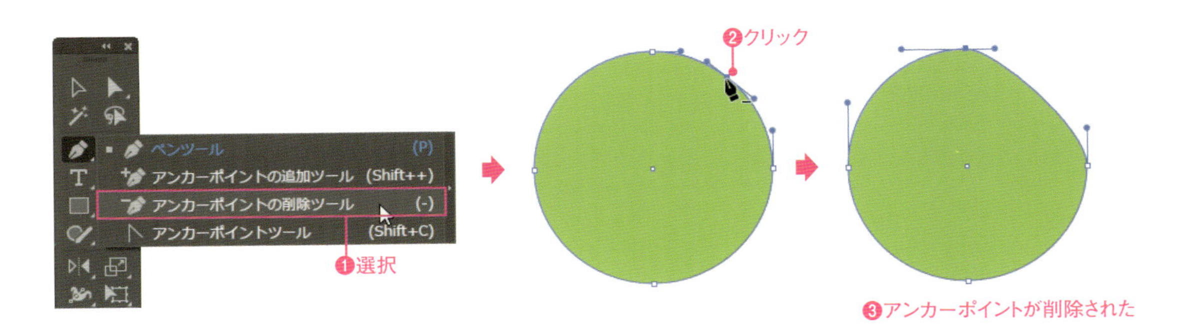

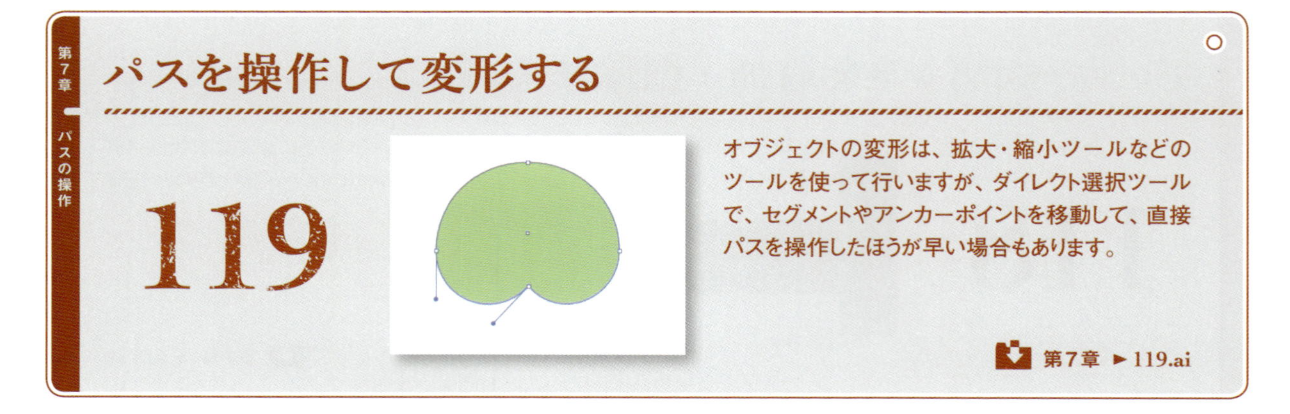

セグメントを動かして四角形のサイズを変更する

1 ダイレクト選択ツール▶を選択して❶、移動させるパスのセグメント上でクリックします❷。

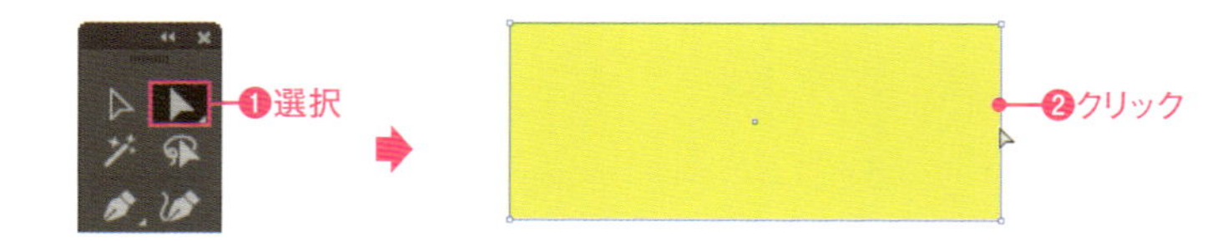

2 平行や垂直に移動させる場合には Shift キーを押した状態でパスをドラッグして移動します❶。これで、長方形のサイズを調整できます❷。

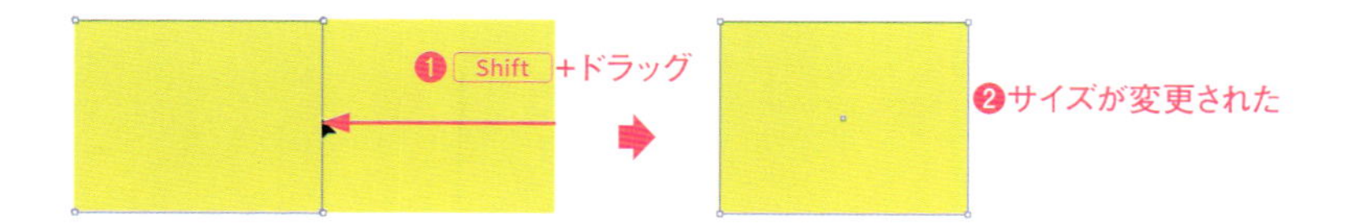

アンカーポイントを移動させる

1 パスと同様にアンカーポイントを移動させて変形する方法もあります。ダイレクト選択ツール▶を選び、移動させたいアンカーポイントをドラッグします❶。これで変形されます❷。

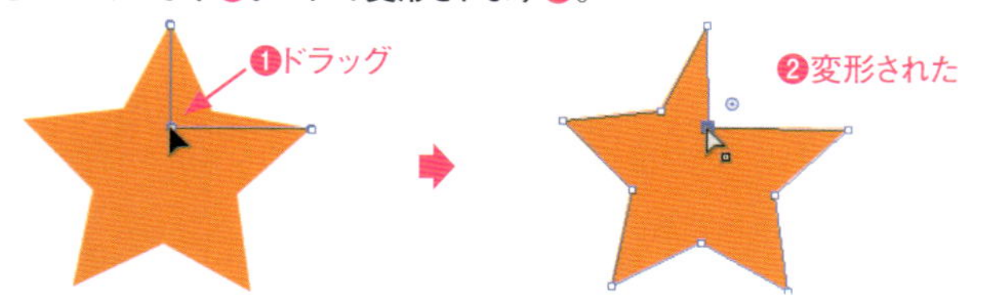

2 Shift キーを押した状態でアンカーポイントをクリックすると❶❷❸、複数のアンカーポイントを同時に選択できます。この状態で、ドラッグすると❹、複数のアンカーポイントを同時に移動できます。

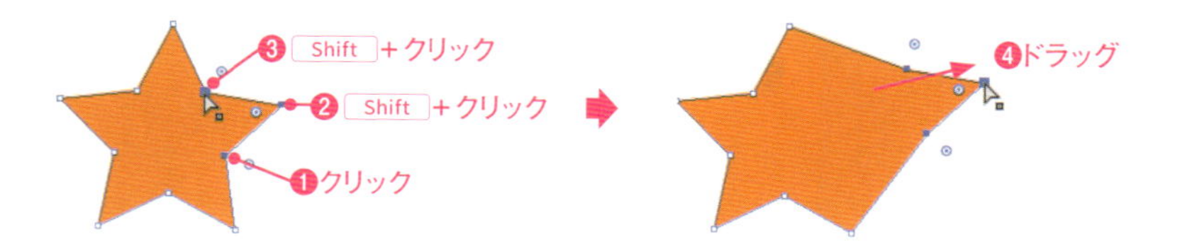

Macでは、キーは次のようになります。 Ctrl → ⌘ Alt → option Enter → return

ハンドルやセグメントを動かしてオブジェクトを変形する

ダイレクト選択ツールでオブジェクトを選択し❶、右側のアンカーポイントをクリックして選択します❷。ハンドルが表示されるので❸、先端をドラッグします❹。オブジェクトが変形します❺。セグメントをドラッグして❻、変形することもできます❼。

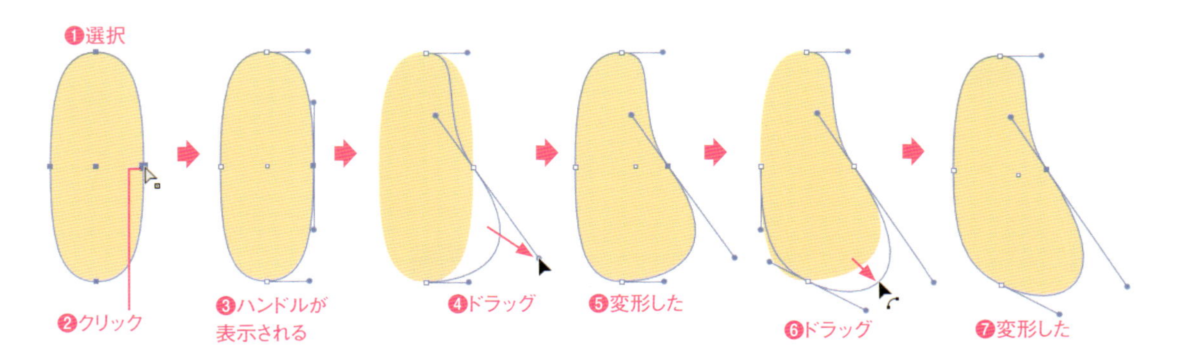

ハンドルを個別に動かして変形する

1 ダイレクト選択ツールでオブジェクトを選択し❶、下側のアンカーポイントをクリックして選択します❷。選択したアンカーポイントを Shift キーを押しながら上にドラッグして❸、変形します❹。

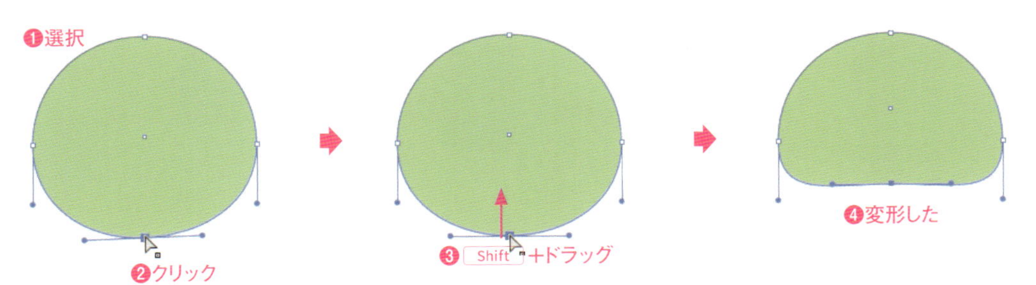

2 移動したアンカーポイントの右側のハンドルの先端を下にドラッグします❶。左側のハンドルも連動して動きます❷。アンカーポイントツールを選択し❸、左側のハンドルの先端を下にドラッグします❹。右側のハンドルとは連動せずに移動できます❺。

120 アンカーポイントでパスの直線⇔曲線を切り替える

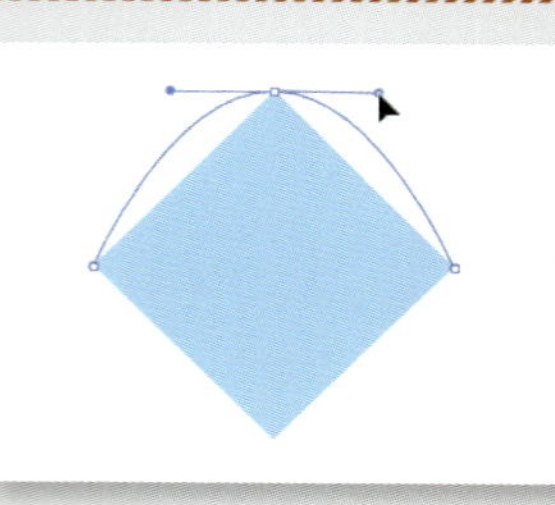

アンカーポイントには、パスの曲線を決定するハンドルの表示されるスムーズポイントと、表示されないコーナーポイントがあります。アンカーポイントツールは、スムーズポイントとコーナーポイントを編集するツールです。

第7章 ▶120.ai

1 サンプルファイルを開きます。選択ツール を選択し❶、オブジェクトを選択します❷。

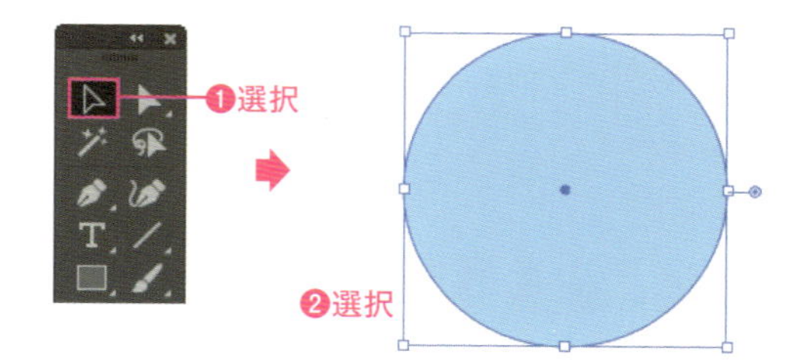

2 アンカーポイントツール を選択して❶、アンカーポイントをクリックすると❷❸❹❺、アンカーポイントがスムーズポイントからコーナーポイントに変換され、接続が直線になります。

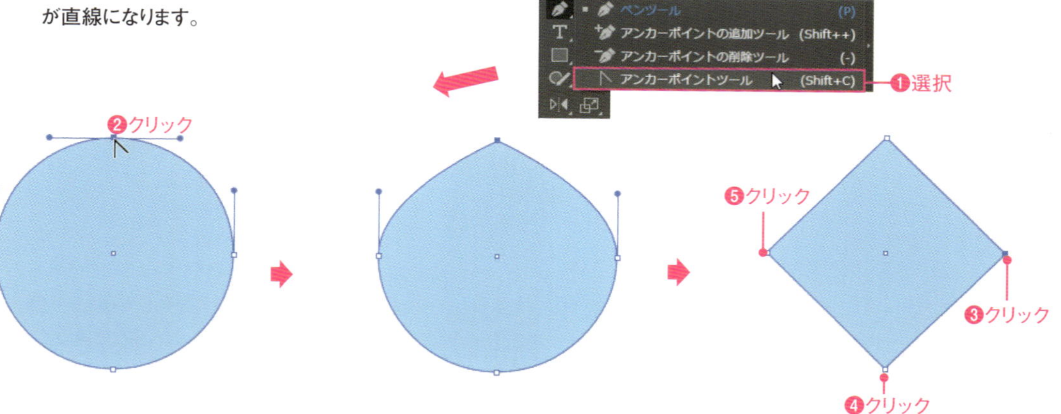

3 スムーズポイントに対して、ハンドルを付加することもできます。アンカーポイントツール でアンカーポイント上でマウスをドラッグすると❶、ハンドルを引き出すことができ、曲線に変換されます❷。

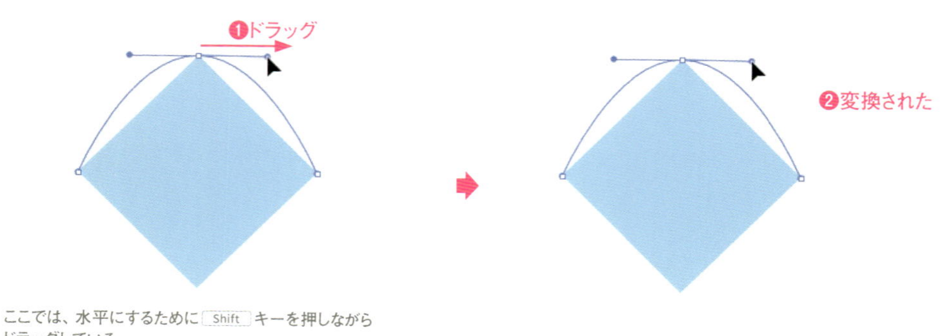

ここでは、水平にするために Shift キーを押しながらドラッグしている

Macでは、キーは次のようになります。 Ctrl → ⌘ Alt → option Enter → return

アンカーポイントの位置を揃える

121

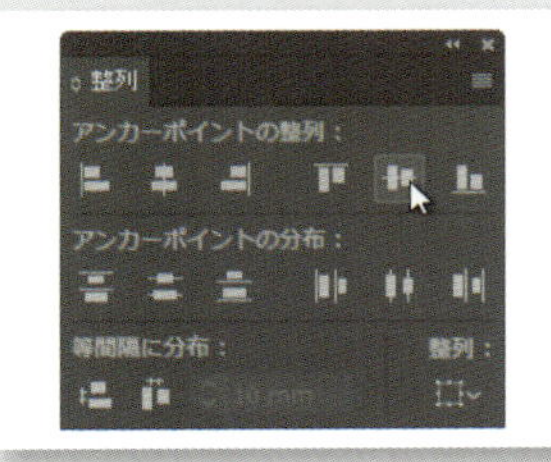

アンカーポイントは、通常のオブジェクトと同様に整列パネルを使って位置を揃えることができます。また［平均］コマンドを使用すると、複数選択されたアンカーポイント位置の平均をとり、ひとつの場所にまとめることもできます。

アンカーポイントの位置を整列パネルで揃える

ダイレクト選択ツールを選択して❶、位置を揃えたい複数のアンカーポイントを Shift キーを押しながらクリックして選択します❷。整列パネルから、揃えたい位置のアイコンをクリックします（解説では［垂直方向中央に整列］をクリック❸）。アンカーポイントが指定した位置に揃います❹。

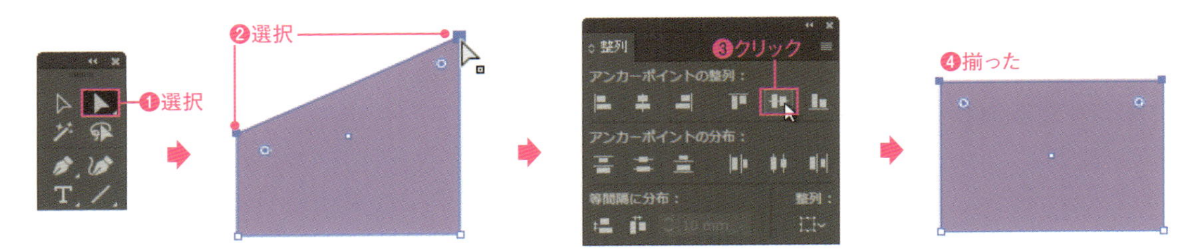

［平均］を使って、ふたつのアンカーポイントを寄せる

ダイレクト選択ツールでふたつ以上のアンカーポイントを選択し❶、［オブジェクト］メニュー→［パス］→［平均］を選択します❷。［平均］ダイアログボックスが表示されたら、［2軸とも］を選び❸、［OK］をクリックします❹。選択されているアンカーポイントの位置の平均をとった場所にアンカーポイントがまとめられます❺。

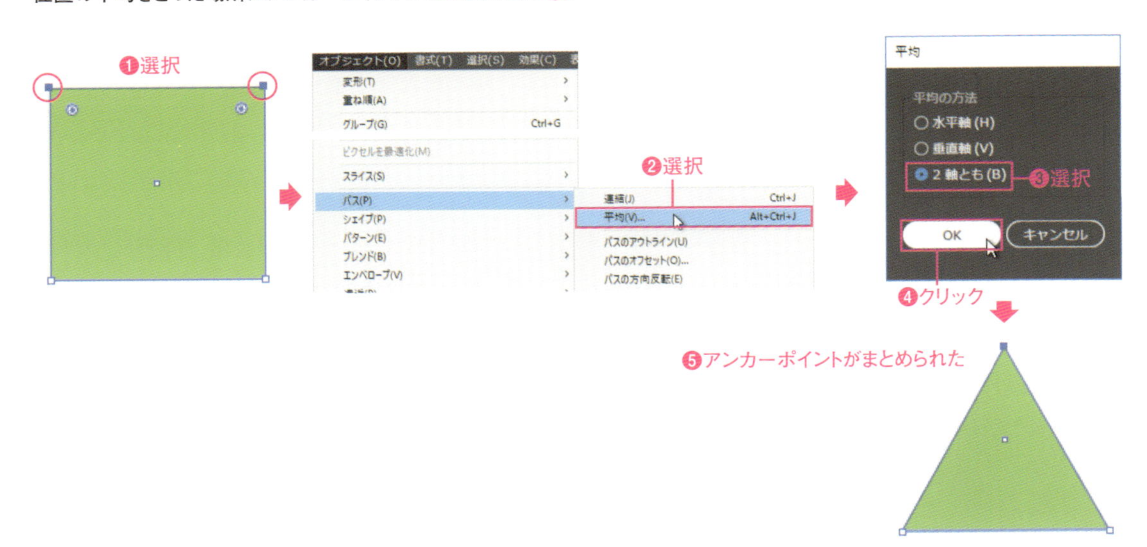

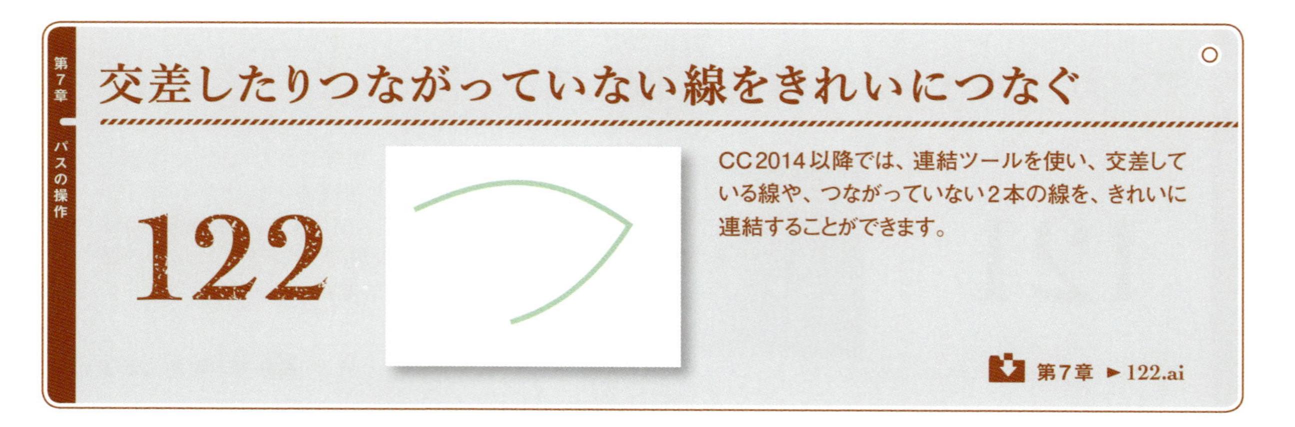

交差したりつながっていない線をきれいにつなぐ

CC2014以降では、連結ツールを使い、交差している線や、つながっていない2本の線を、きれいに連結することができます。

1 サンプルファイルを開き、連結ツールを選択します❶。上のオブジェクトの右側のはみ出た部分をドラッグします❷。はみ出た部分が削除され、線が連結してひとつのオブジェクトになります❸。

2 真ん中のオブジェクトで、線がつながっていない部分をつながるようにドラッグします❶。線が延びて自然な形状で連結します❷。

3 下のオブジェクトで、線がつながっていない部分をつながるようにドラッグします❶。曲線どうしでも、線が延びて自然な形状で連結します❷。

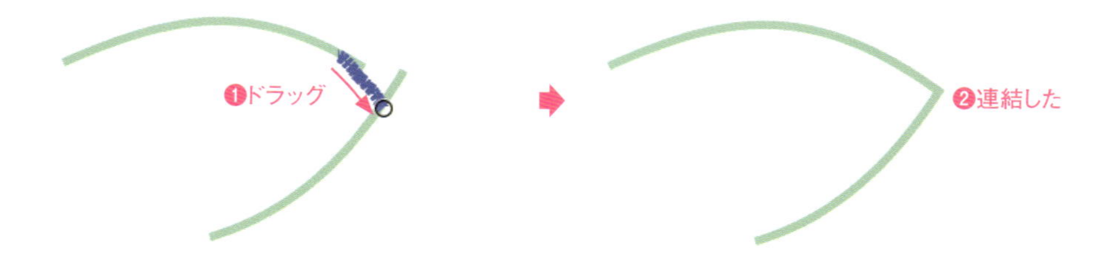

Macでは、キーは次のようになります。 Ctrl → ⌘ Alt → option Enter → return

リシェイプツールで外観を維持したまま変形する

123

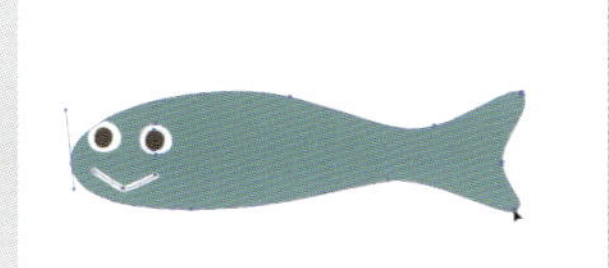

ダイレクト選択ツールを使ったアンカーポイントの移動は、オブジェクトを不自然に変形してしてしまいます。リシェイプツールを使うと、パスの形状全体を保持しながら、より自然な変形を行うことができます。

1 ダイレクト選択ツールとの違いを比較するため、はじめにダイレクト選択ツールでの変形を行います。サンプルファイルを開き、なげなわツールを選択します❶。アートボードで上のオブジェクトのいくつかのアンカーポイントを囲み（厳密でなくかまいません）❷、選択した状態にします❸。

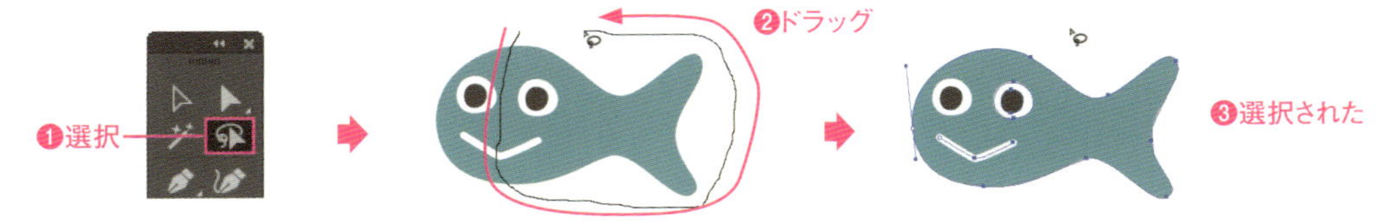

2 ダイレクト選択ツールを選択して❶、選択されているアンカーポイントのひとつをつかんでドラッグします❷。アンカーポイントの移動にともないパスの形が変化します❸。アンカーポイントは移動しましたが、全体の形状は崩れました。

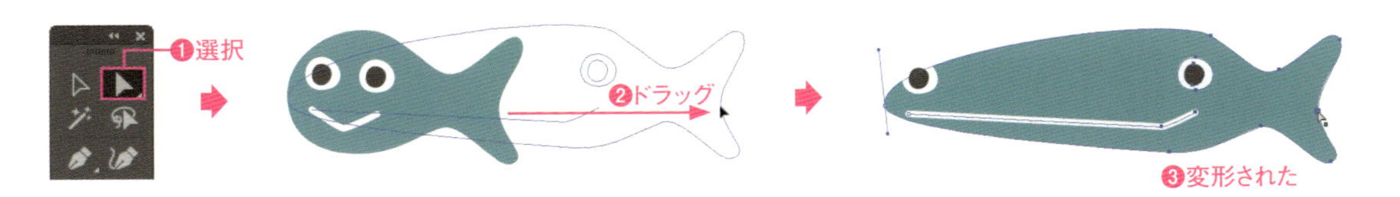

3 なげなわツールを選択し、アートボードで下のオブジェクトのいくつかのアンカーポイントを選択します❶。リシェイプツールを選択して❷、いくつかのアンカーポイントを選択します❸❹❺。リシェイプツールで選択されたアンカーポイントは、四角で囲まれます。

4 リシェイプツールで選択したアンカーポイントをリシェイプツールでドラッグして移動します❶。すると、リシェイプツールで選択したアンカーポイントの位置は相対的に維持され、ほかのアンカーポイントが全体の形を保ちながら変形します❷。

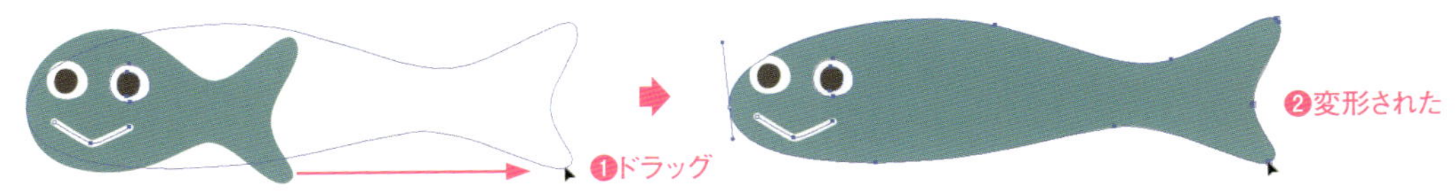

直線を曲線に変更する

124

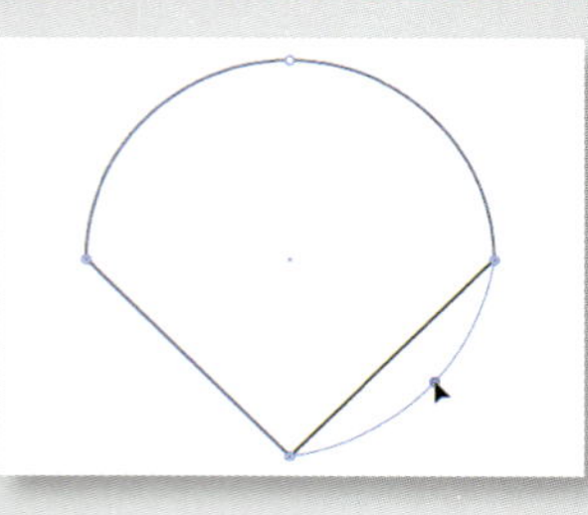

パスを直線から曲線に変更するには、アンカーポイントツールで、アンカーポイントをコーナーポイントからスムーズポイントに変換する方法がありますが、曲線ツールを利用すると、より手早く曲線と直線の変換ができます。

第7章 ►124.ai

1 選択ツールを選択します❶。オブジェクトを選択します❷。

2 曲線ツールを選択します❶。直線を構成しているアンカーポイント上でダブルクリックします❷。すると、アンカーポイントがスムーズポイントに変わり、曲線へ変換されます。

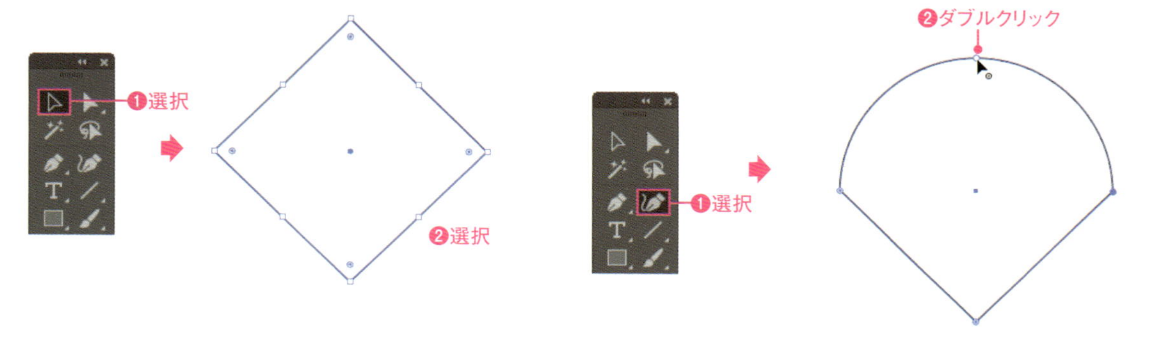

3 曲線ツールで直線のセグメントをクリックすると❶、アンカーポイントが追加されます❷。追加されたアンカーポイントをドラッグすると❸、曲線に変更できます❹。

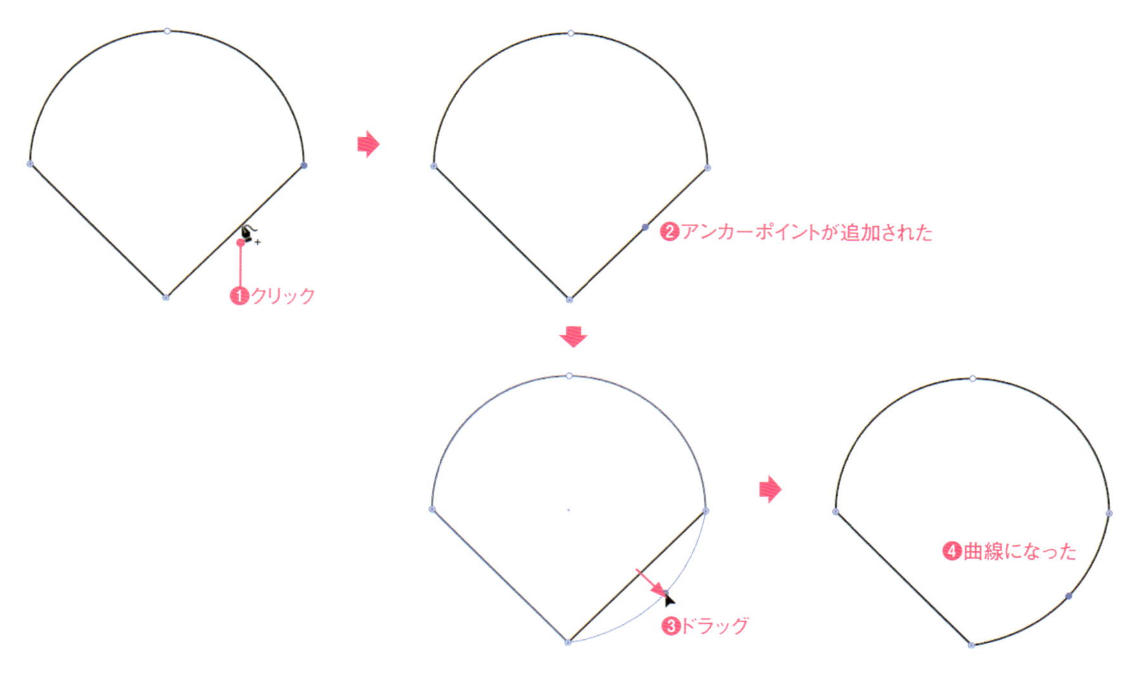

Macでは、キーは次のようになります。 Ctrl → ⌘ Alt → option Enter → return

125 曲線を直線に変更する

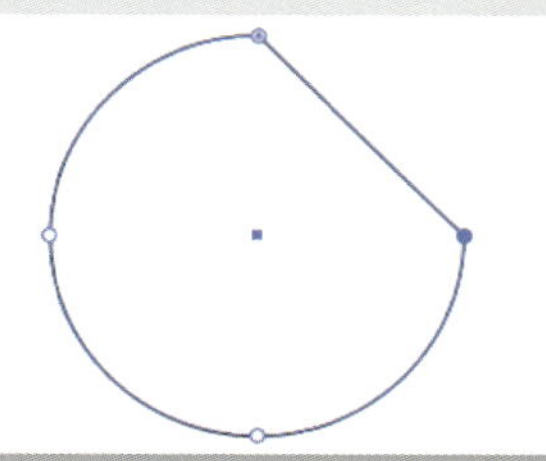

曲線ツールを利用すると、直線にしたいセグメントの両端のアンカーポイントをダブルクリックして、手早く曲線から直線に変換できます。

第7章 ►125.ai

1 選択ツールを選択します❶。変更するパスを選択します❷。

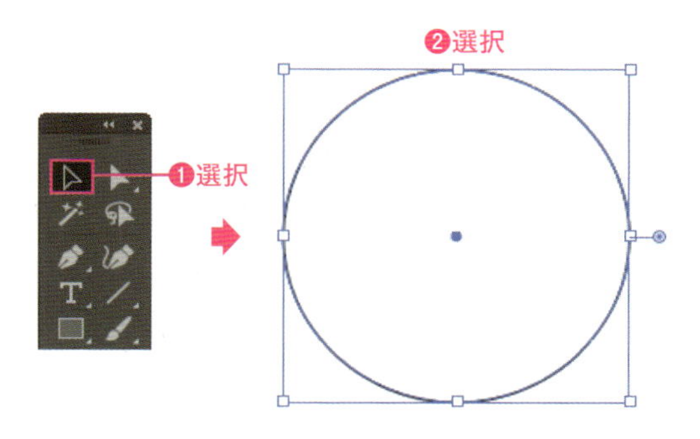

2 曲線ツールを選択します❶。直線にしたいセグメントの両端のアンカーポイント上でダブルクリックします❷❸。セグメントが直線になります❹。

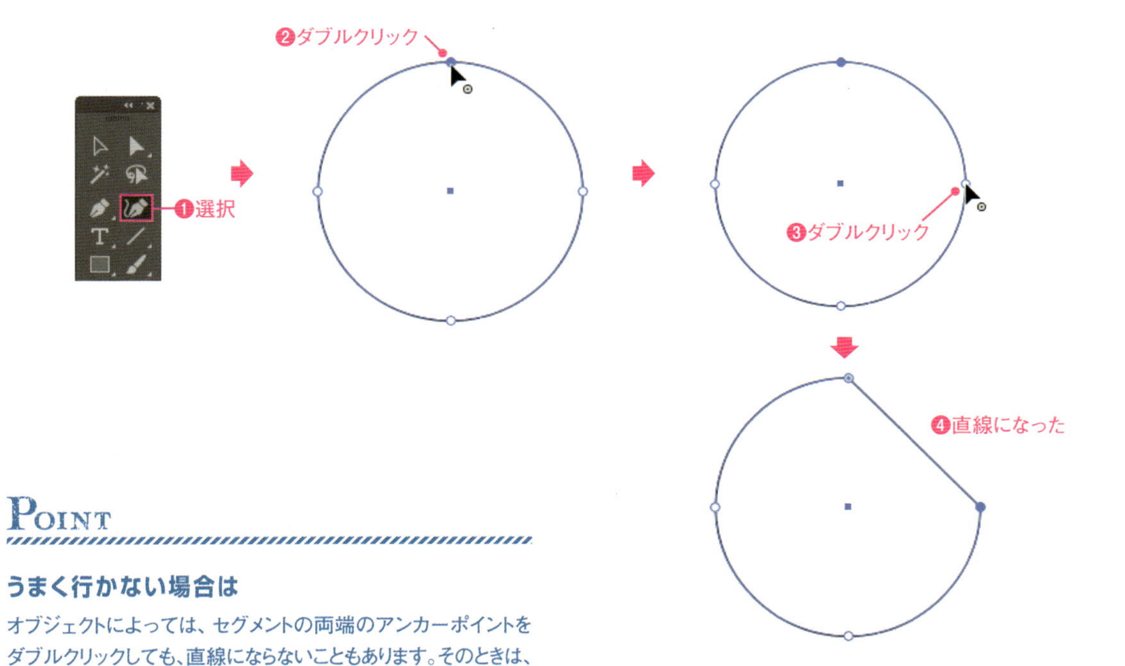

POINT

うまく行かない場合は

オブジェクトによっては、セグメントの両端のアンカーポイントをダブルクリックしても、直線にならないこともあります。そのときは、再度、アンカーポイントをダブルクリックしてみてください。

126 パスの一部を削除する

Illustratorには、パスを削除する方法はいくつかありますが、消しゴムツールを使うと、より手軽にパスを分割、削除することができます。消しゴムツールは複数のパスによって構成されているオブジェクトであっても、ドラッグした部分を消去し、パスを分割した状態にします。

第7章 ►126 .ai

サンプルファイルを開き❶、消しゴムツールを選択します❷。削除したい部分をドラッグします❸。オブジェクトの一部が消去され、それぞれ分割されたオブジェクトになります❹。

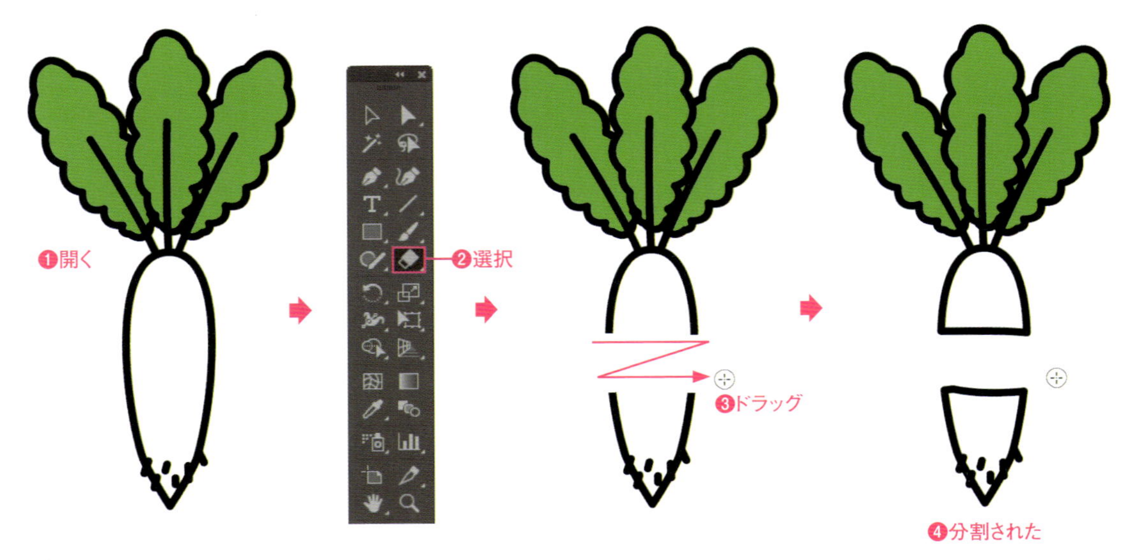

POINT

消しゴムツールオプション

消しゴムツールの形やサイズは、ブラシツールと同様に設定することができます。消しゴムツールのアイコンをダブルクリックすると、[消しゴムツールオプション]ダイアログボックスが表示されるので、角度や真円率を設定し、任意の形に変換することができます。

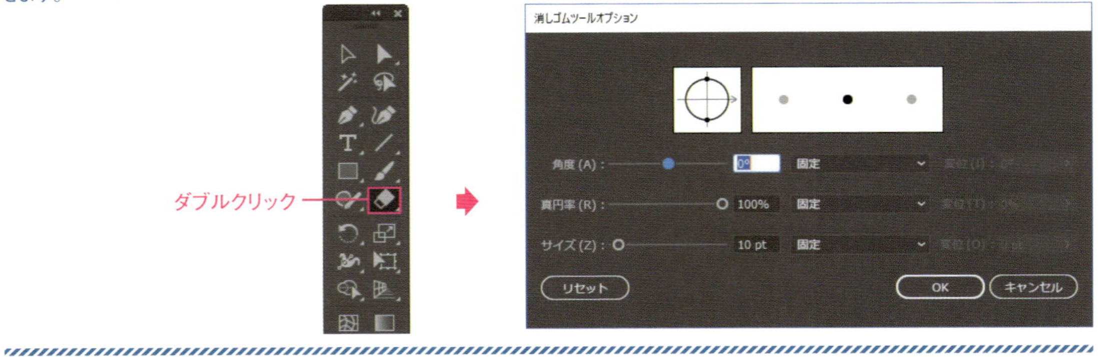

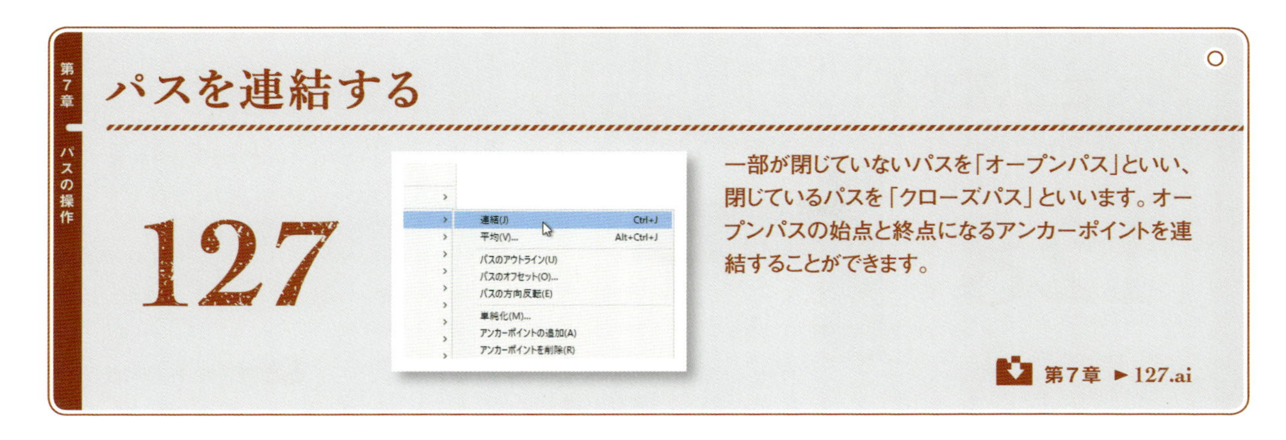

127 パスを連結する

一部が閉じていないパスを「オープンパス」といい、閉じているパスを「クローズパス」といいます。オープンパスの始点と終点になるアンカーポイントを連結することができます。

第7章 ▶127.ai

1 サンプルファイルを開き、ダイレクト選択ツール を選択します❶。オブジェクトの屋根の部分をクリックして選択すると❷、連結していないことがわかります。連結させるふたつのアンカーポイントを選択します❸❹。

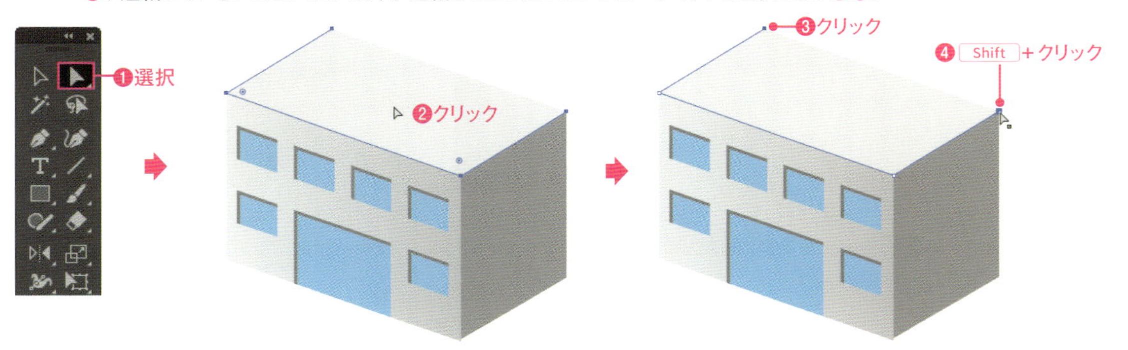

2 ［オブジェクト］メニュー→［パス］→［連結］を選択します❶。すると、ふたつのアンカーポイントの間にパスが生じ、接続されます❷。

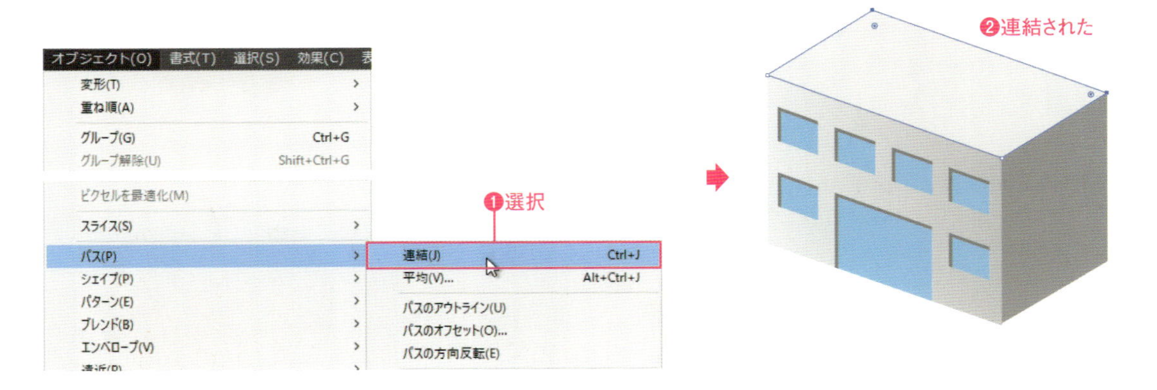

POINT

コントロールパネルまたはプロパティパネルの［選択した終点を連結］ をクリックしても連結できます。

アンカーポイント 変換： ハンドル： アンカー：

128 パスを分割する

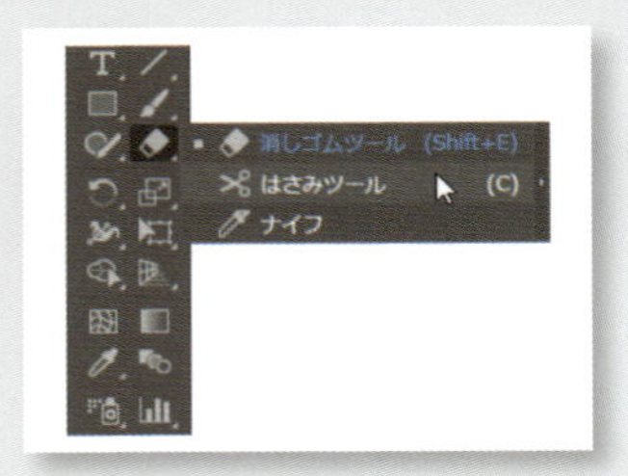

はさみツールでは、オブジェクトのパスを切断します。オープンパスはクローズパスになり、クローズパスはふたつのクローズパスになります。

第7章 ▶128.ai

1 サンプルファイルを開き、ダイレクト選択ツール を選択します❶。パスを切断したいオブジェクトをクリックして選択し、アンカーポイントの位置を確認します❷。

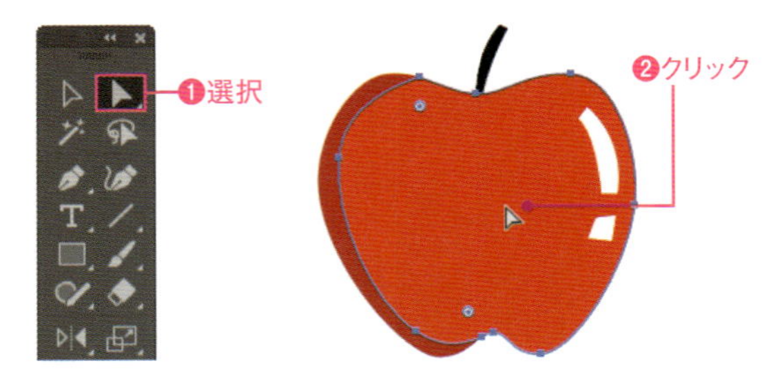

2 はさみツール を選択します❶。パス上の切断したい箇所をクリックします❷。新たにアンカーポイントが追加され❸、パスがふたつに分割されます。

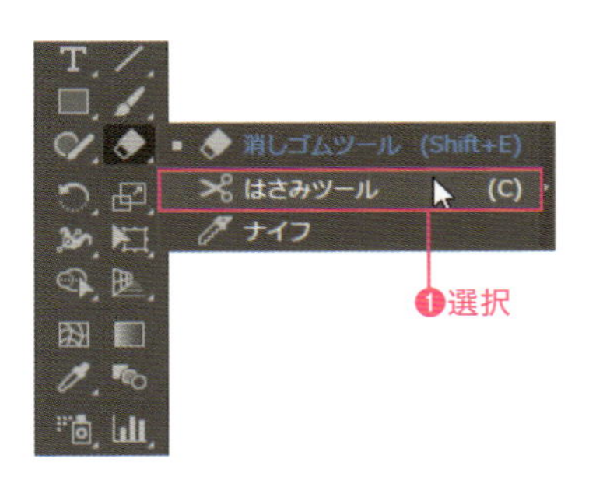

3 ダイレクト選択ツール を選択します❶。クリックしたアンカーポイントを移動すると❷、分割されていることが確認できます。

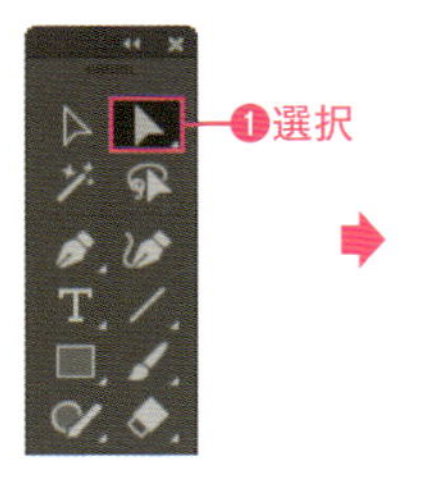

Point

既存のアンカーポイントで分割するには、アンカーポイントを選択してからコントロールパネルまたはプロパティパネルの［選択したアンカーポイントでパスをカット］ をクリックしても分割できます。

アンカーポイント　変換：　ハンドル：　アンカー：

Macでは、キーは次のようになります。 Ctrl → ⌘　Alt → option　Enter → return

129 オブジェクトを指定した線で分割する

ナイフツールを使うと、マウスでドラッグした線でオブジェクトを分割できます。オブジェクトを選択してから使用すると、選択したオブジェクトだけを分割できます。

 第7章 ►129.ai

1 サンプルファイルを開き、ナイフツールを選択します❶。オブジェクト上でマウスをドラッグします❷。マウスのドラッグ線にしたがってオブジェクトが切断されます❸。

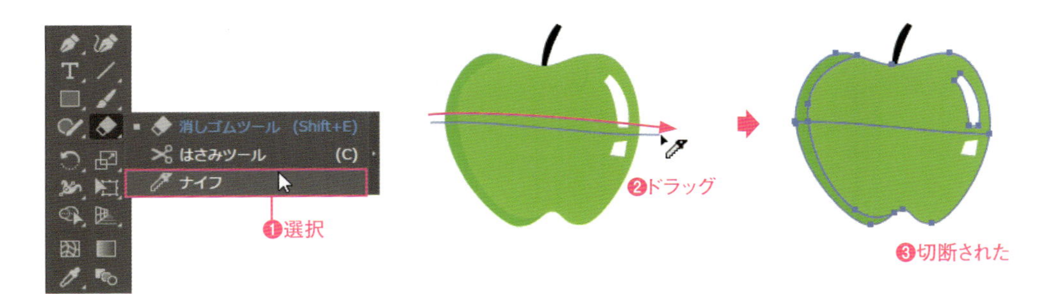

2 選択ツールを選択します❶。オブジェクトを選択解除してからドラッグすると、分割されていることが確認できます❷。

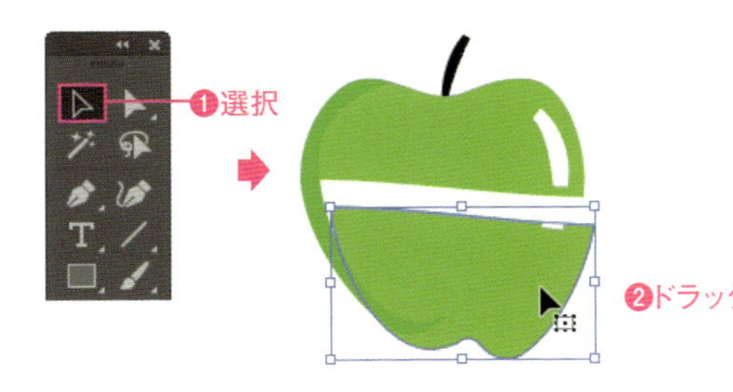

POINT

Alt キーを押してからドラッグを開始すると、直線で分割できます。

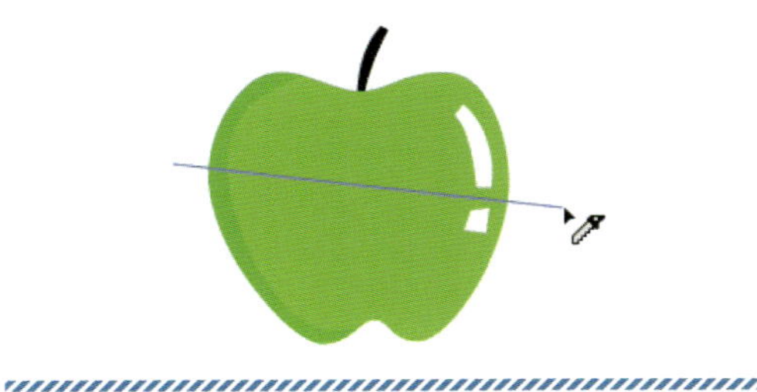

POINT

特定のオブジェクトだけを分割する

オブジェクトを選択してからナイフツールを使うと、選択したオブジェクトだけを分割できます。

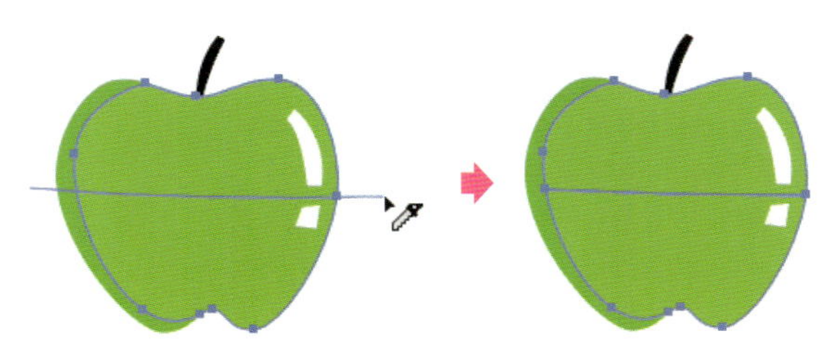

オブジェクトを選択すると、選択したオブジェクトだけが分割される

130 オブジェクトの塗りの一部を削除する

背面に配置されたオブジェクトを前面に配置されたパスの形に切断します。背面のオブジェクトは切断されるのみで、削除されません。

1 サンプルファイルを開きます❶。切断の対象となるオブジェクトの前面に、型となるオブジェクトが配置されています。

2 選択ツール を選択します❶。型となるオブジェクトを選択します❷。

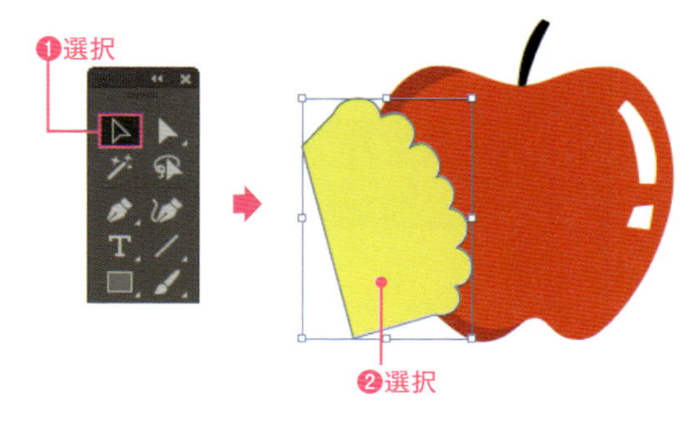

3 ［オブジェクト］メニュー→［パス］→［背面のオブジェクトを分割］を選択します❶。重なり合った部分のパスが分割された状態になります❷。

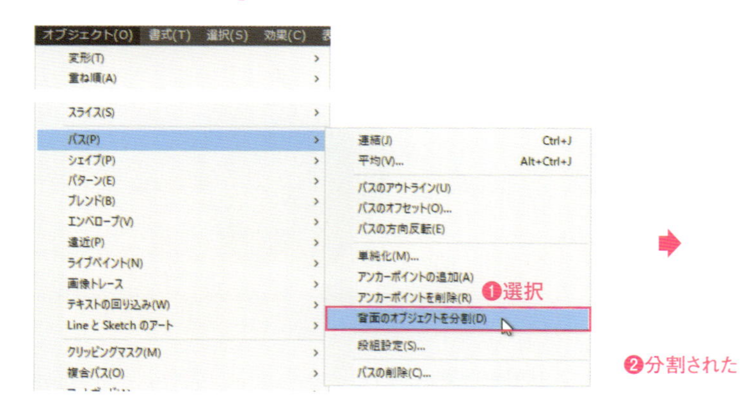

4 選択ツール を選択し❶、切断されたオブジェクトを選択して❷、Delete キーを押して削除します❸。

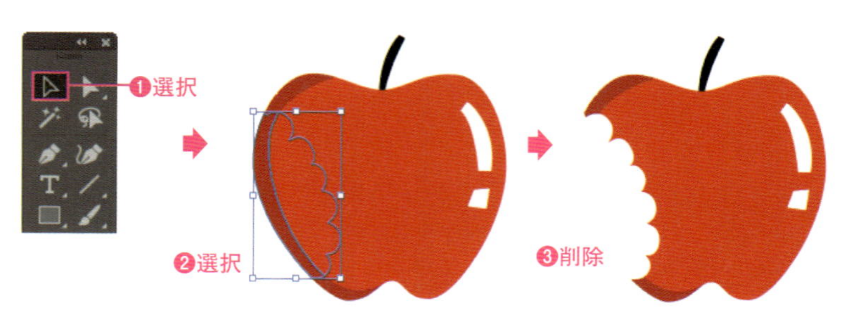

Macでは、キーは次のようになります。 Ctrl → ⌘ Alt → option Enter → return

131～150

第8章

カラー設定

オブジェクトには、パス内部の［塗り］と、パスの［線］にカラーを設定できます。カラー以外にも、グラデーションやパターンを設定することもできます。グラデーションは、いくつかの作成方法があるので、表現によって使い分けるとよいでしょう。本章では、カラー設定を中心に、グラデーションやパターンについても解説します。

オブジェクトのカラーを指定する

131

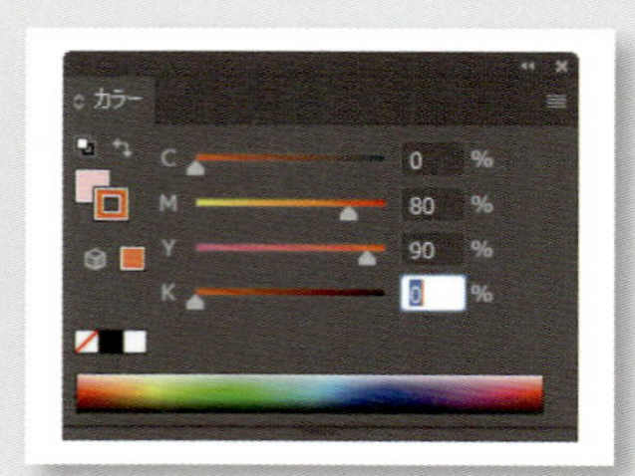

Illustratorでは、何らかのツールで描いたパスに[塗り]と[線]に対してカラーを設定します。カラーの設定方法については、カラーパネルを使う方法がもっとも一般的です。

第8章 ► 131.ai

1 サンプルファイルを開き、選択ツール を選択します❶。カラーを設定するパスを選択します❷。カラーパネルで[塗り]のアイコンをクリックして前面に出します❸。CMYKのそれぞれに数値を入力してカラーを作成します❹。[塗り]のカラーが設定されます❺。

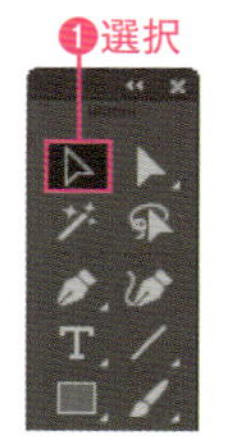

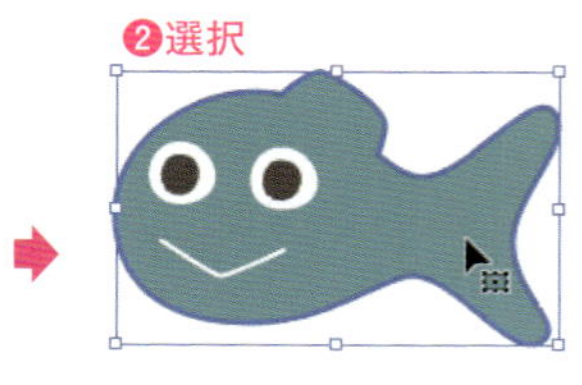

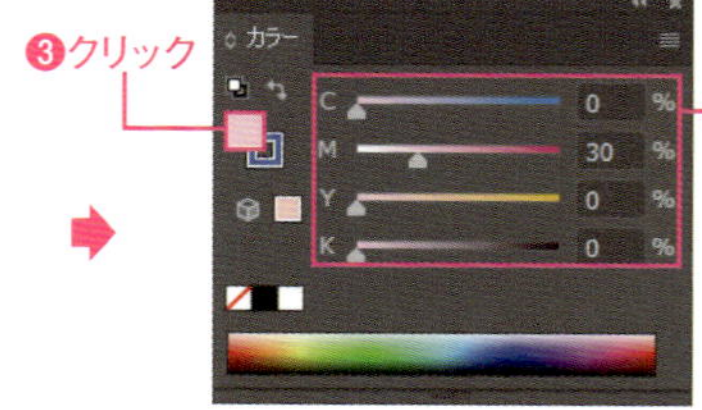

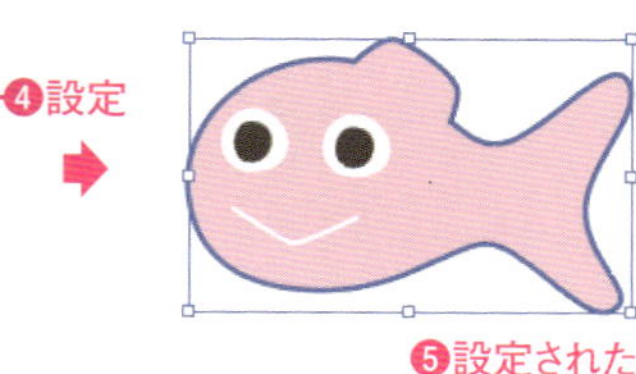

2 カラーパネルで[線]のアイコンをクリックし❶、前面に出します。CMYKのそれぞれに数値を入力してカラーを作成します❷。[線]のカラーが設定されます❸。

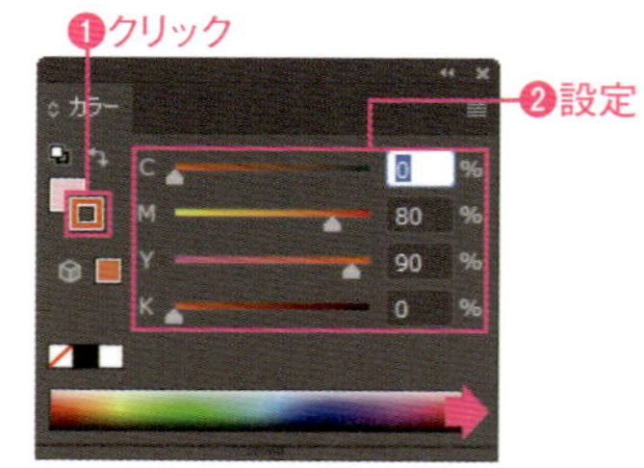

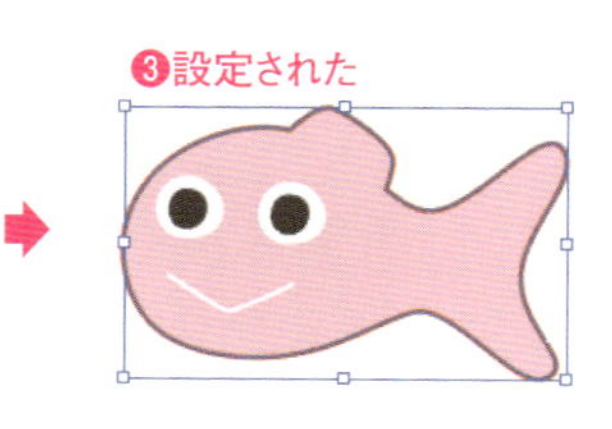

POINT

CMYK以外でのカラーを指定する場合は、カラーパネルメニューから、カラーの作成方法を選択します。

3 スウォッチパネルでも色を設定してみましょう。スウォッチパネルを表示し、[塗り]のアイコンをクリックし❶、前面に出します。スウォッチをクリックすると(色は任意)❷、[塗り]のカラーが設定されます❸。

4 スウォッチパネルで[線]のアイコンをクリックし❶、前面に出します。スウォッチをクリックすると(色は任意)❷、[線]のカラーが設定されます❸。

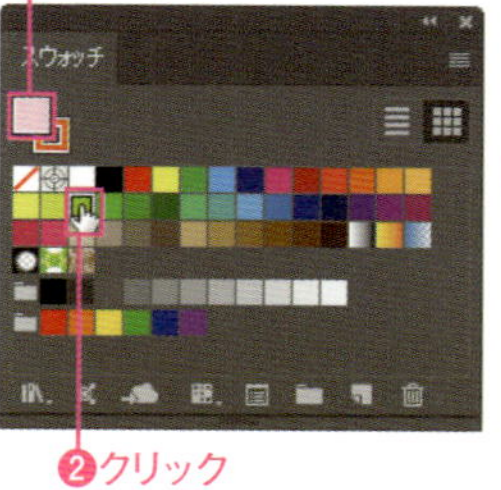

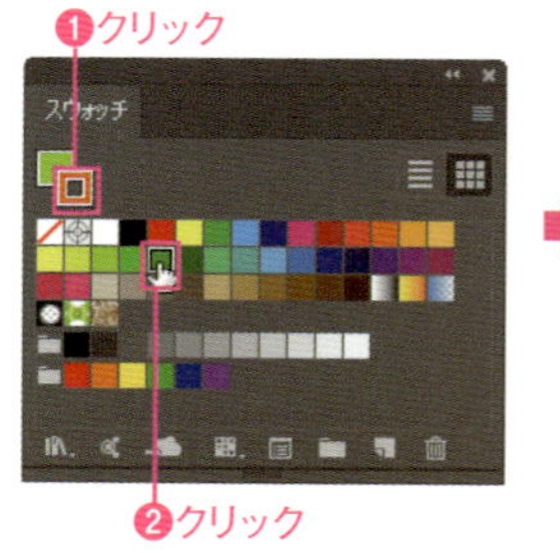

Macでは、キーは次のようになります。 Ctrl → ⌘ Alt → option Enter → return

132 スウォッチにカラーを登録する

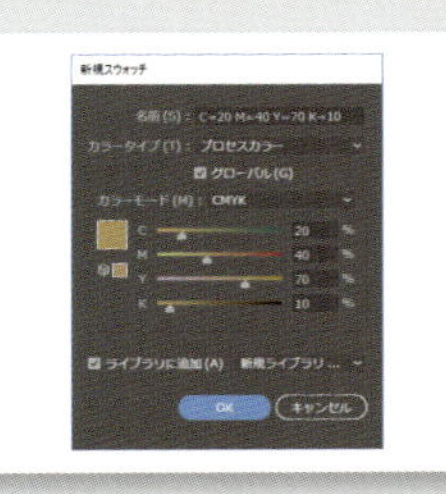

カラーパネルによって作成されたカラーやグラデーション、パターンなど、塗りに関する設定は「スウォッチ」として、スウォッチパネルへ保存しておくことができます。「スウォッチ」に保存しておくことで、いつでも簡単にカラーを設定することができ、便利です。ここでは、新規ドキュメントを作成して作業してください。

1 スウォッチパネルを表示し❶、パネルの下部にある［新規スウォッチ］をクリックします❷。

POINT

選択したオブジェクトの色を登録する

オブジェクトを選択すると、選択したオブジェクトの［塗り］と［線］のアクティブなほうの色が［新規スウォッチ］ダイアログボックスに設定されます。

2 ［新規スウォッチ］ダイアログボックスが表示されるので、ここで登録するカラーやスウォッチ名を設定します❶（ライブラリにも登録する場合は［ライブラリに追加］にチェックを付け、ライブラリ名を選択します）。［OK］をクリックします❷。設定したカラーがスウォッチに追加されます❸。

133 適用済みのオブジェクトのカラーと連動するスウォッチを使う

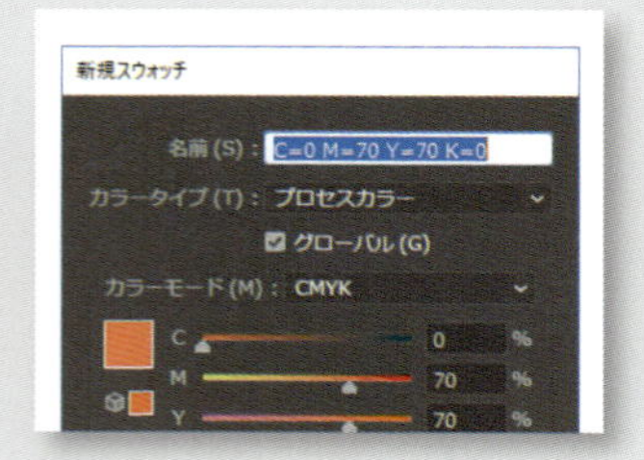

スウォッチパネルでは、Illustratorで扱うことのできるカラーやパターンの管理を行います。この際、[グローバル]にチェックを付けておくと、アートワークで使われているすべてのカラーに対して、連動してカラーの変更を行うことができます。

適用済みのオブジェクトのカラーをスウォッチに登録する

1 サンプルファイルを開きます。スポイトツールを選択します❶。アートワーク上に配置されているオブジェクトの中から、スウォッチへ登録するカラーをクリックします❷。クリックしたオブジェクトのカラーがカラーパネルに表示されます。

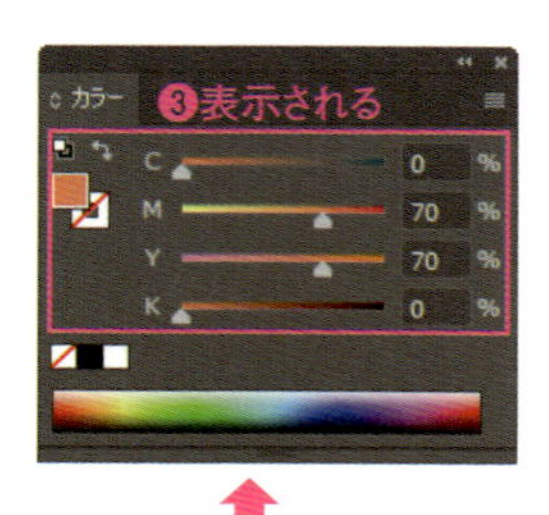

2 [選択]メニュー→[共通]→[カラー(塗り)]を選択します❶。カラーパネルで[塗り]に設定されているカラーが使われているオブジェクトがすべて選択された状態になります❷。

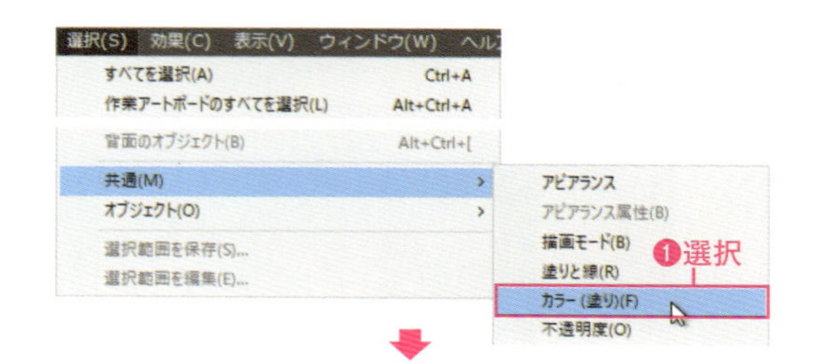

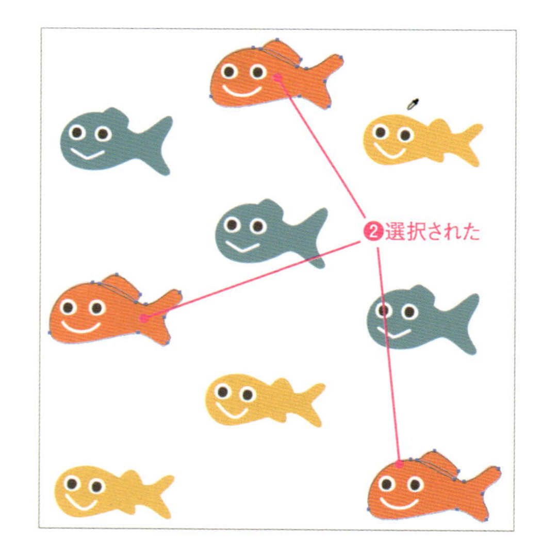

3 スウォッチパネルを開き、[新規スウォッチ]をクリックします❶。

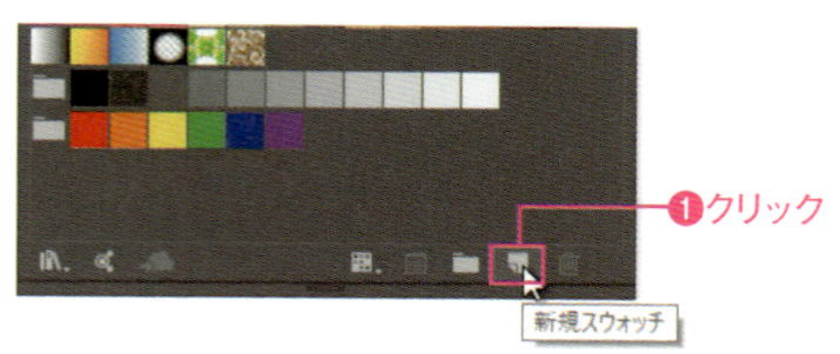

Macでは、キーは次のようになります。 Ctrl → ⌘ Alt → option Enter → return

4 ［新規スウォッチ］ダイアログボックスが表示され、選択したオブジェクトのカラーが設定されているので、［グローバル］にチェックを付けて❶、［OK］をクリックします❷。

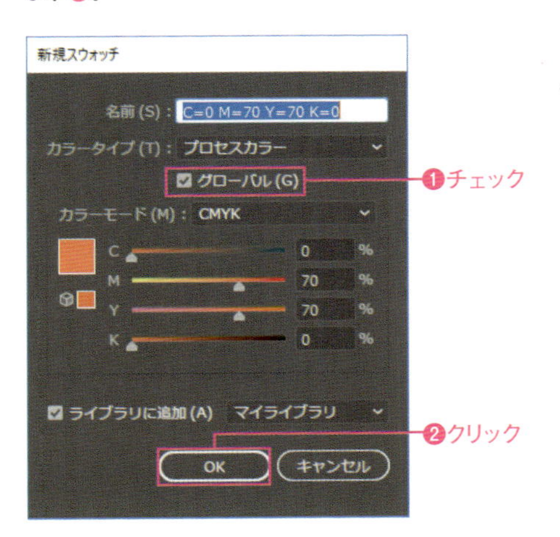

5 スウォッチパネルを見ると、カラーがスウォッチとして登録されたことがわかります。右隅に白い三角のマークが付いているのは、グローバルプロセスカラーとして登録されていることを示しています❶。

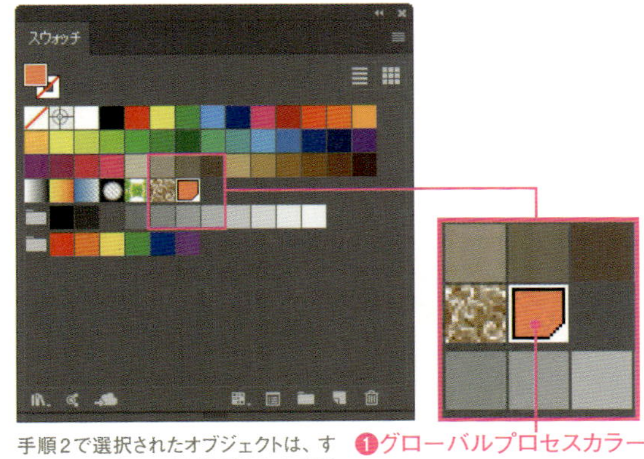

手順2で選択されたオブジェクトは、すべてこのスウォッチが適用された状態になる

グローバルプロセスカラーの変更

スウォッチパネルにグローバルプロセスカラーとして登録されているスウォッチは、カラーを変更すると、そのスウォッチが適用されているオブジェクトのカラーを一斉に変更することができます。

1 スウォッチパネルから変更したいグローバルプロセスカラーをダブルクリックします❶。［スウォッチオプション］ダイアログボックスが表示されたら、カラーを変更して❷、［OK］をクリックします❸。

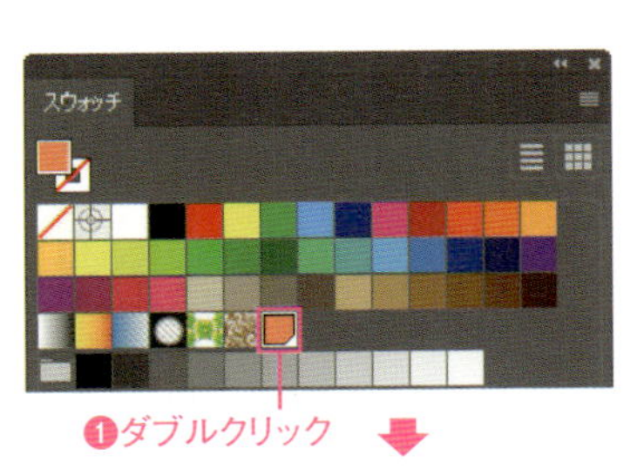

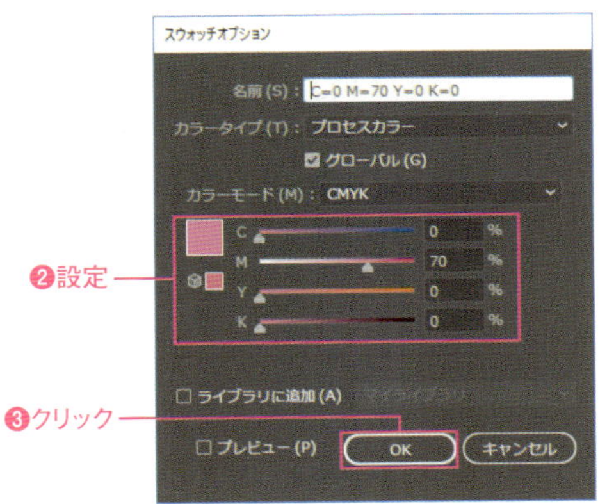

2 スウォッチパネルのスウォッチのカラーが変わりました❶。アートボード上で同じスウォッチが適用されているオブジェクトのカラーも、一斉に変更されていることがわかります❷。

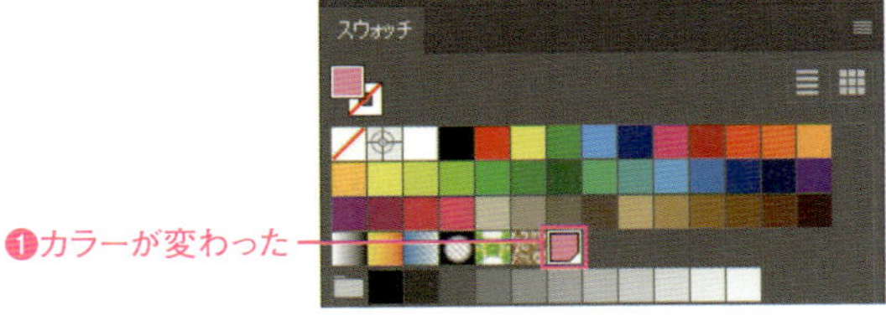

134 DICなどの特色（スポットカラー）を指定する

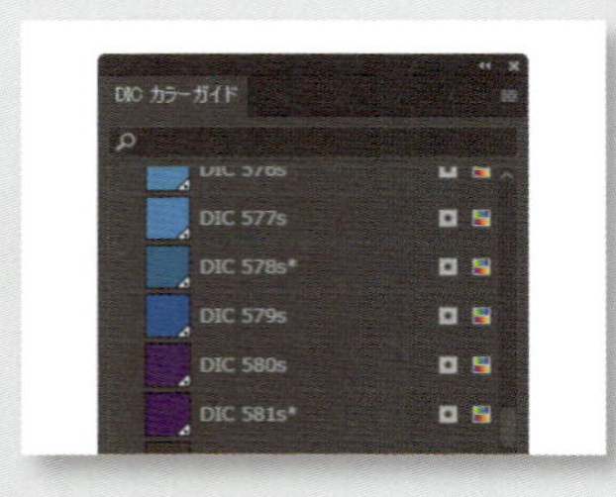

Illustratorでは、メーカー指定による特色（スポットカラー）を指定できます。特色とはDIC株式会社（以下DIC）やパントーンといったインクメーカーが独自に開発したインクのカラーを指し、CMYKのように4つの色をかけあわせて多数の色を表現するのではなく、あらかじめ用意されているインクの色を指定する方法です。

第8章 ▶ 134.ai

DICのスウォッチを開く

1 サンプルファイルを開きます。日本では多くの印刷サービスでDICのインクをサポートしていることが多いことから、DICの特色を使った指定を行います。［ウィンドウ］メニュー→［スウォッチライブラリ］→［カラーブック］→［DICカラーガイド］を選択すると❶、DICがサポートするすべてのカラーが登録されたスウォッチパネルが表示されます❷。

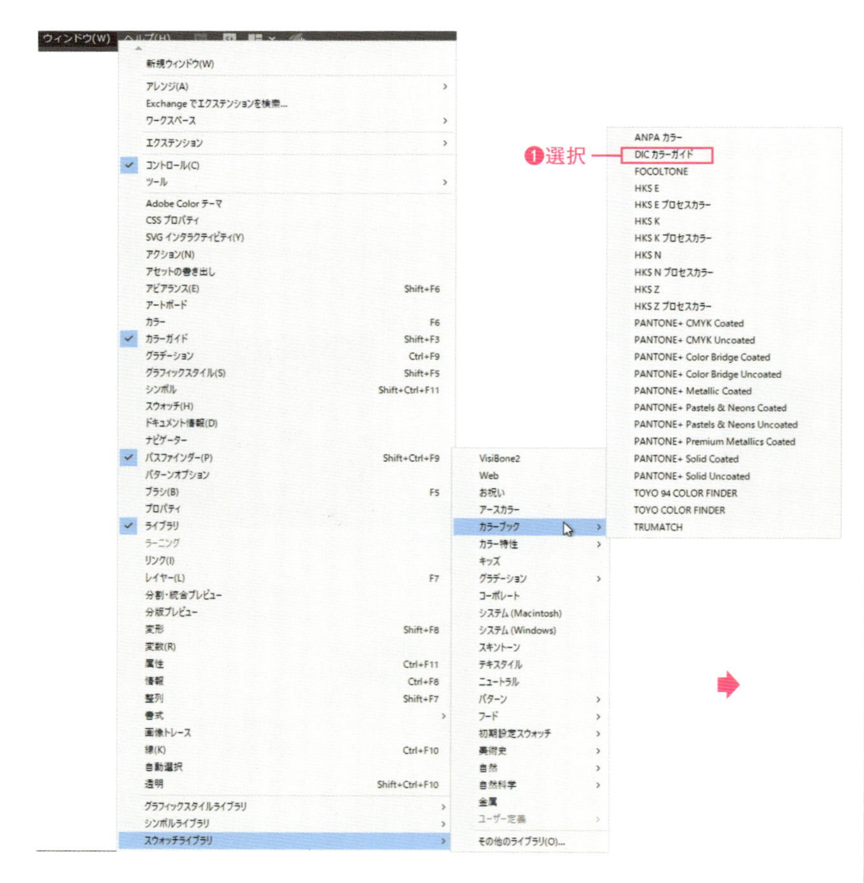

Macでは、キーは次のようになります。 Ctrl → ⌘ Alt → option Enter → return

2 スウォッチ名を表示させたい場合は、スウォッチパネルメニューから［リスト（大）を表示］を選択すると❶、色見本とともに特色名を表示することができます❷。

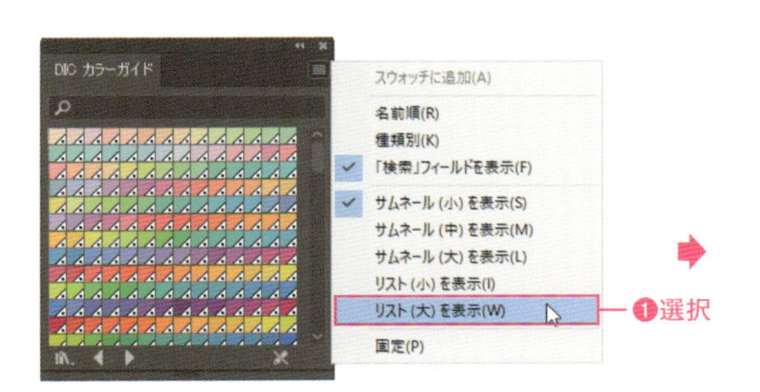

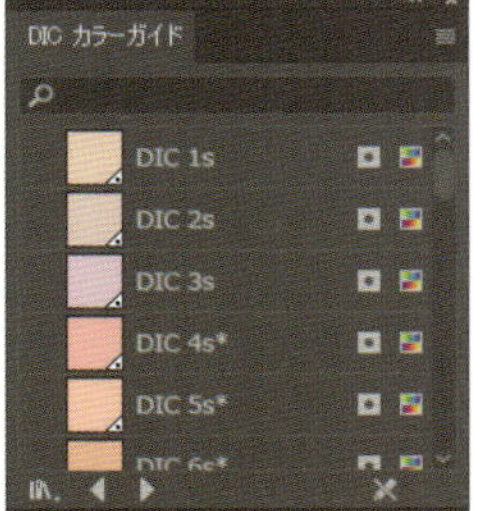

3 ダイレクト選択ツール［アイコン］を選択します❶。パスを選択し❷、DICのスウォッチパネルから任意のカラーをクリックします❸。パスに特色が適用されました❹。

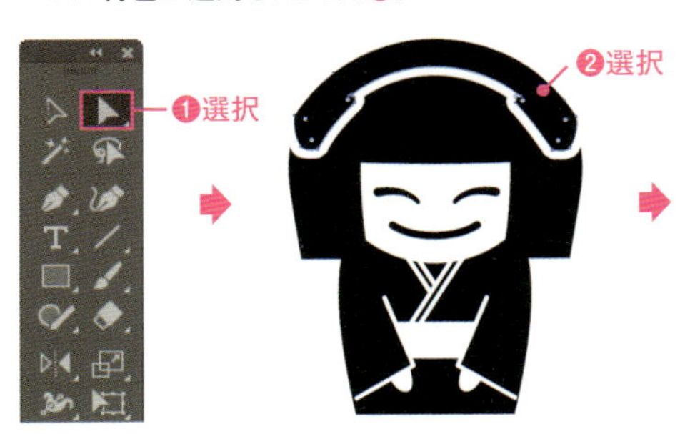

特色の濃度を変更する

特色はそのままインクの色になるので、カラーの配分を変更することはできません。そのかわりにカラーの濃度を指定することができます。

1 ダイレクト選択ツール［アイコン］で、特色が設定されているオブジェクトを選択します❶。

2 カラーパネルのスライダーを調節して❶、カラーの濃度を設定します❷。特色を重ね合わせることで、別な色を表現したい場合などに濃度を設定します。

ほかのファイルのスウォッチを使う

135

作成したスウォッチはファイルとして保存しておくことができます。ほかのアートワークファイルで作成したスウォッチを利用したい場合は、ファイルとして保存しておくとよいでしょう。

スウォッチを保存する

サンプルファイルを開き、スウォッチパネルメニューから［スウォッチライブラリを Illustrator として保存］を選択します❶。［名前を付けて保存］ダイアログボックスが表示されたら、スウォッチファイルに名前を入力し（ここでは「fish-swatch」）❷、［保存］をクリックします❸。保存先は「スウォッチ」フォルダーのままにしてください❹。このとき、ほかのフォルダーへ保存してしまうと、スウォッチファイルを表示できなくなるので注意します。

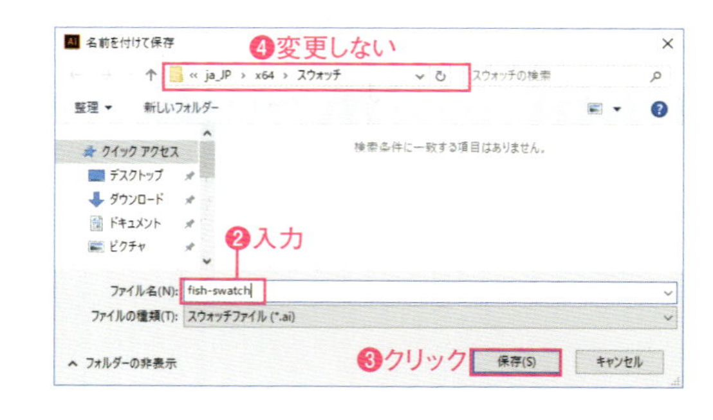

スウォッチを読み込む

保存したスウォッチファイルを読み込むには、スウォッチパネルメニューから［スウォッチライブラリを開く］→［ユーザー定義］を選ぶと、保存したスウォッチが登録されているので選択します❶。現在のスウォッチパネルとは別に、ユーザー定義されたスウォッチパネルが開きます❷。

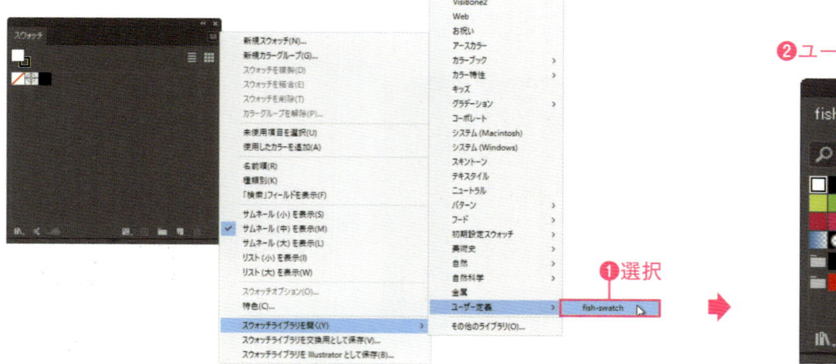

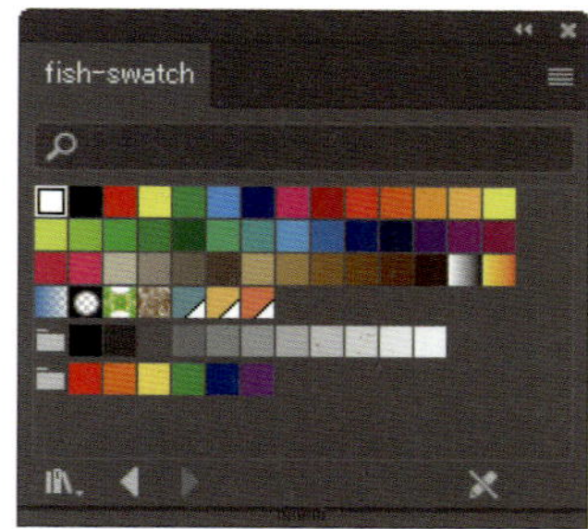

136 相性のいいカラーを選択する

色選びには法則があり、正しい色を選択するにはカラーコーディネートの基礎を学ぶ必要があります。Illustratorでは、カラーガイドパネルを使うと、基礎となる色の組み合わせパターンを選び、相性のよいカラーのセットを作成することができます。ここでは、新規ドキュメントを作成して作業してください。

1 カラーパネルでベースとなるカラーを設定します❶。続いてカラーガイドパネルを開き、[現在のカラーをベースカラーに設定]をクリックして❷、ベースカラーとして指定します。

2 [ハーモニールール]のをクリックしてプルダウンメニューを開くと❶、テーマ別にハーモニールールを選ぶことができます。たとえば、ベースカラーの同系色でまとめたい場合には[モノクロマティック]や[暗清色]などのルールを選びます❷。

[ハーモニールール]からルールを選択すると、カラーガイドパネルの上部にカラーグループが表示され❸、下にはグループに含まれるカラーの濃淡バリエーションが表示されます❹。スウォッチパネルと同様にクリックしてオブジェクトに適用できます。

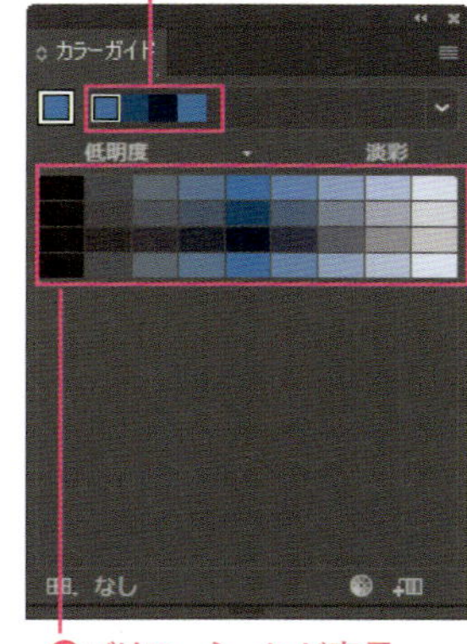

POINT

カラーグループをスウォッチに保存する

選択したカラーグループはスウォッチへ保存しておくことができます。カラーガイドパネルの[カラーグループをスウォッチパネルに保存]を押すと❶、カラーグループがスウォッチへ登録されます❷。

137 複数のオブジェクトのカラーを一括して変更する

ハーモニーカラーやカラーグループを利用することで、複数のカラーを一括で変更することができます。カラーバリエーションの作成などに効果的な機能です。

1 サンプルファイルを開き、選択ツール を選択します❶。カラーを変更するオブジェクトを選択します（ここではすべてのオブジェクト）❷。

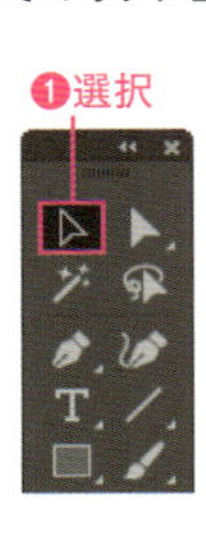

2 ［編集］メニュー→［カラーを編集］→［オブジェクトを再配色］を選択します❶。

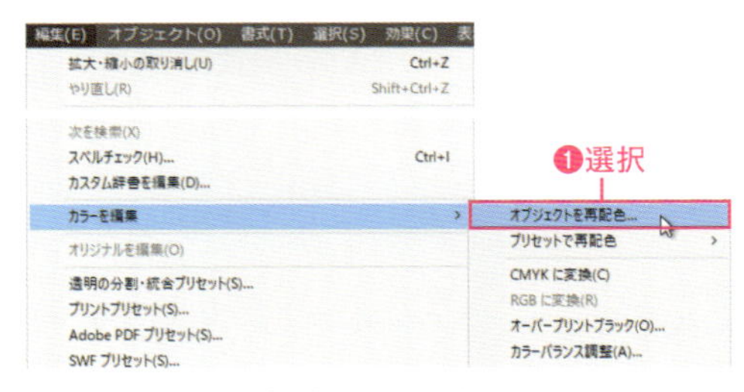

［オブジェクトを再配色］を「ライブカラー」と呼ぶことがある

3 ［オブジェクトを再配色］ダイアログボックスが表示されます。［現在のカラー］には、オブジェクトの中で使用されているすべてのカラーがリストとして表示されています。「→」が表示されているカラーは再配色の対象となっているカラーです。カラーの変更を行わない場合は「→」をクリックします❶。表示が「ー」になり、再配色の対象から外れます。

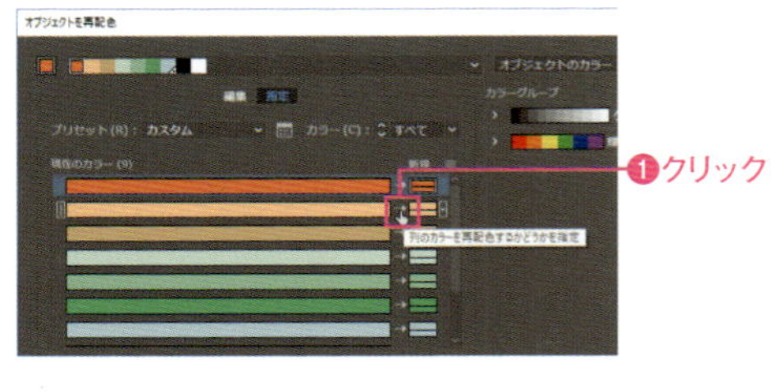

4 現在のカラーグループからベースカラーを選択します（ここでは左端のオレンジ）❶。ハーモニールールの をクリックしてプルダウンメニューを表示し❷、任意のハーモニールールを選び❸、［OK］をクリックします❹。現在の配色からハーモニールールのカラーに自動的に変更されます❺。

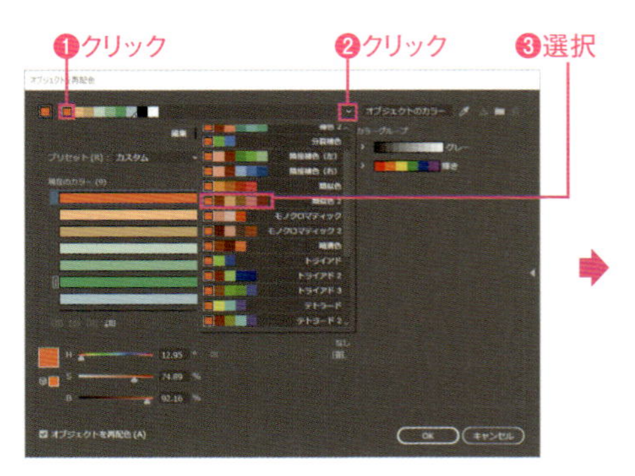

［新規］のカラーを選択し、左下のカラーパネルで個別にカラーを設定してもよい

Macでは、キーは次のようになります。 Ctrl → ⌘ Alt → option Enter → return

138 カラーから1色や2色のアートワークに減色する

［オブジェクトの再配色］では、複数のカラーを減色し、ほかのカラーと入れ替えることができます。プロセスカラーを特色（スポットカラー）に置き換えるなど、カラーを限定したいケースで利用します。

1 サンプルファイルを開き、選択ツール を選択して❶、カラーを変更するオブジェクト（ここではすべてのオブジェクト）を選択します❷。

2 ［編集］メニュー→［カラーを編集］→［オブジェクトを再配色］を選択します❶。

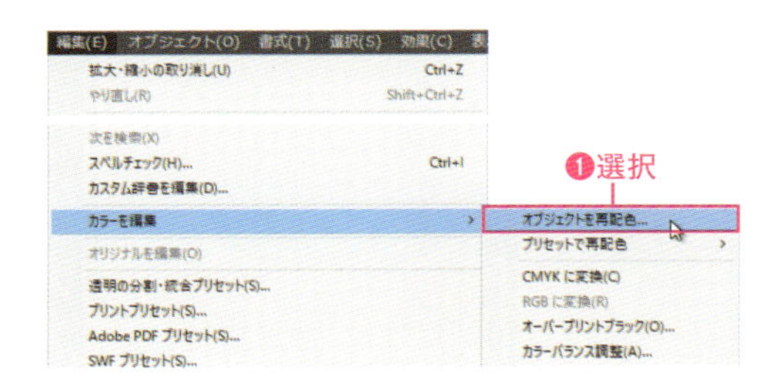

3 ［オブジェクトを再配色］ダイアログボックスには、選択したオブジェクト内で使用されているカラーがリストとして表示されています。現在［自動］となっている［カラー］に再配色後の色数を入力します（ここでは「3」）❶。

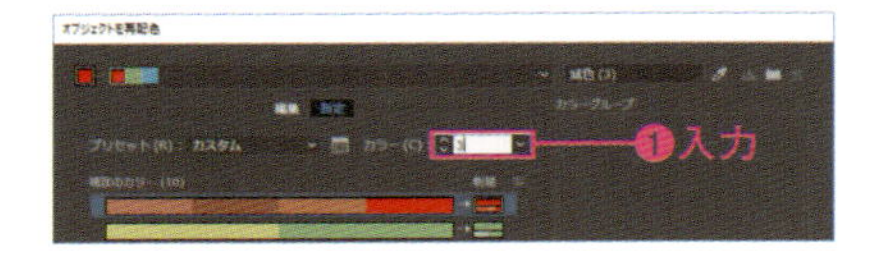

4 色数を指定すると、オブジェクトのカラーがいくつかのカラーセットにまとめられます。［新規］カラーの右にある をクリックすると❶、彩色方法を指定するプルダウンメニューが表示されます。複数のカラーを単色にしたい場合は［変更しない］を選択します❷。すると複数のカラーで構成されていたオブジェクトが単色に統一されます❸。

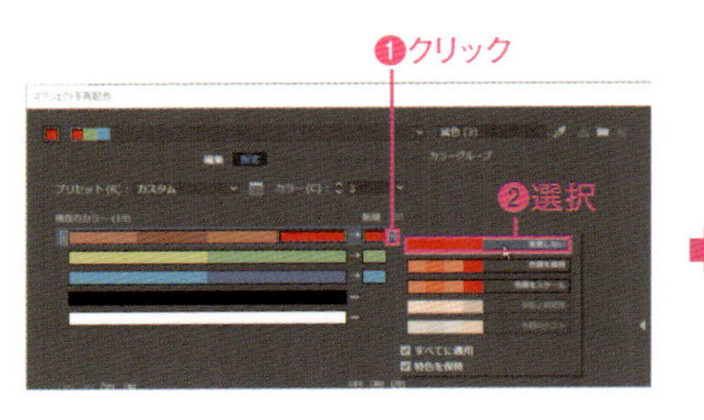

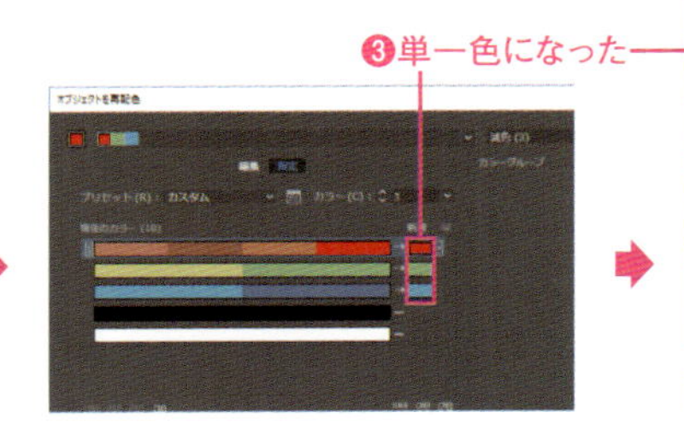

5 カラーセットのカラーを適用させる場合には、カラーセットから［新規］カラーにドラッグします❶。するとカラーを入れ替えることができます❷。［OK］をクリックして適用します❸。

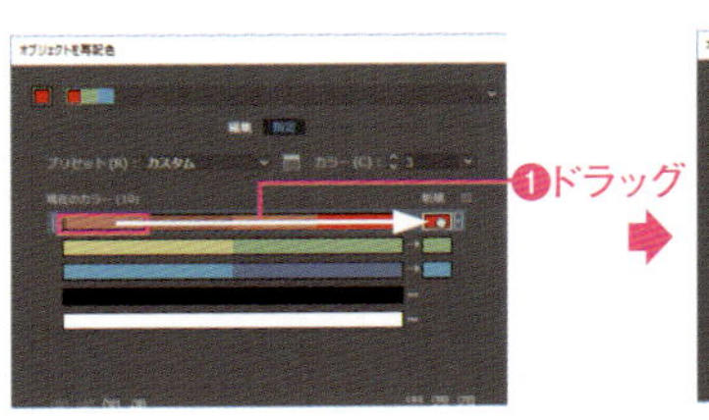

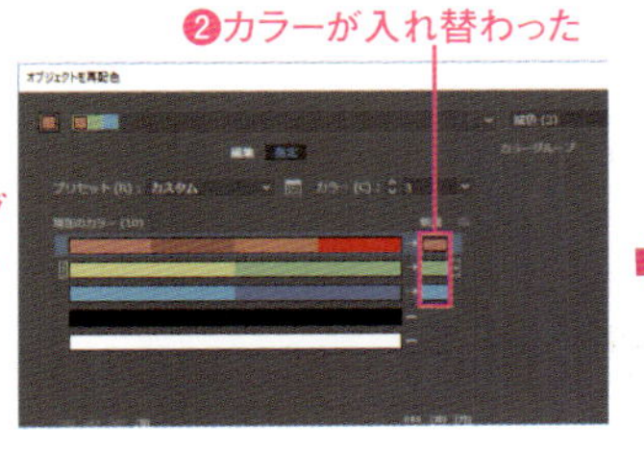

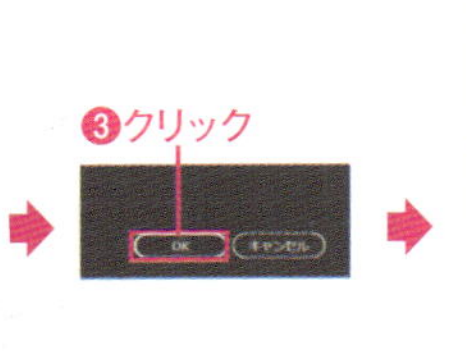

139 オブジェクトにグラデーションを適用する

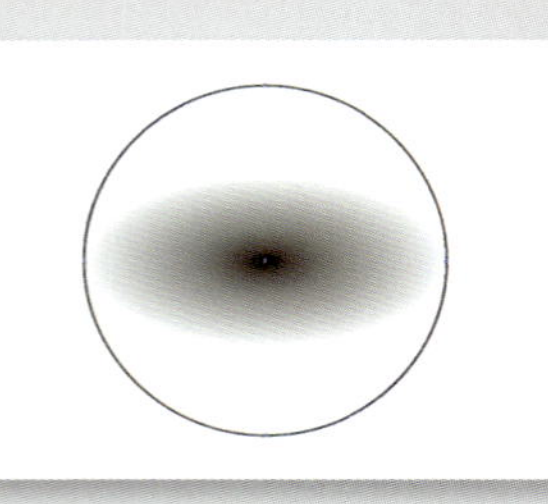

グラデーションはよく利用されるカラーのひとつです。グラデーションの設定はグラデーションパネルを通じて行います。基本となるグラデーションをオブジェクトに設定し、その後で方向やカラーなどの設定を行います。

第8章 ► 139.ai

1 選択ツールを選択して❶、グラデーションを設定するオブジェクトを選択します❷。グラデーションパネルで［塗り］をアクティブにし❸、グラデーションアイコンをクリックします❹。［塗り］にグラデーションが適用されます❺。

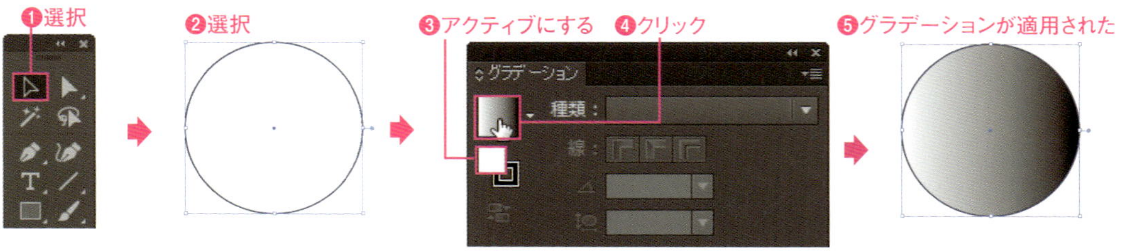

［線］をアクティブにすると、［線］にもグラデーションを適用できる
ただし、グラデーションツールは使えない

2 グラデーションにはふたつのタイプが用意されており、［種類］をクリックすると❶、表示されたメニューから［線形］と［円形］の二種類を選ぶことができます。

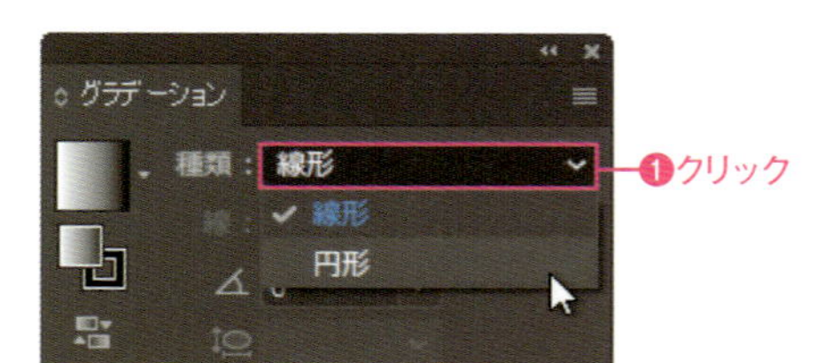

3 グラデーションの［種類］が［線形］の場合、グラデーションの角度を指定することができます❶。

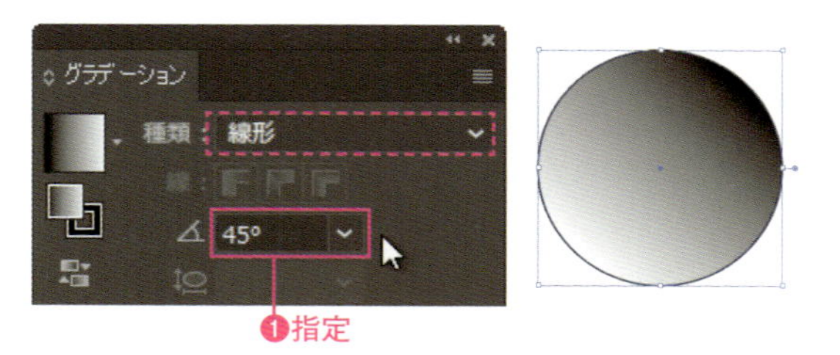

4 また、グラデーションの［種類］が［円形］の場合では、グラデーションの角度に加えて、縦横比を指定することができます❶。

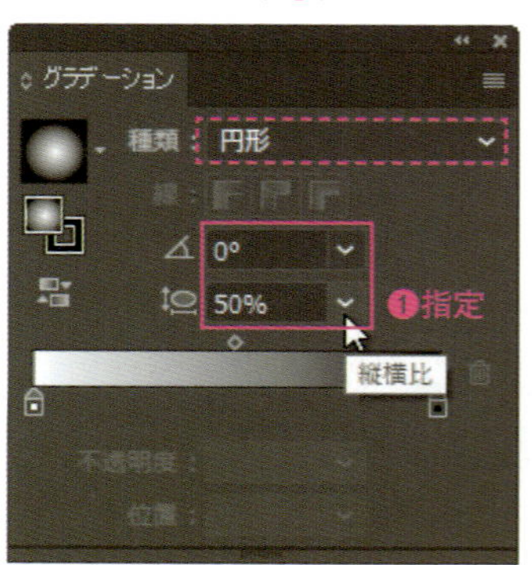

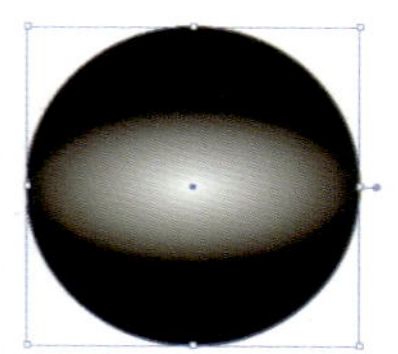

5 ［反転グラデーション］をクリックすると❶、グラデーションの開始のカラーと終わりのカラーを入れ替えることができます。

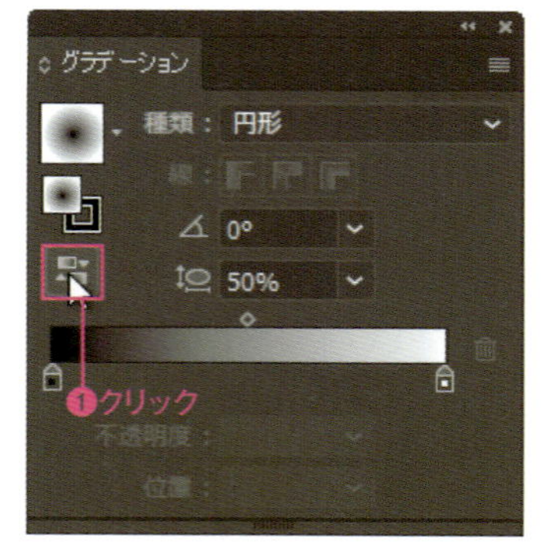

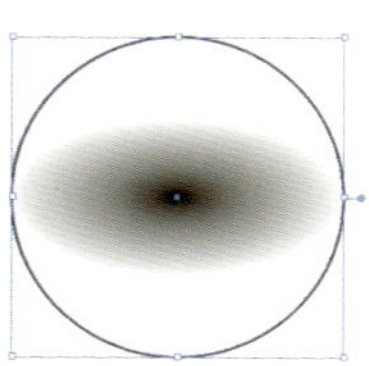

Macでは、キーは次のようになります。 Ctrl → ⌘　Alt → option　Enter → return

ドラッグ操作でグラデーションを適用する

140

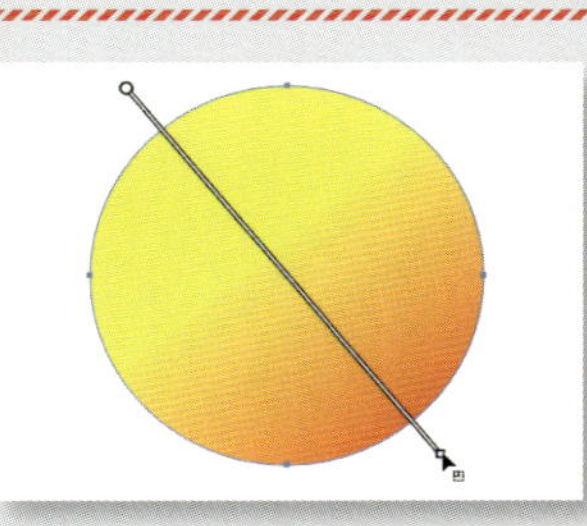

グラデーションツールを使うと、[塗り]に適用したグラデーションの適用範囲や位置などを調整できます。

第8章 ▶140.ai

1 サンプルファイルを開き、選択ツールを選択して❶、グラデーションを設定したオブジェクトを選択します❷。グラデーションツールを選択すると❸、グラデーションガイドが表示されます❹。

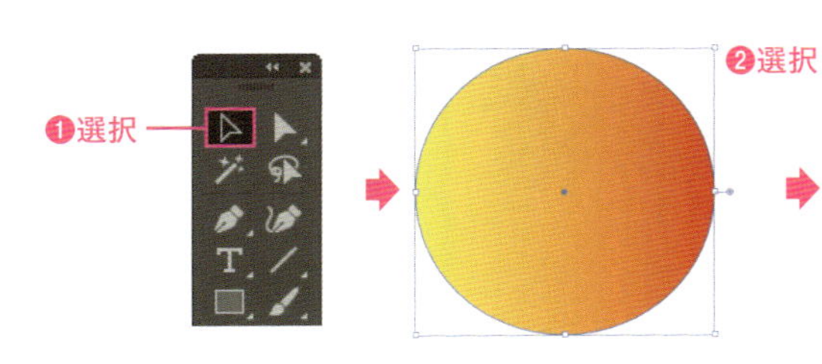

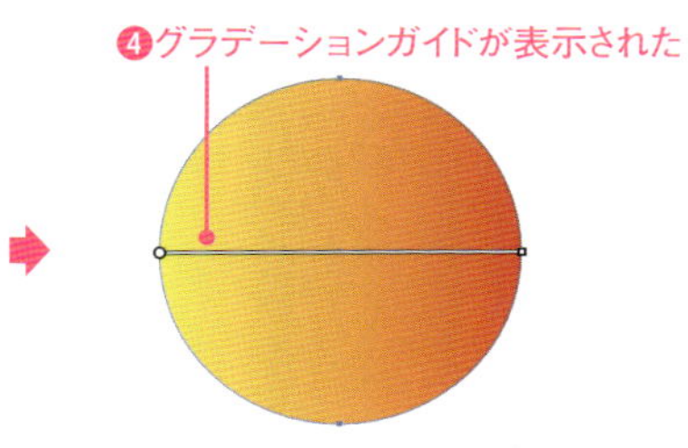

2 グラデーションガイドにカーソルを乗せると、グラデーションパネルと同様の分岐点が表示され、ドラッグして❶、カラーの配分を調整することができます。

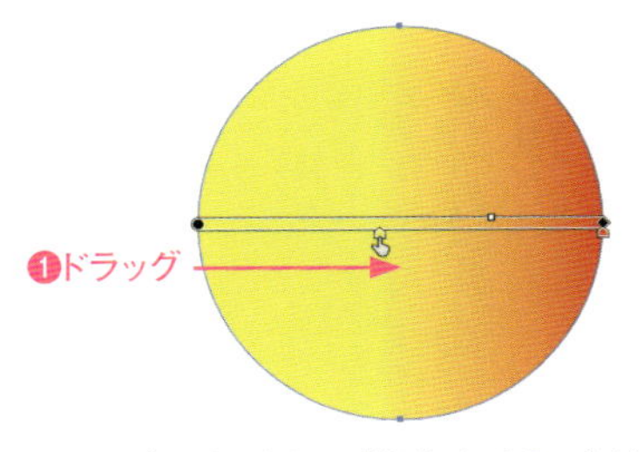

ドラッグできないときは、[塗り]がアクティブであるか確認

3 グラデーションガイドの端部の□をドラッグして伸縮させることで❶、グラデーションの始点と終点を調整することも可能です。反対側の○をドラッグすると、グラデーションガイドとともにグラデーション全体が移動します。

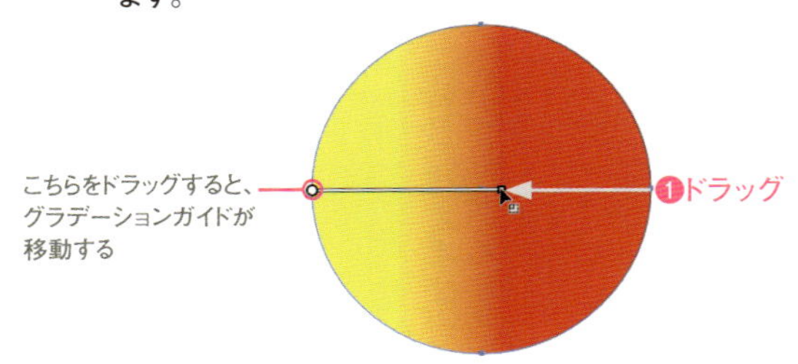

4 グラデーションツールでオブジェクト上をドラッグすると、グラデーションの適用範囲をドラッグで示すことで❶、グラデーションの適用範囲、位置、角度を設定できます。

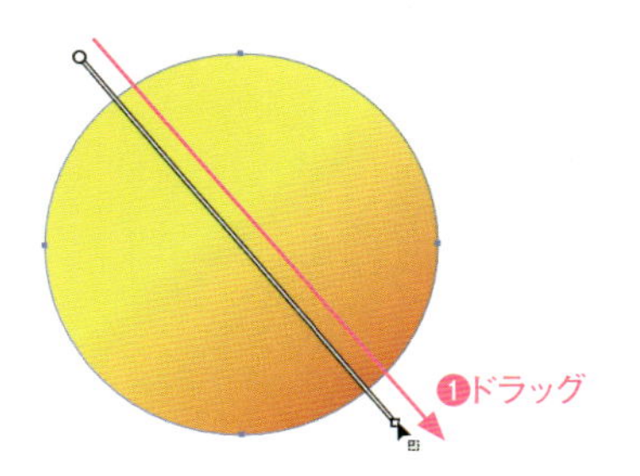

POINT

円形グラデーション

円形グラデーションには、円形のガイドも表示され、グラデーションを楕円にしたり、サイズを変えたりできます。

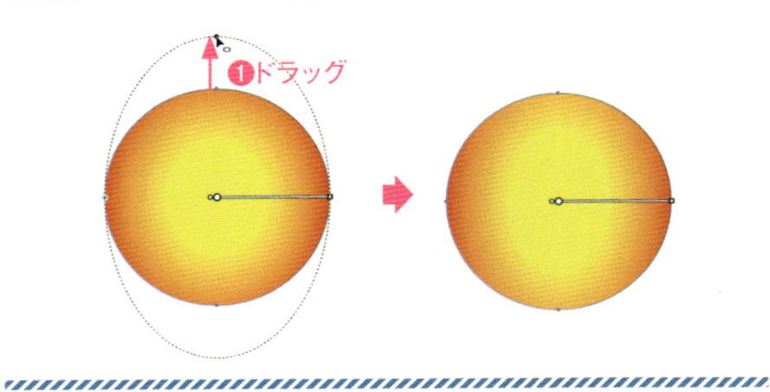

グラデーションを作成・編集する

141

Illustratorでは、グラデーションパネルを利用して、複数のカラーを加えた複雑なグラデーションも作成することができます。

第8章 ► 141.ai

1 サンプルファイルを開きます。選択ツール[▶]を選択し❶、オブジェクトを選択します❷。グラデーションパネルを表示し、線形のグラデーションが適用されていることを確認します❸。

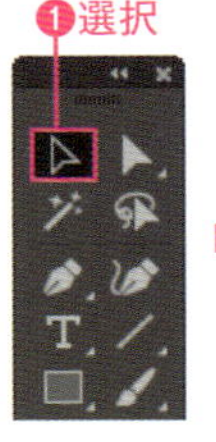

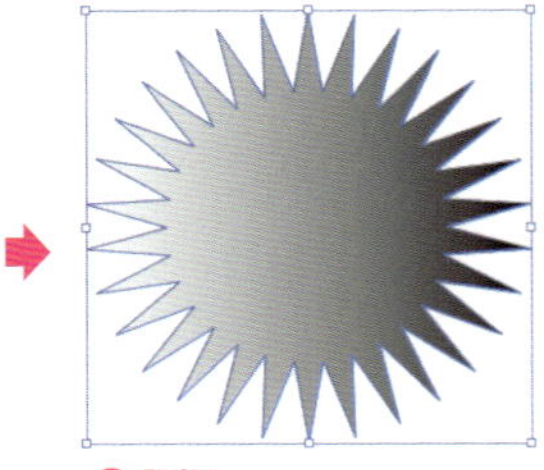

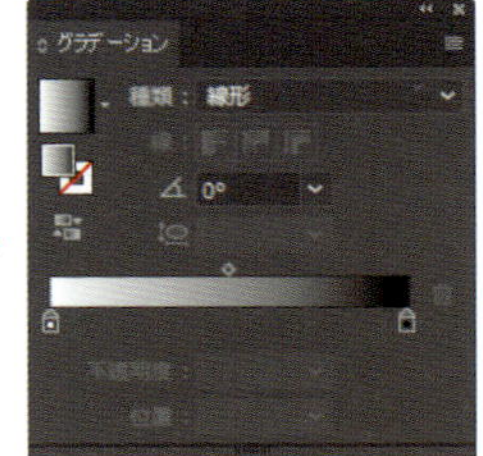

2 グラデーションパネルのグラデーションスライダーの右側のカラー分岐点をダブルクリックします❶。カラーパネルが表示されるので、分岐点のカラーを設定します（カラーは任意）❷。グラデーションのカラーが変わりました❸。

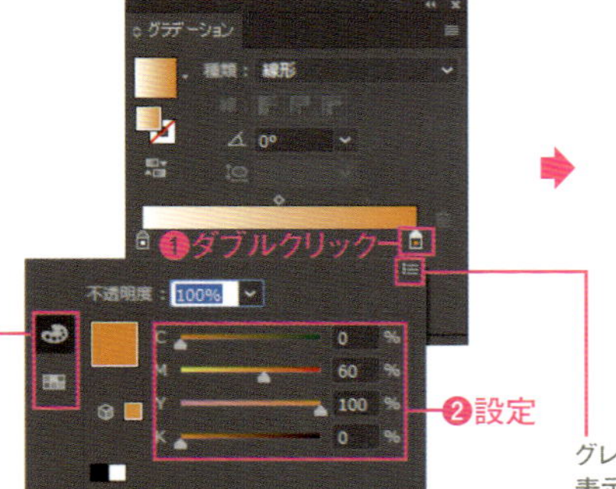

ここでスウォッチパネル表示かカラーパネル表示を選択できる
上がカラーパネル、下がスウォッチパネル

グレースケールのスライダーが表示されるときは、ここをクリックして［CMYK］を選択

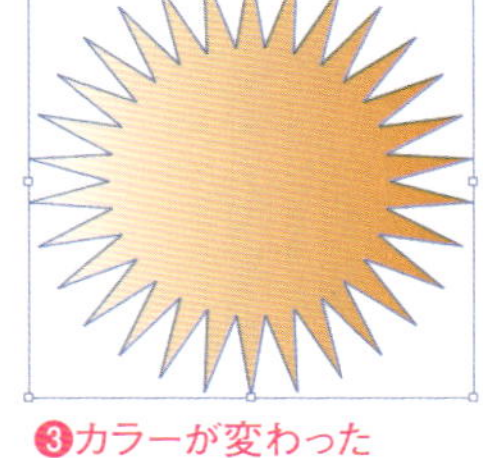

3 同様に左側のカラー分岐点をダブルクリックし❶、分岐点のカラーを設定します（カラーは任意）❷。グラデーションのカラーが変わります❸。

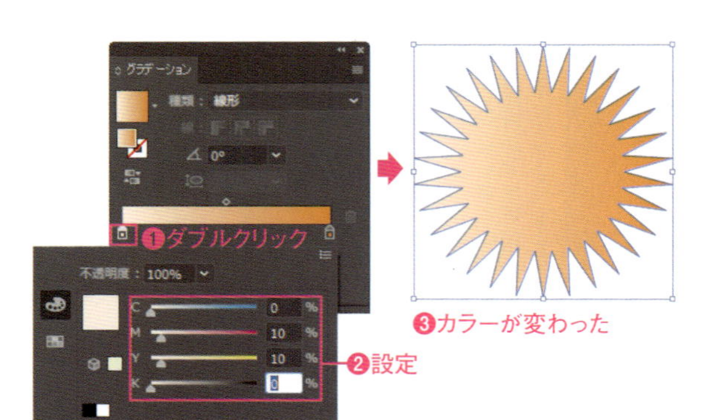

4 カラー分岐点は、ドラッグして動かすことができます❶。これにより、グラデーションのかかり方を変更することができます❷。

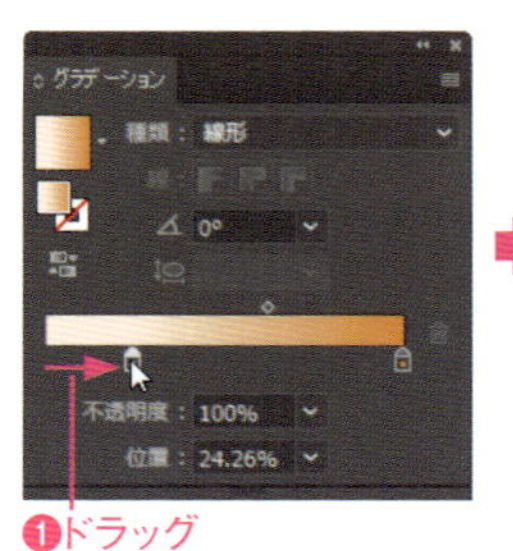

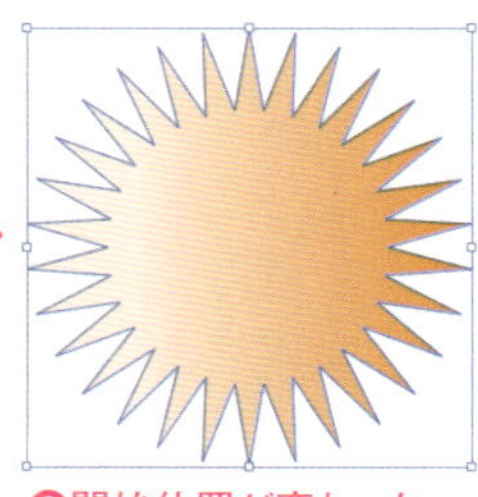

Macでは、キーは次のようになります。 Ctrl → ⌘　Alt → option　Enter → return

5 カラー分岐点は数を増やすことが可能です。グラデーションスライダーの下をクリックすると❶、カラー分岐点が追加されます。カラー分岐点はいくつでも追加することができます。追加したカラー分岐点も、ダブルクリックしてカラーを設定できます❷❸。オブジェクトに適用されます❹。

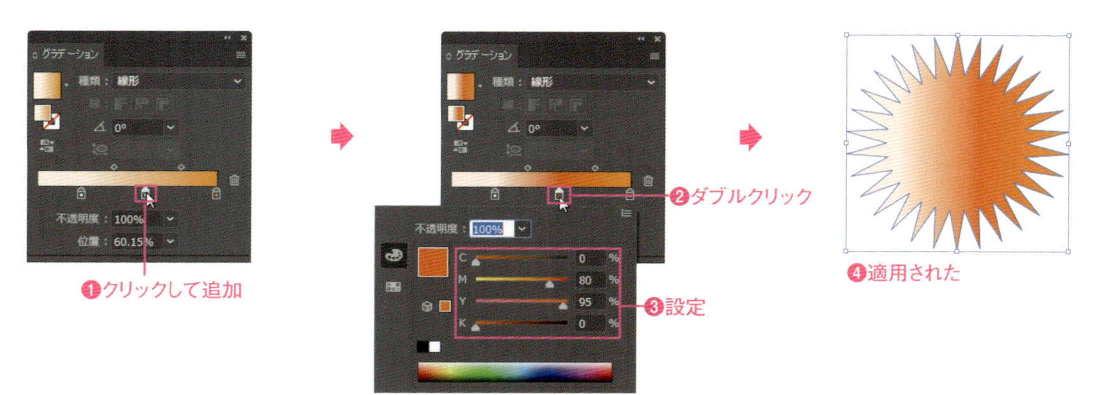

6 カラー分岐点には不透明度を設定できます。不透明度を設定することで、透明からカラーへのグラデーションを作成することが可能になります。ここでは、一番左のカラー分岐点を選択し❶、[不透明度]を「30%」に設定しています❷。オブジェクトに適用されます❸。

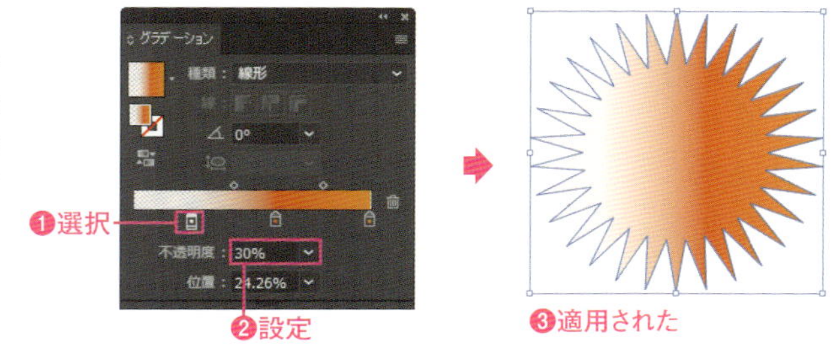

7 カラー分岐点を削除する場合は、カラー分岐点を選択し❶、ゴミ箱の形をしたアイコンをクリックします❷。カラー分岐点が削除され❸、オブジェクトのグラデーションにも反映されます❹。

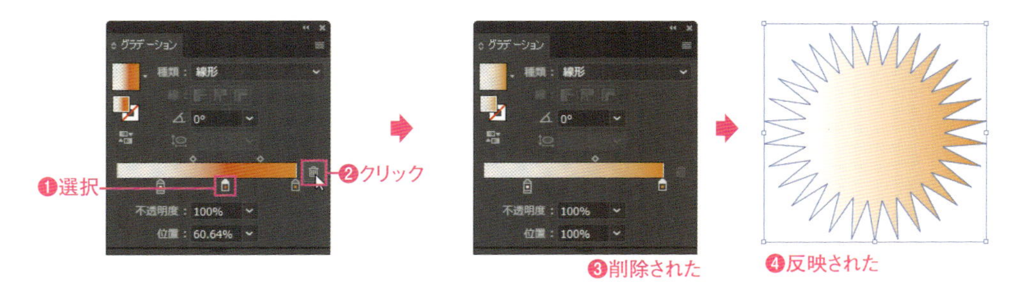

8 作成したグラデーションは、スウォッチパネルにグラデーションスウォッチとして登録できます。スウォッチパネルで、[新規スウォッチ]をクリックします❶。[新規スウォッチ]ダイアログボックスが表示されるので、名称を入力して❷、[OK]をクリックします❸。スウォッチパネルにグラデーションスウォッチが追加されます❹。

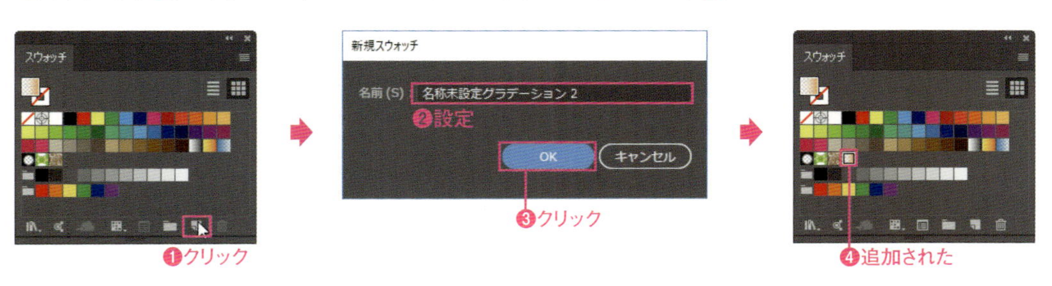

第8章 カラー設定

142 異なるカラーのオブジェクトからグラデーションを作る

[塗り]にグラデーションカラーを設定するのではなく、異なるカラーのオブジェクトを複数用意し、ブレンドツールによってカラーと形状を変化させる方法もあります。

第8章 ► 142.ai

1 サンプルファイルを開きます❶。

2 選択ツールを選択します❶。オブジェクトの左下をドラッグして❷、ふたつのパスを選択します❸。

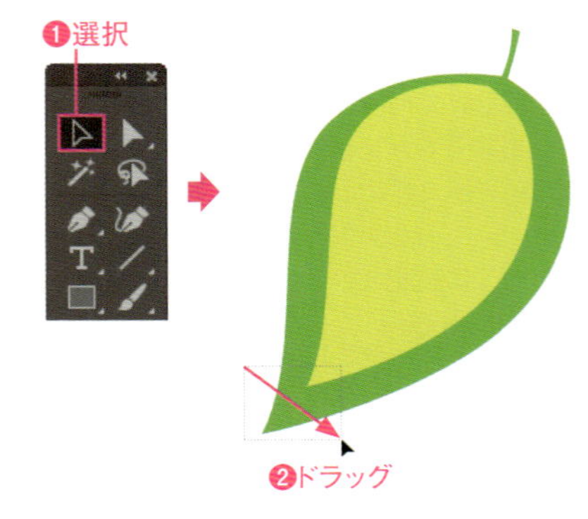

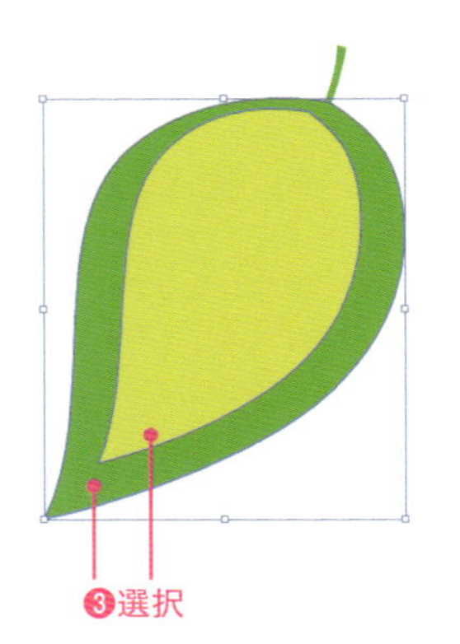

3 ブレンドツールを選択します❶。それぞれのパスのアンカーポイントをクリックします❷❸。ふたつのパスが形状を変化させながらグラデーションを作成します。

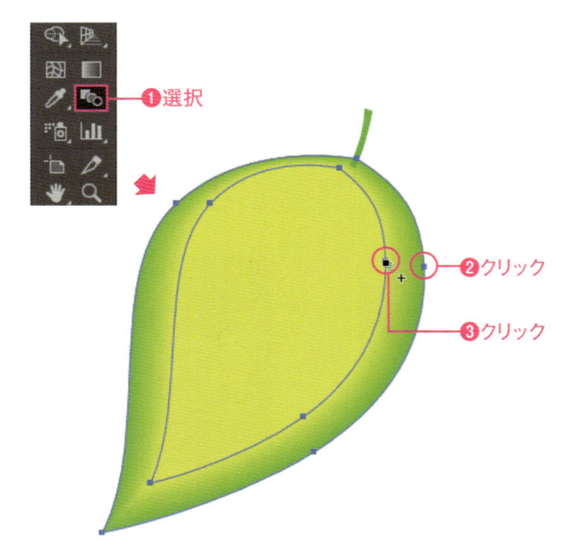

POINT

ブレンドの設定によっては、グラデーションが作成されない場合もあります。その場合には[オブジェクト]メニュー→[ブレンド]→[ブレンドオプション]を選択して、[ブレンドオプション]オプションダイアログボックスで[間隔]を[スムーズカラー]に設定します。

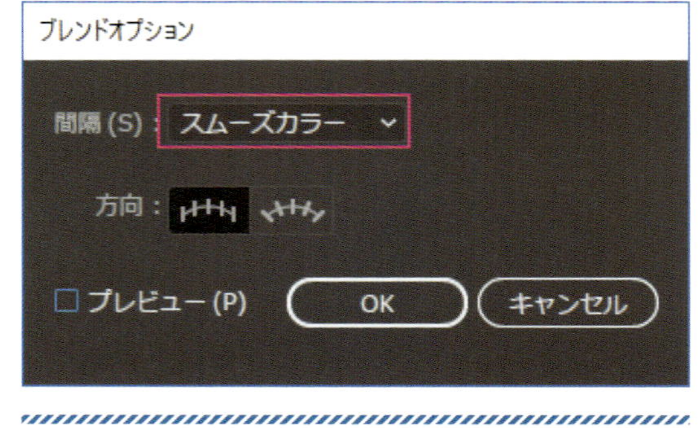

Macでは、キーは次のようになります。 Ctrl → ⌘ Alt → option Enter → return

143 オブジェクトにパターンを適用する

Illustratorでは、オブジェクトの［塗り］と［線］、パターンを設定することができます。パターンは自作することも可能ですが、ライブラリには多数のパターンがスウォッチが用意されています。

1 サンプルファイルを開きます。スウォッチパネルの［スウォッチライブラリメニュー］を クリックし❶、表示されたメニューから［パターン］を選択すると❷、いくつかのカテゴリに分けられたパターンスウォッチを選択できるので、この中からスウォッチライブラリを選びます（ここでは［自然_植物］を選択します）❸。選択したパターンスウォッチパネルが表示されます❹。

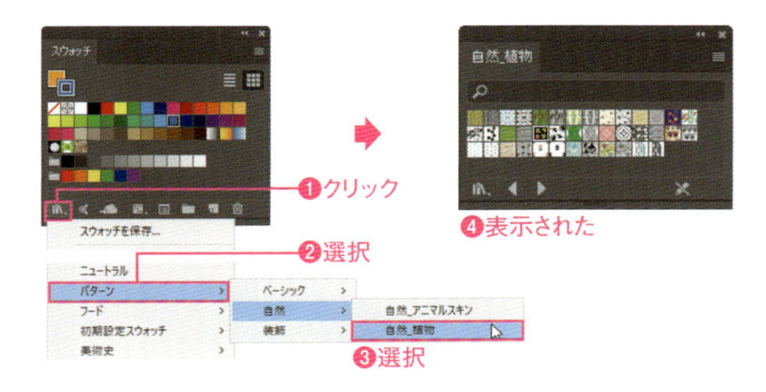

2 選択ツール を選択します❶。パターンを設定するオブジェクトを選択します❷。

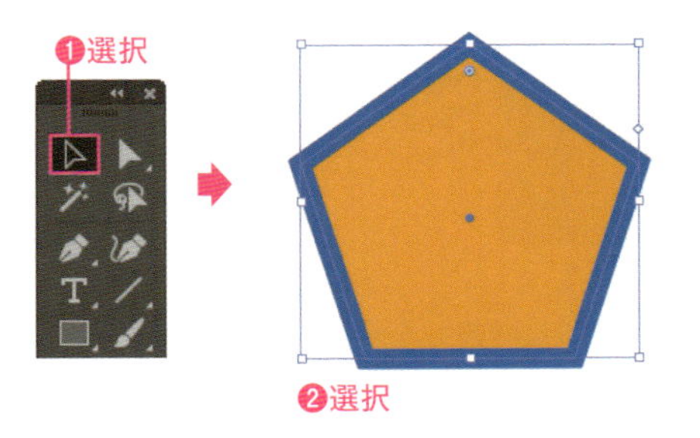

3 ツールパネルで［塗り］を選択して❶、パターンスウォッチパネルから任意のパターンを選択します❷。［塗り］にパターンが適用されます❸。

4 ツールパネルで［線］を選択して❶、パターンスウォッチパネルから任意のパターンを選択します❷。［線］にパターンが適用されます❸。オブジェクトに適用したパターンスウォッチパネルのパターンスウォッチは、スウォッチパネルに追加されます❹。

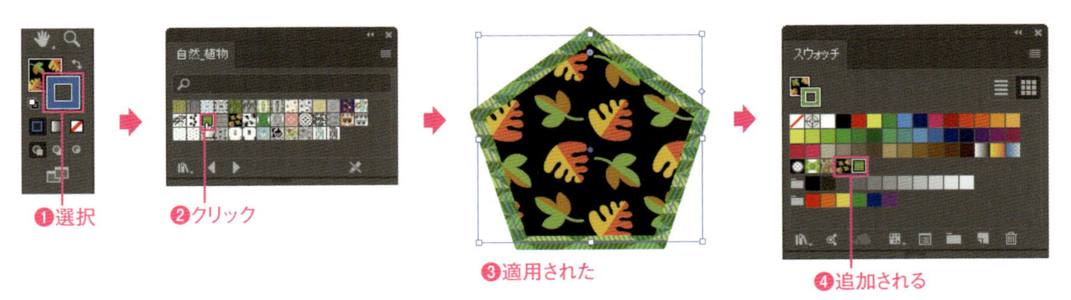

144 パターンを作成・編集する

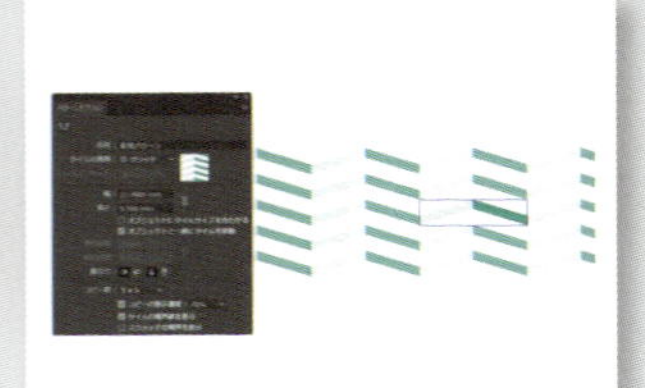

Illustratorでは、オリジナルのオブジェクトをパターンとして登録することができます。間隔やサイズなど詳細な設定によって、複雑なパターンも簡単に作成できるよう設計されています。

第8章 ▶ 144.ai

1 サンプルファイルを開きます。選択ツール を選択します❶。パターンに指定するオブジェクトを選択します❷。

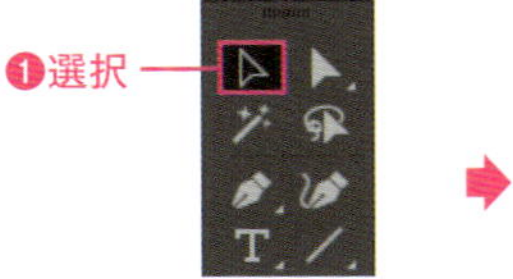

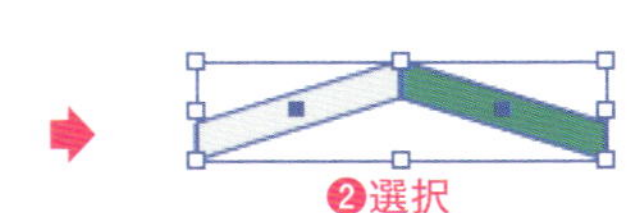

2 ［オブジェクト］メニュー→［パターン］→［作成］を選択します❶。画面がパターンの編集画面に切り替わり、パターンオプションパネルが表示されます❷。［新しいパターンがスウォッチに追加されました］と表示されたら［OK］をクリックしてください。

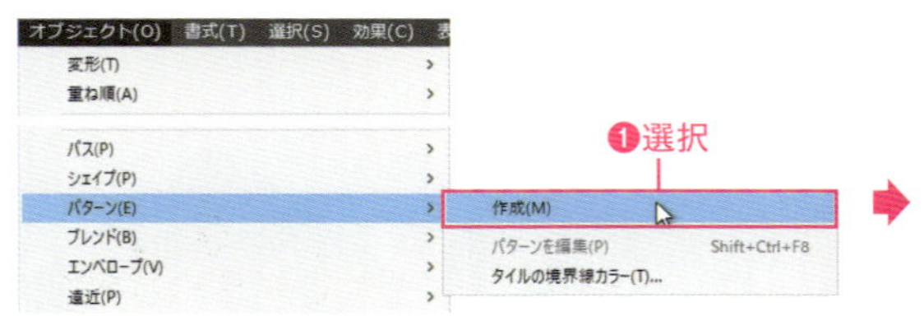

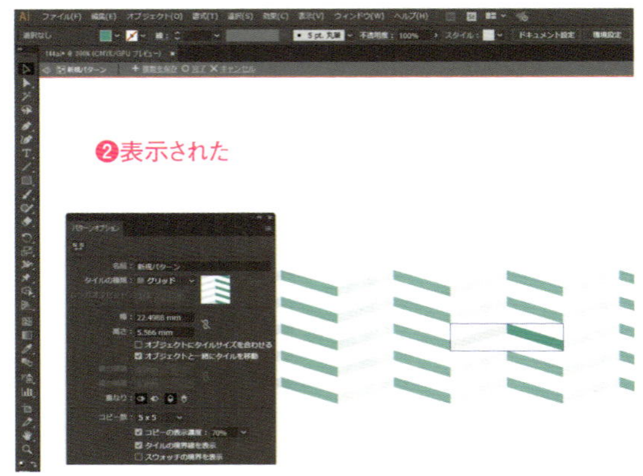

3 画面の中央に青い線で囲まれているのがパターンの元オブジェクトです❶。オブジェクトをドラッグすると、周囲のパターンも変化します。緑色のオブジェクトを下にドラッグしてみてください❷。パターンの変化を確認したら、Ctrl キーと Z キーを押して元に戻します❸。

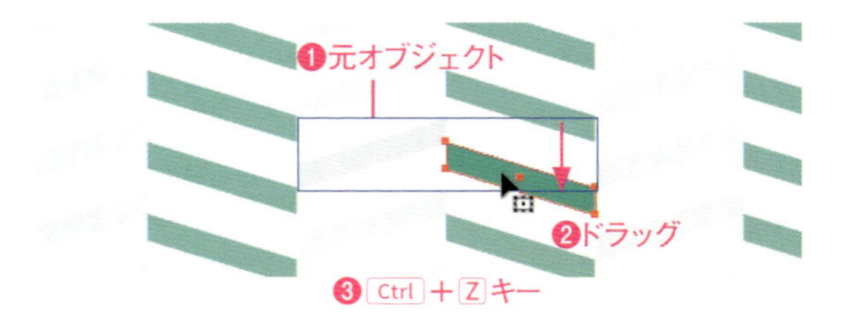

4 ［パターンオプションパネルでは、パターンの並べ方のルールを設定します。［タイルの種類］は、パターンの配列方法を指定します❶。設定を変更してみて、最後に初期設定の［グリッド］に戻してください。

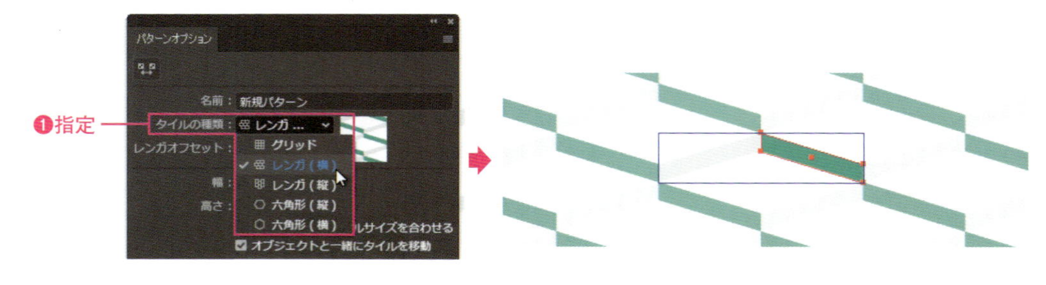

Macでは、キーは次のようになります。 Ctrl → ⌘ Alt → option Enter → return

5 ［幅］と［高さ］では、パターンの間隔を指定します❶。パターンの変化を確認したら、Ctrl キーと Z キーを押して元に戻します❷。

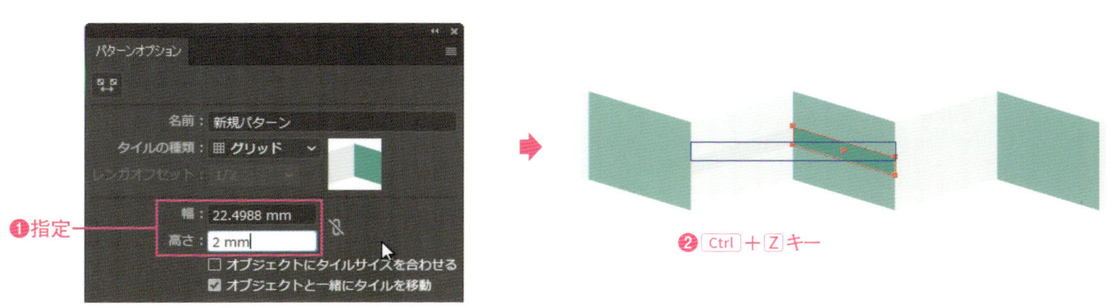

6 ［重なり］では、パターン同士が重なり合ったとき、左右、もしくは上下のオブジェクトのうち、どちらを優先するかを指定します。緑のオブジェクトをグレーのオブジェクトにドラッグして重ねて❶、重なりを変更してみてください❷。パターンの変化を確認したら、Ctrl キーと Z キーを押して元に戻します❸。

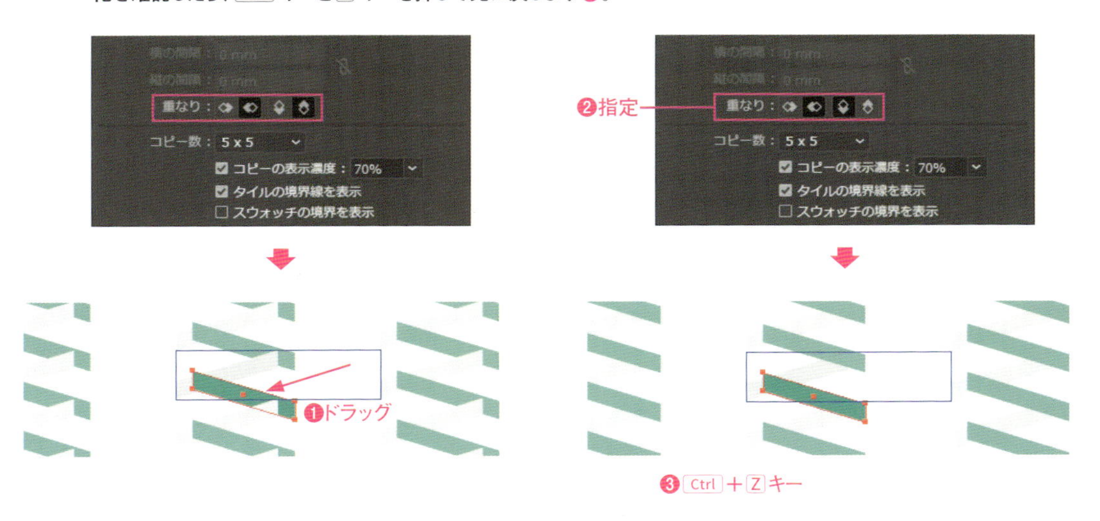

7 ［コピー数］は、ひとつのパターンブロックで作成するオブジェクトの数を指定します❶。指定したコピー数のパターンとなります❷。大きなパターンを作成する場合は数を増やします。

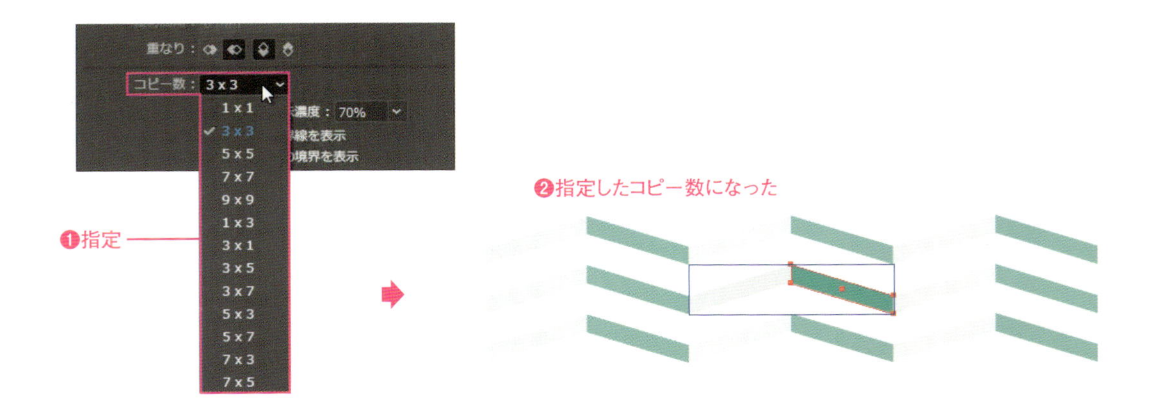

第8章 カラー設定

8 ［コピーの表示濃度］、［タイルの境界線を表示］、［スウォッチの境界を表示］は、編集画面のプレビューに対するオプション設定です❶❷。

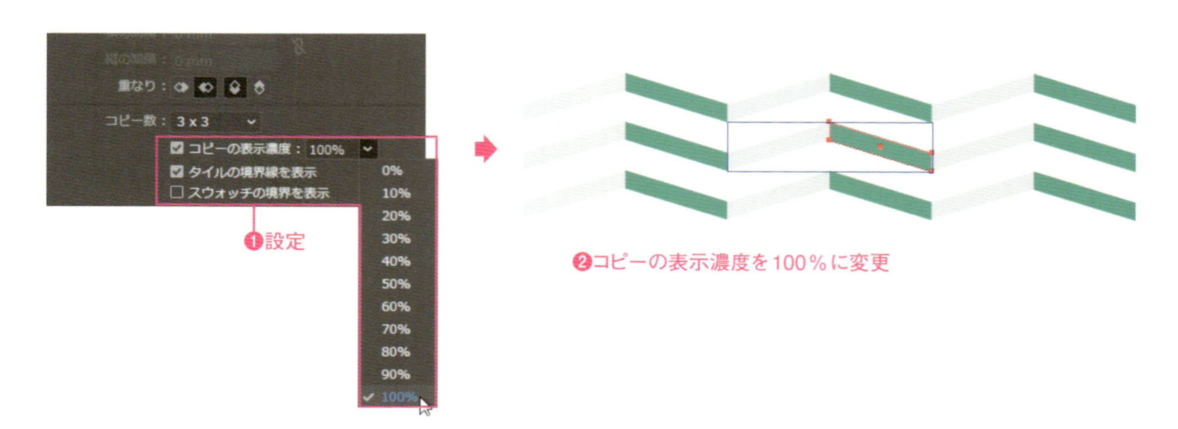

9 パターンが完成したら［完了］をクリックします（ここでは初期状態で保存）❶。［スウォッチ］パネルに作成したパターンが登録されます❷。

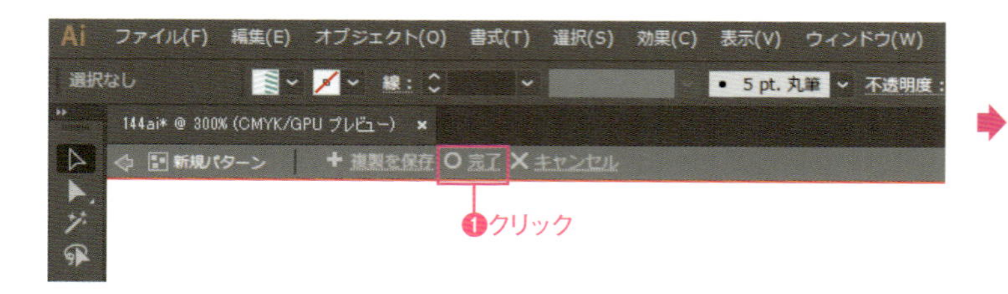

Point

パターンを再編集する

スウォッチパネルから、再編集するパターンを選択し❶、［パターンを編集］をクリックします❷。画面がパターン編集画面に切り替わり、再編集を行うことができます❸。

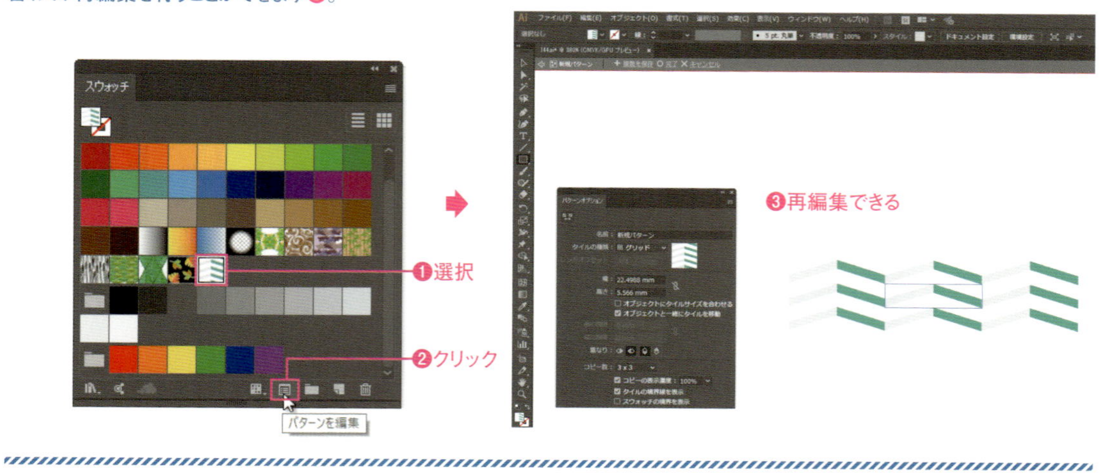

Macでは、キーは次のようになります。 Ctrl → ⌘　Alt → option　Enter → return

145 ほかのオブジェクトのカラーを適用する

スポイトツールを使うと、簡単にオブジェクトに適用されているカラーを、ほかのオブジェクトへ設定できます。

ほかのオブジェクトのカラーを適用する

1 サンプルファイルを開きます。選択ツールを選択します❶。カラーを適用するオブジェクトを選択します❷。

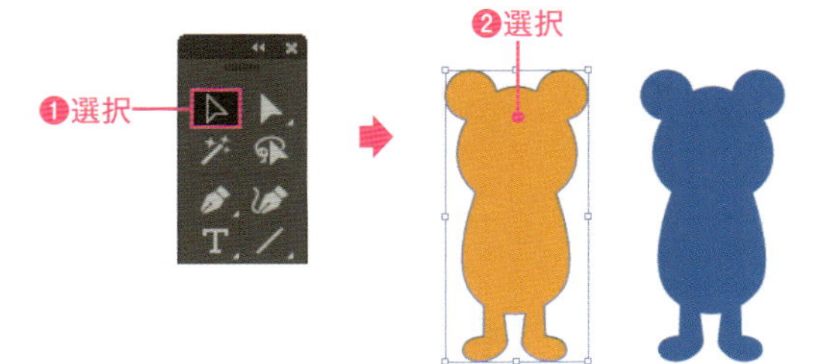

2 スポイトツールを選択します❶。取り込みたいカラーのオブジェクトをクリックします❷。すると、カラー情報や線幅などの設定が選択しているオブジェクトに適用されます❸。

選択したオブジェクトのカラーをほかのオブジェクトへ適用させる

1 選択ツールを選択し❶、適用したいカラー情報を設定したオブジェクトを選択します❷。

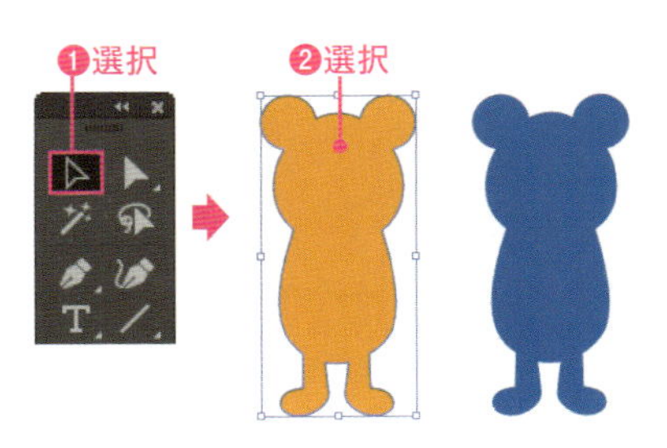

2 スポイトツールを選択し❶、カラーを適用したいオブジェクトを Alt キーを押しながらクリックします❷。カラーが適用されました❸。

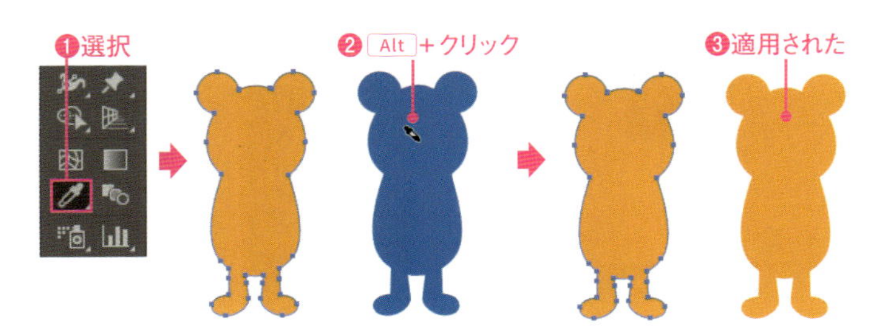

146 リアルな質感のグラデーションで塗る

グラデーションを作成する方法として、より質感を表現したいケースでは、メッシュツールを利用したグラデーションメッシュを使うとよいでしょう。

第8章 ▶ 146.ai

1 サンプルファイルを開きます❶。カラーパネルで、[塗り]にグラデーションの元となるカラーを設定します❷。ここでは、サンプルのオブジェクトより少し明るい黄緑に設定します。

2 メッシュツール を選択します❶。グラデーションのポイントを配置する場所をクリックします❷。クリックした場所にメッシュポイントが作成され❸、メッシュポイントを基点としてパス内にメッシュラインが形成されます。メッシュポイントには、カラーパネルで設定したカラーが適用され、ほかのポイントに対してグラデーションがかかります。瓶の下部でメッシュライン上をクリックして❹、メッシュポイントを増やします❺。

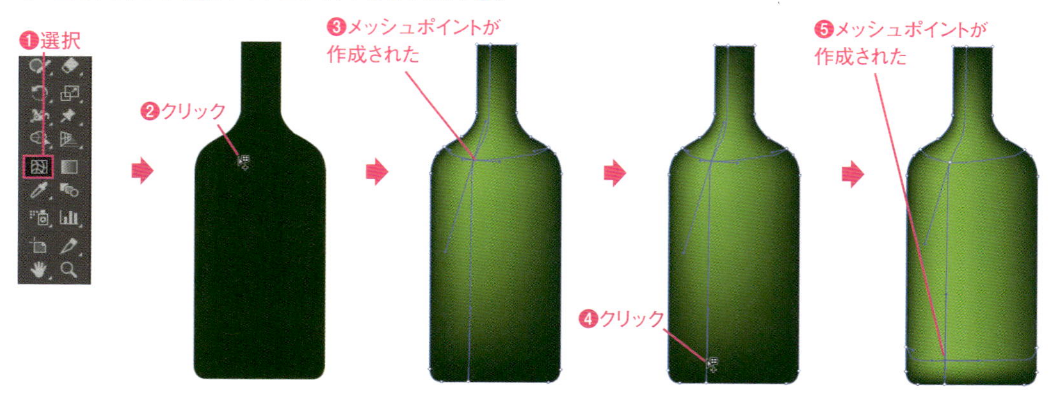

3 ダイレクト選択ツール を選択します❶。はじめに作ったメッシュポイントを選択します❷。カラーパネルで、[塗り]のカラーをさらに明るい緑に変更します❸。選択したメッシュポイントの色が変わり、さらに複雑なグラデーションになりました❹。

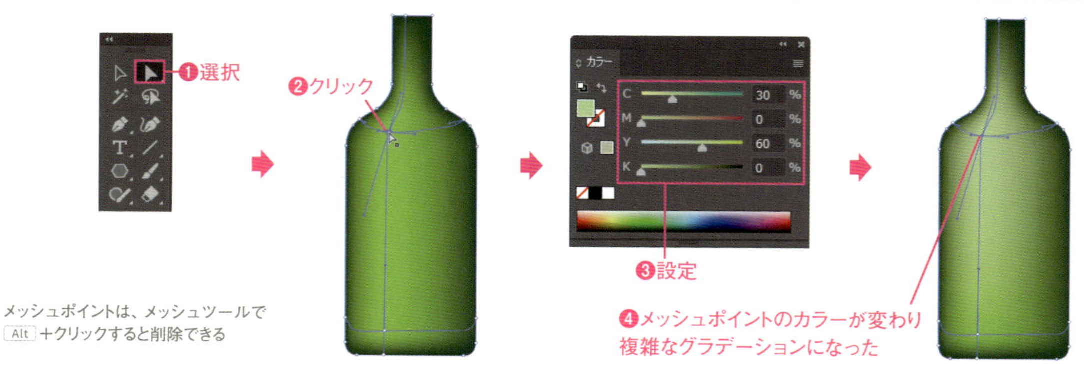

メッシュポイントは、メッシュツールで Alt +クリックすると削除できる

Macでは、キーは次のようになります。 Ctrl → ⌘　Alt → option　Enter → return

オブジェクトのカラーを反転する

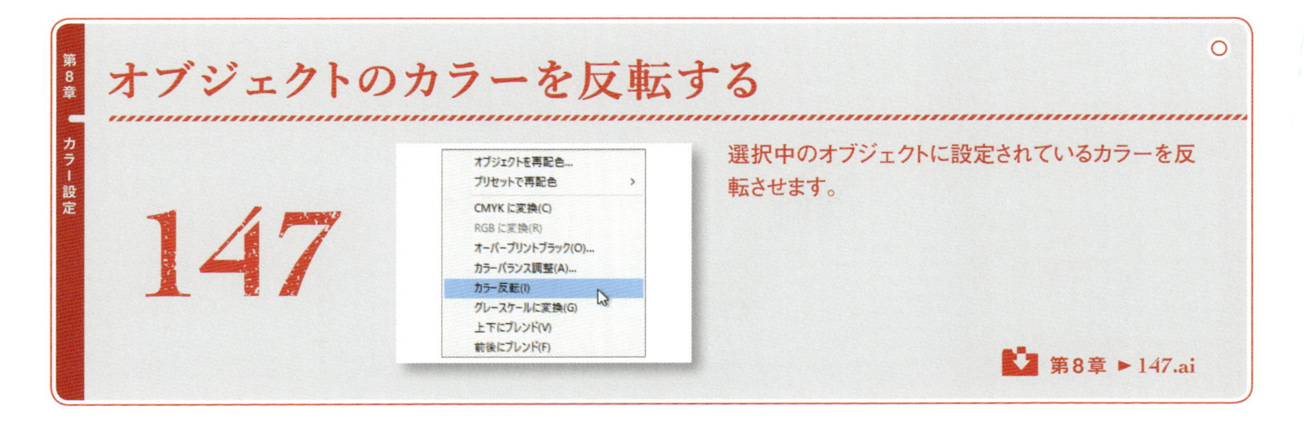

選択中のオブジェクトに設定されているカラーを反転させます。

第8章 ► 147.ai

1 サンプルファイルを開きます。選択ツールを選択します❶。カラーを反転させるオブジェクトを選択します❷。

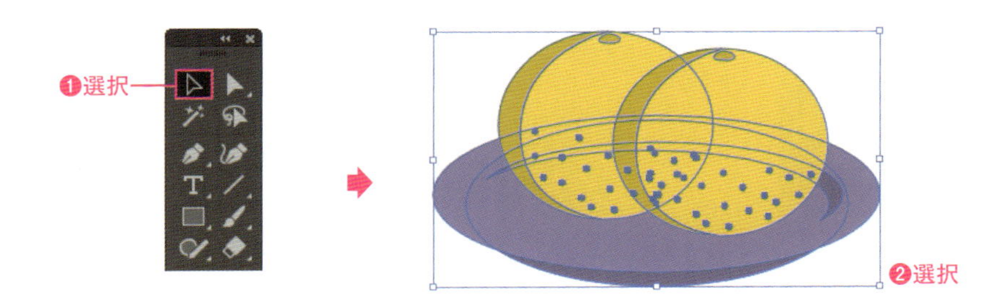

2 ［編集］メニュー→［カラーを編集］→［カラー反転］を選択します❶。すると、［塗り］と［線］に設定されているカラーの補色に変換されます❷。

カラーの反転をRGB値で計算しているため、CMYKモードでは、反転したカラーを再度カラー反転しても、元の色には戻らない。RGBモードでは、元に戻る

オブジェクトのカラーを上下左右の位置でブレンドする

148

複数のオブジェクトに対して、形状や位置を変更することなく、カラーのみブレンドし、中間色を作成します。

第8章 ▶ 148.ai

サンプルファイルを開きます。選択ツール を選択します❶。カラーをブレンドするオブジェクトを選択します❷。［編集］メニュー→［カラーを編集］→［左右にブレンド］を選択すると❸、左右に配置されているオブジェクトのカラーをブレンドします❹。

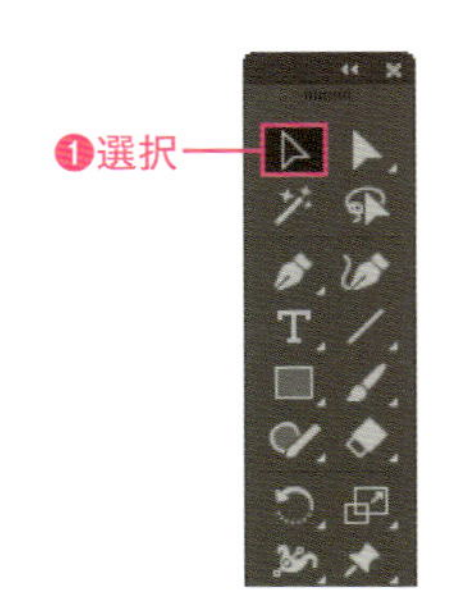

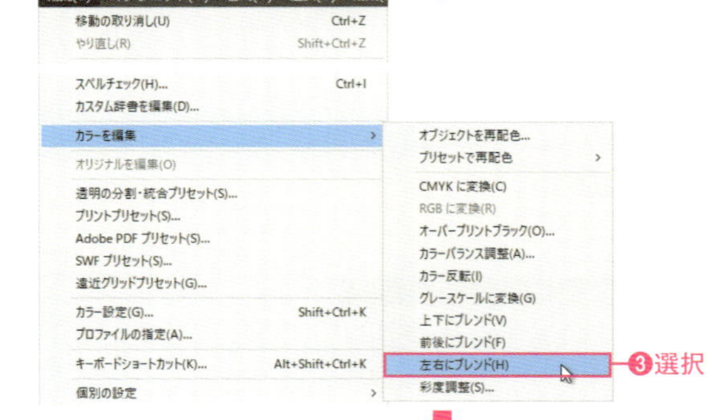

POINT

上下にブレンド

上下に配置されているオブジェクトのカラーをブレンドします。

POINT

前後にブレンド

前後関係にあるオブジェクトのカラーをブレンドします。

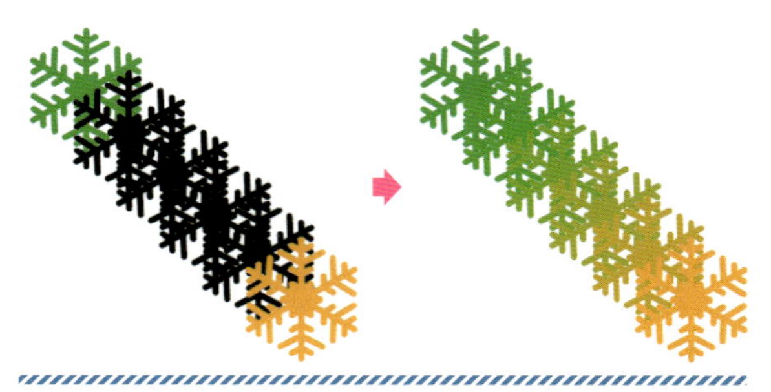

Macでは、キーは次のようになります。 Ctrl → ⌘ Alt → option Enter → return

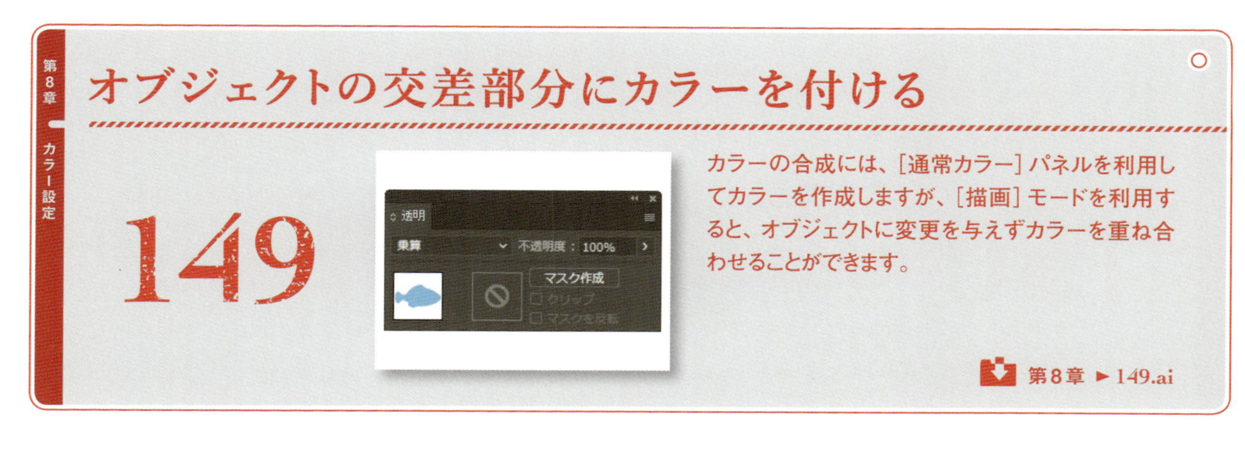

149 オブジェクトの交差部分にカラーを付ける

カラーの合成には、[通常カラー] パネルを利用してカラーを作成しますが、[描画] モードを利用すると、オブジェクトに変更を与えずカラーを重ね合わせることができます。

第8章 ► 149.ai

1 サンプルファイルを開きます。選択ツール を選択します❶。前面に重ねられているオブジェクトを選択します❷。

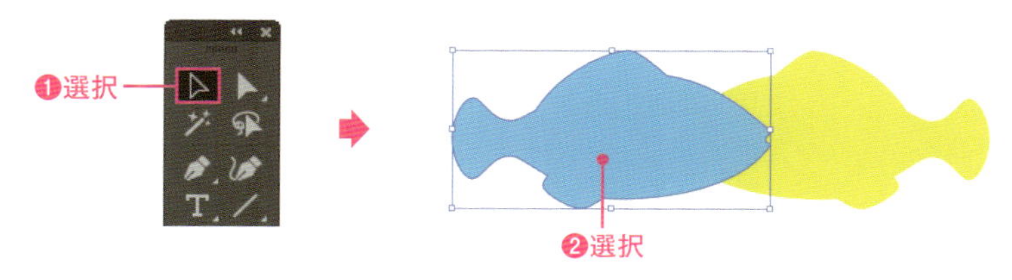

カラーを合成するオブジェクトを重ね合わせて配置

2 透明パネルから [描画モード] を [乗算] に設定します❶。すると、オブジェクトの重なり合った部分のカラーが合成されます❷。

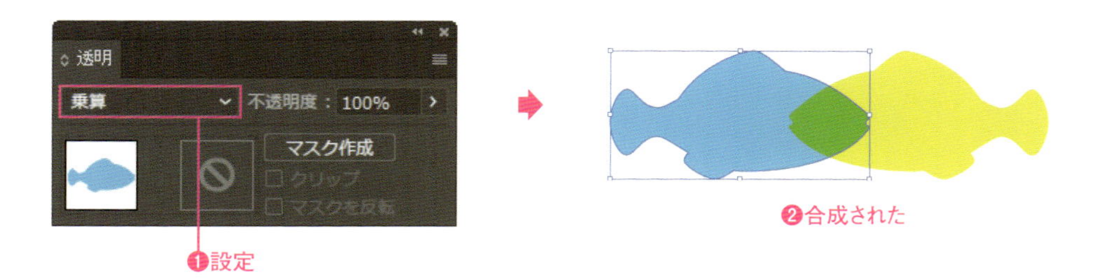

POINT

[描画] モードには、[乗算] のほかに計算式の異なる合成方法が用意されています。カラーや用途によって使い分けることができます。

乗算　スクリーン　ハードライト

差の絶対値　輝度　ソフトライト

150 RGBとCMYKのカラーモードを変更する

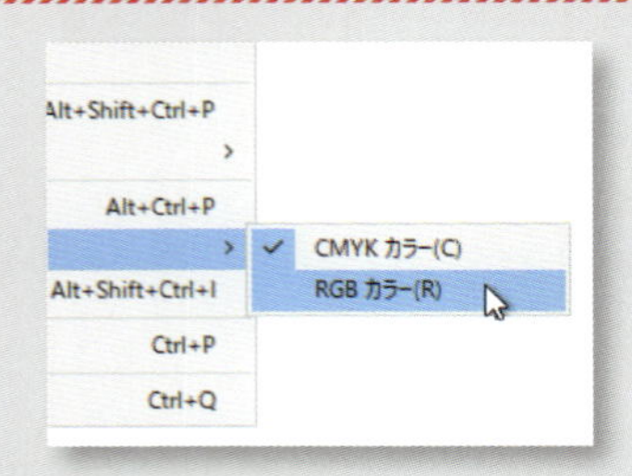

印刷物を作成するケースではCMYKによってカラーを設定しますが、Webなどモニターを通じて表現する画像を作成するケースではRGBによってカラーを設定します。それぞれのカラーモードは、ドキュメント作成時に設定しますが、あとからでも変更できます。

1 どのサンプルファイルでもいいので開いた状態にします。現在作業を行っているファイルの名称が表示されている部分に、現在選択されているカラーモードが表示されています❶。

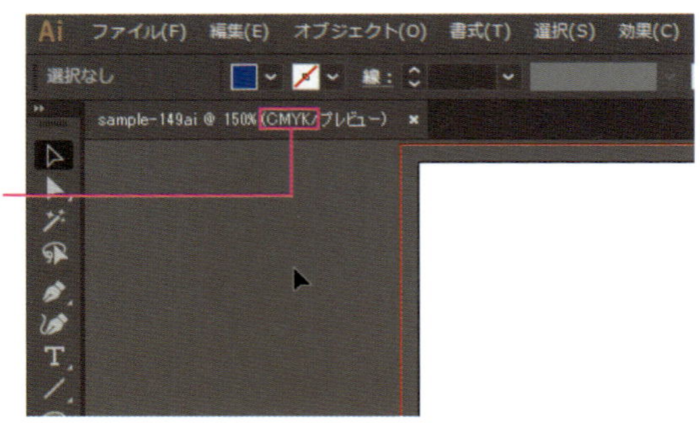

❶カラーモードが表示されている

2 [ファイル]メニュー→[ドキュメントのカラーモード]で、RGBとCMYKのカラーモード変換を行うことができます❶。
カラーモードの変換後は、オブジェクトの色合いが変わります。またカラーによっては、大きく異なるケースが生じるので注意が必要です。

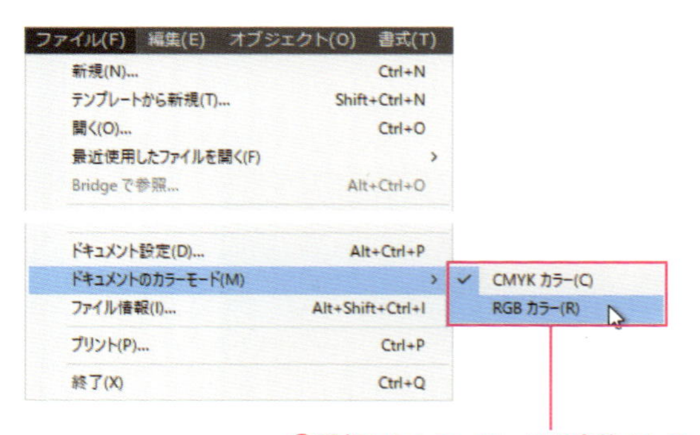

❶選択したカラーモードに変換される

POINT

グレースケールに変換

オブジェクトを選択し❶、[編集]メニュー→[カラーを編集]→[グレースケールに変換]を選択すると❷、グレースケールに変換できます❸。

Macでは、キーは次のようになります。 Ctrl → ⌘ Alt → option Enter → return

151～164

第9章

線の設定

オブジェクトのパスの内部に［塗り］にカラーが設定できるように、［線］にもカラーや太さの設定ができます。線端や角の形状の設定や、端部を矢印にすることもできます。本章では、線の設定について解説します。

線の太さや線端形状などを設定する

151

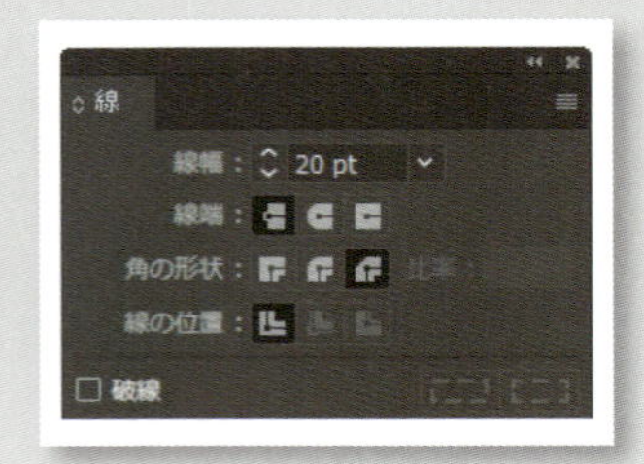

パスには、[線] にカラーや太さの設定を行うことができます。線端形状などの設定で仕上がりのイメージが変わるので、適切な設定を行うようにしましょう。サンプルファイルを開いて確認してください。

線幅を設定する

線の太さや形状の設定は、線パネルを利用して行います。選択ツールで、対象となるパスを選択し❶、線パネルの [線幅] で太さの設定を行います❷。指定された線幅に変更されます❸。

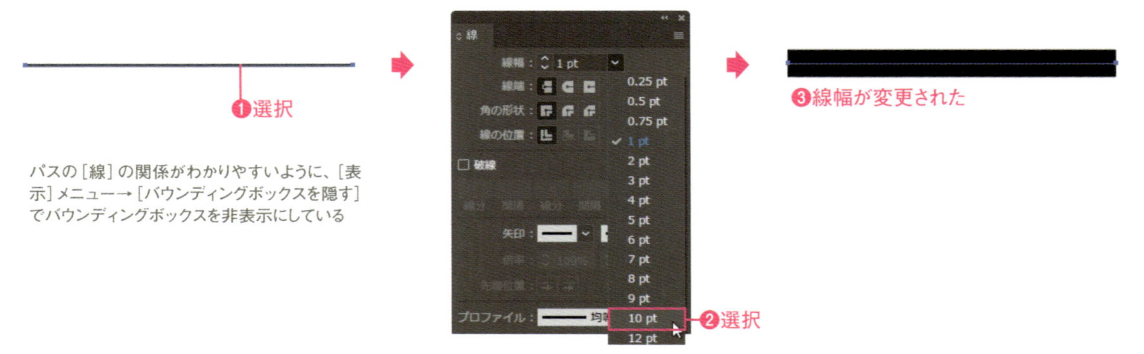

パスの [線] の関係がわかりやすいように、[表示] メニュー→ [バウンディングボックスを隠す] でバウンディングボックスを非表示にしている

線端の形状を設定する

始点と終点が閉じていないオープンパスでは、線端の形状を指定することができます。用途に合わせて使い分けましょう。初期設定では、[バット線端] に設定されています。これはポイントと同じ位置で線が終わっているタイプです。

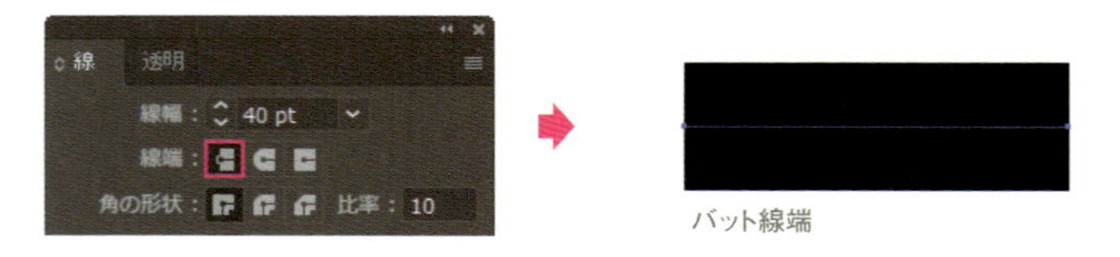

バット線端

[丸型線端] では、ポイントにマージンを追加し、線端が丸くなっています。

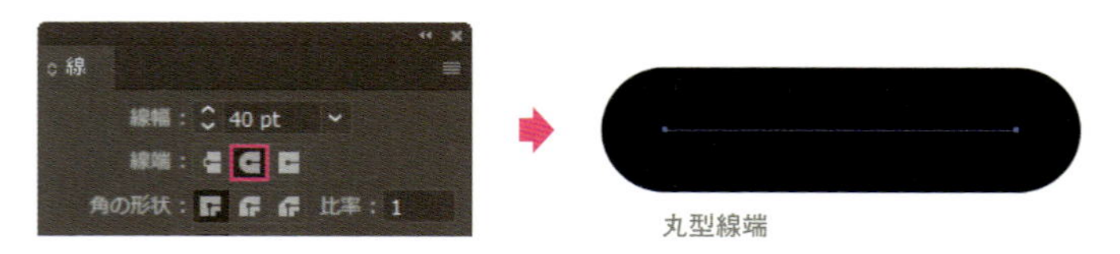

丸型線端

[突出線端] は、ポイントに線幅の半分のサイズでマージンをとるタイプの線端です。

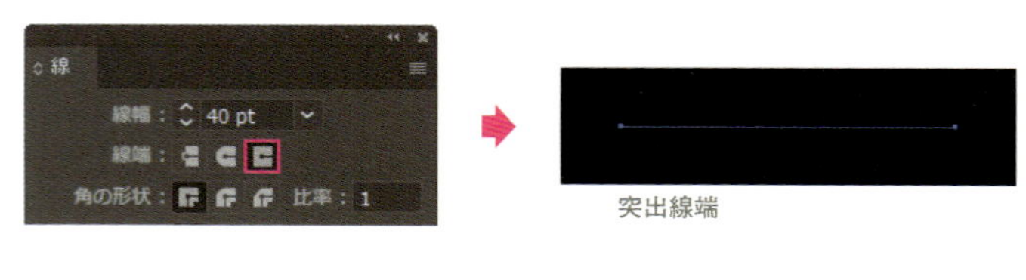

突出線端

Macでは、キーは次のようになります。 Ctrl → ⌘ Alt → option Enter → return

角の形状を設定する

［線端］と同様にパスが直線で結ばれている角の形状も設定できます。初期設定では［マイター結合］に設定されています。これは線幅を維持しながら角を作るタイプです。

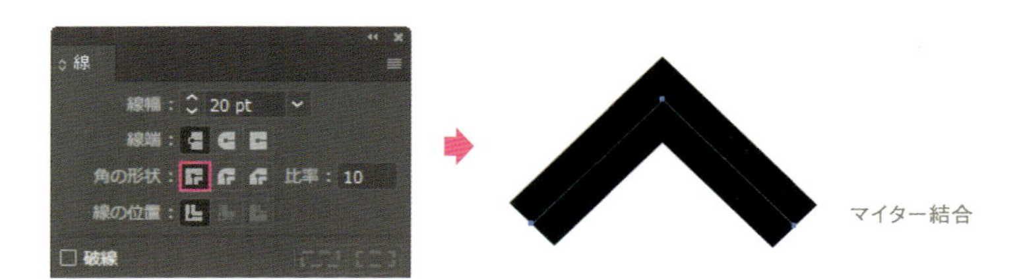

［ラウンド結合］では、角に丸みを追加しています。

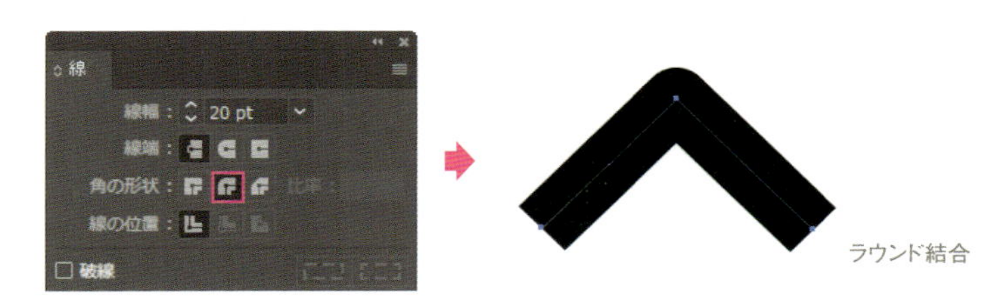

［ベベル結合］は、角の線端をカットし、平面の状態に仕上げます。

角の比率

［マイター結合］では、角が鋭角の場合、比率を指定して角を自動で［ベベル結合］にすることができます。

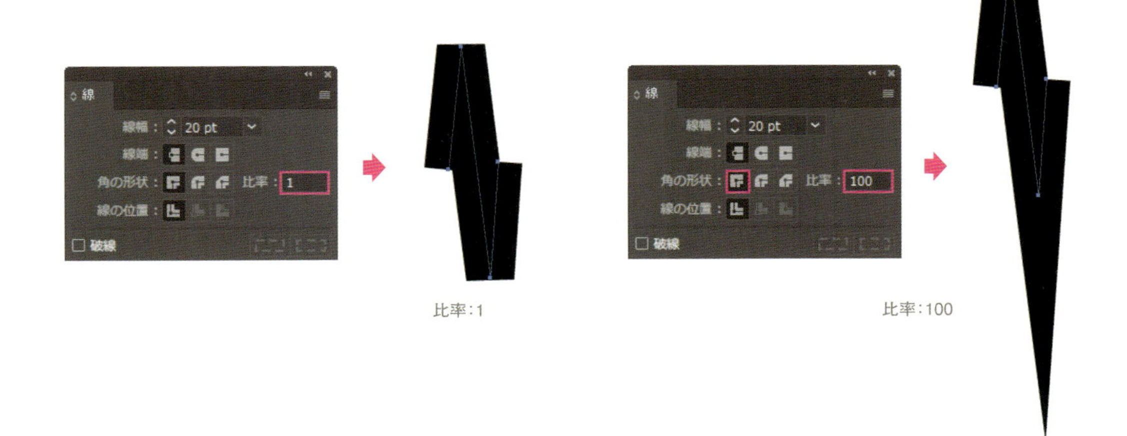

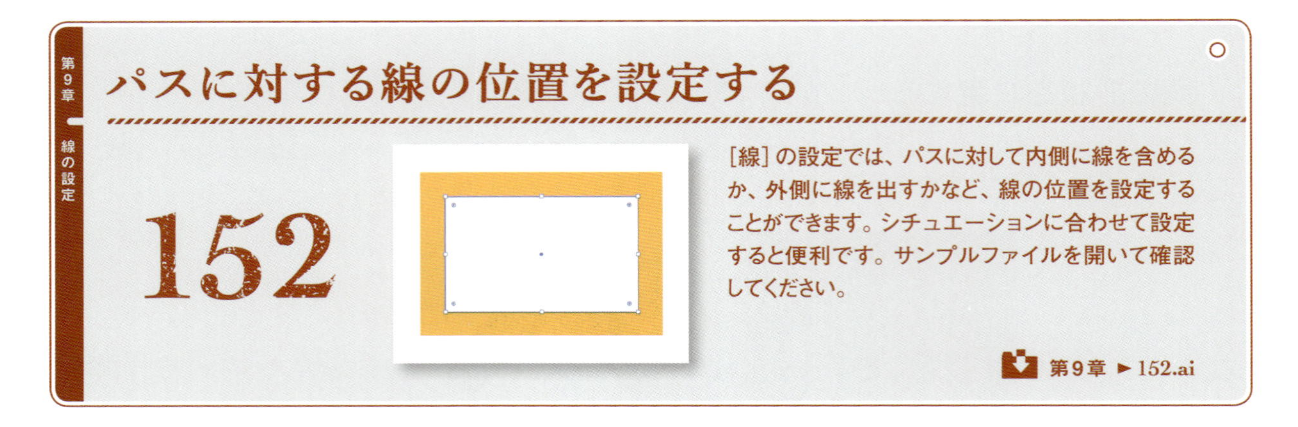

第9章 線の設定

152 パスに対する線の位置を設定する

[線]の設定では、パスに対して内側に線を含めるか、外側に線を出すかなど、線の位置を設定することができます。シチュエーションに合わせて設定すると便利です。サンプルファイルを開いて確認してください。

第9章 ▶ 152.ai

1 選択ツール で対象となるパスを選択し、線パネルで[線の位置]を設定します。初期設定では、[線を中央に揃える] に設定されます。

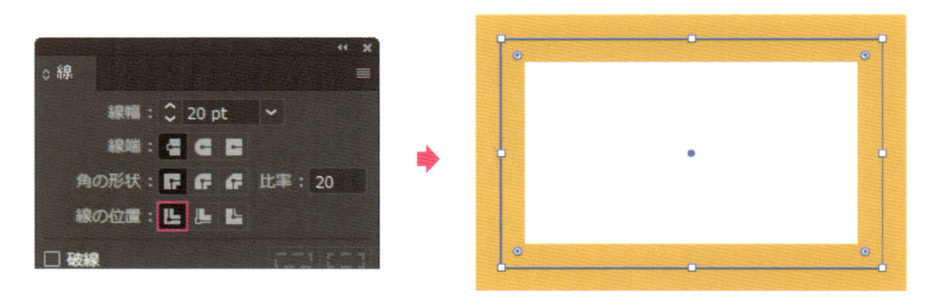

2 [線を内側に揃える] では、パスの内側に線を表示します。

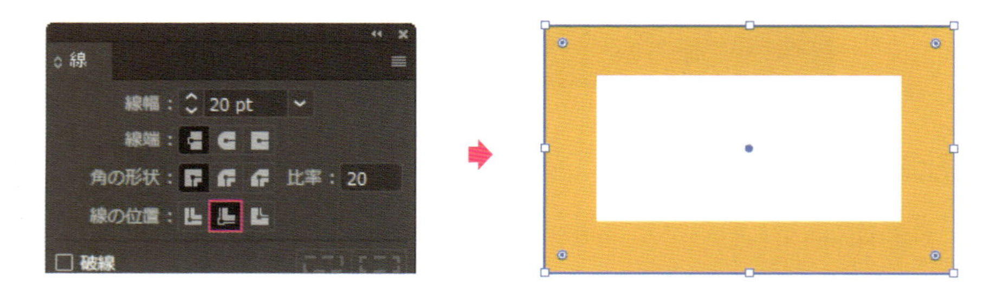

3 [線を外側に揃える] では、パスの外側に線を表示します。

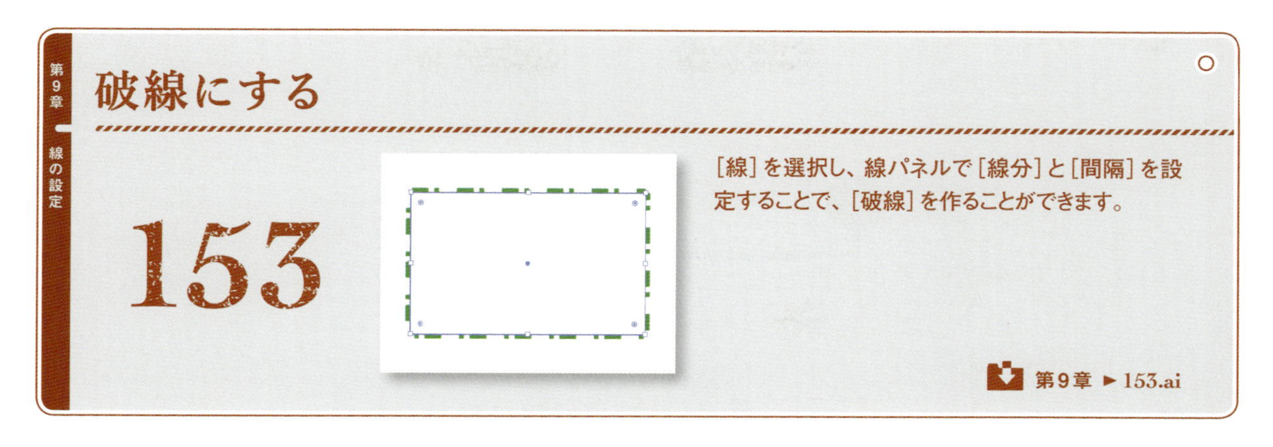

153 破線にする

[線] を選択し、線パネルで [線分] と [間隔] を設定することで、[破線] を作ることができます。

第9章 ► 153.ai

1 サンプルファイルを開きます。選択ツール を選択し❶、長方形を選択します❷。

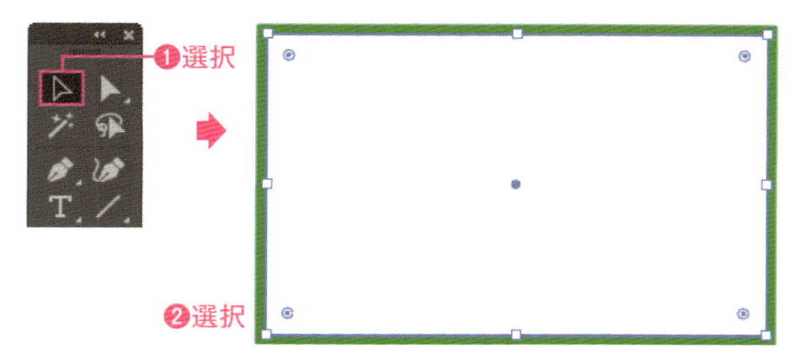

2 線パネルで [破線] にチェックを付け❶、[線分] に最初の幅となる数値を入れます (ここでは「6pt」) ❷。すると、指定された数値の幅で破線が作成されます❸。

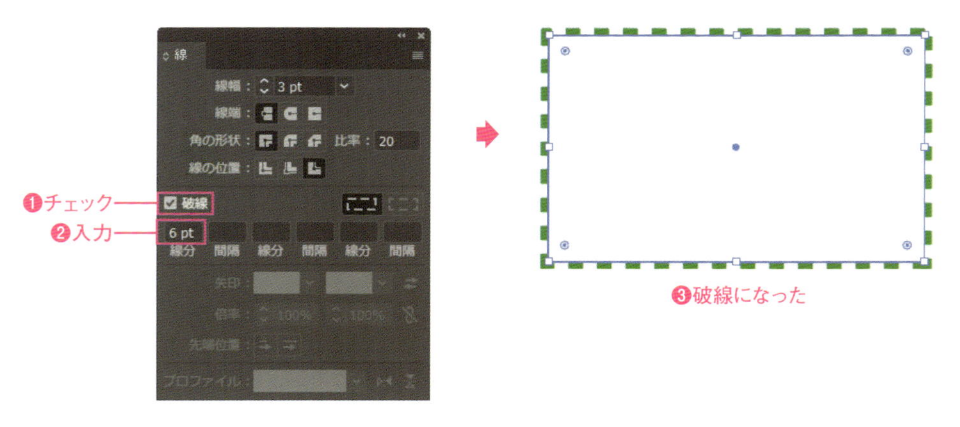

3 [線分] と [間隔] の数値入力を工夫することで❶、さまざまなパターンの破線を作ることができます❷。

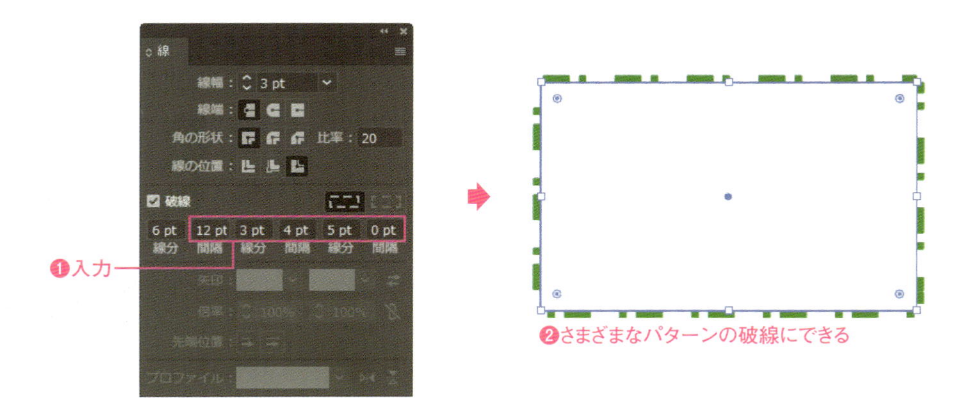

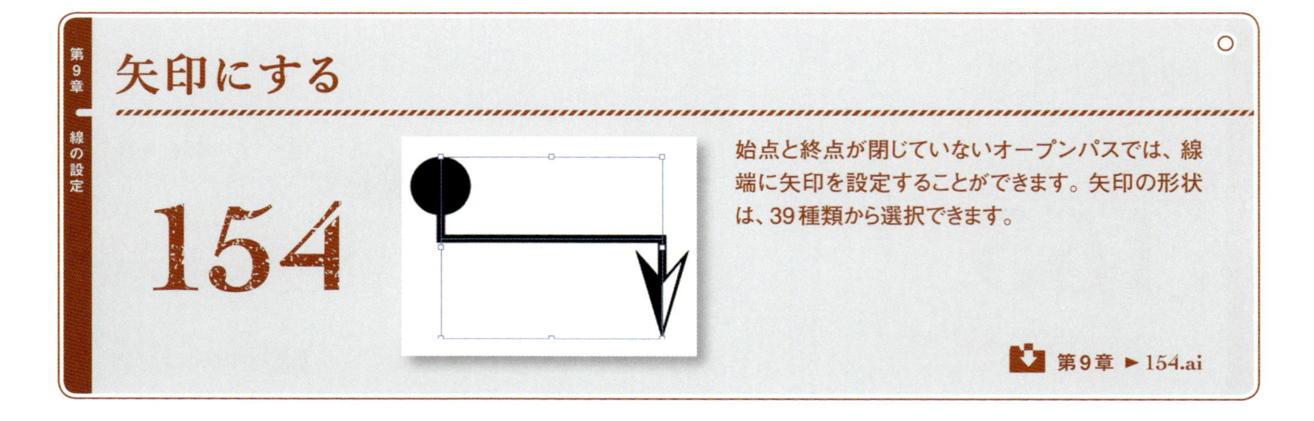

1 サンプルファイルを開きます。選択ツールを選択し❶、オブジェクトを選択します❷。

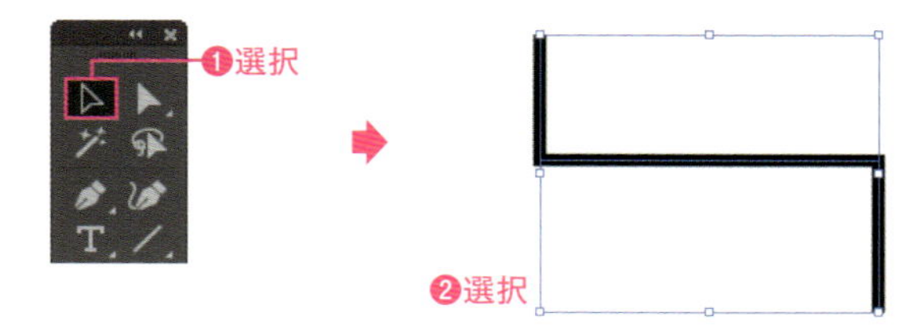

2 線パネルの［矢印］が使えるようになるので、左側の矢印のをクリックし❶、表示されたメニューから任意のデザインを選びます❷。右側の矢印も同様に選択します❸。

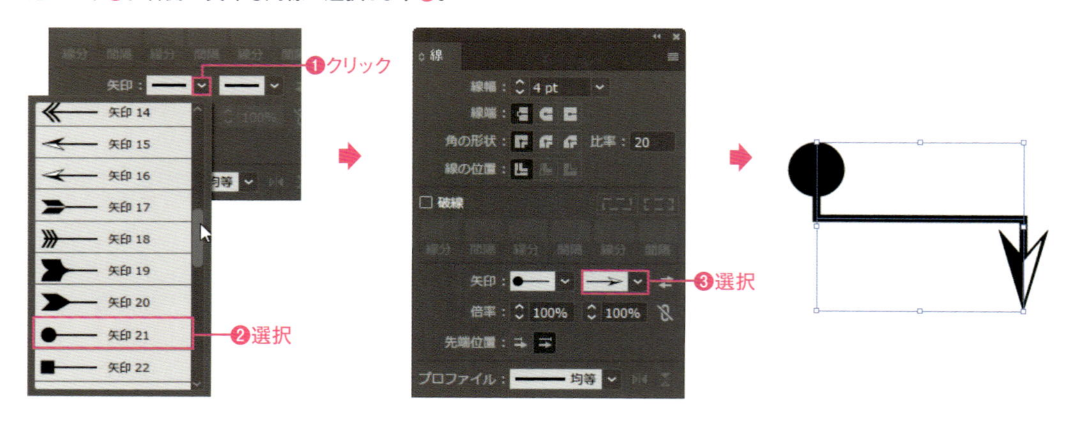

3 矢印の矢のサイズが線と合わない場合には、［倍率］で調整することができます❶。

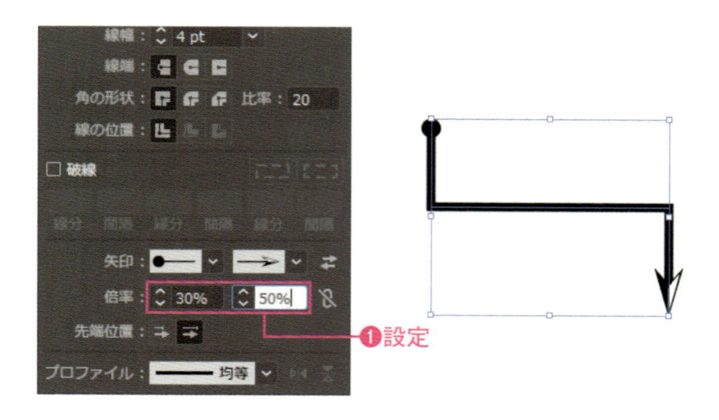

4 また、パスの線端に対する矢印のヘッダー位置を調節することも可能です。矢の先端をパスの終点から配置するか❶、矢の先端をパスの線端に配置するか❷、を選びます。

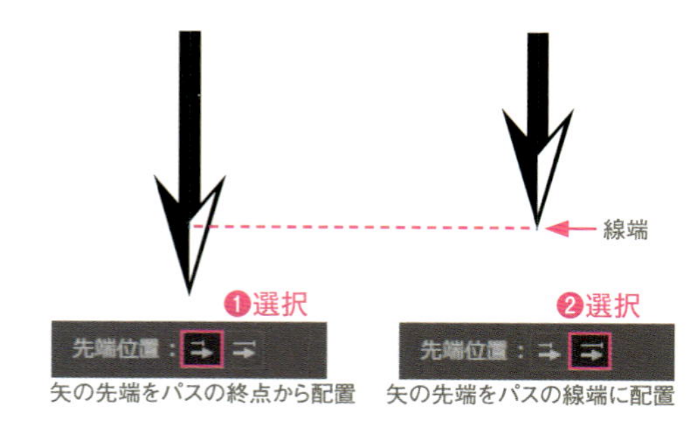

Macでは、キーは次のようになります。 Ctrl → ⌘ Alt → option Enter → return

ブラシ形状を適用する

155

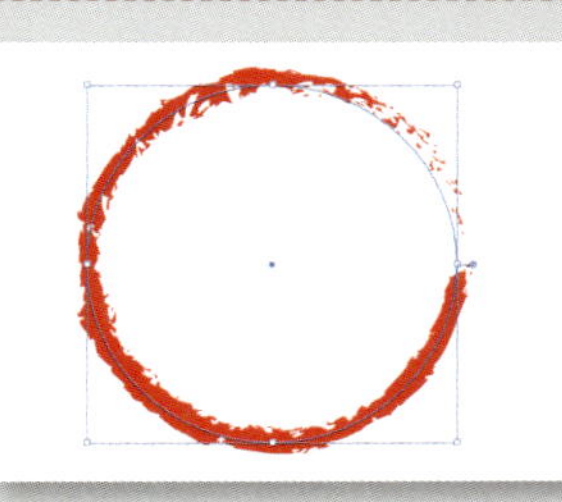

線にさまざまな形状を設定できるブラシ機能では、線の太さや形状を設定した［カリグラフィブラシ］やオリジナルのオブジェクトをブラシにした［アートブラシ］など、用途に応じたいくつかのタイプが用意されています。

1 サンプルファイルを開きます。選択ツールを選択し❶、円のオブジェクトを選択します❷。

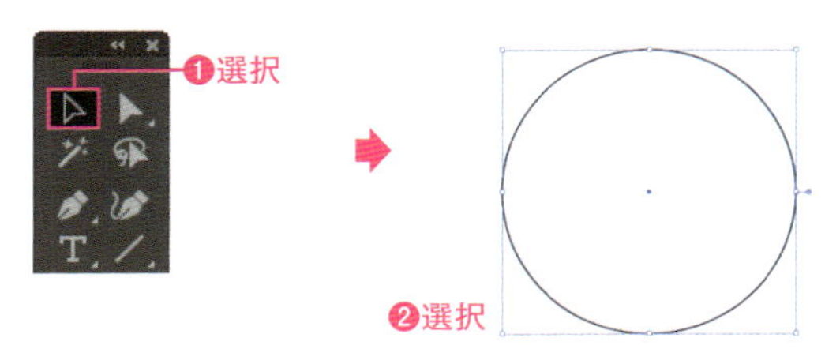

2 ブラシパネルには、初期設定として、［カリグラフィブラシ］、［アートブラシ］、［パターンブラシ］、［絵筆ブラシ］のサンプルが用意されています。ブラシを適用するには、この中から任意のブラシを選択します❶。オブジェクトにブラシが適用されます❷。

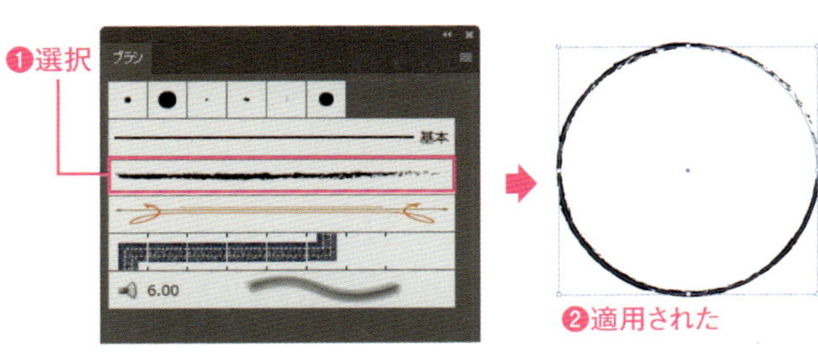

3 ブラシは、線幅によって形状を変形させることができます。線の太さを変更することで❶、ブラシも変形します❷。また、通常の線と同様にカラーを設定するとも可能ですが❸❹、グラデーションやパターンを設定することができません。

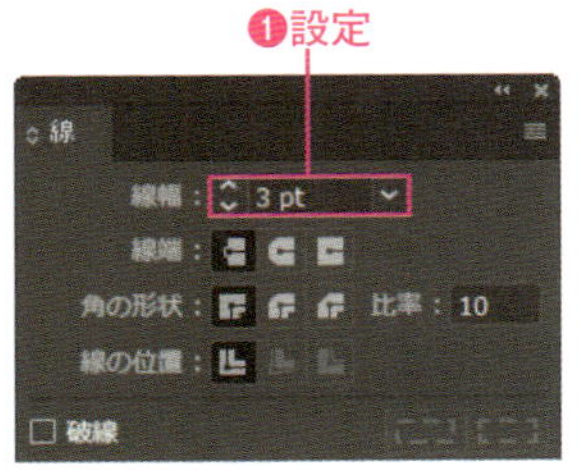

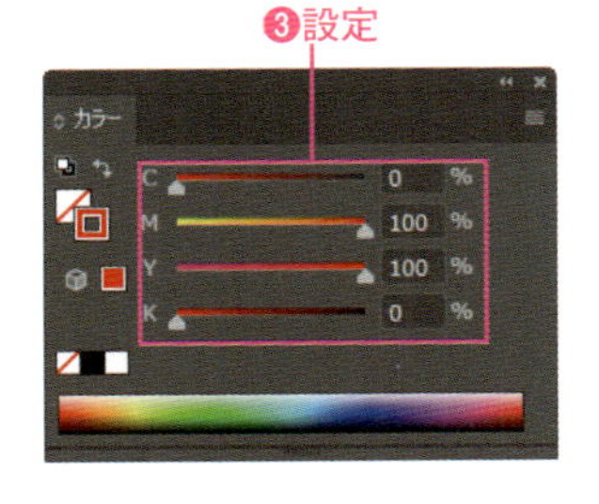

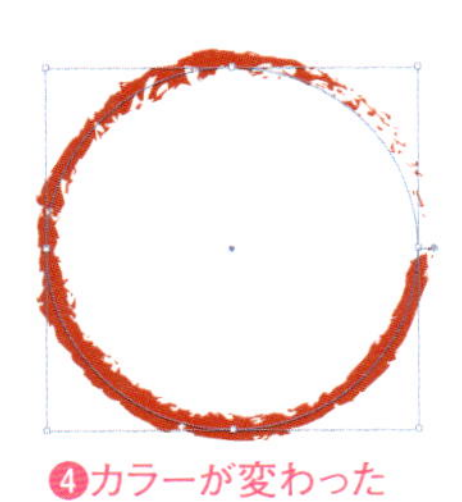

4 ブラシパネルのアイコンをダブルクリックすると❶、ブラシに関するオプションダイアログボックスが表示されます。ブラシが描かれる方向や、縦横比の拡大など、描画したときの設定を行うことができます❷。

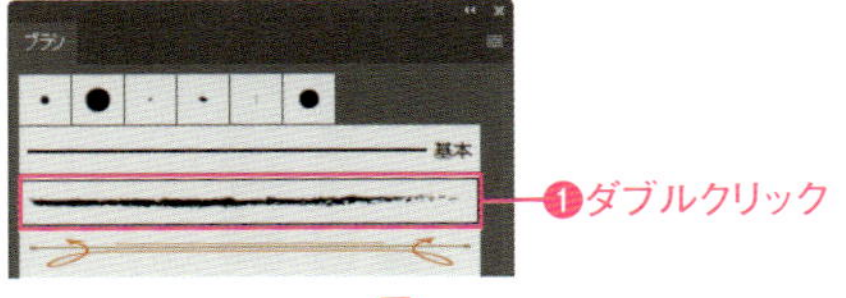

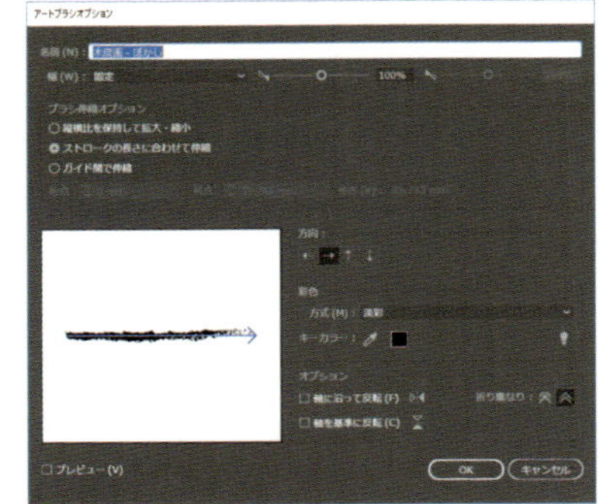

156 均等幅でない線にする

ペンツールなどで描かれたオブジェクトの[線]にカラーを設定すると、均一の幅の線になります。線幅ツールを利用すると、任意の場所の線幅を変更することができ、ペンや筆のように、線の太さが均一でない線にできます。

第9章 ► 156.ai

1 サンプルファイルを開き、選択ツールを選択し❶、オブジェクトを選択します❷。

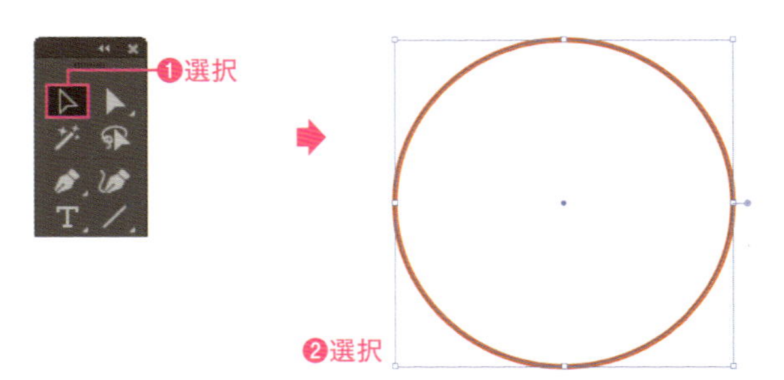

2 線幅ツールを選び❶、カーソルをパスに重ねます❷。するとパス上にポイントが表示されます❸。

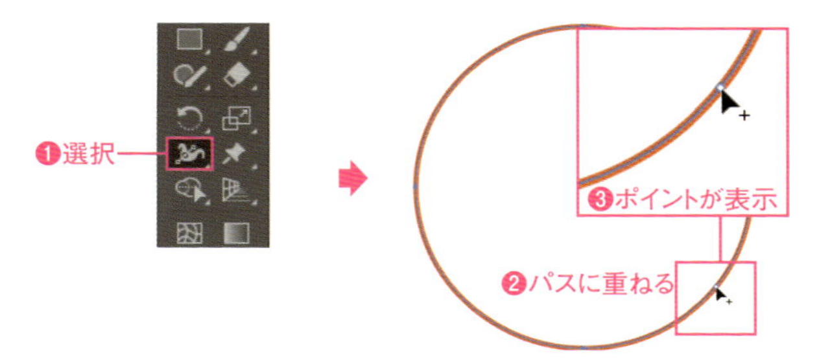

3 そのまま線の上で幅を広げるようにパスの外側に向けてドラッグすると❶、線幅が広がります❷。

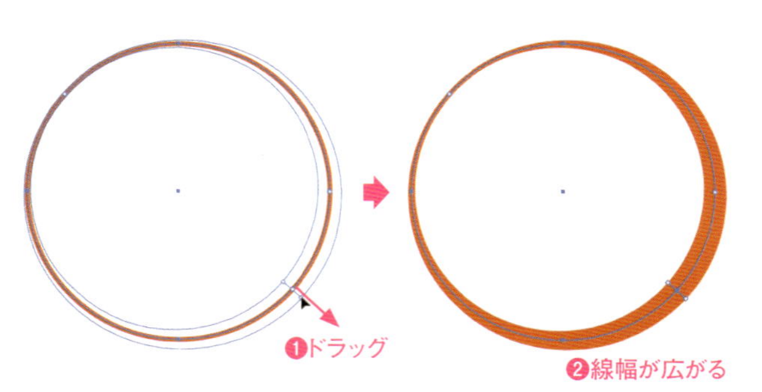

4 どの場所でも、線幅を自由に変更することができます❶。内側に向けてドラッグすると、細くできます。

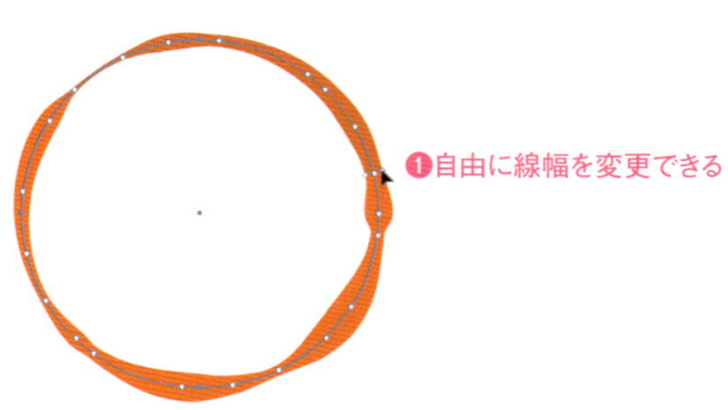

 Macでは、キーは次のようになります。 Ctrl → ⌘ Alt → option Enter → return

157 可変幅の形状を登録して使い回しできるようにする

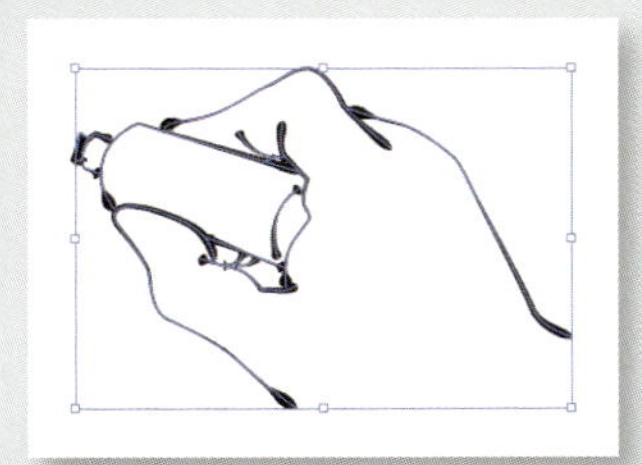

線幅ツールによって、線幅に変化をもたせた線は、線幅プロファイルに登録すると使い回しできるようになります。ほかのオブジェクトへ適用させることによって、面白い効果を得ることができます。

第9章 ► 157.ai

1 サンプルファイルを開き、選択ツールを選択し❶、オブジェクトを選択します❷。このオブジェクトは、線幅ツールで線幅を変更しているので、線パネルのプロファイルに形状が表示されています❸。プロファイルの横のをクリックし❹、表示されたリスト下部の［プロファイルに追加］をクリックします❺。

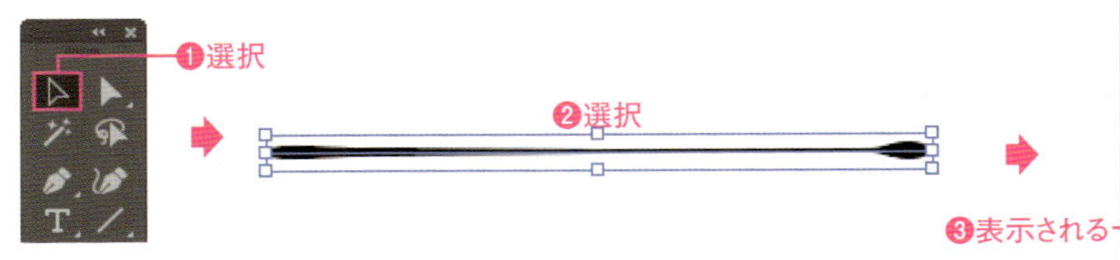

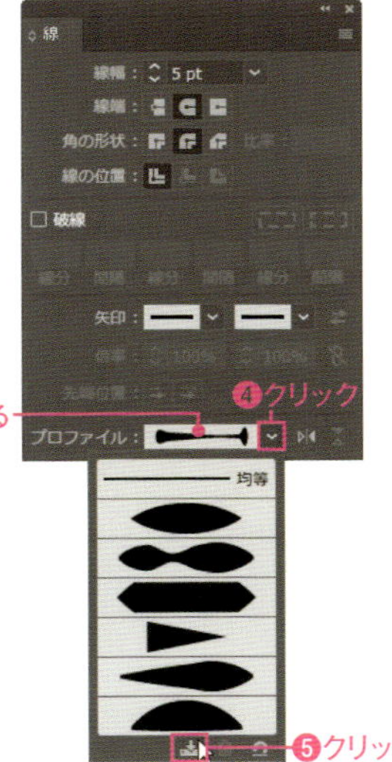

2 ［可変線幅プロファイル］ダイアログボックスが表示されるので［プロファイル名］に名称を入力し（ここではそのまま）❶、［OK］をクリックします❷。

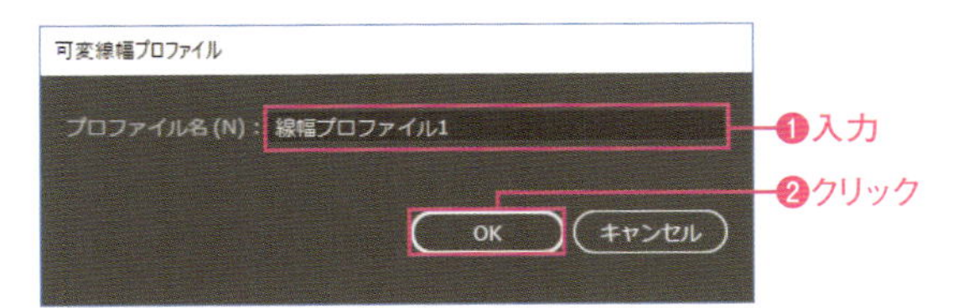

3 通常の線で作成したオブジェクトを選択して❶、線パネルのプロファイルの横のをクリックし❷、表示されたリストから登録した線幅プロファイルを選択して適用します❸。ペンで描いたようなタッチに変化します❹。

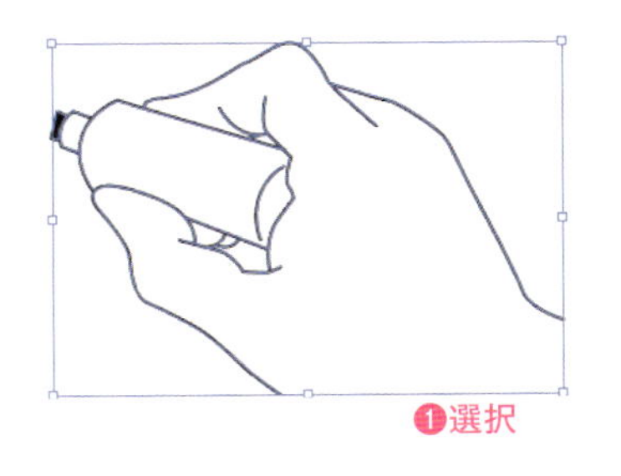

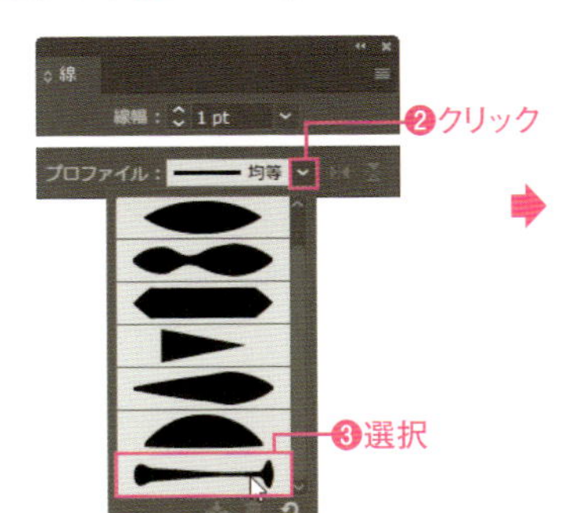

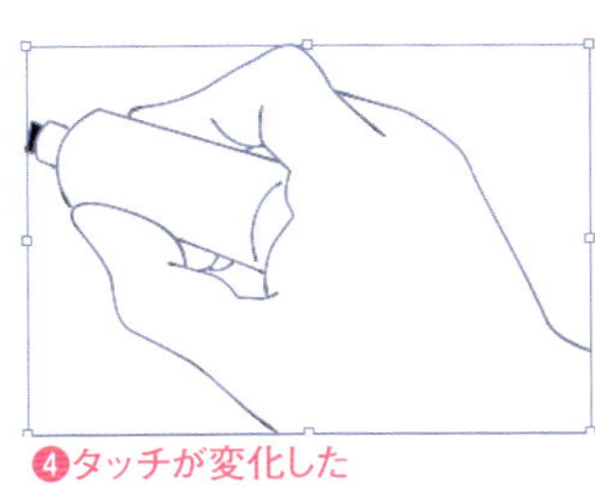

4 線が細いので、線パネルで［線幅］を太くします（ここでは「5pt」）❶。線幅プロファイルが適用されたまま線が太くなります❷。

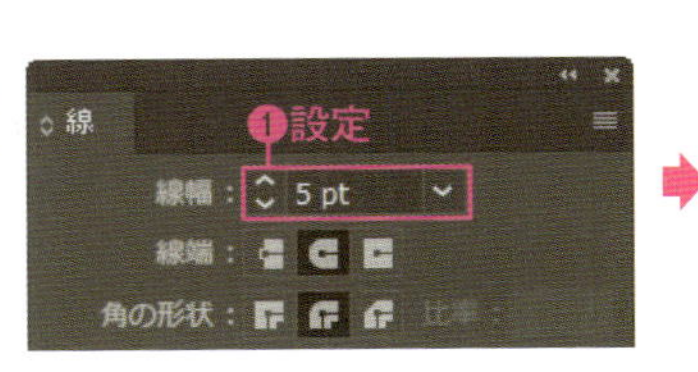

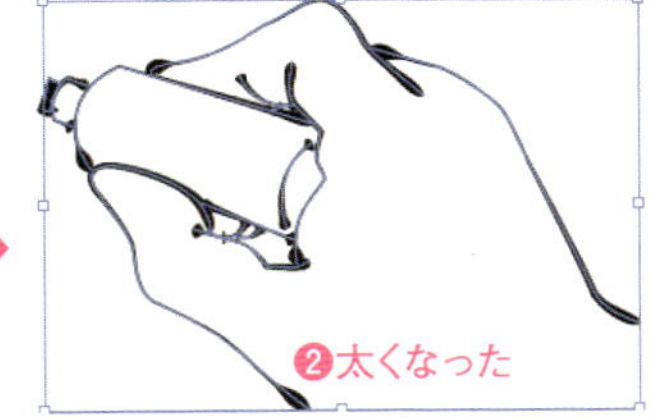

158 カリグラフィブラシで手描き風の線にする

ペン先を平坦にした特殊なペンを［カリグラフィペン］といい、このペンを利用するには特別な技術を必要とします。Illustartorのカリグラフィブラシを使うことで、簡単にカリグラフィを作成することができます。

1 サンプルファイルを開きます。ブラシパネルの［新規ブラシ］をクリックします❶。［新規ブラシ］ダイアログボックスが表示されたら、［カリグラフィブラシ］を選択して❷、［OK］をクリックします❸。

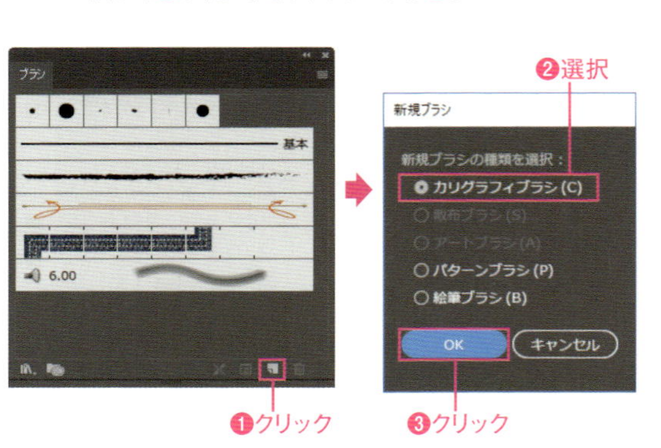

2 ［カリグラフィブラシオプション］ダイアログボックスが表示されたら、［角度］（ここでは「27°」）、［真円率］（ここでは25%）、［直径］（ここでは「9pt」）を設定して❶、ペン先のデザインをします。［OK］をクリックします❷。

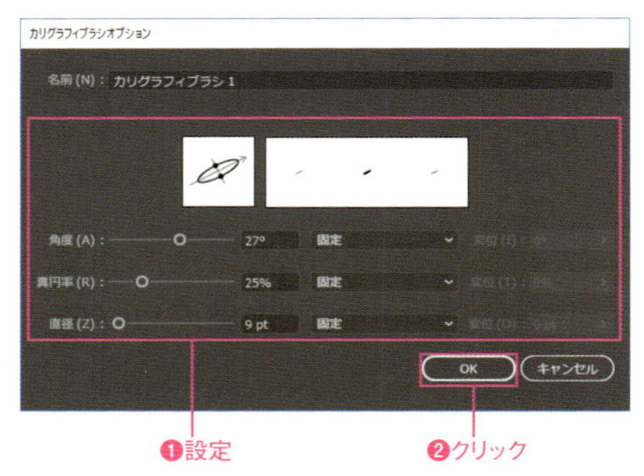

3 選択ツールを選び❶、パスを選択します❷。

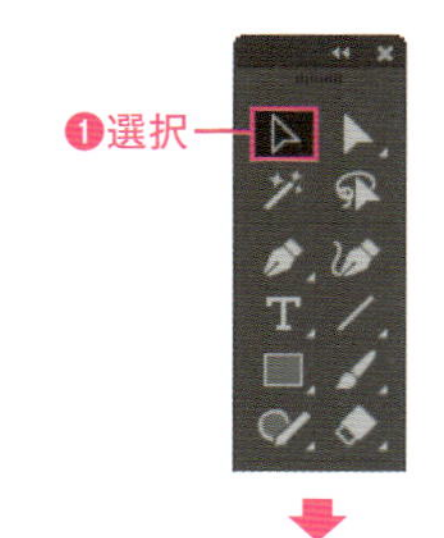

4 ブラシパネルで作成したカリグラフィブラシを選択します❶。すると、手描きのようなカリグラフィへ変換することができます❷。

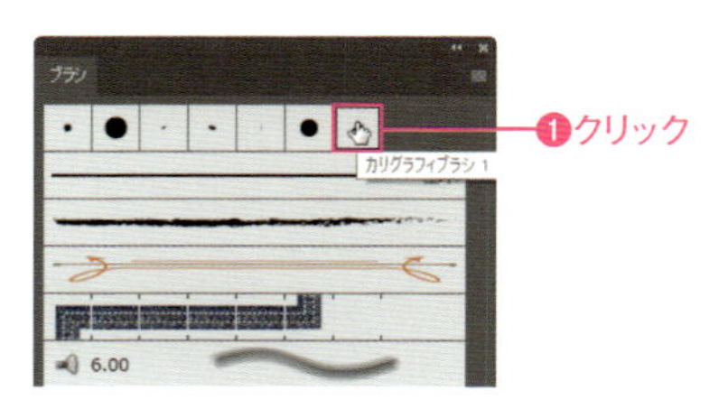

Macでは、キーは次のようになります。 Ctrl → ⌘　Alt → option　Enter → return

線に沿ってオブジェクトを散りばめる

159

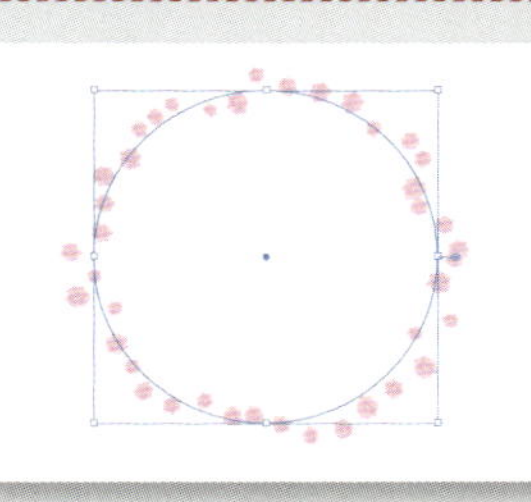

作成したオブジェクトをパスに沿って散らす機能を持つブラシが散布ブラシです。散布ブラシでは、設定した数値に沿って規則正しく並べることもできますが、ランダムを設定することで、サイズや位置などを変化させさせながら配置することもできます。

第9章 ► 159.ai

1 サンプルファイルを開きます。選択ツール を選び❶、パスに沿って散布するオブジェクトを選択します❷。

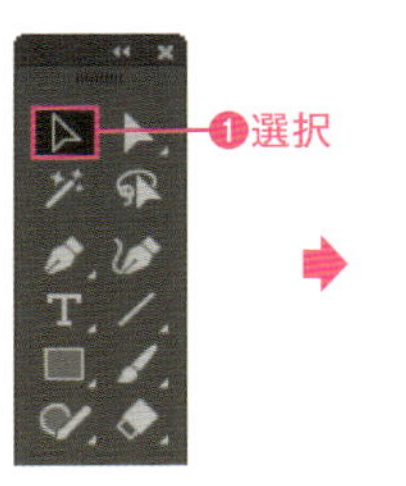

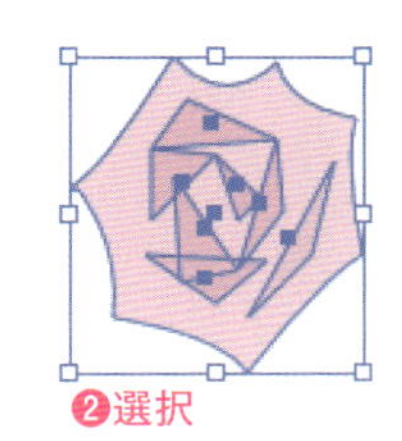

2 ブラシパネルの［新規ブラシ］ をクリックします❶。［新規ブラシ］ダイアログボックスが表示されたら、［散布ブラシ］を選択して❷、［OK］をクリックします❸。

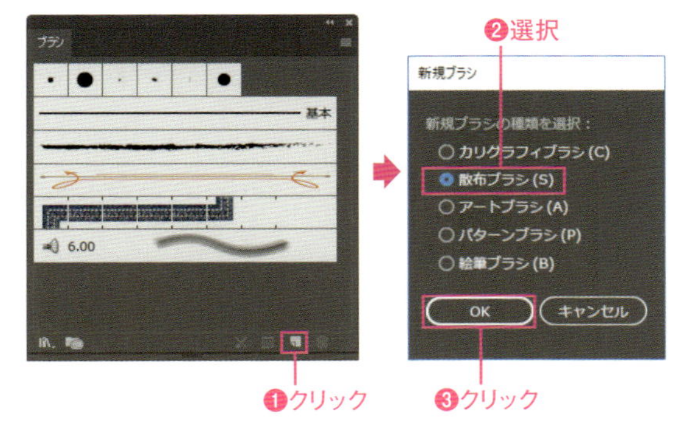

3 ［散布ブラシオプション］ダイアログボックスが表示されるので、サイズや間隔、回転などを設定します（設定は任意）。この際、［固定］をクリックして［ランダム］に設定すると❶、［最小値］と［最大値］を決めることができるようになり、その範囲内でランダムな数値が決められます（［固定］の場合は指定した数値で固定）。［OK］をクリックします❷。

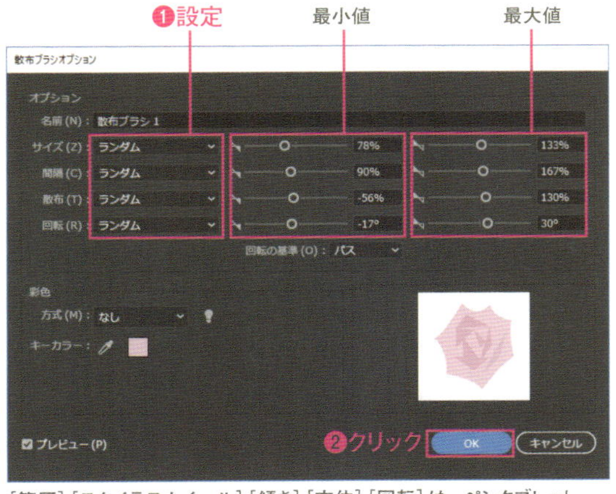

［筆圧］［スタイラスホイール］［傾き］［方位］［回転］は、ペンタブレット使用時に利用できる

4 円のオブジェクトを選択して❶、作成した［散布］ブラシを適用します❷。サイズや位置がランダムに配置されます❸。

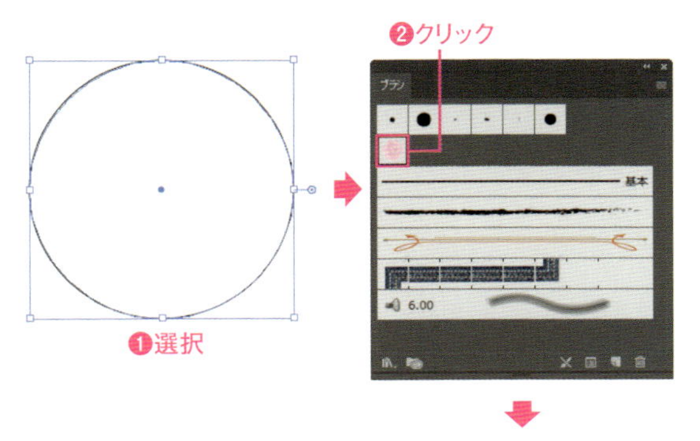

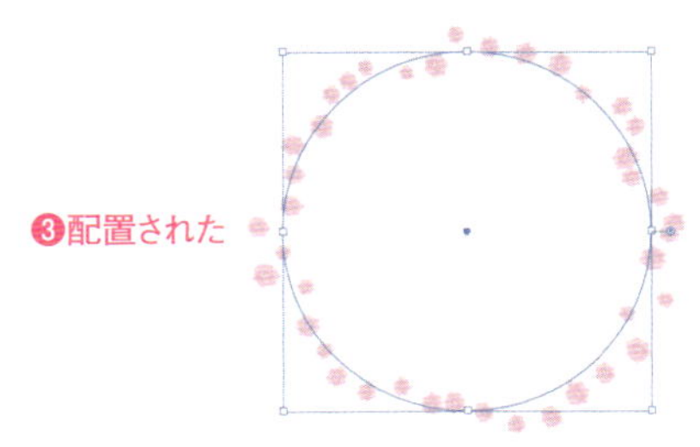

線で作成したパスを塗りのオブジェクトに変換する

160

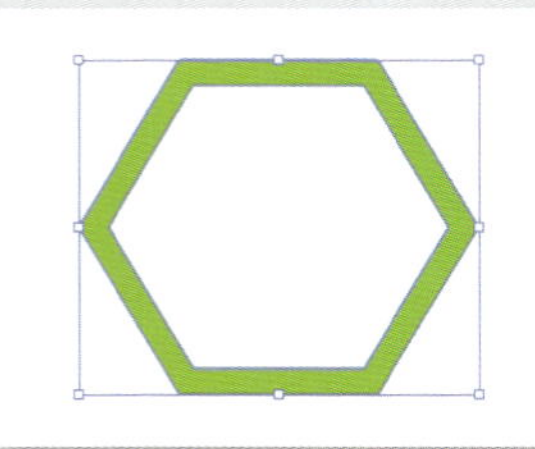

ロゴやアイコンの作成時には、線にマスクを設定したり、あるいは線そのものを変形させたいケースがあります。このようなケースでは、[線] のパスを [塗り] に変換することで、[線] だけでは表現できないオブジェクトの作成が可能になります。

第9章 ▶ 160.ai

1 サンプルファイルを開きます。選択ツールを選び❶、オブジェクトを選択します❷。

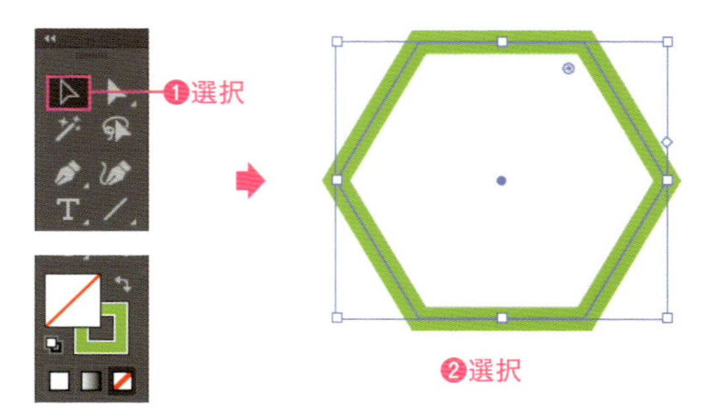

2 [オブジェクト] メニュー→ [パス] → [パスのアウトライン] を選択します❶。すると選択されたオブジェクトは [線] にカラーが設定されているパスから [塗り] のパスへと変換されます❷。[塗り] の色は [線] の色になります❸。

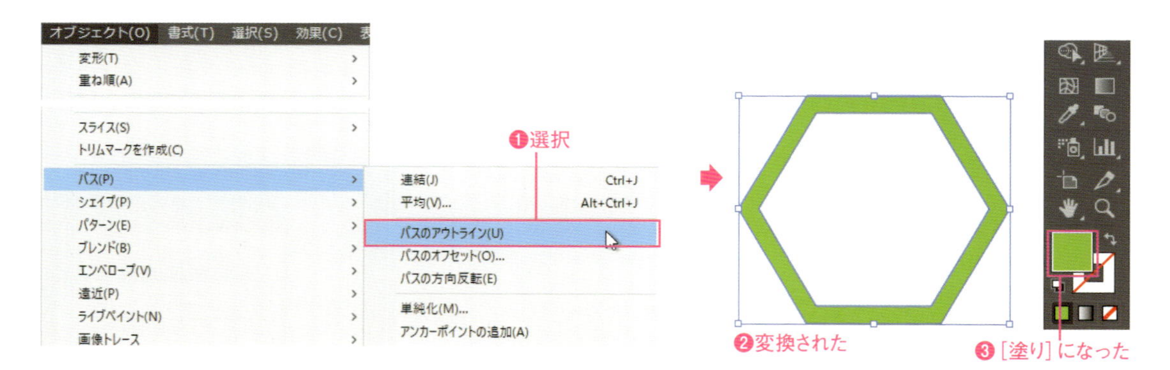

Point

[塗り] と [線] の両方が設定されているオブジェクト

[塗り] と [線] の両方が設定されているオブジェクトは、元の [塗り] のオブジェクトと、[線] が [塗り] に変換されたオブジェクトのふたつがグループ化された状態になります。

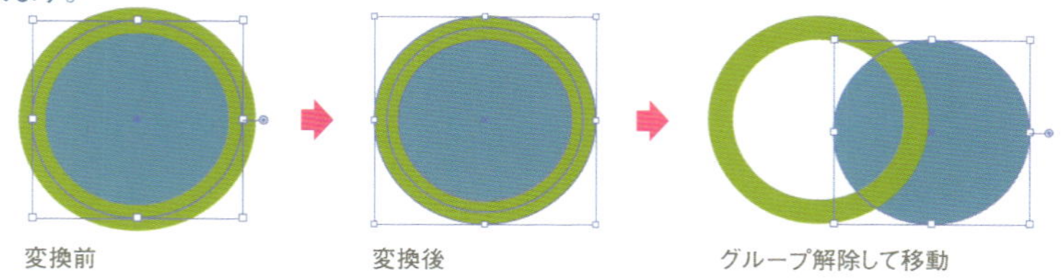

 Macでは、キーは次のようになります。 Ctrl → ⌘ Alt → option Enter → return

161 ウェットな感のある線を描く

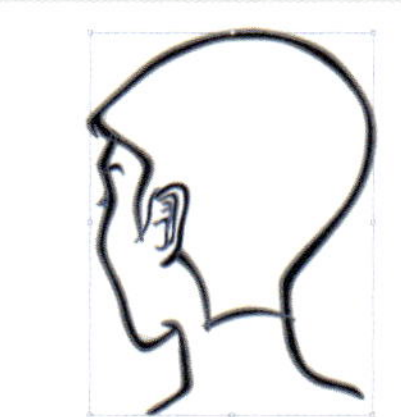

ブラシの種類のひとつである絵筆ブラシを使うと、グレー階調で濃淡を表現し、絵筆で描いたような効果を得ることができます。オリジナルの絵筆を作成することもできますが、豊富なブラシライブラリも用意されています。

第9章 ▶ 161.ai

1 ［ウィンドウ］メニュー→［ブラシライブラリ］→［絵筆ブラシ］→［絵筆ブラシライブラリ］を選択すると❶、絵筆ブラシライブラリパネルが表示されます❷。

2 選択ツールを選び❶、オブジェクトを選択します❷。

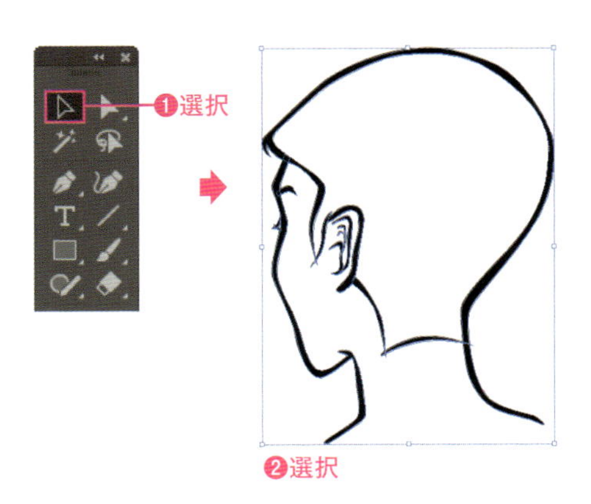

3 絵筆ブラシを選ぶと❶、パスの［線］に絵筆ブラシが適用され、ウェット感のあるイラストに仕上がります❷。

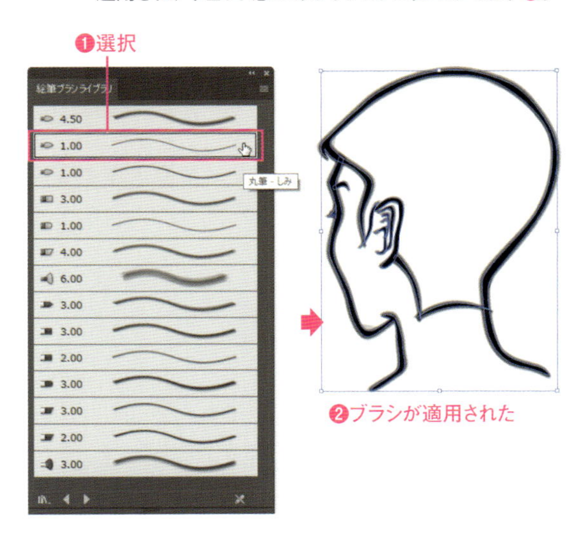

162 パターンブラシでボーダーを飾る

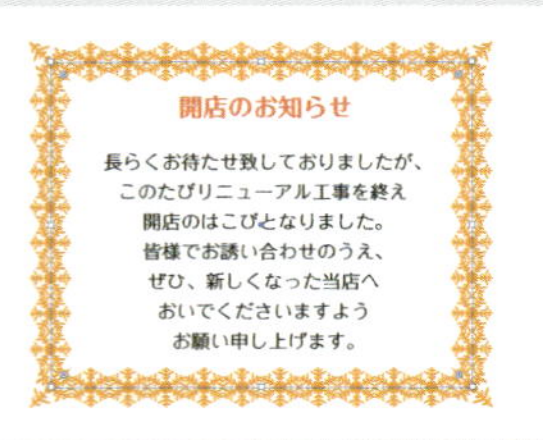

パターンブラシを利用することで、線に対してさまざまな装飾を設定することができます。パターンブラシは直線とコーナーのパターンタイルから構成され、パスに沿ってタイルを配置します。囲みのボーダーの装飾に利用するといいでしょう。

パターンブラシを適用する

1 サンプルファイルを開きます。選択ツールを選び❶、お知らせの長方形のオブジェクトを選択します❷。

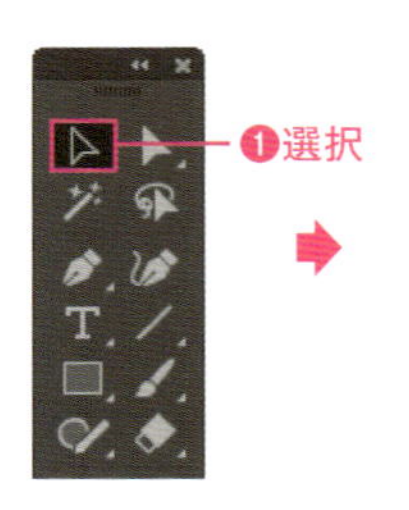

開店のお知らせ
長らくお待たせ致しておりましたが、
このたびリニューアル工事を終え
開店のはこびとなりました。
皆様でお誘い合わせのうえ、
ぜひ、新しくなった当店へ
おいでくださいますよう
お願い申し上げます。

❷選択

2 ブラシパネルの［ブラシライブラリメニュー］をクリックし❶、表示されたメニューから［ボーダー］→［ボーダー_ライン］を選択します❷。装飾系のボーダー_ラインパネルが表示されるので、任意のブラシをクリックして選択します❸。パターンブラシが適用されます❹。

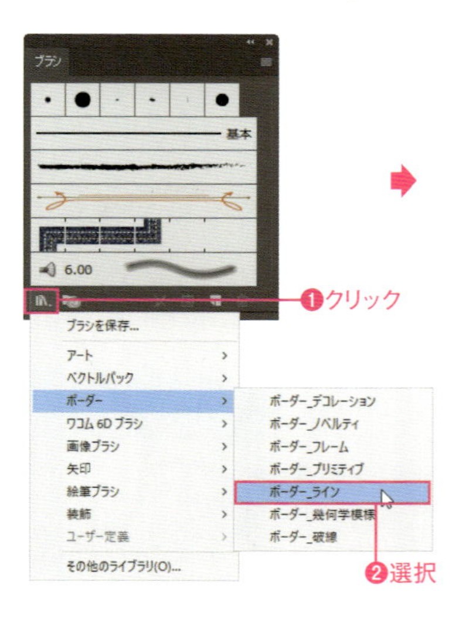

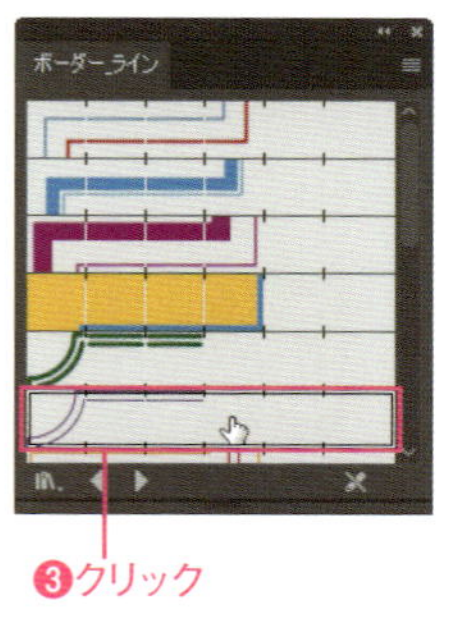

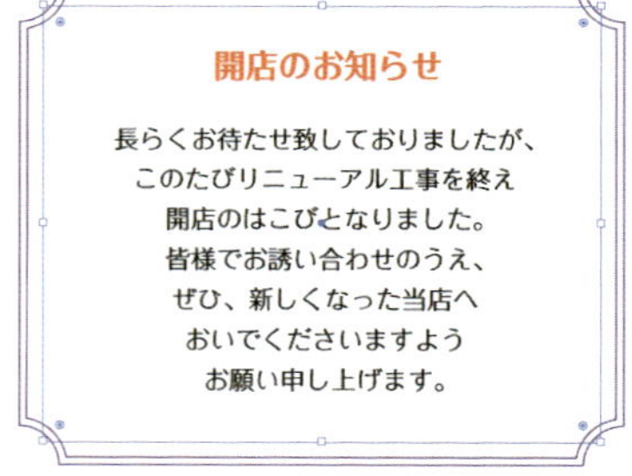

❹適用された

パターンブラシを登録する

1 選択ツール で、お知らせの下にある結晶のオブジェクトを選択します❶。ブラシパネルの［新規ブラシ］ をクリックします❷。［新規ブラシ］ダイアログボックスが表示されたら、［パターンブラシ］を選択して❸、［OK］をクリックします❹。

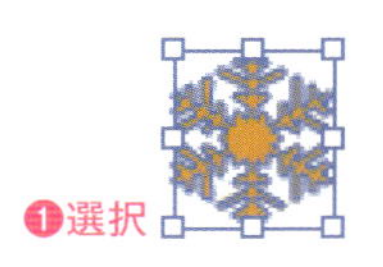

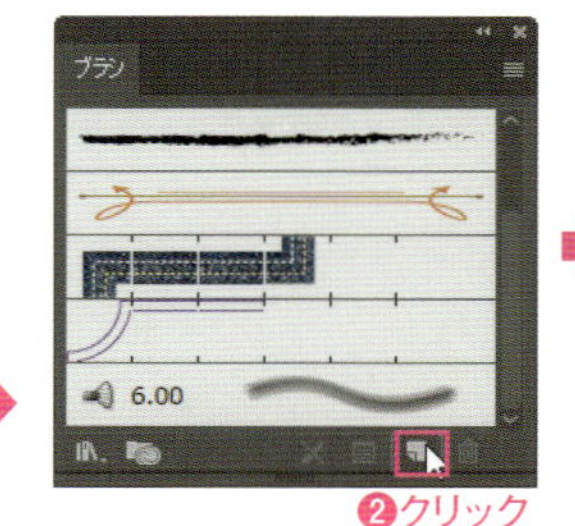

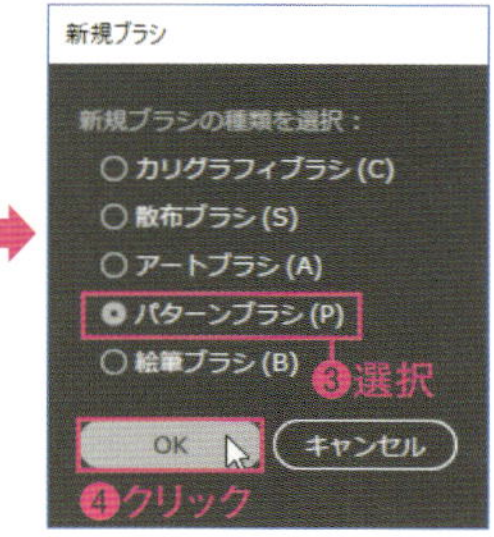

2 ［パターンブラシオプション］ダイアログボックスが表示されます。選択したオブジェクトは、直線部分（サイドタイル）のパターンタイルに設定されます❶。［外角タイル］の をクリックし❷、表示されたリストから［自動中央揃え］を選択します❸。このように、コーナー部分のパターンタイルは、元のオブジェクトから自動で作成した形状を選択できます。

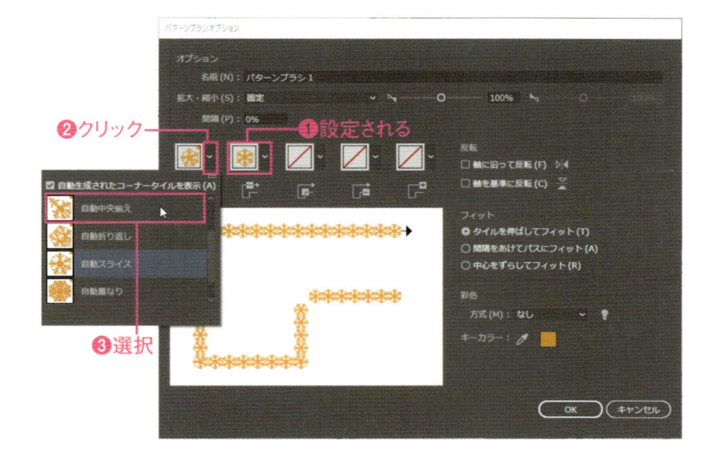

3 ［内角タイル］も［自動中央揃え］に設定します❶［拡大・縮小］では、パターンタイルの拡大・縮小率、［間隔］ではパターンタイルの間隔等を設置できます。ここでは初期設定のまま［OK］をクリックします❷。

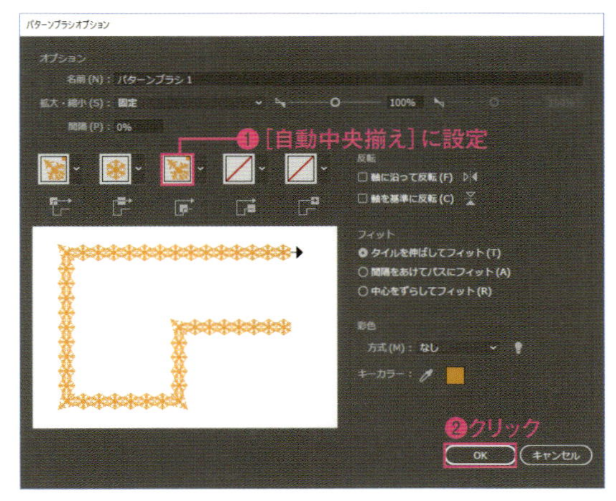

4 ブラシパネルにパターンブラシが登録されます❶。オブジェクトに適用してどのようになるか確認してください❷。

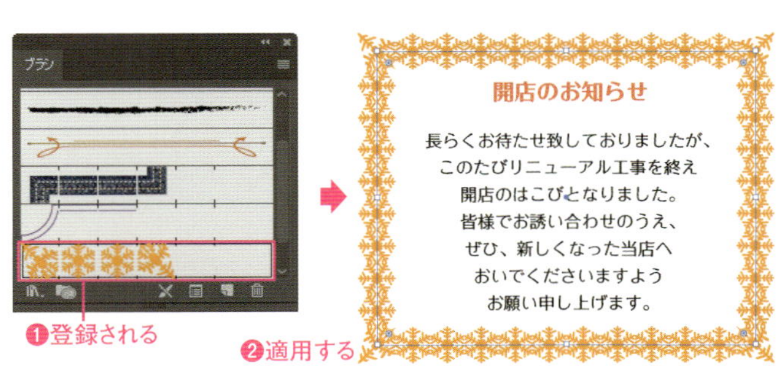

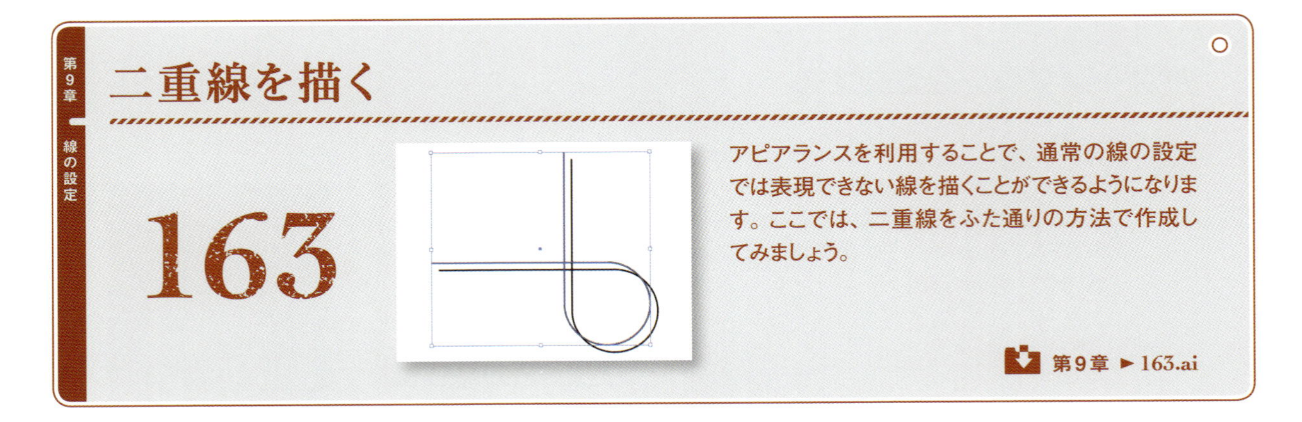

1 サンプルファイルを開きます。選択ツール▶を選び❶、通常の［線］で構成されているオブジェクトを選択すると❷、アピアランスパネルで［線］と［塗り］のアピアランスがひとつずつであることがわかります❸。

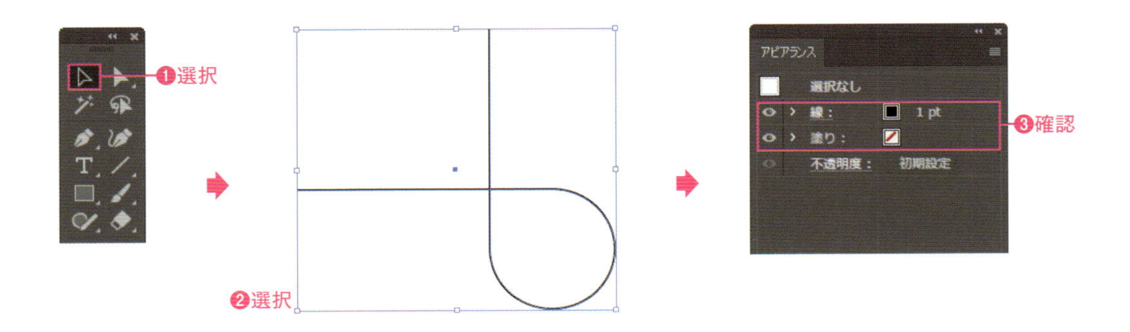

2 アピアランスパネルで［新規線を追加］□をクリックします❶。アピアランスパネル内にもうひとつ［線］の項目が追加されます❷。

3 アピアランスパネルの下側の［線］の項目を選択して❶、［新規効果を追加］fx.をクリックし❷、表示されたメニューから［パスの変形］→［変形］を選択します❸。

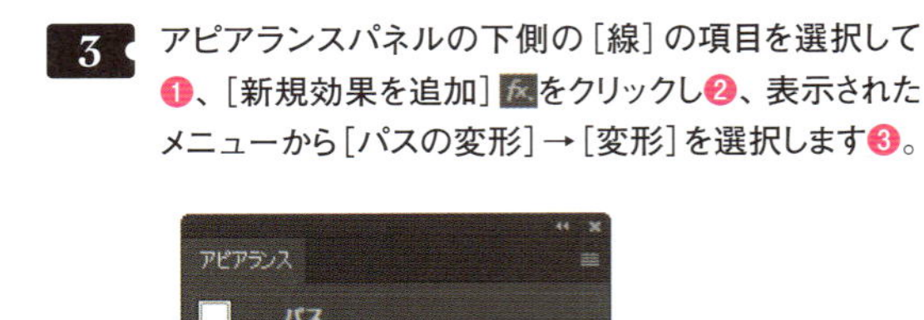
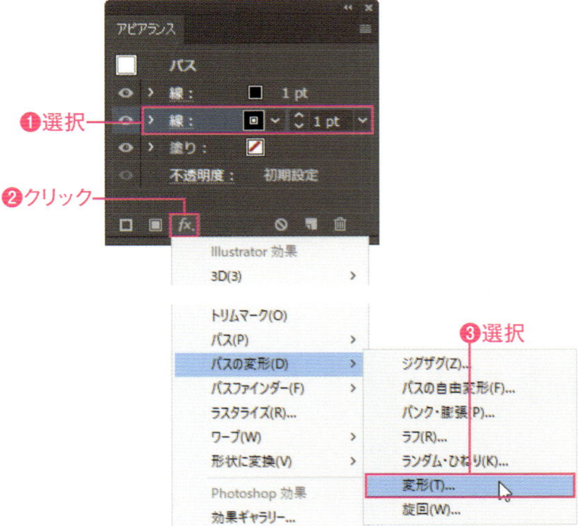

 Macでは、キーは次のようになります。 Ctrl → ⌘ Alt → option Enter → return

4 ［変形効果］ダイアログボックスが開きます。このダイアログボックスでは、選択した［線］の移動や拡大・縮小、回転を設定できます。［移動］に関する設定をして（ここでは［水平方向］と［垂直方向］を「2mm」）❶、［OK］をクリックします❷。指定された数値に選択した［線］だけを移動させることができます。ふたつある線のうちのひとつだけを移動させることで線を二重に見せることができます❸。アピアランスパネルの下の［線］を展開表示すると、［変形］効果が追加されています❹。

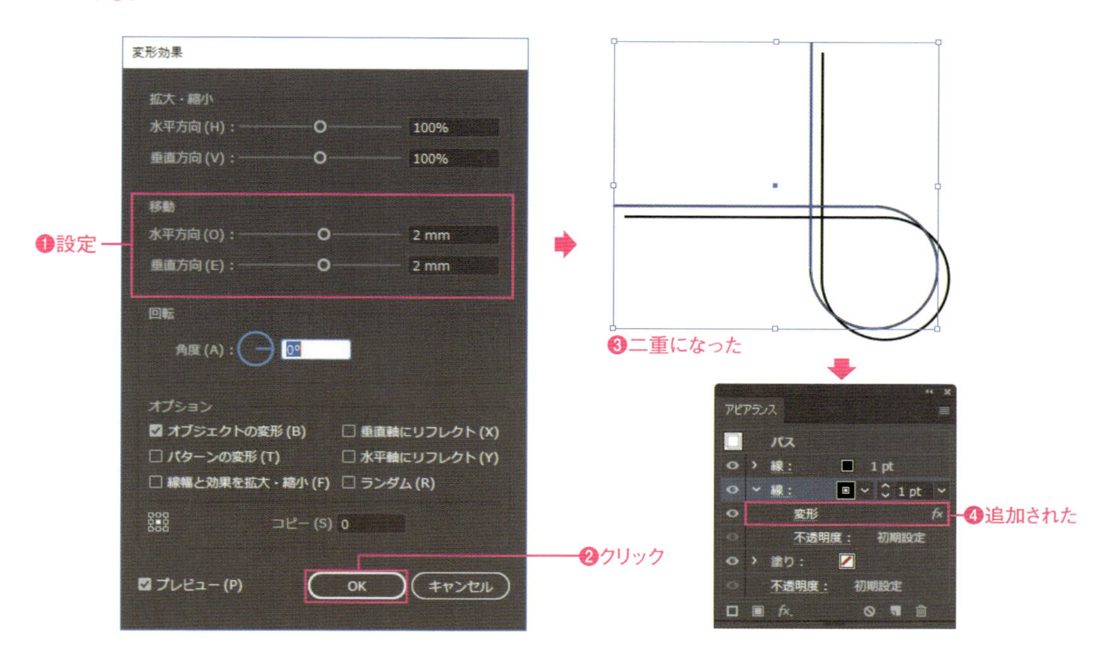

5 別の方法で二重線を作ってみましょう。アピアランスの下の［線］の［変形］を非表示にして効果の適用をやめます❶。［線幅］を6pt以上の太めの線（ここでは「8pt」）に変更します❷。線幅が太くなります❸。

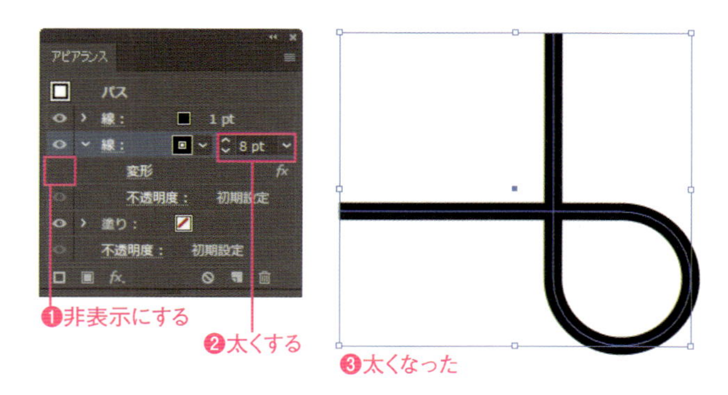

6 アピアランスの上の［線］のカラーをホワイトに設定します❶。［線幅］を、下の［線幅］より「2pt」小さい値に設定します（ここでは「6pt」）❷。これで線幅が「1pt」の二重線（間隔は上の［線］の線幅）となります❸。

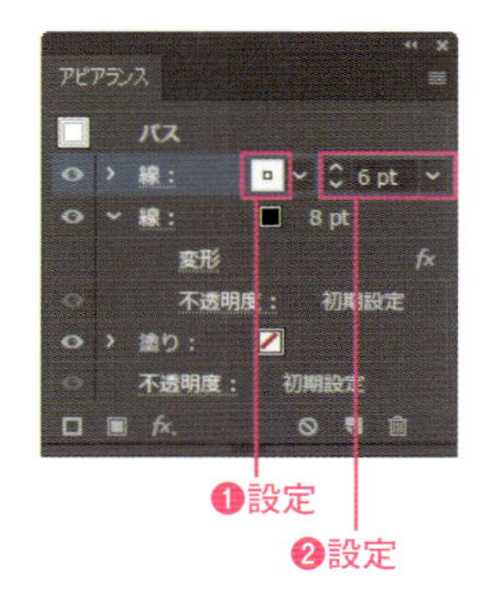

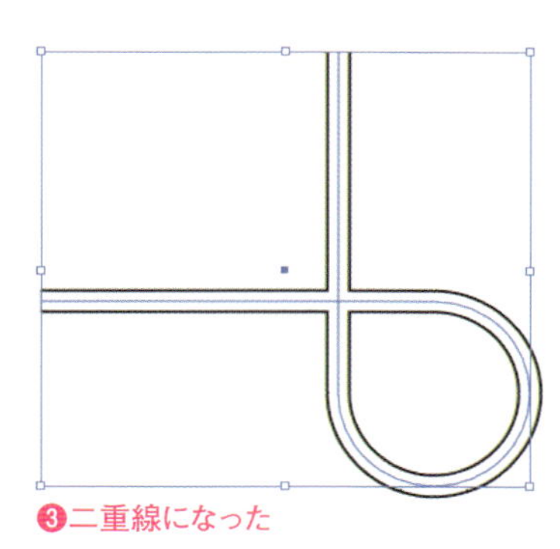

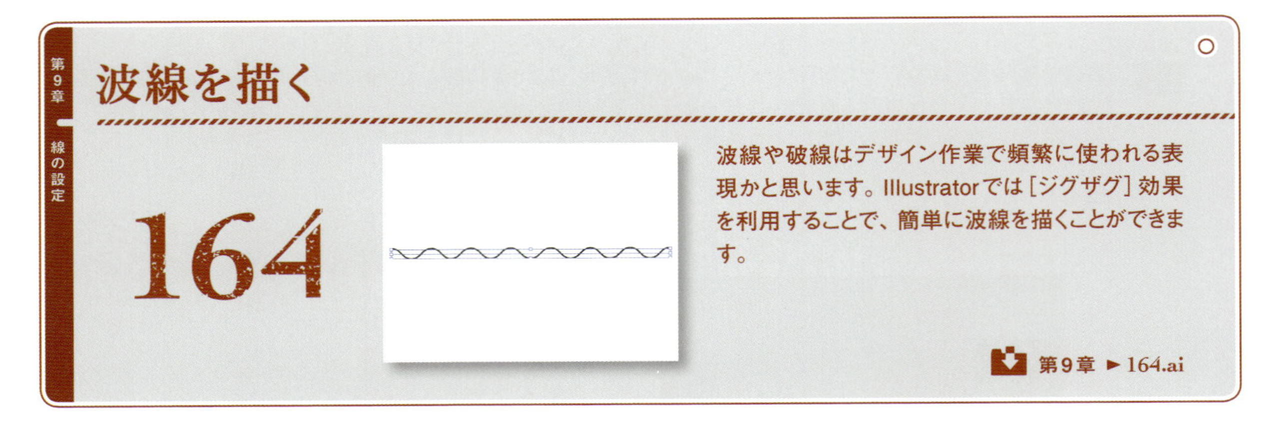

波線を描く

波線や破線はデザイン作業で頻繁に使われる表現かと思います。Illustratorでは[ジグザグ]効果を利用することで、簡単に波線を描くことができます。

第9章 ► 164.ai

1 サンプルファイルを開き、選択ツールで線のオブジェクトを選択します❶。

2 [効果]メニュー→[パスの変形]→[ジグザグ]を選択します❶。パスに山と谷を追加する[ジグザグ]ダイアログボックスが表示されます。[大きさ]で波のサイズを指定し、[折返し]では、波の数を指定します❷。[ポイント]を[滑らかに]にすると波線、[直線的に]にするとギザギザの線になります。ここでは[滑らかに]に設定して❸、[OK]をクリックします❹。パスの見た目が波線になります❺。

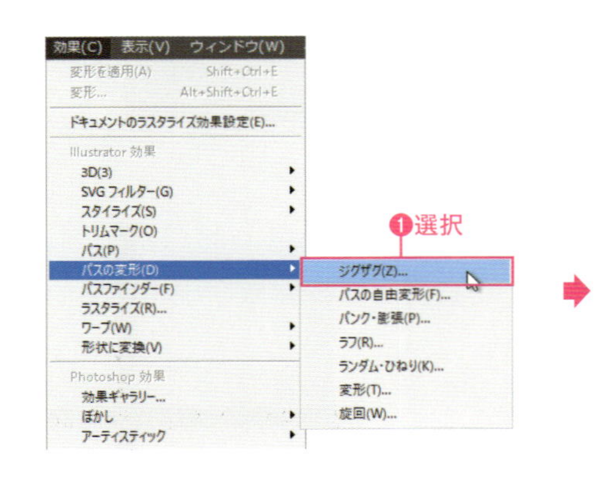

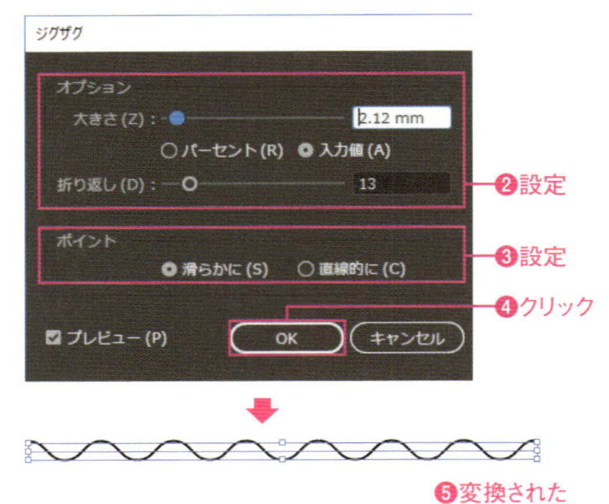

3 効果を設定したオブジェクトを選択し❶、[オブジェクト]→[アピアランスを分割]を選択すると❷、パスが、アピアランスの通りに実線に変換されます❸。

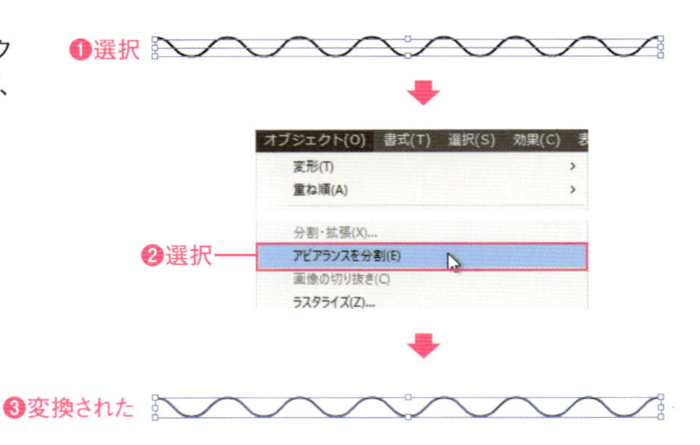

Macでは、キーは次のようになります。 Ctrl → ⌘ Alt → option Enter → return

165~168

第10章

不透明度

Illustratorでは、オブジェクトに色を設定するだけでなく、不透明度を設定して透過させることができます。不透明度は、グラデーションやグラデーションメッシュにも適用でき、複雑な表現も可能です。本章では不透明度について解説します。

165 オブジェクトに透明度を設定する

オブジェクトに不透明度を設定すると、オブジェクトを透過させることができます。不透明度は透明パネルで設定します。

第4章 ► 165.ai

1 サンプルファイルを開き、選択ツールを選択します❶。透明度を設定するオブジェクト（ここでは、ぼかしの入っている前面のハート型のオブジェクト）をクリックして選択します❷。

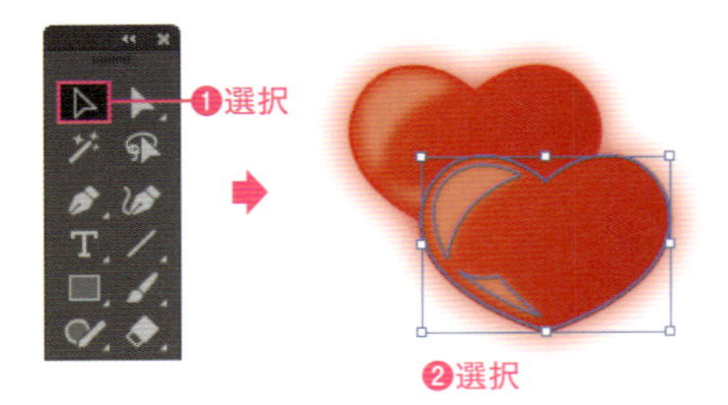

2 透明パネル（コントロールパネルまたはプロパティパネルでも可）の［不透明度］で、不透明度を設定します❶。選択したオブジェクト全体が半透明になりました❷。不透明度は「100%」を初期設定とし、数値が小さくなるほど透明度は高くなります。

3 選択ツールで、透明度を設定するオブジェクト（ここでは、ぼかしのない前面のハート型のオブジェクト）をクリックします❶。アピアランスパネルの［塗り］を展開表示し、［不透明度］の文字部分をクリックします❷。表示された透明パネルで［不透明度］を設定します❸。［塗り］の不透明度だけが変更されます❹。アピアランスパネルでも、［塗り］の［不透明度］だけ設定された数値が表示されます❺。

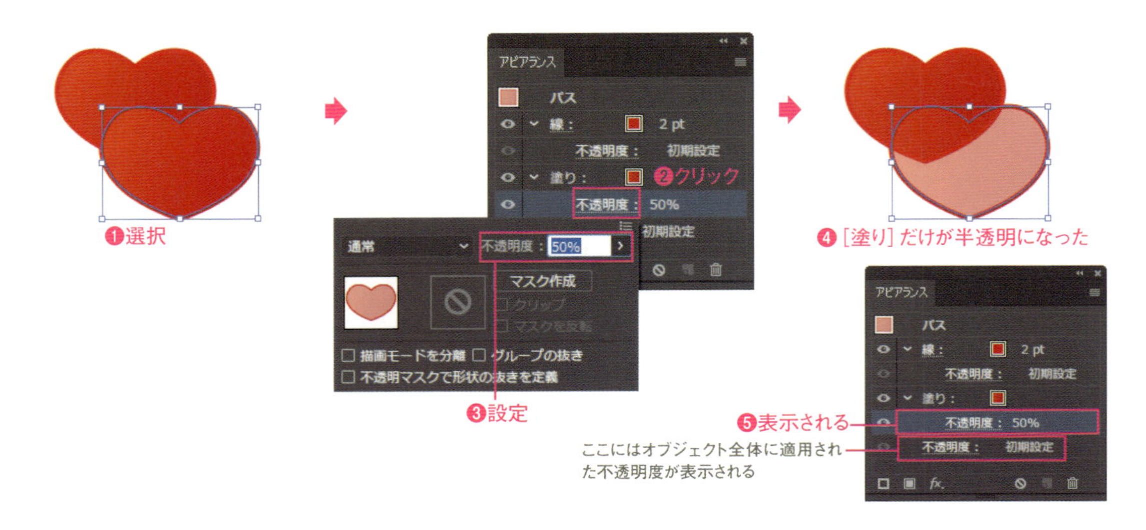

Macでは、キーは次のようになります。 Ctrl → ⌘　Alt → option　Enter → return

166 グラデーションに不透明度を設定する

不透明度はグラデーションのカラーに対しても設定が可能です。グラデーションのカラーごとに不透明度を設定できるので、オブジェクトを部分的に透明にできます。

第4章 ▶ 166.ai

1 サンプルファイルを開き、選択ツール を選択します❶。グラデーションの不透明度を設定するオブジェクトを選択します❷。

2 グラデーションパネルを開きます。グラデーションスライダーで、不透明度を設定したいカラー分岐点を選択し❶、[不透明度]で数値を指定します❷。オブジェクトが徐々に透明になります❸。不透明度「100%」を初期設定とし、数値が低くなるほど透明度は高くなります。一度選択を解除して、不透明度の適用状態を確認します❹。

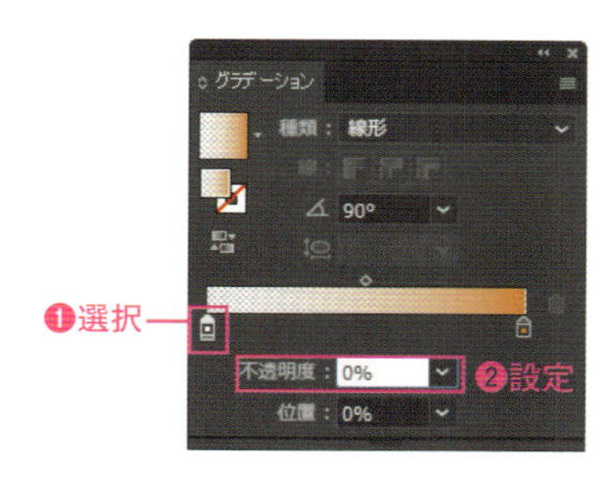

3 グラデーションを適用したオブジェクトは、文字をアウトライン化したものなので、文字の高さが異なるため透明になる位置が異なります。グラデーションツール で揃えましょう。再度オブジェクトを選択して❶、グラデーションツール を選択します❷。グラデーションパネルのグラデーションは透明からオレンジに変わるものなので、「u」の文字の下から上に Shift キーを押しながらドラッグし❸、グラデーションの適用範囲を設定します。すべての文字で同じ位置から透明になります❹。選択を解除して、不透明度の適用状態を確認します❺。

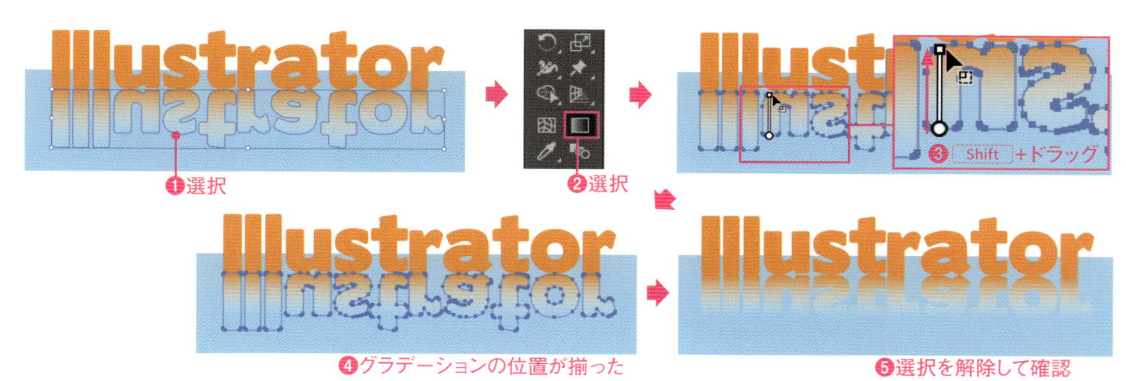

167 グラデーションメッシュに不透明度を設定する

メッシュツールによって作成されたグラデーションメッシュのメッシュポイントには、通常のオブジェクトと同様にカラーや不透明度を設定できます。立体のオブジェクトをリアルに表現することが可能です。

1 サンプルファイルを開きます。選択ツール▶を選択し❶、オブジェクトを選択します❷。グラデーションメッシュが適用されていることを確認します❸。

2 ダイレクト選択ツール▶を選択します❶。ボトルの上のメッシュポイントをクリックして選択し❷、透明パネル（コントロールパネルまたはスウォッチパネルでも可）の［不透明度］で、不透明度を設定します❸。メッシュポイントに不透明度を設定すると隣り合ったメッシュポイントの間が徐々に透明になり、背面に配置されているオブジェクトが透かされて表示されます❹。

3 同様に、下側のメッシュポイントも選択し❶、透明パネル（コントロールパネルまたはプロパティパネルでも可）の［不透明度］で、不透明度を設定します❷。オブジェクトの外側から内側に向けて徐々に透明になりました❸。

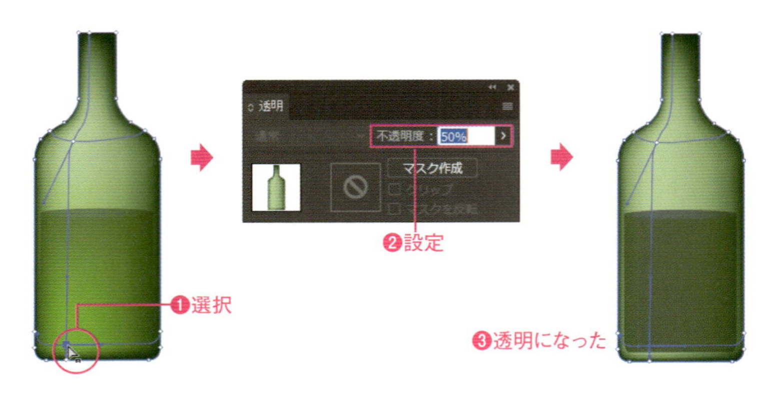

Macでは、キーは次のようになります。 Ctrl → ⌘ Alt → option Enter → return

168 不透明度や描画モードをグループ内だけに適用する

いくつかのグループに分けて、描画モードを適用するとグループ外の背景に影響を及ぼしてしまうケースがあります。そのような場合には、特定のグループに対して、[描画モードを分離]オプションを適用して適用範囲を限定することができます。

1 サンプルファイルを開きます❶。中央の電球のオブジェクトは、いくつかのグループオブジェクトをグループ化したものです。選択ツールを選択し❷、レイヤーパネルを開いて展開表示し、「ガラス」グループの右端の「選択中のアート（クリックしてアートを選択）」をクリックします❸。ガラスグループのオブジェクトを選択します❹。

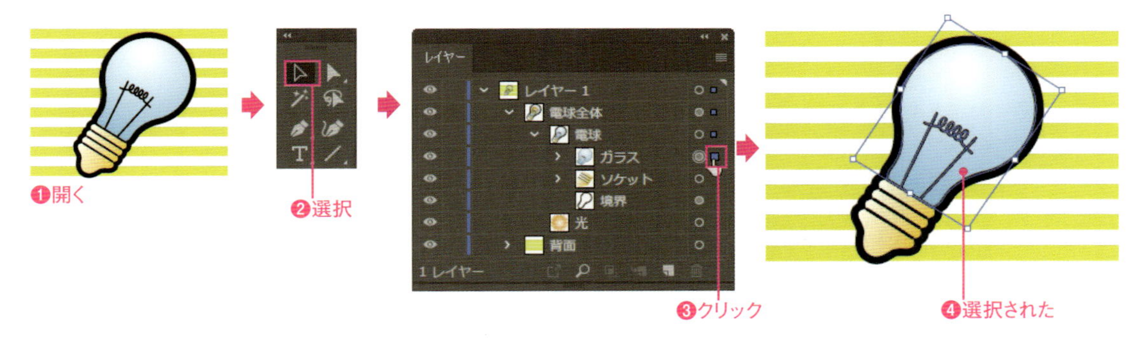

2 透明パネルを開き、[描画モード]に[乗算]を選択して適用します❶。[乗算]が適用されたので、背面に配置されていたフィラメントの周囲の光のオブジェクトが表示されます❷。また、さらに背面にある黄色のストライプも表示されます❸。

3 レイヤーパネルで、乗算を適用したグループオブジェクトが含まれている親グループの「電球全体」の右端の「選択中のアート（クリックしてアートを選択）」をクリックし❶。「電球全体」グループのオブジェクトを選択します❷。

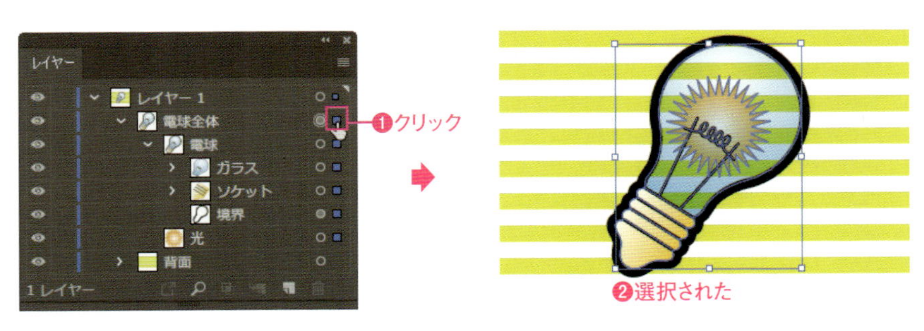

4 透明パネルを開き、[描画モードを分離]オプションにチェックを付けます❶。グループ内のオブジェクトに設定した[乗算]描画モードは、グループ内のオブジェクトにだけ適用されるようになるので、光だけが表示され、グループ外のストライプは非表示になります❷。

5 続いて、[描画モードを分離]のチェックを外して❶、[グループの抜き]にチェックを付けます❷。[グループの抜き]オプションは、グループ内のオブジェクトに設定した描画モードをグループ外のオブジェクトだけに適用するオプションです。そのため、[乗算]描画モードは、グループ外のストライプだけに適用され。グループ内の電球の光のオブジェクトには適用されないため非表示となります❸。選択を解除して❹、光が表示されていないことが確認してください❺。

Macでは、キーは次のようになります。 Ctrl → ⌘ Alt → option Enter → return

第11章

画像

Illustratorは、図形を描画して作品を作っていくツールですが、写真画像を配置することもできます。画像をそのままレイアウトするだけでなく、画像の一部を残してトリミングやマスクしたり、パスオブジェクトに変換することも可能です。本章では、画像について解説します。

169～186

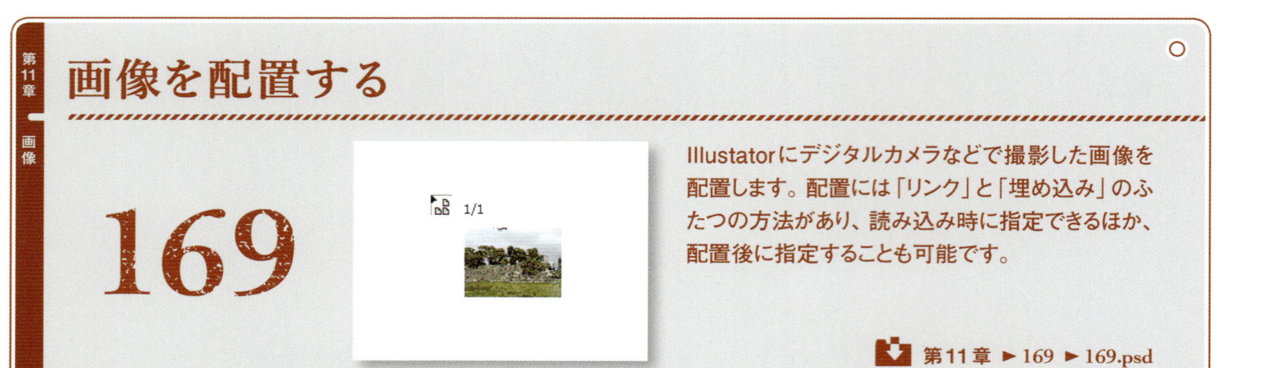

169 画像を配置する

Illustratorにデジタルカメラなどで撮影した画像を配置します。配置には「リンク」と「埋め込み」のふたつの方法があり、読み込み時に指定できるほか、配置後に指定することも可能です。

第11章 ► 169 ► 169.psd

1 新規ドキュメントを作成し、[ファイル]メニュー→[配置]を選択します❶。[配置]ダイアログボックスが表示されるので、配置する画像ファイル(ここでは「169.psd」)を選択します❷。配置方法として[リンク]にチェックを付け❸、[配置]をクリックします❹。[リンク]にチェックを付けないと、埋め込みで配置されます。

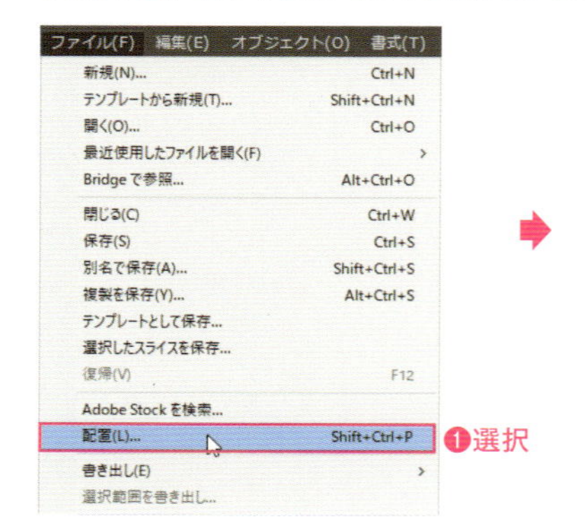

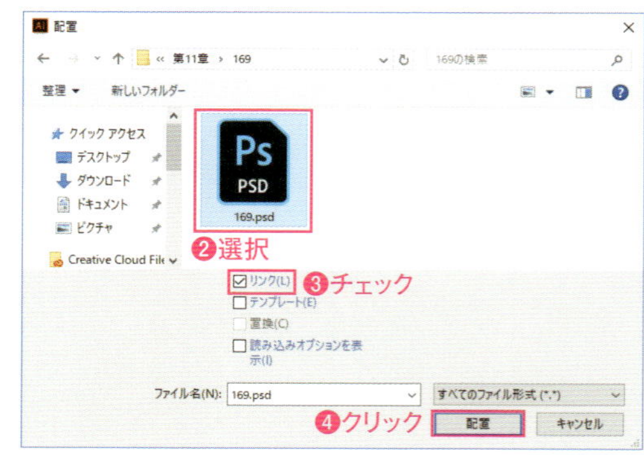

リンクと埋め込みの違いは、P.236 の「画像のリンクと埋め込みの違いを理解する」を参照

2 選択した画像のサムネールが表示されるので❶、配置したい位置でドラッグします(縦横比は維持されます)❷。ドラッグしたサイズで画像が配置されます❸。

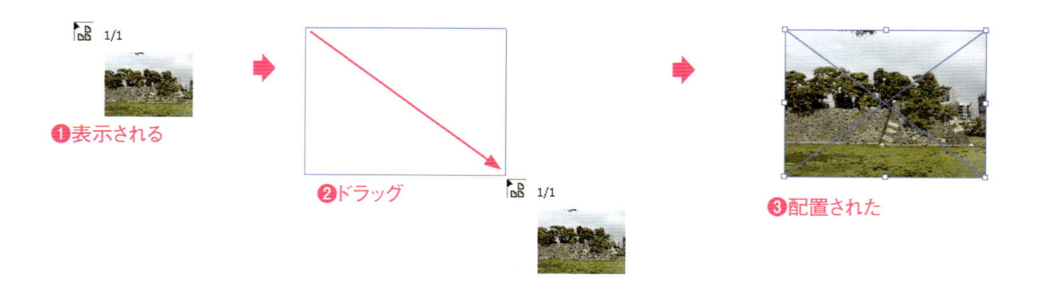

POINT

クリックで配置

ドラッグせずに、クリックするとクリックした位置が画像の左上で、100%のサイズで配置されます。

POINT

複数ファイルの配置

[配置]ダイアログボックスでは、Ctrl キーを押すと、画像ファイルを複数選択できます。選択した画像の分、ドラッグまたはクリックして配置してください。

Macでは、キーは次のようになります。 Ctrl → ⌘　Alt → option　Enter → return

配置画像を下絵として使う

170

画像を配置し、ペンツールなどでトレースする作業を行う場合、画像オブジェクトをテンプレートとして配置するとすぐに作業が開始できるので便利です。

1 新規ドキュメントを作成し、[ファイル]メニュー→[配置]を選択します❶。[配置]ダイアログボックスが表示されるので、配置する画像ファイル(ここでは「170.jpg」)を選択します❷。配置方法として[リンク]にチェックを付け❸、[テンプレート]にチェック付け❹、[配置]をクリックします❺。

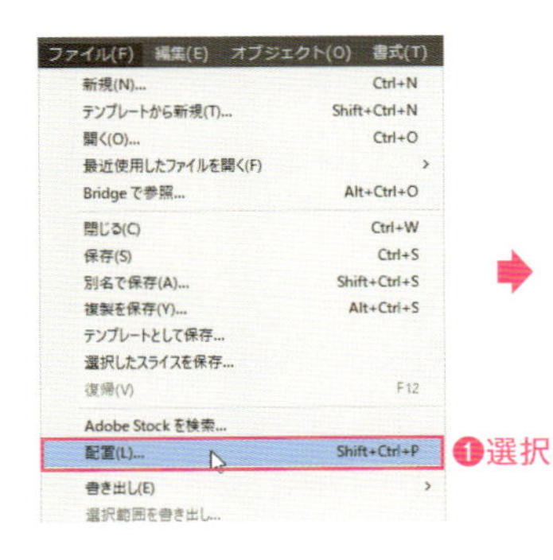

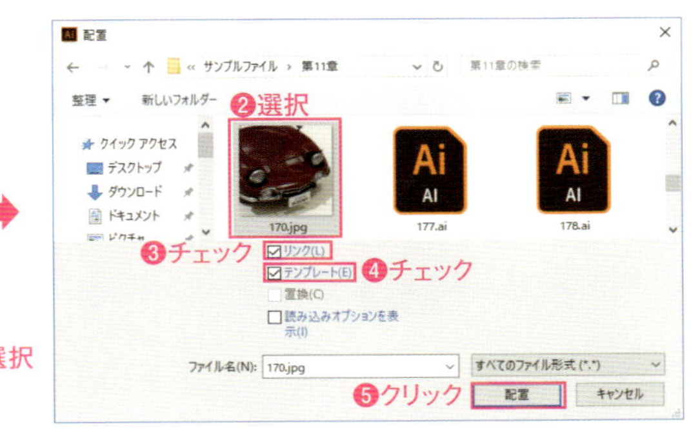

2 画像が100%のサイズでドキュメントウィンドウの中央に配置されます❶。テンプレートとして配置したので、ロックされていて、さらに画像が半透明で表示されます。レイヤーパネルには、テンプレートと表示され❷。サムネールも▣となります❸。

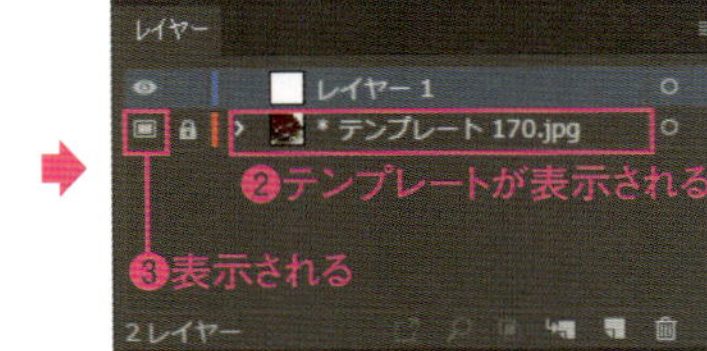

3 テンプレートの画像が意図した位置に配置されないときは、一度、通常レイヤーに戻しましょう。レイヤーパネルで、テンプレートレイヤーの名称の右側の空白部分をダブルクリックします❶。[レイヤーオプション]ダイアログボックスが表示されるので、[テンプレート]のチェックを外して❷、[OK]を押すと❸、レイヤーが通常レイヤーに変わり❹、画像も選択できる状態になります❺。同じ手順で、[レイヤーオプション]ダイアログボックスで、[テンプレート]のチェックを付けると、テンプレートになります。

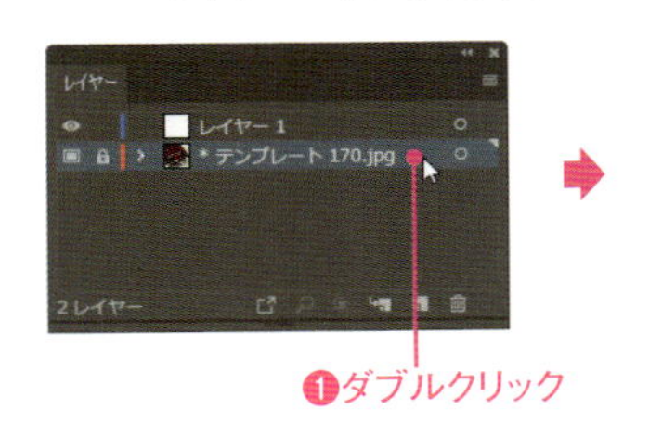

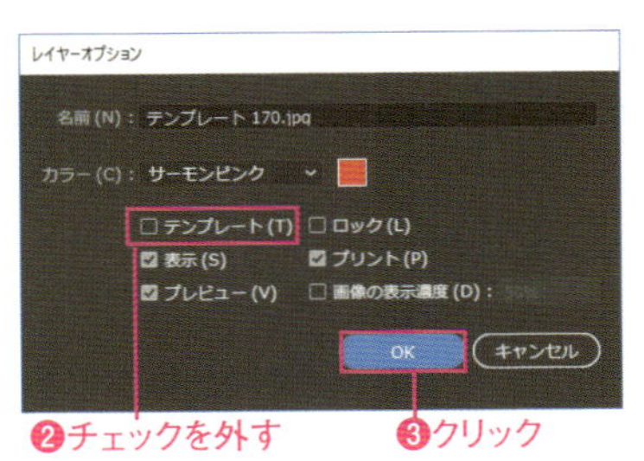

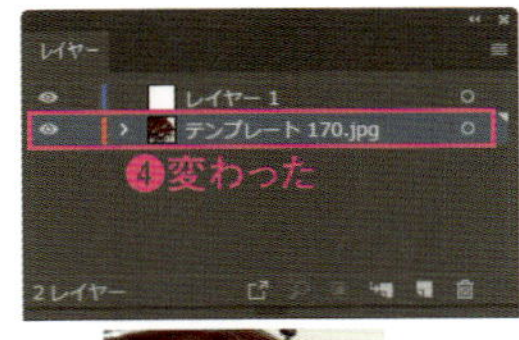

第11章 画像

画像のリンクと埋め込みの違いを理解する

171

画像の配置では、画像ファイルを外部ファイルとして、別途用意しておき、アートワークファイルへ「リンク」する方法と、アートワークファイルの中に直接オブジェクトとして「埋め込む」方法があります。アートワークの内容や用途に合わせて使い分けるとよいでしょう。

第11章 ▶171 ▶171-1.ai、171-2.ai、171.psd

1 サンプルファイル「171-1.ai」と「171-2.ai」を開きます❶。どちらも同じ画像が配置されていますが、「171-1.ai」はリンク、「171-2.ai」は埋め込みで配置されています。選択ツールを選択し❷、それぞれのファイルの画像を選択します。［リンク］で配置した「171-1.ai」の画像には斜線があり❸、［埋め込み］で配置した「171-2.ai」の画像には斜線がないことがわかります❹。

❶開く

❷選択

❸「171-1.ai」の画像を選択
［リンク］は斜線表示

❹「171-2.ai」の画像を選択
［埋め込み］は斜線なし

2 リンクパネルを見てみましょう。［リンク］で配置した「171-1.ai」にはファイル名だけですが❶、［埋め込み］で配置した「171-2.ai」は、ファイル名の横にアイコンが表示されていることがわかります❷。

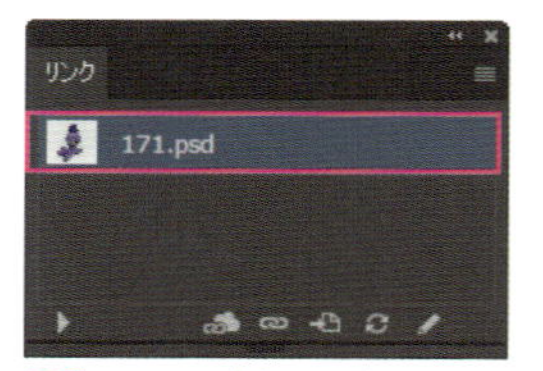

❶「171-1.ai」はファイル名のみ表示される

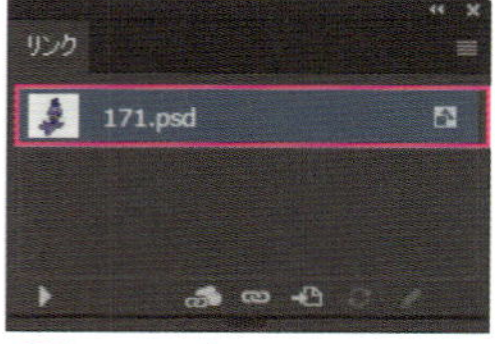

❷「171-2.ai」はファイル名の横にアイコンが表示される

3 サンプルファイルの保存されているフォルダーをエクスプローラーウィンドウ（MacではFinderウィンドウ）で表示します❶。［リンク］で配置した「171-1.ai」のほうが、［埋め込み］で配置した「171-2.ai」よりもファイルサイズが小さいことがわかります❷。［リンク］での配置は、アートワークファイルの容量を小さく抑えることができますが、リンクされた画像ファイルを別途用意しなければいけません。一方、［埋め込み］は、アートワークファイル内に画像データを含めるため、容量が大きくなりますが、別途画像ファイルを用意しなくてもよい利便性があります。

❶表示

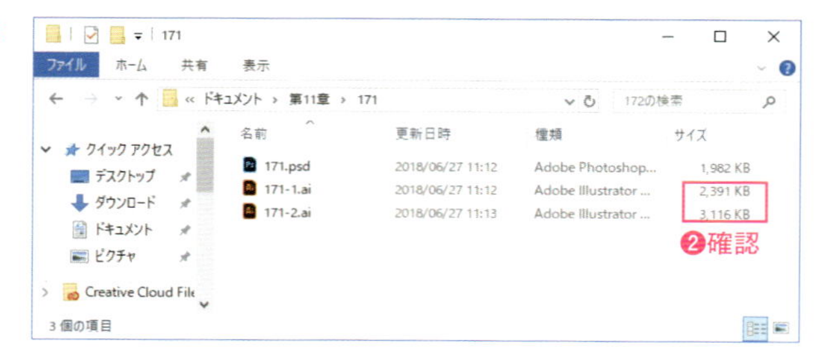

❷確認

Macでは、キーは次のようになります。 Ctrl → ⌘　Alt → option　Enter → return

配置した画像を効率的に管理する

172

アートボード上に配置された画像オブジェクトは、すべてリンクパネルにリストされます。配置された画像オブジェクト数が多い場合などは、リンクパネルから検索したり、あるいは再リンクなどの設定などを行う場合にも利用します。サンプルファイルを開いたら［無視］をクリックしてください。

第11章 ▶ 172 ▶ 172.psd

リンク情報が正しくないオブジェクトを探す

［リンク］として配置したのち、リンク画像の保存場所を変更すると、Illustraotorが画像を正しく読み込めない場合があります。リンクパネルメニューから［見つからないリンク］を選択すると❶、リンク情報が正しくない画像オブジェクト（ファイル名の横に⚠が表示❷）や、埋め込みで配置された画像オブジェクトがリストアップされます（ファイル名の横に▣が表示❸）。リンク情報が正しくない画像オブジェクトは、リンクパネルで画像を選択し、［リンクを再設定］をクリックし❹、リンクし直してください。

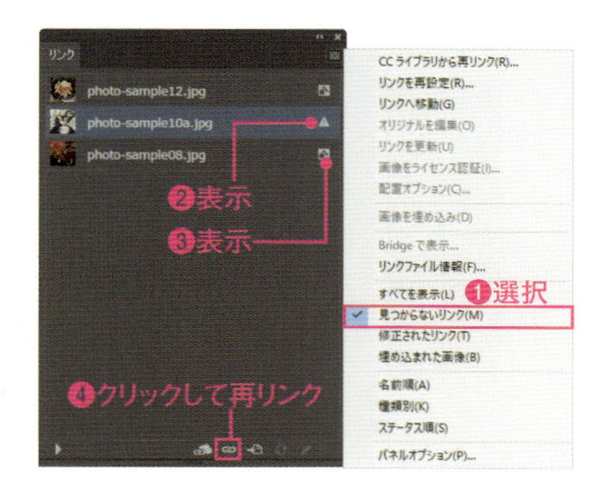

修正されたリンクを表示

リンクパネルメニューから［修正されたリンク］を選ぶと❶、Illustratorに配置したのちに、オリジナルの画像が編集された画像オブジェクトがリストアップされます（ファイル名の横に⚠が表示❷）。
この場合は、リンクパネルで画像を選択し、［リンクを更新］をクリックし❸、リンクを更新してください。

サンプルファイルでは表示されない

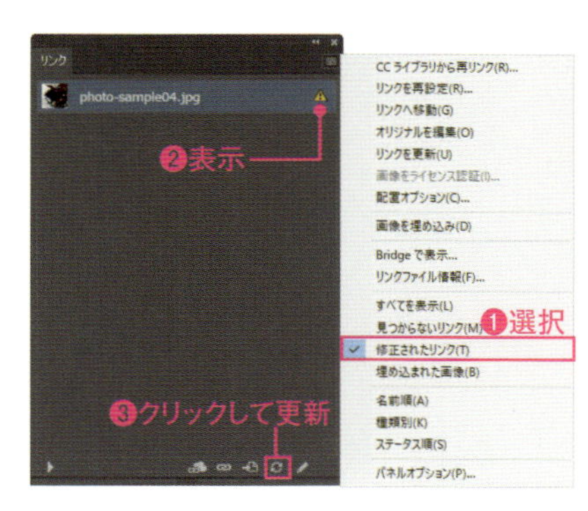

［埋め込み］画像オブジェクトを表示

リンクパネルメニューから［埋め込まれた画像］を選ぶと❶、アートボード上に配置された画像オブジェクトのうち、［埋め込み］によって配置された画像オブジェクトがリストアップされます（ファイル名の横に▣が表示❷）。

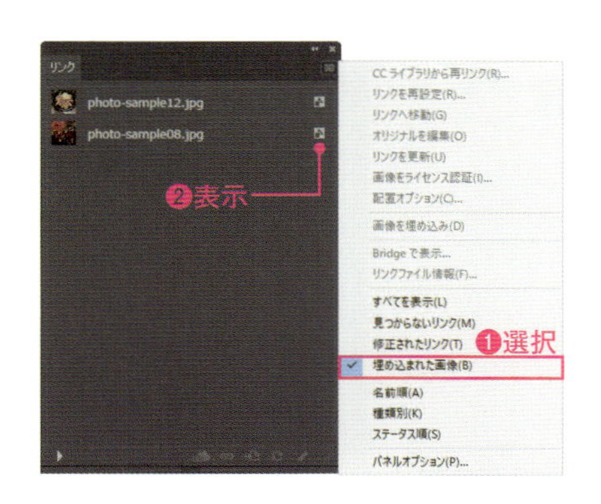

173 画像をほかの画像に変える

リンクパネルを使うと、アートボード上へ配置されている画像をほかの画像に簡単に入れ替えられます。リンク先が変更になった場合でも、同じ方法でリンク情報を更新できます。

第11章 ► 173 ► 173.ai、173-1.jpg、173.-2.jpg

1 サンプルファイル「173.ai」を開き、選択ツールを選択します❶。変更する画像オブジェクトを選択し❷、リンクパネルを開いて、[リンクを再設定] をクリックします❸。

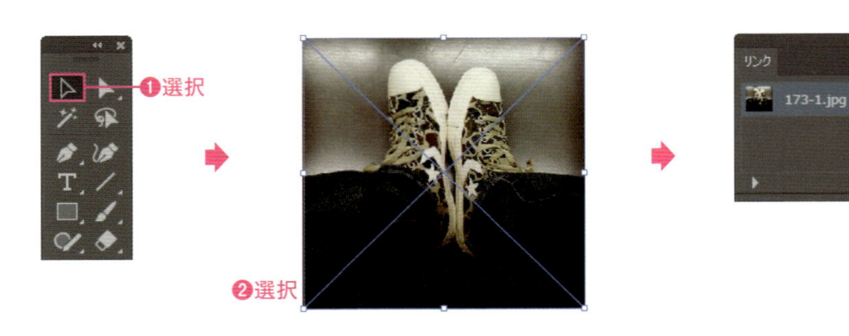

2 [配置] ダイアログボックスが開くので、差し替え用の画像ファイルを選択し（ここでは「173.-2.jpg」）❶、[配置] をクリックします❷。

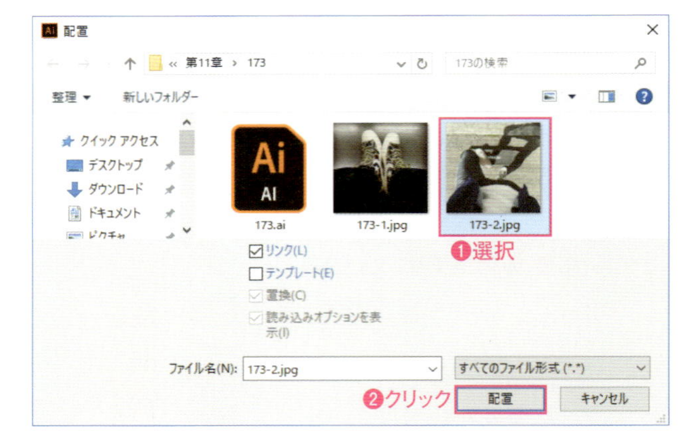

3 画像が変更されました❶。リンクパネルのリストも変更されます❷。

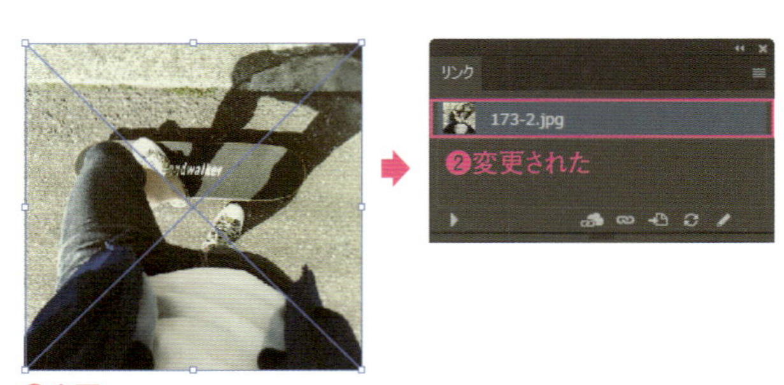

Macでは、キーは次のようになります。 Ctrl → ⌘ Alt → option Enter → return

リンク画像を編集する

174

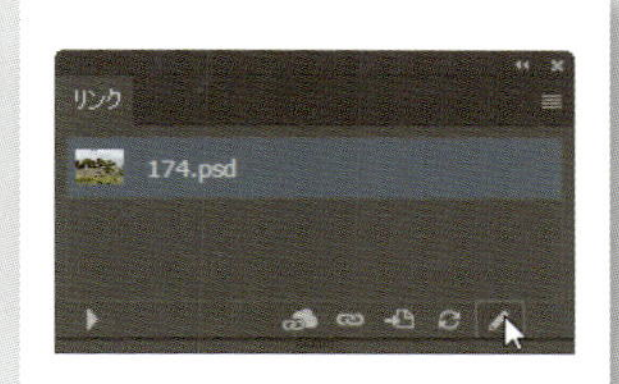

Illustratorでは、直接ビットマップの画像オブジェクトを編集することはできませんが、Photoshopなどの画像編集ソフトがインストールされている場合、リンクによって配置された画像オブジェクトから起動して、編集できるようになっています。

第11章 ► 174 ► 174.ai、174.psd

1 サンプルファイル「174.ai」を開き、選択ツールを選択します❶。編集の対象となる画像オブジェクトを選択し❷、リンクパネルの［オリジナルを編集］をクリックします❸。

Point

［オリジナルを編集］が利用できるのは、リンクで配置した画像だけです。

2 ファイルに対応した画像アプリケーション（ここではPhotoshop）が起動して、画像を編集できるようになります❶。

Point

起動するアプリケーション

起動するアプリケーションは、WindowsやMacでファイル形式に関連付けられているアプリケーションです。

3 画像を編集して保存すると、Illustratorに戻ったときにダイアログボックスが表示されます❶。［はい］をクリックすると❷、Illustratorに配置した画像も更新されます。

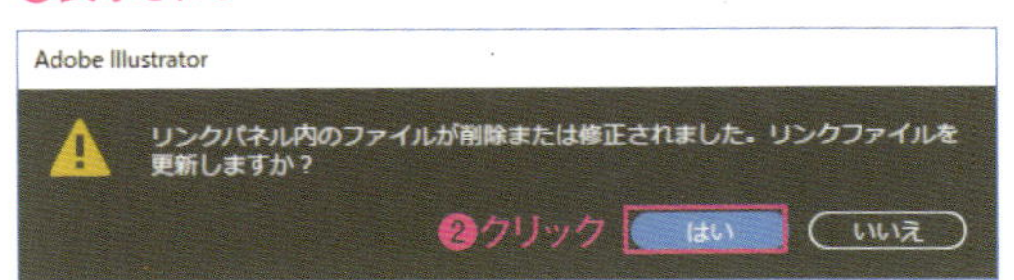

リンク画像を埋め込む

175

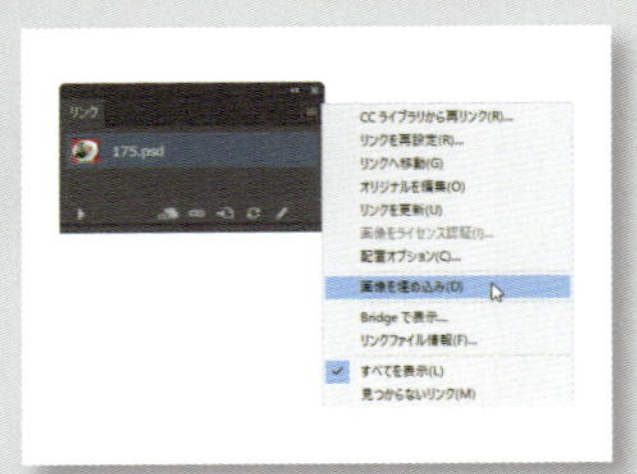

リンク形式で配置した画像オブジェクトは、あとからでも埋め込み形式にできます。Photoshopファイルを埋め込むときは、画像を統合するか、レイヤーに変換するかを選択できます。

第11章 ►175 ►175.ai、175.psd

1 サンプルファイル「175.ai」を開き、選択ツールで画像オブジェクトを選択し❶、リンクパネルメニューから［画像を埋め込み］を選択します❷。

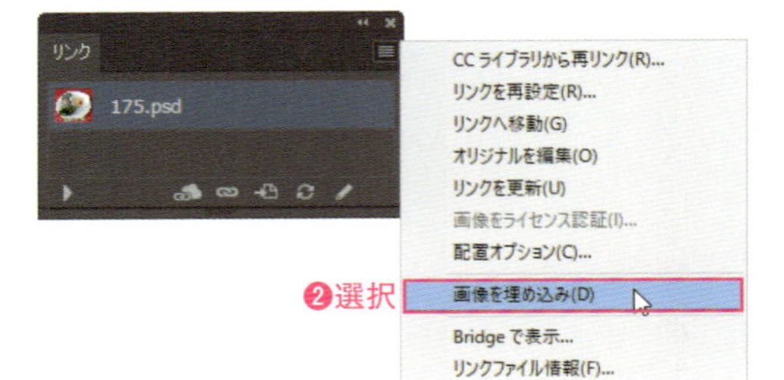

2 ［Photoshop読み込みオプション］ダイアログボックスが表示された場合は、オプションで［レイヤーをオブジェクトに変換］か［複数のレイヤーを1つの画像に統合］のどちらかを選択します（ここでは［複数のレイヤーを1つの画像に統合］を選択）❶。［OK］をクリックすると❷、画像がIllustrator内に埋め込まれます❸。

［複数のレイヤーを1つの画像に統合］を選択すると、複数レイヤーのPhotoshop画像はひとつのレイヤーに統合されて埋め込まれる

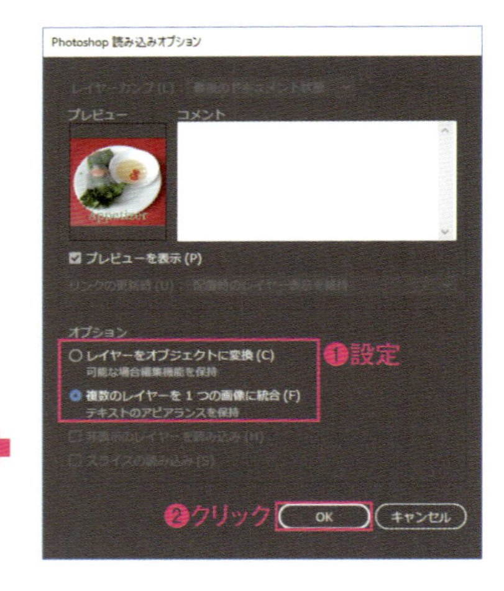

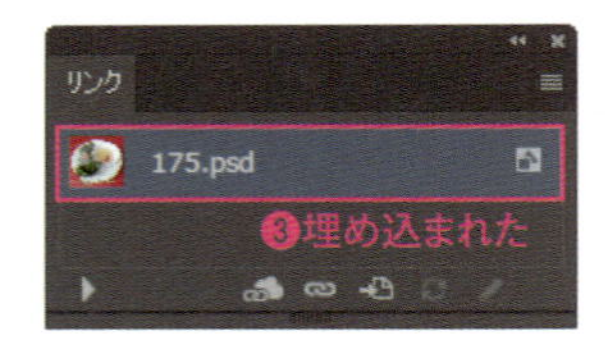

Point

レイヤーをオブジェクトに変換

［Photoshop読み込みオプション］ダイアログボックスが表示された場合は、オプションで［レイヤーをオブジェクトに変換］を選択すると、可能な限りPhotoshopのレイヤーがIllustratorのレイヤーに変換されます。

Macでは、キーは次のようになります。 Ctrl → ⌘ Alt → option Enter → return

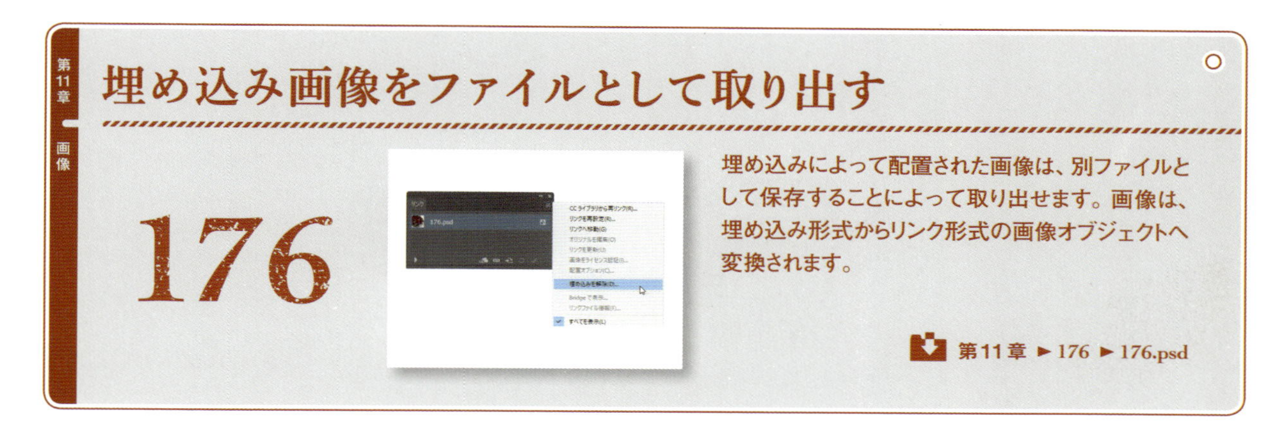

埋め込み画像をファイルとして取り出す

176

埋め込みによって配置された画像は、別ファイルとして保存することによって取り出せます。画像は、埋め込み形式からリンク形式の画像オブジェクトへ変換されます。

第11章 ▶176 ▶176.psd

1 サンプルファイルを開き、選択ツール で画像オブジェクトを選択し❶、リンクパネルメニューから［埋め込みを解除］を選択します❷。

❶選択

リンク
176.psd
CC ライブラリから再リンク(R)...
リンクを再設定(R)...
リンクへ移動(G)
オリジナルを編集(O)
リンクを更新(U)
画像をライセンス認証(I)...
配置オプション(C)...
埋め込みを解除(D)...
Bridge で表示...
リンクファイル情報(F)...
すべてを表示(L)

❷選択

2 ［埋め込みを解除］ダイアログボックスが表示されるので、保存場所（ここではサンプルファイルと同じ場所）を設定します❶。名称を入力し❷、画像形式（Photoshop形式かTIFF形式）を設定して❸、［保存］をクリックします❹。

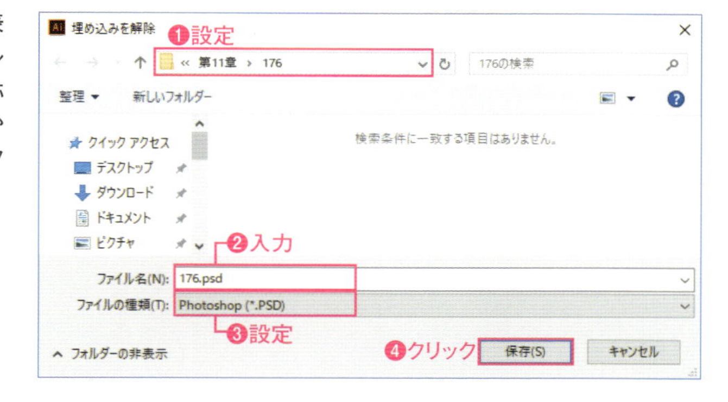

3 画像を保存すると、保存したファイルとリンクになり、リンクパネルのアイコンが消えます❶。また、選択した画像オブジェクトには斜線が表示されます❷。

❷斜線が表示される

第11章 画像

画像をトリミングする

177

配置した画像オブジェクトの高さと幅を調整し、画像を切り抜くことができます。クリッピングマスクとの違いは、実際に画像が切り取られるという点です。[埋め込み] で配置した画像は、元のサイズに戻すことができません。

第11章 ► 177.ai

1 サンプルファイルを開き、選択ツール でトリミングする画像オブジェクトを選択します❶。コントロールパネル（またはプロパティパネル）の [画像の切り抜き] をクリックします❷。画像オブジェクトに切り抜きのためのガイドが表示されます❸。

2 ガイドをドラッグして、切り抜くサイズを調整します❶。

3 コントロールパネル（またはプロパティパネル）の [適用] をクリックすると❶、画像の切り抜きが実行されます❷。

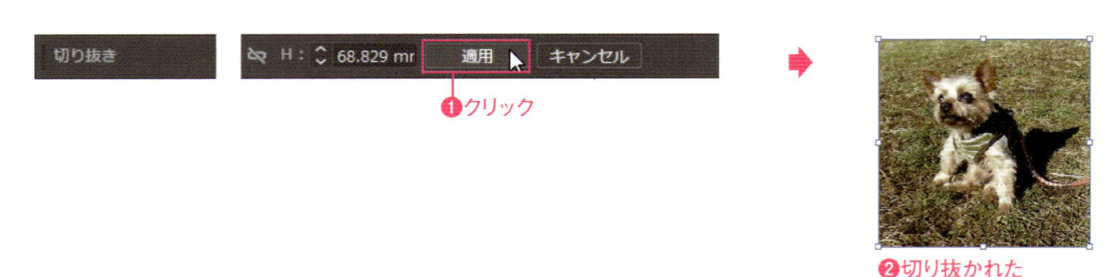

Macでは、キーは次のようになります。 Ctrl → ⌘ Alt → option Enter → return

画像をマスクする

178

画像内の必要な部分のみをペンツールなどで作成したパスで囲み、クリッピングマスクを作成すると、自由な形状で画像をマスクできます。

第11章 ► 178.ai

1 サンプルファイルを開きます❶。画像がテンプレートレイヤーに配置されています。

❶開く

2 本来は、ペンツール等を使い、マスクの型となるパスを作成するのですが、ここでは「レイヤー1」レイヤーに用意してあるので、レイヤーパネルの［レイヤーを表示／非表示］をクリックして❶、パスを表示します❷。

❷パスが表示される

3 テンプレートに設定されているレイヤーの名称の右側をダブルクリックします❶。［レイヤーオプション］ダイアログボックスが表示されるので、［テンプレート］のチェックを外して❷、［OK］をクリックし❸、通常レイヤーへ変換します❹。

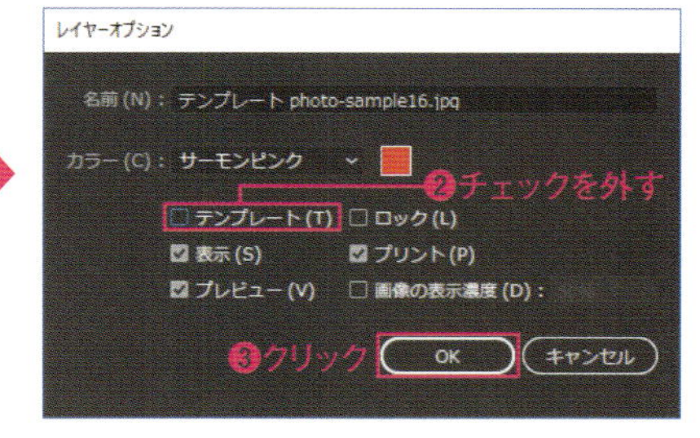

4 画像オブジェクトと前面に配置されているマスクの型となるパスのふたつを選択し❶、［オブジェクト］メニュー→［クリッピングマスク］→［作成］を選択します❷。パスで画像がマスクされました❸。

❶画像とパスを選択

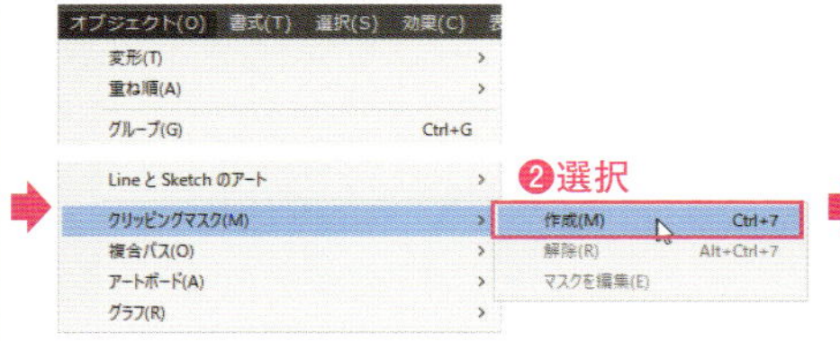

❸マスクされた

マスクを解除するには、オブジェクトを選択して［オブジェクト］メニュー→［クリッピングマスク］→［解除］を選択

179 オブジェクトの中に画像を配置する

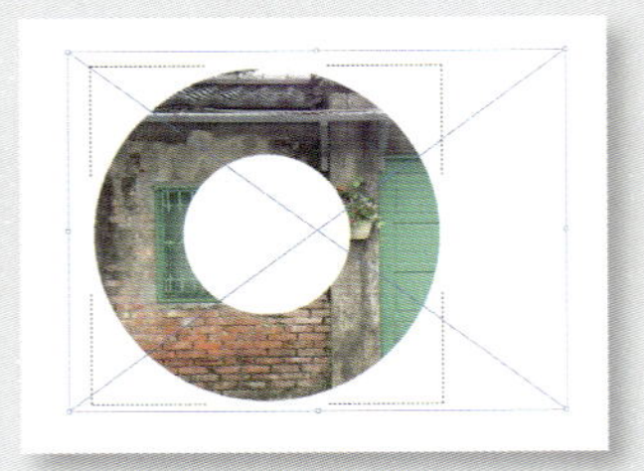

Illustratorでは、通常の新しいオブジェクトは上に重なるように描画されますが、［背面描画モード］では下に配置されるよう描画されます。また［内側描画モード］は、特定のオブジェクト内にマスクされた状態で描画されます。

第11章 ▶179 ▶179.ai、179.jpg

1 サンプルファイル「179.ai」を開きます。選択ツールを選択して❶、オブジェクトを選択します❷（このオブジェクトは複合パスです）。ツールパネル下部で［内側描画］を選択します❸（一列表示のときは［描画方法］をクリックして選択❹）。オブジェクトの外側に破線が表示されます❺。

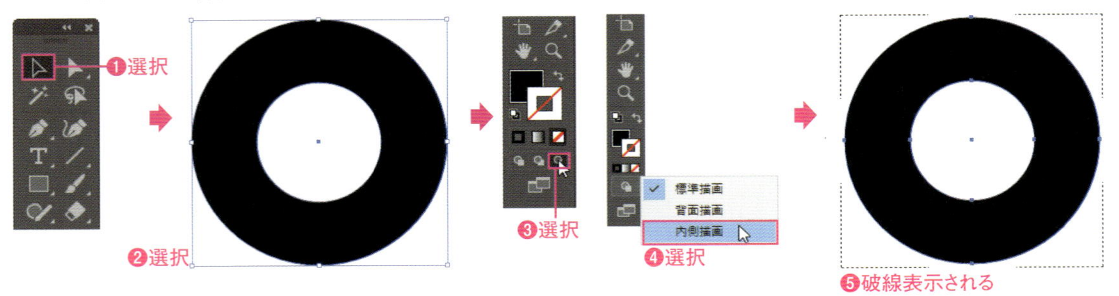

2 ［ファイル］メニュー→［配置］を選択します❶。［配置］ダイアログボックスが表示されるので、「179.jpg」を選択して❷、［配置］をクリックします❸。オブジェクトの破線の少し外側をクリックします❹。

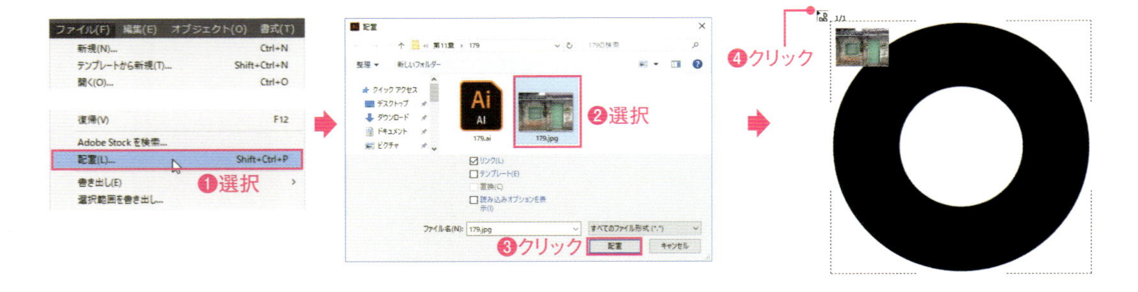

3 選択されたオブジェクト内に画像が配置されます❶。

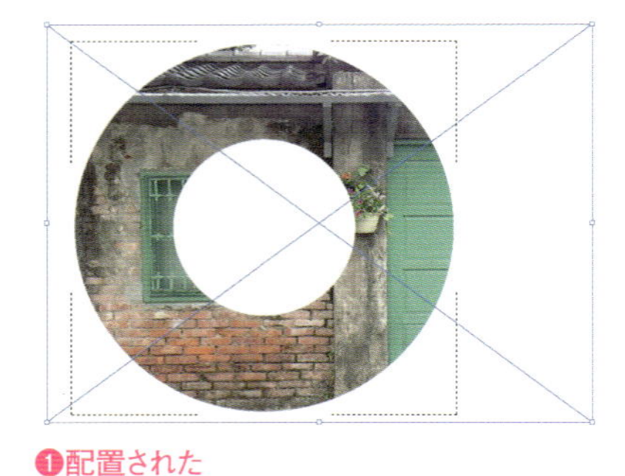

Point

内側描画で配置した画像の選択

内側描画は、オブジェクトに対して一度しか適用できません。内側描画で配置した画像は、オブジェクトの形でマスクされているマスクオブジェクトになります。画像の位置を編集するには、マスクオブジェクトの編集では、P.245の「マスク画像の位置を変更する」を参照ください。

Macでは、キーは次のようになります。 Ctrl → ⌘ Alt → option Enter → return

マスク画像の位置を変更する

180

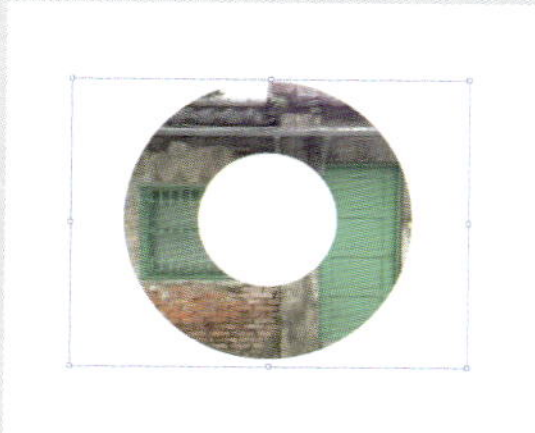

クリッピングマスクを適用して一部だけ見えている画像オブジェクトは、あとからでも、画像の位置を変えることができます。

1 サンプルファイルを開きます。選択ツールを選択して❶、オブジェクトを選択します❷（このオブジェクトは複合パスで画像をマスクしているオブジェクトです）。［オブジェクト］メニュー→［クリッピングマスク］→［オブジェクトを編集］を選択します❸。

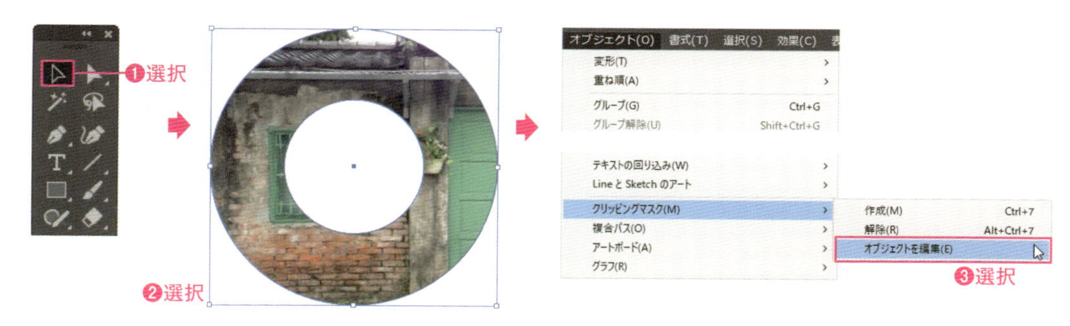

2 画面がマスクされているオブジェクト（ここでは画像）が選択されます❶。そのままドラッグして❷、マスク画像の位置を動かすことができます❸。

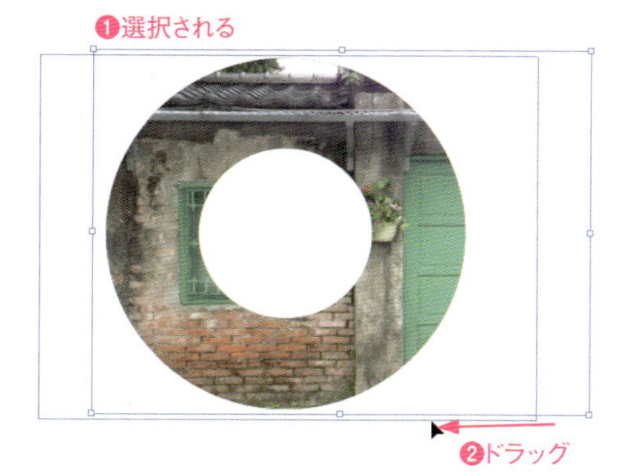

POINT

コントロールパネルで切り替え

マスクオブジェクトを選択すると、コントロールパネルにクリップグループが表示され、［オブジェクトを編集］でマスク内のオブジェクトの編集、［クリッピングパスを編集］で元のオブジェクトの編集と切り替えられます。

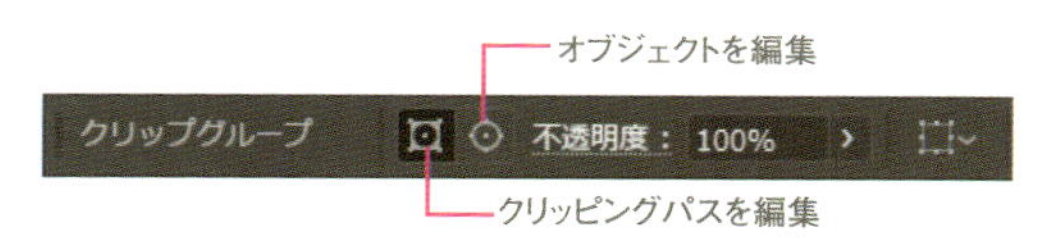

181 画像からパスデータを作成する

Illustratorでは、画像データを自動的にトレースして、ベクターで構成されたオブジェクトに変換できます。カラーの数やベクターの調整を行うことで、画像をイラスト風に仕上げたり、あるいはロゴなどのトレースに役立ちます。

第11章 ► 181.ai

1 サンプルファイルを開きます。選択ツール を選択して❶、画像オブジェクトを選択します❷。

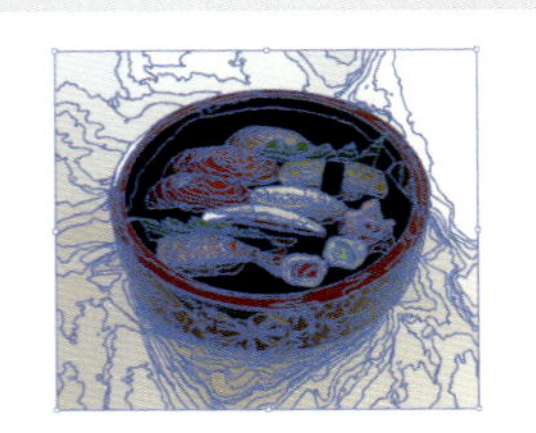

2 画像トレースパネルを開き、[トレース]をクリックします❶。画像オブジェクトは白黒のツートーンのパスに変換されます❷。

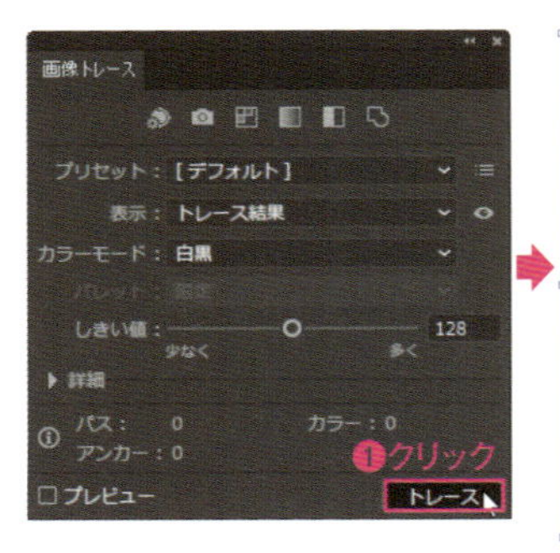

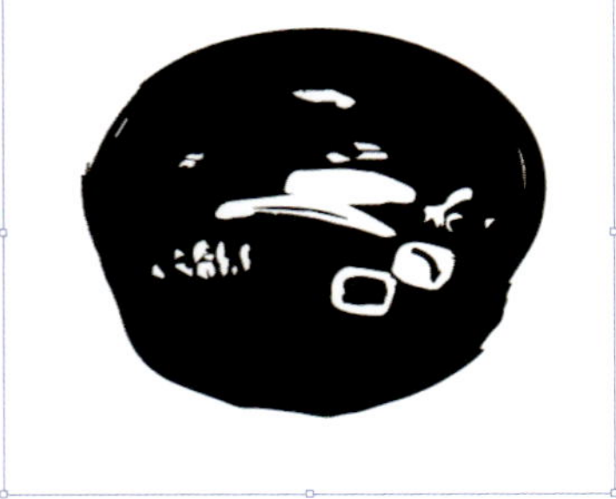

3 プリセットをクリックし❶、表示されたメニューから[写真（低解像度）]を選択します❷。白黒から粗いカラー画像に変わります❸。なお、この画像はまだパスデータにはなっていないため、プリセットや設定を変更して、トレース結果をプレビューしながら設定できます。

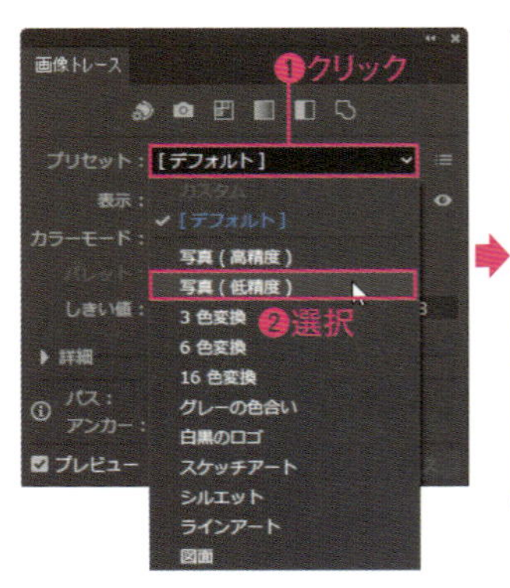

Macでは、キーは次のようになります。 Ctrl → ⌘ Alt → option Enter → return

4 [カラー] のスライダーをドラッグして数値を上げてみましょう❶。カラーが正確になります❷。

❶設定

❷色がきれいになった

5 画像がトレースされた直後のオブジェクトは、完全なパスデータではなく、画像トレースオブジェクトとして存在しているので、画像トレースパネルで再設定できます。しかし、ダイレクト選択ツールなどを利用してパスそのものを編集することはできません。画像トレースオブジェクトを通常のパスで構成されたオブジェクトへ変換するには、コントロールパネル（またはプロパティパネル）の［拡張］をクリックします❶。画像が、グループ化された通常のパスへ変換されます❷。画像オブジェクトはパスのオブジェクトに変換されたので、リンクパネルの表示がなくなります❸。

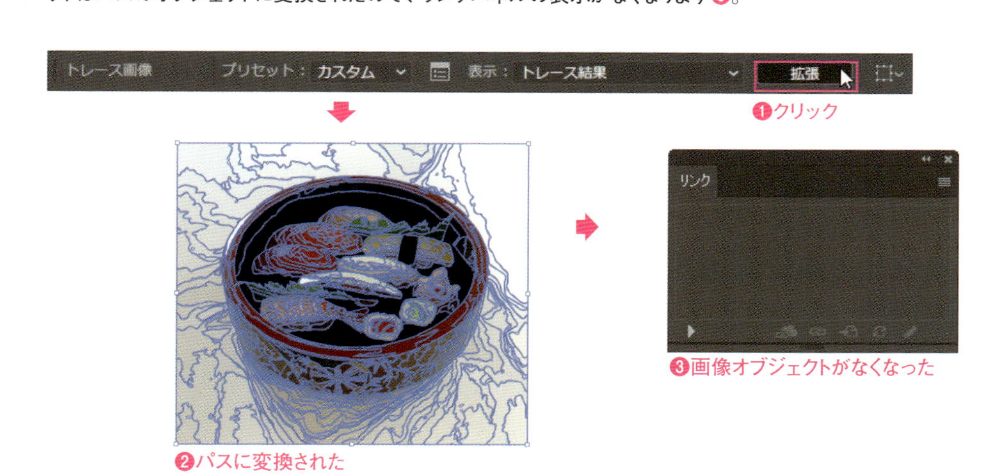

❶クリック

❸画像オブジェクトがなくなった

❷パスに変換された

Point

詳細設定

画像トレースパネルの［詳細］を押すと、パネルの下部が拡張され、ベクターグラフィックスへの変換レベルを細かく設定することが可能になります。

［パス］［コーナー］は数値が多いほど、画像に忠実なトレースを行います。［ノイズ］は数値が低いほど、画像のノイズを除去します。

コントロールパネルで［拡張］するまでは、何度でも設定を変更できるので、プリセットや設定を変更して、使いやすいパスデータにしてください。

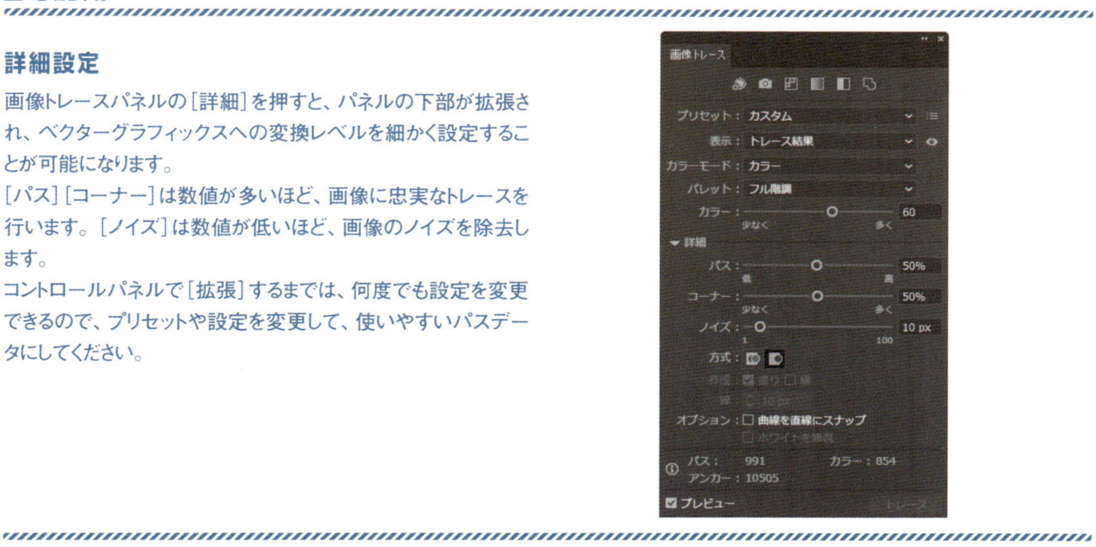

182 モザイク加工する

埋め込みで配置された画像オブジェクトから、ピクセルのカラー情報を読み取り、指定した数のパスオブジェクトへ変換します。これによって、モザイク加工のような効果を得ることができます。

第11章 ▶ 182.ai

1 サンプルファイルを開きます。選択ツール を選択して❶、画像オブジェクトを選択します❷（このオブジェクトは画像が埋め込みで配置されています）。

2 ［オブジェクト］メニュー→［モザイクオブジェクトを作成］を選択します❶。［モザイクオブジェクトを作成］ダイアログボックスが表示されるので、［タイルの間隔］や［タイル数］などを入力して❷、［OK］を押します❸。モザイク加工されたパスオブジェクトが作成されます❹。

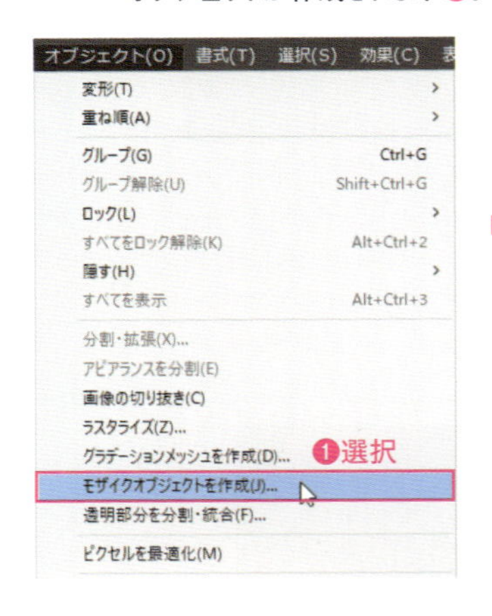

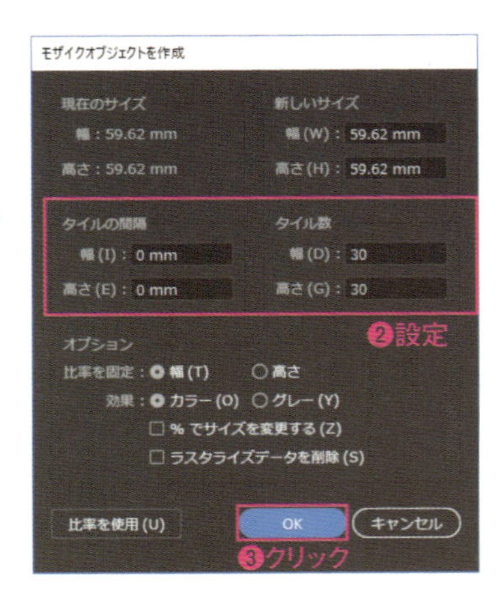

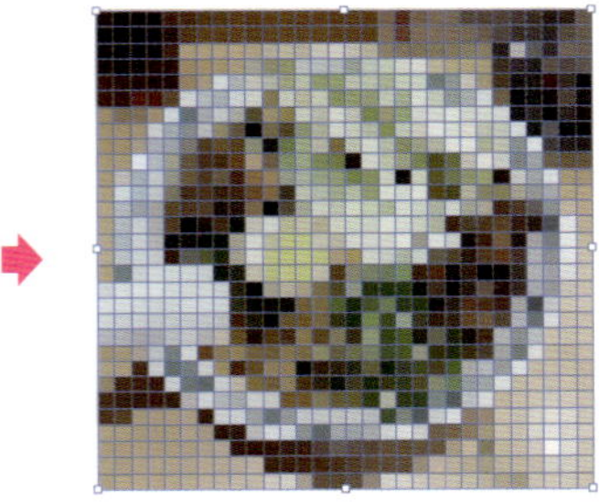

3 前面のモザイクオブジェクトをドラッグして移動すると❶、背面には、オリジナルの画像オブジェクトがそのままの状態で残っています❷。

Macでは、キーは次のようになります。 Ctrl → ⌘　Alt → option　Enter → return

183 パスオブジェクトを画像に変換する

Illustratorのパスオブジェクトを、画像に変換することをラスタライズと呼びます。ラスタライズすることで、[モザイクオブジェクトを作成]のような画像でないと適用できない機能を利用できるようになります。

第11章 ► 183.ai

1 サンプルファイルを開きます。選択ツール を選択します❶。ラスタライズの対象となるオブジェクトを選択し❷、[オブジェクト]メニュー→[ラスタライズ]を選択します❸。

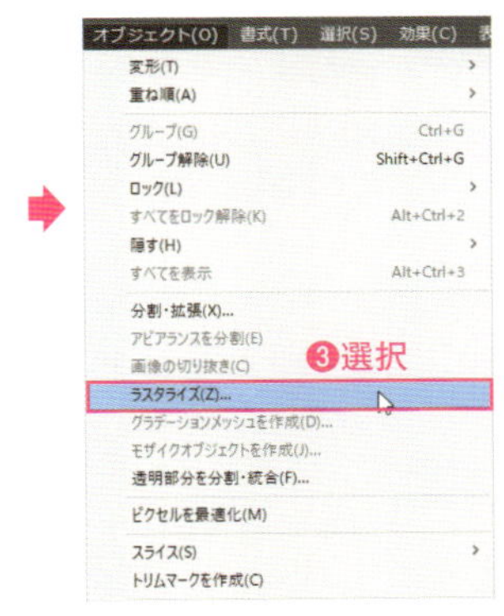

2 [ラスタライズ]ダイアログボックスが表示されるので、[カラーモード](ここでは「CMYK」)❶、[解像度](ここでは「高解像度(300ppi)」)❷、[背景色](ここでは「透明」)❸などを設定し、[OK]をクリックします❹。オブジェクトが、画像オブジェクトに変換されます❺。リンクパネルには、名称なしの埋め込み画像が表示されます❻。

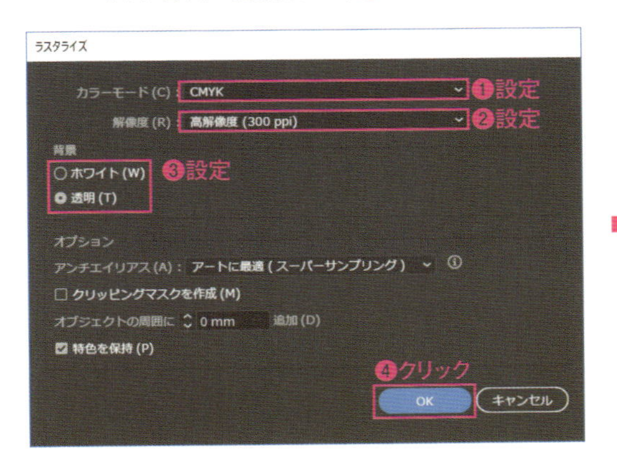

POINT

解像度の設定

解像度は、アートワークの用途によって選択します。商用印刷用なら[高解像度(300ppi)]か[その他]を選択して「300ppi」以上に設定、Webなどの画面表示用なら[スクリーン(72ppi)]、Microsoft Officeドキュメント用なら[一般(150ppi)]を選択します。

184 縦横比が崩れた画像を1:1に戻す

リンクパネルには、配置した画像の詳細情報が表示されます。画像の画素数も表示されるので、この数値を使えば元の縦横比に戻すことができます。

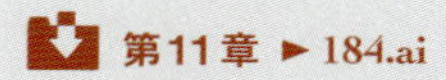

1 サンプルファイルを開きます。選択ツール▶を選択して❶、画像オブジェクトを選択します❷。この画像オブジェクトは、縦横比が1:1ではありません。

2 リンクパネルを開き、[寸法]の値を確認します(詳細情報は▶をクリックして展開表示してください)❶。この値は、配置画像の画素数です。変形パネルを開き、[W]に寸法の左側の数値を単位である「px」をつけて入力し(ここでは「979px」) Enter キーを押します❷。同様に[H]に寸法の右側の数値を単位である「px」をつけて入力し(ここでは「734px」) Enter キーを押します❸。

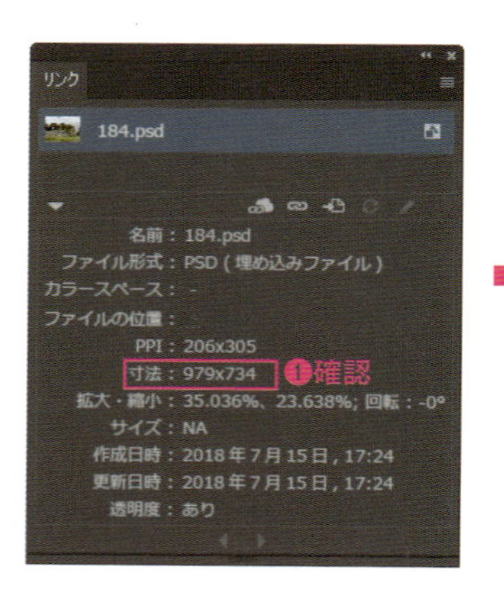

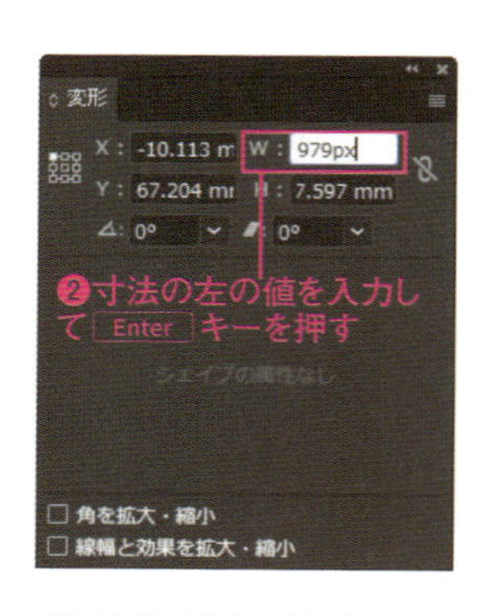

PDFなど、寸法値が表示されない配置ファイルもある

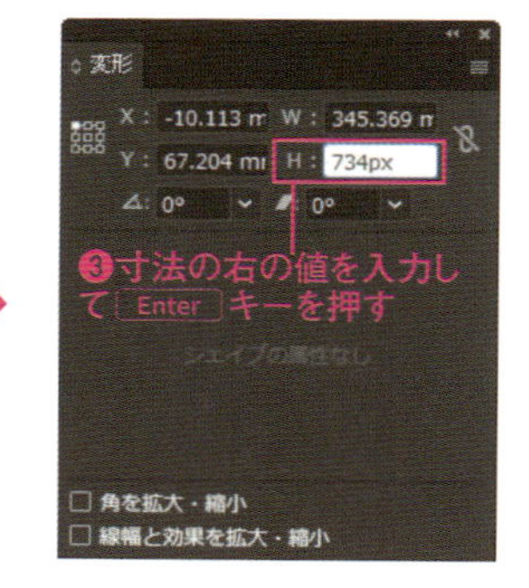

3 画像のサイズが画素数になるので、縦横比が1:1に戻ります❶。画像が大きくなった場合は、縦横比を保持して縮小してください。

POINT

最適なのは再配置

元画像がある場合は、再配置するのがもっとも確実な方法です。埋め込みによる配置画像も、埋め込みを解除して画像を取り出せば、再配置できます。

Macでは、キーは次のようになります。 Ctrl → ⌘ Alt → option Enter → return

185 画像の拡大・縮小率を100％に戻す

画像を拡大すると、解像度が不足して出力時に粗くなることがあります。リンクパネルの拡大・縮小の値から、100％のサイズに戻す方法を解説します。

第11章 ► 185 ► 185.ai、185.psd

1 サンプルファイル「185.ai」を開きます。選択ツールを選択して❶、画像オブジェクトを選択します❷。リンクパネルを開き、［拡大・縮小］の値を確認します（詳細情報はをクリックして展開表示してください）❸。縦横比は同じですが、「142.774％」に拡大されていることがわかります。

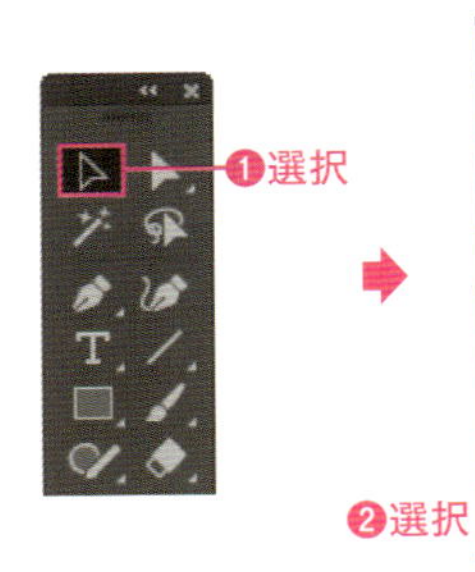

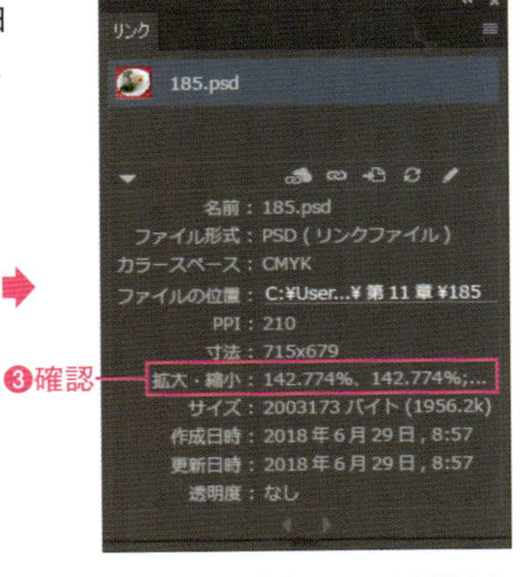

2 ツールパネルの拡大・縮小ツールのアイコンをダブルクリックします❶。［拡大・縮小］ダイアログボックスが表示されるので、［縦横比を固定］の数値として、「10000/リンクパネルの拡大・縮小率」（ここでは「10000/142.774」）と入力し❷、［OK］をクリックします❸。画像が100％サイズに戻り❹、リンクパネルの［拡大・縮小］の値も「100％、100％」になります❺。

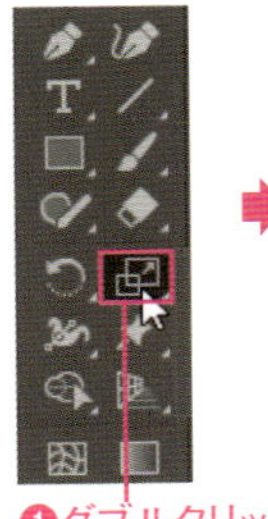

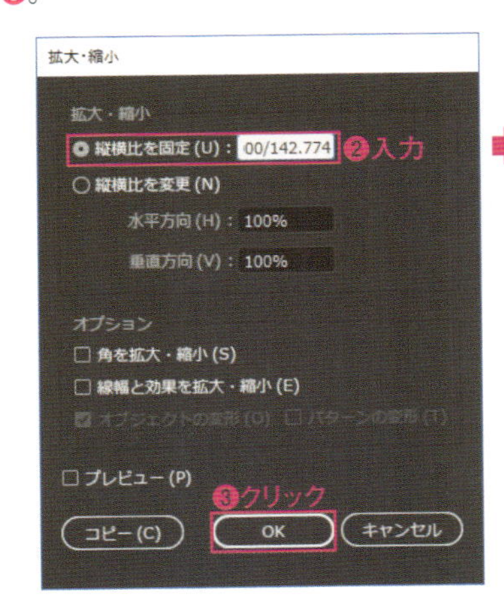

POINT
リンクと埋め込みの［拡大・縮小］の違い

リンクパネルの［拡大・縮小］は、リンクで配置した画像は、その画像の持つ解像度を基準に表示されます。埋め込みで配置した画像は、解像度［72ppi］を100％として表示されます。

POINT
端数が出たら再配置

理屈では上記方法で100％になりますが、端数がでるようなら、再配置してください。

第11章 画像

画像にPhotoshopの効果を適用する

186

Illustratorに配置した画像には、リンク、埋め込みを問わず、Photoshop効果を適用できます。Photoshopで利用している効果を、Illustratorでそのまま利用できるので、画像の外観を変えるのに便利な機能です。

第11章 ► 186 .ai

1 サンプルファイルを開きます。選択ツール を選択して❶、画像オブジェクトを選択します❷。［効果］メニュー→［効果ギャラリー］を選択します❸。

2 効果ギャラリーのダイアログボックスが表示されるので、左側のプレビューを見ながら、適用する効果を選択します❶。右側にオプションが表示されるので、必要に応じて設定し❷、［OK］をクリックします❸。

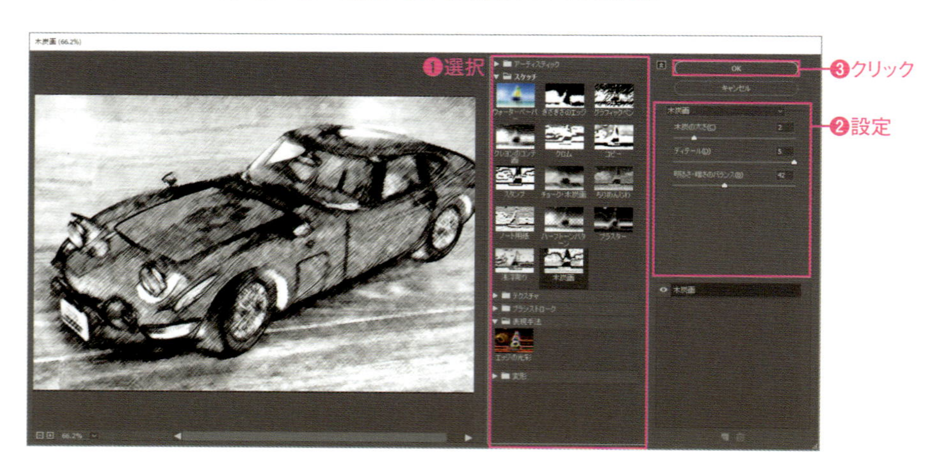

3 画像に効果が適用されます❶。［効果］なので、アピアランスパネルで、非表示にすることもできます❷。

ここでは画像に適用したが、Photoshop効果はパスオブジェクトにも適用可能

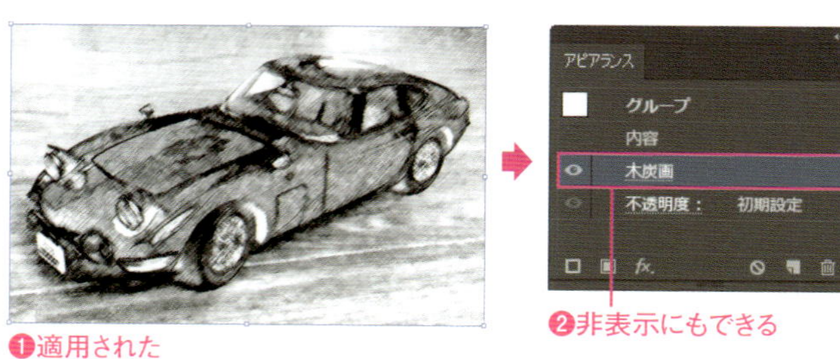

Macでは、キーは次のようになります。 Ctrl → ⌘ Alt → option Enter → return

187~201

第12章

アピアランスと効果

Illustratorでは、パスに対して一組の［塗り］と［線］にカラーを設定するのが基本ですが、アピアランスパネルで複数の［塗り］と［線］を追加できます。また、パスの見た目だけ変形する効果を使うことで、簡単な形のパスから複雑な見た目のオブジェクトを作成できます。本章ではアピアランスと効果について解説します。

アピアランスを理解する

187

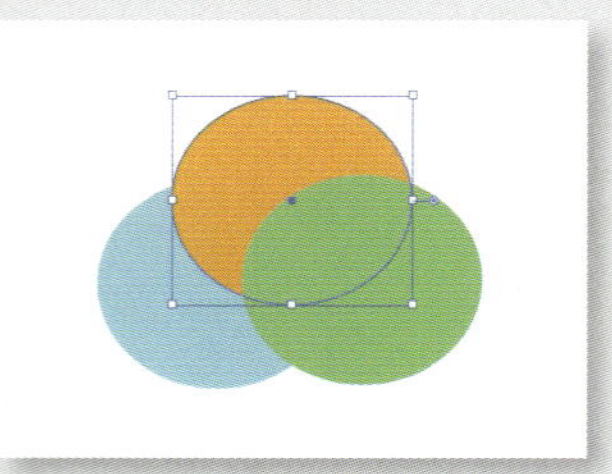

パスに対して設定された［塗り］や［線］の属性がアピアランスです。ひとつのパスに対して、複数のアピアランスを設定することができます。より効率的な作業を行うために、アピアランスの仕組みと構造を理解する必要があります。

第12章 ► 187.ai

1 サンプルファイルを開きます。選択ツールを選択し❶、長方形のオブジェクトを選択します❷。アピアランスパネルには、選択されているパスやオブジェクトに設定されている属性が項目としてリスト表示されます❸。初期設定のアピアランスでは、［塗り］と［線］の項目がひとつずつ用意されており、属性を追加したり、特定の属性のみに効果を設定することができます。

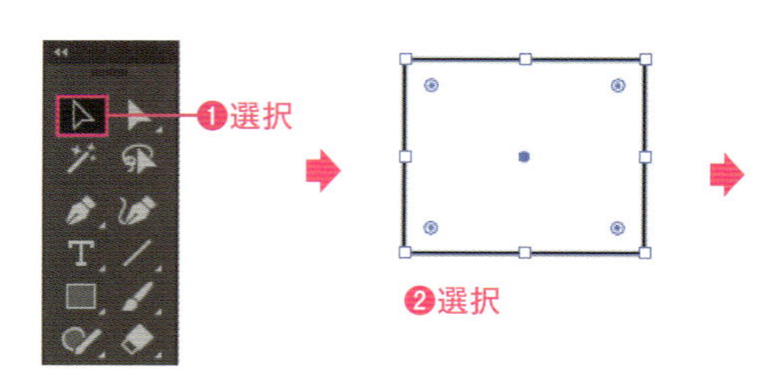

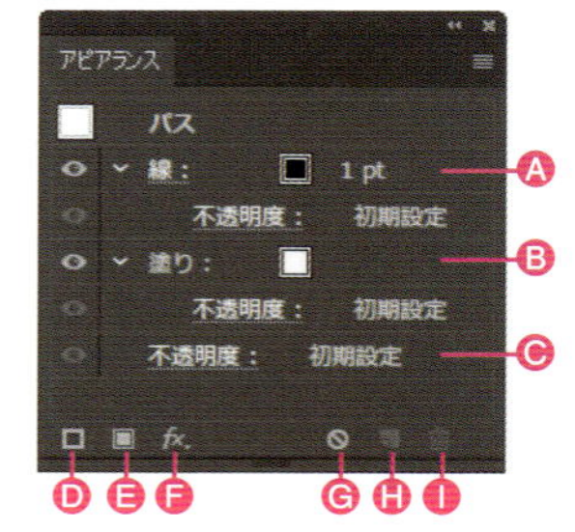

Ⓐ線属性
Ⓑ塗り属性
Ⓒ全体の不透明度
Ⓓ新規線を追加
Ⓔ新規塗りを追加
Ⓕ新規効果を追加
Ⓖアピアランスを消去
Ⓗ選択した項目を複製
Ⓘ選択した項目を削除

2 サンプルファイルの3つの楕円のオブジェクトをドラッグして囲んで選択します❶。選択されたパスはひとつですが、プレビュー上ではいくつかの円が重なっています❷。
これはオレンジの楕円のオブジェクトに、アピアランスパネルで［塗り］の属性を追加して、位置を移動しているためです❸。このように属性を追加したり効果を設定することで、実体のパスとは異なった形に変形することができます。

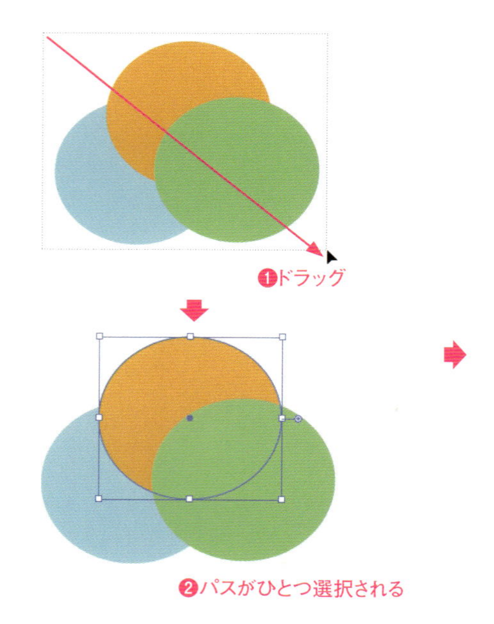

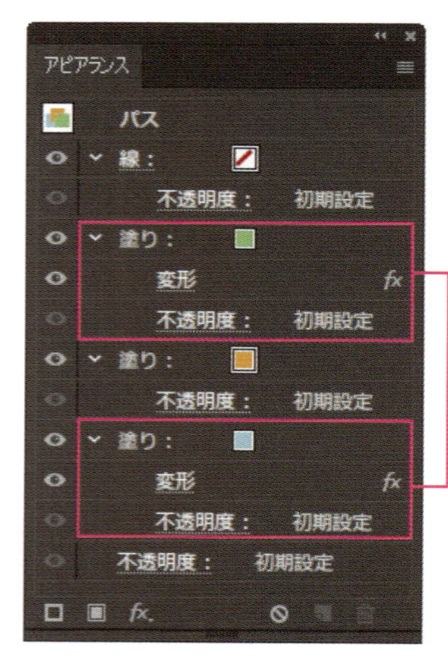

❸塗りを追加して位置を移動している

Macでは、キーは次のようになります。 Ctrl → ⌘ Alt → option Enter → return

3 アピアランスパネル内では、オブジェクトに設定された属性が項目としてリスト表示されています。それぞれの項目はマウスでドラッグすることによって❶、順番を入れ替えることができます。ここでは、水色の［塗り］を移動します。項目は、下にあるものから上に重ねられるため、順番を入れ替えることで、プレビューの内容も変わります❷。

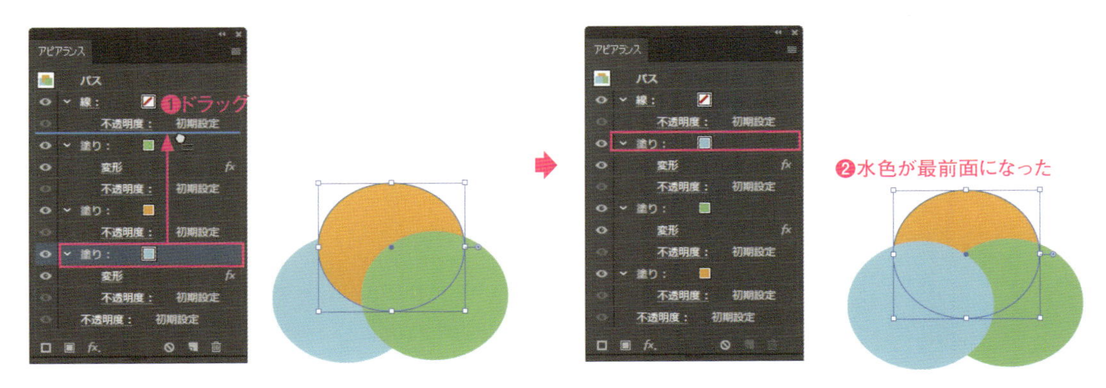

4 アピアランスパネルの［クリックで表示を切り替え］をクリックすると❶、その項目を非表示にできます。再度クリックすると、元に戻ります❷。

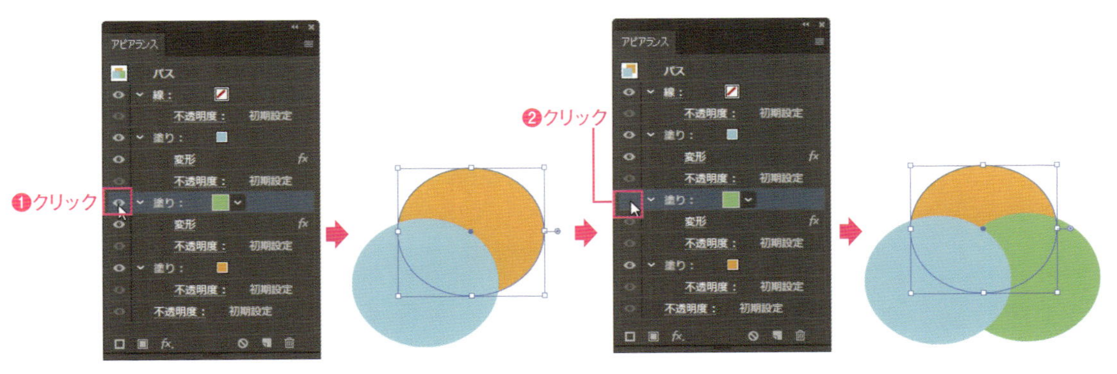

5 アピアランスパネルでは、属性に適用された効果メニューの名称が表示されています。この名称をクリックすると❶、効果を適用したときのダイアログボックスが表示され❷、設定を変更できます（ここでは変更せず［キャンセル］をクリック❸）。

6 ［アピアランスを消去］をクリックすると❶、すべてのアピアランスが消去され、［塗り］と［線］の項目がひとつずつ（どちらも設定は「なし」）になります❷。

1 サンプルファイルを開き、選択ツール を選択します❶。直線のパスを選択します❷。アピアランスパネルの［新規線を追加］ をクリックします❸。見た目には変わりありませんが、アピアランスパネルに［線］項目が追加されます❹。

2 下にある［線］の項目を選択し❶、線幅の をクリックして❷、「10pt」に設定します❸。線幅が10ptになります❹。

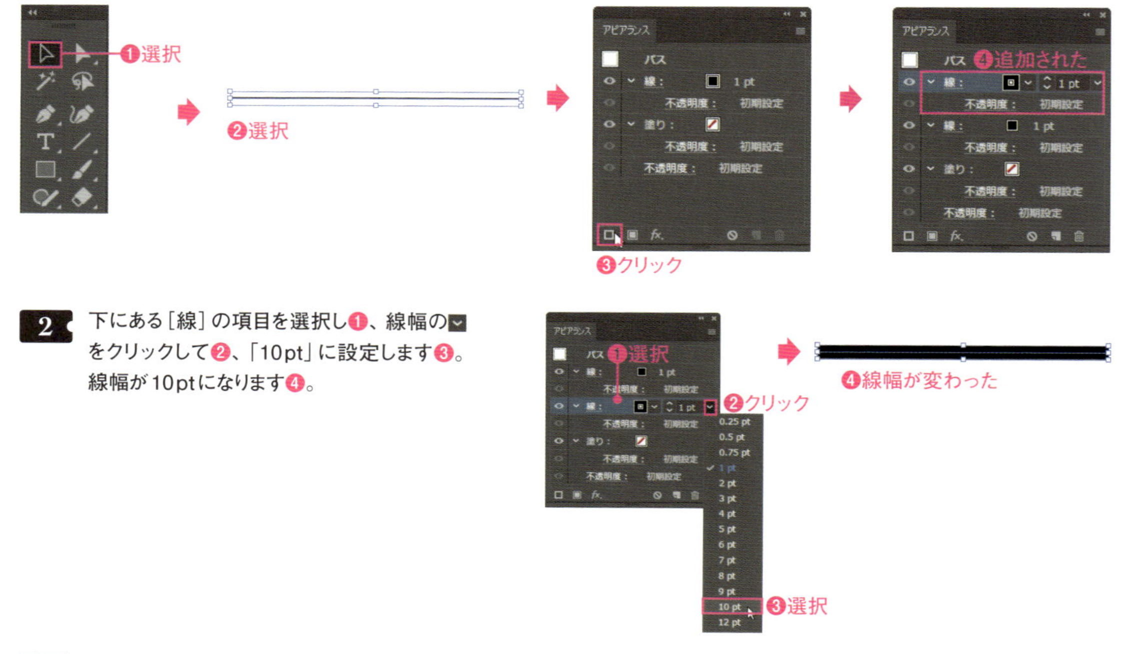

3 上にある［線］の項目を選択し❶、カラーボックスをクリックして❷、表示されたスウォッチパネルで「ホワイト」を選択します❸。線パネルで、［線幅］を「6pt」❹、［破線］にチェックを付けます❺。地図でよくみかける路線図のラインを描くことができます❻。

Macでは、キーは次のようになります。 Ctrl → ⌘ Alt → option Enter → return

189 個別に効果を設定する

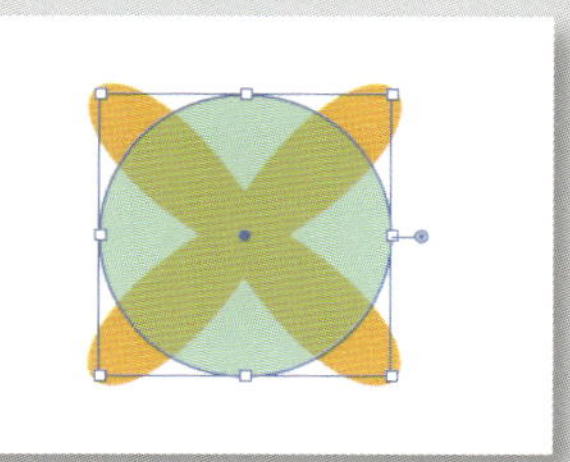

アピアランスパネルでは、個別の項目に効果を設定することができます。たとえば［塗り］項目をふたつ用意し、それぞれに異なる効果を設定することで、オブジェクトが重なっているように見せることができます。

第12章 ► 189.ai

1 サンプルファイルを開き、選択ツール をを選択します❶。楕円形のオブジェクトを選択します❷。アピアランスパネルで［新規塗りを追加］ をクリックします❸。見た目には変わりありませんが、［塗り］項目が追加されます❹。

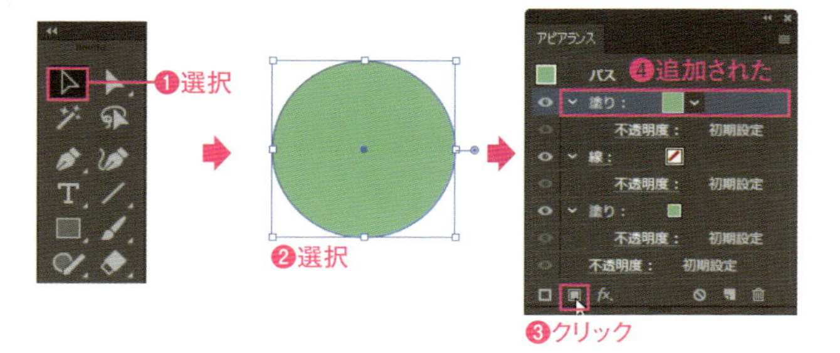

2 下にある［塗り］項目を選択し❶、カラーボックスをクリックして表示されたスウォッチパネルから任意の色に変更します❷。［新規効果を追加］ をクリックすると❸、プルダウンメニューが表示されるので［パスの変形］→［パンク・膨張］を選びます❹。［パンク・膨張］ダイアログボックスが開いたら、数値を指定し（ここでは「70％」）❺、［OK］ボタンをクリックします❻。下の［塗り］だけが変形しました❼。アピアランスパネルには適用した効果の名称が表示されます❽。

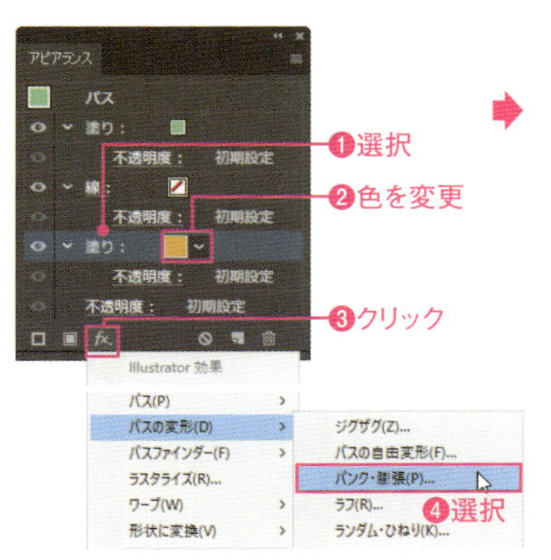

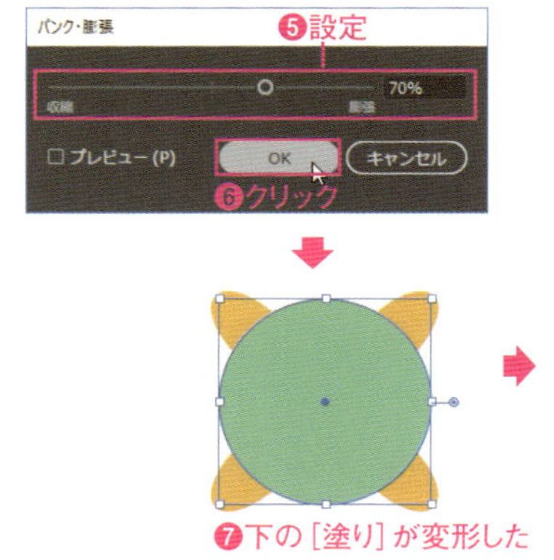

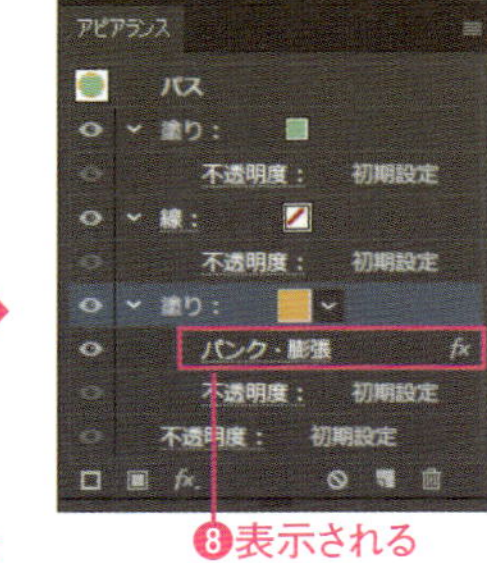

3 上にある［塗り］の項目の［不透明度］をクリックします❶。透明パネルが開くので、［不透明度］を「50％」に設定します❷。前面の［塗り］が半透明になり、背面が透けて見えるようになります❸。このように、［アピアランス］では、それぞれの属性に対して効果やカラーなどを設定することができます。

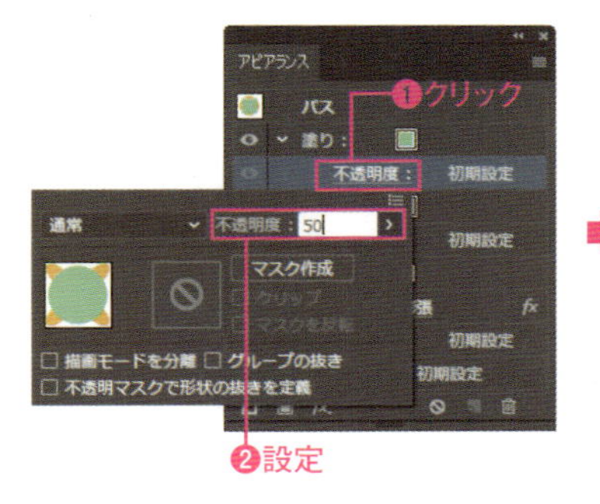

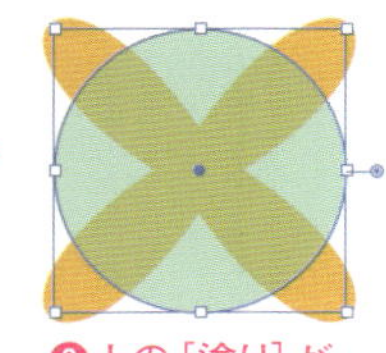

190 グラフィックスタイルとして登録する

オブジェクトに設定したアピアランス情報は、グラフィックスタイルとして保存しておくことができます。グラフィックスタイルとして保存しておくことで、アピアランスをほかのオブジェクトへ簡単に適用することができます。

1 サンプルファイルを開き、選択ツール▷を選択します❶。円形のオブジェクトを選択します❷。このオブジェクトには、[ドロップシャドウ] 効果が適用されています。

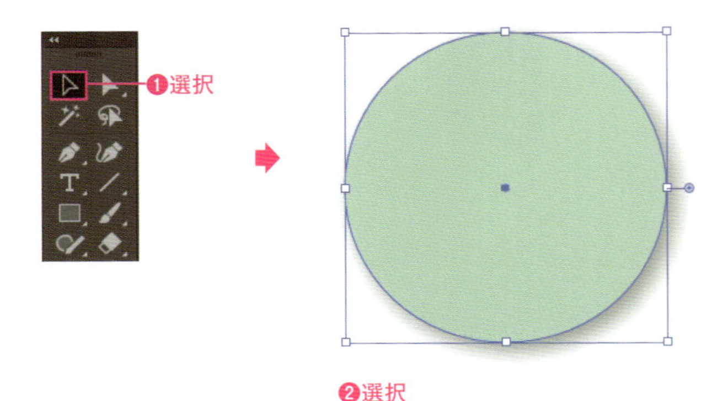

2 グラフィックスタイルパネルの [新規グラフィックスタイル] をクリックします❶。選択したオブジェクトのアピアランスが、グラフィックスタイルパネルに登録されます❷。

3 長方形のオブジェクトを選択します❶。グラフィックスタイルパネルで、登録したグラフィックスタイルをクリックします❷。グラフィックスタイルが適用され❸、円のオブジェクトと同じアピアランスになります。

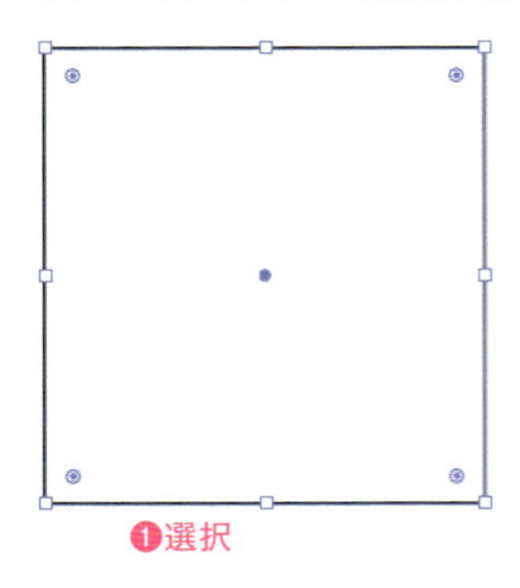

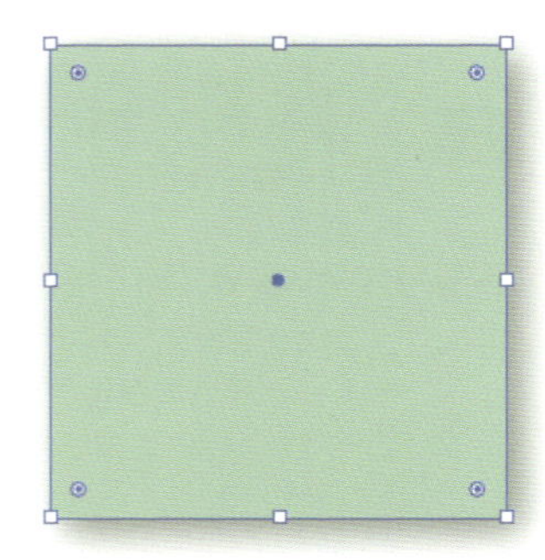

Macでは、キーは次のようになります。 Ctrl → ⌘ Alt → option Enter → return

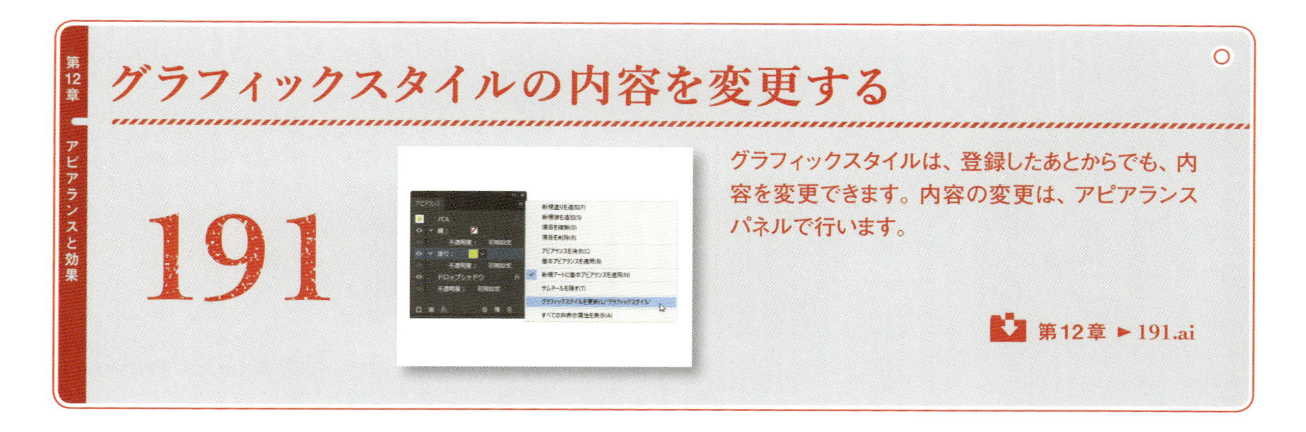

191 グラフィックスタイルの内容を変更する

グラフィックスタイルは、登録したあとからでも、内容を変更できます。内容の変更は、アピアランスパネルで行います。

第12章 ► 191.ai

1 サンプルファイルを開きます❶。円のオブジェクトには、グラフィックスタイルが適用されています。選択する必要はありません。

2 グラフィックスタイルパネルを開き、更新の対象となるグラフィックスタイルを選択します❶。

3 アピアランスパネルを開き、[塗り] や [効果] の追加など、アピアランスの再設定を行います。ここでは、[塗り] の項目を選択し❶、カラーボックスをクリックして❷、表示されたスウォッチパネルで色を変更します❸。

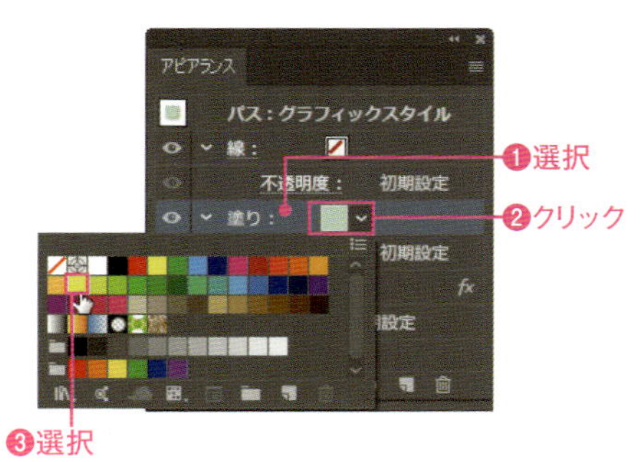

4 アピアランスパネルメニューから [グラフィックスタイルを更新] を選択します❶。

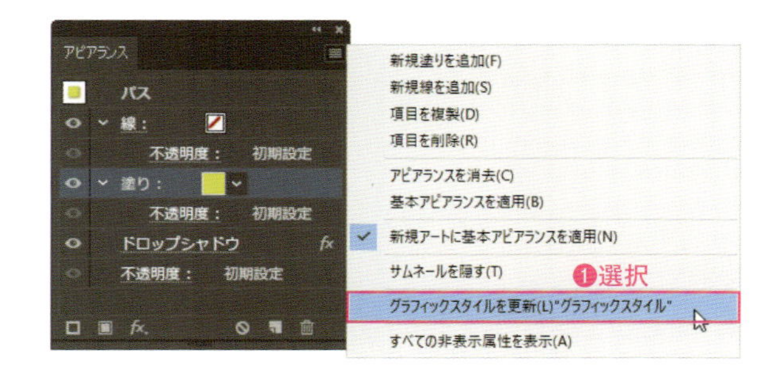

5 グラフィックスタイルパネルのアイコンの色が変わりました❶。また、このグラフィックスタイルを適用している円のオブジェクトの色も自動で更新されます❷。

192 パスの形状を変更する効果を覚える

[効果] メニューの中には、パスの形を変更するコマンドが用意されています。アピアランスとうまく組み合わせることで、丸で囲んだ数字などを表現することができます。

第12章 ► 192.ai

1 サンプルファイルを開き、選択ツール▷を選択し❶、テキストオブジェクトを選択します❷。アピアランスパネルで [新規塗りを追加] ■をクリックします❸。[塗り] と [線の] 項目が追加されます❹。

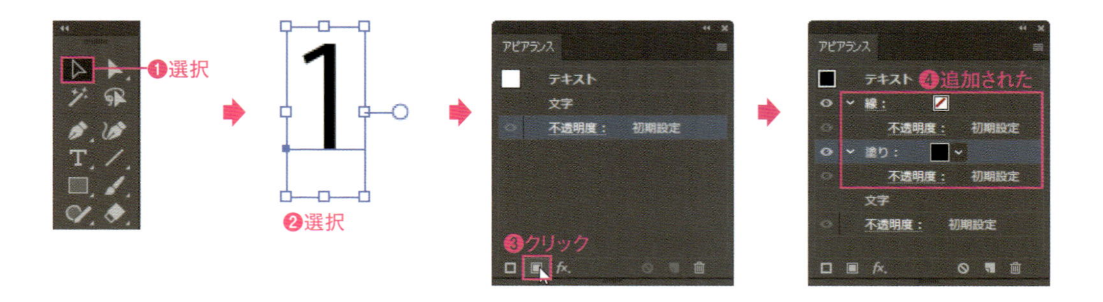

2 追加された [塗り] 項目を選択し❶、カラーボックスをクリックし❷、表示されたスウォッチパネルで色を変更します❸。文字の色が変わりました❹。

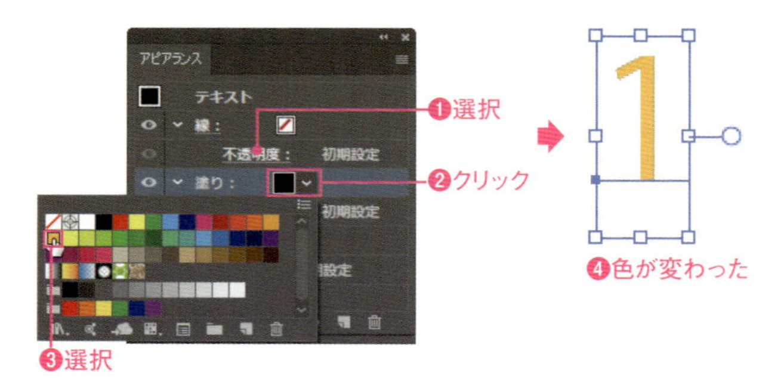

3 この状態では、文字が [塗り] の背面に隠れてしまっているので、[文字] の項目をドラッグして❶、一番上に配置します❷。文字の元の色が前面になり黒になります❸。

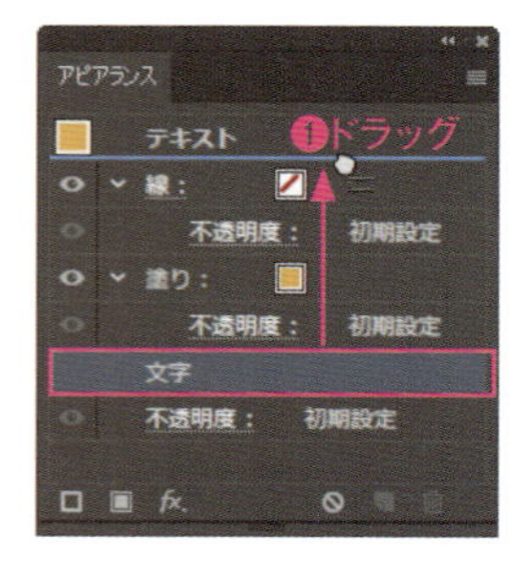

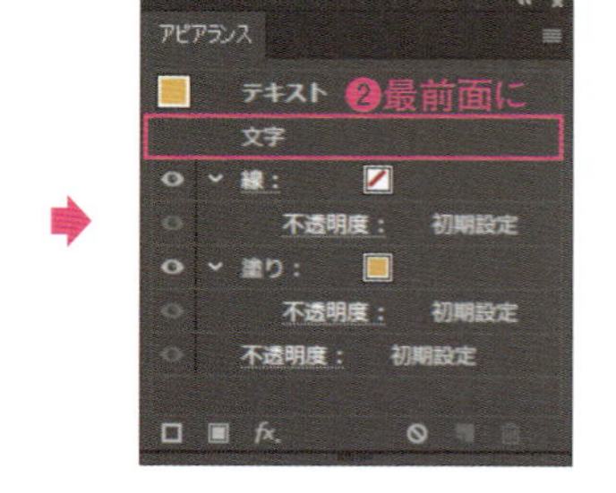

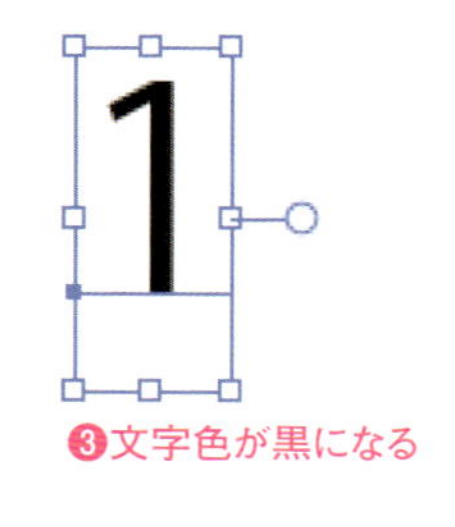

Macでは、キーは次のようになります。 Ctrl → ⌘ Alt → option Enter → return

4 [塗り] 項目を選択し❶、[新規効果を追加] をクリックします❷。表示されたメニューから [形状に変換] → [楕円形] を選びます❸。[形状オプション] ダイアログボックスが表示されるので、[値を指定] を選択し❹、数字が楕円形に収まるよう数値 (ここでは [幅] と [高さ] を「20mm」) を設定します❺。[OK] をクリックすると❻、背面の [塗り] が円で表示されます❼。

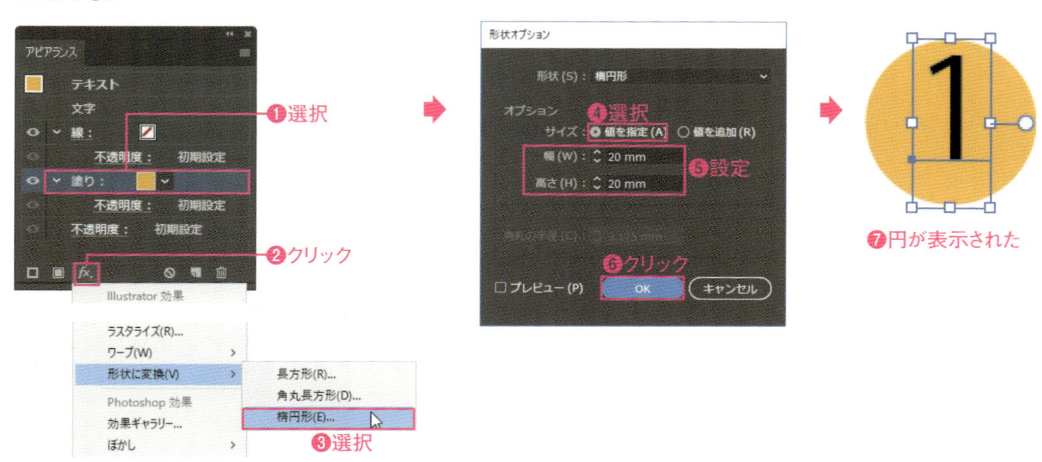

5 [塗り] 項目を選択し❶、再度 [新規効果を追加] をクリックします❷。表示されたメニューから [パスの変形] → [変形] を選びます❸。[変形効果] ダイアログボックスで、テキストが円の中央に配置されるように [垂直方向] の数値を調整し (ここでは「-2mm」) ❹、[OK] をクリックします❺。テキストが円の中央になるように円が移動しました❻。

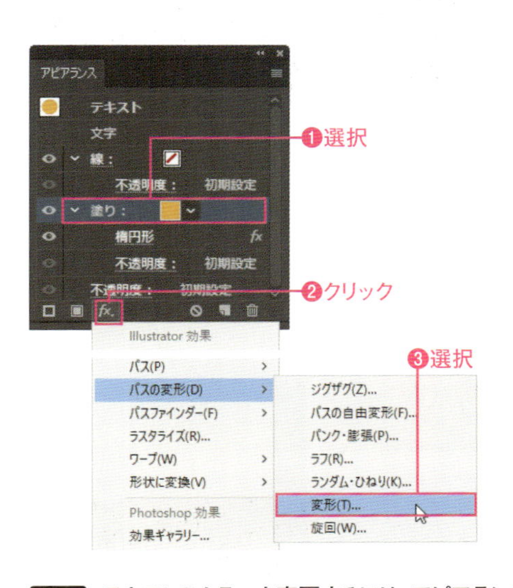

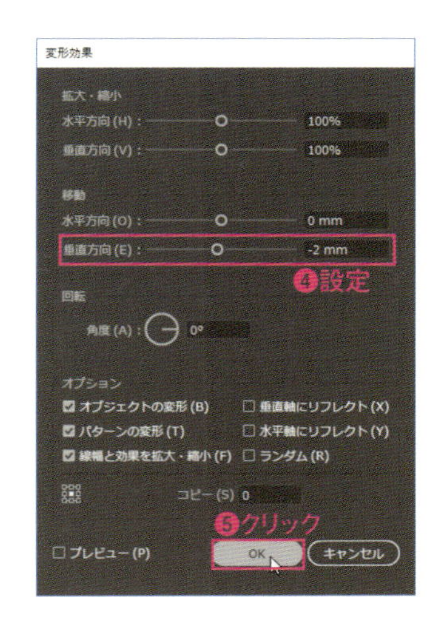

6 テキストのカラーを変更するには、アピアランスの [文字] をダブルクリックします❶。テキストに設定されている [線] と [塗り] のアピアランスが表示されるので、[塗り] 項目を選択し❷、カラーボックスをクリックして❸、色を「ホワイト」に変更します❹。選択を解除して、文字色が変わったことを確認します❺。

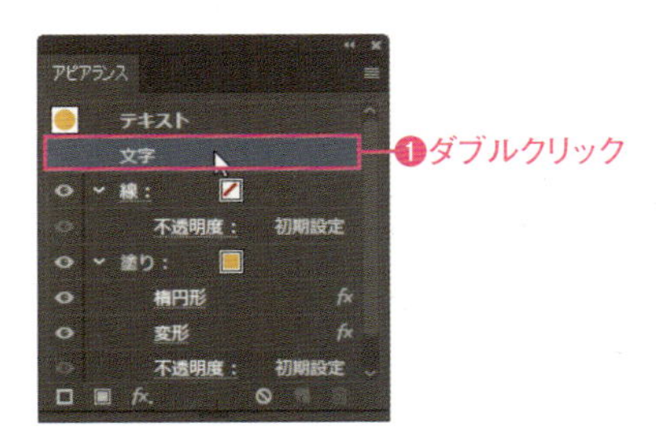

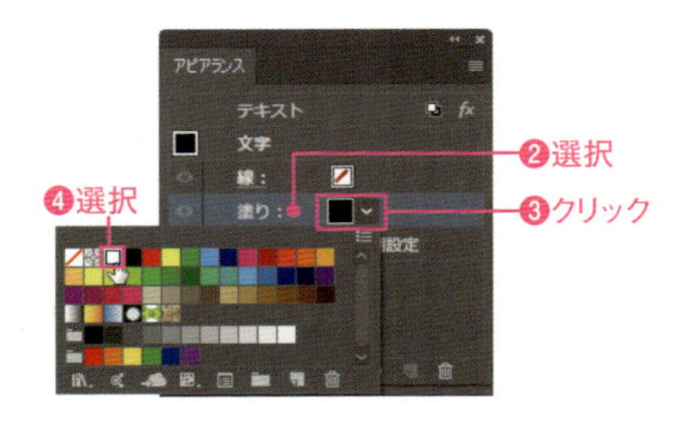

193 輪郭をぼかす

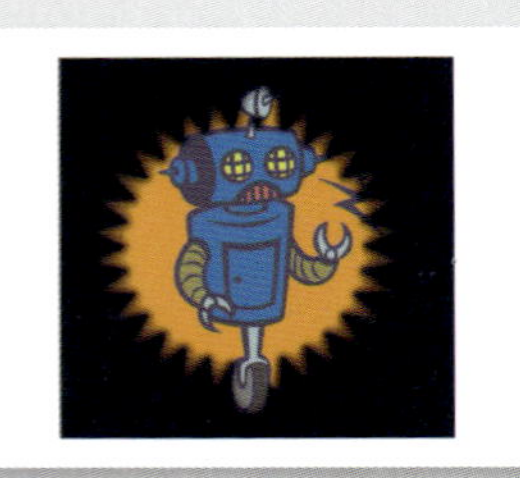

オブジェクトの輪郭をぼかすことで、光の演出を表現することができます。また、背景と溶け込ませる表現をするのにも効果的です。

第12章 ► 193.ai

1 サンプルファイルを開き、選択ツール を選択します❶。長方形の内側のオブジェクトすべてを選択します❷。

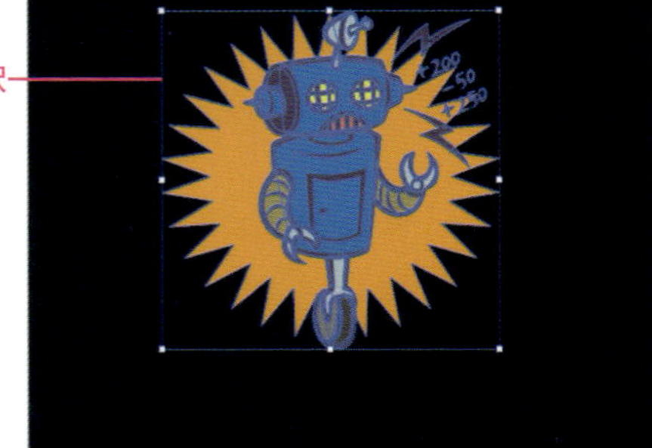

2 [効果] メニュー→ [スタイライズ] → [ぼかし] を選択します❶。[ぼかし] ダイアログボックスが表示されるので、[プレビュー] にチェックを付け❷、プレビューを見ながら任意の数値を入力し❸、[OK] をクリックします❹。選択したオブジェクトの境界部分にぼかしが適用されました❺。

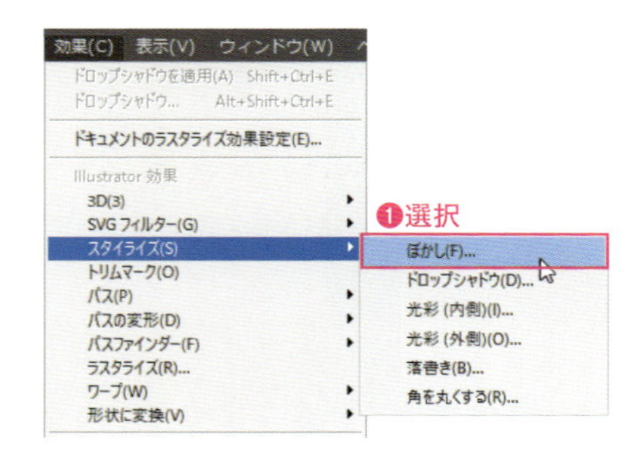

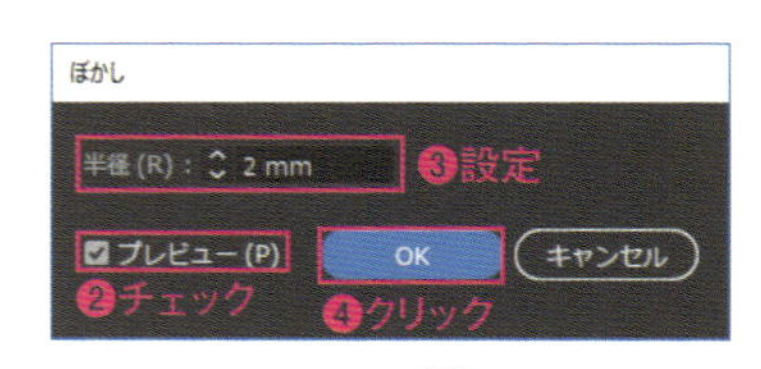

❺境界部分にぼかしが適用された

Point

複数のパスで構成されているオブジェクトでも、[ぼかし] 効果は輪郭にのみ適用されるので、背景のあるアートワークとの合成に効果的です。

Mac では、キーは次のようになります。 Ctrl → ⌘ Alt → option Enter → return

194 ドロップシャドウを適用する

ドロップシャドウはオブジェクトに対して、影を追加する効果です。ぼかしのついた影や輪郭がはっきりとした影など、パラメーターを調整することでさまざまな表現の影を追加することができます。

1 サンプルファイルを開き、選択ツール を選択します❶。外側の板のオブジェクトを選択します❷。

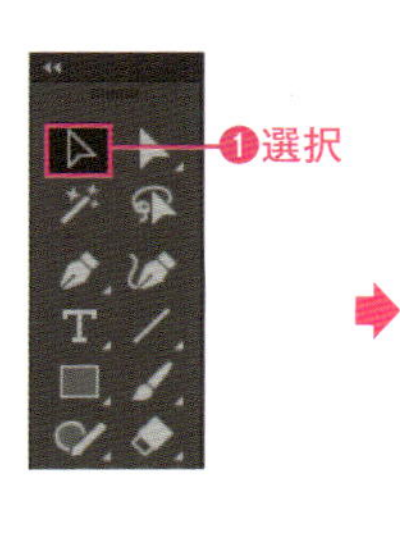

2 ［効果］メニュー→［スタイライズ］→［ドロップシャドウ］を選択します❶。［ドロップシャドウ］ダイアログボックスが表示されるので、［プレビュー］にチェックを付け❷、プレビューを見ながら任意の数値を入力し❸、［OK］をクリックします❹。選択したオブジェクトの境界部分にぼかしが適用されました❺。

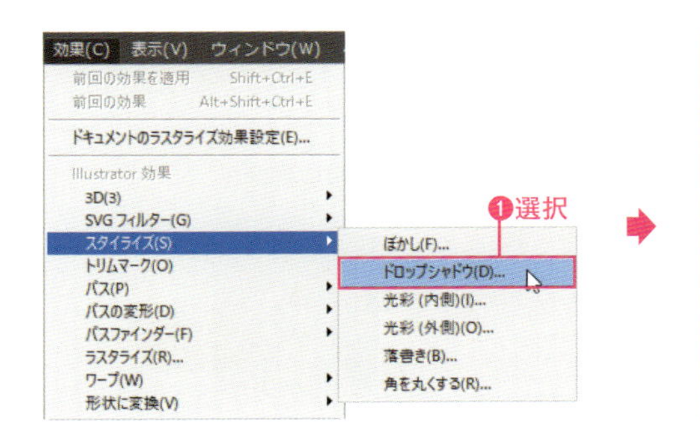

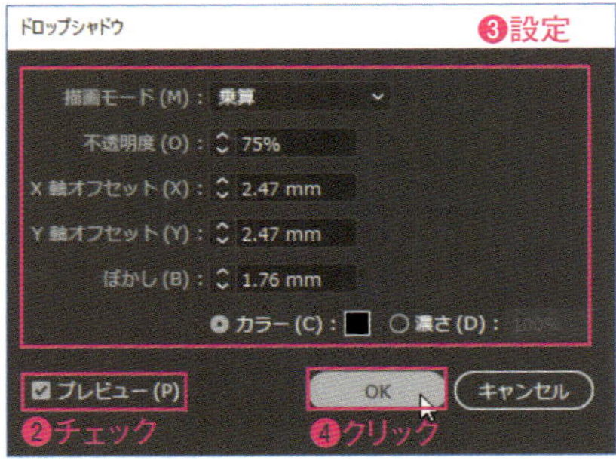

❺ドロップシャドウが適用された

POINT

［ドロップシャドウ］ダイアログボックスの設定

描画：　影の描画モードを設定
不透明度：　影の不透明度を設定
X軸オフセット：　影とオブジェクトとの水平距離
Y軸オフセット：　影とオブジェクトとの垂直距離
ぼかし：　影のぼかしの幅
カラー：　影の色

195 オブジェクトの外側に光彩を付ける

オブジェクトの外側にぼかしを追加するテクニックは、背景に写真やパターンなどを配置しているケースで、テキストを読みやすくするためによく利用されます。

第12章 ▶ 195.ai

1 サンプルファイルを開き、選択ツール を選択します❶。画像オブジェクトの上のテキストオブジェクトを選択します❷。

サンプルファイルのテキストオブジェクトはアウトライン化されている

2 ［効果］メニュー→［スタイライズ］→［光彩（外側）］を選択します❶。［光彩（外側）］ダイアログボックスが表示されるので、［プレビュー］にチェックを付け❷、プレビューを見ながら、カラーボックスをクリックして画像に合った光彩のカラーを設定します❸。場合によっては［不透明度］や［描画モード］も変更してテキストが読みやすくなるよう調整し❹、［OK］をクリックします❺。選択した文字の境界部分の外側に光彩が適用されました❻。

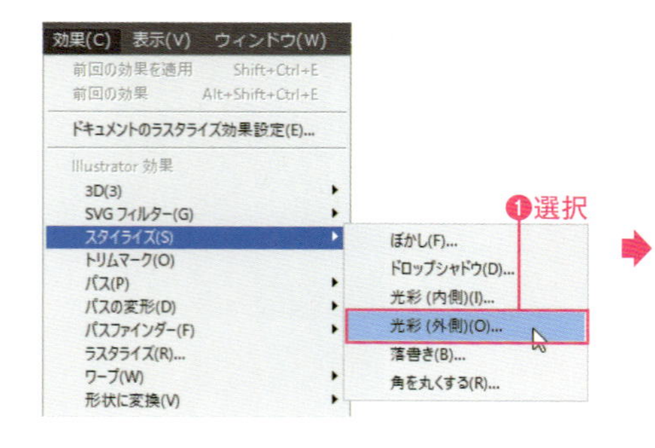

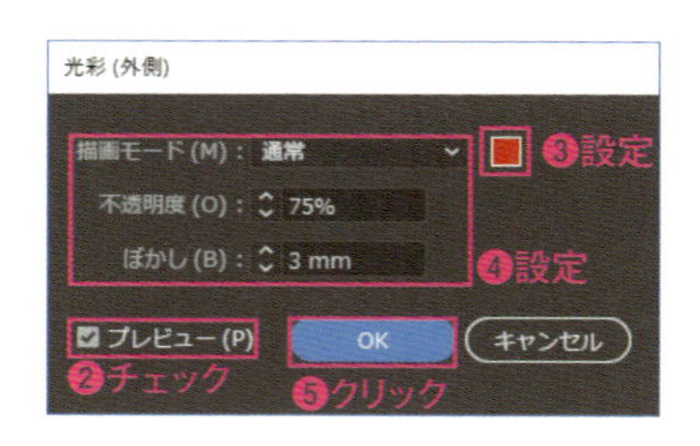

❻光彩（外側）が適用された

196 手描き風に変形する

効果の中には、ロゴやイラストの作成に役立つエフェクトがいくつもあります。［落書き］効果もそのひとつで、ペンツールなどで描いたオブジェクトを手描き風に変換するコマンドです。

1 サンプルファイルを開き、選択ツールを選択します❶。オブジェクト全体を選択します❷。

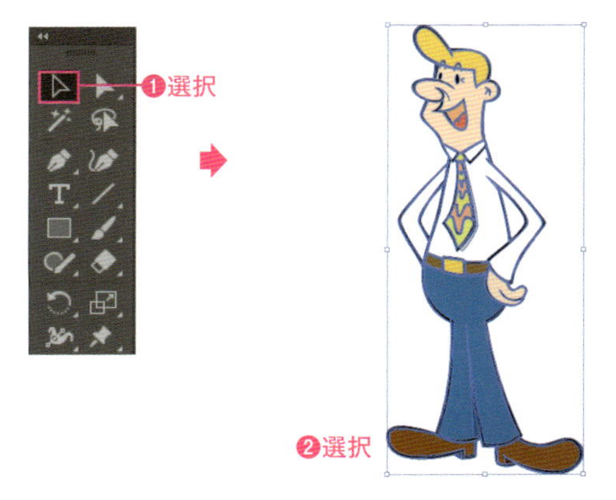

2 ［効果］メニュー→［スタイライズ］→［落書き］を選択します❶。［落書きオプション］ダイアログボックスが表示されるので、［プレビュー］にチェックを付け❷、プレビューを見ながらオブジェクトにあったパラメーターを設定します❸。［変位］のパラメーターを設定するとランダムの数値が加わり、より手描き感が増します。設定したら［OK］をクリックします❹。［落書き］効果が適用されました❺。

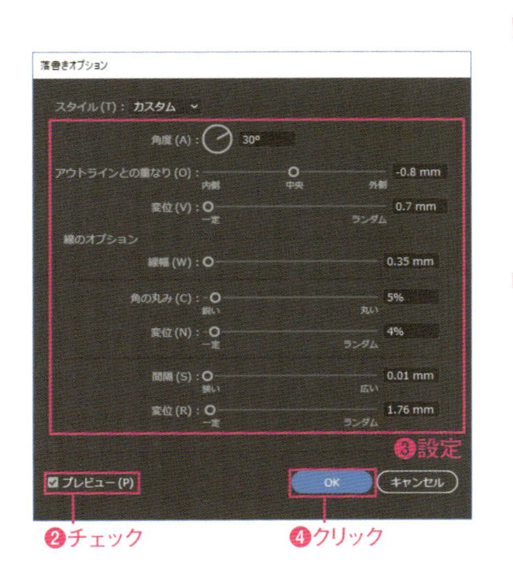

197 立体的に見せる

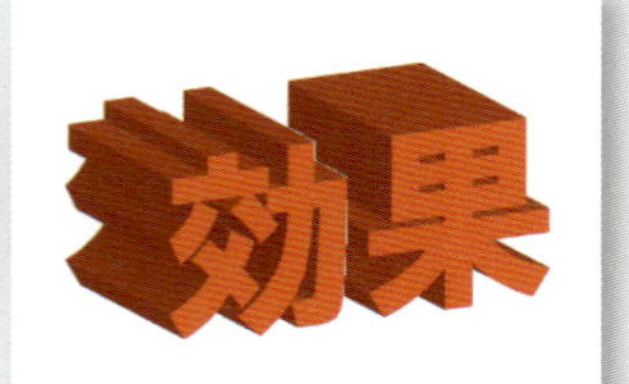

3D効果では、平面にデザインされたオブジェクトを3Dモデルとして作成し、角度やマッピングなど、詳細な設定を行うことができる機能です。ロゴの作成や商品サンプルなどを作るのに効果的です。

第12章 ► 197.ai

1 サンプルファイルを開き、選択ツールを選択します❶。テキストオブジェクトを選択し❷、[効果]メニュー→[3D]→[押し出し・ベベル]を選択します❸。

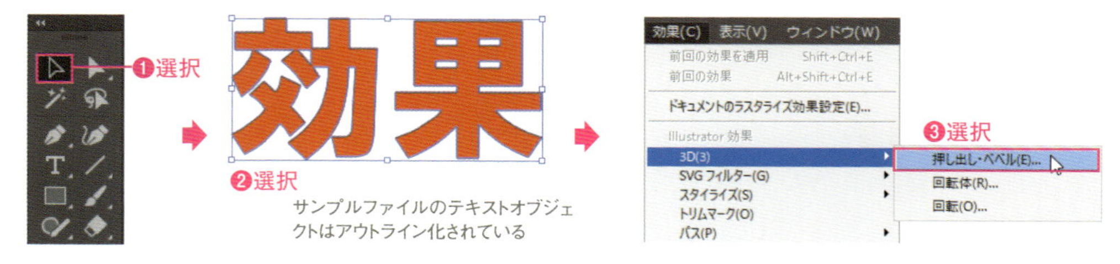

2 [3D 押し出し・ベベルオプション]ダイアログボックスが表示されます。[プレビュー]にチェックを付け❶、プレビュー表示します❷。左上に表示された立方体をドラッグすると❸、オブジェクトの見える角度を変更できます❹。

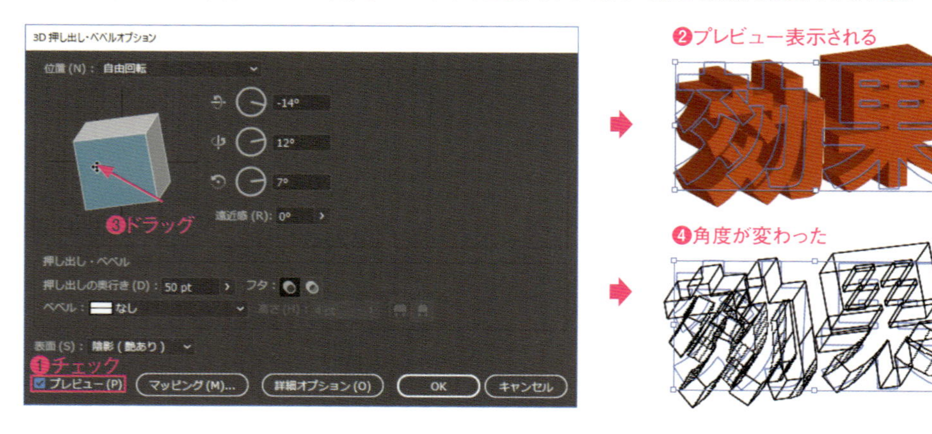

3 [位置]を[オフアクシス法ー前面]に設定して初期状態に戻します❶。[押し出しの奥行き]に任意の数値を入力します(ここでは「100pt」)❷。立体の奥行きが変わりました❸。数値が大きいほど、奥行きのある立体を作成できます。

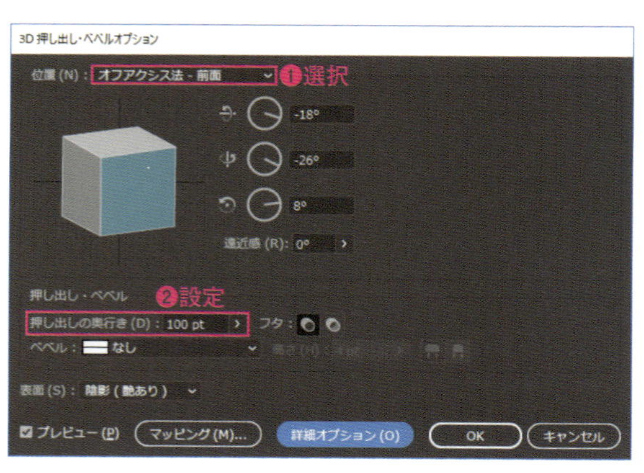

Macでは、キーは次のようになります。 Ctrl → ⌘ Alt → option Enter → return

4 ［表面］では、モデルのタイプを指定できます。［陰影］では、光の反射を含めた立体化を行います。［ワイヤーフレーム］に変更してみましょう❶。表面処理を行わず、線画で立体物が表現されます❷。再度［陰影（艶あり）］を選択して❸、表示を戻し❹、［詳細オプション］をクリックします❺。

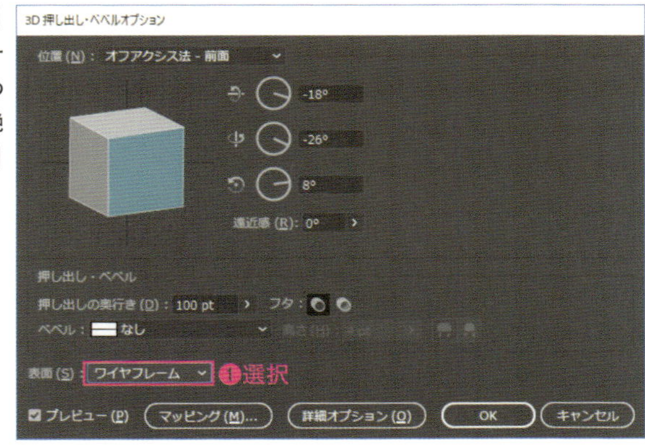

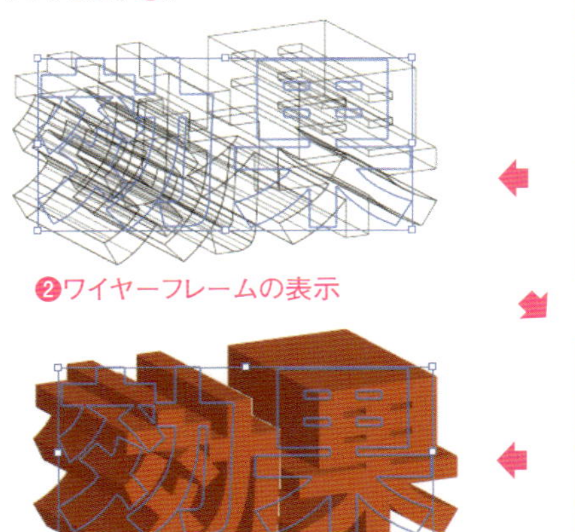
❷ワイヤーフレームの表示

❹［陰影（艶あり）］の表示

5 ダイアログボックス下部に光源の設定に関する項目が表示されます❶。［新規ライト］をクリックすると❷、光源を追加できます。球体に表示された光源のポイントをマウスで動かすことによって、光源の当たる場所を変更できます❸。［OK］をクリックして❹、設定を終わります。選択を解除して、立体を確認します❺。

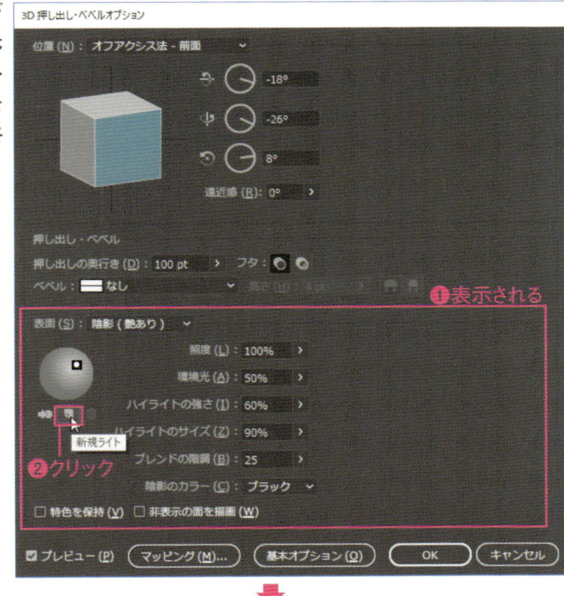

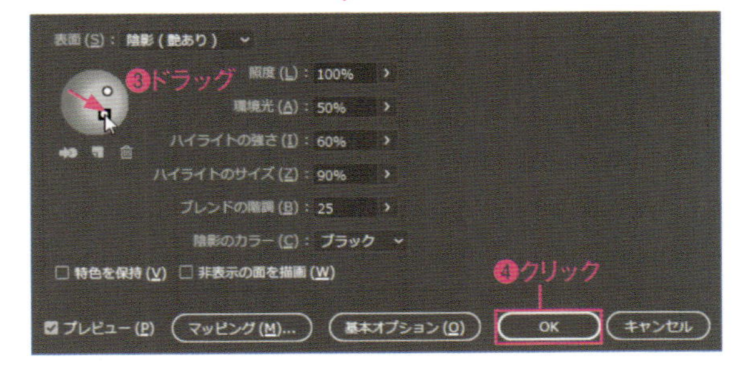

❺選択解除

198 瓶などの立体を作る

3D効果の［回転］を使うと、回転軸を中心として平面のオブジェクトを回転させて、立体物を作成することができます。瓶などの立体物を作成するのに効果的です。

第12章 ► 198.ai

1 サンプルファイルを開き、選択ツール を選択します❶。オブジェクトを選択し❷、［効果］メニュー→［3D］→［回転体］を選択します❸。

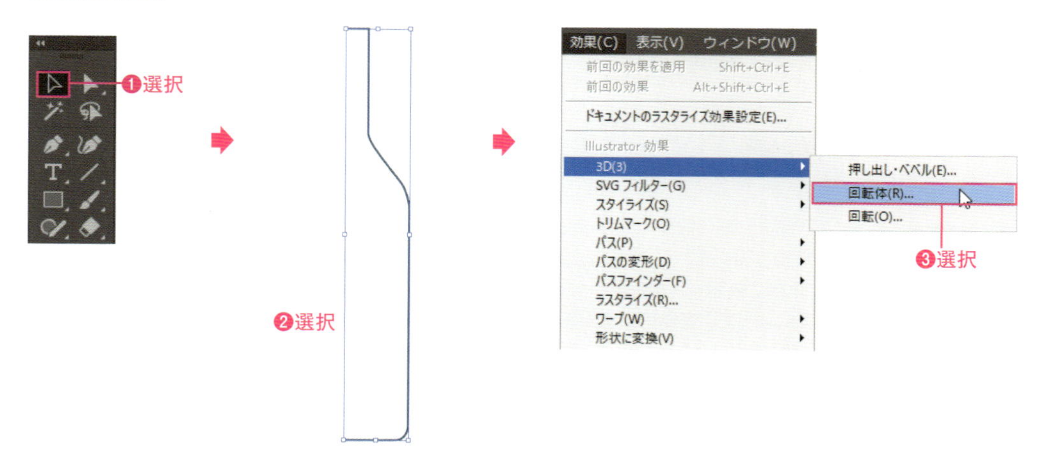

2 ［3D回転体オプション］ダイアログボックスが表示されます。［プレビュー］にチェックを付け❶、プレビュー表示します❷。左上に表示された立方体をドラッグすると、オブジェクトの見える角度を変更できるので試してください。［位置］を［オフアクシス法ー前面］に設定すると初期状態に戻ります

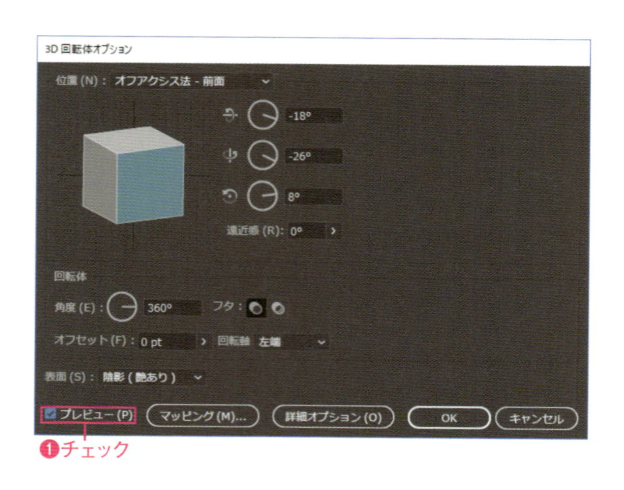

Macでは、キーは次のようになります。 Ctrl → ⌘ Alt → option Enter → return

3 ［角度］を「180°」に設定し❶、［表面］を［ワイヤーフレーム］に変更します❷。［角度］は、回転軸を中心として、回転させる角度の設定です。「180°」を設定すると半分だけ回転させた立体物になります❸。

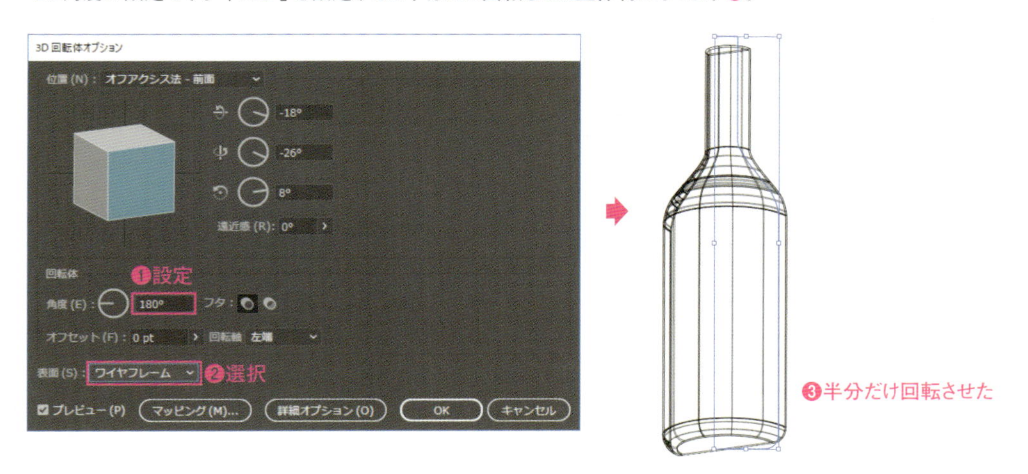

4 ［角度］を「360°」に戻し❶、［表面］を［陰影（艶あり）］に変更します❷。［回転軸］を［右端］に変更します❸❹。［回転軸］は、回転の中心となる軸をオブジェクトの左右どちらにするかを設定します（確認したら［左端］に戻す）。［詳細オプション］をクリックします❺。

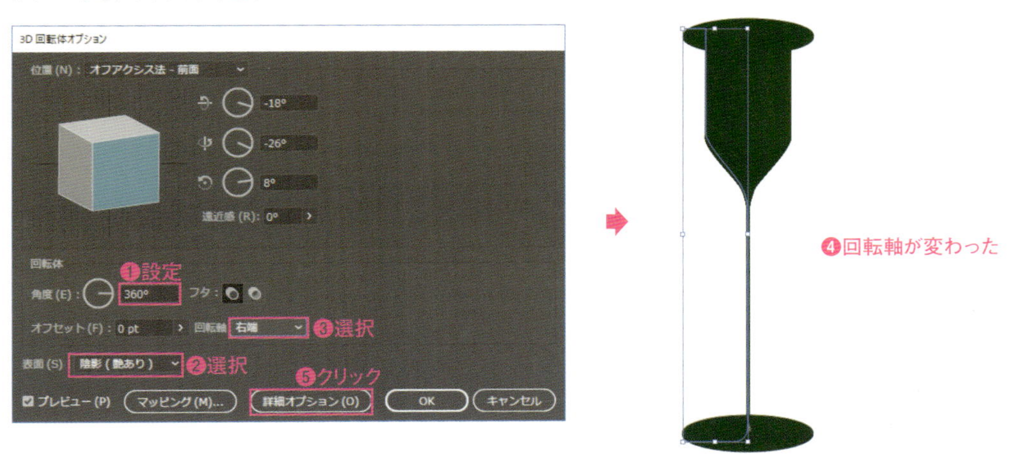

5 ダイアログボックス下部に光源の設定に関する項目が表示されます❶。球体に表示された光源のポイントをマウスで動かして❷、プレビューで光のハイライト部分が変わることを確認します。［OK］をクリックして❸、設定を終わります。光の当たり方が変わりました❹。

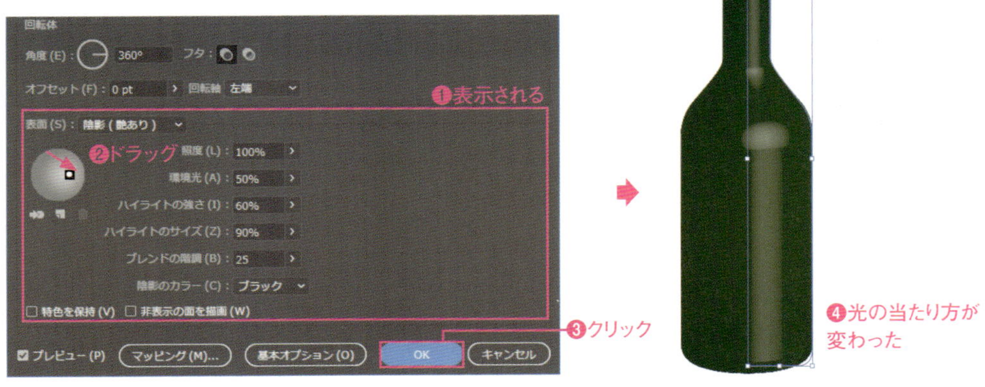

199 立体の表面にアートワークを貼る

3D効果によって作成した立体物の表面に平面のオブジェクトを貼ることができます。商品のサンプルイメージの作成などに役立つ機能です。立体物にオブジェクトを貼り付けるには、オブジェクトがシンボル化されている必要があります。

第12章 ► 199.ai

1 サンプルファイルを開き、選択ツール を選択します❶。右側の男性の顔のグループオブジェクトを選択し❷、シンボルパネルで、[新規シンボル] をクリックします❸。[シンボルオプション] ダイアログボックスが表示されるので、[名前] に「ラベル」と入力し❹、[スタティックシンボル] を選択して❺、[OK] をクリックします❻。シンボルパネルに登録されます❼。

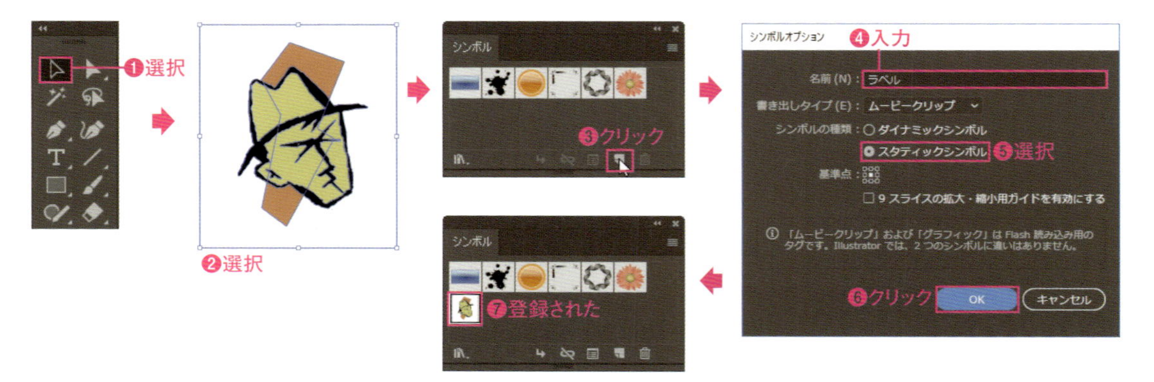

2 左側の瓶のオブジェクトを選択し❶、アピアランスパネルの [3D回転体] をクリックします❷。[3D回転体オプション] ダイアログボックスが表示されるので、[プレビュー] にチェックを付け❸、[マッピング] をクリックします❹。

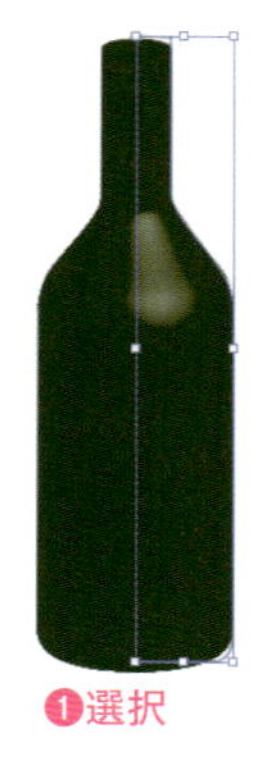

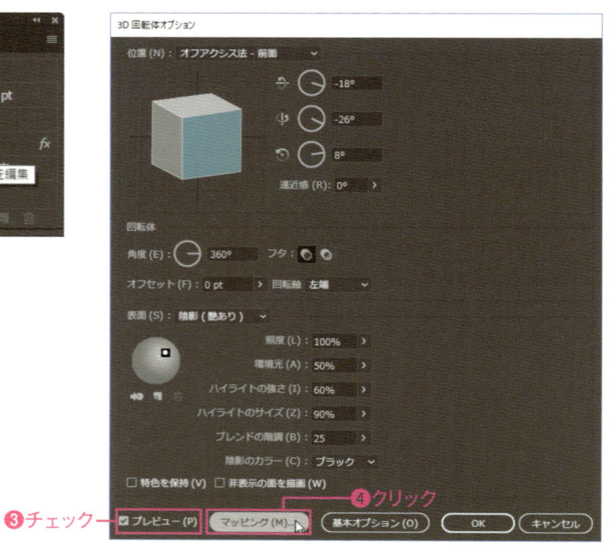

Macでは、キーは次のようになります。 Ctrl → ⌘ Alt → option Enter → return

3 ［アートをマップ］ダイアログボックスが表示されるので、［プレビュー］にチェックを付け❶、プレビューを見ながら❷、上部の［表面］の▶や◀をクリックしラベルを貼る面を選択します（ここでは「10/12」）❸。

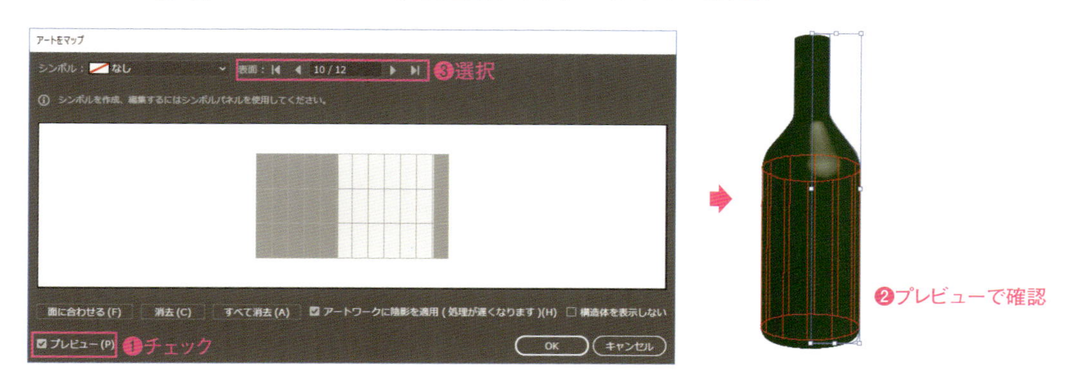

4 ［シンボル］に「ラベル」を選択します❶。選択したシンボルが表示されます❷。ハンドルを Shift キーを押しながらドラッグしてサイズを調整し❸、位置も調整します❹。展開図の明るい部分が立体の正面になります。

プレビューで確認して❺、［OK］をクリックします❻。

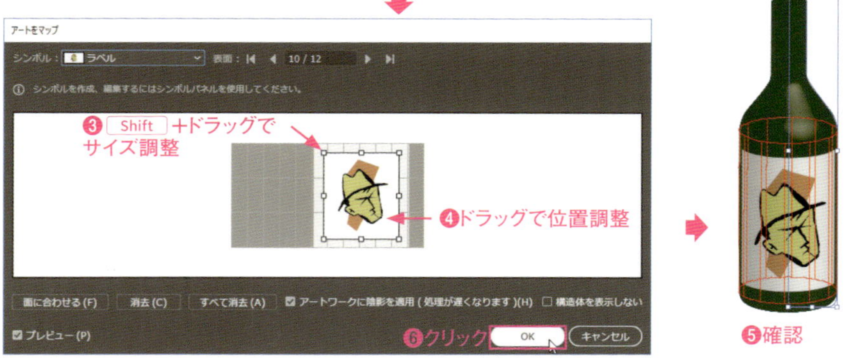

5 ［3D回転体オプション］ダイアログボックスに戻るので、［OK］をクリックします❶。設定したシンボルが3Dオブジェクトの表面に貼り付けられます❷。アピアランスパネルは、［3D回転体（マップあり）］の表示に変わります❸。

第12章 アピアランスと効果

200 グラフィックスタイルに効果の設定だけを登録する

グラフィックスタイルを登録すると、通常、[線]と[塗り]のカラーも含めて登録されます。効果の設定のみをグラフィックスタイルとして保存するには、[線]と[塗り]のカラーを透明にする必要があります。

第12章 ▶ 200.ai

1 サンプルファイルを開き、選択ツールを選択します❶。グラフィックスタイルに登録したいオブジェクトを選択します❷。アピアランスパネルを見ると、[塗り]と[線]のカラーの設定のほかに[ジグザグ]効果が適用されていることがわかります❸。この[ジグザグ]効果だけを、グラフィックスタイルとして登録します。

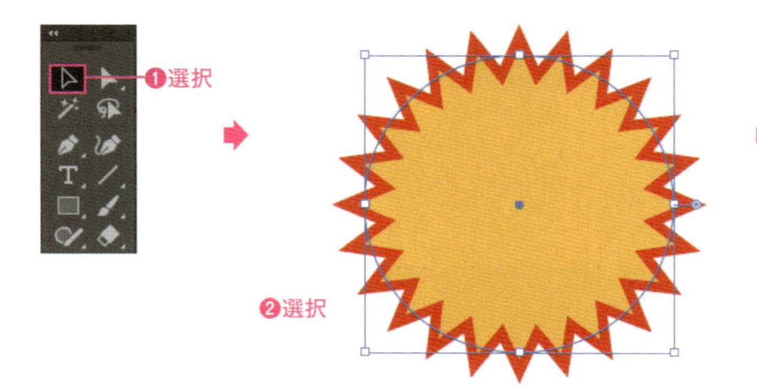

2 グラフィックスタイルパネルの[新規グラフィックスタイル]をクリックします❶。選択したオブジェクトのアピアランスが、グラフィックスタイルパネルに登録されます❷。ただし、この状態では、[塗り]と[線]のカラーも登録されています。

3 アピアランスパネルで選択したオブジェクトの[塗り]と[線]のどちらのカラーも「なし」に設定します❶。オブジェクトの見た目は、パスの形状だけになります❷。グラフィックスタイルパネルの[新規グラフィックスタイル]をクリックします❸。選択したオブジェクトのアピアランスが、グラフィックスタイルパネルに登録されます❹。サムネールには、[塗り]と[線]が「なし」であるが表示されます。

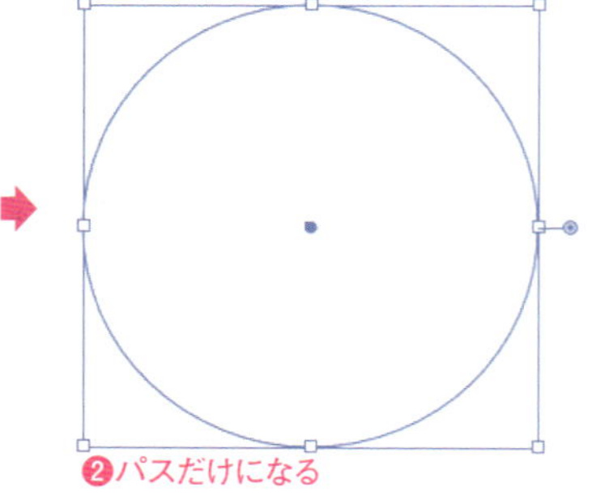

Macでは、キーは次のようになります。 Ctrl → ⌘ Alt → option Enter → return

4 アートボードの空いているスペースに適当な図形を描画し❶、アピアランスパネルで［塗り］と［線］に任意のカラーを設定します（ここでは［線］のカラーのみ設定）❷。

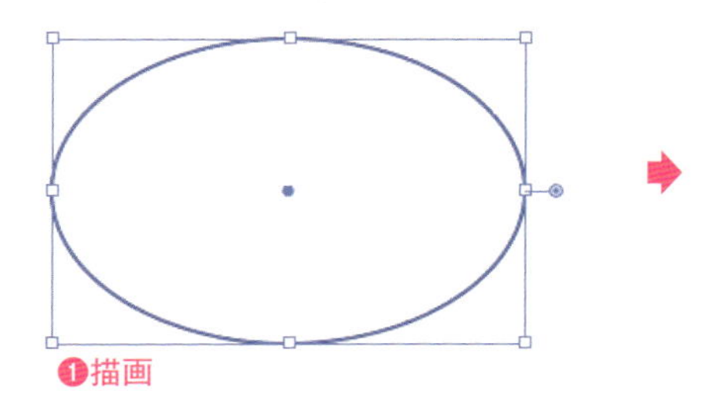

5 描画した図形が選択されている状態で、グラフィックスタイルパネルで、あとから登録したグラフィックスタイルをクリックして適用します❶。グラフィックスタイルが適用され、アピアランスパネルには［ジグザグ］効果が追加されます❷。しかし、［塗り］も［線］が「なし」に設定されているので、元のオブジェクトの色が消えてしまいます❸。Ctrl キーと Z キーを押して、元に戻します❹。

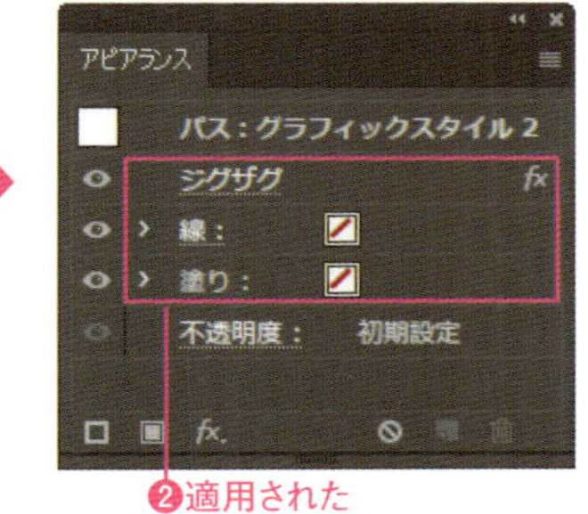

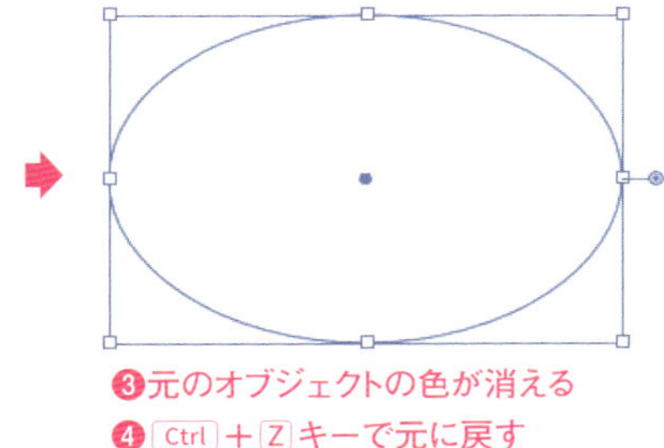

6 今度は、グラフィックスタイルを Alt キーを押しながらクリックして適用します❶。グラフィックスタイルが元のオブジェクトのアピアランスに追加で適用されます❷。そのため、元のオブジェクトのアピアランスが残ったまま［ジグザグ］効果が追加されます❸。

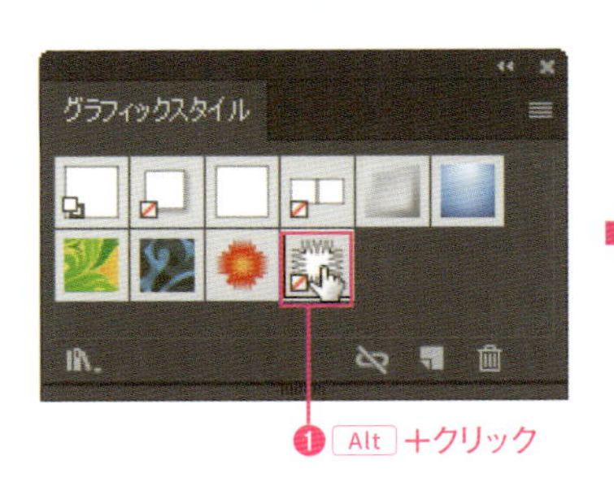

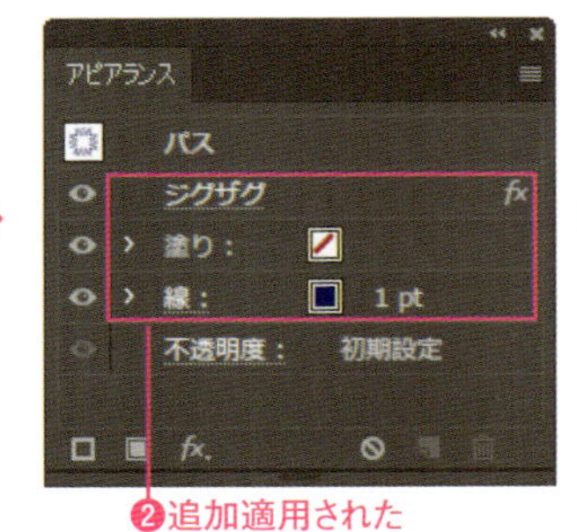

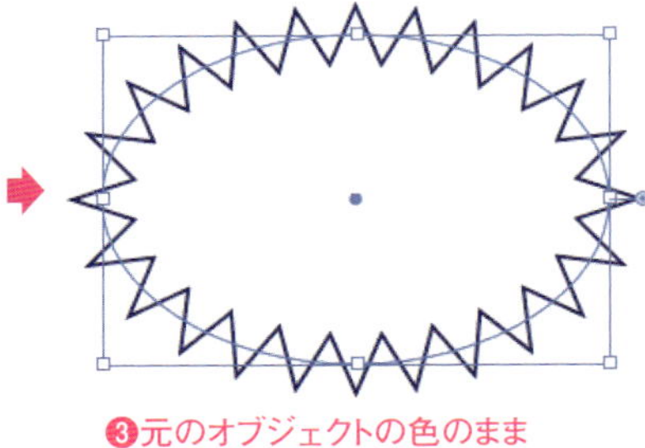

POINT

グラフィックスタイルのアピアランスの追加位置

グラフィックスタイルを Alt キーを押しながらクリックして適用すると、既存のアピアランスに追加して適用されます。アピアランスパネルでは一番下に追加されます。

201 ほかのファイルのグラフィックスタイルを使う

通常、グラフィックスタイルはアートワークが保存されたファイルに登録されています。グラフィックスタイルライブラリをファイルとして保存しておくことで、ライブラリを読み込み、どのアートワークファイルでも利用できるようになります。

第12章 ▶ 201.ai

1 サンプルファイルを開きます❶。これらのボタンのアピアランスは、グラフィックスタイルに登録されています❷。グラフィックスタイルパネルメニューから［グラフィックスタイルライブラリの保存］を選択します❸。

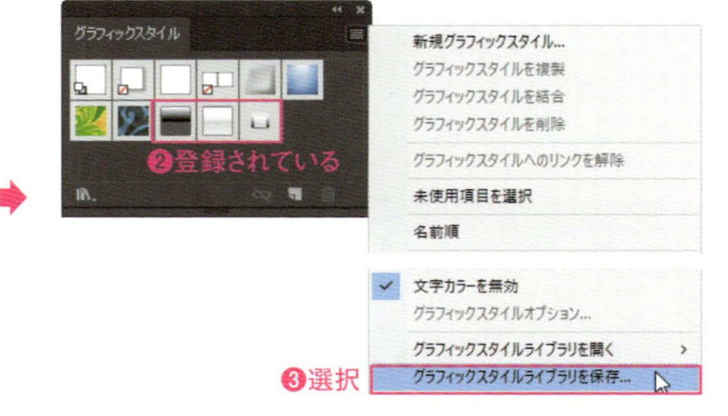

2 ［グラフィックスタイルをライブラリとして保存］ダイアログボックスが表示されるので、［ファイル名］に名称を入力し（ここでは「button-style」）❶、［保存］をクリックします❷。なお、保存場所は変更しないでください。

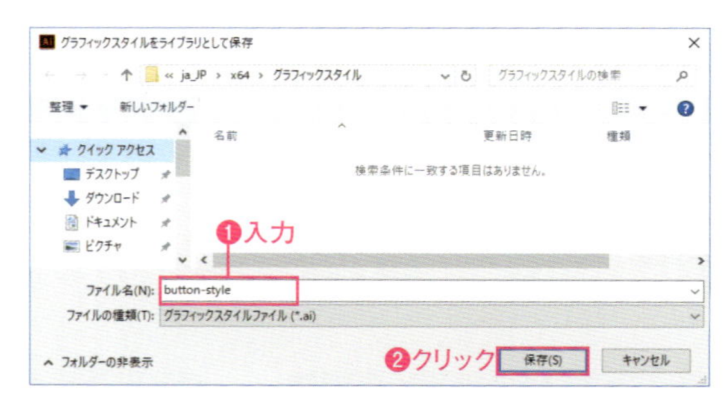

3 新規ドキュメントを作成します。グラフィックスタイルパネルメニューから、［グラフィックスタイルライブラリを開く］→［ユーザー定義］→［button-style］を選択します❶。［button-style］パネルが表示され❷、登録したグラフィックスタイルが利用できます❸。

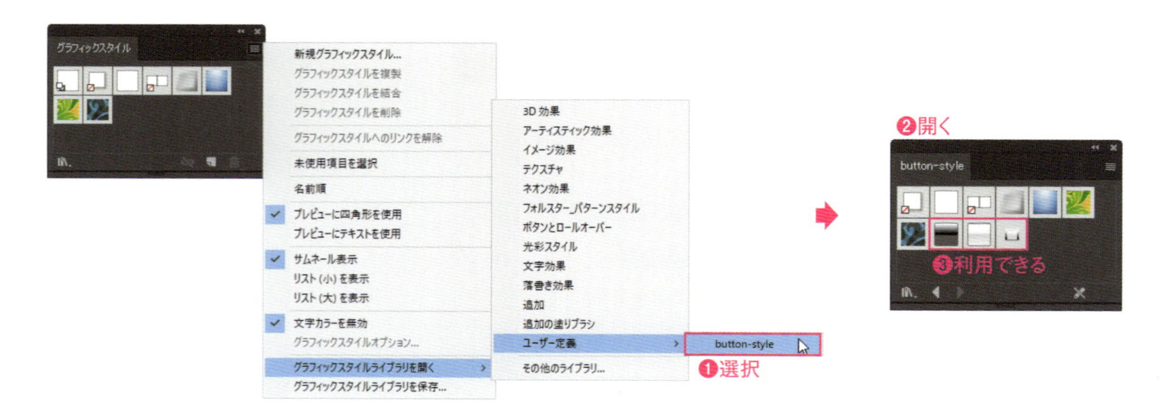

Macでは、キーは次のようになります。 Ctrl → ⌘ Alt → option Enter → return

2022~2025

第13章

テキスト

Illustratorは、テキスト周りの機能を豊富に持っています。単純な入力方法だけでなく、入力したテキストをきれい配置する方法や、日本語特有の縦組みのレイアウトで使用する機能などを覚えておけば、ドキュメントの制作が効率的になり、仕上がりもきれいになります。

文字を入力する

202

もっとも基本的な文字の入力方法であるポイント文字の入力方法です。タイトルやキャッチコピーの入力などに利用します。
ここでは、新規ドキュメントを作成して作業します。

1 新規ドキュメントを開き、文字ツール T を選びます❶。

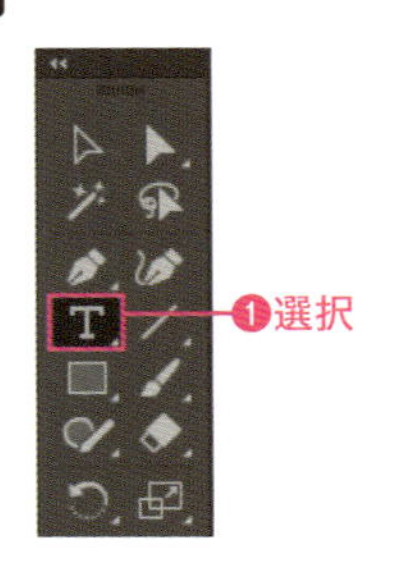

POINT

縦組みの場合

縦組みの文字を入力するには、文字(縦)ツール IT を選択して同様に入力します。

2 アートボード上で、文字を入力する箇所をクリックします❶。サンプルテキストが入力されます❷。

❶クリック

❷入力された

山路を登りながら

3 サンプルテキストは選択された状態なので、そのまま入力したい文字をタイプします(入力した文字に置き換わります)❶。改行したいときは、Enter キーを押してください。

文字を入力する

❶文字をタイプ

クリックして入力した文字をポイント文字という

4 文字の入力が終わったら、選択ツール ▷ を選択します❶。入力した文字のオブジェクトが選択された状態になります❷。

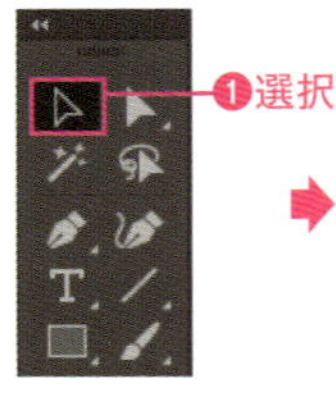

❷選択された

文字を入力する

5 テキストオブジェクトのハンドルをドラッグします❶。ドラッグしたサイズに、文字の大きさが変わります❷。

文字を入力する

❶ドラッグ

文字を入力する

❷文字の大きさが変わる

Macでは、キーは次のようになります。 Ctrl → ⌘ Alt → option Enter → return

203 テキストエリアに文字を入力する

Illustratorでは、テキストエリアを作成して文字を入力できます。エリア内では、自動で改行されるので文字量の多いテキストの入力に向いています。

文字を入力するエリアを作成して文字を入力できます。エリア内で自動で改行されるので、比較的文字量の多いテキストを入力する際に使用します。ここでは、新規ドキュメントを作成して作業します。

1 新規ドキュメントを開き、文字ツール T を選びます❶。アートボード上で、文字を入力するエリアをドラッグして指定します❷。ドラッグした範囲にサンプルテキストが自動で入力されます❸。

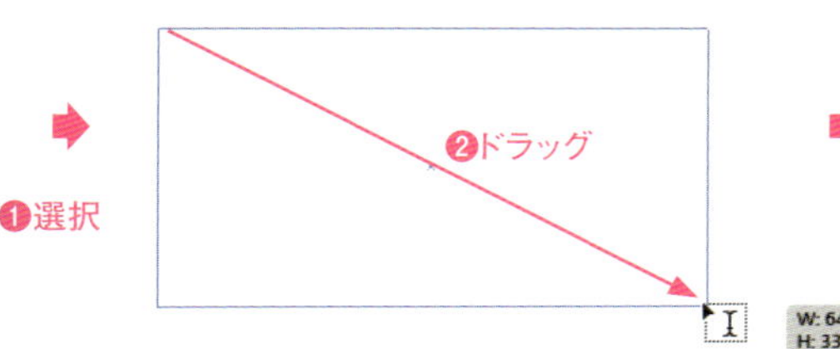

2 サンプルテキストは選択された状態なので、そのまま入力したい文字をタイプします❶。サンプルテキストが消えて、入力した文字が表示されます。

Illustratorでは、テキストエリアを作成して文字を入力できます。エリア内では、自動で改行されるので文字量の多いテキストの入力に向いています。❶文字をタイプ

ドラッグしてできたテキストエリアに入力した文字をエリア内文字という

POINT

縦組みの場合

縦組みの文字を入力するには、文字(縦)ツール IT を選択して同様に入力します。

3 文字の入力が終わったら、選択ツール ▷ を選択します❶。入力した文字のオブジェクトが選択された状態になります❷。テキストエリアオブジェクトのハンドルをドラッグします❸。テキストエリアの形状が変わり、エリア内の文字は形状に合わせて流れ込みます❹。

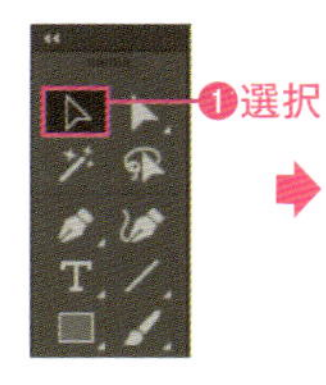

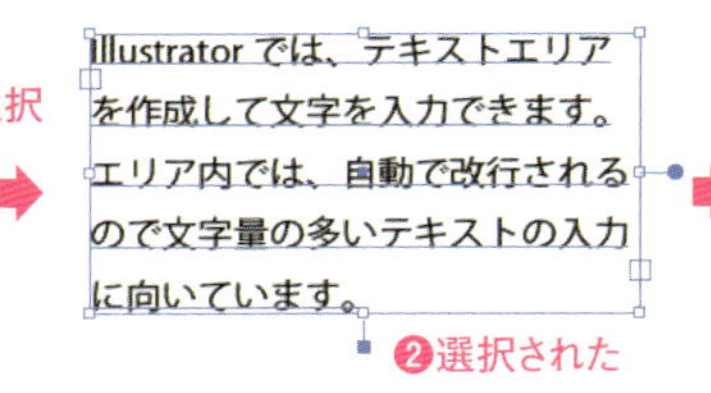

Illustratorでは、テキストエリアを作成して文字を入力できます。エリア内では、自動で改行されるので文字量の多いテキストの入力に向いています。❸ドラッグ

Illustratorでは、テキストエリアを作成して文字を入力できます。エリア内では、自動で改行されるので、文字量の多いテキストの入力に向いています。

❹形状に合わせて文字が流れる

POINT

既存図形に文字を入力

エリア内文字ツール で、閉じた図形をクリックすると、図形をテキストエリアにできます。縦組みの文字は、エリア内文字(縦)ツール でクリックしてください。

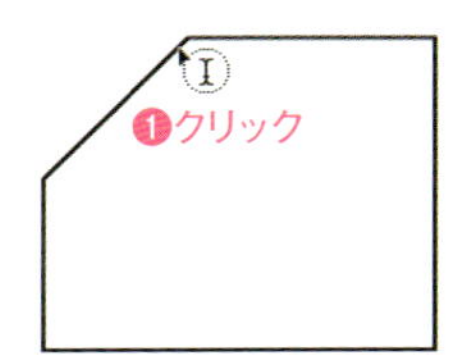

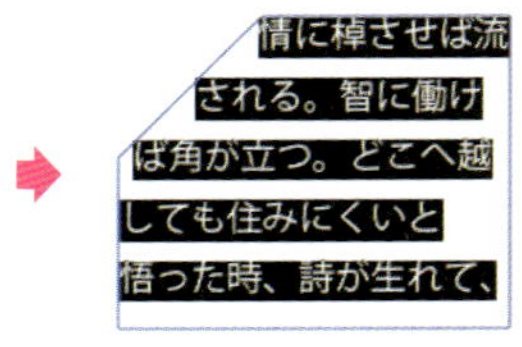

❷サンプル文字が入力された

第13章 テキスト

文字を編集する

204

Adobeの Creative Cloud は、
クリエイターに必須のツー
ルです。

入力した文字は、文字ツールで選択して内容を編集できます。

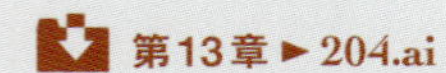
第13章 ► 204.ai

1 サンプルファイルを開き、文字ツール[T]を選びます❶。

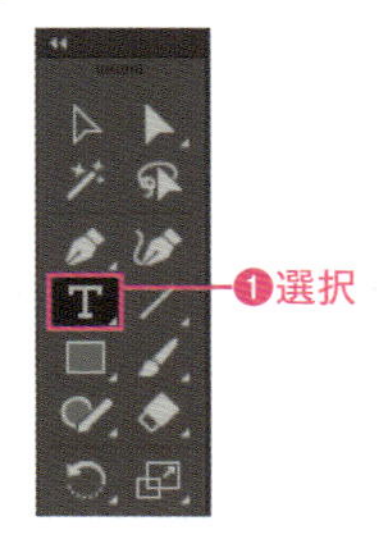

2 編集したい箇所をドラッグして選択します❶。テキストが反転表示されます。
ここではエリア内文字ですが、ポイント文字やパス上文字でも同じです。

アドビの Creative Cloud は、
❶ドラッグ
クリエイターに必須のツー
ルです。

3 選択された状態で、文字をタイプします❶。

❶文字をタイプ
Adobeの Creative Cloud は、
クリエイターに必須のツー
ルです。

POINT

どの文字ツールでもOK

テキストの編集は、文字ツール[T]や文字縦ツール[IT]など、どの文字ツールでも選択して編集できます。

POINT

素早く文字ツールに替える

選択ツール[▷]で文字オブジェクトをダブルクリックすると、自動で文字ツール[T]に替わり文字を選択できる状態になります。

POINT

テキストを素早く選択する

テキストをダブルクリックすると、英文では単語、和文でも名詞単位で選択できます。
トリプルクリックすると、段落を選択できます。

Macでは、キーは次のようになります。 Ctrl → ⌘ Alt → option Enter → return

フォントを変更する

205

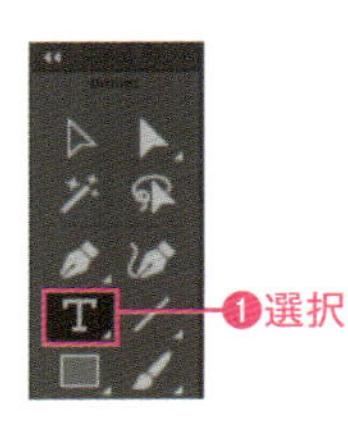

入力した文字は、文字ツールで選択してフォントを変更できます。
文字単位での設定が可能です。

1 サンプルファイルを開き、文字ツール T を選びます❶。フォントを変更したい箇所をドラッグして選択します❷。テキストが反転表示されます。ここではエリア内文字ですが、ポイント文字やパス上文字でも同じです。

❶選択

❷ドラッグ

Adobe の Creative Cloud
は、クリエイターに必須
のツールです。

2 文字パネルを開き、フォントの をクリックします❶。パソコンにインストールされているフォントがリスト表示されるので、フォントを選択します。
ひとつのフォントに複数のフォントスタイル（太さや斜体字）がある場合は、 › をクリックして❷、フォントスタイルを選択できます❸。

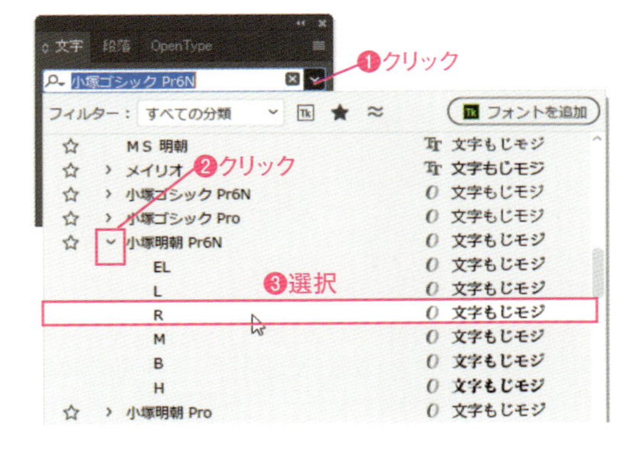

POINT

プロパティパネルやコントロールパネルでもOK

フォントは、プロパティパネルやコントロールパネルでも変更できます。また［書式］メニュー→［フォント］でも変更できます。

3 フォントが変更されました❶。

Adobe の Creative Cloud
は、クリエイターに必須
のツールです。

❶フォントが変更された

POINT

フィルタリング

文字パネル（プロパティパネルの文字やコントロールパネルでも可）では、フォント名の一部を入力して条件に合致したフォントを表示できます。複数の条件はスペースで区切ってください。
また、CC2017以降は、フォントの形状やTypekitなどでフィルタリングして表示できます。

- Ⓐフォントの形状でフィルタリング
- ⒷTypekitフォントだけを表示
- Ⓒお気に入りのフォントだけ表示（お気に入りはフォントの左の☆をクリックし手設定）
- Ⓓ現在のフォントと似たフォントを表示

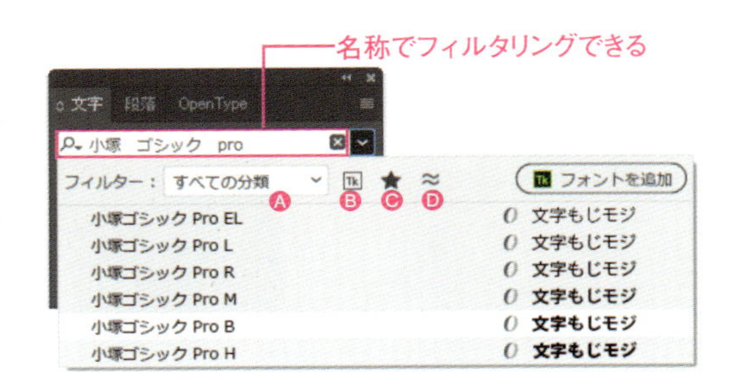

206 Typekitからフォントをインストールする

Typekitは、Webからフォントをダウンロードして利用できるサービスです。Creative Cloudの有償ユーザーは、100フォントまで利用できます。日本語のフォントも増えてきているので、積極的に利用しましょう。

フォントをインストールする

1 [書式] メニュー→ [Typekitからフォントを追加] 選びます❶。文字パネル (プロパティパネルまたはコントロールパネルでも可) のフォント名の右のをクリックし❷、表示されたメニューから [フォントを追加] をクリックしてもかまいません❸。

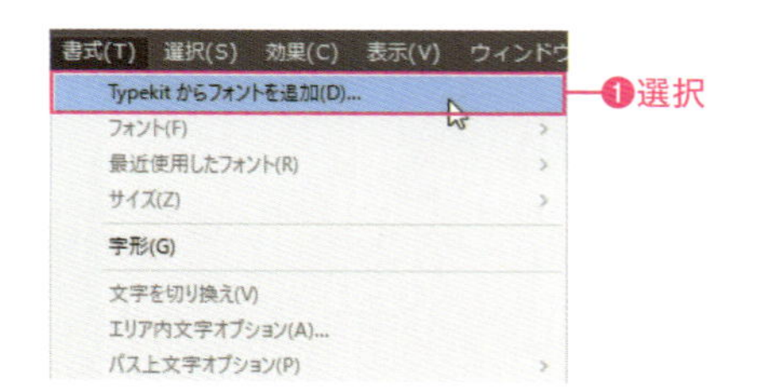

2 WebブラウザにTypekitのWebページが表示されます❶。日本語フォントを探すときは [日本語]、欧文フォントを含む全フォントを探すときは [デフォルト] を選択します❷。右側のフィルターで、分類別にフィルタリングしてインストールしたいフォントを探します❸。左側のリストからインストールしたいフォントをクリックします❹。

3 選択したフォントの詳細情報が表示されるので [すべてを同期] をクリックします❶。

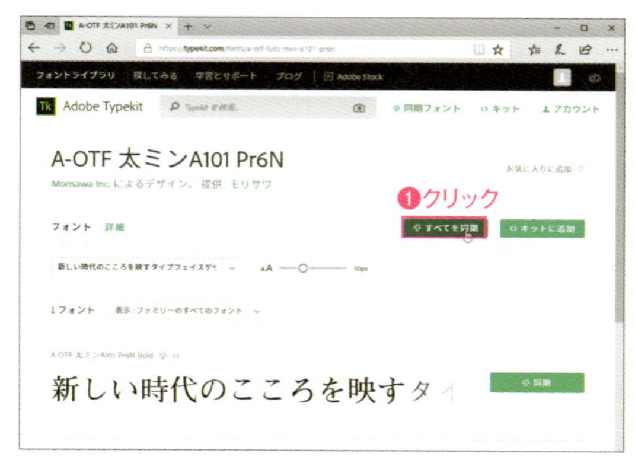

POINT

一部だけのインストールもできる

太さの異なるファミリーを持つフォントでは、個別にインストールできます。

4 パソコンにフォントがインストールされると、下記画面が表示されます❶。使用できるフォント数が表示されます。［閉じる］をクリックして、前の画面に戻ります❷。

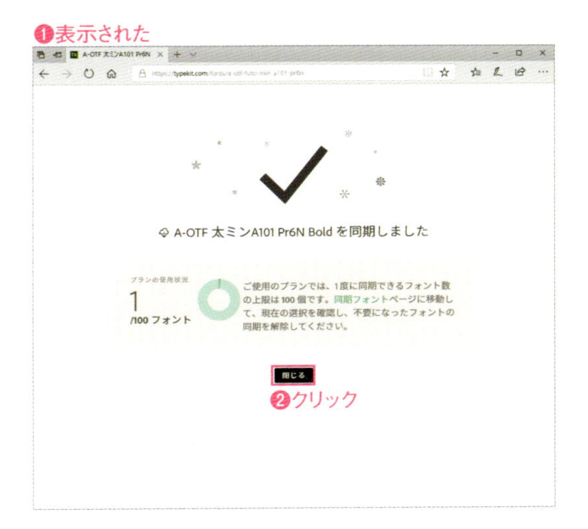

5 インストールされたフォントは、文字パネル等から選択して利用できるようになります❶。

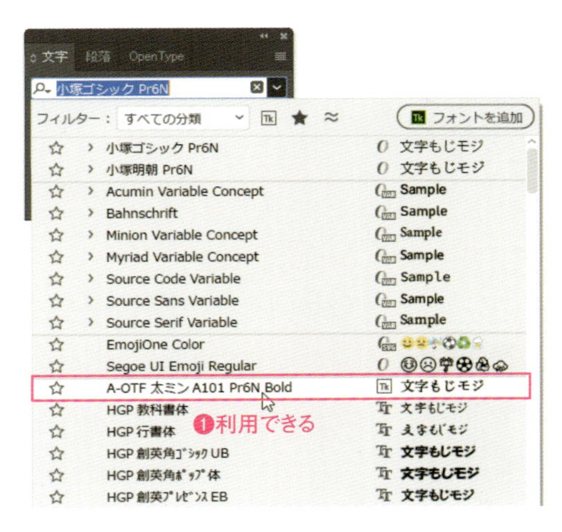

POINT

すべてのパソコンで同期される

Typekitでインストールしたフォントは、ほかのパソコンで同じCreative Cloudユーザーのアカウントでサインインすると、自動でインストールされます。

POINT

PDFの埋め込みは可能、パッケージは不可

Typekitでインストールしたフォントは、PDF作成時に埋め込むことができます。ただし、パッケージ機能で、コピーすることはできません。

フォントをアンインストールする

TypekitのWebページで［同期フォント］をクリックします❶。現在インストールしているフォントが表示されます。［同期解除］をクリックすると、フォントがアンインストールされます❷。

207 文字サイズを設定する

入力した文字は、文字ツールで選択してフォントサイズを変更できます。文字単位での設定が可能です。キーボードショートカットを使うと便利です。

アドビの Creative Cloud は、クリエイターに必須のツールです。

第13章 ▶ 207.ai

1 サンプルファイルを開き、文字ツール T を選びます❶。

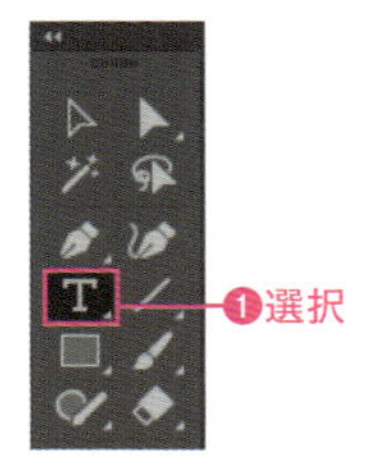

2 サイズを変更したい箇所をドラッグして選択します❶。選択したテキストが反転表示されます。ここではエリア内文字ですが、ポイント文字やパス上文字でも同じです。

❶ドラッグ

アドビの Creative Cloud は、クリエイターに必須のツールです。

3 文字パネルを開き、［フォントサイズを設定］の をクリックして❶、表示されたメニューからサイズを選択します❷。直接数値を入力してもかまいません。選択したテキストのサイズが変わりました❸。

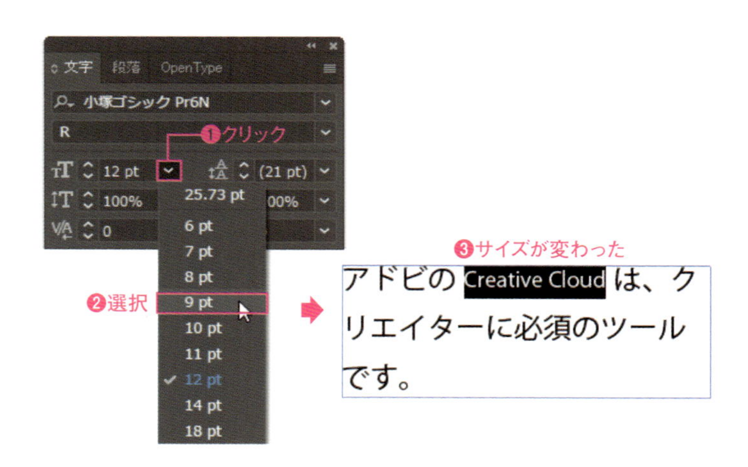

POINT

ポイント文字の拡大

ポイント文字のオブジェクトは、選択ツール で選択して拡大・縮小すると、全体のフォントサイズが拡大・縮小します。

POINT

文字サイズ設定のキーボードショートカット

Shift + Ctrl + <	設定値分、小さく
Shift + Ctrl + >	設定値分、大きく
Shift + Ctrl + Alt + <	設定値の5倍小さく
Shift + Ctrl + Alt + >	設定値の5倍大きく

※設定の初期値は「2pt」

設定値は、［環境設定］ダイアログボックスの［テキスト］の［サイズ・行送り］で設定されている値

Macでは、キーは次のようになります。 Ctrl → ⌘　Alt → option　Enter → return

208 文字の幅や高さを調整する

Adobe の Creative Cloud
は、クリエイターに必須の
ツールです。

入力した文字は、文字の幅（水平比率）や高さ（垂直比率）を調整できます。

第13章 ► 208.ai

1 サンプルファイルを開き、文字ツール T を選びます❶。幅や高さを調整するテキストをドラッグして選択します❷。

Adobe の Creative Cloud
は、クリエイターに必須
のツールです。
❷ドラッグ

2 文字パネルの［水平比率］の をクリックして❶、表示されたメニューから水平比率を選択します❷。直接数値を入力してもかまいません。選択したテキストの幅が狭くなりました❸。

POINT

テキストの高さを調整する

テキストの高さを調整するには、文字パネルの垂直比率で設定します。

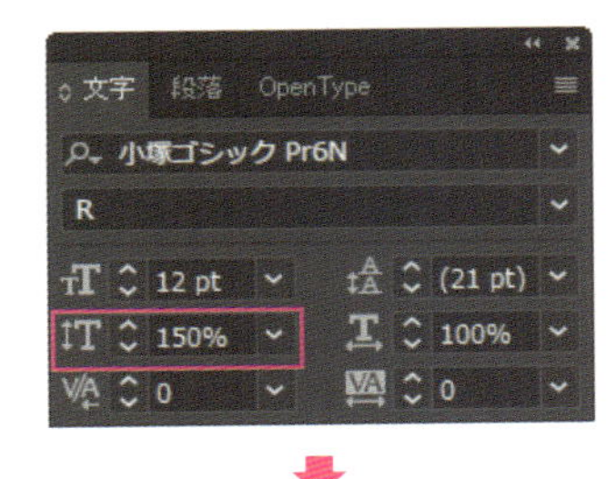

Adobe の Creative Cloud
は、クリエイターに必須の
ツールです。

POINT

テキストオブジェクトに設定する

選択ツール でテキストオブジェクトを選択すると、オブジェクト内のすべてのテキストの幅や高さを変更できます。

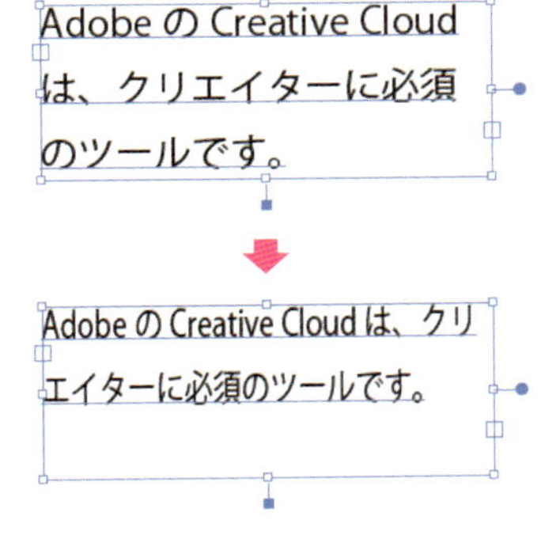

209 行間を設定する

複数行あるときの行間は、文字パネルの行送り値の設定で間隔を調整できます。

アドビの Creative Cloud は、
クリエイターに必須のツー
ルです。

第13章 ► 209.ai

1 サンプルファイルを開き、文字ツール T を選びます❶。行間を変更したい箇所をドラッグして選択します❷。テキストが反転表示されます。ここではエリア内文字ですが、ポイント文字やパス上文字でも同じです。

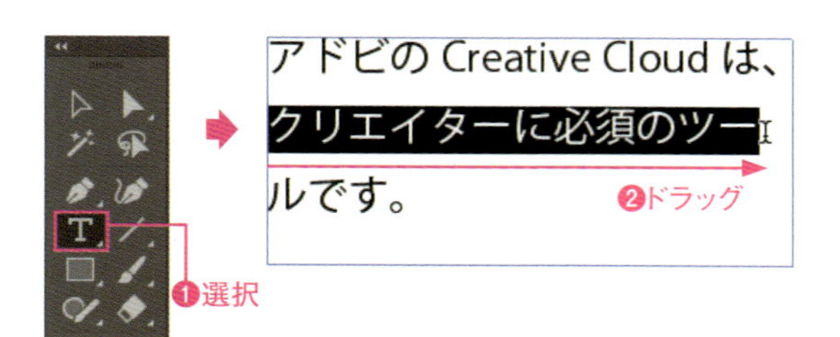

2 文字パネルを開き、[行送りを設定]に行送り値を設定します❶。 をクリックして、表示されたメニューから行間値を選択してもかまいません。

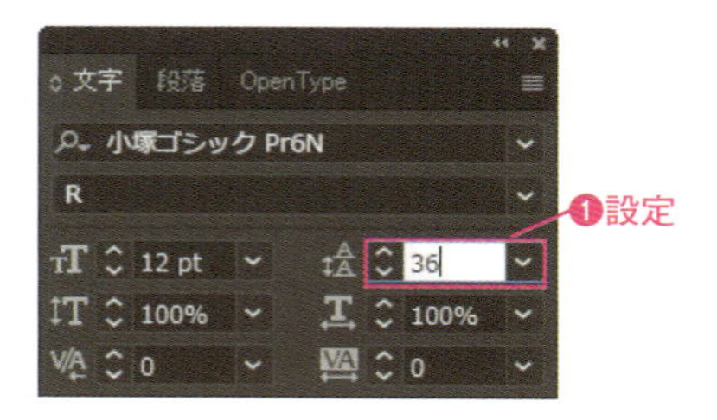

3 選択したテキストの下の行間値が変わりました❸。

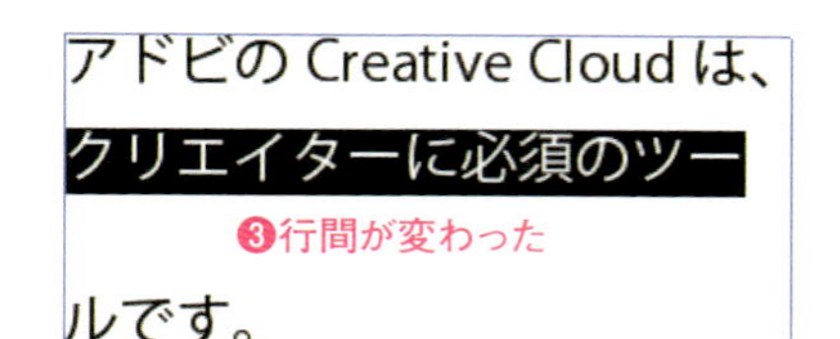

POINT

行間値の[自動]

行送り値は、段落パネルメニュー→[ジャスティフィケーション]で表示される[ジャスティフィケーション設定]ダイアログボックスの「自動行送り」の設定と、フォントサイズをかけた数値となります。行間値に[自動]を設定すると、行送り値は()が付いて表示されます。

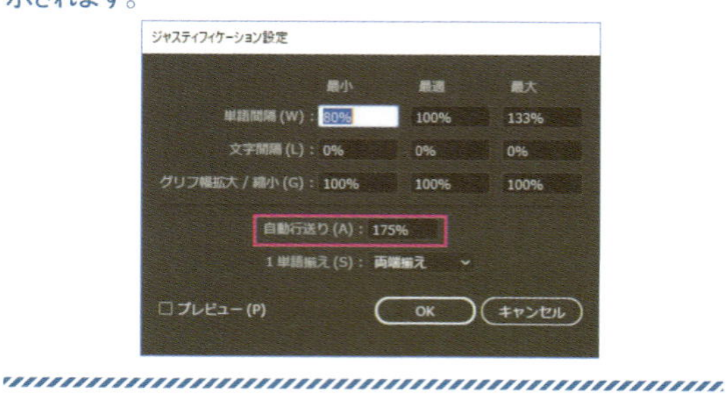

POINT

行送りの基準

行送りは、段落パネルメニューの[日本語基準の行送り]が初期設定で、設定したテキストの次の行にかかります。[欧文基準の行送り]を選択すると、設定したテキストの前の行にかかります。

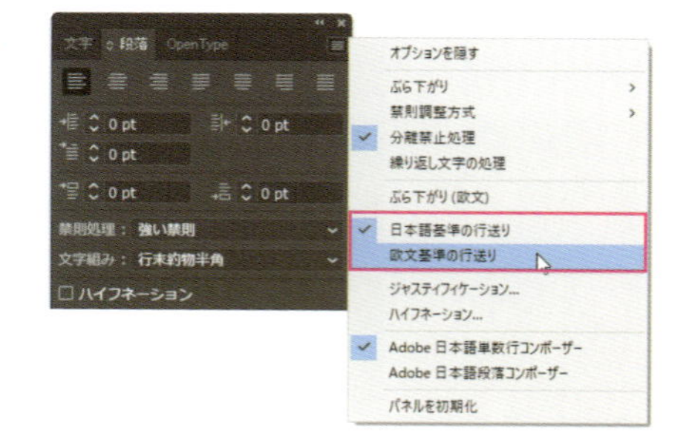

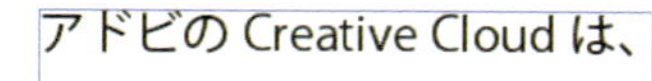

[欧文基準の行送り]を選択すると、テキストの前の行の行間が変わる

Macでは、キーは次のようになります。 Ctrl → ⌘ Alt → option Enter → return

横組み文字の上下の位置を調整する

210

Adobe Creative Cloud

横組みでの文字の上下の位置は、ベースラインシフトの値で設定できます。縦組みの文字では、左右の位置を調整できます。

1 サンプルファイルを開き、文字ツール[T]を選びます❶。調整するテキストをドラッグして選択します❷。

2 文字パネルの［ベースラインシフトを設定］の[v]をクリックして❶、表示されたメニューから移動距離を選択します❷。直接数値を入力してもかまいません。

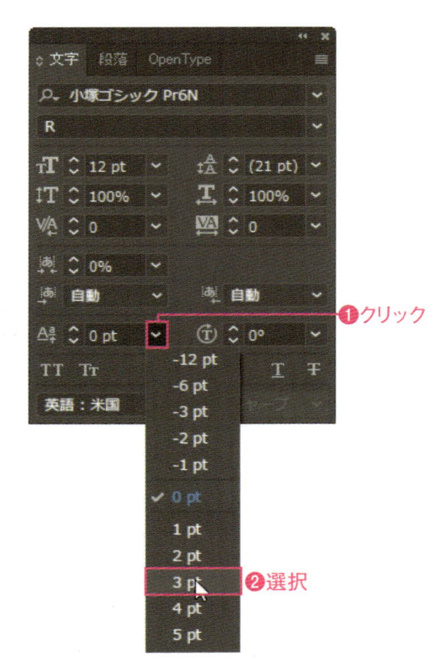

3 選択したテキストのベースラインが上に3pt移動しました❶。マイナス値では下に移動します。

Adobe Creative Cloud

❶上に移動した

Point

縦組みの場合

縦組み文字の場合、プラス値で右側、マイナス値で左側に移動します。

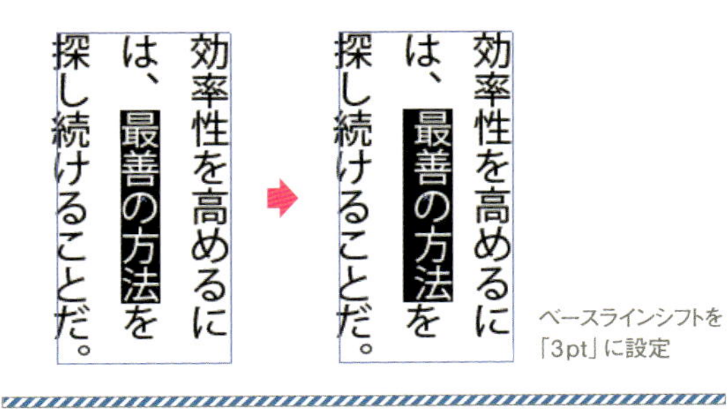

ベースラインシフトを「3pt」に設定

Point

ベースラインシフトのキーボードショートカット

Shift + Alt + ↑	設定値分上（右）に
Shift + Alt + ↓	設定値分下（左）に
Shift + Ctrl + Alt + ↑	設定値の5倍上（右）に
Shift + Ctrl + Alt + ↓	設定値の5倍下（左）に

※設定の初期値は「2pt」

設定値は、［環境設定］ダイアログボックスの［テキスト］の［ベースラインシフト］で設定されている値

211 文字間隔を設定する

アドビのCreative Cloudは、クリエイターに必須のツールです。

Illustratorでは、文字間隔は「トラッキング」「カーニング」「文字ツメ」「アキを挿入」「プロポーショナルメトリクス」を使って設定します。それぞれの特徴を理解して使用してください。

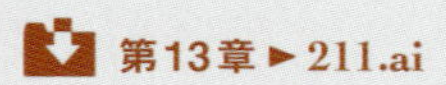
第13章 ▶ 211.ai

トラッキングで調整する

［トラッキング］は、選択したテキストの右側の間隔を調整します。段落全体の文字間隔を設定するのに利用します。おもに欧文に使用しますが、和文でも利用できます。

1 サンプルファイルを開き、文字ツール T を選びます❶。文字間隔を調整したいテキストを選択します❷。テキストが反転表示されます。ここではエリア内文字ですが、ポイント文字やパス上文字でも同じです。

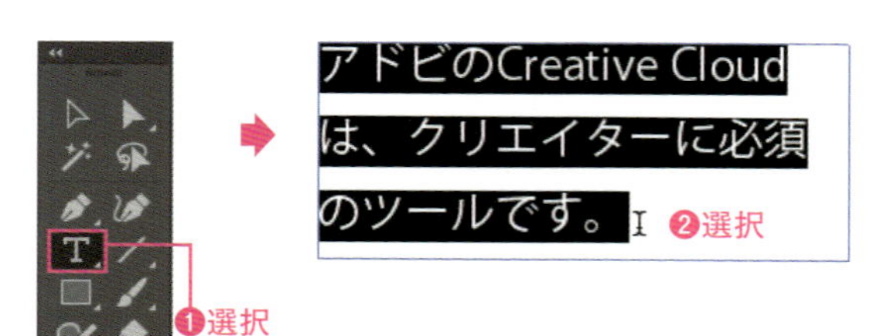

2 文字パネルを開き、［選択した文字のトラッキングを設定］の をクリックして❶、表示されたメニューから設定値を選択します❷。直接数値を入力してもかまいません。

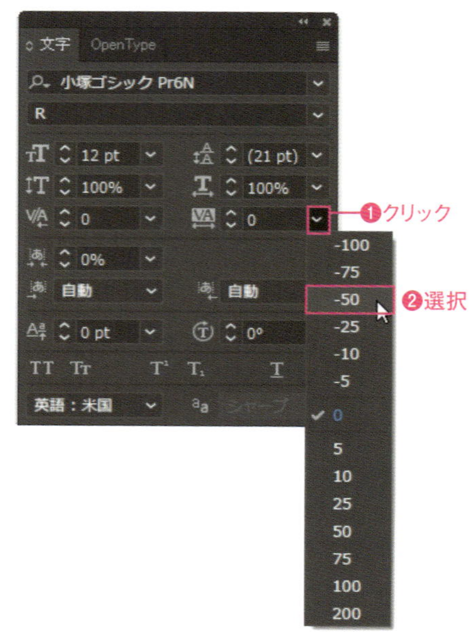

3 選択したテキストの文字間隔が変わりました❶。

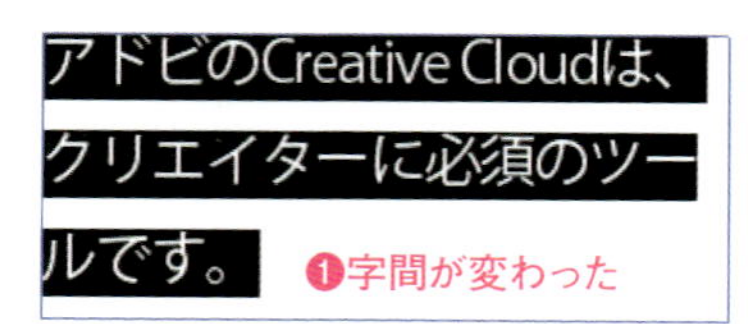

POINT

トラッキングはテキストの右側で調整

トラッキングによる文字間隔は、選択した文字の右側の間隔を調整します。

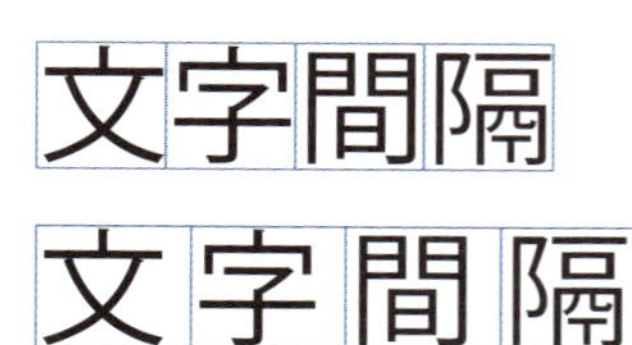

上：設定値0
下設定値：200

POINT

トラッキングとカーニングの値

トラッキングとカーニングの設定値の単位は「em」で、文字サイズの1/1000となります。設定値を「100」にすると、100emとなり、100/1000＝1/10となり、文字サイズの10％のアキが挿入されます。

Macでは、キーは次のようになります。 Ctrl → ⌘ Alt → option Enter → return

カーニングで調整する

[カーニング] は、カーソルを置いた文字と文字の間隔を調整します。特定の2文字の間隔を設定するのに利用します。おもに欧文に使用しますが、和文でも利用できます。

1 文字ツール T を選びます❶。文字間隔を調整したい文字と文字の間をクリックしてカーソルを点滅させます❷。ここではエリア内文字ですが、ポイント文字やパス上文字でも同じです。

複数の文字を選択した場合は、選択した文字と文字のすべての間のカーニング値が設定される

2 文字パネルを開き、[文字間のカーニングを設定] の ⌄ をクリックして❶、表示されたメニューから設定値を選択します❷。直接数値を入力してもかまいません。

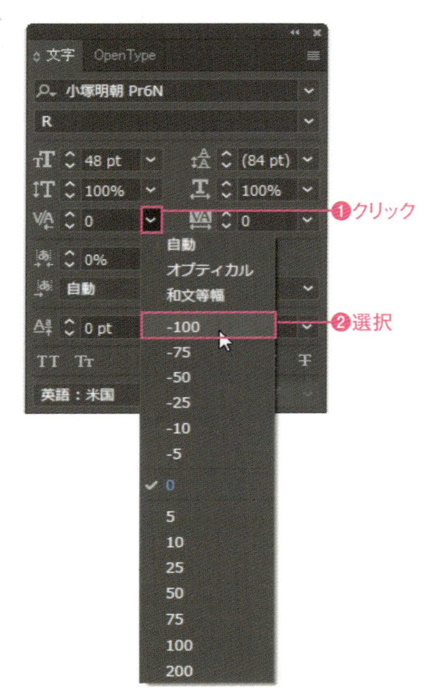

3 カーソルのある文字間隔が変わりました❶。

POINT

自動、オプティカル、和文等幅

フォントは、隣り合う文字の間隔を調整するための値であるペアカーニング情報を持っています。
[自動] に設定すると、フォントのペアカーニングを使って文字を詰めます。
[オプティカル] に設定すると、隣り合った文字の形状に応じてアキが調整されます。ペアカーニング情報を持たないフォントでも利用可能です。
[和文等幅] に設定すると、和文はすべて等幅になり文字詰めされません。欧文はペアカーニングが適用されます。

POINT

トラッキング / カーニングのキーボードショートカット

文字を選択するとトラッキング、文字間にカーソルを置くとカーニングの設定となります。

Shift + Alt + ←	設定値分上（右）に
Shift + Alt + →	設定値分下（左）に
Shift + Ctrl + Alt + ←	設定値の5倍上（右）に
Shift + Ctrl + Alt + →	設定値の5倍下（左）に

※設定の初期値は「20」

設定値は、[環境設定] ダイアログボックスの [テキスト] の [トラッキング] で設定されている値

文字ツメを使って文字詰めする

[文字ツメ] は、文字の両側の間隔を調整して文字を詰めます。

1 文字ツール T を選びます❶。文字間隔を詰めたいテキストを選択します❷。テキストが反転表示されます。ここではエリア内文字ですが、ポイント文字やパス上文字でも同じです。

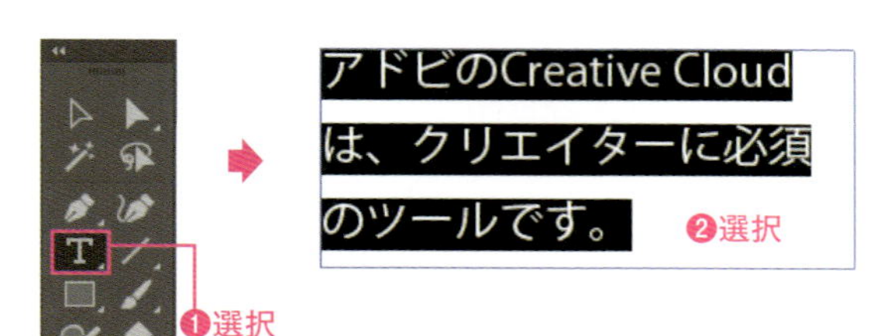

2 文字パネルを開き、[文字ツメ] の をクリックして❶、表示されたメニューから設定値を選択します❷。直接数値を入力してもかまいません (0～100%まで指定できます)。

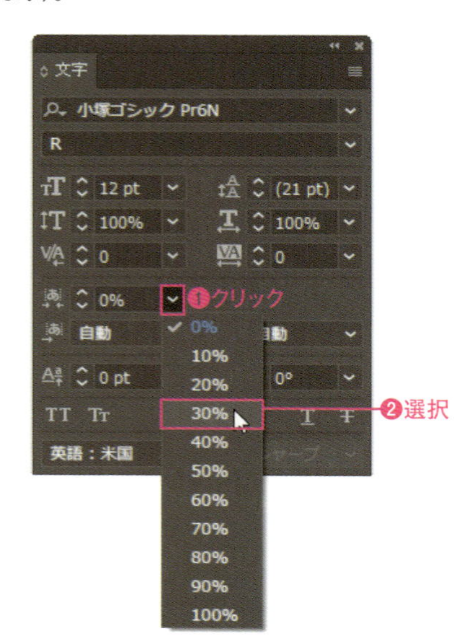

3 選択したテキストの文字間隔が詰まりました❶。

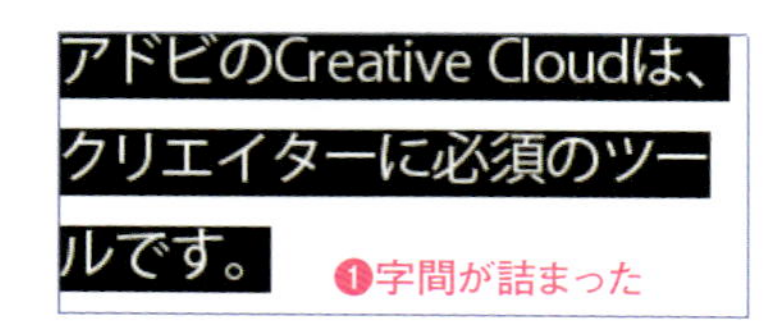

Point

文字ツメの設定

フォントは、仮想ボディの中に、仮想ボディより少し小さい平均字面に収まるように設計されています。文字ツメは、仮想ボディと平均字面の間隔 (サイドベアリング) を調整して文字を詰めます。100%に設定すると、サイドベアリングが0になり、文字間隔は0になります。

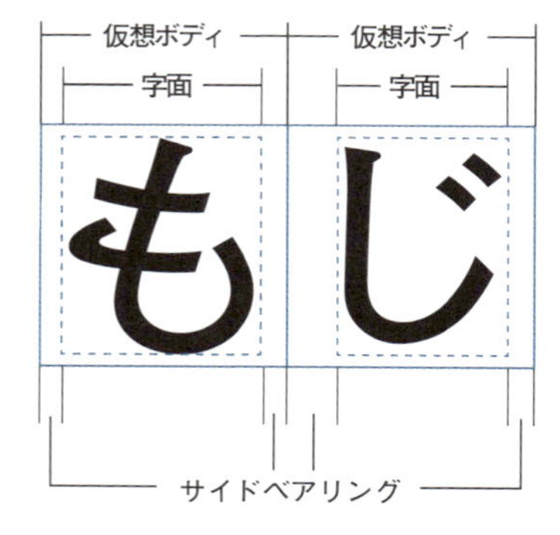

文字間隔
文字間隔
文字間隔

上:設定値0
中:設定値50%
下設定値:100%

Macでは、キーは次のようになります。 Ctrl → ⌘　Alt → option　Enter → return

アキを挿入を使って文字間隔をあける

［アキを挿入］は、選択した文字の左（縦組みでは上）または右（縦組みでは下）に指定したアキを挿入して、文字間隔をあけます。左右（縦組みでは上下）のどちらにアキを入れるかは個別に設定できます。

1 文字ツール T を選びます❶。文字間隔を調整したいテキストを選択します❷。テキストが反転表示されます。ここではエリア内文字ですが、ポイント文字やパス上文字でも同じです。

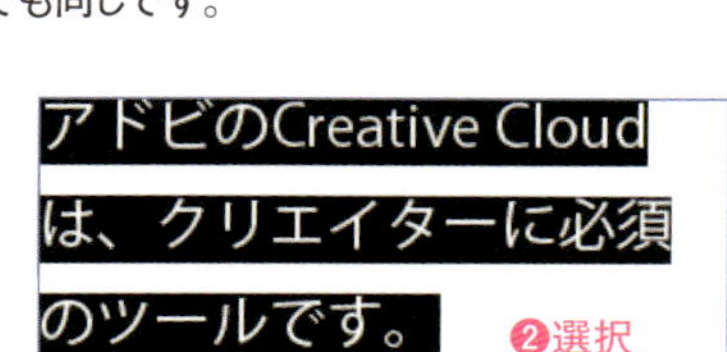

2 文字パネルを開き、［アキを挿入］（ここでは［アキを挿入（右／下）］）をクリックして❶、表示されたメニューから設定値を選択します❷。

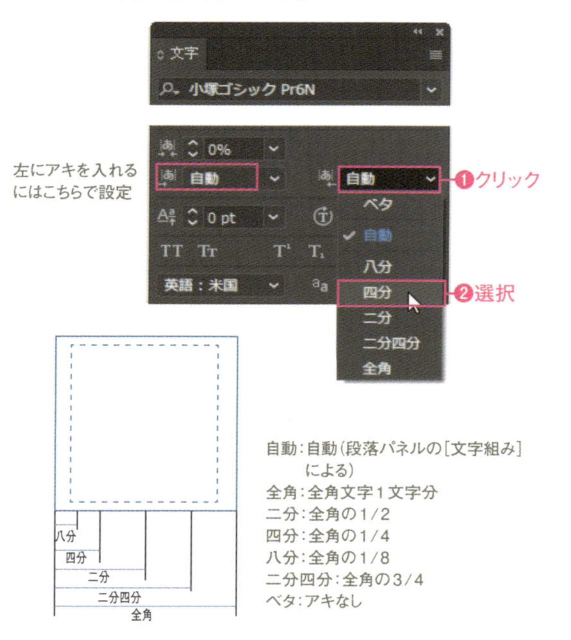

自動：自動（段落パネルの［文字組み］による）
全角：全角文字１文字分
二分：全角の１/２
四分：全角の１/４
八分：全角の１/８
二分四分：全角の３/４
ベタ：アキなし

3 選択したテキスト右側にアキが挿入され、文字間隔があきました❶。

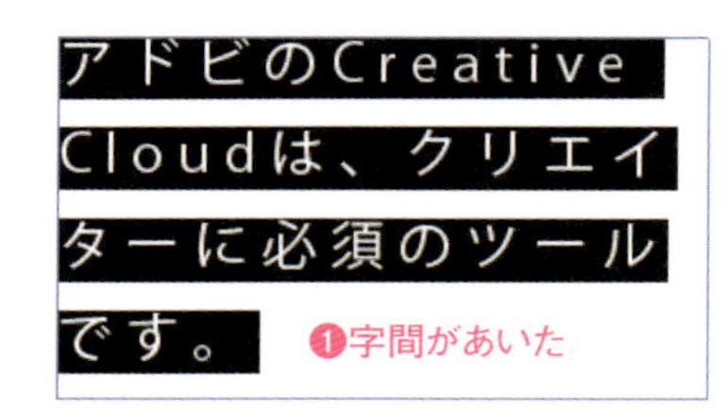

プロポーショナルメトリクスを使って文字詰めする

プロポーショナルメトリクスは、OpenTypeフォントの機能で、個々の文字ごとに設定している文字詰め情報を参照してフォントに最適な文字間隔にする機能です。本文などの文字量の多いテキストに設定するとよいでしょう。

1 文字ツール T を選びます❶。文字間隔を調整したいテキストを選択します❷。テキストが反転表示されます。ここではエリア内文字ですが、ポイント文字やパス上文字でも同じです。

2 OpenTypeパネルを開き、［プロポーショナルメトリクス］にチェックを付けます❶。選択したテキストの文字間隔が変わりました❷。

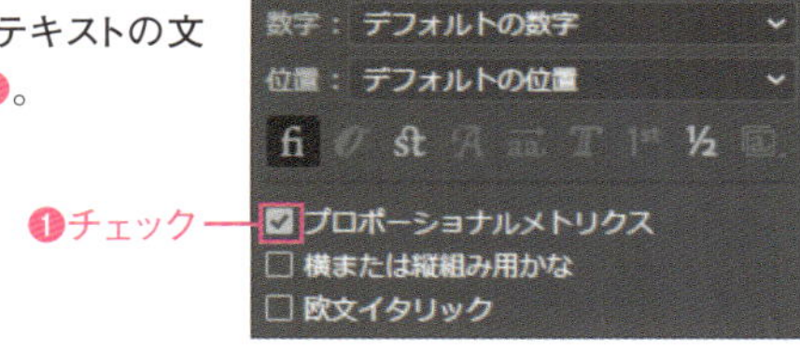

第13章 テキスト

212 横組みと縦組みに変更する

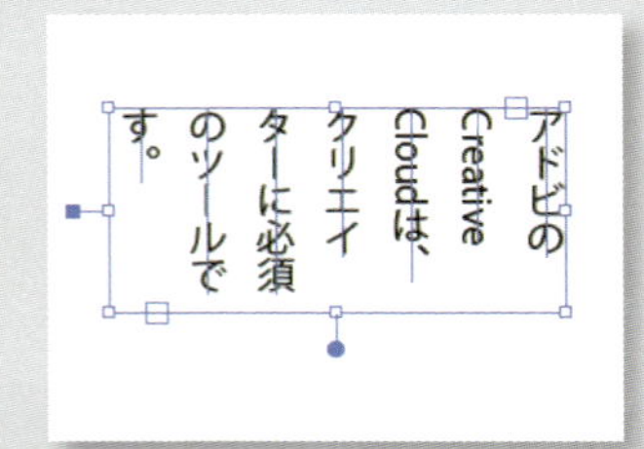

横組みで入力した文字を、縦組みに変更できます。また、縦組みで入力した文字を横組みに変更できます。

第13章 ► 212.ai

1 サンプルファイルを開き、選択ツール を選びます❶。文字の組方向を変更したいテキストオブジェクトをクリックして選択します❷。

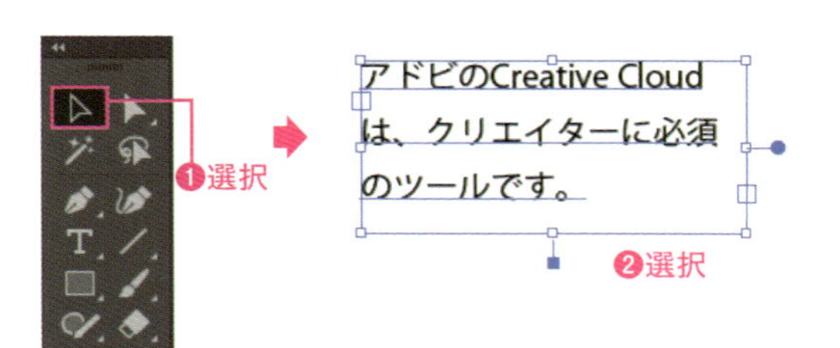

2 ［書式］メニュー→［組み方向］→［縦組み］を選択します❶。

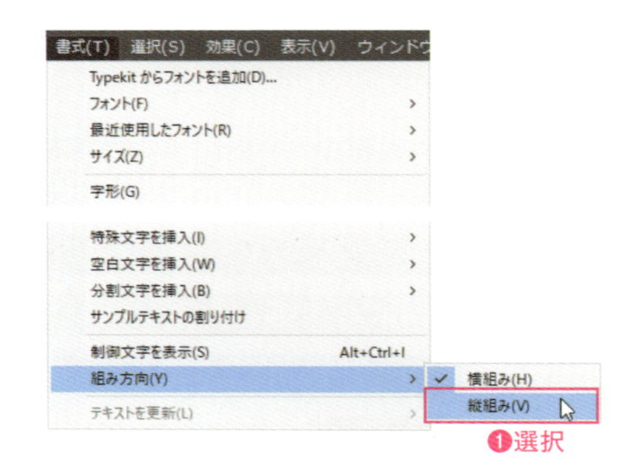

3 選択したテキストオブジェクトの組み方向が、縦組みに変わりました❶。

❶変わった

4 ［書式］メニュー→［組み方向］→［横組み］を選択します❶。

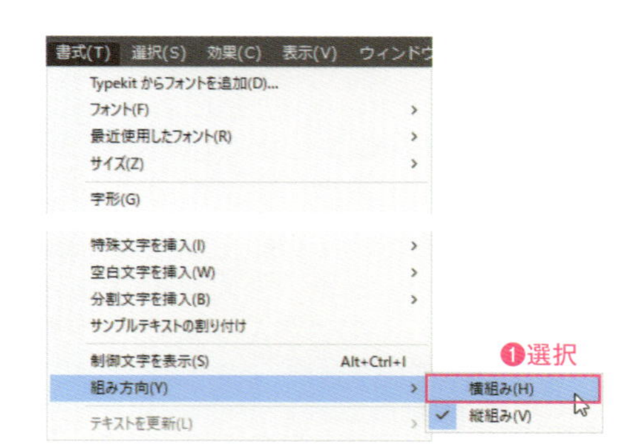

5 選択したテキストオブジェクトの組み方向が、横組み変わりました❶。

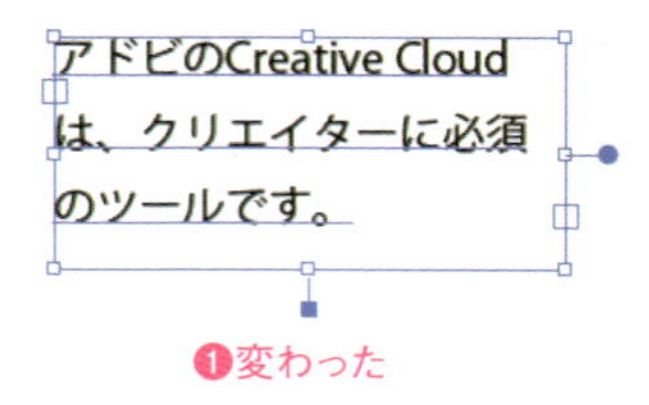

❶変わった

Macでは、キーは次のようになります。 Ctrl → ⌘ Alt → option Enter → return

213 テキストエリアのサイズを文字量に合わせて可変させる

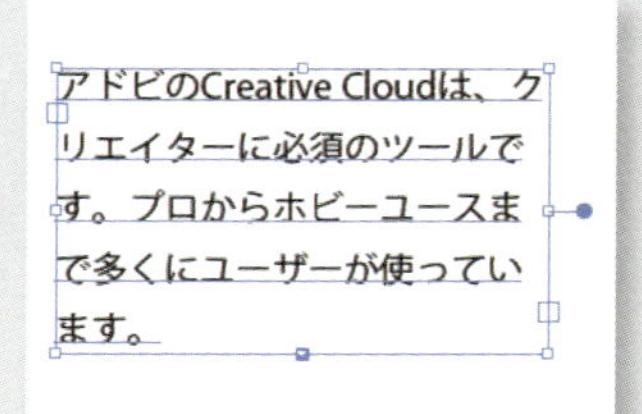

CC2014以降では、エリア内文字の高さ（縦組みでは幅）を、テキストの文字量に合わせて自動で調整できるように設定できます。

第13章 ▶ 213.ai

1 サンプルファイルを開き、選択ツールを選びます❶。高さを自動調整するテキストエリアオブジェクトを選択します❷。ここでのサンプルは、文字量が多くエリア内に入りきらずにオーバーフローしています。

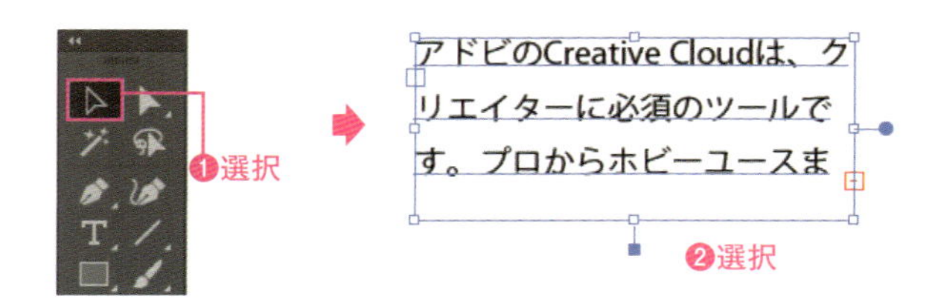

2 選択したテキストエリアオブジェクトの下側のハンドルの外側に表示された■をダブルクリックします❶。文字量に合わせて、テキストエリアの高さが自動調整されます❷。

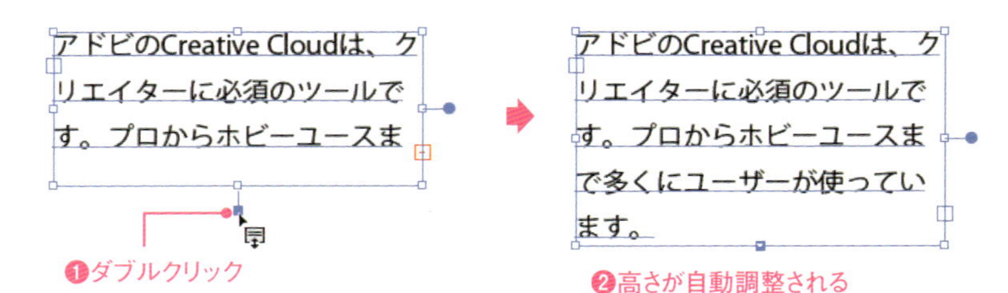

3 文字ツールを選択します❶。テキストの一部を選択し、Delete キーを押して削除します❷。テキストエリアが文字量に応じて変わります❸。

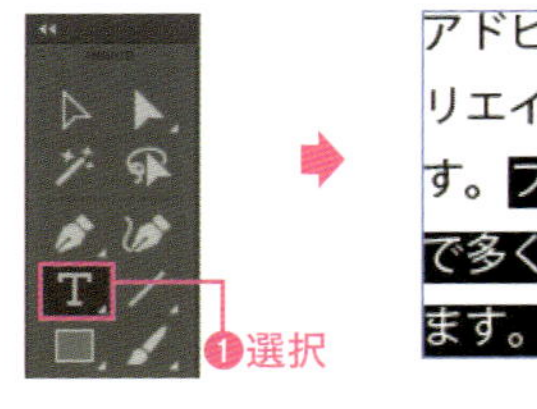

アドビのCreative Cloudは、クリエイターに必須のツールです。プロからホビーユースまで多くにユーザーが使っています。

❷選択

アドビのCreative Cloudは、クリエイターに必須のツールです。

❸削除するとエリアの高さが変わる

POINT

元に戻す

自動調整に設定したテキストエリアオブジェクトの下側のハンドルを、選択ツールでダブルクリックすると❶、自動調整なしのテキストオブジェクトに戻ります。

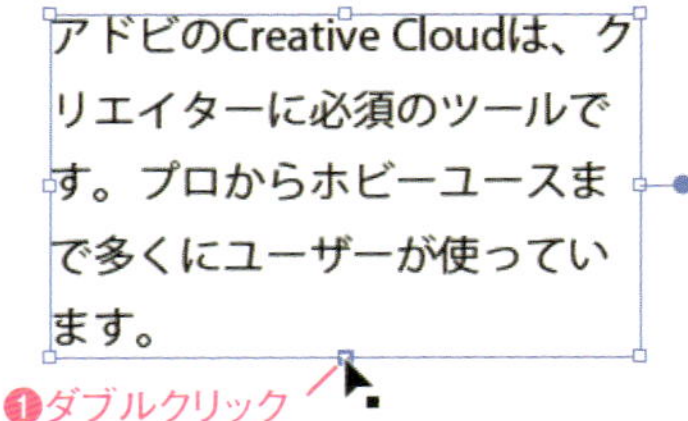

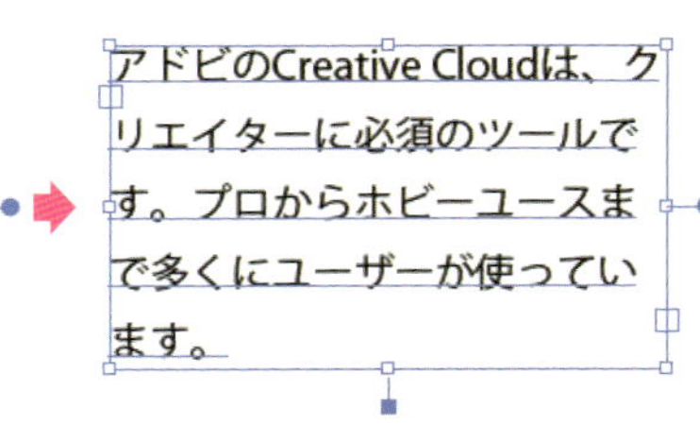

テキストエリアに色を付けたり変形する

214

テキストエリアオブジェクトは、ダイレクト選択ツールで選択すると、文字とは別にテキストエリアにだけ色を設定できます。また、アンカーポイントを操作して変形することも可能です。

第13章 ▶ 214.ai

1 サンプルファイルを開き、ダイレクト選択ツールを選びます❶。テキストエリアオブジェクトのパス部分をクリックして選択します❷。

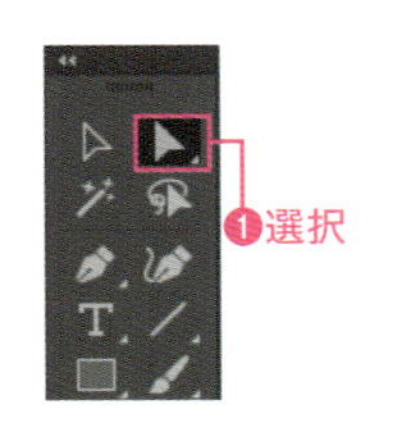

アドビのCreative Cloudは、クリエイターに必須のツールです。

❷クリック

2 スウォッチパネルで、[塗り]を選択し❶、任意の色をクリックして指定します❷。テキストエリアに[塗り]が設定されます❸。スウォッチパネルでなく、カラーパネル、プロパティパネル、コントロールパネルなどで設定してもかまいません。

❷クリック

アドビのCreative Cloudは、クリエイターに必須のツールです。

❸[塗り]に色がついた

3 スウォッチパネルで、[線]を選択し❶、任意の色をクリックして指定します❷。テキストエリアに[線]が設定されます❸。スウォッチパネルでなく、カラーパネル、プロパティパネル、コントロールパネルなどで設定してもかまいません。

❷クリック

アドビのCreative Cloudは、クリエイターに必須のツールです。

❸[線]に色がついた

POINT

線の色の注意

[線]に色を設置した際、線幅を太くするとテキストと重なります。太い線にする場合は、テキストエリアのマージンを設定してください。

アドビのCreative Cloudは、クリエイターに必須のツールです。

POINT

テキストエリアの変形

ダイレクト選択ツールで選択したテキストエリアオブジェクトは、パスやアンカーポイントを操作して変形できます。テキストは、変形した形状のエリアに配置されます。

アドビのCreative Cloudは、クリエイターに必須のツールです。

Macでは、キーは次のようになります。 Ctrl → ⌘ Alt → option Enter → return

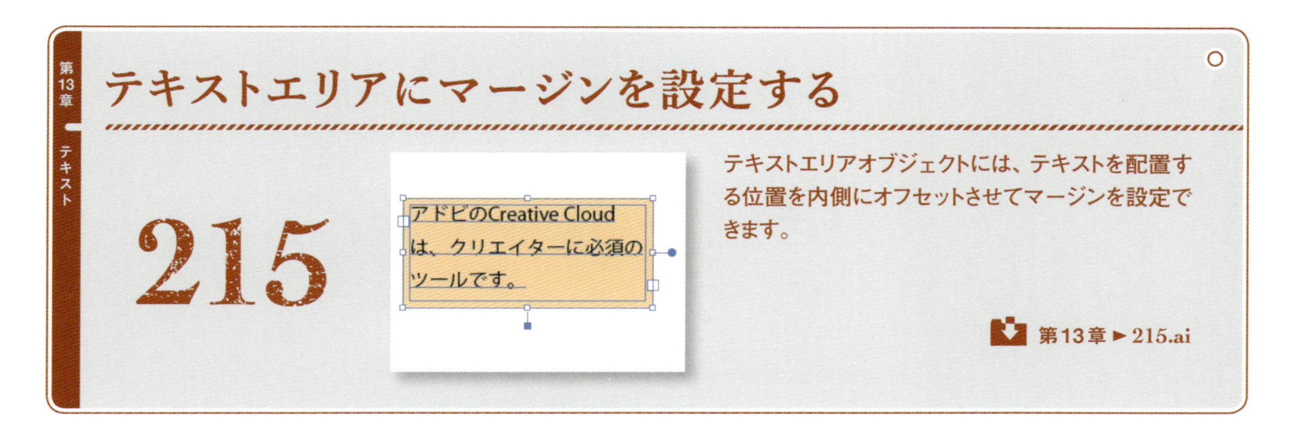

215 テキストエリアにマージンを設定する

テキストエリアオブジェクトには、テキストを配置する位置を内側にオフセットさせてマージンを設定できます。

第13章 ► 215.ai

1 サンプルファイルを開き、選択ツール を選びます❶。テキストエリアオブジェクトを選択します❷。

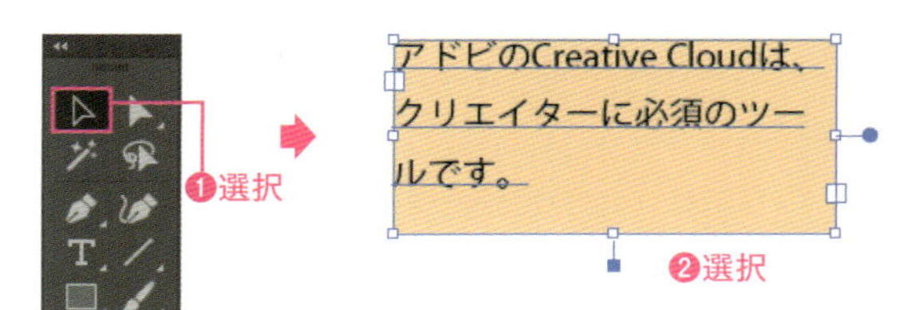

2 ［書式］メニュー→［エリア内文字オプション］を選択します❶。

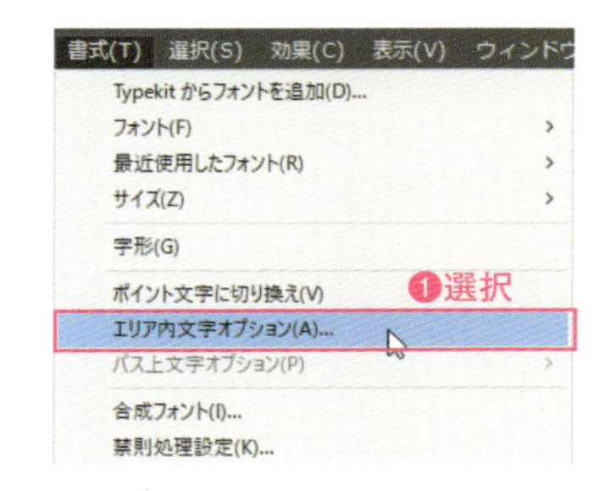

3 ［エリア内文字オプション］ダイアログボックスが表示されるので、［外枠からの間隔］でマージン値を設定し❶、［OK］をクリックします❷。エリア内の文字が、外側から指定したマージン値分だけ内側にオフセットします❸。

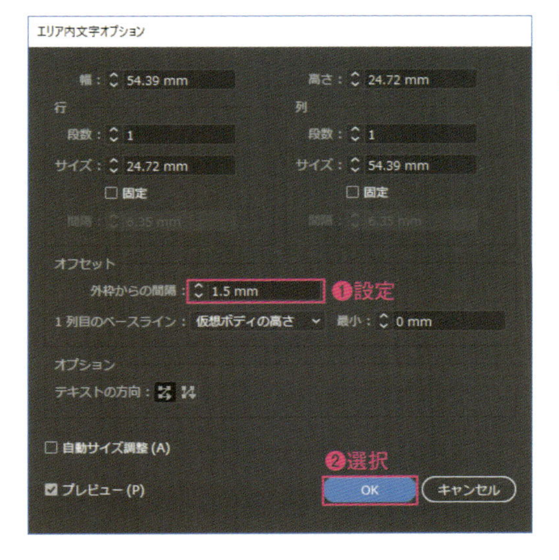

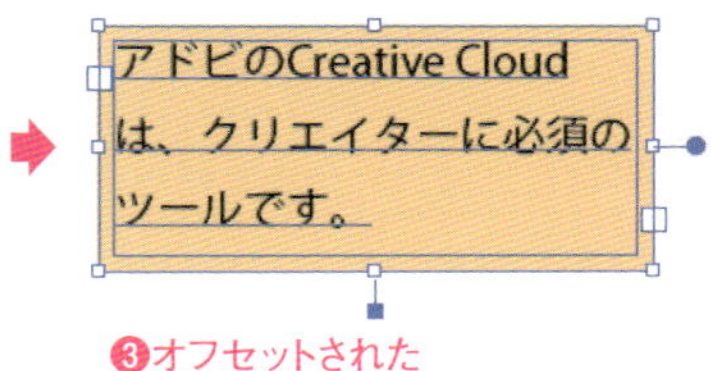

POINT

線の設定

テキストエリアにオフセットを設定すれば、［線］を設定しても重ならなくなります。

アドビのCreative Cloud
は、クリエイターに必須の
ツールです。

216 複数のテキストエリアを連結する

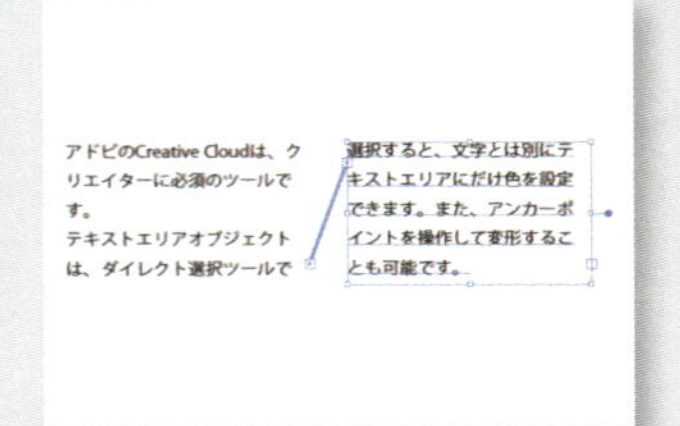

テキストエリアオブジェクトは、連結してひとつながりのテキストをレイアウトできます。

連結したテキストエリアを作成する

1 サンプルファイルを開き、選択ツール を選びます❶。連結元のテキストエリアオブジェクトを選択します❷。ここでのサンプルは、文字量が多くエリア内に入りきらずにオーバーフローしています。

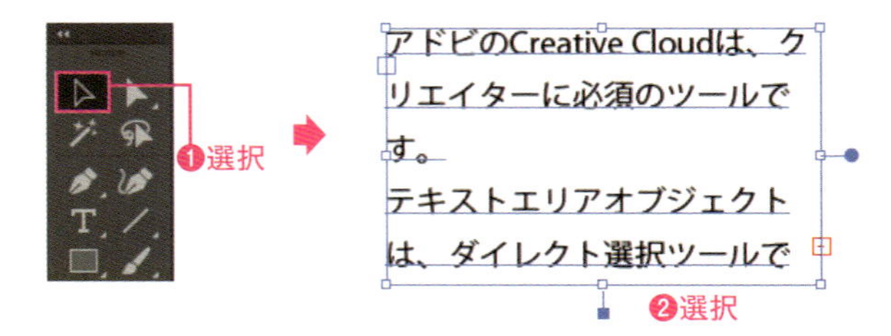

2 オーバーフロー表示の をクリックします❶。カーソルが になるので、連結先のテキストエリアを作成する箇所をクリックします❷。

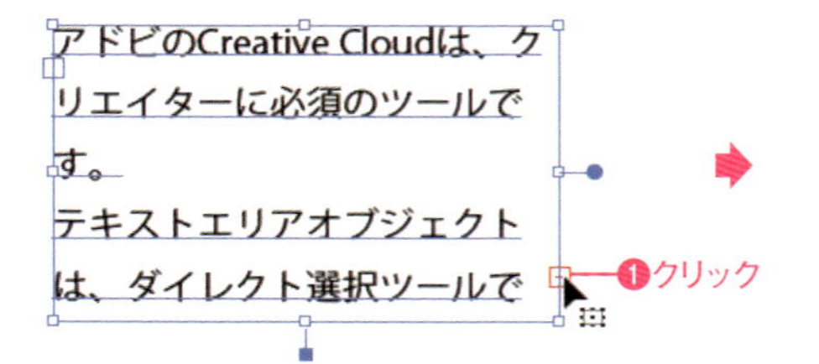

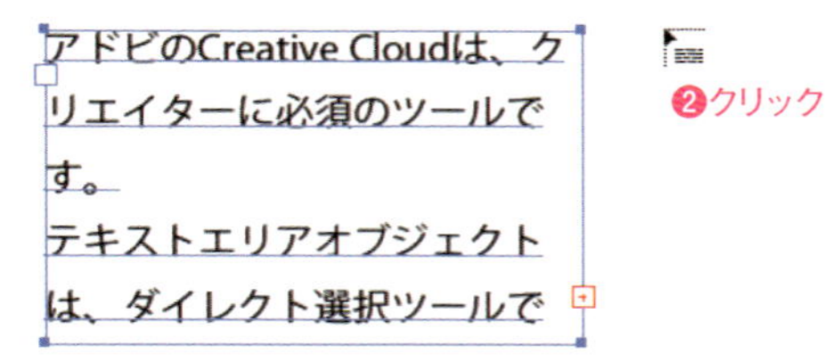

3 連結したテキストエリアが作成され、オーバーフローしていたテキストが流れ込みます❶。
クリックして作成されたテキストエリアは、連結元と同じサイズになります。

アドビのCreative Cloudは、クリエイターに必須のツールです。
テキストエリアオブジェクトは、ダイレクト選択ツールで

選択すると、文字とは別にテキストエリアにだけ色を設定できます。また、アンカーポイントを操作して変形することも可能です。

❶テキストエリアが作成され、テキストが流れ込んだ

POINT

スレッド入力ポイントとスレッド出力ポイント

テキストエリアオブジェクトを選択した際に、左上に表示される□をスレッド入力ポイント、右下に表示される□をスレッド出力ポイントといいます。
テキストエリアオブジェクトを連結すると、手順3のようにスレッド入力ポイントとスレッド出力ポイントを結ぶスレッドラインが表示されます。

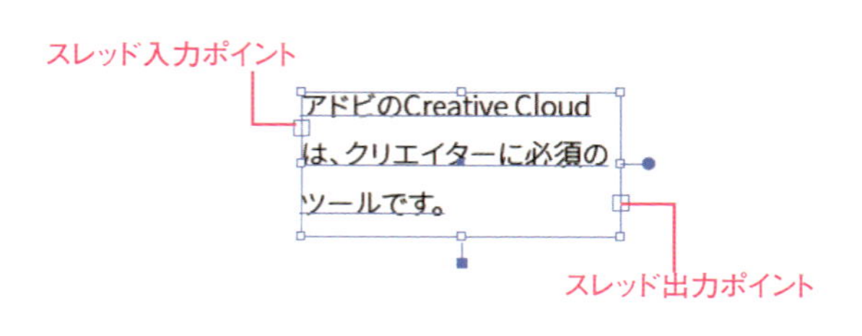

Macでは、キーは次のようになります。 Ctrl → ⌘ Alt → option Enter → return

連結を解除する

選択ツール で、連結先のスレッド入力ポイント（または連結元のスレッド出力ポイント）をダブルクリックします❶。連結が解除されて❷、連結元のテキストエリアオブジェクトは、オーバーフローした状態に戻ります。

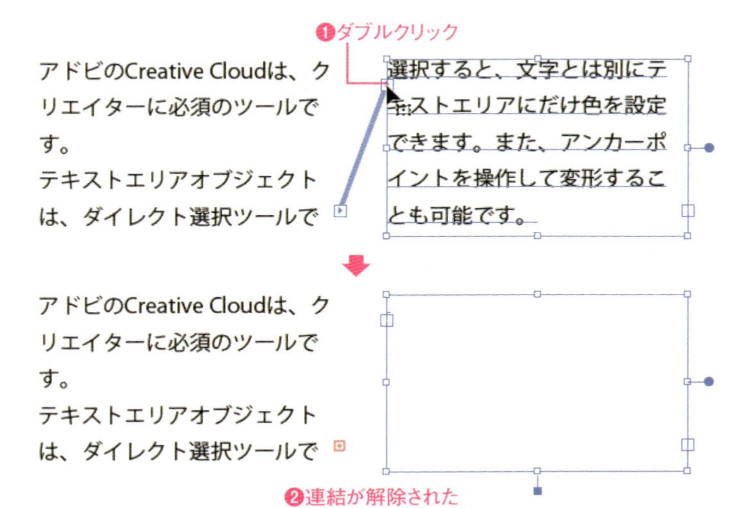

テキストエリアに連結する

1 選択ツール で、連結元のテキストエリアオブジェクトと、文字のないテキストエリアオブジェクトを選択します❶。

❶選択する

2 連結元のテキストエリアオブジェクトのオーバーフロー表示の⊞をクリックします❶。

❶クリック

3 連結先のテキストエリアオブジェクトスレッド入力ポイントをクリックします❶。

❶クリック

4 ふたつのテキストエリアが連結され、オーバーフローしていたテキストが流れ込みます❶。

❶流れ込む

第13章 テキスト

217 パスに沿って文字を入力する

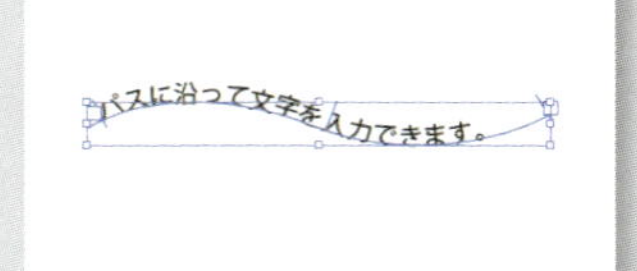

Illustratorでは、曲線や図形の形状のパスに沿って文字を入力できます。

第13章 ▶ 217.ai

1 サンプルファイルを開き、パス上文字ツールを選びます❶。文字を入力するパス上でクリックします❷。クリックした位置からサンプルテキストが入力されます❸。

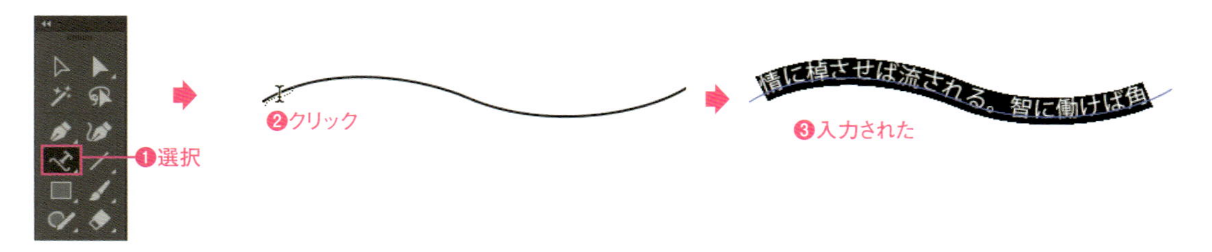

2 サンプルテキストは選択された状態なので、削除しなくても、そのまま入力したい文字をタイプすると、文字が入力されます❶。

POINT

縦組みの場合

縦組みの文字を入力するには、文字（縦）ツールを選択して同様に入力します。

3 文字の入力が終わったら、選択ツールを選択します❶。入力した文字のオブジェクトが選択された状態になります❷。パスは［塗り］も［線］も「なし」になります。

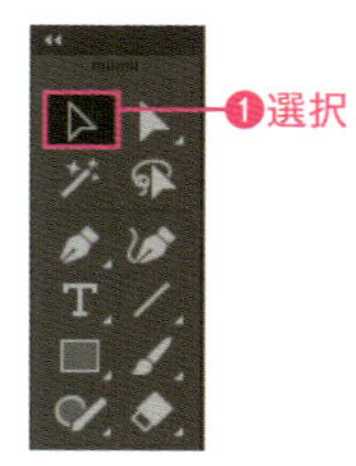

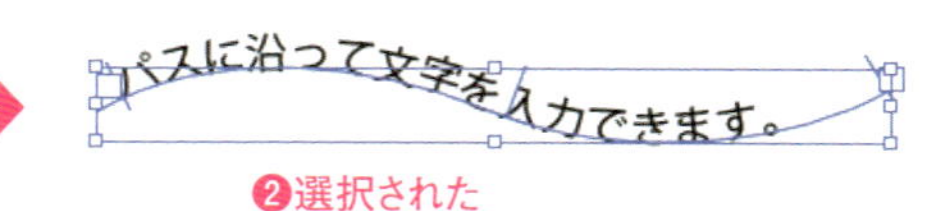

POINT

パスを変形するには

パス上文字のパスの形状を変形するには、ダイレクト選択ツールでパスを選択して変形します。

選択ツールで変形すると、文字も一緒に変形されます。

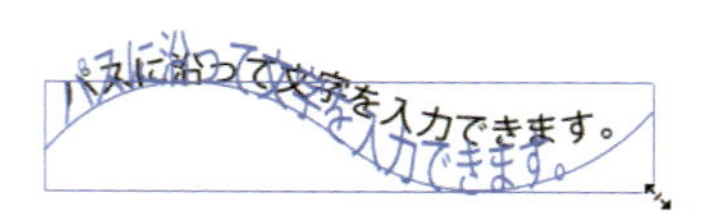

選択ツールで変形すると文字も一緒に変形される

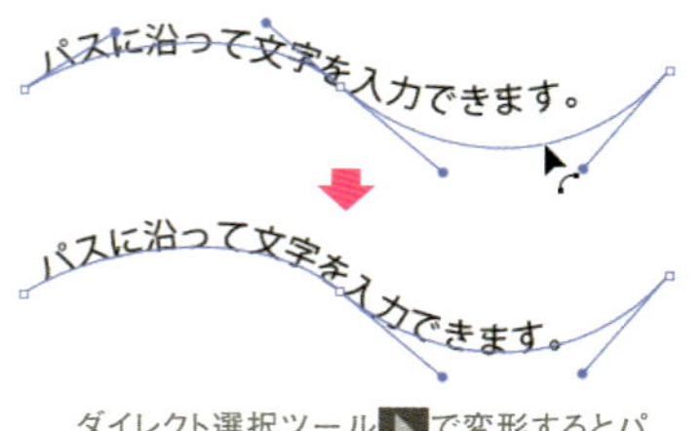

ダイレクト選択ツールで変形するとパスだけを変形できる

Macでは、キーは次のようになります。 Ctrl → ⌘ Alt → option Enter → return

パス上文字の文字の位置を変更する

218

パス上文字の文字の開始位置は変更できます。また、パスの反対側に移動することも可能です。

第13章 ▶ 218.ai

文字の開始位置を変更する

1 サンプルファイルを開き、選択ツール を選びます❶。上に表示されたパス上文字オブジェクトを選択します❷。

2 文字の先頭に表示される | をドラッグします❶。文字の開始位置を変更できます❷。

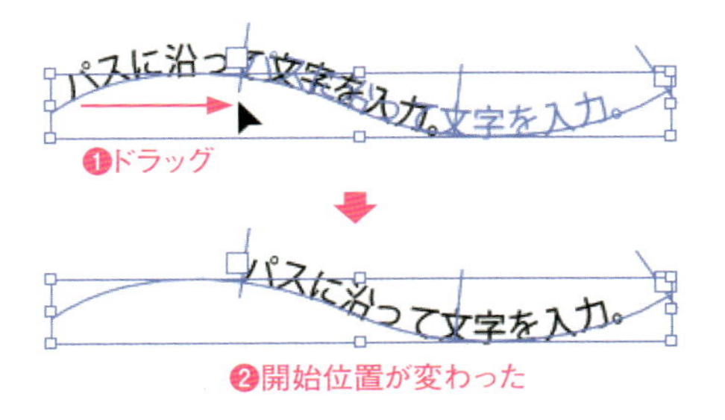

文字の位置を反対側に移動する

1 選択ツール を選びます❶。下に表示されたパス上文字オブジェクトを選択します❷。

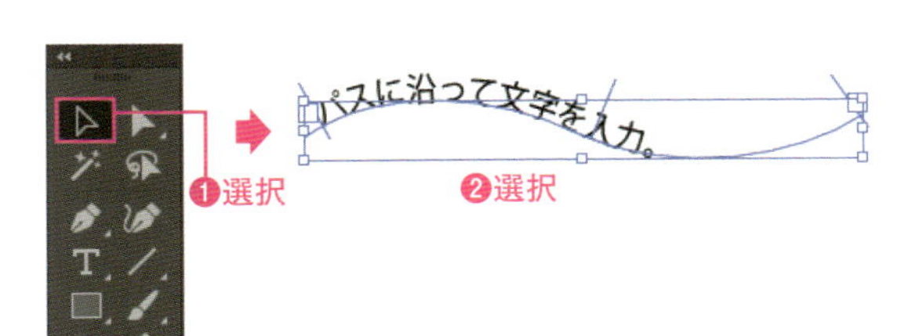

2 文字の中央部に表示される | をパスの反対側にドラッグします❶。文字が反対側に移動します❷

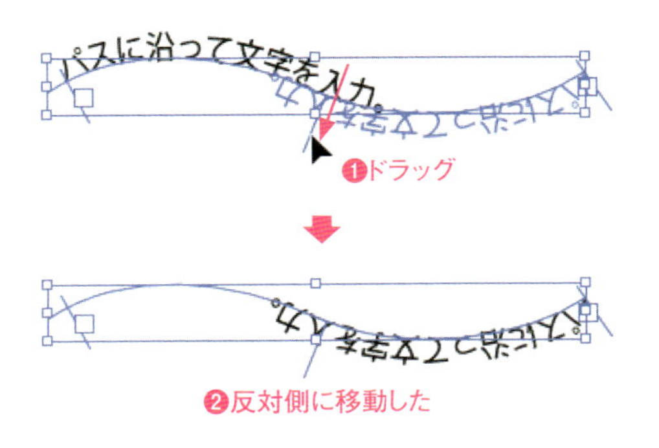

第13章 テキスト

219 フォントを検索する

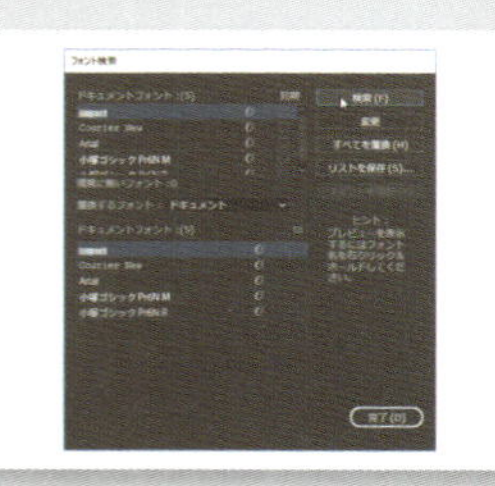

ドキュメント内でどこにどのフォントが使用されているかを検索できます。

第13章 ▶ 219.ai

1 サンプルファイルを開き、[書式]メニュー→[フォント検索]を選びます❶。

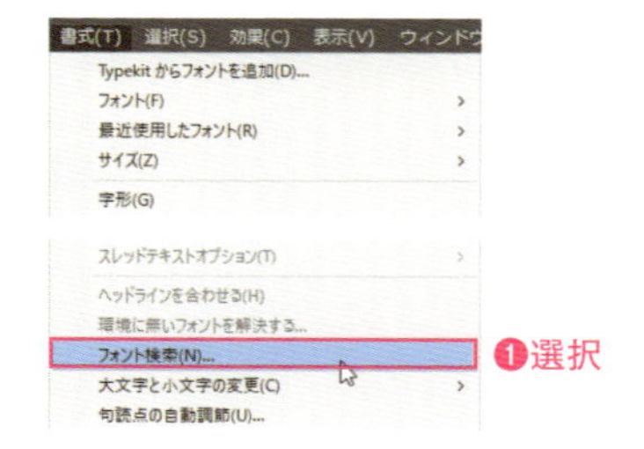

2 [フォント検索] ダイアログボックスが表示されます❶。左上の[ドキュメントフォント]に、ドキュメント内で使用されているフォントがすべて表示されます❷。フォントを選択し❸、[検索]をクリックすると❹、選択したフォントが使用されているテキストがハイライト表示されます❺。クリックを繰り返すと、ほかの箇所が検索されます❻。検索が終了したら[完了]をクリックします❼。

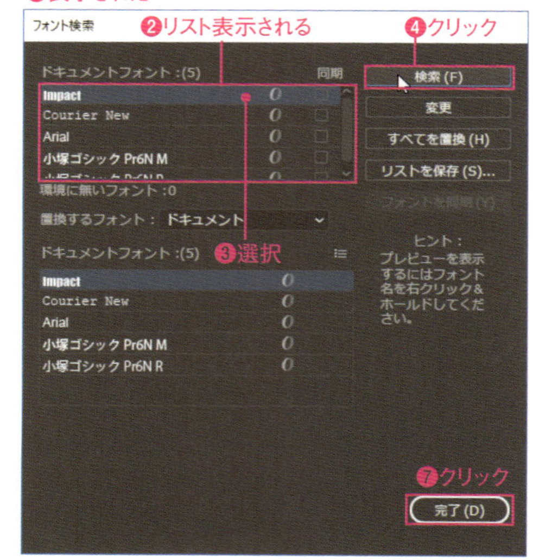

アドビの Creative Cloud は、クリエイターに必須のツールです。

Adobe Creative Cloud is an essential tool for creators.

アドビの Creative Cloud は、クリエイターに必須のツールです。

❺ハイライト表示される

Adobe Creative Cloud is an essential tool for creators.

❻ハイライト表示される

Illustrator is an expressive tool.

Illustrator は、表現力の高いツールです。

Illustrator is an expressive tool.

Illustrator は、表現力の高いツールです。

POINT

環境にないフォントを探す

協業作業で、自分以外が作成したドキュメントを開くと、フォントがないことがあります。フォント検索は、どのフォントがないのか、どこに環境にないフォントが使用されているかを確認するのにも利用できます。

Macでは、キーは次のようになります。 Ctrl → ⌘ Alt → option Enter → return

220 使用中のフォントをほかのフォントに変更する

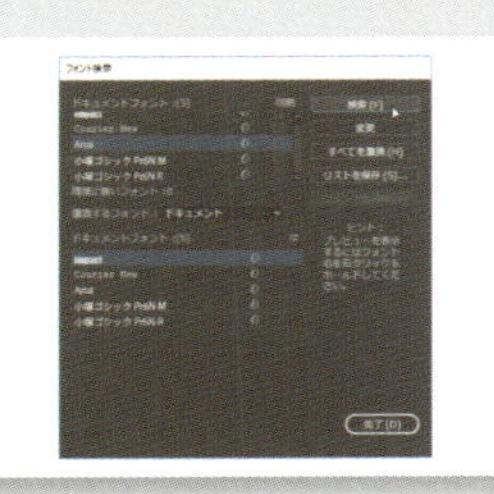

フォント検索では、ドキュメント内で使用しているフォントを一括して、ほかのフォントに変更できます。

第13章 ▶ 220.ai

1 サンプルファイルを開き、[書式]メニュー→[フォント検索]を選びます❶。

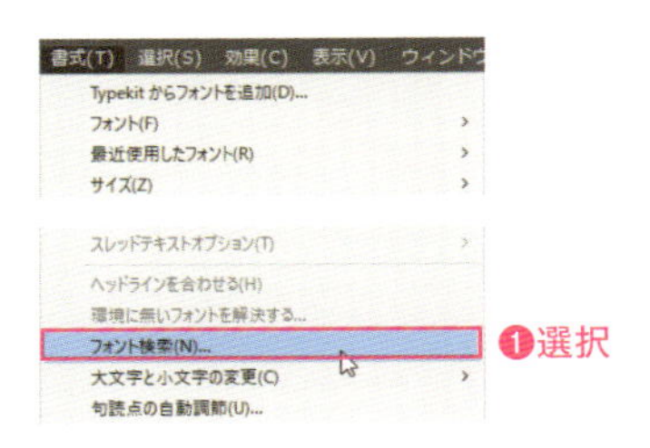

2 [フォント検索]ダイアログボックスが表示されます❶。左の[ドキュメントフォント]でフォントを選択します(ここでは「Impact」)❷、[置換するフォント]を[システム]に変更し❸、リストから置換するフォント(ここでは「Arial Italic」ですが、どんなフォントでもかまいません)を選択し❹、[すべてを置換]をクリックします❺。[ドキュメントフォント]で選択したフォントが、[置換するフォント]で選択したフォントにすべて置換されます❻。置換が終了したら[完了]をクリックします❼。

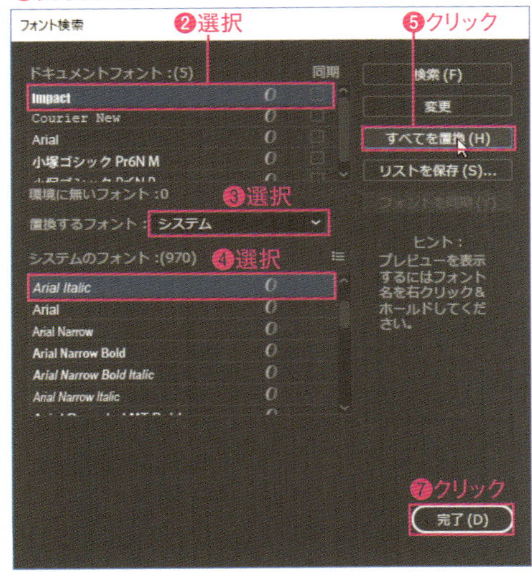

Adobe Creative Cloud is an essential tool for creators.

Adobe Creative Cloud is an essential tool for creators.

❻置換された

Adobe Creative Cloud is an essential tool for creators.

Illustrator is an expressive tool.

Illustrator is an expressive tool.

Illustrator is an expressive tool.

POINT

段落スタイルのフォント

フォント検索でフォントを置換しても、段落スタイルで定義しているフォントは置換されません。
段落スタイルを使用している場合は、フォント検索で検索したテキストに適用されている段落スタイルを確認し、段落スタイルのフォントを置き換えてください。

第13章 テキスト

221 文字を検索・置換する

Adobe の Creative Cloud は、クリエイターに必須のツールです。
Illustrator や Photoshop などのグラフィックソフトだけでなく、アドビはマーケティングツールも提供しています。

ドキュメント内の文字を検索できます。検索した文字をほかの文字に置き換えることもできます。用語の一括修正などに便利です。

第13章 ► 221.ai

1 サンプルファイルを開き、[編集] メニュー→[検索と置換] を選びます❶。

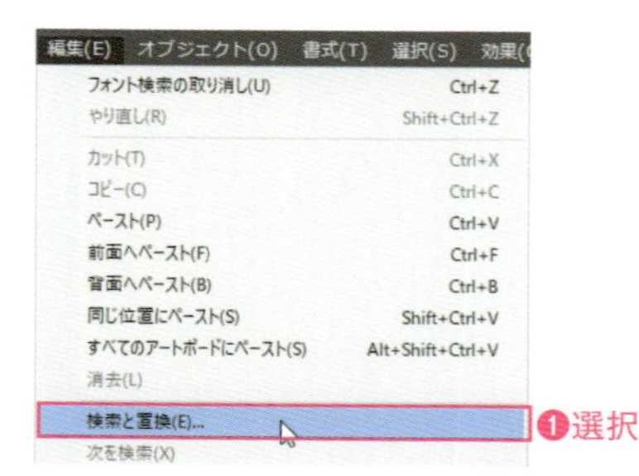

2 [検索と置換] ダイアログボックスが表示されます❶。[検索文字列] に検索する文字を入力します❷。検索した文字をほかの文字に置き換えるには、[置換文字列] に置き換える文字を入力します❸。[検索] をクリックすると❹、[検索文字列] に指定した文字がハイライト表示されます❺。

❶表示された
検索と置換
❷検索する文字を入力
❹クリック
検索文字列 (N) : アドビ
検索 (F)
❸置き換える文字を入力
置換文字列 (W) : Adobe
☐ 大文字と小文字を区別 (C) ☐ 非表示のレイヤーを検索 (D)
☐ 単語として検索 (H) ☐ ロックされたレイヤーを検索 (L)
☐ 下から検索 (B)
完了

❺ハイライト表示される

アドビの Creative Cloud は、クリエイターに必須のツールです。
Illustrator や Photoshop などのグラフィックソフトだけでなく、アドビはマーケティングツールも提供しています。

POINT

特殊文字の検索と置換

タブ文字などの特殊文字は、[検索文字列] [置換文字列] の横の @ をクリックして表示されるリストから選択して指定できます。

3 [置換して検索] をクリックすると❶、検索されてハイライトされた文字が [置換文字列] の文字に置き換えられ❷、次の [検索文字列] に指定した文字がハイライト表示されます❸。検索と置換を終了するには [完了] をクリックします❹。

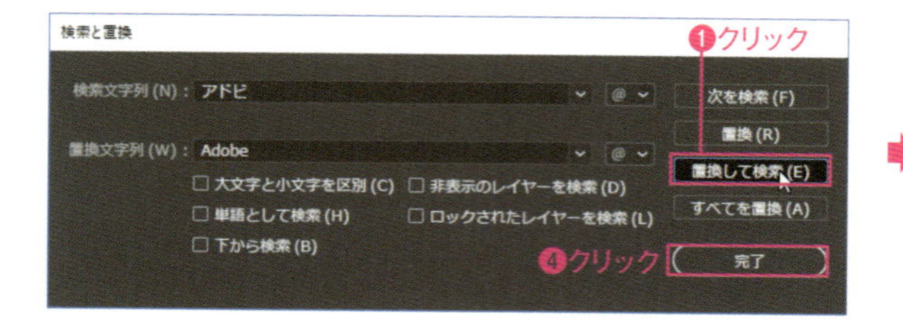

❷置換された

Adobe の Creative Cloud は、クリエイターに必須のツールです。
Illustrator や Photoshop などのグラフィックソフトだけでなく、アドビはマーケティングツールも提供しています。

❸ハイライト表示される

POINT

[置換] と [すべてを置換]

[置換] をクリックすると、検索された文字だけが置換されます。[すべてを置換] をクリックすると、[検索文字列] で指定した文字はすべて、[置換文字列] の文字で置換されます。

Mac では、キーは次のようになります。 Ctrl → ⌘ Alt → option

行揃えを設定する

222

アドビの Creative Cloud は、クリエイターに必須のツールです。Illustrator や Photoshop などのグラフィックソフトだけでなく、アドビはマーケティングツールも提供しています。

行揃えの設定は、段落パネルで行います。Illustratorには、7つの行揃えの設定が用意されています。
おもにテキストエリアオブジェクトに適用しますが、ポイント文字やパス上文字にも設定できます。

1 サンプルファイルを開きます。選択ツール を選び❶、テキストオブジェクトを選択します❷。

ここではテキストオブジェクトを選択しているが、文字ツール T でテキストを選択して行揃えを指定すると、選択したテキストの段落だけに適用される

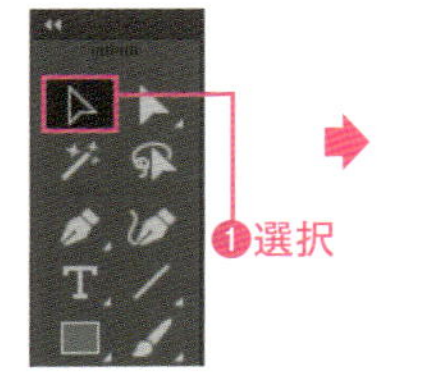

アドビの Creative Cloud は、クリエイターに必須のツールです。Illustrator や Photoshop などのグラフィックソフトだけでなく、アドビはマーケティングツールも提供しています。

❷選択

2 段落パネル（プロパティパネルの段落でも可）で、行揃え（ここでは［均等配置（最終行左揃え）］）をクリックして選択します❶。選択したテキストオブジェクトのすべての段落が指定した行揃えになります❷。

アドビの Creative Cloud は、クリエイターに必須のツールです。Illustrator や Photoshop などのグラフィックソフトだけでなく、アドビはマーケティングツールも提供しています。

❷行揃えが変わった

行揃えの種類

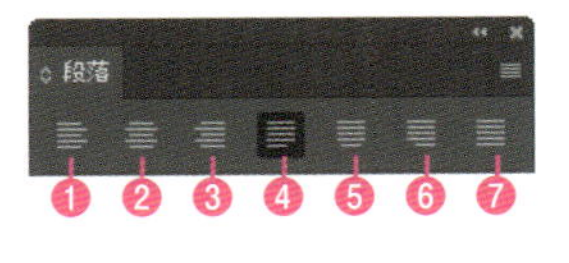

❶左揃え

❷中央揃え

❸右揃え

❹均等配置（最終行左揃え）

❺均等配置（最終行中央揃え）

❻均等配置（最終行右揃え）

❼両端揃え

POINT

ポイント文字の行揃え

ポイント文字では、選択した際に表示される■を基準に行が揃います。パス上文字も同様です。

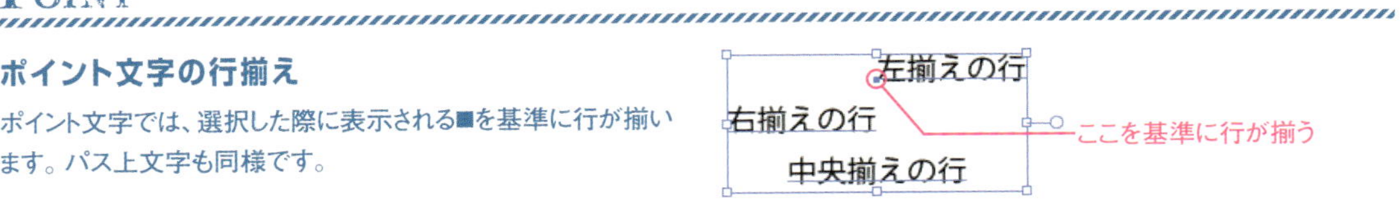

223 サイズの異なる文字の揃え位置を設定する

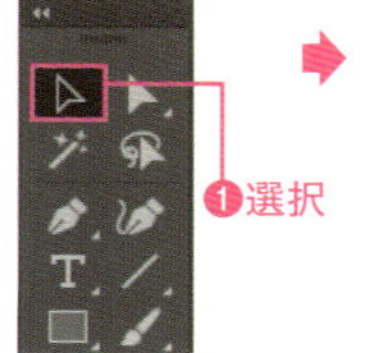

行や段落内に、サイズの異なる文字がある場合、文字をどの位置に揃えるかを設定できます。初期設定は、中央揃えです。

1 サンプルファイルを開きます。選択ツール を選び❶、テキストオブジェクトを選択します❷。

ここではテキストオブジェクトを選択しているが、文字ツール T でテキストを選択して文字揃えを指定すると、選択したテキストだけに適用される

❶選択

日本の絶景を探訪する

❷選択します

2 文字パネルメニューの[文字揃え]から、揃える位置（ここでは[仮想ボディの下/左]）を選択します❶。

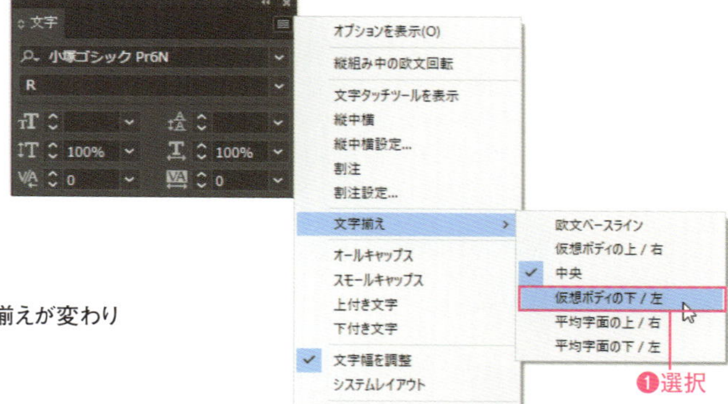

3 選択したオブジェクト内のテキストの文字揃えが変わります❶。

日本の絶景を探訪する

❶文字揃えが変わった

POINT

揃え位置

フォントは、仮想ボディ（外側の実線部分）の中に、仮想ボディより少し小さい平均字面（内側の点線部分）に収まるように設計されています。[仮想ボディの下/左]を選択すると、仮想ボディの下（縦組みでは左）で揃えます。ベースラインは、欧文文字の文字の下側で揃えます。

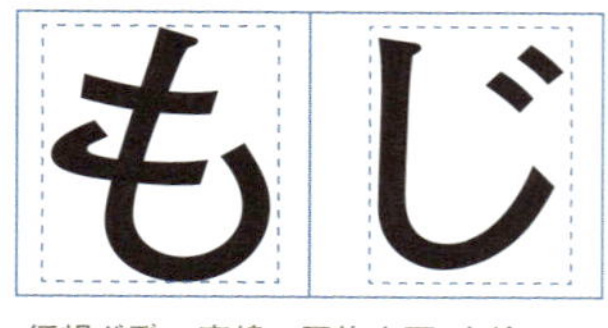

仮想ボディ：実線　平均字面：点線

ベースラインは欧文文字の下側

Macでは、キーは次のようになります。 Ctrl → ⌘ Alt → option Enter → return

224 サンプルテキストの自動入力を解除する

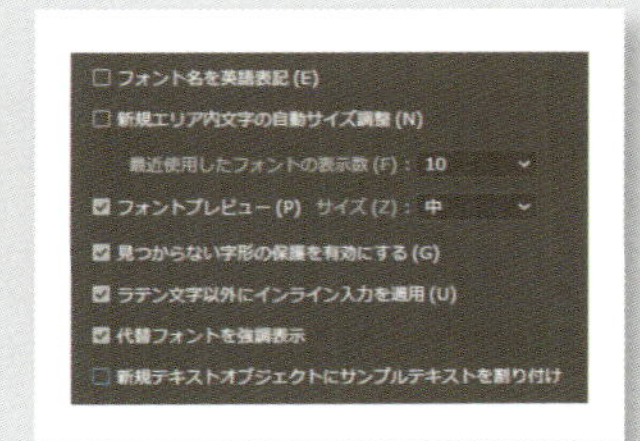

CC 2017以降では、各種文字ツールでオブジェクトを作成すると、自動でサンプルテキストが入力されます。この機能は解除できます。
サンプルテキストは手作業で入力することもできます。

1 ［編集］メニュー（Macでは［Illustrator CC］メニュー）→［環境設定］→［テキスト］を選択します❶。

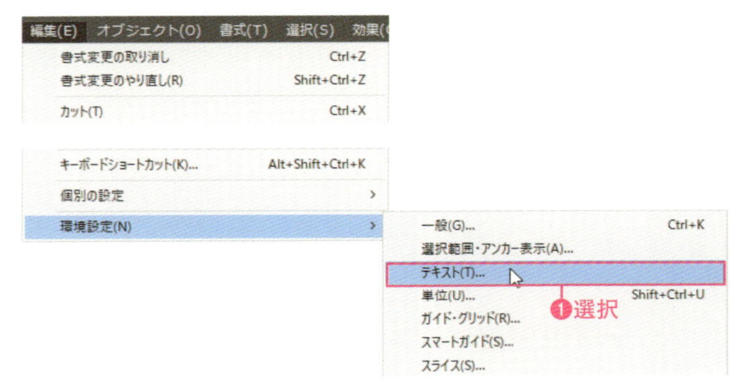

2 ［環境設定］ダイアログボックスが表示されるので、「新規テキストオブジェクトにサンプルテキストを割り付け」のチェックを外して❶、［OK］をクリックします❷。

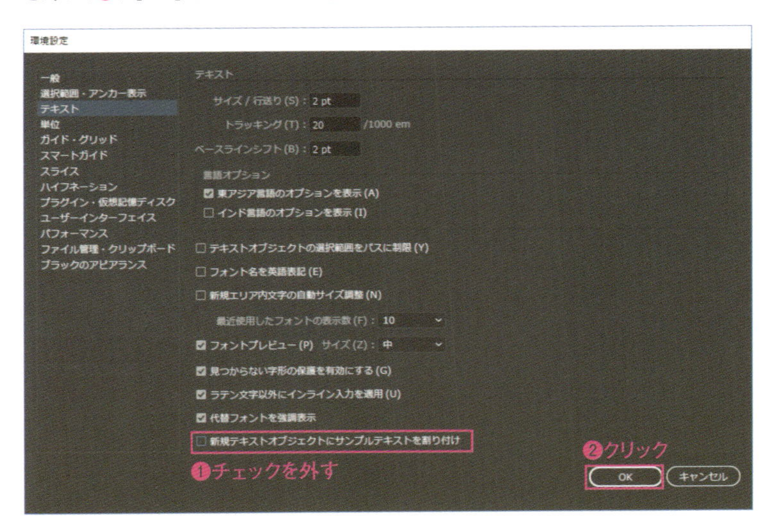

POINT

サンプルテキストを手動で割り付ける

サンプルテキストの自動入力を解除しても、［書式］メニュー→［サンプルテキストの割り付け］で、選択しているテキストオブジェクトにサンプルテキストを入力できます（CC 2017以降）。

225 ポイント文字とエリア内文字を切り替える

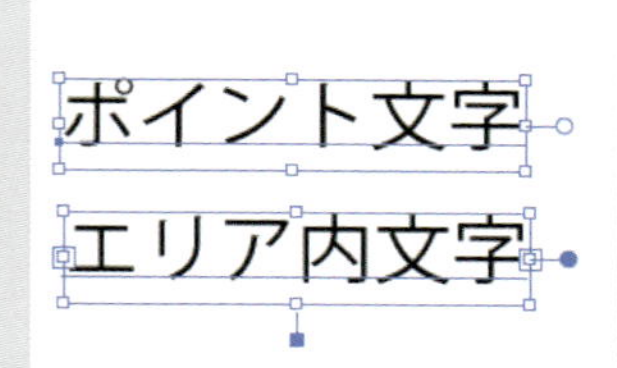

ポイント文字からエリア内文字、エリア内文字からポイント文字に切り替えられます。

1 サンプルファイルを開きます。選択ツールを選び❶、テキストオブジェクトを選択し❷、右側に表示された○をダブルクリックします❸。ポイント文字からエリア内文字に変わります❹。

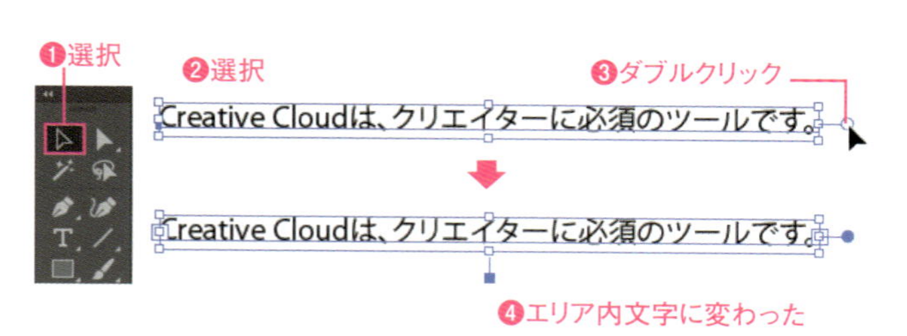

POINT

表示の違い

ポイント文字は白抜きの○、エリア内文字は塗りつぶされた●が表示されます。

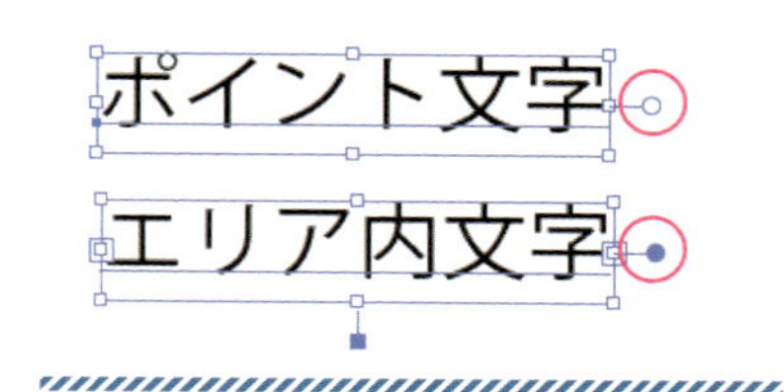

2 ハンドルをドラッグして形状を変えると❶、自動で改行されエリア内文字になっていることがわかります❷。

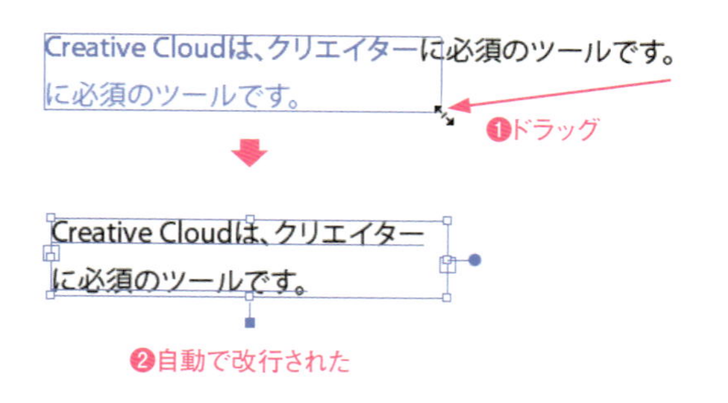

3 エリア内文字の右側に表示された●をダブルクリックします❶。今度は、ポイント文字に変わります❷。ポイント文字なので、ハンドルをドラッグすると文字の大きさも変わります❸。

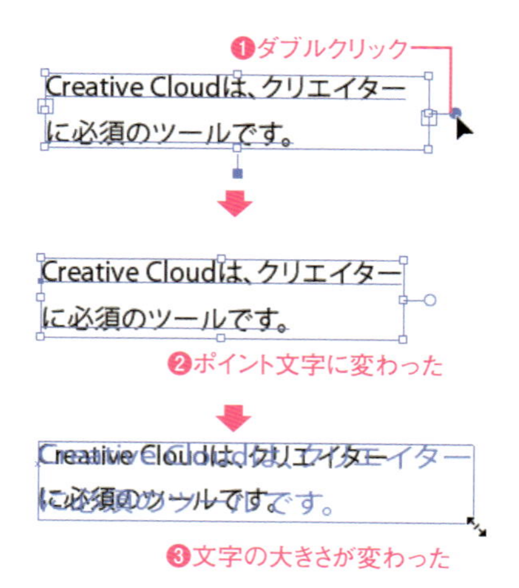

POINT

エリア内文字からポイント文字の変換

複数行のエリア内文字をポイント文字の変換すると、各行が改行された状態で変換されます。

Macでは、キーは次のようになります。 Ctrl → ⌘　Alt → option　Enter → return

異体字や特殊な文字を入力する

226

渡邊太郎

OpenTypeフォントには、旧字体などの異体字が用意されています。字形パネルを使うと、入力済みの文字の異体字を簡単に差し替えられます。また、絵文字などの特殊な文字も入力できます。

異体字の入力

1 サンプルファイルを開きます。文字ツールTを選択します❶。異体字にしたい文字を選択します❷。

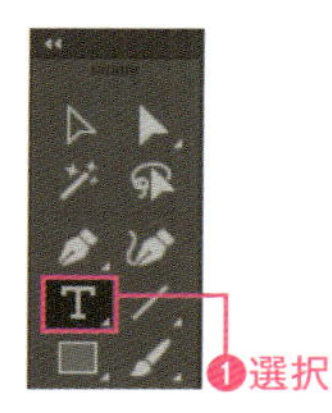

渡辺太郎

❷選択

2 ［書式］メニュー→［字形］を選択して、字形パネルを開きます❶。［表示］に［現在の選択文字の異体字］を選択します❷。選択した文字の異体字が表示されるので、入力したい異体字をダブルクリックします❸。

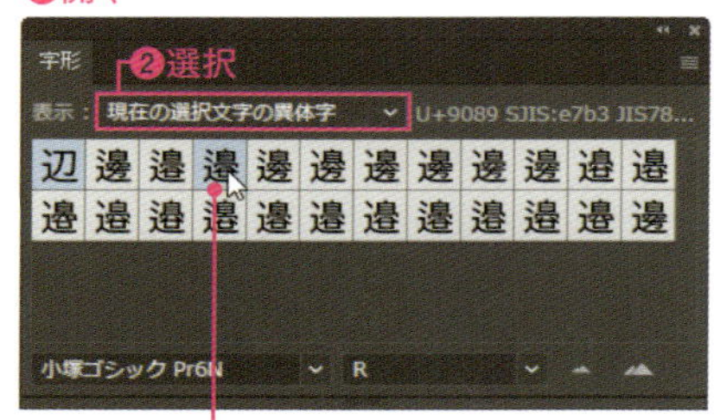

3 選択した異体字が入力されました❶。

渡邊太郎

POINT

CC2017以降

CC2017以降は、選択した文字の異体字が5文字、文字の下部に表示され、選択するだけで入力できます。

渡辺太郎 ➡ 渡邊太郎

特殊文字の入力

1 文字ツールTで文字を入力したい箇所にカーソルを置きます❶。

選択します

❶カーソルを置く

2 字形パネルで、［表示］に［修飾字形］を選択します❶。入力したい文字をダブルクリックします❷。文字が入力されます❸。

段落の前後にアキを入れる

227

文字の入力
Illustratorでは、さまざまな文字の入力方法があります。
エリア内文字
Illustratorでは、テキストエリアを作成して文字を入力できます。

段落の前後にアキを入れて、前後の段落との間隔を調整できます。
タイトル部分は、適度なアキを入れることで、読みやすいレイアウトとなります。

第13章 ▶ 227.ai

1 サンプルファイルを開きます。文字ツール T を選択します❶。アキを挿入したい段落のテキストを選択します❷。

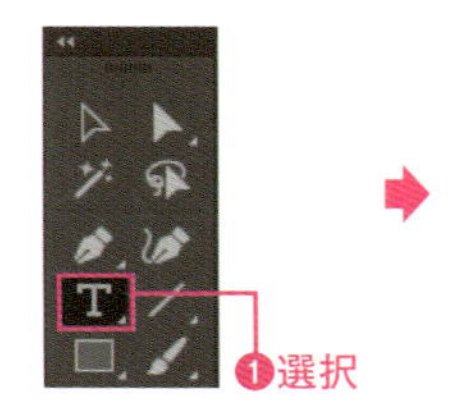

文字の入力
Illustratorでは、さまざまな文字の入力方法があります。
エリア内文字 ❷選択
Illustratorでは、テキストエリアを作成して文字を入力できます。

ここでは、段落全体を選択しているが、設定する段落にカーソルが挿入されているか、一文字以上選択されていればよい

2 段落パネルを開き、[段落前のアキ]に段落の前に挿入するアキ量を設定し❶、[段落後のアキ]に段落の後に挿入するアキ量を設定します❷。

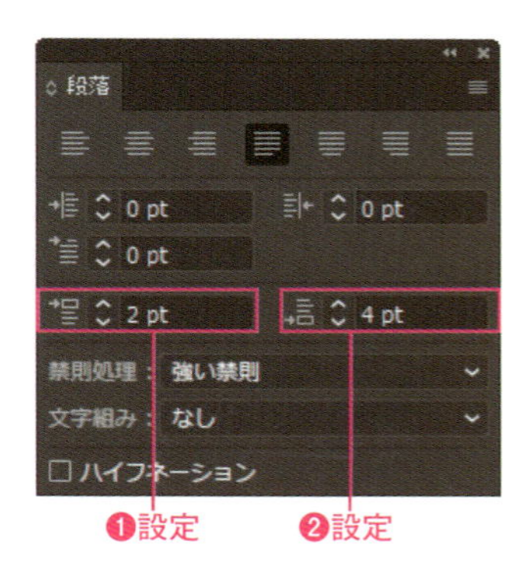

ここでは、[段落前のアキ]と[段落後のアキ]の両方を設定しているが、どちらか一方でもよい

3 選択した文字の段落の前と後にアキが挿入されました❶。

文字の入力
Illustratorでは、さまざまな文字の入力方法があります。
エリア内文字
Illustratorでは、テキストエリアを作成して文字を入力できます。
❶アキが挿入された

POINT

エリア内の先頭行

テキストオブジェクトの先頭行には、[段落前のアキ]を設定してもアキは入りません。

POINT

段落スタイルを使う

タイトル部分など、ドキュメント内で、段落の前後に同じアキを入れたい箇所が複数ある場合は、段落スタイルを使うと便利です。段落スタイルは、P.327 の「よく使う文字書式をスタイルに登録して使い回す」を参照してください。

Macでは、キーは次のようになります。 Ctrl → ⌘ Alt → option Enter → return

228 テキストエリアの行頭や行末にアキを入れる

文字の入力
Illustratorには、さまざまな文字の入力方法があります。
エリア内文字
Illustratorでは、テキストエリアを作成して文字を入力できます。

段落パネルのインデントを使うと、段落の行頭や行末にアキを入れられます。
［1行目左インデント］を使うと、1行目の行頭だけのアキを設定でき、字下げやぶら下げも設定できます。

1 サンプルファイルを開きます。文字ツール T を選択します❶。行頭や行末にアキを挿入したい段落のテキストを選択します❷。

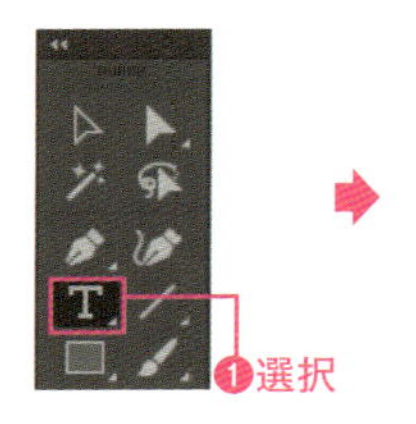

文字の入力
Illustratorには、さまざまな文字の入力方法があります。　❷選択
エリア内文字
Illustratorでは、テキストエリアを作成して文字を入力できます。

設定する段落にカーソルが挿入されているか、一文字以上選択されていればよい

2 段落パネルを開き、［左インデント］に行頭のアキ量を設定し❶、［右インデント］に行末のアキ量を設定します❷。

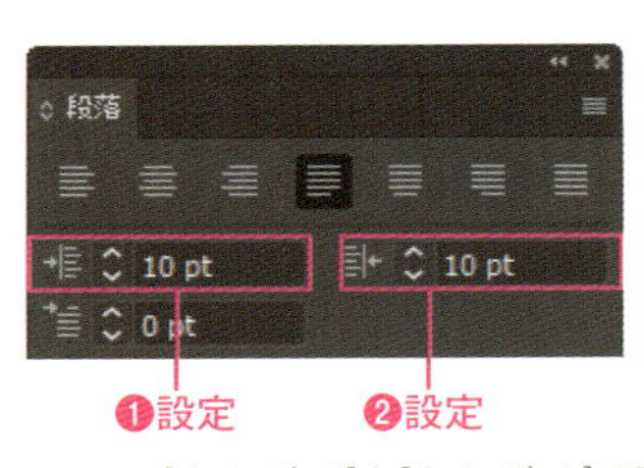

ここでは、［左インデント］と［右インデント］の両方を設定しているが、どちらか一方でもよい

3 選択した文字の段落の行頭と行末にアキが挿入されました❶❷。

文字の入力
Illustratorには、さまざまな文字の入力方法があります。
エリア内文字
Illustratorでは、テキストエリアを作成して文字を入力できます。

❶［左インデント］によるアキ
❷［右インデント］によるアキ

POINT

1行目左インデントによる字下げ

［1行目左インデント］を使うと、一行目の行頭だけにアキが入り、字下げできます。

文字の入力
Illustratorには、さまざまな文字の入力方法があります。

［1行目左インデント］によるアキ

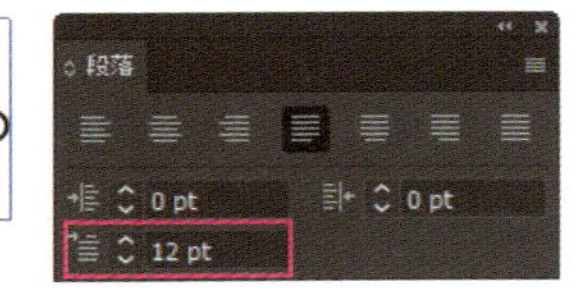

ぶら下げインデント

［左インデント］の設置した値のマイナス値を［1行目左インデント］に設定すると、行頭に「・」などの約物を入力したときのぶら下げインデントに設定できます。

文字の入力
・Illustratorには、さまざまな文字の入力方法があります。

［左インデント］によるアキ
［1行目左インデント］によるアキ

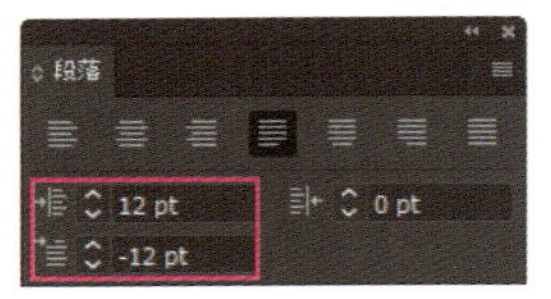

第13章 テキスト

229 縦組みの英数字に縦中横を設定する

縦組みテキストの中で、2文字以上の選択した文字を、1文字として扱うのが縦中横です。英数字などに設定すると読みやすくなります。

第13章 ► 229.ai

1 サンプルファイルを開きます。文字ツール T を選択します❶。縦中横を設定する文字を選択します❷。

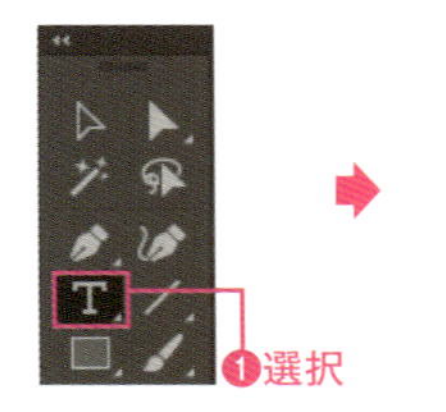

そこから約15キロほど進んだところに、目的地はあった。しかし、体力の限界で到達するできなかった。

❷選択

2 文字パネルメニューから［縦中横］を選択します❶。

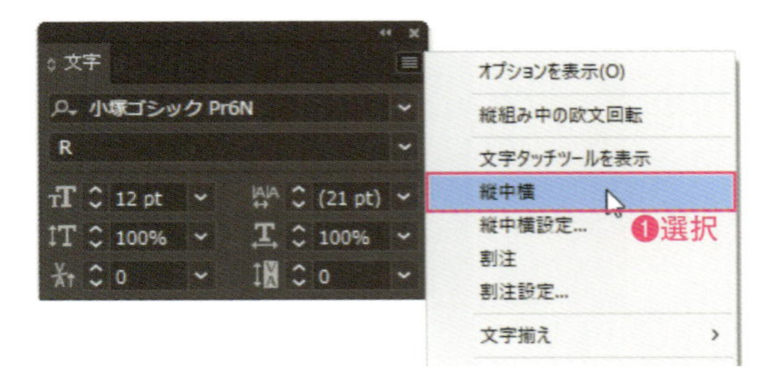

3 選択した文字に縦中横が設定されました❶。

そこから約15キロほど進んだところに、目的地はあった。しかし、体力の限界で到達するできなかった。

❶設定された

POINT

縦中横の位置の調整

文字パネルメニューから［縦中横設定］を選択すると、［縦中横設定］ダイアログボックスが表示され、選択した縦中横適用文字の上下や左右の位置を調整できます。

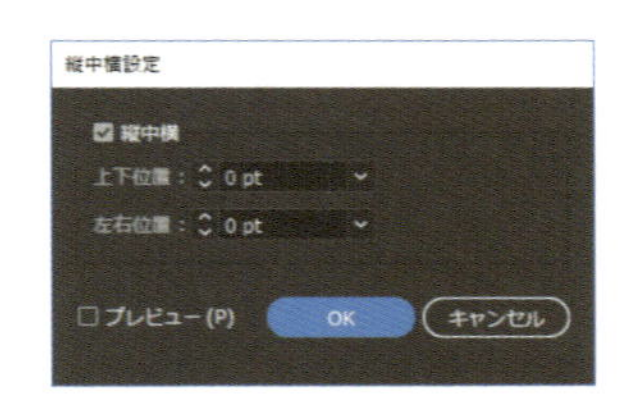

POINT

縦組み中の欧文回転を使う

テキストオブジェクトを選択して、文字パネルメニューから［縦組み中の欧文回転］を選択すると、横になっていたテキスト内の欧文（半角文字）がすべて自動で縦になります。

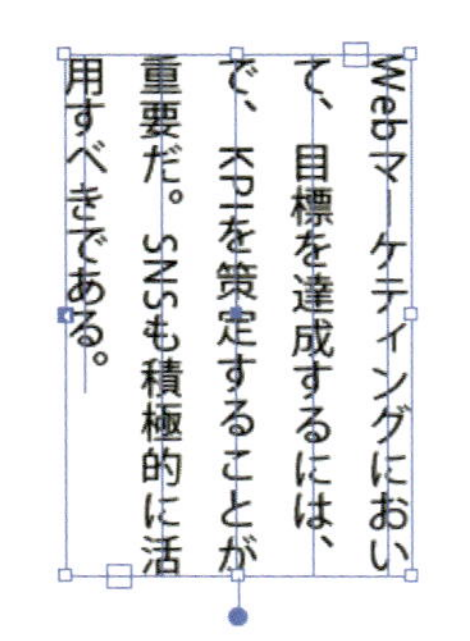

Webマーケティングにおいて、目標を達成するには、で、KPIを策定することが重要だ。SNSも積極的に活用すべきである。

Macでは、キーは次のようになります。 Ctrl → ⌘ Alt → option Enter → return

文字を図形オブジェクトに変換する

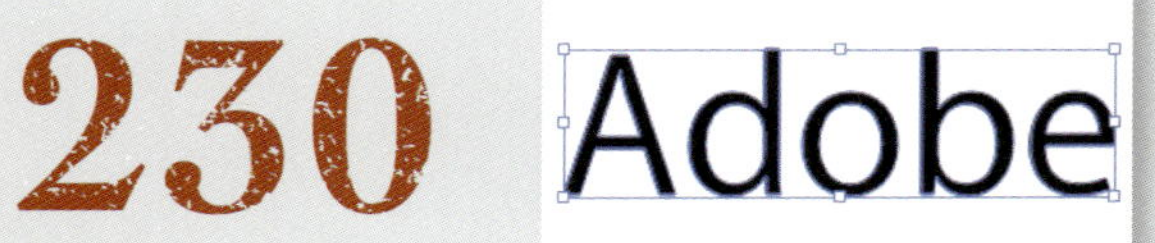

文字を図形オブジェクトに変換すると、ダイレクト選択ツールや各種変形ツールでの変形が可能になります。図形となるため、文字の修正はできなくなるので、ご注意ください。

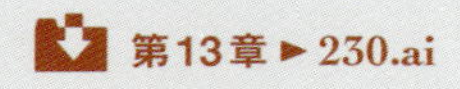

1 サンプルファイルを開きます。選択ツール を選び❶、テキストオブジェクトを選択します❷。

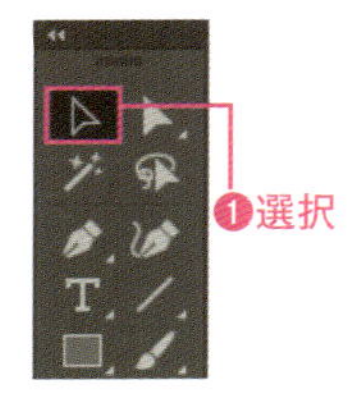

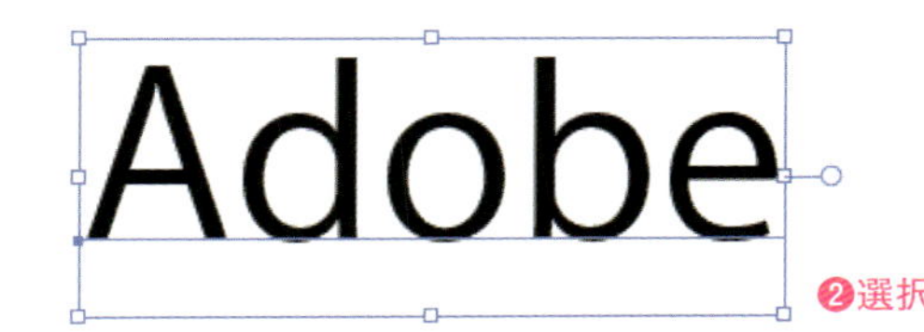

2 ［書式］メニュー→［アウトラインを作成］を選択します❶。

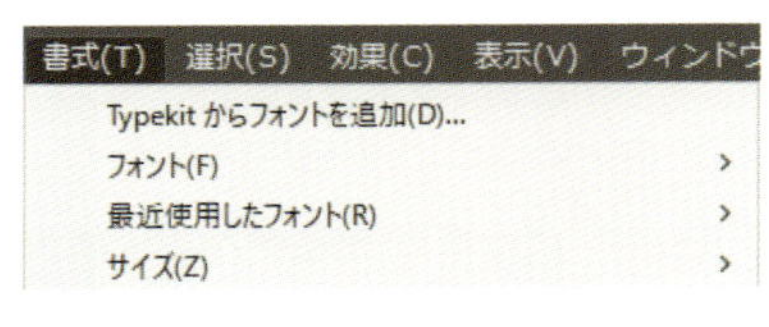

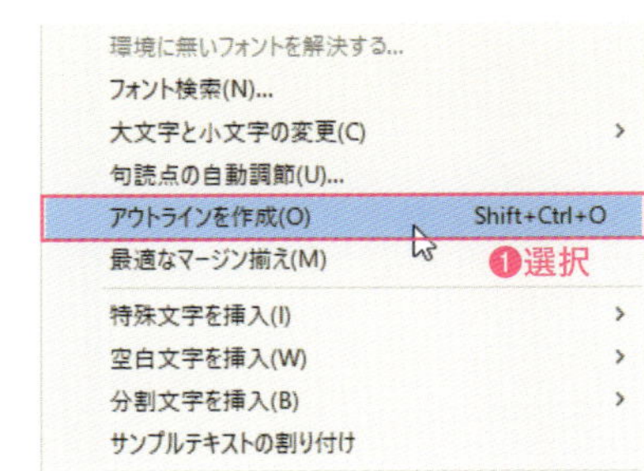

POINT

キーボードショートカット

［アウトライン作成］のキーボードショートカットは、Shift ＋ Ctrl ＋ O です。

3 文字のアウトラインパスの図形オブジェクトに変換されました❶。

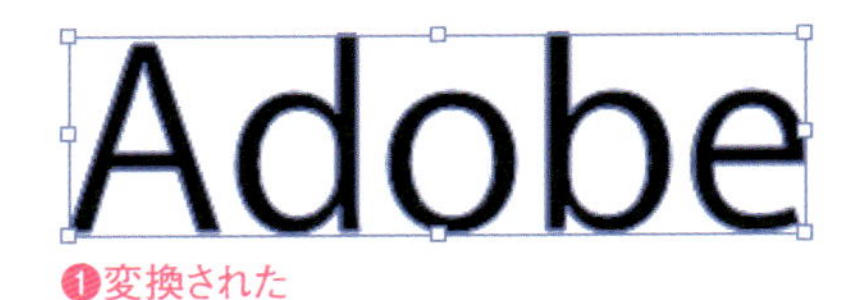

❶変換された

POINT

ダイレクト選択ツール で加工できる

アウトラインオブジェクトに変換すると、ダイレクト選択ツール でアンカーポイントやパスを操作して自由に変形できます。

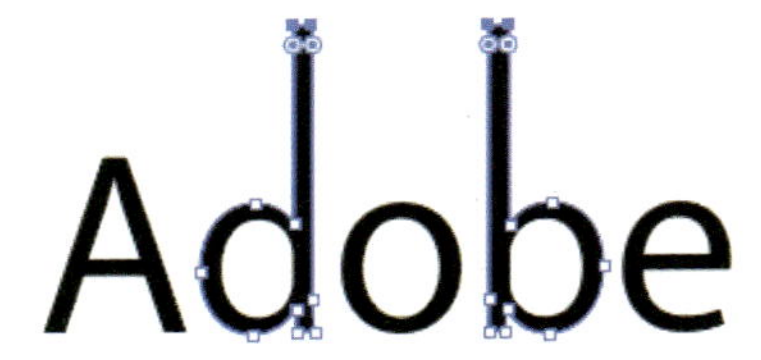

231 ルビを振る

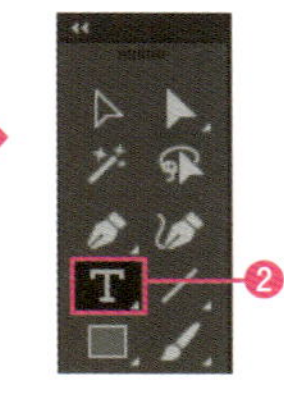

Illustratorにはルビを振る機能がありません。そのため、割注を使ってルビを振ります。

第13章 ▶ 231.ai

1 サンプルファイルを開きます❶。「Illustrator」の文字に「イラストレーター」のルビを設定します。文字ツール T を選択します❷。ルビを振る親文字「Illustrator」の前に、読みである「イラストレーター」と入力します❸。

❶開く
Illustratorは、クリエイターに
必須のツールです。

❷選択

❸入力
イラストレーターIllustrator
は、クリエイターに必須の
ツールです。

2 親文字とルビ文字を選択します❶。文字パネルメニューから［割注設定］を選択します❷。

❶選択
イラストレーターIllustrator
は、クリエイターに必須の
ツールです。

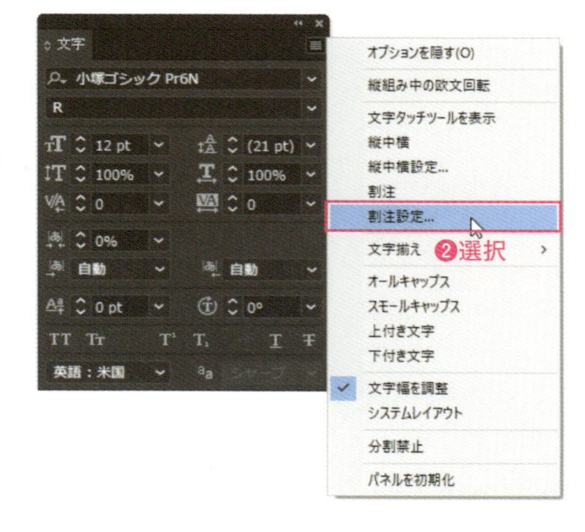

POINT

割注とは

文章内に、用語の説明などを挿入するために、文字サイズを小さくして2行で表示する機能です。

割注機能（説明文などを文字サイズを小さくして2行で表示する機能）は便利です。

割注機能（説明文などを文字サイズを小さくして2行で表示する機能）は便利です。

() 内の文字に割注を設定

Macでは、キーは次のようになります。 Ctrl → ⌘ Alt → option Enter → return

3 ［割注設定］ダイアログボックスが表示されるので、［割注］にチェックを付けます❶。［行の間隔］を「1pt」❷、［行揃え］を「中央揃え」に設定し❸、［OK］をクリックします❹。選択した文字が割注になりました❺。

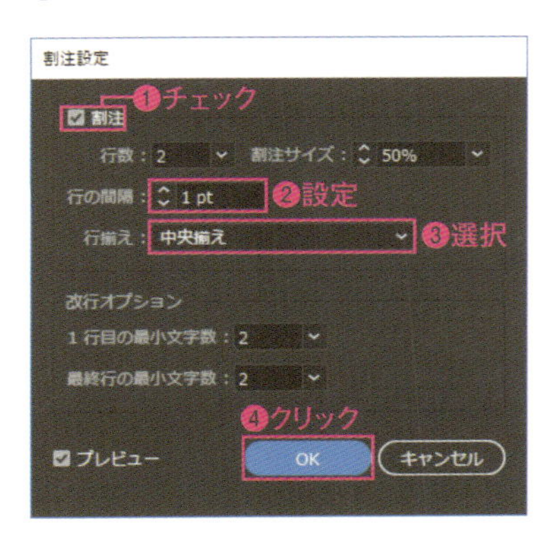

4 全体が割注になり、文字サイズが50%になったので、親文字の「Illustrator」も50%になってしまいました。親文字のサイズを元に戻します。「Illustrator」の文字を選択し❶、文字パネル（段落パネルやプロパティパネルの文字でも可）で、元のフォントサイズの2倍（ここでは12ptの2倍の24pt）に設定します❷。「Illustrator」の文字サイズが大きくなりました❸。

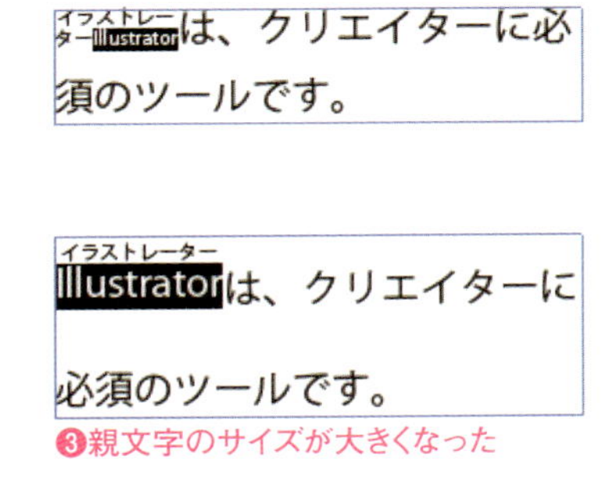

5 親文字がほかの文字に比べて上に移動しているので、ベースラインシフトを使って調整します。文字パネルのベースラインシフトをマイナス値を設定し（ここでは「-1pt」）❶、ほかの行に合わせます❷。

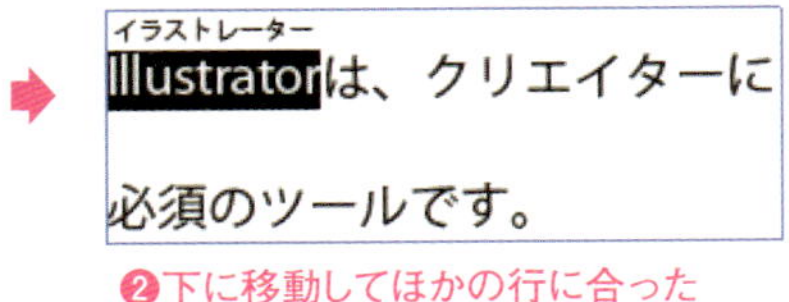

❷下に移動してほかの行に合った

割注の分だけ行間が広がるので、調整が必要

第13章 テキスト

第13章 テキスト

232 オブジェクトにテキストを回り込ませる

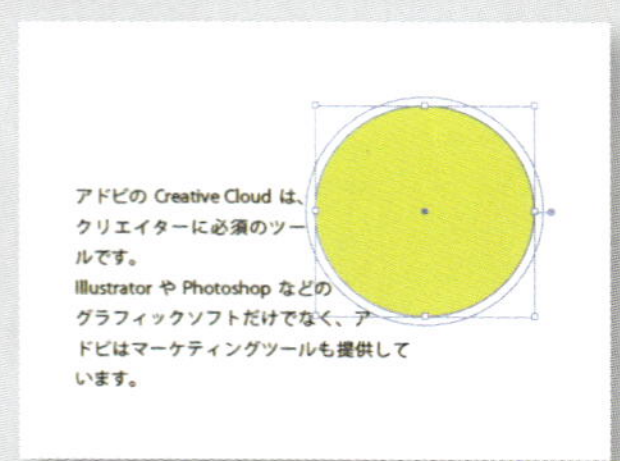

オブジェクトにテキストの回り込みを設定すると、図形の形状に合わせて文字を回り込んでレイアウトできます。

第13章 ► 232.ai

1 サンプルファイルを開きます。選択ツールを選び❶、回り込ませるオブジェクトを選択します❷。

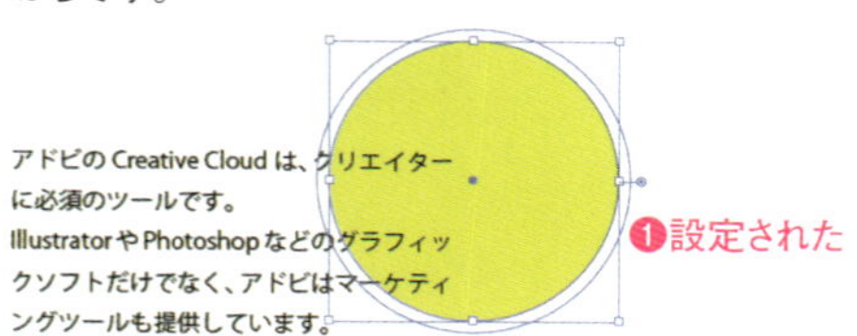

2 ［オブジェクト］メニュー→［テキストの回り込み］→［作成］を選択します❶。

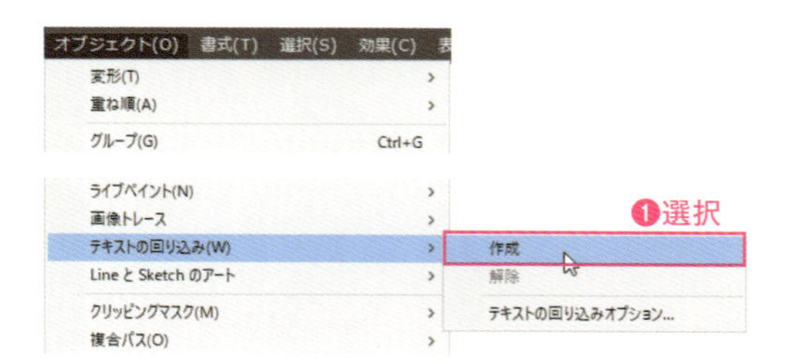

3 オブジェクトに回り込みが設定され、周囲にテキストの回り込みのラインが表示されます❶。テキストが回り込んでいないのは、テキストオブジェクトが前面にあるからです。

4 ［オブジェクト］メニュー→［重ね順］→［最前面へ］を選択します❶。テキストオブジェクトより前面になったので、文字が回り込みます❷。

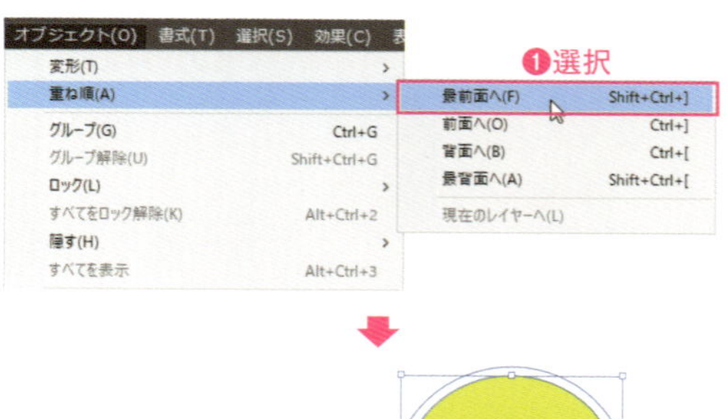

アドビの Creative Cloud は、クリエイターに必須のツールです。
Illustrator や Photoshop などのグラフィックソフトだけでなく、アドビはマーケティングツールも提供しています。

❷テキストが回り込んだ

POINT

回り込みのオフセット

［オブジェクト］メニュー→［テキストの回り込み］→［テキストの回り込みオプション］を選択して表示される［テキストの回り込みオプション］ダイアログボックスでは、オブジェクトと回り込むテキストとのオフセット値を設定できます。

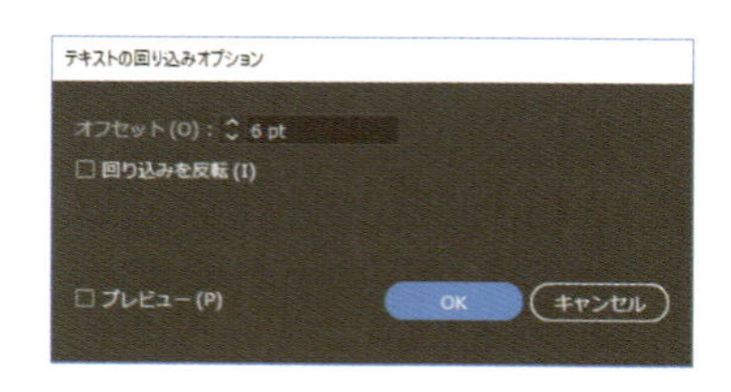

Macでは、キーは次のようになります。 Ctrl → ⌘ Alt → option Enter → return

タブできれいに揃える

233

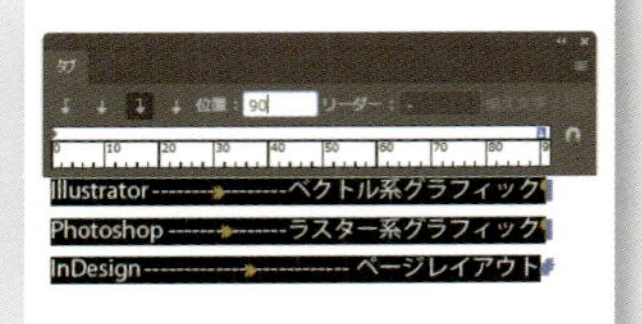

複数行のテキストを、行頭以外の部分できれいに揃えるにはタブを使います。
タブでは、左揃え以外に、右揃えや中央揃えもできます。また、タブで区切った空白部分を文字で埋めることもできます。

第13章 ▶ 233.ai

1 サンプルファイルを開いて文字ツールTを選択し❶、タブで揃える文字を選択します❷。ここでは、どこにタブが挿入されているかわかりやすいように、[書式] メニュー→ [制御文字を表示] を選択してあります。

2 タブパネルを表示し❶、をクリックします❷。タブパネルが選択したテキストの幅に合うように表示されます。[左揃えタブ] をクリックして選択し❸、ルーラー上をクリックします❹。クリックした位置に、タブで区切られた次の文字が左揃えになります❺。

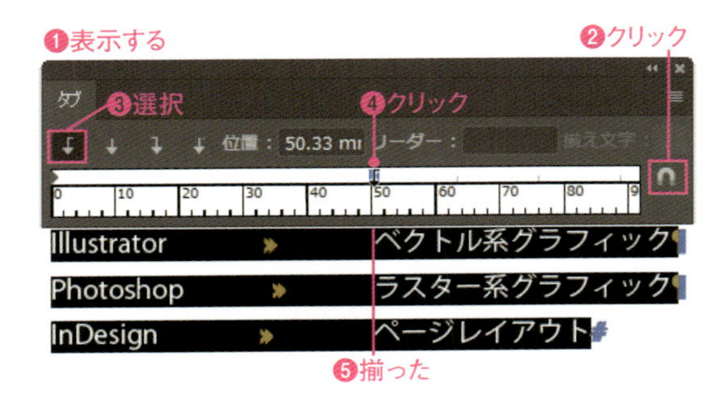

3 ルーラー上で左揃えタブのマークが選択されている状態で、[位置] を「40mm」に設定し❶、[リーダー] に「-」を入力します❷。揃え位置が40mmになり❸、タブであいた空間が [リーダー] で指定した「-」で埋められます❹。

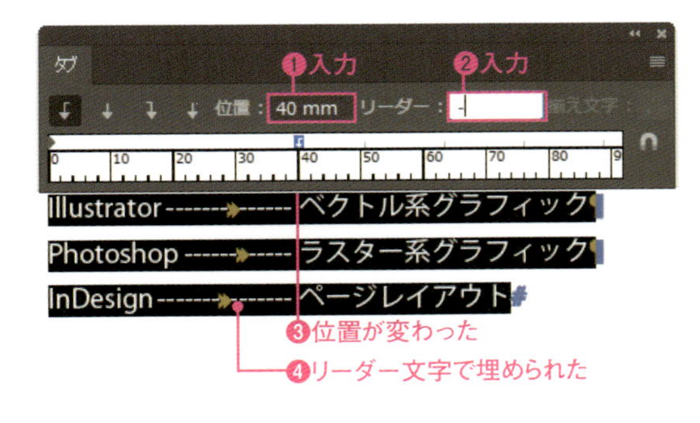

4 ルーラー上で左揃えタブのマークが選択されている状態で、[右揃えタブ] を選択します❶。[位置] を「90」に設定すると❷、タブの後の文字が、90mmの位置に右揃えになります❸。

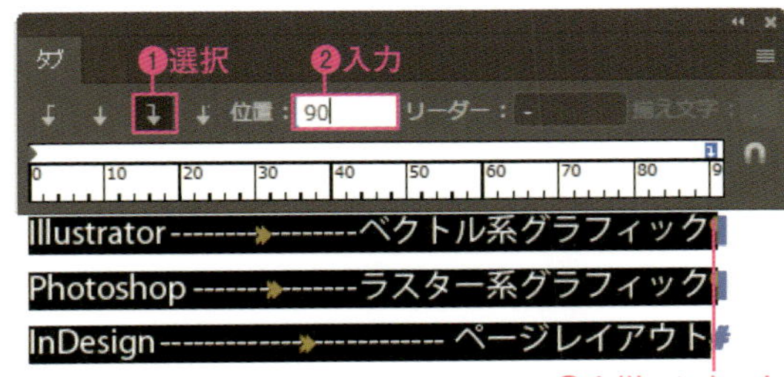

Point

揃え文字による揃え

タブによる文字揃えは、[左揃え] [中央揃え] [右揃え] 以外に [小数点揃え] が利用できます❶。[小数点揃え] は、[揃え文字] で指定した文字を❷、指定した位置に左揃えにします❸。なお [揃え文字] は、小数点以外の文字でもかまいません。

234 上付き文字、下付き文字にする

上付き文字や下付き文字は、簡単に設定できます。ただし、思ったような位置にならないときは、調整が必要となります。

文字パネルで設定する

1 サンプルファイルを開き、文字ツール T を選択し❶、下付き文字にする文字「2」を選択します❷。文字パネルの［下付き文字］をクリックすると❸、選択した文字が下付き文字になります❹。

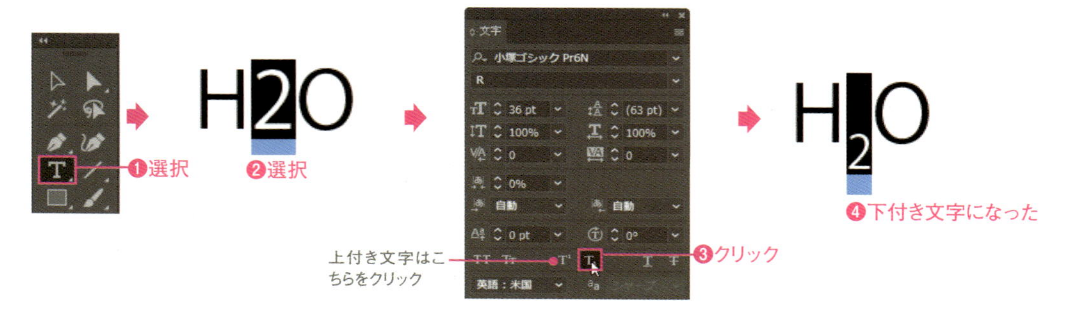

2 文字が下に行きすぎているので、文字パネルの［ベースラインシフトを設定］の値を変更して調整します❶❷。

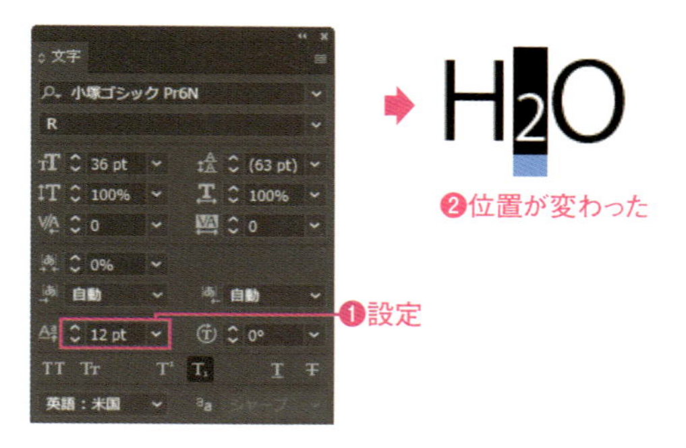

POINT

サイズと位置の設定

文字パネルの上付き文字、下付き文字は、［ファイル］メニュー→［ドキュメント設定］で表示される［ドキュメント設定］ダイアログボックスの［文字オプション］の設定が適用されます。このダイアログボックスの設定を変更すると、ドキュメント内のすべての上付き文字、下付き文字に反映されるので、ご注意ください。

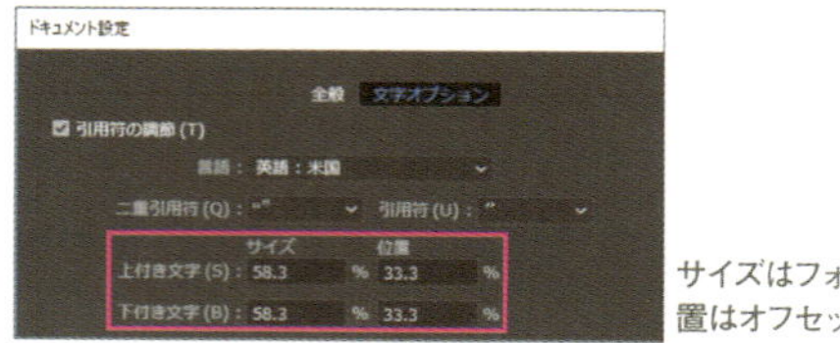

サイズはフォントサイズ、位置はオフセットする割合

OpenType パネルで設定する

OpenTypeフォントでは、OpenTypeパネルの［位置］で「上付き文字」「下付き文字」を選択して❶、選択した文字を上付き文字、下付き文字に設定できます❷。文字パネルと同様に、位置は調整してください。

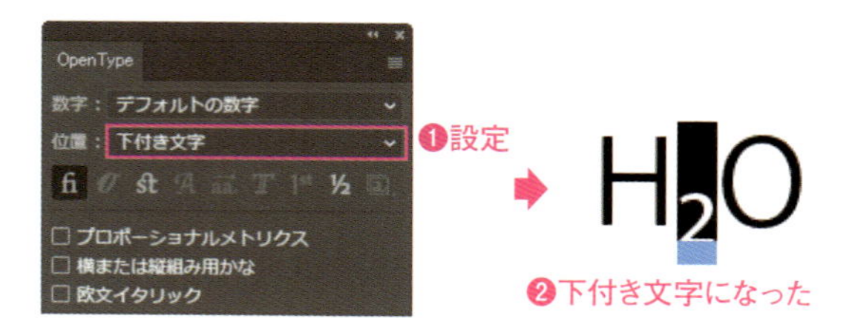

Macでは、キーは次のようになります。 Ctrl → ⌘ Alt → option Enter → return

第13章 テキスト

文字にカラーを設定する

235

文字は、通常の図形オブジェクトと同様に、[塗り]と[線]にカラーを設定できます。パターンも利用できます。グラデーションで塗ることもできますが、アピアランスを使う必要があります。

第13章 ► 235.ai

1 サンプルファイルを開きます。選択ツール を選び❶、カラーを設定するテキストオブジェクトを選択します❷。

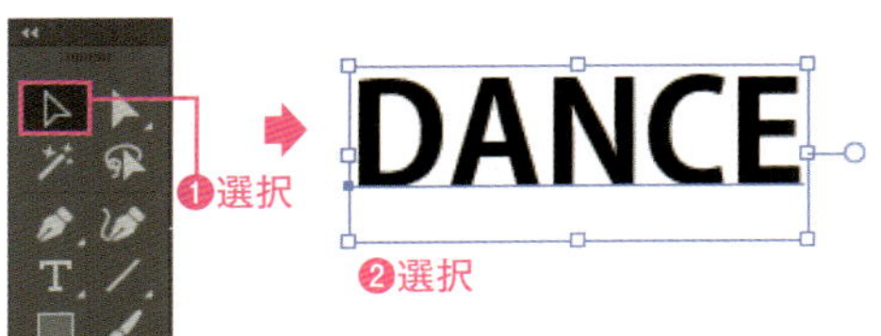

特定の文字だけに色を設定するときは、文字ツールで文字を選択する

2 カラーパネルを表示し[塗り]をアクティブに設定し❶、色を設定します❷。[塗り]が選択されているので、文字のカラーが変わります❸。

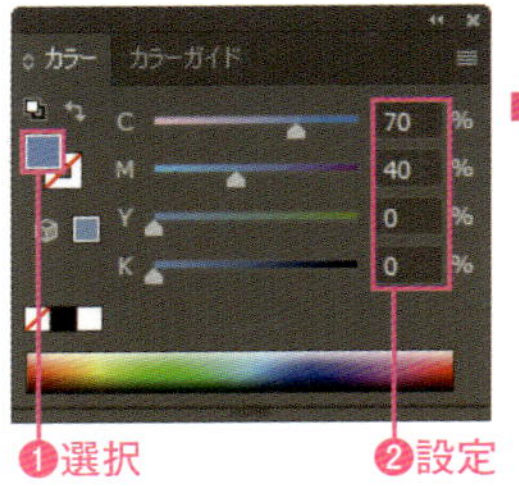

ここではカラーパネルで設定しているが、スウォッチパネル、コントロールパネル、プロパティパネルで設定してもよい

3 スウォッチパネルを表示し[線]をアクティブに設定し❶、任意のカラーをクリックして選択します❷。[線]が選択されているので文字の線にカラーが設定されます❸。

ここではスウォッチパネルで設定しているが、カラーパネル、コントロールパネル、プロパティパネルで設定してもよい

Point

パターンを使う

文字には、[塗り]と[線]のどちらにも、パターンを適用できます。

Point

グラデーションを使う

文字には、そのままではグラデーションを適用できません。グラデーションで塗るには、アピアランスパネルで、[新規塗りを追加]をクリックして[塗り]を追加し、追加した[塗り]にグラデーションを適用します。
元の文字のカラーが背面に残るので、[文字]をクリックし、元の文字の[塗り]と[線]を「なし」にするとよいでしょう。

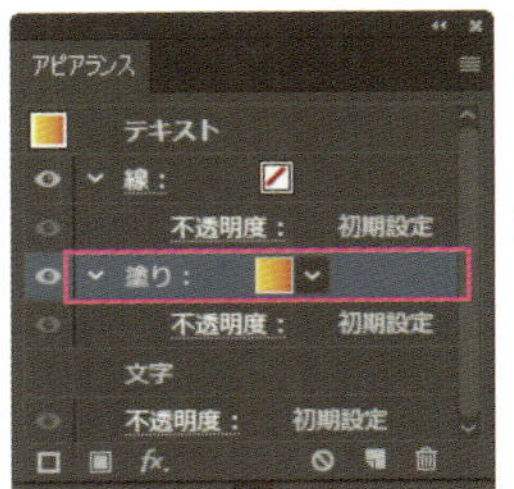

アピアランスパネルで追加した[塗り]にグラデーションを適用する

236 ドラッグ操作で文字の位置やサイズを自由に変える

文字タッチツールを使うと、入力したテキストのサイズ、幅、高さ、位置をドラッグ操作で変更できます。また、回転させることも可能です。

第13章 ▶ 236.ai

1 サンプルファイルを開きます。文字タッチツールを選択し❶、「A」の文字をクリックします❷。「A」が選択されて周りにハンドルが表示されます❸。

2 右上のハンドルをドラッグします❶。「A」の文字が縦横の比率を保持したまま拡大・縮小されます❷。

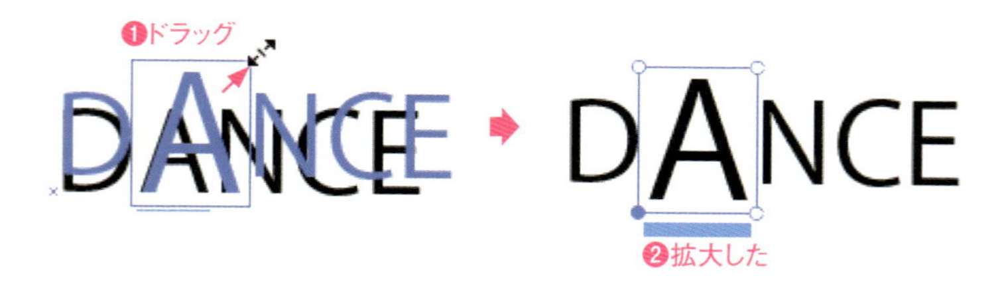

3 「C」の文字をクリックして選択し❶、右下のハンドルを右にドラッグします❷。「C」の文字の幅が変わります❸。

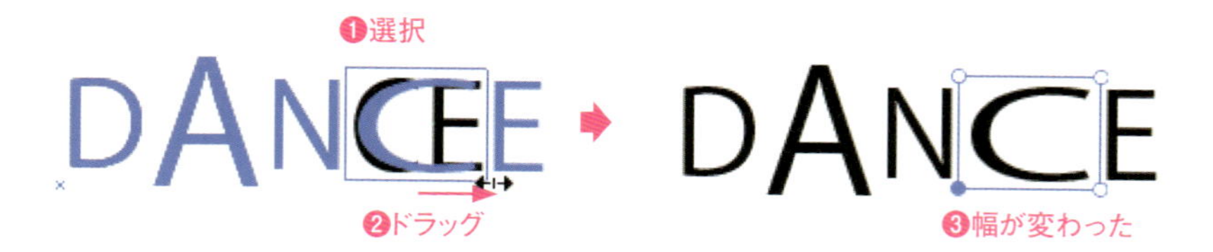

Macでは、キーは次のようになります。 Ctrl → ⌘ Alt → option Enter → return

4 「E」の文字をクリックして選択し❶、左上のハンドルを上にドラッグします❷。「E」の文字の高さが変わります❸。

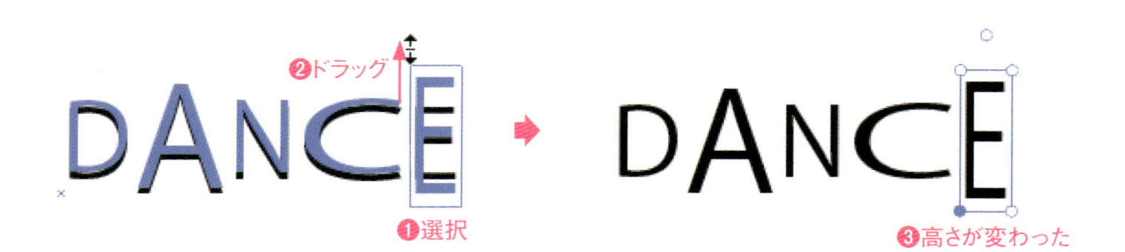

5 「D」の文字をクリックして選択し❶、左下のハンドルをドラッグします❷。「D」の文字の位置が変わります❸。

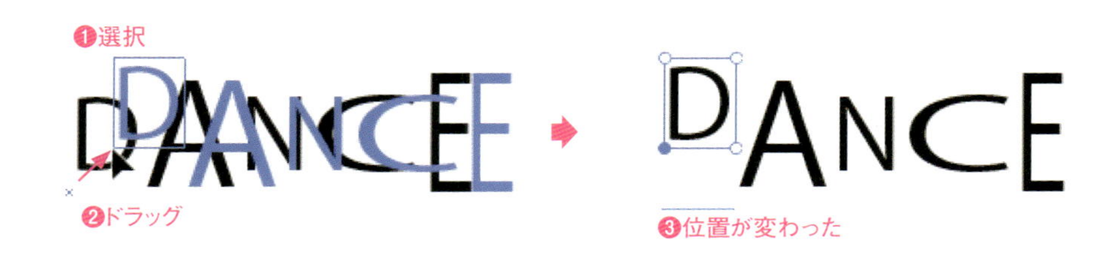

6 「N」の文字をクリックして選択し❶、上部に表示されたハンドルにカーソルを合わせて、ドラッグします❷。「N」の文字が回転します❸。

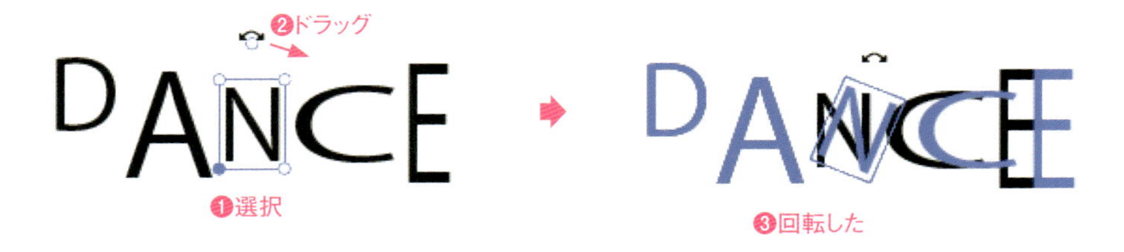

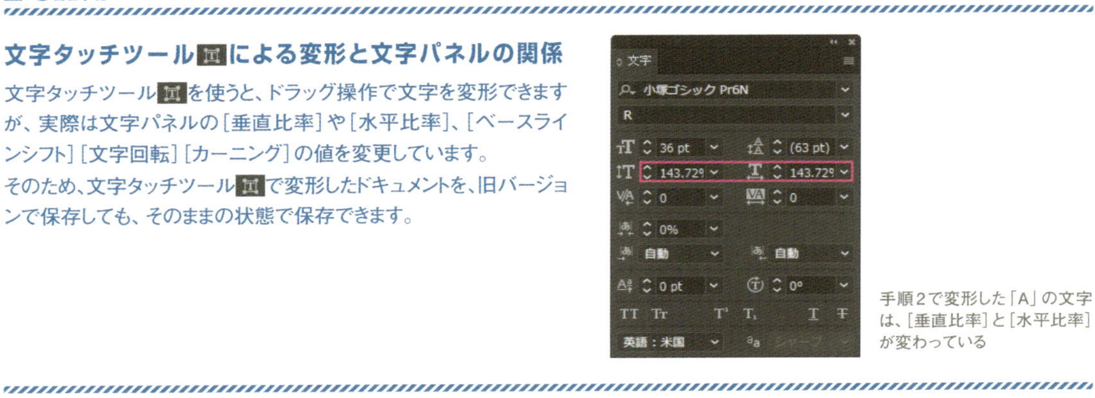

POINT

文字タッチツールによる変形と文字パネルの関係

文字タッチツールを使うと、ドラッグ操作で文字を変形できますが、実際は文字パネルの［垂直比率］や［水平比率］、［ベースラインシフト］［文字回転］［カーニング］の値を変更しています。
そのため、文字タッチツールで変形したドキュメントを、旧バージョンで保存しても、そのままの状態で保存できます。

手順2で変形した「A」の文字は、［垂直比率］と［水平比率］が変わっている

237 ( ) や「」、英数字などの前後のアキを調整する

その日は「平日」ではなかった。孝夫（ひどい頭痛がしていた）は無意識に、Stationビルに向かっていたのだ。

括弧や句読点の前後のアキは、段落パネルの［文字組み］の設定によって決まります。プリセットによる違いや、設定の値を確認してみましょう。

第13章 ► 237.ai

1 サンプルファイルを開き、文字ツール T を選択します❶。設定による変化がわかりやすいように、行末をクリックしてカーソルを挿入します❷。段落パネルを開き、この段落には、行揃えが［均等配置（最終行左揃え）］で、❸［文字組み］に［行末約物半角］が適用されていることを確認します❹。

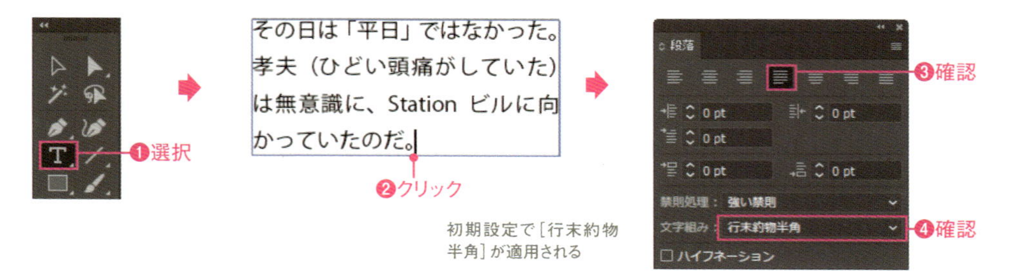

初期設定で［行末約物半角］が適用される

2 ［文字組み］を［約物半角］に変更します❶。2行目の () の前後のアキがなくなり、3行目行頭に送られていた「は」が2行目の行末になりました❷。［文字組み］は、() や「」などの括弧類や、「、」「。」の句読点類の前後のアキ量の組み合わせを登録したもので、設定を変更すると文字のアキが調整されて文字組みが変わります。［約物半角］は、約物が半角分のスペースになるように調整された組み合わせで、［行末約物半角］は行末の約物が半角分のスペースになるように調整された組み合わせです。

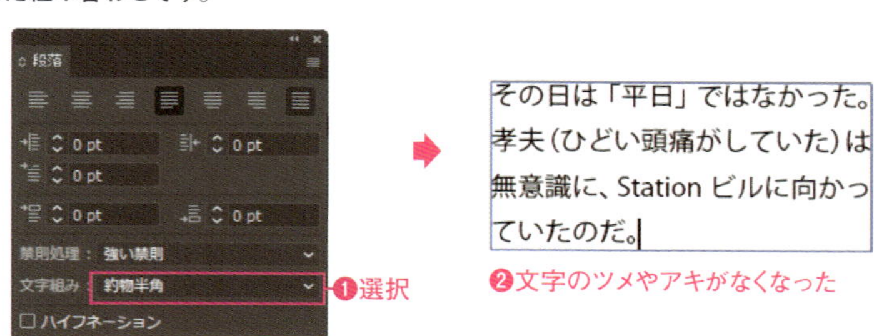

句読点、疑問符、括弧などを約物という

3 ［文字組み］を［なし］に変更します❶。［文字組み］の設定がなくなったので、文字間隔の調整がなくなり「」や () の前後の文字詰めがなくなりました。また「Station」の前後に入っていたアキもなくなりました❷。

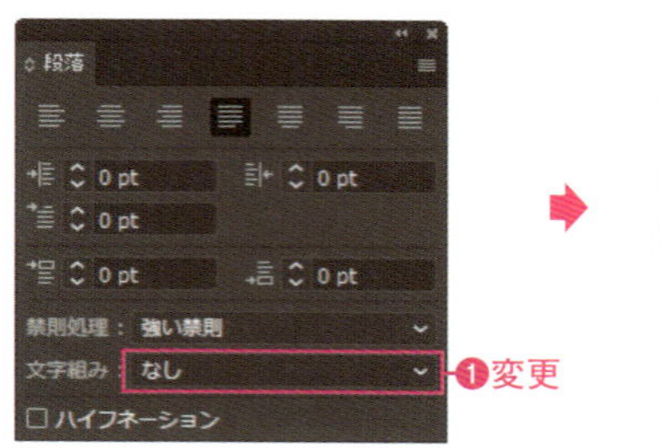

その日は「平日」ではなかった。孝夫（ひどい頭痛がしていた）は無意識に、Stationビルに向かっていたのだ。

❷文字のツメやアキがなくなった

Macでは、キーは次のようになります。 Ctrl → ⌘ Alt → option Enter → return

4 [文字組み]を[約物全角]に変更します❶。1行目の行末の「。」の後や、2行目の()の前後のアキが全角分になりました❷。

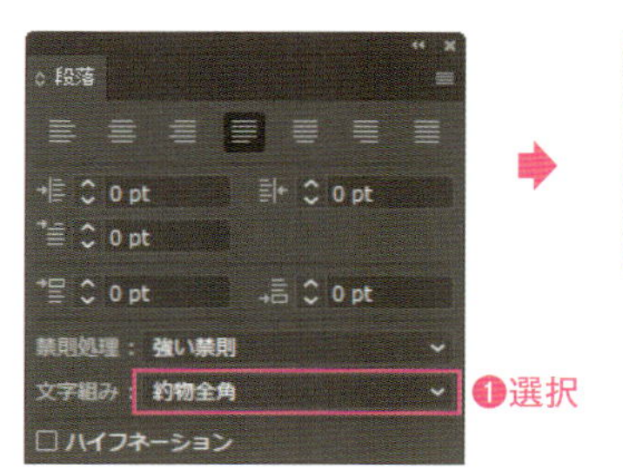

その日は「平日」ではなかった。
孝夫（ひどい頭痛がしていた）
は無意識に、Station ビルに向
かっていたのだ。

❷「。」の後や「（」の前「）」の後の間隔が広がった

5 段落パネルの[文字組み]をクリックして、表示されたリストの下の[文字組みアキ量設定]を選択します❶。[文字組みアキ量設定]ダイアログボックスが表示されます❷。このダイアログボックスで、[文字組み]の各設定のアキ量の設定を確認できます。

[行末設定]❸では、「終わり括弧類」や「読点類」などの文字種が行末になったときの、文字の前後のアキ量が設定されています。[最小]はアキ量の最小値、[最大]はアキ量の最大値、[最適値]はアキ量の最適値です。[終わり括弧類->行末]と[句点類->行末]では❹、[最小][最適][最大]が同じ「50%」なので、行末の終わり括弧類と句点類の後には全角の50%のアキが入る設定となっています。終わり括弧や句点は、文字が半角分しかないので、アキと合わせて全角1文字分となります。

[行頭設定]❺では、行頭に来る文字種ごとのアキ量が設定されています。[段落先頭->始め括弧類]は、すべて「50%」なので、始め括弧類で始まる段落の先頭には、括弧類の前に50%のアキが入る設定です。[段落先頭->非約物]は、すべて「0%」なので、約物以外の文字が先頭に来るときは、アキは入らないという設定です。

[行中設定]❻では、行中の隣り合う文字種ごとのアキ量が設定されています。

[欧文の前後]❼では、欧文文字の前後のアキが設定されています。サンプルテキストの「Station」の前後にアキが入るのは、ここの設定が反映されています。

新しい設定を作成してみましょう。[新規]をクリックします❽。

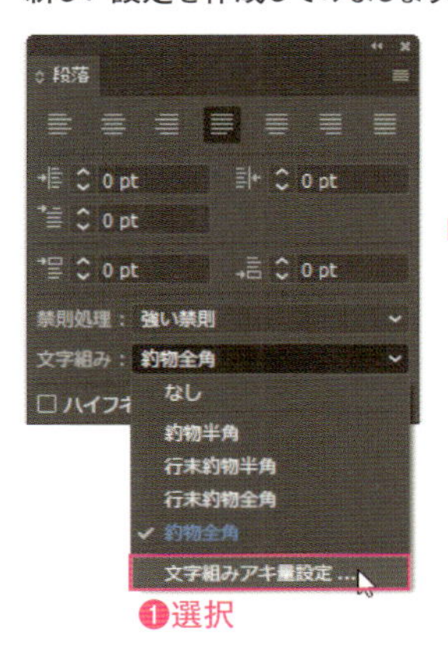

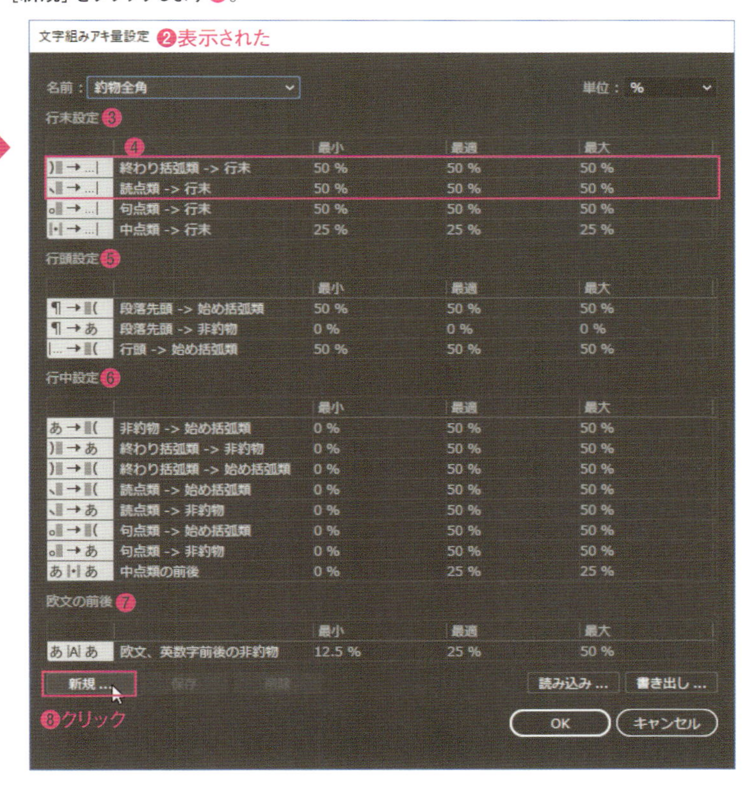

[名前]で、表示セットを変更できるので、内容を比較してみるといい

6 ［新規文字組みセット］ダイアログボックスが表示されるので❶、［名前］に「テスト」と入力し❷、［元とするセット］に「行末約物半角」を選択して❸、［OK］をクリックします。

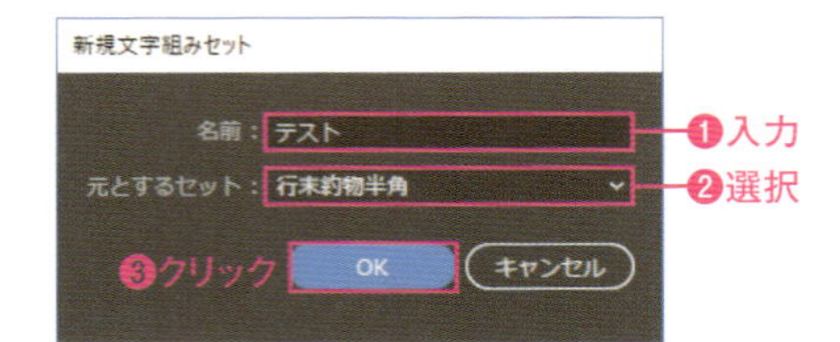

7 ［文字組みアキ量設定］ダイアログボックスに戻るので、［欧文の前後］の［最小］を「0％」に設定します❶。［最大］を「12.5％」に設定し❷、［最適］を「0％」に設定します❸。［保存］をクリックし❹、［OK］をクリックします❺。

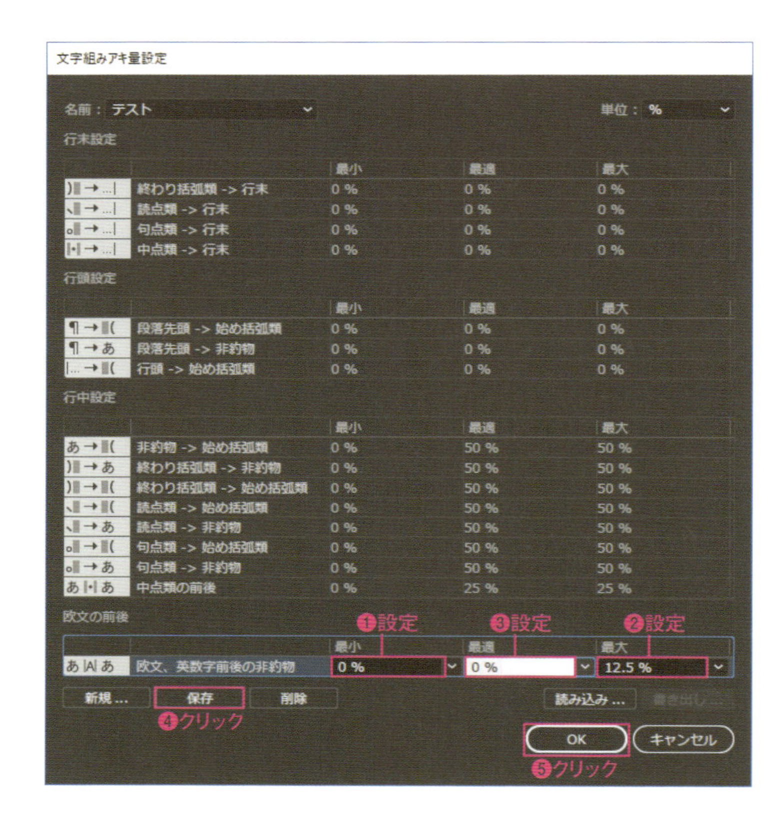

8 段落パネルで［文字組み］が「テスト」になっていることを確認します❶。「Station」と「ビル」の間のアキがなくなっていることを確認してください❷。

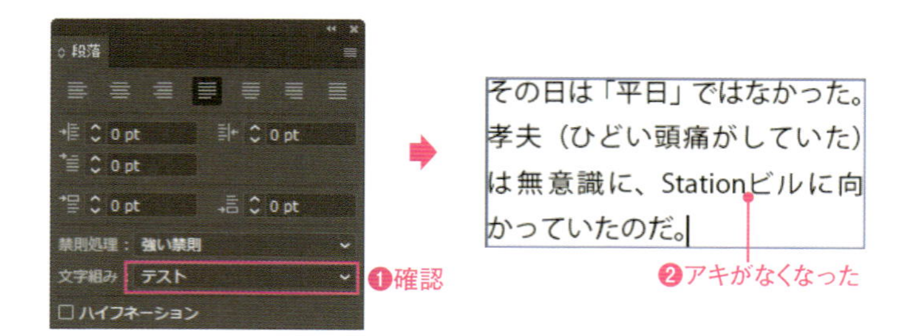

Macでは、キーは次のようになります。 Ctrl → ⌘　Alt → option　Enter → return

第13章 テキスト

238

禁則処理を設定する

平成14年（2002年）に、
「FIFA ワールドカップ」は、
日本と韓国で開催された。
優勝国はブラジルだった。

禁則処理は、句読点が行頭などに来ないように、日本語ルールに則った文字レイアウトにする機能です。初期設定では「強い禁則」が適用されます。サンプルファイルを使って確認してください。

第13章 ► 238.ai

禁則処理とは

禁則処理は、行頭に句読点が来ないようにします。段落パネルの［禁則処理］で設定し、初期設定は「強い禁則」になっています。通常は、「強い禁則」でかまいません。

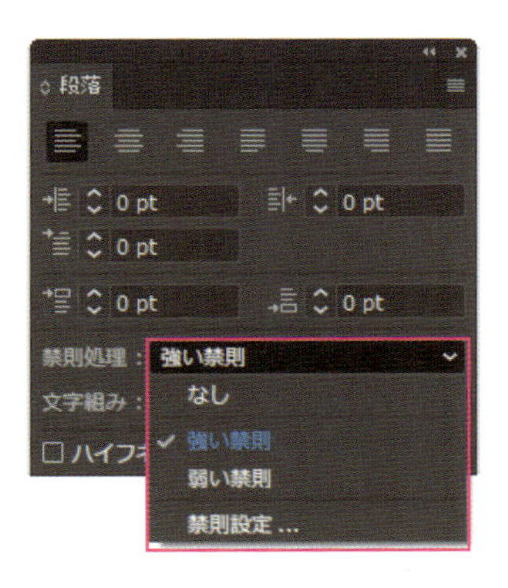

平成14年（2002年）に、
「FIFA ワールドカップ」は、
日本と韓国で開催された。
優勝国はブラジルだった。

初期設定の［強い禁則］を適用

平成14年（2002年）に、
「FIFA ワールドカップ」は
、日本と韓国で開催され
た。優勝国はブラジルだ
った。

［なし］を適用。
行頭に「、」が来て、日本語のルールに合わなくなる

禁則処理の対象文字

段落パネルの［禁則処理］で、［禁則設定］を選択すると、［禁則処理設定］ダイアログボックスが表示されます。
［行頭禁則文字］では、行頭に来ないようにする文字が設定します。
［行末禁則文字］では、行末に来ないようにする文字が設定します。
「ぶら下がり文字」は、次ページで説明する「ぶら下がり」の対象文字を設定します。
「分離禁止文字」は、設定した文字が2文字続くときに、2行に分離することを禁止する文字です。

［新規］をクリックすると、新しい禁則処理セットを作成でき、［行頭禁則文字］や［行末禁則文字］を追加、編集できます。

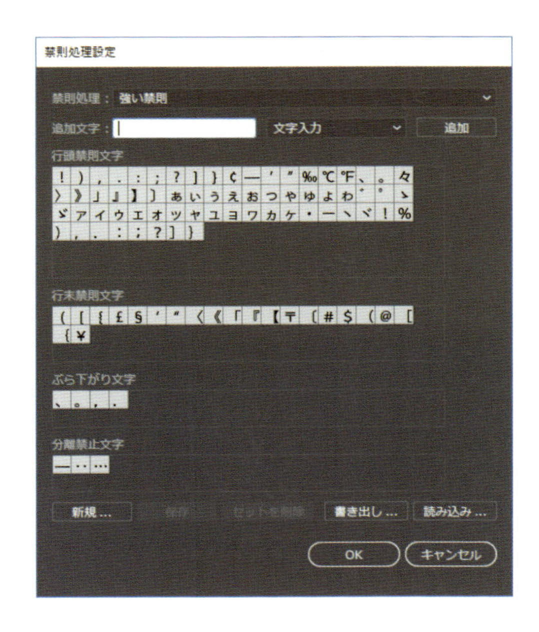

第13章 テキスト

239 ぶら下がりを設定する

平成14年(2002年)6月に、
FIFA ワールドカップは日
本と韓国で開催された。
優勝国はブラジルだった。

禁則処理を適用したエリア内文字のテキストは、行末に来る句読点をエリア外にぶら下げることができます。

第13章 ▶ 239.ai

ぶら下がりは、行揃えが［均等配置］または［両端揃え］が適用されているエリア内文字オブジェクトの、行末の句読点等をテキストエリアの外側に出す処理のことをいいます。初期設定では、適用されていません。

1 サンプルファイルを開き、文字ツール T を選択します❶。設定による変化がわかりやすいように、行内の文中をクリックしてカーソルを挿入します❷。

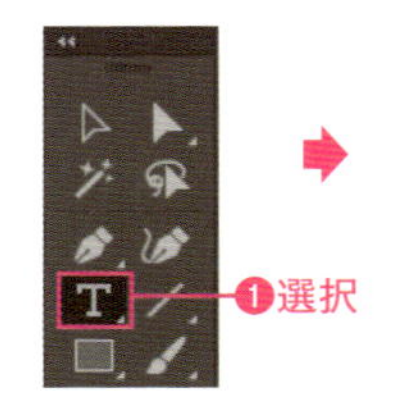

平成14年(2002年)6月に、
FIFA ワールドカップは日
本と韓国で開催された。
優勝国はブラジルだった。

❷クリック

2 段落パネルメニューの［ぶら下がり］から［標準］を選択します❶。テキストエリア内に入りきらない1行目の「、」がエリア外にぶら下げられました❷。

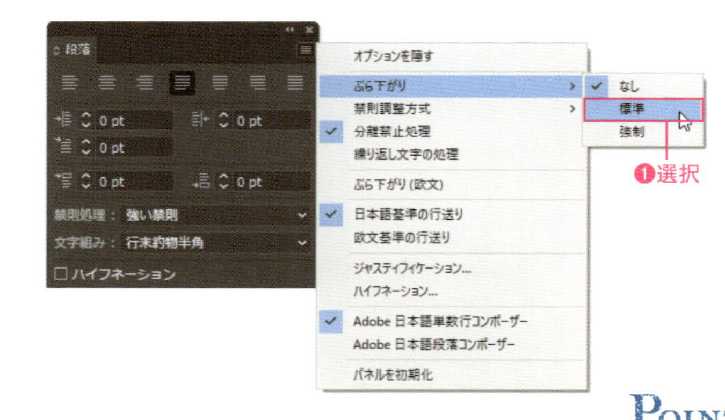

平成14年(2002年)6月に、
FIFA ワールドカップは日
本と韓国で開催された。
優勝国はブラジルだった。

❷ぶら下がりが設定された

POINT

ぶら下がりの適用と対象文字

ぶら下がりは、禁則処理が適用されており、行揃えが［均等配置］または［両端揃え］が適用されている、エリア内文字オブジェクトにのみ適用できます。
ぶら下がりの対象は、前ページの［禁則処理設定］ダイアログボックスの［ぶら下がり文字］に設定されている文字となります。

POINT

標準と強制

ぶら下がりの［標準］は、行末に来た句読点等がエリア内に入りきらない場合にぶら下げられます。
［強制］は、行末に来た句読点等はすべてぶら下げられます。

平成14年(2002年)6月に、
FIFA ワールドカップは日
本と韓国で開催された。
優勝国はブラジルだった。

［強制］は、行末の句読点はすべてぶら下がりになる

Macでは、キーは次のようになります。 Ctrl → ⌘ Alt → option Enter → return

240 スペルチェックをする

Illustrator allows you to create t
and enter characters. Within th
is automatically broken, so it is

スペルチェックでミススペルをチェックし、正しいスペルに置換できます。

1 サンプルファイルを開き、[編集] メニュー→ [スペルチェック] を選択します❶。[スペルチェック] ダイアログボックスが表示されるので [開始] をクリックします❷。

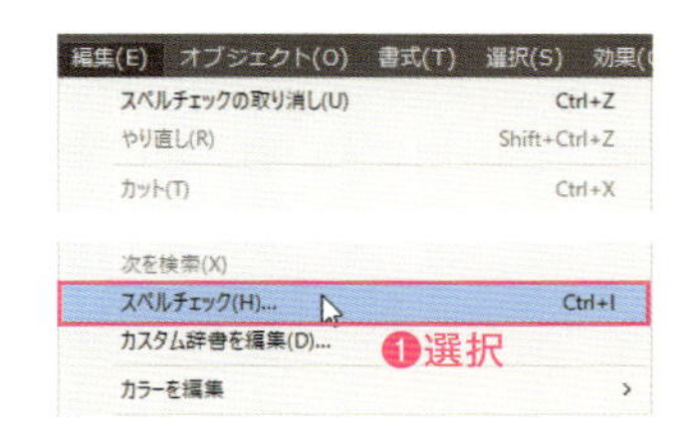

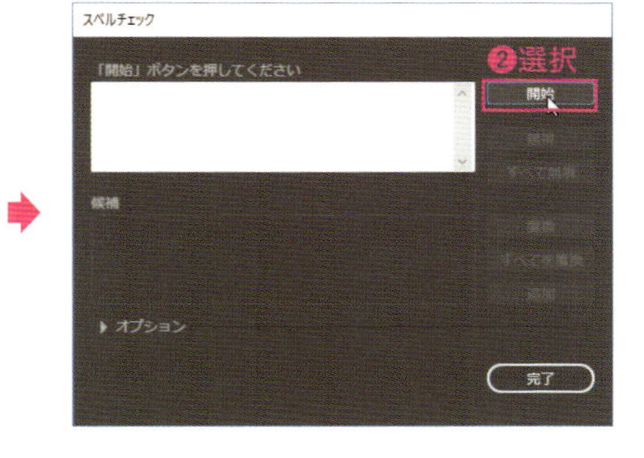

2 スペルミスした箇所がハイライト表示され❶、[スペルチェック] ダイアログボックスにも該当箇所が表示されます❷。

❶検出された

Illustrator allows you to create text areas
and enter characters. Within the area, it
is automatically broken, so it is suitable
for entering text with a large amount of
characters.

3 [候補] から正しいスペルの単語を選択し❶、この単語だけ置き換える場合は [置換]、すべて置換するには [すべてを置換] をクリックします❷。ミススペルの単語が置換されます❸。修正しない場合は [無視] または [すべて無視] をクリックします。

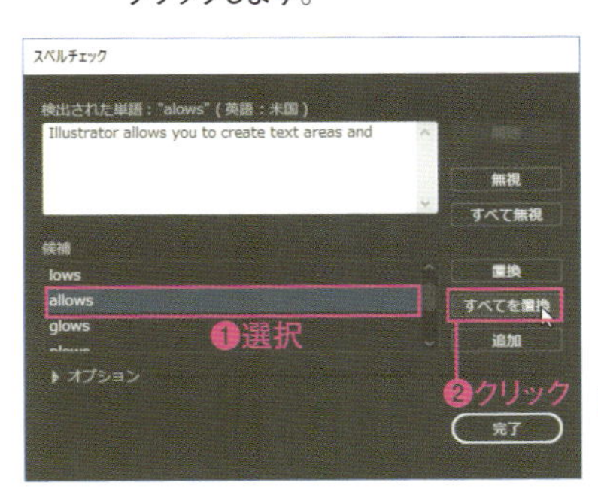

❸置換された

Illustrator allows you to create
and enter characters. Within t
is automatically broken, so it i

4 「スペルチェックが完了しました。」と表示されたら [完了] をクリックします❶。

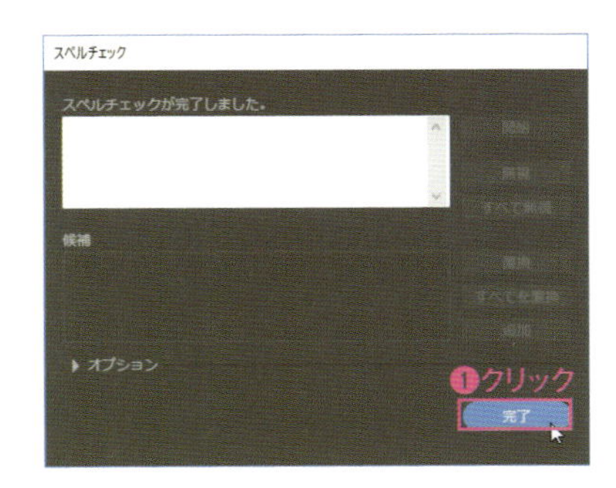

241 漢字と英数字でフォントの異なる合成フォントを作る

Adobe の Creative Cloud は、クリエイターに必須のツールです。Illustrator をはじめ、Photoshop や新世代ツール Adobe XD など多くのデスクトップアプリが含まれます。100GB のオンラインストレージや、1200 ファミリーを超える Font を利用できる Typekit などのクラウドサービスが含まれます。

「漢字」「かな」「全角約物」「全角括弧」「半角欧文」「半角数字」の文字種類ごとに、異なったフォントを組み合わせる機能が合成フォントです。合成フォントを使うと、フォントを選択するだけで、日本語と欧文に異なるフォントにできます。

第13章 ► 241.ai

1 サンプルファイルを開きます❶。［書式］メニュー→［合成フォント］を選択します❷。

Adobe の Creative Cloud は、クリエイターに必須のツールです。Illustrator をはじめ、Photoshop や新世代ツール Adobe XD など多くのデスクトップアプリが含まれます。100GB のオンラインストレージや、1200 ファミリーを超える Font を利用できる Typekit などのクラウドサービスが含まれます。

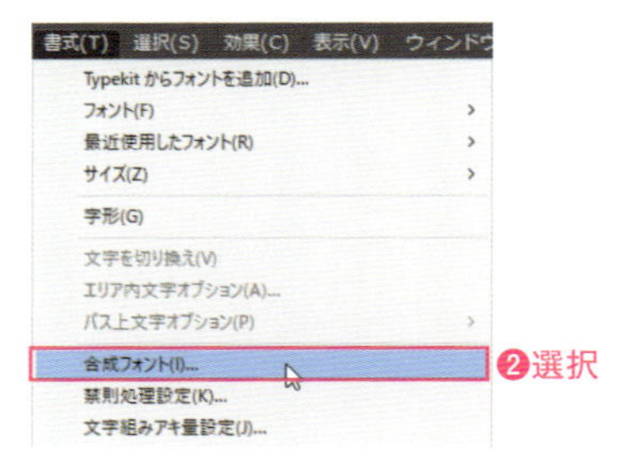

2 ［合成フォント］ダイアログボックスが表示されるので、［新規］をクリックします❶。［新規合成フォント］ダイアログボックスが表示されるので、［名前］に名称（ここでは「オリジナル1」と入力）を入力して❷、［OK］をクリックします❸。

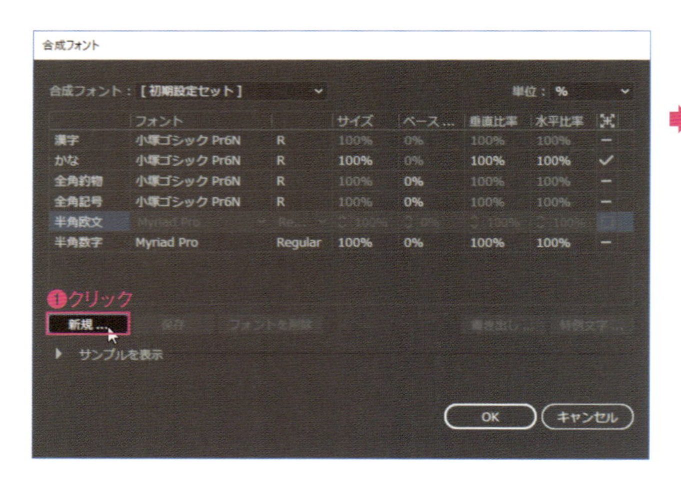

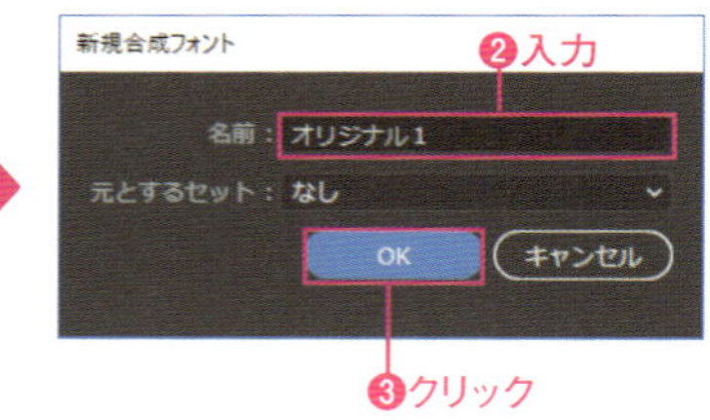

POINT

元とするセット

作成済みの合成フォントがある場合、［元とするセット］で合成フォントを選択すると、選択した合成フォントを元に新しい合成フォントを作成できます。

Macでは、キーは次のようになります。 Ctrl → ⌘ Alt → option Enter → return

3 ［合成フォント］ダイアログボックスに戻ります。初期設定から［半角欧文］と［半角数字］を変更していきます。
［半角欧文］と［半角数字］を Shift キーを押しながらクリックして選択します❶。どちらか一方の［フォント］を「Time New Roman」の「Regular」に変更します❷。［半角欧文］と［半角数字］の両方のフォントが変更になります。
［サンプルを表示］をクリックして、下側にサンプルを表示し❸、作成するフォントがどのようになるかを確認します。

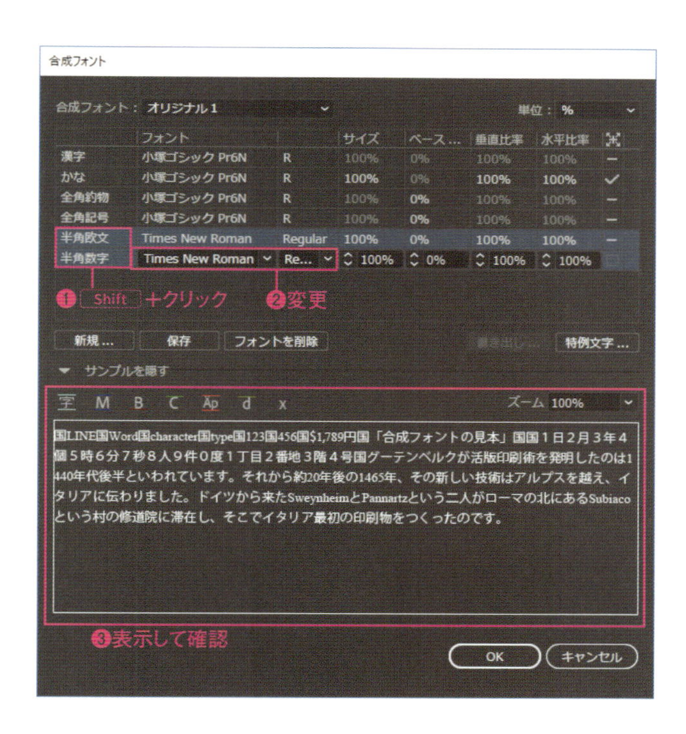

4 サンプルの［ズーム］を設定して、拡大表示します（ここでは200%ですが、見やすい大きさにしてください）❶。「Time New Roman」の「Regular」は欧文フォントで、和文フォントに比べると少し小さいので、サイズを大きくします。［サイズ］を「110%」に設定します❷。
設定が終了したら、［保存］をクリックして保存し❸、［OK］をクリックしてダイアログボックスを閉じます❹。

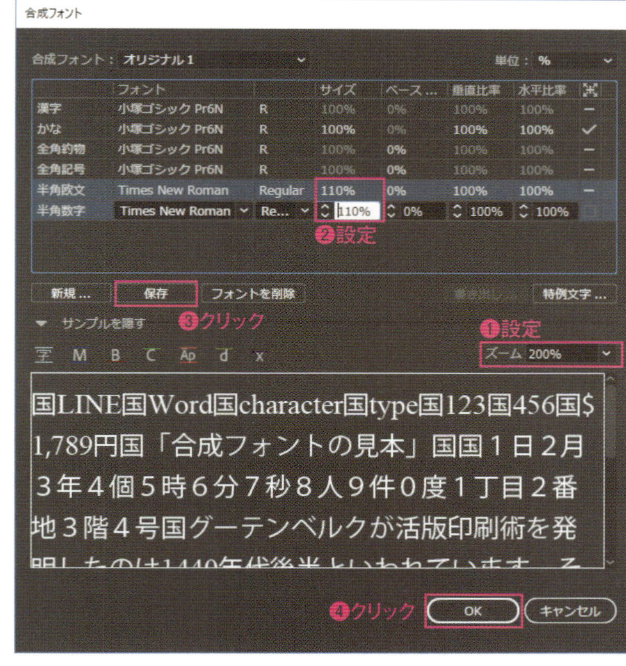

ここではフォントとサイズだけを変更したが、サンプルを見て［ベースライン］［垂直比率］［水平比率］も設定する

第13章 テキスト

POINT

特例文字

［特例文字］をクリックすると、［特例文字セット編集］ダイアログボックスが表示され、指定した文字だけに特定のフォントを割り当てる特例文字セットを作成できます。特例文字セットは、合成フォントの文字種として設定できます。

5 選択ツール▷を選択します❶。サンプルファイルのテキストオブジェクトを選択します❷。

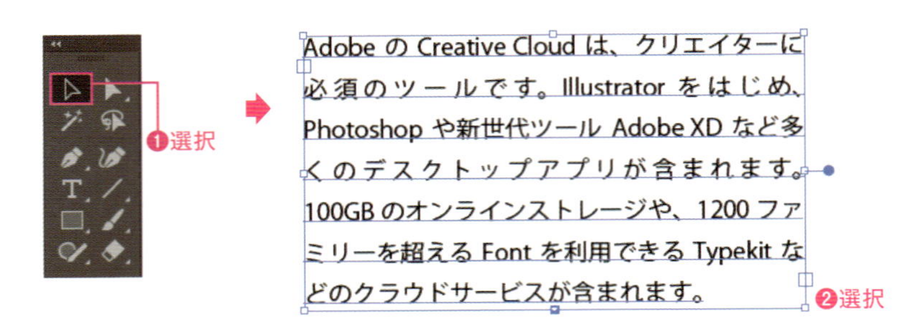

6 文字パネル（プロパティパネルやコントロールパネルでも可）から、作成した合成フォントを選択します❶。サンプルファイルのフォントに合成フォントが適用され❷、半角英数字のフォントが設定した「Time New Roman」になりました。

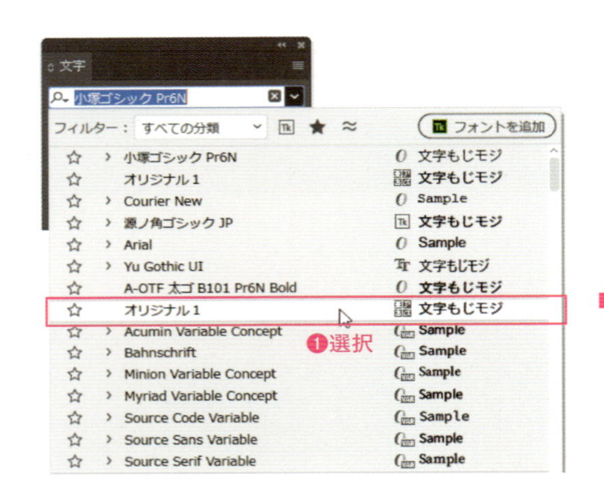

Adobe の Creative Cloud は、クリエイターに必須のツールです。Illustrator をはじめ、Photoshop や新世代ツール Adobe XD など多くのデスクトップアプリが含まれます。100GB のオンラインストレージや、1200 ファミリーを超える Font を利用できる Typekit などのクラウドサービスが含まれます。

❷適用された

POINT

合成フォントの保存場所

合成フォントを作成すると、［合成フォント］ダイアログボックスで保存したパソコンとIllustratorに合成フォントは保存されます。

また、合成フォントを使用したドキュメントを保存すると、合成フォントの情報もドキュメント内に保存されます。そのため、ほかのパソコンやバージョンの異なるIllustratorで開いても、ドキュメント内の合成フォントは保持されます。

ただし、そのパソコンや、バージョンの異なるIllustratorには合成フォントは保存されません。合成フォントを使用したドキュメントを開いたあとは、Illustratorを再起動するまでは、合成フォントが使用できる状態ですが、Illustratorを再起動するとその合成フォントは使用できなくなります。

ドキュメントで使用されている合成フォントをIllustratorに保存するには、［合成フォント］ダイアログボックスで保存する合成フォントを表示し、［書き出し］をクリックして、表示されたフォルダーにそのまま保存してください。

Macでは、キーは次のようになります。 Ctrl → ⌘　Alt → option　Enter → return

よく使う文字書式をスタイルに登録して使い回す

242

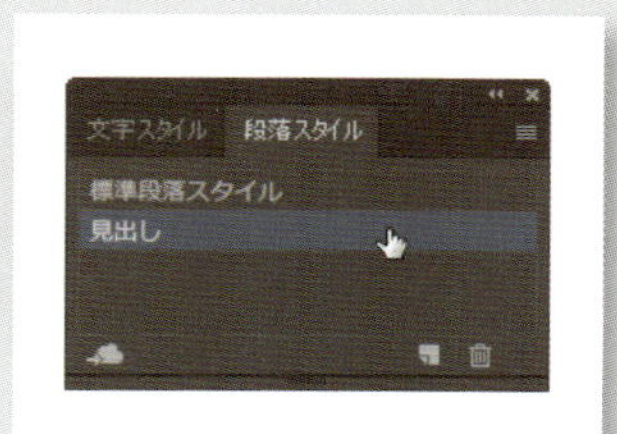

段落スタイルや文字スタイルは、テキストの書式設定にはたいへん便利な機能です。
使っていないユーザーが多いので、マスターすると作業の効率化になります。

第13章 ▶ 242-1.ai、242-2.ai

段落スタイルの登録と適用

段落スタイルは、テキストに適用しているフォント、サイズ、文字色などのさまざまな書式の設定を、ひとつにまとめる機能です。同じ書式を使う箇所が多いときは、段落スタイルを使うと、ワンクリックで同じ書式を適用できるため、レイアウト作業がスピードアップできます。また、登録内容を編集すれば、段落スタイルを適用した段落はすべて自動で反映されるので、修正作業も容易になります。

1 サンプルファイル「242–1.ai」を開きます❶。「ポイント文字」の段落の青い文字部分の書式を、ほかの部分にも適用するために段落スタイルに登録します。文字ツール T を選択します❷。「ポイント文字」の行をトリプルクリックして段落全体を選択します❸。

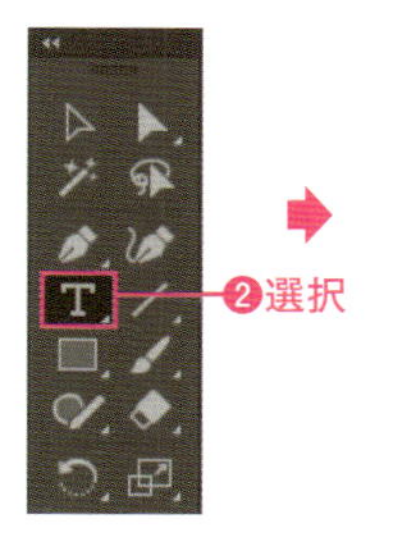

❶開く

Illustrator には、さまざまな文字の入力方法があります。 ❸トリプルクリック
ポイント文字
クリックした点から文字を入力できます。
エリア内文字
テキストエリアを作成して文字を入力できます。
パス上文字
パスに沿って文字を入力できます。

2 段落スタイルパネルを開き、［新規スタイルを作成］をクリックします❶。カーソルのある段落の書式の段落スタイル「段落スタイル 1」が作成されます❷。作成されても、カーソルのある段落には、登録した段落スタイルが適用されていないので、クリックして適用します❸。

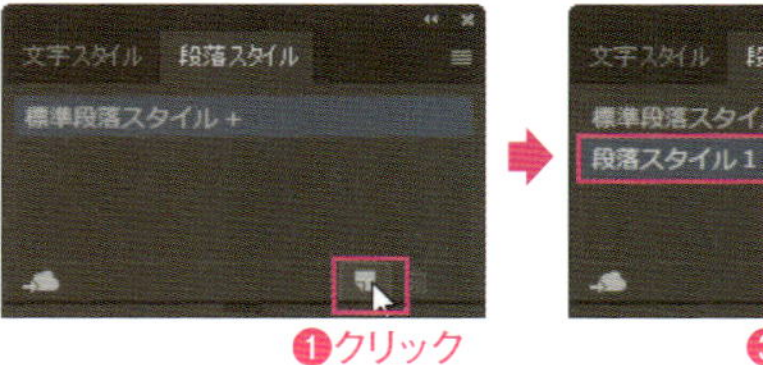

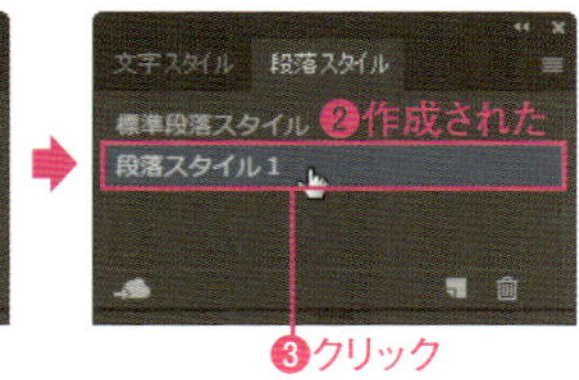

3 登録した段落スタイルをほかの段落に適用します。「エリア内文字」の行内の文中をクリックしてカーソルを挿入し❶、段落スタイルパネルの「段落スタイル 1」をクリックします❷。「エリア内文字」の段落が、「ポイント文字」の段落と同じ書式になります❸。

Illustrator には、さまざまな文字の入力方法があります。
ポイント文字 ❶クリック
クリックした点から文字を入力できます。
エリア内文字
テキストエリアを作成して文字を入力できます。
パス上文字
パスに沿って文字を入力できます。

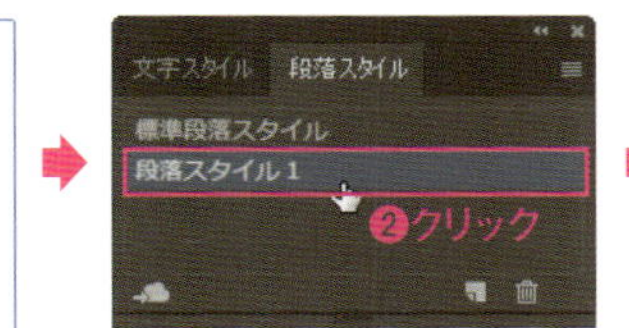

Illustrator には、さまざまな文字の入力方法があります。
ポイント文字
クリックした点から文字を入力できます。
エリア内文字 ❸適用された
テキストエリアを作成して文字を入力できます。
パス上文字
パスに沿って文字を入力できます。

4 同様に、「パス上文字」の段落でも、「段落スタイル1」を適用します❶。

段落スタイルを適用するには、適用する段落内のテキストを選択してもよい

ポイント文字
クリックした点から文字を入力できます。
エリア内文字
テキストエリアを作成して文字を入力できます。
パス上文字 ❶適用
パスに沿って文字を入力できます。

5 段落スタイルパネルの「段落スタイル1」の名称部分をダブルクリックします❶。名称が編集できるので、「見出し」に変更します❷。

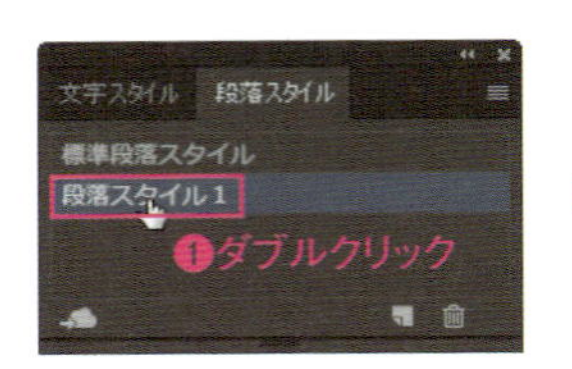

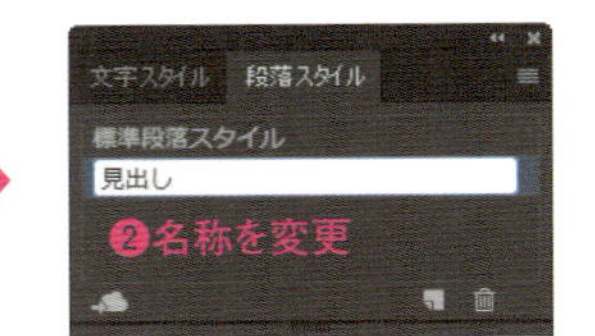

6 段落スタイルパネルの「見出し」の名称以外の部分をダブルクリックします❶。［段落スタイルオプション］ダイアログボックスが表示され❷、この段落スタイルに登録されている書式の内容の確認と変更ができます。
左側の［文字カラー］を選択します❸。右側にスウォッチが表示されるので、［C=10 M=100 Y=50 K=0］を選択し❹、［OK］をクリックします❺。段落スタイルを適用した部分の色がすべて変更されます❻。
このように、段落スタイルを使うと、同じ書式を利用するテキストが多いときに、適用と修正が簡単になります。

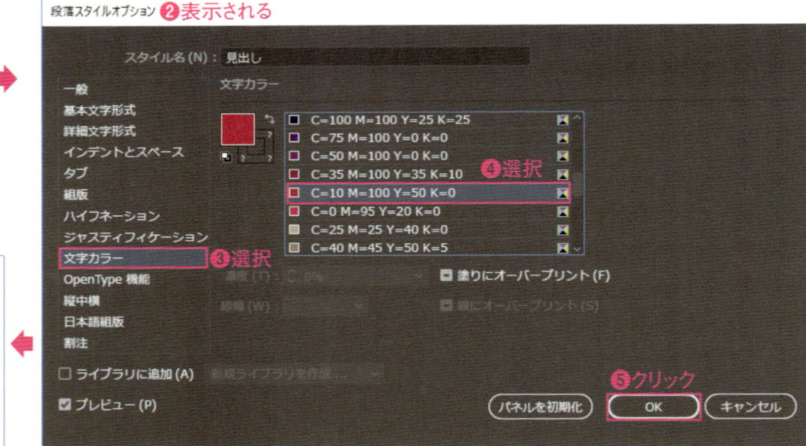

❻色が変わった

Illustrator には、さまざまな文字の入力方法があります。
ポイント文字
クリックした点から文字を入力できます。
エリア内文字
テキストエリアを作成して文字を入力できます。
パス上文字
パスに沿って文字を入力できます。

Point

スタイル作成時にオプションを確認する

段落スタイルパネルで［新規スタイルを作成］を Alt キーを押しながらクリックすると、［新規段落スタイル］ダイアログボックスが表示され、スタイル名を入力したり、登録する書式の内容を確認したりできます。

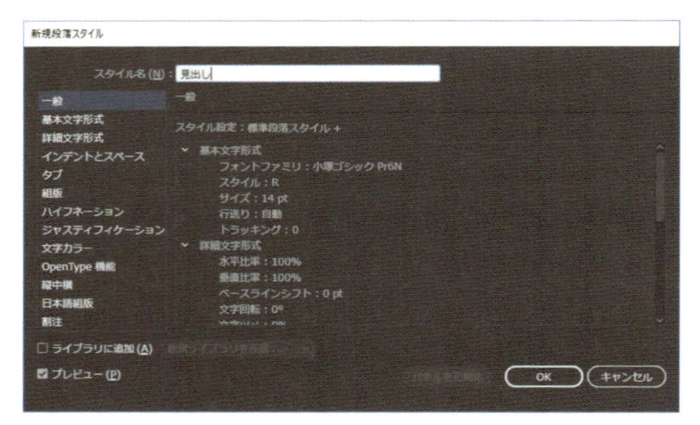

［新規段落スタイル］ダイアログボックスでは、設定の確認、名称の設定ができる

Macでは、キーは次のようになります。 Ctrl → ⌘　Alt → option　Enter → return

文字スタイルの登録と適用

文字スタイルは、段落スタイルと同様の機能ですが、段落スタイルが段落全体の書式を管理するのに対し、文字スタイルは段落内の一部のテキストの書式を管理します。段落内の一部の色を変更したり、フォントを変更したりするときに便利な機能です。

1 サンプルファイル「242--2.ai」を開きます❶。「クリックした点」の部分だけ文字色が変わっています。この部分を文字スタイルに登録します。文字ツール T を選択し❷、「クリックした点」を選択します❸。

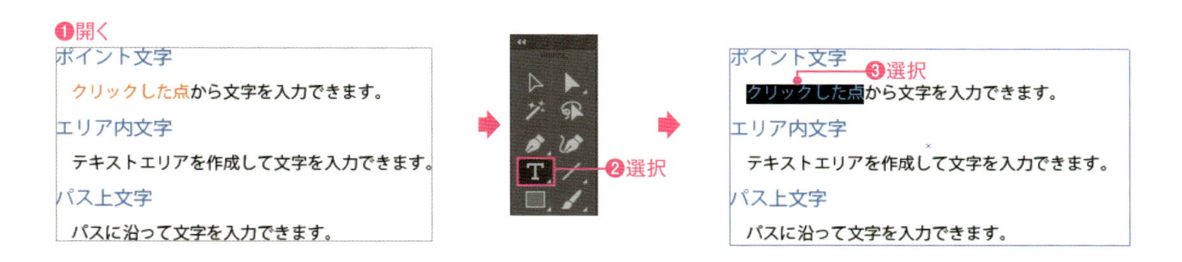

2 文字スタイルパネルを開き、[新規スタイルを作成] を Alt キーを押しながらクリックします❶。[新規文字スタイル] ダイアログボックスが表示されるので、[スタイル名] に「強調」と入力して❷、[OK] をクリックします❸。選択したテキストの書式の文字スタイル「強調」が作成されます❹。作成されても、選択したテキストにはスタイルが適用されていないので、クリックして適用します❺。

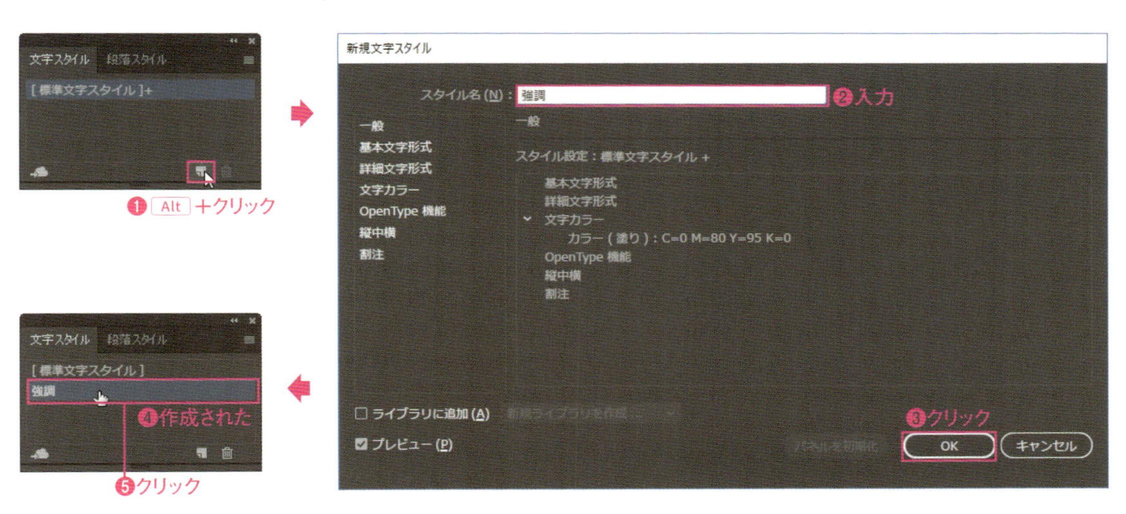

3 登録した文字スタイルを使って、ほかの箇所の書式を変更します。「テキストエリアを作成」を選択し❶、文字スタイルパネルの「強調」をクリックします❷。選択した部分の書式が変わりました❸。同様に「パスに沿って」にもスタイルを適用します❹

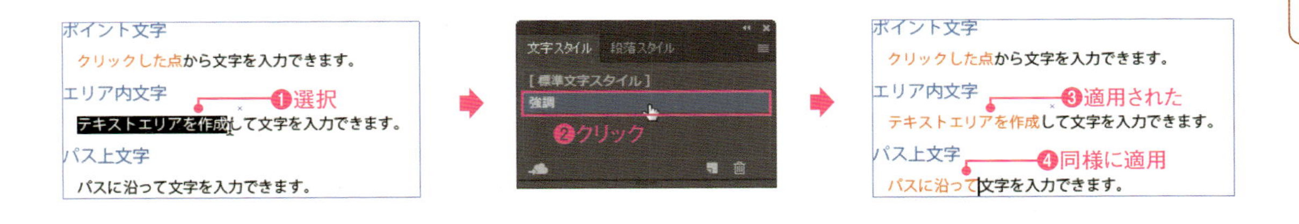

第13章 テキスト

243 段落スタイルのオーバーライドを元に戻す

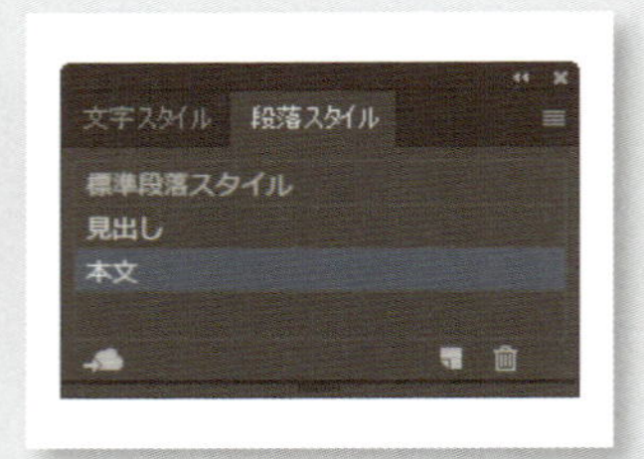

段落スタイルを適用した段落の書式を変更してしまったときは、簡単に元の段落スタイルに戻せます。

1 サンプルファイルを開きます❶。最後の段落の「パスに沿って文字を入力できます。」の、文字サイズが大きいことがわかります❷。文字ツール T を選択し❸、最後の段落の文字を選択します（どの文字でもかまいません）❹。段落スタイルパネルを見ると、段落スタイル［本文］が適用されていることがわかります❺。段落スタイルの適用後に、書式の変更があったため（オーバーライドされている）、スタイル名の最後に「+」が表示されています。

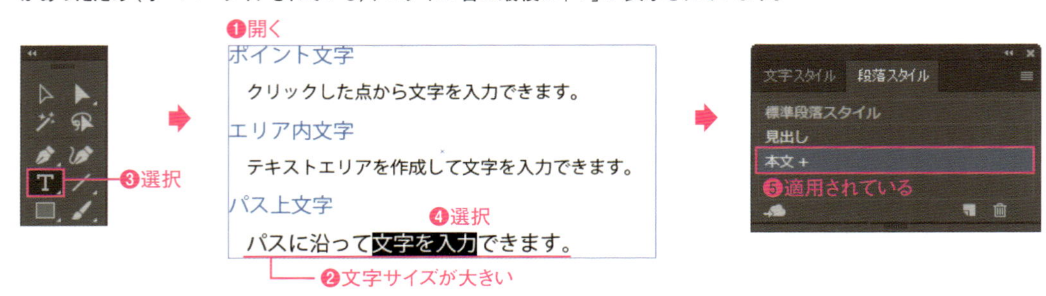

2 オーバーライドされたテキスト全体を選択します❶。段落スタイルパネルで、オーバーライドされている「本文」を Alt キーを押しながらクリックします❷。

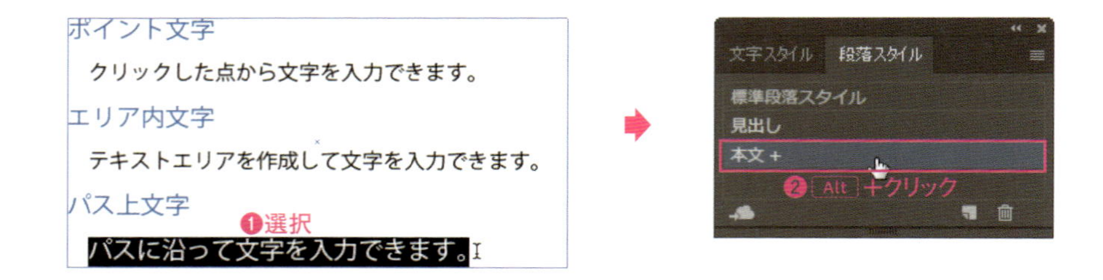

3 オーバーライドされている書式属性が解除され、元の段落スタイルの書式属性が適用された状態に戻ります❶。段落スタイルパネルの「本文」の最後に表示されていた「+」の表示も消えます❷。

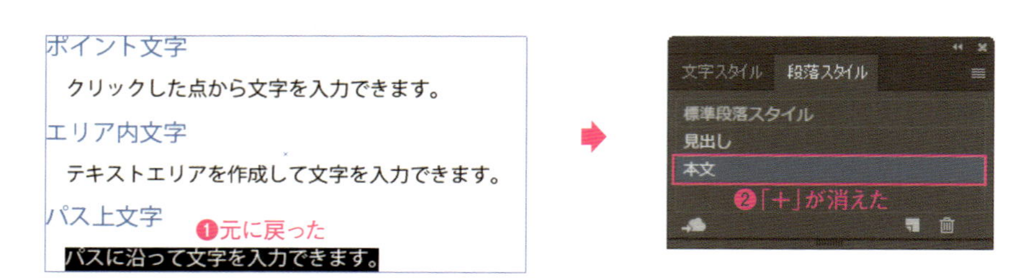

Macでは、キーは次のようになります。 Ctrl → ⌘　Alt → option　Enter → return

244 ほかのドキュメントの段落スタイル、文字スタイルを使う

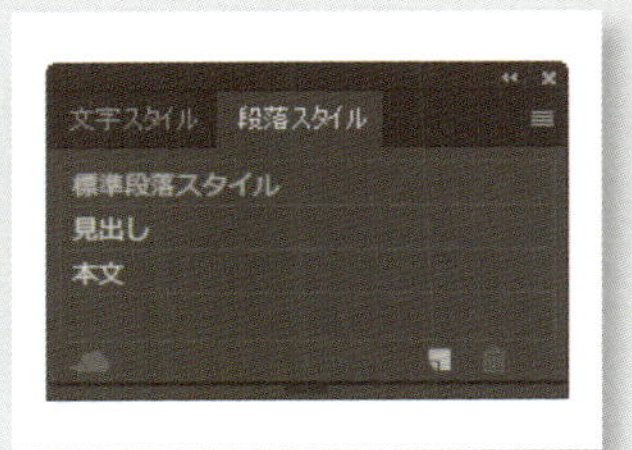

ほかのドキュメントで使用している段落スタイル・文字スタイルを使うには、スタイルが適用されているテキストをコピー＆ペーストするのが簡単です。

第13章 ► 244-1.ai、244-2.ai

1 サンプルファイル「244-1.ai」を開きます❶。段落スタイルパネルを表示し、このドキュメントには段落スタイルが登録されていないことを確認します❷。

```
Illustrator
ベクトル系のグラフィックソフトです。
Photoshop
ペイント系のグラフィックソフトです。
InDesign
ページレイアウトソフトです。
```

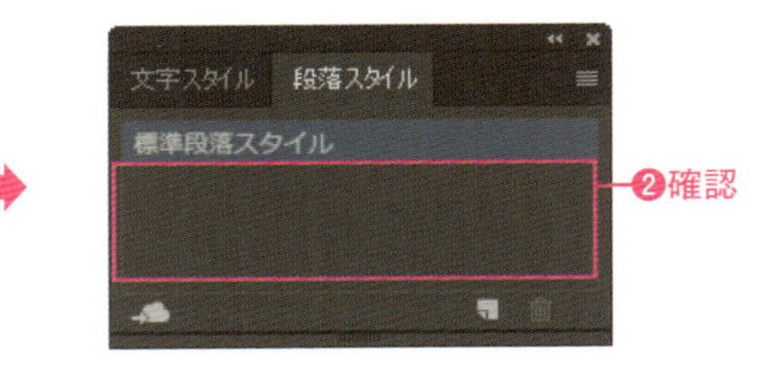

2 サンプルファイル「244-2.ai」を開きます❶。段落スタイルパネルを表示します❷。このドキュメントには段落スタイルが登録されており、青い文字部分に「見出し」、黒い文字部分に「本文」が適用されています❸。

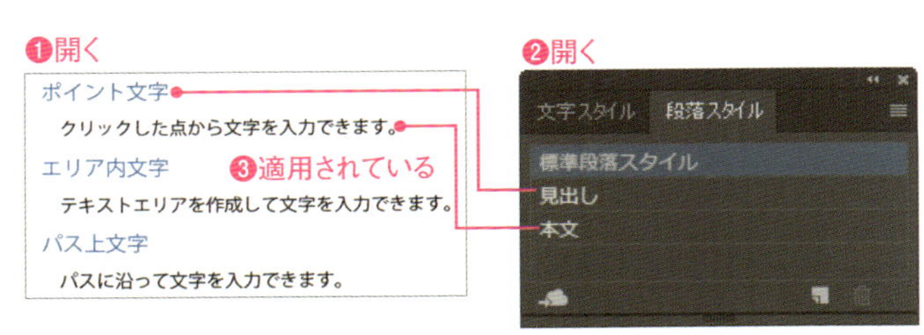

3 選択ツール を選択します❶。サンプルファイルのテキストオブジェクトを選択し❷、Ctrl キーと C キーを押してコピーします❸。

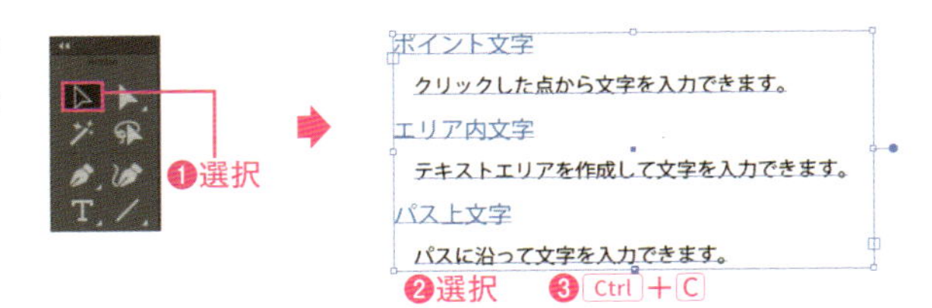

4 サンプルファイル「244-1.ai」に戻り、Ctrl キーと V キーを押してペーストします❶。段落スタイルパネルにペーストされたテキストに適用されていた段落スタイルが追加されていることを確認します❷。

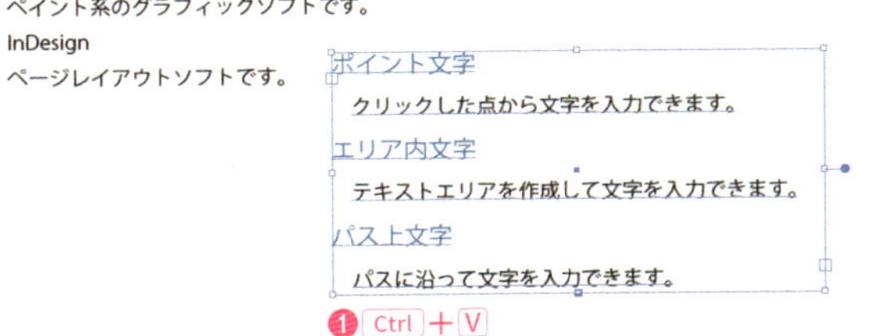

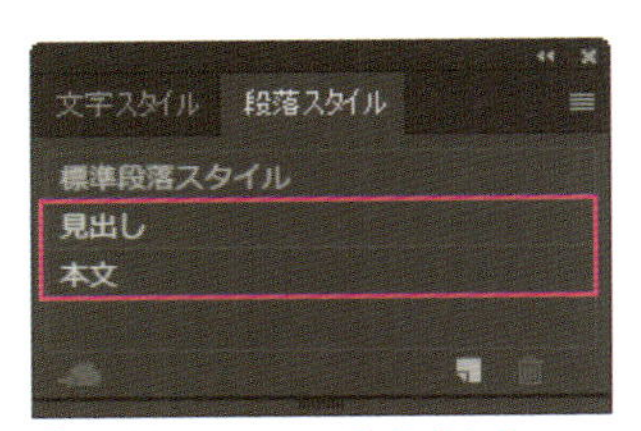

❷段落スタイルが追加された

文字スタイルが適用されていれば、文字スタイルもコピーされる

245 テキストオブジェクトを図形の上下中央に配置する

NEWS

テキストオブジェクトを整列パネルの［垂直方向中央に整列］を使い、きれいに背面図形の上下中央に配置するには、［パスのアウトライン］を適用します。

第13章 ▶ 245.ai

1 サンプルファイルを開き、選択ツール を選択します❶。テキストオブジェクトを選択します❷。背面の長方形の上下中央に配置したいのですが、テキストオブジェクトのバウンディングボックスが文字の高さと一致していないので、整列パネルの［垂直方向中央に整列］を使っても中央に配置されません。

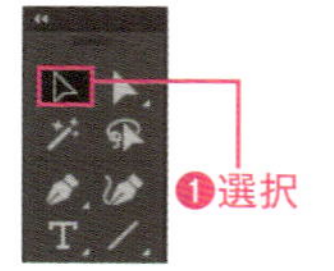

2 ［効果］メニュー→［パス］→［パスのアウトライン］を選択します❶。見た目は変わりませんが、テキストがアウトライン化した状態になっています。

効果なので、実際にアウトライン化はされていない。文字の編集も可能

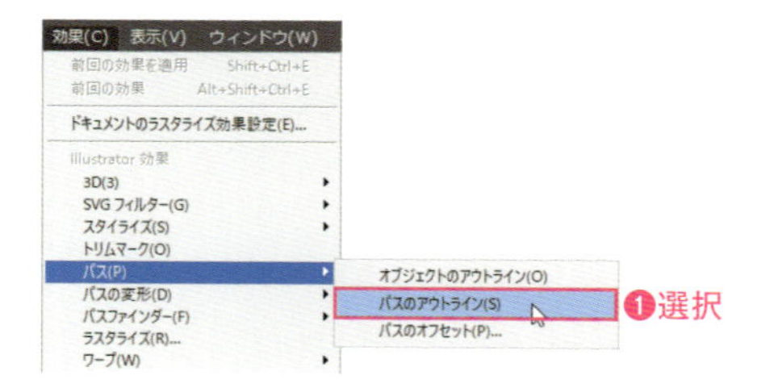

3 Ctrl キーと K キーを押して［環境設定］ダイアログボックスを表示します❶。［プレビュー境界を使用］にチェックを付け❷、［OK］をクリックします❸。バウンディングボックスが文字をアウトライン化したときと同じサイズで表示されます❹。

❶ Ctrl ＋ K で表示

❷チェック

❸クリック

❹バウンディングボックスが文字にピッタリのサイズになった

4 背面の長方形とテキストオブジェクトの両方を選択し❶、整列パネル（プロパティパネルやコントロールパネルでも可）の［垂直方向中央に整列］をクリックします❷。テキストオブジェクトが、背面の長方形の上下中央に配置できました❸。

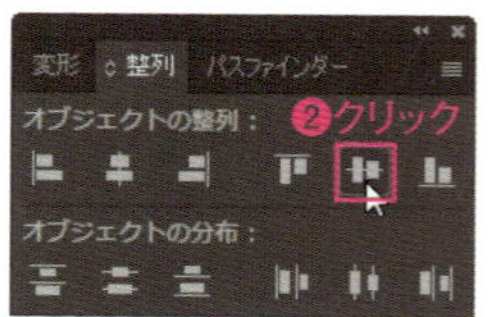

アートボードに整列してしまうときは、整列パネルの［整列］をクリックし、［選択範囲に整列］を選択

作業が終了したら、Ctrl ＋ K で［環境設定］ダイアログボックスを開き、［プレビュー境界を使用］のチェックを外しておく

Macでは、キーは次のようになります。 Ctrl → ⌘　Alt → option　Enter → return

246~250

第14章

Web制作

Illustratorは、拡大・縮小が自在なベクターグラフィックソフトなので、Web用の画像を制作するユーザーも多いと思います。Web用に書き出す際にはラスタライズされたビットマップオブジェクトになるので、作成時の注意点や書き出し方法について解説します。

書き出し後の状態を確認する

246

Illustratorはベクタータイプのグラフィックソフトです。そのため、画面でのプレビューと、JPEGなどのビットマップ画像に書き出したあとのイメージが異なるケースがあります。書き出し後の正確なイメージをつかむために、プレビューを変更して確認する必要があります。

第14章 ► 246.ai

1 サンプルファイルを開きます❶。600％以上で拡大表示します❷（すべてのオブジェクトが表示されなくてもかまいません）。Illustratorのペンツールなどで作成されたオブジェクトはベクトルデータを持つグラフィックなので、拡大表示をしても線が荒れることはありません。

❶開く

❷拡大表示

2 ［表示］メニュー→［ピクセルプレビュー］を選択します❶。画面表示倍率が600％以上だと、アートボード上にピクセルグリッドが表示され、ビットマップ画像に書き出し後のイメージを見ることができます❷。
注意が必要なのは、直線部分です。アンチエイリアスが適用されると、直線がぼけてしまいます❸。直線がぼけないようにするには、P.335の「書き出した直線がぼけないようにする」を参照ください。
再度、［表示］→［ピクセルプレビュー］を選択してチェックを外すと通常のプレビューに戻すことができます。

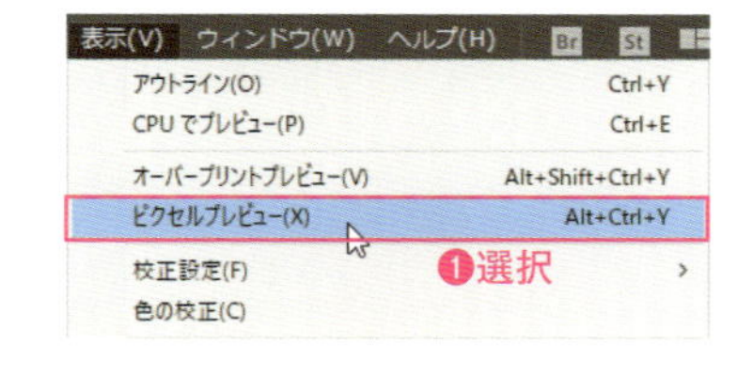

❷ピクセルプレビュー表示

❸直線部分がぼけている

Macでは、キーは次のようになります。 Ctrl → ⌘ Alt → option Enter → return

247 書き出した直線がぼけないようにする

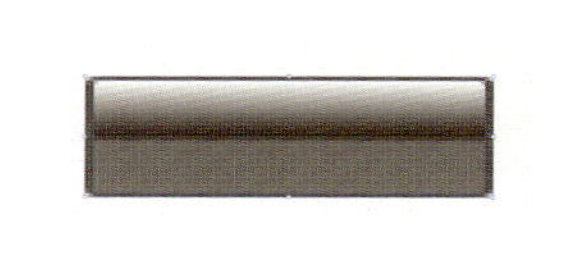

Illustratorのオブジェクトをビットマップ画像で書き出すと、境界部分を滑らかにするアンチエイリアス（ぼかし）が加わるため、水平、垂直の直線がぼけることがあります。Webなどで利用する素材を作成するには、ピクセルに最適化する必要があります。

1 サンプルファイルを開きます。[表示]メニュー→[ピクセルプレビュー]を選択してから、600％以上で拡大表示します❶。オブジェクトの直線の境界部分がアンチエイリアスの影響で輪郭がぼやけていることがわかります❷。

❶開いて拡大表示

❷直線部分がぼやけている

2 選択ツール でオブジェクトを選択し❶、[オブジェクト]メニュー→[ピクセルを最適化]を選択するか❷、コントロールパネルの[選択したアートをピクセルグリッドに整合] をクリックします❸。パスがピクセルグリッドに最適化するようにサイズが自動で調整され、周囲にあったアンチエイリアスがなくなり、オブジェクトの輪郭がスッキリします❹。

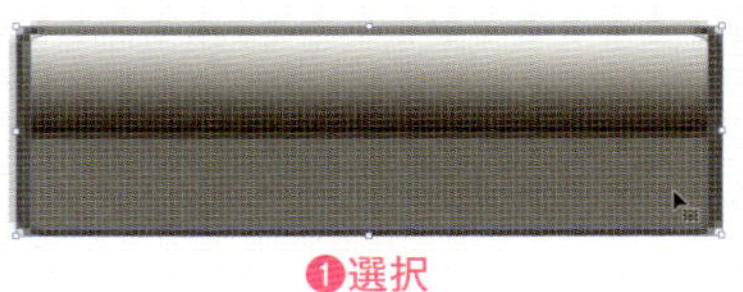

❶選択

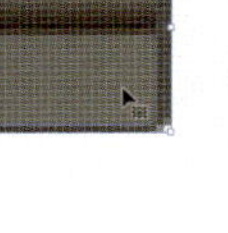

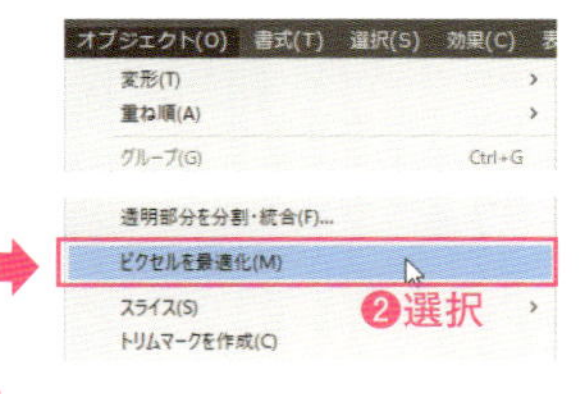

❷選択

❸クリック

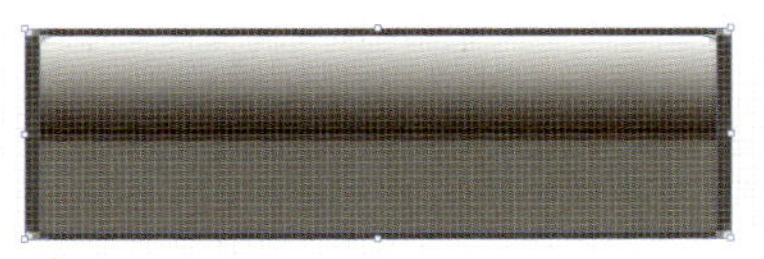

❹最適化された

POINT

CC2015.3以前は、変形パネルの[ピクセルグリッドに整合]にチェックを付けてください。

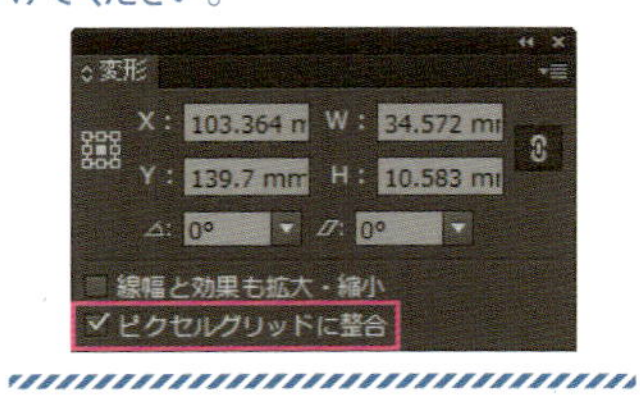

POINT

あらかじめ最適化されるように設定する

Illustratorでは、新規ドキュメントを作成する際に、Webプロファイルや RGBプロファイルを選択すると、自動でオブジェクトがピクセルに最適化された状態で作成されるように設定されます。最適化されるときは、コントロールパネルの[作成および変形時にアートをピクセルグリッドに整合します] が押された状態になります❶（CC2015.3以前は、オブジェクトを選択していない状態でも、変形パネルの[ピクセルグリッドに整合]にチェックが付きます）。また、 の横の をクリックすると、[ピクセルのスナップオプション]ダイアログボックスが表示され、ピクセル最適化の詳細な設定が可能です。

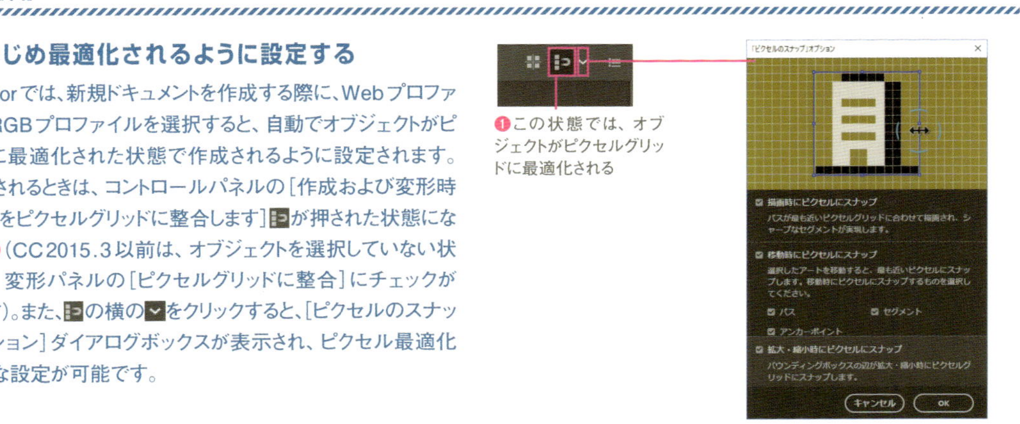

❶この状態では、オブジェクトがピクセルグリッドに最適化される

248 オブジェクトごとに個別のファイルに書き出す

CC2015.3以降では、特定のオブジェクトを、アセットに登録して、オブジェクトごとに画像として書き出すことができます。画像形式にはJPEG、PNG、SVG、PDFを指定することができ、iOSやAndroidといったデバイスに特化したスケールで書き出すことができます。

第14章 ▶248.ai

1 サンプルファイルを開きます。選択ツールで、左端のオブジェクトを選択します❶。アセットの書き出しパネルを開き、[選択したアートワークをこのパネルに追加]をクリックします❷。オブジェクトが[アセット]として登録されます❸。

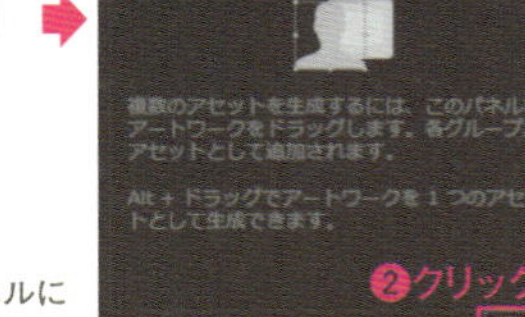

オブジェクトをアセットの書き出しパネルにドラッグ&ドロップしても登録できる

2 登録したアセットの名称部分をクリックすると、アセット名を変更することができます(ここでは「icon-01」に変更)❶。アセットの名称は出力時のファイル名として適用されます。
同じ手順でほかのオブジェクトもアセットとして登録します(名称はそれぞれ「icon-02」「icon-03」に変更)❷。

3 [書き出し設定]の左のをクリックしてパネルを展開表示します。[書き出し設定]では、書き出す画像のファイル形式等を選択します。プリセットとして[iOS]と[Android]を選択することができます。ここでは[iOS]をクリックします❶。iOSでは、Retinaディスプレイに対応させるため、サイズを大きくして書き出すことが推奨されています。iOS用の出力設定が一度に設定されます❷。

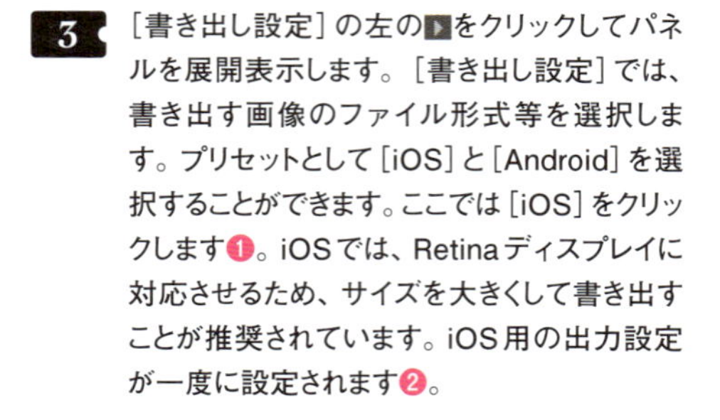

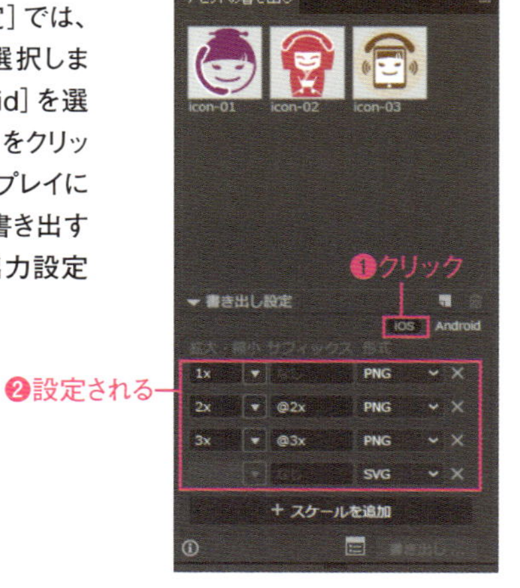

拡大・縮小	出力時の拡大縮小率を設定する
サフィックス	ファイル名の後に追加する文字を設定する
形式	ファイル形式を設定する

Macでは、キーは次のようになります。 Ctrl → ⌘　Alt → option　Enter → return

4 350ppiの解像度で書き出す設定を追加します。［スケールを追加］をクリックします❶。設定の最下部に新しい設定が追加されるので、［拡大・縮小］の▼をクリックし❷、表示された面ニューから［解像度］を選択します❸。解像度の入力ができるようになるので、「350ppi」と入力します❹。［形式］は［PNG］に設定します❺。
設定を追加したら［スクリーン用に書き出しダイアログを開く］をクリックします❻。

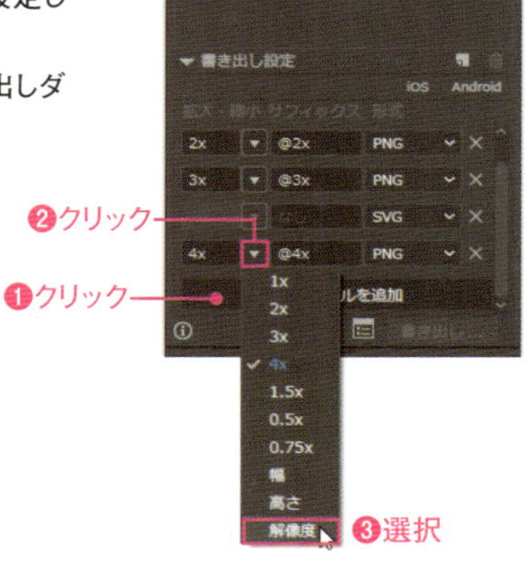

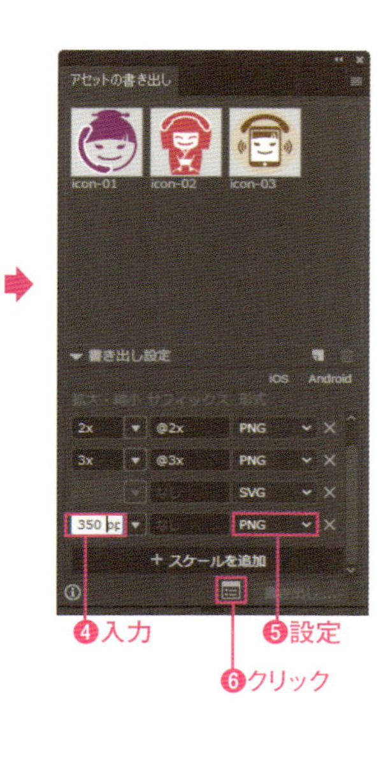

5 ［スクリーン用に書き出し］ダイアログボックスが表示されるので、［書き出し先］で、書き出し先のフォルダーを設定します❶。フォーマットには、アセットの書き出しパネルの書き出し形式での設定が表示されるので確認し❷、［すべてのアセット］にチェックを付けます❸。［アセットを書き出し］をクリックすると書き出しが実行されます❹。

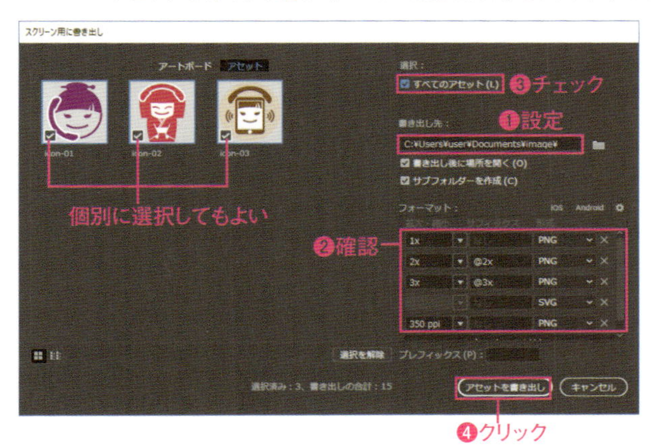

POINT

［スクリーン用に書き出し］ダイアログボックスの［フォーマット］のをクリックすると、［形式の設定］ダイアログボックスが表示され、出力形式ごとに詳細な設定ができます。

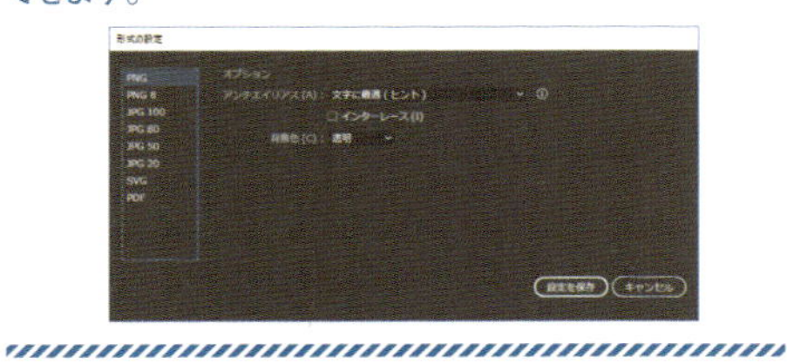

6 書き出されたファイルは、設定ごとフォルダーに分けて保存されます❶。

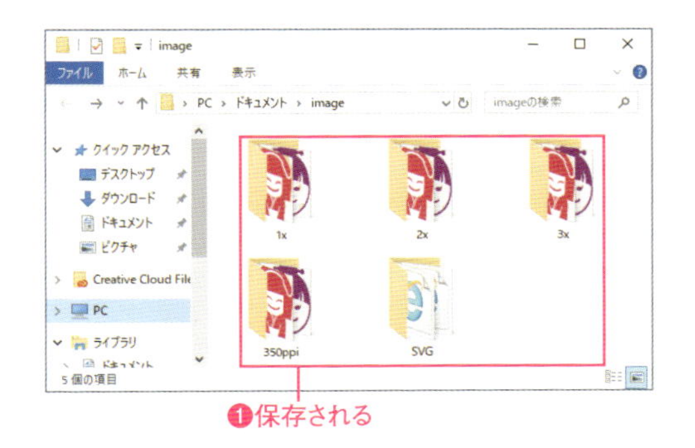

POINT

アセットの書き出しパネルでも、アセットを選択して［書き出し］をクリックすれば、［書き出し設定］の設定で書き出せます。ファイルの保存場所は、［スクリーン用に書き出し］ダイアログボックスでの設定となります。

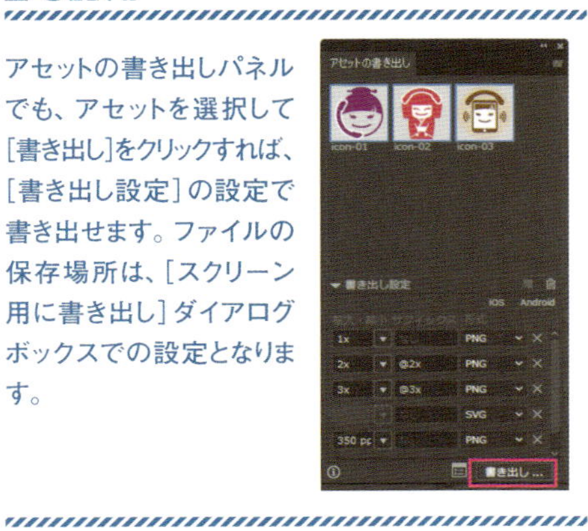

249 スライスを使って書き出す

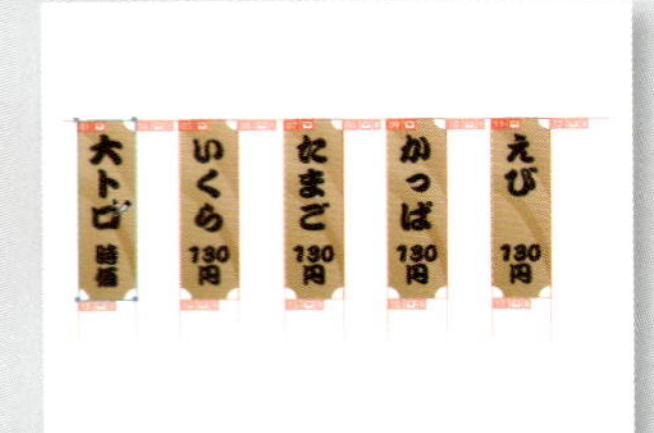

スライスを使うと、アートボード上のオブジェクトをスライスによって指定されたサイズで一度に書き出すことができます。CC 2015以前のIllustratorでのWebデザインの作業で役立ちます。

第14章 ▶ 249.ai

1 サンプルファイルを開き、選択ツールを選択します❶。スライスのエリアとして設定するオブジェクトを選択し（ここでは「大トロ」のオブジェクト）❷、[オブジェクト] メニュー→ [スライス] → [選択範囲から作成] を選択します❸。オブジェクトのサイズがそのままスライス範囲となります❹。同じ手順で、すべてのオブジェクトを順番に選択して、それぞれスライスを作成します❺。

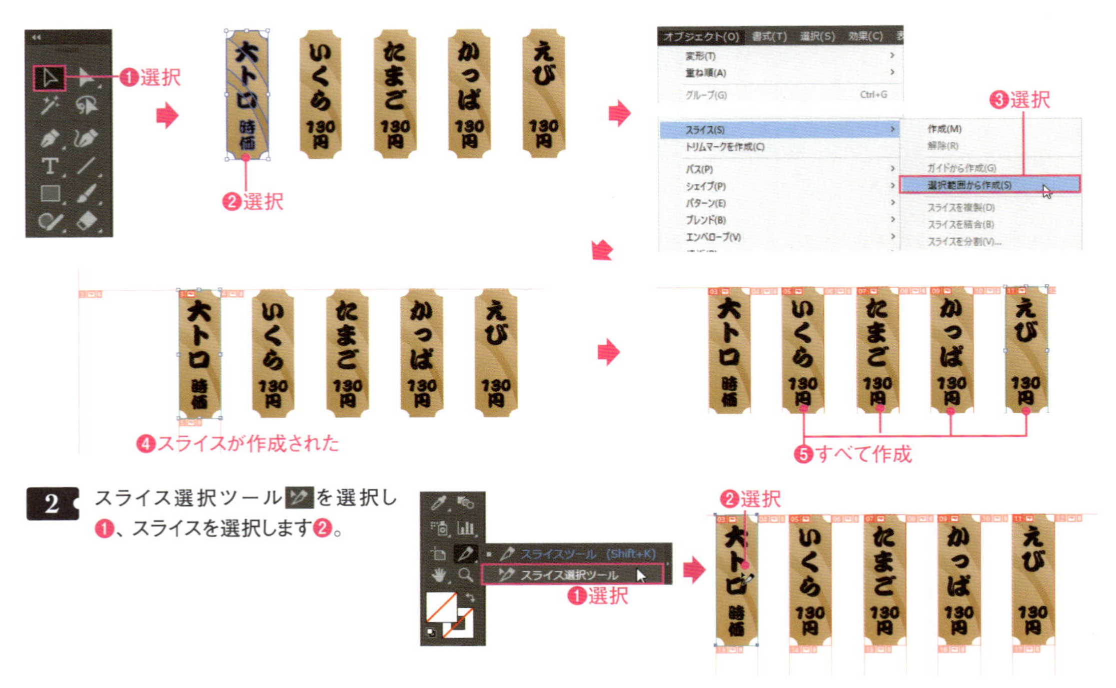

2 スライス選択ツールを選択し❶、スライスを選択します❷。

3 [オブジェクト] メニュー→ [スライス] → [スライスオプション] を選択します❶。[スライスオプション] ダイアログボックスが表示されるので、[名前] でスライスの名前を入力し（ここでは「img-01」）❷、[OK] をクリックします❸。この名称が、書き出し後の画像ファイル名になります。同じ手順で、すべてのスライスに名前を設定してください（ここでは「img-02」～「img-05」）。

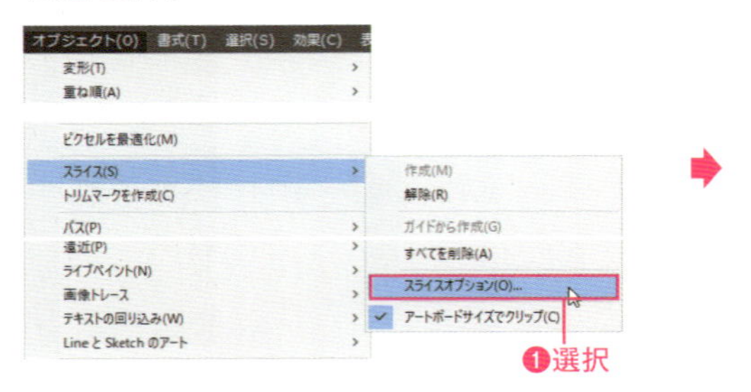

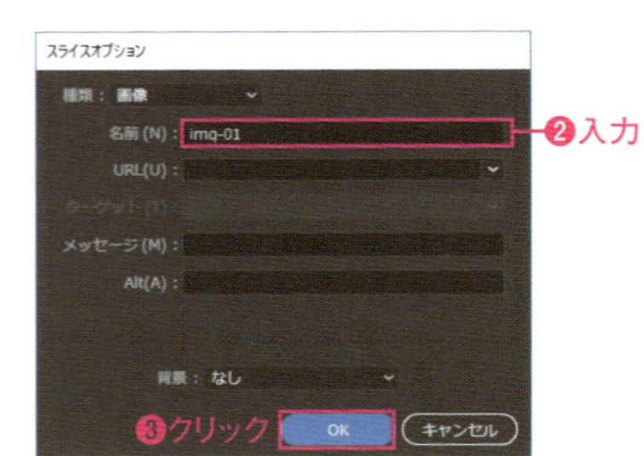

Macでは、キーは次のようになります。 Ctrl → ⌘　Alt → option　Enter → return

4 ［ファイル］メニュー→［書き出し］→［Web用に保存（従来）］（CC2015以前は、［ファイル］→［Web用に保存］）を選択します❶。［Web用に保存］ダイアログボックスが開き、アートボードイメージとスライス設定がプレビューされます（［複数のスケール比率とファイル形式に書き出し］が表示されたら［閉じる］をクリックしてください）。［プリセット］で書き出す画像形式と画質などを設定し（ここでは［JPEG 高］を選択）❷、［書き出し］から［選択したスライス］を選びます❸。スライス選択ツールを選択し❹、Shift キーを押しながら書き出すスライスを選択します（選択したスライスは明るく表示されます）❺。選択したら［保存］をクリックします❻。

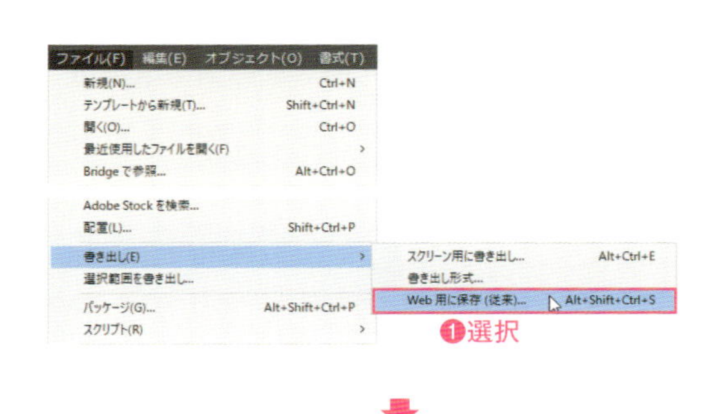

POINT

CC2015.3以降はアセットの書き出しを使う

CC2015.3以降では、アセットの書き出しを使うと、もっと簡単にオブジェクト単位で画像を書き出せます。詳細はP.336の「オブジェクトごとに個別のファイルに書き出す」を参照ください。

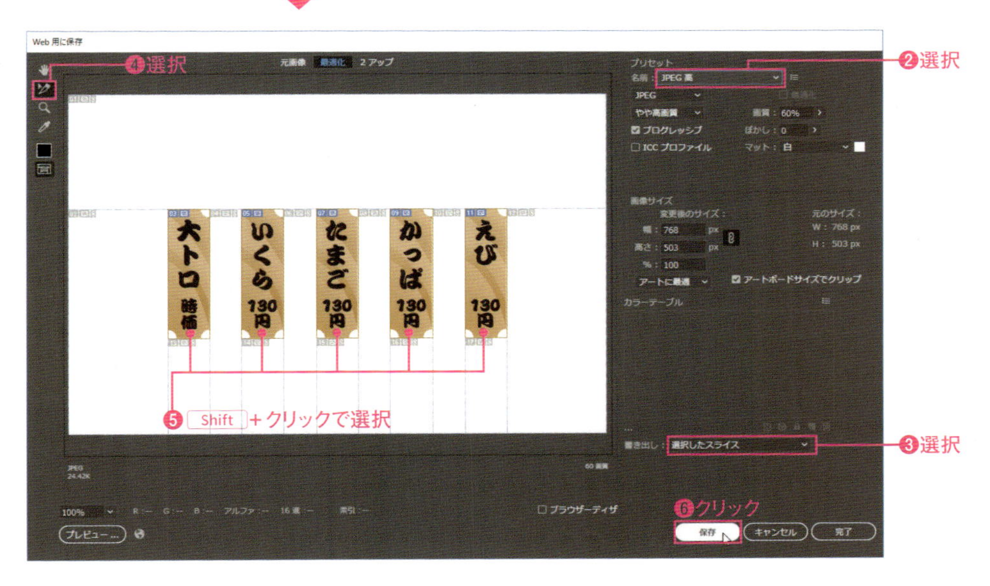

5 ［最適化ファイルを別名で保存］ダイアログボックスが表示されるので、保存場所を指定し❶、［保存］をクリックします（ファイル名はそのままでかまいません）❷。すると指定したフォルダー内に［images］フォルダーが作成され、その中に［スライスオプション］で設定した名前で画像が書き出されます❸。

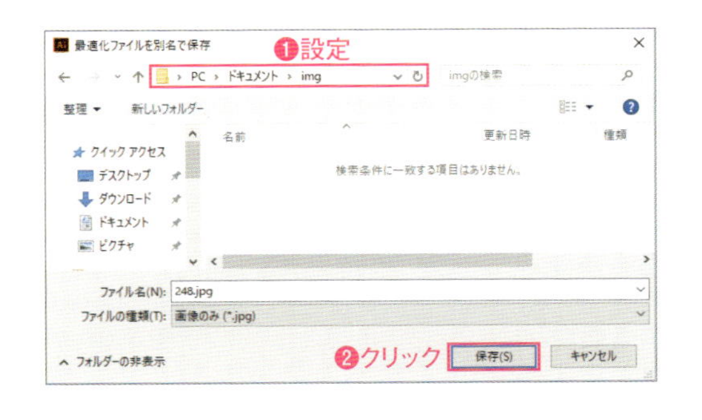

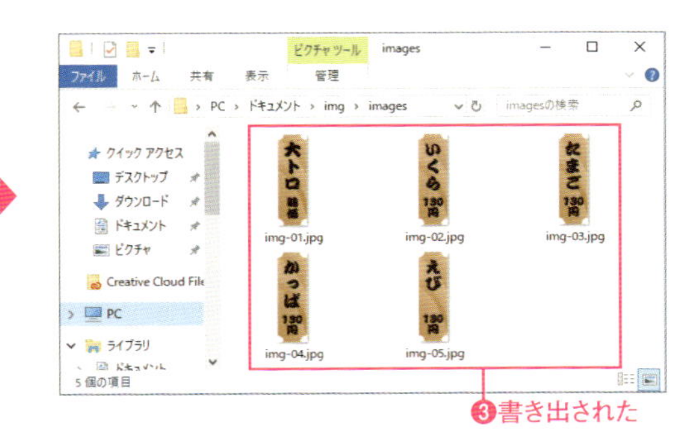

250 文字やオブジェクトの属性をCSSで書き出す

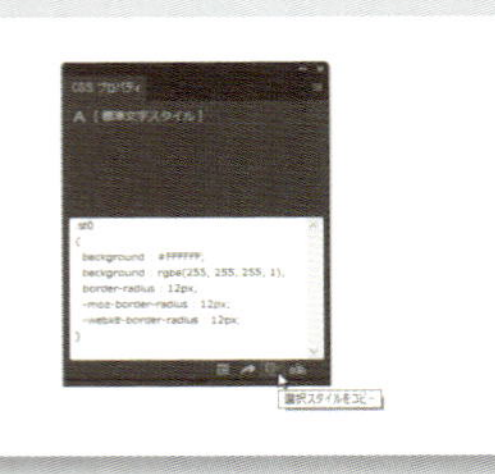

Illustratorでは、長方形ツールなどで描いた矩形や、テキストオブジェクトの文字サイズ、フォントなどを、WebのスタイルであるCSSコードに変換して出力できます。オブジェクトによっては、完全なコードにはなりませんが、Illustratorのデザインから CSSを書くのに役立ちます。

第14章 ► 250.ai

1 サンプルファイルを開きます❶。テキストオブジェクトとそれを囲む角丸長方形のオブジェクトがあります。CSSプロパティパネルを開き、[書き出しオプション] をクリックします❷。[書き出しオプション] ダイアログボックスが表示されるので、[名称未設定オブジェクト用にCSSを生成] にチェックを付け❸、[OK] をクリックします❹。

情に棹させば流される。智に働けば角が立つ。どこへ越しても住みにくいと悟った時、詩が生れて、画が出来る。とかくに人の世は住みにくい。意地を通せば窮屈だ。とかくに人の世は住みにくい。どこへ越しても住みにくいと悟った時、詩が生れて、画が出来る。意地を通せば窮屈だ。山路を登りながら、こう考えた。智に働けば角が立つ。

❶開く

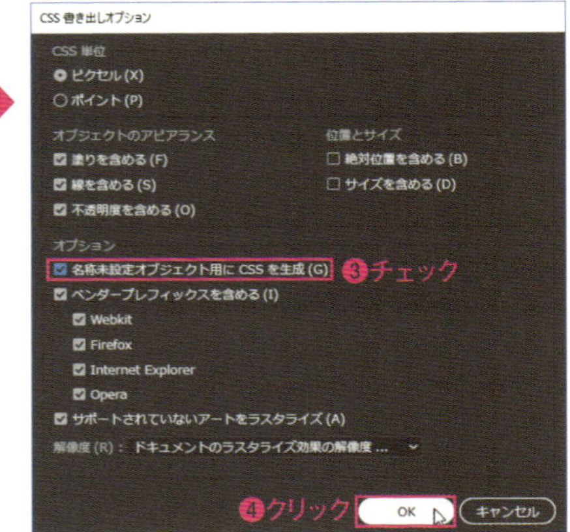

2 選択ツール で、テキストオブジェクトを選択します❶。CSSプロパティパネルに、選択されたテキストオブジェクトのCSSコードが表示されます❷。

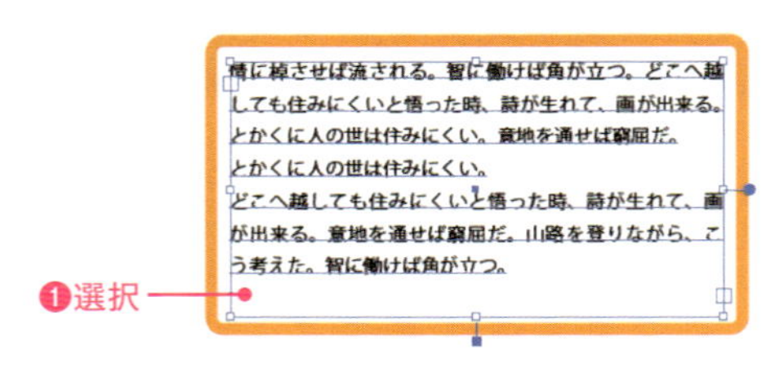

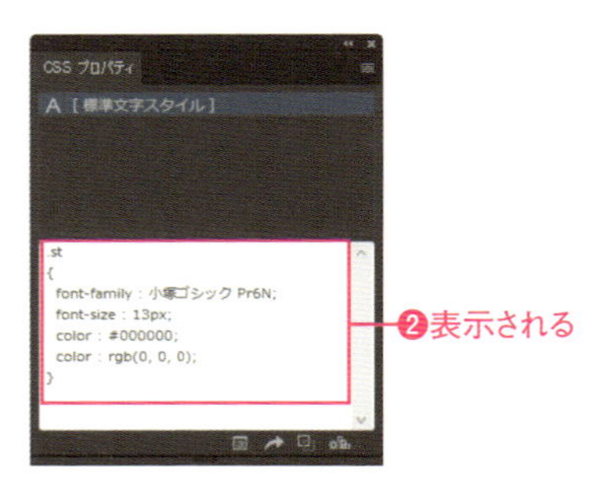

3 外側の角丸長方形を選択します❶、CSSプロパティパネルに、選択されたオブジェクトのCSSコードが表示されます❷。CSSコードは、[選択スタイルをコピー] をクリックしてクリップボードにコピーしたり❸、[選択したCSSを書き出し] をクリックして書き出したりできます❹。

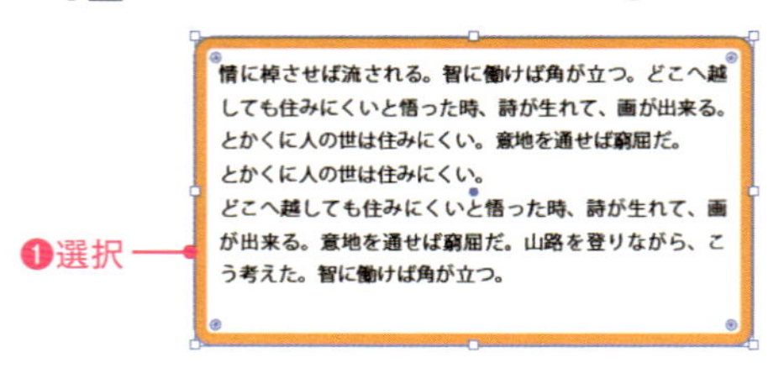

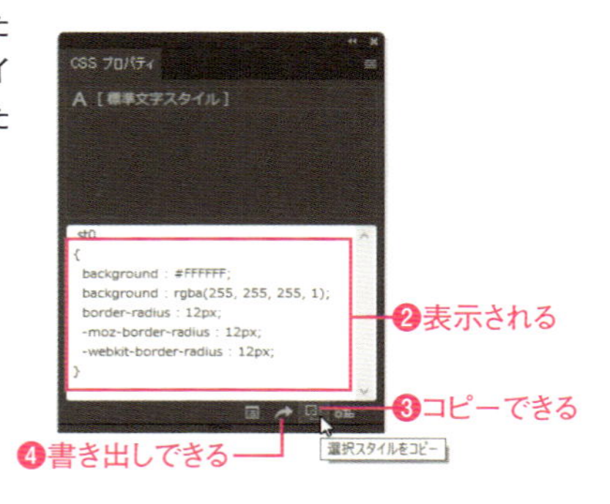

251〜255

第15章

印刷物の作成

Illustratorは、フライヤーや書籍のカバーなどのさまざまな印刷物の作成に利用されます。印刷データを印刷会社やサービスビューローなどに入稿するときは、印刷時にトラブルが発生しないようにチェックする必要があります。本章では、印刷物作成時の注意点などを解説します。

251 使用する画像の解像度を確認する

名前：251.psd
ファイル形式：PSD（リンクフ…
カラースペース：CMYK
ファイルの位置：C:¥User...章¥251
PPI：353
寸法：722x707

配置画像の解像度を調べます。印刷では、300ppi以上の高解像度の画像を用意する必要があります。サービスビューローを利用して印刷する場合には、事前にチェックするようにしましょう。

第15章 ►251 ►251.ai、251.psd

1 サンプルファイル「251.ai」を開きます❶。選択ツール を選択し❷、解像度を調べるオブジェクトを選択します❸。

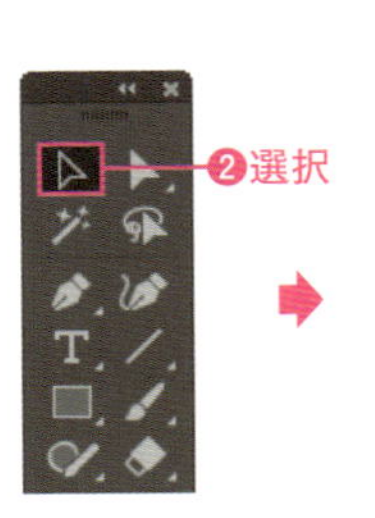

2 リンクパネルを表示し（詳細情報は をクリックして展開表示してください）❶、［PPI］と書かれた数値が解像度を示しているので確認します❷。商業印刷では、300ppi以上（理想は350ppi）が必要とされています。それ以下の解像度の場合は、解像度の高い画像に差し替えるなどの対応をとってください。

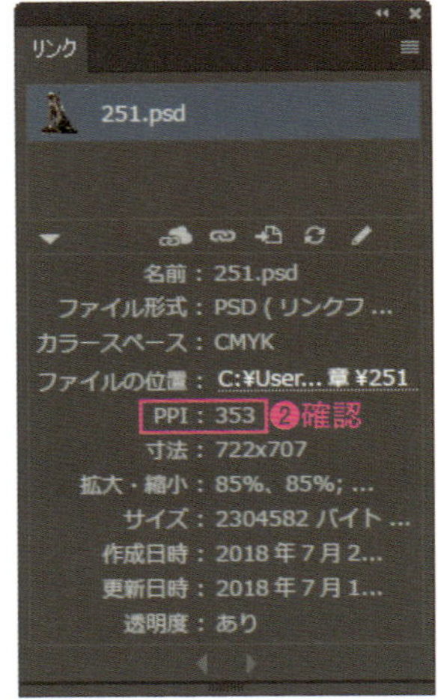

POINT

コントロールパネルで調べる

解像度だけであれば、画像を選択すると、コントロールパネルにも表示されます。

リンクファイル　251.psd　透明 CMYK　PPI：353

POINT

拡大・縮小に注意

Illustratorに画像を配置後、拡大・縮小を行うと解像度が変化します。元画像よりも縮小すると高解像度になりますが、拡大すると解像度が低くなるので注意が必要です。

Macでは、キーは次のようになります。 Ctrl → ⌘　Alt → option　Enter → return

252 リンク画像などをひとつのフォルダーにまとめる

サービスビューローや印刷会社を利用して印刷する場合、配置された画像ファイルやフォントデータなどを用意しなければならないケースがあります。Illustratorでは、配置した画像ファイルとなど必要なファイルをひとつにまとめる機能が備わっています。

第15章 ►252 ►252.ai、252.psd

1 サンプルファイル「252.ai」を開きます❶。[ファイル] メニュー→ [パッケージ] を選択します❷。保存を促すダイアログボックスが表示されたら [保存] をクリックします❸。

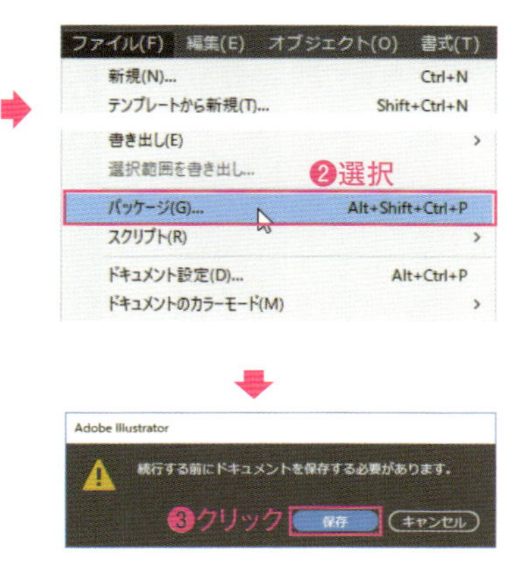

2 [パッケージ] ダイアログボックスが表示されるので、[場所] で保存先❶、[フォルダー名] でファイルをまとめるフォルダー名を設定します❷。オプションはすべてチェックを付け❸、[パッケージ] をクリックします❹。[フォントソフトウェアのコピーには…] のダイアログボックスが表示されたら [OK] をクリックします❺。

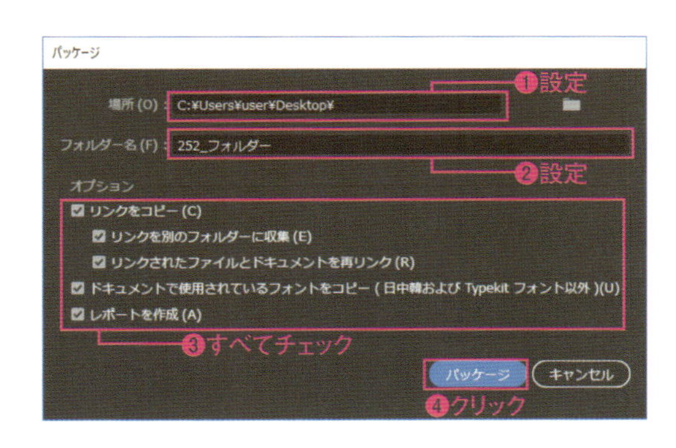

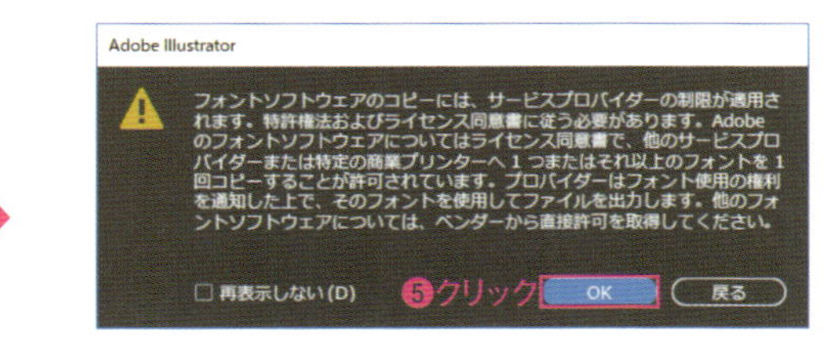

ドキュメントで使用されているフォントもパッケージされますが、和文フォントなどコピー不可のフォントはパッケージされない

3 [パッケージが正常に作成されました] のダイアログボックスが表示されたら、[パッケージを表示] をクリックます❶。保存されたフォルダーが表示され❷、[Links] フォルダーに配置画像❸、[Fonts] フォルダーにフォントがまとめられます❹。

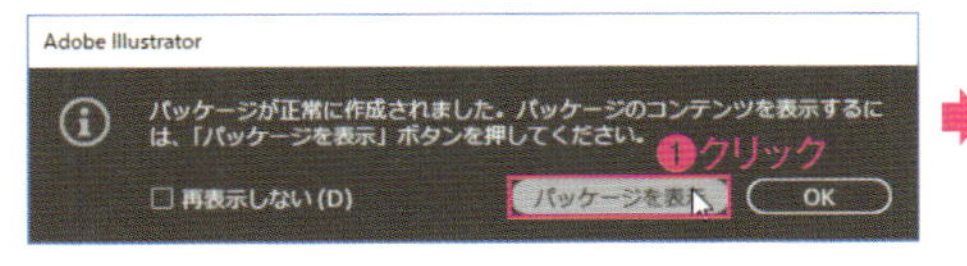

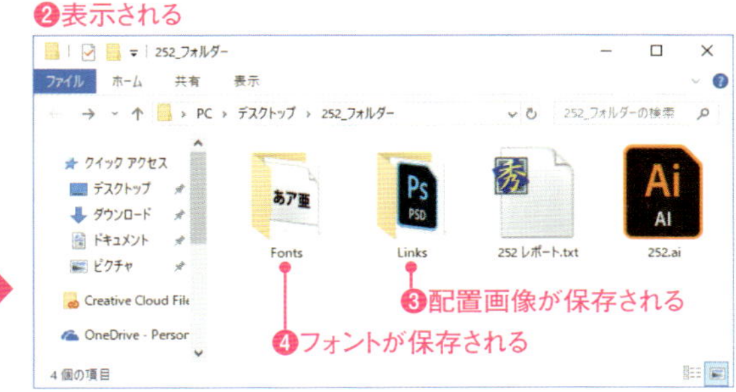

オブジェクトとしてトンボを作る

253

印刷物を裁断する際の目安となる線を「トンボ」もしくは「トリムマーク」と呼びます。通常は、印刷時にアートボードサイズにトンボが設定されますが、トンボをオブジェクトとして作成することもできます。

第15章 ▶ 253.ai

1 サンプルファイルを開きます。選択ツールを選択し❶、名刺の周囲にサイズ用として配置された長方形のパスを選択します❷。サイズ用のオブジェクトなので、[塗り]も[線]も「なし」に設定します❸。

2 長方形のパスを選択した状態で[効果]メニュー→[トリムマークを作成]を選択します❶。長方形のパスのサイズの、裁断線と余白線を含むトンボが作成されます❷。

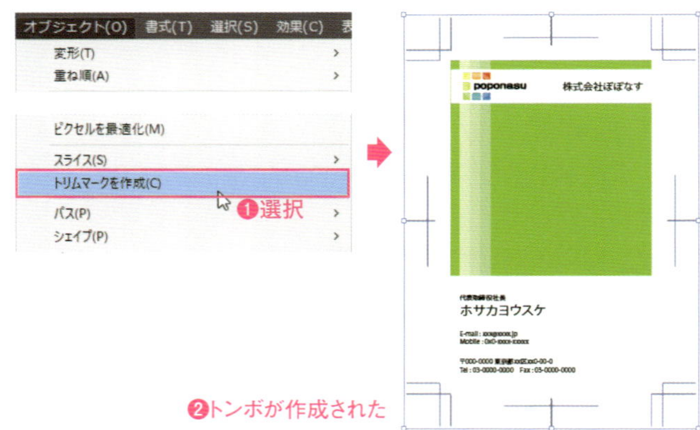

3 [オブジェクト]メニュー→[ロック]→[選択]を選択し❶、作成されたトンボのオブジェクトをロックします。名刺の背景を余白線まで広げて❷、裁断で断ち切れてしまうことを防ぎます。

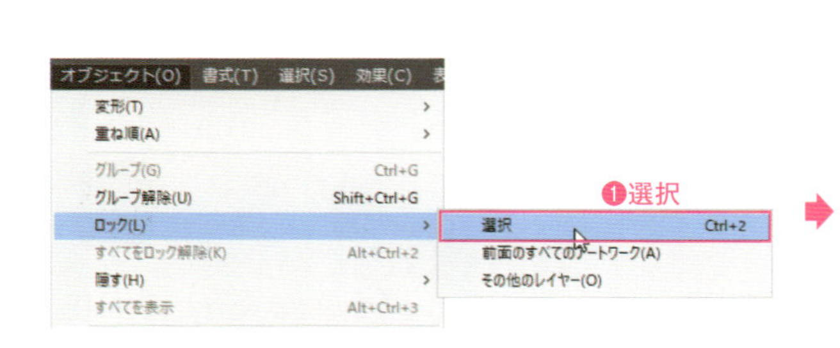

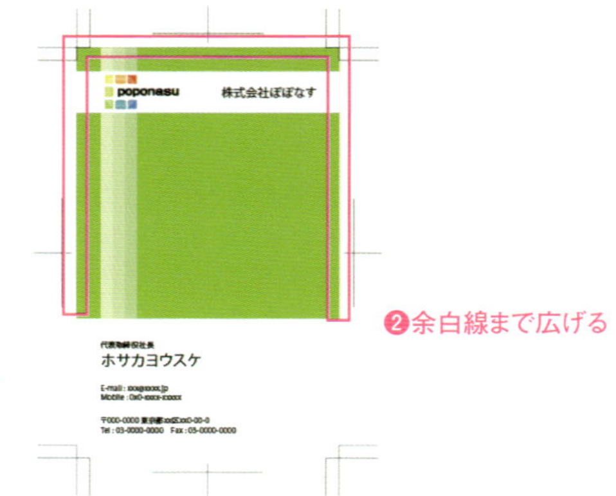

Macでは、キーは次のようになります。 Ctrl → ⌘ Alt → option Enter → return

254 不要なアンカーポイントを削除する

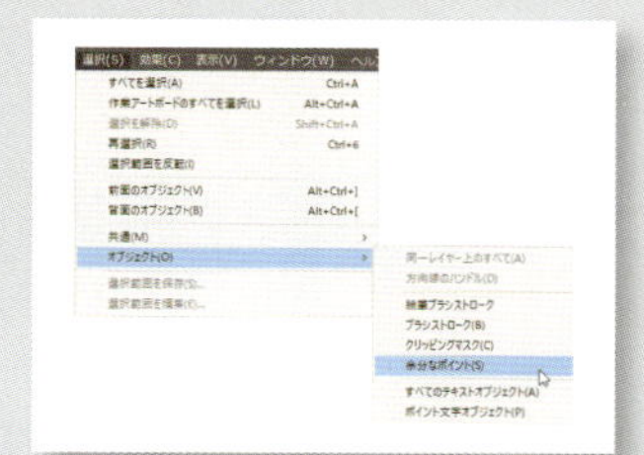

パスを持たないアンカーポイントや、空のテキストオブジェクトなどを削除します。このようなアンカーポイントを「孤立点」と呼び、出力の際にエラーの原因ともなります。印刷を依頼する前に孤立点の有無をチェックしておきましょう。

第15章 ▶254.ai

1 サンプルファイルを開きます❶。選択ツール を選択します❷。

❶開く

2 [選択] メニュー→ [オブジェクト] → [余分なポイント] を選択します❶。

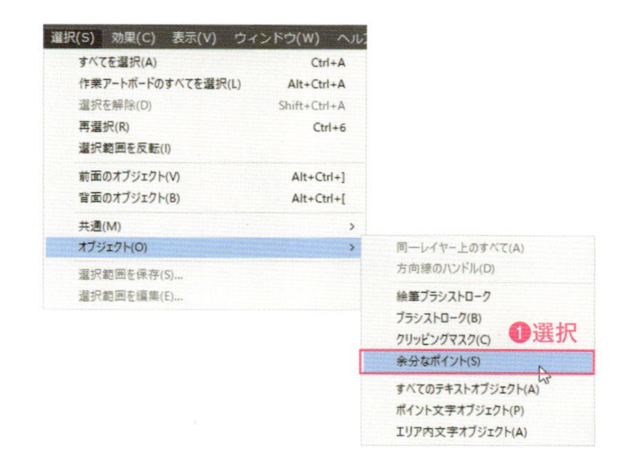

3 プレビュー上では見えなかった、孤立点となっているアンカーポイントがすべて選択されます❶。Delete キーを押して孤立点を削除します❷。

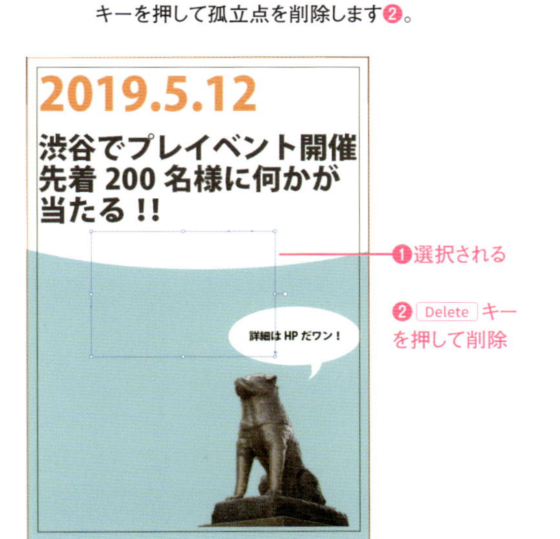

POINT

プレビューで見つける

[表示] メニュー→ [アウトライン] を選択して、アウトライン表示にすると、孤立点が表示されるので見つけやすくなります。

2色刷のドキュメントを作成する

255

CMYKのプロセスカラーで作成されたオブジェクトを、特色を含めた2色に変換します。書籍のカバーイラストを表紙に変換するケースなどで役立つテクニックです。

第15章 ►255.ai

1 サンプルファイルを開き❶、選択ツールを選択します❷。スウォッチパネルで、変換対象となる特色カラーを選びます(ここではDIC 51s)❸。カラーガイドパネルを開き、[現在のカラーをベースカラーに設定]をクリックします❹。

❶開く

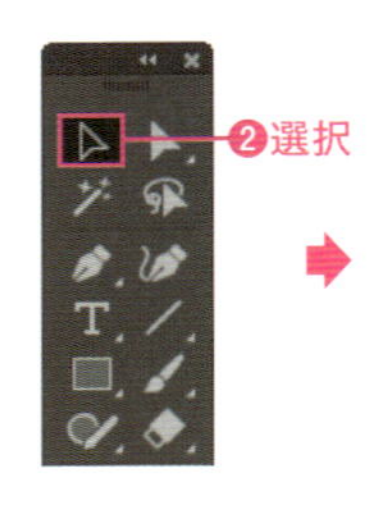

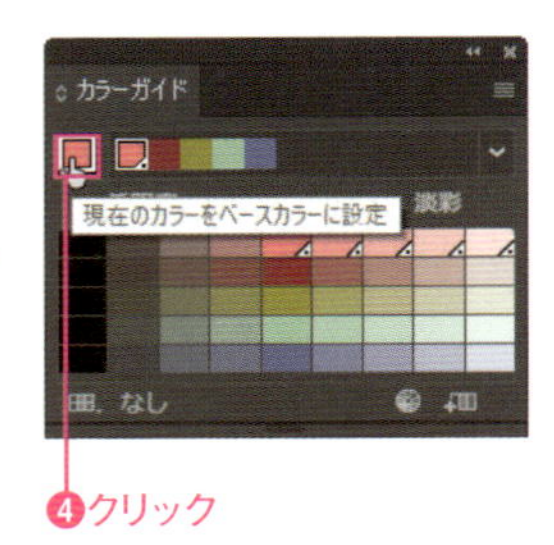

2 カラーガイドパネルに、特色のカラーバリエーション(濃度)が作成されるので、Shiftキーを押しながらクリックして選択し❶、[カラーグループをスウォッチパネルに保存]をクリックします❷。スウォッチパネルに、特色の濃度別カラーによるカラーグループができていることを確認します❸。

3 色を変換するオブジェクトを選択します❶。[編集]メニュー→[カラーを編集]→[オブジェクトを再配色]を選択します❷。コントロールパネルの[オブジェクトを再配色]をクリックしてもかまいません❸。

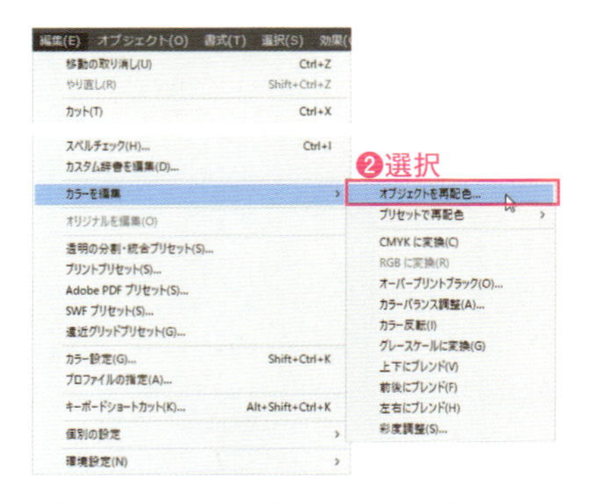

Macでは、キーは次のようになります。 Ctrl → ⌘ Alt → option Enter → return

4 ［オブジェクトを再配色］ダイアログボックスが表示されるので、［カラーグループ］で、作成した特色のカラーグループを選択します❶。オブジェクト内のプロセスカラーがすべて特色に置き換わります❷。［OK］をクリックします❸。オブジェクトが、特色の濃淡で表現されます❹。

5 分版プレビューパネルを表示します。［オーバープリントプレビュー］にチェックを付けて❶、［シアン］、［マゼンタ］、［イエロー］を非表示にします❷。ブラックと特色のみが画面に表示されるので、オブジェクトの選択を解除して、すべて正しく変換されているかをチェックします❸。［シアン］、［マゼンタ］、［イエロー］だけ表示に設定し❹、何も表示されないことも確認します❺。

POINT

特色版をM版やC版にする

特色版を、M版やC版で作成することもあります。今回の作例のように、特色版で作成したデータをM版ににするには、特色スウォッチをプロセスカラーのグローバルスウォッチに変更します。

スウォッチパネルで特色スウォッチをダブルクリックします❶。［スウォッチオプション］ダイアログボックスが表示されたら、［カラーモード］を［CMYK］に変更し❷、［カラータイプ］を［プロセスカラー］に変更します❸。カラー値をM=100に設定して❹、［OK］をクリックします❺。特色スウォッチが、M=100のグローバルスウォッチに変わり❻、ほかの濃度のスウォッチも連動して変わります❼。

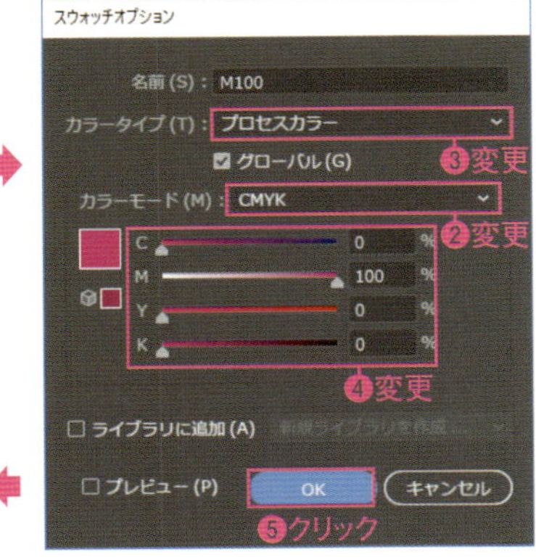

特色スウォッチをプロセスラーに変換すると元に戻せないので、ファイルをコピーしておくこと

INDEX

数字

アルファベット

あ

い

う

え

お

か

き

く

け

こ

さ

し

す

INDEX

せ

そ

た

ち

つ

て

と

な

に

ぬ

は

ひ

ふ

へ

ほ

ま

み

も

や

ゆ

よ

ら

り

る

れ

ろ

わ

アートディレクション　山川香愛
カバーイラスト　平尾直子
カバー＆本文デザイン　原 真一朗（山川図案室）
本文レイアウト　ベクトルハウス
編集担当　竹内仁志（技術評論社）

世界一わかりやすい Illustrator 逆引き事典 CC対応

2018年9月7日　初版　第1刷発行

著　者　　保坂庸介
発行者　　片岡　巌
発行所　　株式会社技術評論社
　　　　　東京都新宿区市谷左内町21-13
　　　　　電話 03-3513-6150　販売促進部
　　　　　　　 03-3513-6160　書籍編集部
印刷／製本　共同印刷株式会社

定価はカバーに表示してあります。

造本には細心の注意を払っておりますが、
万一、乱丁（ページの乱れ）や落丁（ページの抜け）がございましたら、
小社販売促進部までお送りください。
送料小社負担でお取り替えいたします。
ISBN978-4-7741-9890-3　C3055　Printed in Japan

著者略歴

保坂庸介（Yosuke Hosaka）

フリーランスのテクニカルライター、イラストレーター、デザイナーとして活動後、2012年にネセサリワークス株式会社を起業し、主に企業のWebサイトを中心にデザインとコーディングを手がける。

おもな著書
「世界一わかりやすい Illustratorプロ技デザインの参考書」（技術評論社）

お問い合わせに関しまして

本書に関するご質問については、FAXもしくは書面にて、必ず該当ページを明記のうえ、右記にお送りください。電話によるご質問および本書の内容と関係のないご質問につきましては、お答えできかねます。あらかじめ以上のことをご了承のうえ、お問い合わせください。
なお、ご質問の際に記載いただいた個人情報は質問の返答以外の目的には使用いたしません。また、質問の返答後は速やかに削除させていただきます。

宛先：〒162-0846
東京都新宿区市谷左内町21-13
株式会社技術評論社　書籍編集部
「世界一わかりやすいIllustrator 逆引き事典 CC対応」係
FAX：03-3513-6167

技術評論社 Webサイト
https://gihyo.jp/book/

なお、ソフトウェアの不具合や技術的なサポートが必要な場合は、
アドビシステムズ株式会社のWeb サイト上のサポートページをご利用いただくことをおすすめします。

アドビシステムズ株式会社　ヘルプ＆サポート
https://helpx.adobe.com/jp/support.html